中国国家标准汇编

2009年修订-1

中国标准出版社　编

中国标准出版社
北京

图书在版编目（CIP）数据

中国国家标准汇编：2009 年修订 .1/中国标准出版社编 .—北京：中国标准出版社，2010

ISBN 978-7-5066-6027-3

Ⅰ.①中… Ⅱ.①中… Ⅲ.①国家标准-汇编-中国-2009 Ⅳ.①T-652.1

中国版本图书馆 CIP 数据核字（2010）第 166684 号

中国标准出版社出版发行
北京复兴门外三里河北街 16 号
邮政编码:100045

网址 www.spc.net.cn
电话:68523946 68517548
中国标准出版社秦皇岛印刷厂印刷
各地新华书店经销

*

开本 880×1230 1/16 印张 39.25 字数 1 181 千字
2010 年 9 月第一版 2010 年 9 月第一次印刷

*

定价 220.00 元

ISBN 978-7-5066-6027-3

出 版 说 明

1.《中国国家标准汇编》是一部大型综合性国家标准全集。自1983年起，按国家标准顺序号以精装本、平装本两种装帧形式陆续分册汇编出版。它在一定程度上反映了我国建国以来标准化事业发展的基本情况和主要成就，是各级标准化管理机构，工矿企事业单位，农林牧副渔系统，科研、设计、教学等部门必不可少的工具书。

2.《中国国家标准汇编》收入我国每年正式发布的全部国家标准，分为"制定"卷和"修订"卷两种编辑版本。

"制定"卷收入上一年度我国发布的、新制定的国家标准，顺延前年度标准编号分成若干分册，封面和书脊上注明"20××年制定"字样及分册号，分册号一直连续。各分册中的标准是按照标准编号顺序连续排列的，如有标准顺序号缺号的，除特殊情况注明外，暂为空号。

"修订"卷收入上一年度我国发布的、修订的国家标准，视篇幅分设若干分册，但与"制定"卷分册号无关联，仅在封面和书脊上注明"20××年修订-1，-2，-3，……"字样。"修订"卷各分册中的标准，仍按标准编号顺序排列(但不连续)；如有遗漏的，均在当年最后一分册中补齐。需提请读者注意的是，个别非顺延前年度标准编号的新制定的国家标准没有收入在"制定"卷中，而是收入在"修订"卷中。

读者配套购买《中国国家标准汇编》"制定"卷和"修订"卷则可收齐上一年度我国制定和修订的全部国家标准。

3. 由于读者需求的变化，自1996年起，《中国国家标准汇编》仅出版精装本。

4. 2009年我国制修订国家标准共3158项。本分册为"2009年修订-1"，收入新制修订的国家标准32项。

中国标准出版社

2010年8月

目　　录

ICS 01.120
A 00

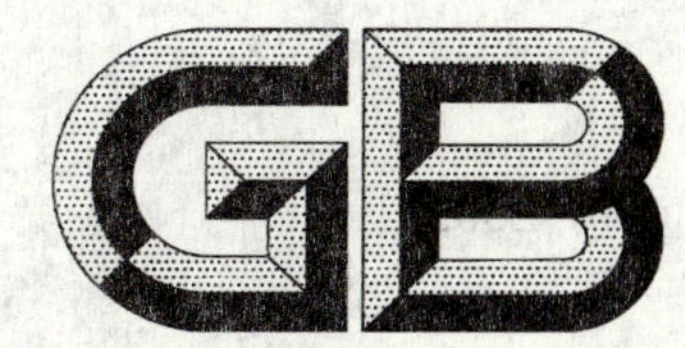

中华人民共和国国家标准

GB/T 1.1—2009
代替 GB/T 1.1—2000,GB/T 1.2—2002

标准化工作导则
第1部分:标准的结构和编写

Directives for standardization—
Part 1:Structure and drafting of standards

(ISO/IEC Directives—Part 2:2004,
Rules for the structure and drafting of International Standards,NEQ)

2009-06-17 发布 2010-01-01 实施

中华人民共和国国家质量监督检验检疫总局
中国国家标准化管理委员会 发布

前　言

GB/T 1《标准化工作导则》与GB/T 20000《标准化工作指南》、GB/T 20001《标准编写规则》和GB/T 20002《标准中特定内容的起草》共同构成支撑标准制修订工作的基础性系列国家标准。

GB/T 1《标准化工作导则》分为两个部分：

——第1部分：标准的结构和编写；

——第2部分：标准制定程序。

本部分为GB/T 1的第1部分。

本部分代替GB/T 1.1—2000《标准化工作导则　第1部分：标准的结构和编写规则》和GB/T 1.2—2002《标准化工作导则　第2部分：标准中规范性技术要素内容的确定方法》。本部分以GB/T 1.1—2000为主，整合了GB/T 1.2—2002的部分内容，与GB/T 1.1—2000相比，除编辑性修改外主要技术变化如下：

——增加了“应避免无标题条再分条”的规定以及可强调无标题条中的关键术语或短语的表述形式（见5.2.4）；

——增加了可强调列项中的关键术语或短语的表述形式（见5.2.6）；

——在前言的规定中，删除了附录性质的陈述，增加了标准编制所依据的起草规则、涉及专利的相关说明（见6.1.3，2000年版的6.1.3）；

——在引言的规定中，增加了标准涉及专利的相关说明（见6.1.4）；

——在规范性引用文件清单的规定中，增加了列出在线文件的规则（见6.2.3）；

——修改了在规范性引用文件清单所列的标准中标示与国际文件的对应关系的规定，只有正在起草的与国际文件存在一致性程度的我国标准，才需标示（见6.2.3，2000年版的6.2.3）；

——修改了规范性引用文件以及术语和定义的引导语（见6.2.3和6.3.2，2000年版的6.2.3和6.3.1）；

——删除了附录“术语和定义的起草和表述”，将与编写非术语标准中的“术语和定义”有关的内容移入正文中（见6.3.2，2000年版的附录C）；

——增加了“技术要素的选择”（见6.3.1）；

——删除了规范性技术要素中与产品标准有关的内容（见2000年版的6.3.4、6.3.5和6.3.7）；

——增加了“技术要素的表述”（见7.1.3）；

——增加了关于图的接排和分图的规则（见7.3.7和7.3.10）；

——增加了规范性引用标准之外的正式出版文件所遵守的原则（见8.1.3.1）；

——增加了说明相关专利的要求（见8.4和附录C）；

——增加了“数值的选择”（见8.5）；

——修改了目次的编排格式（见9.3，2000年版的7.3）；

——修改了章标题、条标题的行间距（见9.9.1，2000年版的7.6）；

——删除了列项中再分段的规定（见2000年版的7.7）；

——删除了多个附录接排的规定（见2000年版的7.13）；

——增加了图与其前面的条文、表与其后面的条文，图题和表题的行间距规定（见9.9.6）；

——增加了标准化项目标记的详细规定（见附录E）；

——增加了表示可能性的助动词，修改了助动词的等效表述形式（见附录F，2000年版的附录E）。

本部分使用重新起草法参考ISO/IEC导则第2部分：2004《国际标准的结构和起草规则》编制，与

ISO/IEC 导则第 2 部分的一致性程度为非等效。

本部分由全国标准化原理与方法标准化技术委员会(SAC/TC 286)归口。

本部分起草单位:中国标准化研究院、中国电子技术标准化研究所、中国标准出版社、机械科学研究总院、冶金工业信息标准研究院、建设部标准定额司、总装备部电子信息基础部标准化研究中心。

本部分主要起草人:白殿一、逄征虎、刘慎斋、陆锡林、白德美、强毅、魏绵、赵文慧、卫明、赵朝义、肖健。

本部分代替了 GB/T 1.1—2000 和 GB/T 1.2—2002。

GB/T 1.1—2000 的历次版本发布情况为:

——GB 1.1—1981、GB 1.1—1987、GB/T 1.1—1993;

——GB 1—1958、GB 1—1970、GB 1—1973、GB 1.2—1981、GB 1.2—1988、GB/T 1.2—1996。

GB/T 1.2—2002 的历次版本发布情况为:

——GB 1.3—1987、GB/T 1.3—1997;

——GB 1.7—1988。

引　言

近五十年来，GB/T 1 通过持续地实施以及不断地修订和完善，在我国标准制修订工作中发挥了重要的指导作用。GB/T 1.1—2000 和 GB/T 1.2—2002 发布以来，收到了许多标准使用者提出的修改意见和建议，在标准应用过程中也遇到了一些新的问题。此外，GB/T 1 依据的主要国际文件 ISO/IEC 导则已于 2004 年修订出版了第五版，该 ISO/IEC 导则分为两个部分，原第 3 部分已经与第 2 部分合并。为了适应我国标准化工作发展的需要，进一步与新版的 ISO/IEC 导则相协调，促进贸易和交流，有必要对GB/T 1进行修订。

GB/T 1.1 以前的各个版本均是以 ISO/IEC 导则为基础起草的。ISO/IEC 导则是以传统制造业为代表，以产品标准为例编写的，而 GB/T 1.1 是全国各行各业在编写标准时共同遵守的基础标准，它关注的范围理应更加广泛。因此，本次修订更加注重我国标准的自身特点，主要规定了普遍适用于各类标准的资料性概述要素、规范性一般要素和资料性补充要素以及规范性技术要素中的几个通用要素等内容的编写，而规范性技术要素中其他要素的编写在相关的基础标准（GB/T 20000、GB/T 20001 和 GB/T 20002）中进行规定。调整后的 GB/T 1.1 更加适用于各类标准的编写。

标准化工作导则
第1部分:标准的结构和编写

1 范围

GB/T 1的本部分规定了标准的结构、起草表述规则和编排格式,并给出了有关表述样式。

本部分适用于国家标准、行业标准和地方标准以及国家标准化指导性技术文件的编写,其他标准的编写可参照使用。

注:除非特殊说明,以下各章中的"标准",根据情况可以指"国家标准"、"行业标准"、"地方标准"和"国家标准化指导性技术文件"。

2 规范性引用文件

下列文件对于本文件的应用是必不可少的。凡是注日期的引用文件,仅注日期的版本适用于本文件。凡是不注日期的引用文件,其最新版本(包括所有的修改单)适用于本文件。

GB/T 321 优先数和优先数系(ISO 3)

GB 3100 国际单位制及其应用(ISO 1000)

GB 3101 有关量、单位和符号的一般原则(ISO 31-0)

GB 3102(所有部分) 量和单位[ISO 31(所有部分)]

GB/T 4728(所有部分) 电气简图用图形符号[IEC 60617(所有部分)]

GB/T 5094(所有部分) 工业系统、装置与设备以及工业产品 结构原则与参照代号[IEC 61346(所有部分)]

GB/T 5465.2 电气设备用图形符号 第2部分:图形符号(IEC 60417)

GB/T 6988(所有部分) 电气技术用文件的编制[IEC 61082(所有部分)]

GB/T 7714 文后参考文献著录规则(ISO 690)

GB/T 13394 电工技术用字母符号 旋转电机量的符号(IEC 27-4)

GB/T 14559 变化量的符号和单位(IEC 27-1)

GB/T 14691 技术制图 字体(ISO 3098-1,ISO 3098-2)

GB/T 15834 标点符号用法

GB/T 15835 出版物上数字用法的规定

GB/T 16273(所有部分) 设备用图形符号(ISO 7000)

GB/T 16499 安全出版物的编写及基础安全出版物和多专业共用安全出版物的应用导则(IEC Guide 104)

GB/T 16679 信号与连接线的代号(IEC 1175)

GB/T 17451 技术制图 图样画法 视图

GB/T 20000(所有部分) 标准化工作指南

GB/T 20001(所有部分) 标准编写规则

GB/T 20002(所有部分) 标准中特定内容的起草

GB/T 20063(所有部分) 简图用图形符号[ISO 14617(所有部分)]

ISO 7000 设备用图形符号 索引和一览表(Graphical symbols for use on equipment—Index and synopsis)

IEC 60027(所有部分) 电工技术用文字符号(Letter symbols to be used in electrical technology)

IEC 指南 106 规定设备性能等级环境条件的指南(Guide for specifying environmental conditions for equipment performance rating)

3 术语和定义

GB/T 20000.1 界定的以及下列术语和定义适用于本文件。为了便于使用,以下重复列出了 GB/T 20000.1中的某些术语和定义。

3.1

规范 specification

规定产品、过程或服务需要满足的要求的文件。

注:适宜时,规范宜指明可以判定其要求是否得到满足的程序。

3.2

规程 code of practice

为设备、构件或产品的设计、制造、安装、维护或使用而推荐惯例或程序的文件。

[GB/T 20000.1—2002,定义 2.3.5]

3.3

指南 guideline

给出某主题的一般性、原则性、方向性的信息、指导或建议的文件。

3.4

规范性要素 normative elements

声明符合标准而需要遵守的条款的要素。

3.4.1

规范性一般要素 general normative elements

描述标准的名称、范围,给出对于标准的使用必不可少的文件清单等要素。

3.4.2

规范性技术要素 technical normative elements

规定标准技术内容的要素。

3.5

资料性要素 informative elements

标示标准、介绍标准、提供标准附加信息的要素。

3.5.1

资料性概述要素 preliminary informative elements

标示标准,介绍内容,说明背景、制定情况以及该标准与其他标准或文件的关系的要素。

3.5.2

资料性补充要素 supplementary informative elements

提供有助于标准的理解或使用的附加信息的要素。

3.6

必备要素 required elements

在标准中不可缺少的要素。

3.7

可选要素 optional elements

在标准中存在与否取决于特定标准的具体需求的要素。

3.8

条款　provisions

规范性文件内容的表述方式，一般采取**要求**、**推荐**或**陈述**等形式。

注：条款的这些形式以其所用的措辞加以区分，例如，推荐用助动词“宜”，要求用助动词“应”。

3.8.1

要求　requirement

表达如果声明符合标准需要满足的准则，并且不准许存在偏差的**条款**。

注：表 F.1 规定的助动词用于表达要求。

3.8.2

推荐　recommendation

表达建议或指导的**条款**。

注：表 F.2 规定的助动词用于表达推荐。

3.8.3

陈述　statement

表达信息的**条款**。

注：表 F.3 规定的助动词用于表达在标准的界限内所允许的行动步骤。表 F.4 规定的助动词用于表达能力或可能性。

3.9

最新技术水平　state of the art

根据相关科学、技术和经验的综合成果判定的在一定时期内产品、过程或服务的技术能力的发展程度。

[GB/T 20000.1—2002，定义 2.1.4]

4 总则

4.1 目标

制定标准的目标是规定明确且无歧义的条款，以便促进贸易和交流。为此，标准应：

——在其范围所规定的界限内按需要力求完整；

——清楚和准确；

——充分考虑最新技术水平(见 3.9)；

——为未来技术发展提供框架；

——能被未参加标准编制的专业人员所理解。

4.2 统一性

每项标准或系列标准(或一项标准的不同部分)内，标准的文体和术语应保持一致。系列标准的每项标准(或一项标准的不同部分)的结构及其章、条的编号应尽可能相同。类似的条款应使用类似的措辞来表述；相同的条款应使用相同的措辞来表述。

每项标准或系列标准(或一项标准的不同部分)内，对于同一个概念应使用同一个术语。对于已定义的概念应避免使用同义词。每个选用的术语应尽可能只有惟一的含义。

4.3 协调性

为了达到所有标准整体协调的目的，标准的编写应遵守现行基础标准的有关条款，尤其涉及下列方面：

——标准化原理和方法；

——标准化术语；
——术语的原则和方法；
——量、单位及其符号；
——符号、代号和缩略语；
——参考文献的标引；
——技术制图和简图；
——技术文件编制；
——图形符号。

对于某些技术领域，标准的编写还应遵守涉及下列内容的现行基础标准的有关条款：

——极限、配合和表面特征；
——尺寸公差和测量的不确定度；
——优先数；
——统计方法；
——环境条件和有关试验；
——安全；
——电磁兼容；
——符合性和质量。

附录A给出了供参考的部分基础标准清单。

4.4 适用性

标准的内容应便于实施，并且易于被其他的标准或文件所引用。

4.5 一致性

如果有相应的国际文件，起草标准时应以其为基础并尽可能保持与国际文件相一致。与国际文件的一致性程度为等同、修改或非等效的我国标准的起草应符合 GB/T 20000.2 的规定。

4.6 规范性

在起草标准之前应确定标准的预计结构和内在关系，尤其应考虑内容的划分(见5.1)。如果标准分为多个部分，则应预先确定各个部分的名称。为了保证一项标准或一系列标准的及时发布，从起草工作开始到随后的所有阶段均应遵守 GB/T 1 的本部分规定的规则以及 GB/T 1 的另一部分[1]规定的程序，根据编写标准的具体情况还应遵守 GB/T 20000、GB/T 20001 和 GB/T 20002 相应部分的规定。

术语(词汇、术语集)标准、符号(图形符号、标志)标准、方法(化学分析方法)标准、产品标准、管理体系标准的技术内容的确定、起草、编写规则或指导原则分别见 GB/T 20001.1、GB/T 20001.2、GB/T 20001.4、GB/T 20001.5[2]、GB/T 20000.7。

5 结构

5.1 按内容划分

5.1.1 通则

由于标准之间的差异较大，较难建立一个普遍接受的内容划分规则。

1) 计划中的 GB/T 1.2《标准化工作导则　第2部分：标准制定程序》(参见前言)。

2) 计划中的 GB/T 20001.5《标准编写规则　第5部分：产品》。

通常,针对一个标准化对象应编制成一项标准并作为整体出版,特殊情况下,可编制成若干个单独的标准或在同一个标准顺序号下将一项标准分成若干个单独的部分。标准分成部分后,需要时,每一部分可以单独修订。

5.1.2 部分的划分

5.1.2.1 一项标准分成若干个单独的部分时,通常有诸如下列特殊需要或具体原因:

——标准篇幅过长;

——后续的内容相互关联;

——标准的某些内容可能被法规引用;

——标准的某些内容拟用于认证。

5.1.2.2 标准化对象的不同方面有可能分别引起各相关方(例如:生产者、认证机构、立法机关等)的关注时,应清楚地区分这些不同方面,最好将它们分别编制成一项标准的若干个单独的部分。例如,这些不同方面可能有:

——健康和安全要求;

——性能要求;

——维修和服务要求;

——安装规则;

——质量评定。

注:标准化对象的不同方面也可编制成若干项单独的标准,从而形成一组系列标准。

5.1.2.3 一项标准分成若干个单独的部分时,可使用下列两种方式:

a) 将标准化对象分为若干个特定方面,各个部分分别涉及其中的一个方面,并且能够单独使用。

示例 1:

第 1 部分:词汇

第 2 部分:要求

第 3 部分:试验方法

第 4 部分:……

示例 2:

第 1 部分:词汇

第 2 部分:谐波

第 3 部分:静电放电

第 4 部分:……

b) 将标准化对象分为通用和特殊两个方面,通用方面作为标准的第 1 部分,特殊方面(可修改或补充通用方面,不能单独使用)作为标准的其他各部分。

示例 3:

第 1 部分:一般要求

第 2 部分:热学要求

第 3 部分:空气纯净度要求

第 4 部分:声学要求

示例 4:

第 1 部分:通用要求

第 21 部分:电熨斗的特殊要求

第 22 部分:离心脱水机的特殊要求

第 23 部分:洗碗机的特殊要求

5.1.3 单独标准的内容划分

标准由各类要素构成。一项标准的要素可按下列方式进行分类:

a) 按要素的性质划分,可分为:
- 资料性要素;
- 规范性要素。

b) 按要素的性质以及它们在标准中的具体位置划分,可分为:
- 资料性概述要素;
- 规范性一般要素;
- 规范性技术要素;
- 资料性补充要素。

c) 按要素的必备的或可选的状态划分,可分为:
- 必备要素;
- 可选要素。

各类要素在标准中的典型编排以及每个要素所允许的表述方式如表1所示。

表1 标准中要素的典型编排

要素类型	要素[a]的编排	要素所允许的表述形式[a]
资料性概述要素	***封面***	**文字**(*标示标准的信息,见6.1.1*)
	目次	文字(*自动生成的内容,见6.1.2*)
	前言	**条文** *注* *脚注*
	引言	条文 图 *表* *注* *脚注*
规范性一般要素	**标准名称**	**文字**
	范围	**条文** 图 表 *注* *脚注*
	规范性引用文件	文件清单(规范性引用) *注* *脚注*
规范性技术要素	术语和定义 符号、代号和缩略语 要求 …… 规范性附录	条文 图 表 *注* *脚注*

表 1 标准中要素的典型编排(续)

要素类型	要素[a]的编排	要素所允许的表述形式[a]
资料性补充要素	*资料性附录*	*条文* *图* *表* *注* *脚注*
规范性技术要素	规范性附录	条文 图 表 *注* *脚注*
资料性补充要素	*参考文献*	*文件清单(资料性引用)* *脚注*
	索引	*文字(自动生成的内容,见 6.4.3)*
注:表中各类要素的前后顺序即其在标准中所呈现的具体位置。		
[a] 黑体表示“必备的”;正体表示“规范性的”;斜体表示“资料性的”。		

一项标准不一定包括表 1 中的所有规范性技术要素,然而可以包含表 1 之外的其他规范性技术要素。规范性技术要素的构成及其在标准中的编排顺序根据所起草的标准的具体情况而定。

5.2 按层次划分

5.2.1 概述

一项标准可能具有的层次见表 2。层次的详细编号示例参见附录 B。

表 2 层次及其编号示例

层 次	编号示例
部分	××××.1
章	5
条	5.1
条	5.1.1
段	[无编号]
列项	列项符号;字母编号 a)、b) 和下一层次的数字编号 1)、2)
附录	附录 A

5.2.2 部分

5.2.2.1 应使用阿拉伯数字从 1 开始对部分编号。部分的编号应置于标准顺序号之后,并用下脚点与标准顺序号隔开,例如:9999.1、9999.2 等。部分可以连续编号(见 5.1.2.3 的示例 1 至示例 3),也可以分组编号(见 5.1.2.3 的示例 4)。部分不应再分成分部分。

5.2.2.2 部分的名称的组成方式应符合 6.2.1 的规定。同一标准的各个部分名称的引导要素(如果有)和主体要素应相同,而补充要素应不同,以便区分各个部分。在每个部分的名称中,补充要素前均应使用部分编号标明“第×部分:”(×为与部分编号完全相同的阿拉伯数字)。

5.2.2.3 编写标准的每个部分应遵守GB/T 1的本部分对编写单独标准所规定的规则。

5.2.3 章

章是标准内容划分的基本单元。应使用阿拉伯数字从1开始对章编号。编号应从“范围”一章开始,一直连续到附录(见5.2.7)之前。

每一章均应有章标题,并应置于编号之后。

5.2.4 条

条是章的细分。应使用阿拉伯数字对条编号(参见附录B)。第一层次的条(例如5.1、5.2等)可分为第二层次的条(例如5.1.1、5.1.2等),需要时,一直可分到第五层次(例如5.1.1.1.1.1、5.1.1.1.1.2等)。

一个层次中有两个或两个以上的条时才可设条,例如,第10章中,如果没有10.2,就不应设10.1。应避免对无标题条再分条。

第一层次的条宜给出条标题,并应置于编号之后。第二层次的条可同样处理。某一章或条中,其下一个层次上的各条,有无标题应统一,例如,第10章的下一层次,10.1有标题,则10.2、10.3等也应有标题。

可将无标题条首句中的关键术语或短语标为黑体,以标明所涉及的主题。这类术语或短语不应列入目次。

5.2.5 段

段是章或条的细分。段不编号。

为了不在引用时产生混淆,应避免在章标题或条标题与下一层次条之间设段(称为“悬置段”)。

示例:

下面左侧所示,按照隶属关系,第5章不仅包括所标出的“悬置段”,还包括5.1和5.2。鉴于这种情况,在引用这些悬置段时有可能发生混淆。下面右侧示出避免混淆的方法之一:将左侧的悬置段编号并加标题“5.1 总则”(也可给出其他适当的标题),并且将左侧的5.1和5.2重新编号,依次改为5.2和5.3。避免混淆的其他方法还有,将悬置段移到别处或删除。

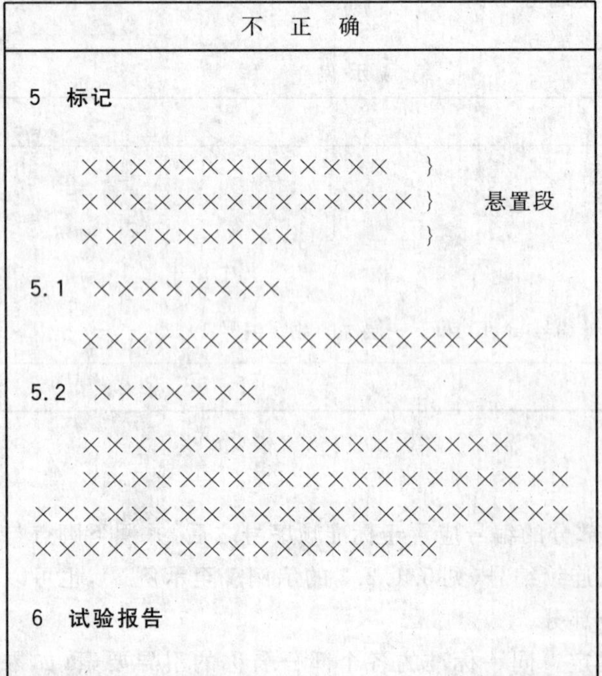

不 正 确

5 标记

×××××××××××××× }
××××××××××××××× } 悬置段
×××××××××× }

5.1 ××××××××

×××××××××××××××××××

5.2 ×××××××

×××××××××××××××××××
××××××××××××××××××××××
××××××××××××××××××××××××
××××××××××××××××××

6 试验报告

正 确

5 标记

5.1 总则

××××××××××××××
×××××××××××××××
××××××××××

5.2 ××××××××

××××××××××××××××××××

5.3 ×××××××

××××××××××××××××××
××××××××××××××××××××××
××××××××××××××××××××××××
××××××××××××××××××××××

6 试验报告

5.2.6 列项

列项应由一段后跟冒号的文字引出(见以下示例)。在列项的各项之前应使用列项符号("破折号"或"圆点")(见示例1、示例2),在一项标准的同一层次的列项中,使用破折号还是圆点应统一。列项中的项如果需要识别,应使用字母编号(后带半圆括号的小写拉丁字母)在各项之前进行标示。在字母编号的列项中,如果需要对某一项进一步细分成需要识别的若干分项,则应使用数字编号(后带半圆括号的阿拉伯数字)在各分项之前进行标示(见示例3)。

在列项的各项中,可将其中的关键术语或短语标为黑体,以标明各项所涉及的主题(见示例4)。这类术语或短语不应列入目次;如果有必要列入目次,则不应使用列项的形式,而应采用条的形式,将相应的术语或短语作为条标题(见5.2.4)。

示例1:

下列各类仪器不需要开关:

——在正常操作条件下,功耗不超过10 W的仪器;

——在任何故障条件下使用2 min,测得功耗不超过50 W的仪器;

——用于连续运转的仪器。

示例2:

仪器中的振动可能产生于:

- 转动部件的不平衡;
- 机座的轻微变形;
- 滚动轴承;
- 气动负载。

示例3:

图形标志与箭头的位置关系遵守以下规则:

a) 图形标志与箭头采用横向排列:
   1) 箭头指左向(含左上、左下)时,图形标志应位于右侧;
   2) 箭头指右向(含右上、右下)时,图形标志应位于左侧;
   3) 箭头指上向或下向时,图形标志宜位于右侧。
b) 图形标志与箭头采用纵向排列:
   1) 箭头指下向(含左下、右下)时,图形标志应位于上方;
   2) 其他情况,图形标志宜位于下方。

示例4:

前言应视情况依次给出下列内容:

a) **标准结构**的说明。对于系列标准或分部分标准,在第一项标准或标准的第1部分中说明标准的预计结构;在系列标准的每一项标准或分部分标准的每一部分中列出所有已经发布或计划发布的其他标准或其他部分的名称。
b) 标准编制所依据的**起草规则**,提及GB/T 1.1。
c) 标准**代替的全部或部分其他文件**的说明。给出被代替的标准(含修改单)或其他文件的编号和名称,列出与前一版本相比的主要技术变化。
d) 与**国际文件、国外文件关系**的说明。以国外文件为基础形成的标准,可在前言中陈述与相应文件的关系。与国际文件的一致性程度为等同、修改或非等效的标准,应按照GB/T 20000.2的有关规定陈述与对应国际文件的关系。

…………

5.2.7 附录

附录按其性质分为规范性附录(见6.3.6)和资料性附录(见6.4.1)。每个附录均应在正文或前言的相关条文中明确提及。附录的顺序应按在条文(从前言算起)中提及它的先后次序编排(前言中说明与前一版本相比的主要技术变化时,所提及的附录不作为编排附录顺序的依据)。

每个附录均应有编号。附录编号由“附录”和随后表明顺序的大写拉丁字母组成,字母从“A”开始,例如:“附录 A”、“附录 B”、“附录 C”等。只有一个附录时,仍应给出编号“附录 A”。附录编号下方应标明附录的性质,即“(规范性附录)”或“(资料性附录)”,再下方是附录标题。

每个附录中章、图、表和数学公式的编号均应重新从 1 开始,编号前应加上附录编号中表明顺序的大写字母,字母后跟下脚点。例如:附录 A 中的章用“A.1”、“A.2”、“A.3”等表示;图用“图 A.1”、“图 A.2”、“图 A.3”等表示。

6 要素的起草

6.1 资料性概述要素

6.1.1 封面

封面为必备要素,它应给出标示标准的信息,包括:标准的名称、英文译名、层次(国家标准为“中华人民共和国国家标准”字样)、标志、编号、国际标准分类号(ICS 号)、中国标准文献分类号、备案号(不适用于国家标准)、发布日期、实施日期、发布部门等。

如果标准代替了某个或几个标准,封面应给出被代替标准的编号;如果标准与国际文件的一致性程度为等同、修改或非等效,还应按照 GB/T 20000.2 的规定在封面上给出一致性程度标识。

标准征求意见稿和送审稿的封面显著位置应按附录 C 中 C.1 的规定,给出征集标准是否涉及专利的信息。

6.1.2 目次

目次为可选要素。为了显示标准的结构,方便查阅,设置目次是必要的。目次所列的各项内容和顺序如下:

a) 前言;
b) 引言;
c) 章;
d) 带有标题的条(需要时列出);
e) 附录;
f) 附录中的章(需要时列出);
g) 附录中的带有标题的条(需要时列出);
h) 参考文献;
i) 索引;
j) 图(需要时列出);
k) 表(需要时列出)。

目次不应列出“术语和定义”一章中的术语。电子文本的目次应自动生成。

6.1.3 前言

前言为必备要素,不应包含要求和推荐,也不应包含公式、图和表。前言应视情况依次给出下列内容:

a) 标准结构的说明。对于系列标准或分部分标准,在第一项标准或标准的第 1 部分中说明标准的预计结构;在系列标准的每一项标准或分部分标准的每一部分中列出所有已经发布或计划发布的其他标准或其他部分的名称。

b) 标准编制所依据的**起草规则**，提及 GB/T 1.1。

c) 标准**代替的全部或部分其他文件**的说明。给出被代替的标准(含修改单)或其他文件的编号和名称，列出与前一版本相比的主要技术变化。

d) **与国际文件、国外文件关系**的说明。以国外文件为基础形成的标准，可在前言中陈述与相应文件的关系。与国际文件的一致性程度为等同、修改或非等效的标准，应按照 GB/T 20000.2 的有关规定陈述与对应国际文件的关系。

e) 有关**专利**的说明。凡可能涉及专利的标准，如果尚未识别出涉及专利，则应按照 C.2 的规定，说明相关内容。

f) 标准的**提出**信息(可省略)或**归口**信息。如果标准由全国专业标准化技术委员会提出或归口，则应在相应技术委员会名称之后给出其国内代号，并加圆括号。使用下述适用的表述形式：

- “本标准由全国××××标准化技术委员会(SAC/TC ×××)提出。”
- “本标准由××××提出。”
- “本标准由全国××××标准化技术委员会(SAC/TC ×××)归口。”
- “本标准由××××归口。”

g) 标准的**起草单位和主要起草人**，使用以下表述形式：

- “本标准起草单位：……。”
- “本标准主要起草人：……。”

h) 标准所**代替标准的历次版本**发布情况。

针对不同的文件，应将以上列项中的“本标准……”改为“GB/T ×××××的本部分……”、“本部分……”或“本指导性技术文件……”。

6.1.4 引言

引言为可选要素。如果需要，则给出标准技术内容的特殊信息或说明，以及编制该标准的原因。引言不应包含要求。

如果已经识别出标准涉及专利，则在引言中应给出 C.3 所规定的相关内容。

引言不应编号。当引言的内容需要分条时，应仅对条编号，编为 0.1、0.2 等。

6.2 规范性一般要素

6.2.1 标准名称

标准名称为必备要素，应置于范围之前。标准名称应简练并明确表示出标准的主题，使之与其他标准相区分。标准名称不应涉及不必要的细节。必要的补充说明应在范围中给出。

标准名称应由几个尽可能短的要素组成，其顺序由一般到特殊。通常，所使用的要素不多于下述三种：

a) 引导要素(可选)：表示标准所属的领域(可使用该标准的归口标准化技术委员会的名称)；

b) 主体要素(必备)：表示上述领域内标准所涉及的主要对象；

c) 补充要素(可选)：表示上述主要对象的特定方面，或给出区分该标准(或该部分)与其他标准(或其他部分)的细节。

起草标准名称的详细规则见附录 D。

如果标准名称中使用了“规范”(见 3.1)、“规程”(见 3.2)、“指南”(见 3.3)等，则标准的技术要素的表述应符合 7.1.3 的规定。

6.2.2 范围

范围为必备要素，应置于标准正文的起始位置。范围应明确界定标准化对象和所涉及的各个方面，由此指明标准或其特定部分的适用界限。必要时，可指出标准不适用的界限。

如果标准分成若干个部分，则每个部分的范围只应界定该部分的标准化对象和所涉及的相关方面。

范围的陈述应简洁，以便能作内容提要使用。范围不应包含要求。

标准化对象的陈述应使用下列表述形式：

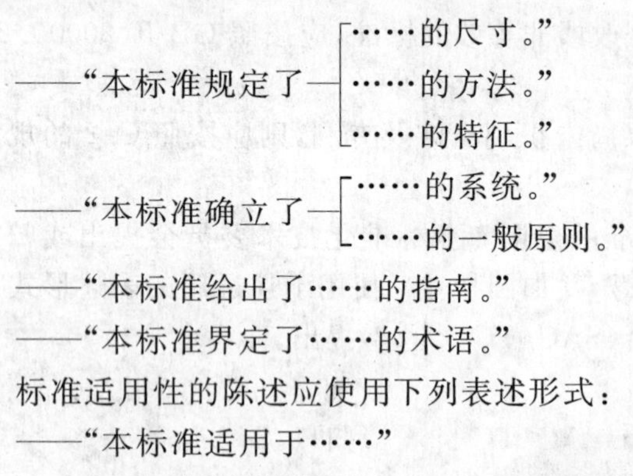

——“本标准规定了……的尺寸。”/“……的方法。”/“……的特征。”

——“本标准确立了……的系统。”/“……的一般原则。”

——“本标准给出了……的指南。”

——“本标准界定了……的术语。”

标准适用性的陈述应使用下列表述形式：

——“本标准适用于……”

——“本标准不适用于……”

针对不同的文件，应将上述列项中的“本标准……”改为“GB/T ×××××的本部分……”、“本部分……”或“本指导性技术文件……”。

6.2.3 规范性引用文件

规范性引用文件为可选要素，它应列出标准中规范性引用其他文件（见 8.1.3）的文件清单，这些文件经过标准条文的引用后，成为标准应用时必不可少的文件。文件清单中，对于标准条文中注日期引用的文件，应给出版本号或年号（引用标准时，给出标准代号、顺序号和年号）以及完整的标准名称；对于标准条文中不注日期引用的文件，则不应给出版本号或年号。标准条文中不注日期引用一项由多个部分组成的标准时，应在标准顺序号后标明“（所有部分）”及其标准名称中的相同部分，即引导要素（如果有）和主体要素（见附录 D）。

文件清单中，如列出国际标准、国外标准，应在标准编号后给出标准名称的中文译名，并在其后的圆括号中给出原文名称；列出非标准类文件的方法应符合 GB/T 7714 的规定。

如果引用的文件可在线获得，宜提供详细的获取和访问路径。应给出被引用文件的完整的网址（见 GB/T 7714）。为了保证溯源性，宜提供源网址。

示例：可从以下网址获得：〈http://www.abc.def/directory/filename-new.htm〉。

凡起草与国际文件存在一致性程度的我国标准，在其规范性引用文件清单所列的标准中，如果某些标准与国际文件存在着一致性程度，则应按照 GB/T 20000.2 的规定，标示这些标准与相应国际文件的一致性程度标识。具体标示方法见 GB/T 20000.2 的规定。

文件清单中引用文件的排列顺序为：国家标准（含国家标准化指导性技术文件）、行业标准、地方标准（仅适用于地方标准的编写）、国内有关文件、国际标准（含 ISO 标准、ISO/IEC 标准、IEC 标准）、ISO 或IEC 有关文件、其他国际标准以及其他国际有关文件。国家标准、国际标准按标准顺序号排列；行业标准、地方标准、其他国际标准先按标准代号的拉丁字母和（或）阿拉伯数字的顺序排列，再按标准顺序号排列。

文件清单不应包含：

——不能公开获得的文件；

——资料性引用文件；

——标准编制过程中参考过的文件。

上述文件根据需要可列入参考文献（见 6.4.2）。

规范性引用文件清单应由下述引导语引出：

“下列文件对于本文件的应用是必不可少的。凡是注日期的引用文件，仅注日期的版本适用于本文件。凡是不注日期的引用文件，其最新版本(包括所有的修改单)适用于本文件。”

6.3 规范性技术要素

6.3.1 技术要素的选择

6.3.1.1 目的性原则

标准中规范性技术要素的确定取决于编制标准的目的，最重要的目的是保证有关产品、过程或服务的适用性。一项标准或系列标准还可涉及或分别侧重其他目的，例如：促进相互理解和交流，保障健康，保证安全，保护环境或促进资源合理利用，控制接口，实现互换性、兼容性或相互配合以及品种控制等。

在标准中，通常不指明选择各项要求的目的[尽管在引言(见6.1.4)中可阐明标准和某些要求的目的]。然而，最重要的是在工作的最初阶段(不迟于征求意见稿)确定这些目的，以便决定标准所包含的要求。

在编制标准时应优先考虑涉及健康和安全的要求(见GB/T 20000.4、GB/T 20002.1和GB/T 16499)以及环境的要求(见GB/T 20000.5和IEC指南106)。

6.3.1.2 性能原则

只要可能，要求应由性能特性来表达，而不用设计和描述特性来表达，这种方法给技术发展留有最大的余地。如果采用性能特性的表述方式，要注意保证性能要求中不疏漏重要的特征。

6.3.1.3 可证实性原则

不论标准的目的如何，标准中应只列入那些能被证实的要求。标准中的要求应定量并使用明确的数值(表示方法见8.9)表示。不应仅使用定性的表述，如“足够坚固”或“适当的强度”等。

6.3.2 术语和定义

术语和定义为可选要素，它仅给出为理解标准中某些术语所必需的定义。术语宜按照概念层级进行分类和编排，分类的结果和排列顺序应由术语的条目编号来明确，应给每个术语一个条目编号。

对某概念建立有关术语和定义以前，应查找在其他标准中是否已经为该概念建立了术语和定义。如果已经建立，宜引用定义该概念的标准，不必重复定义；如果没有建立，则“术语和定义”一章中只应定义标准中所使用的并且是属于标准的范围所覆盖的概念，以及有助于理解这些定义的附加概念；如果标准中使用了属于标准范围之外的术语，可在标准中说明其含义，而不宜在“术语和定义”一章中给出该术语及其定义。

如果确有必要重复某术语已经标准化的定义，则应标明该定义出自的标准(见8.1.1)。如果不得不改写已经标准化的定义，则应加注说明。

示例1：

> 3.2
>
> **规程　code of practice**
>
> 为设备、构件或产品的设计、制造、安装、维护或使用而推荐惯例或程序的文件。
>
> [GB/T 20000.1—2002，定义2.3.5]

示例 2：

> 3.3
>
> **采用 adoption**
>
> 〈国家标准对国际标准〉以相应国际标准为基础编制，并标明了与其之间差异的国家规范性文件的发布。
>
> **注**：改写 GB/T 20000.1—2002，定义 2.10.1。

定义既不应包含要求，也不应写成要求的形式。定义的表述宜能在上下文中代替其术语。附加的信息应以示例或注的形式给出。适用于量的单位的信息应在注中给出。

术语条目应包括：条目编号、术语、英文对应词、定义。根据需要可增加：符号、概念的其他表述方式（例如：公式、图等）、示例、注等。

术语条目应由下述适当的引导语引出：

——仅仅标准中界定的术语和定义适用时，使用："下列术语和定义适用于本文件。"

——其他文件界定的术语和定义也适用时（例如，在一项分部分的标准中，第 1 部分中界定的术语和定义适用于几个或所有部分），使用："……界定的以及下列术语和定义适用于本文件。"

——仅仅其他文件界定的术语和定义适用时，使用："……界定的术语和定义适用于本文件。"

6.3.3 符号、代号和缩略语

符号、代号和缩略语为可选要素，它给出为理解标准所必需的符号、代号和缩略语清单。

除非为了反映技术准则需要以特定次序列出，所有符号、代号和缩略语宜按以下次序以字母顺序列出：

——大写拉丁字母置于小写拉丁字母之前（A、a、B、b 等）；

——无角标的字母置于有角标的字母之前，有字母角标的字母置于有数字角标的字母之前（B、b、C、C_m、C_2、c、d、d_{ext}、d_{int}、d_1 等）；

——希腊字母置于拉丁字母之后（Z、z、A、α、B、β、…、Λ、λ 等）；

——其他特殊符号和文字。

为了方便，该要素可与要素"术语和定义"（见 6.3.2）合并。可将术语和定义、符号、代号、缩略语以及量的单位放在一个复合标题之下。

6.3.4 要求

要求为可选要素，它应包含下述内容：

a) 直接或以引用方式给出标准涉及的产品、过程或服务等方面的所有特性；

b) 可量化特性所要求的极限值；

c) 针对每个要求，引用测定或检验特性值的试验方法，或者直接规定试验方法。

要求的表述应与陈述和推荐的表述有明显的区别。

该要素中不应包含合同要求（有关索赔、担保、费用结算等）和法律或法规的要求。

6.3.5 分类、标记和编码

分类、标记和编码为可选要素，它可为符合规定要求的产品、过程或服务建立一个分类、标记（见附录 E）和（或）编码体系。为了便于标准的编写，该要素也可并入要求（见 6.3.4）。

如果包含有关标记的要求，应符合附录 E 的规定。

6.3.6 规范性附录

规范性附录为可选要素，它给出标准正文的附加或补充条款。附录的规范性的性质（相对资料性附

录而言，见 6.4.1)应通过下述方式加以明确：

——条文中提及时的措辞方式，例如“符合附录 A 的规定”、“见附录 C”等；

——目次(见 6.1.2)中和附录编号下方标明(见 5.2.7)。

6.4 资料性补充要素

6.4.1 资料性附录

6.4.1.1 资料性附录为可选要素，它给出有助于理解或使用标准的附加信息。除了 6.4.1.2 所描述的内容外，该要素不应包含要求。附录的资料性的性质(相对规范性附录而言，见 6.3.6)应通过下述方式加以明确：

——条文中提及时的措辞方式，例如“参见附录 B”；

——目次(见 6.1.2)中和附录编号下方标明(见 5.2.7)。

6.4.1.2 资料性附录可包含可选要求。例如，一个可选的试验方法可包含要求，但在声明符合标准时，并不需要符合这些要求。

6.4.2 参考文献

参考文献为可选要素。如果有参考文献，则应置于最后一个附录之后。

文献清单中每个参考文献前应在方括号中给出序号。文献清单中所列的文献(含在线文献)以及文献的排列顺序等均应符合 6.2.3 的相关规定。然而，如列出国际标准、国外标准和其他文献无须给出中文译名。

6.4.3 索引

索引为可选要素。如果有索引，则应作为标准的最后一个要素。电子文本的索引宜自动生成。

7 要素的表述

7.1 通则

7.1.1 条款的类型

不同类型条款的组合构成了标准中的各类要素。标准中的条款可分为：

——要求型条款(见 3.8.1)；

——推荐型条款(见 3.8.2)；

——陈述型条款(见 3.8.3)。

7.1.2 条款表述所用的助动词

标准中的要求应容易识别，因此包含要求的条款应与其他类型的条款相区分。表述不同类型的条款应使用不同的助动词，各类条款所使用的助动词见附录 F 中表 F.1 至表 F.4 的第一栏。只有在特殊情况下由于措辞的原因不能使用第一栏的表述形式时，才可使用第二栏给出的等效表述形式。

7.1.3 技术要素的表述

标准名称中含有“规范”，则标准中应包含要素“要求”以及相应的验证方法；标准名称中含有“规程”，则标准宜以推荐和建议的形式起草；标准名称中含有“指南”，则标准中不应包含要求型条款，适宜时，可采用建议的形式。

在起草上述标准的各类技术要素时，应使用附录 F 中适当的助动词，以明确区分不同类型的条款。

7.1.4 汉字和标点符号

标准中应使用规范汉字。标准中使用的标点符号应符合 GB/T 15834 的规定。

7.2 条文的注、示例和脚注

7.2.1 条文的注和示例

条文的注和示例的性质为资料性。在注和示例中应只给出有助于理解或使用标准的附加信息,不应包含要求或对于标准的应用是必不可少的任何信息。

示例:

下列“注”的起草不正确,因为它包含了要求(请注意黑体字和示例后括号内的解释),明显不构成“附加信息”。

注:选择在……载荷下试验。(此处用祈使句表达的指示是一个要求,见 3.8.1)

注和示例宜置于所涉及的章、条或段的下方。

章或条中只有一个注,应在注的第一行文字前标明“注:”。同一章(不分条)或条中有几个注,应标明“注 1:”、“注 2:”、“注 3:”等。

章或条中只有一个示例,应在示例的具体内容之前标明“示例:”。同一章(不分条)或条中有几个示例,应标明“示例 1:”、“示例 2:”、“示例 3:”等。

7.2.2 条文的脚注

条文的脚注的性质为资料性,应尽量少用。条文的脚注用于提供附加信息,不应包含要求或对于标准的应用是必不可少的任何信息。(图和表的脚注遵守另外的规则,见 7.3.9 和 7.4.7)

条文的脚注应置于相关页面的下边。脚注和条文之间用一条细实线分开。细实线长度为版心宽度的四分之一,置于页面左侧。

通常应使用阿拉伯数字(后带半圆括号)从 1 开始对条文的脚注进行编号,条文的脚注编号从“前言”开始全文连续,即 1)、2)、3)等。在条文中需注释的词或句子之后应使用与脚注编号相同的上标数字$^{1)}$、$^{2)}$、$^{3)}$等标明脚注。

某些情况下,例如为了避免和上标数字混淆,可用一个或多个星号,即*、**、***代替条文脚注的数字编号。

7.3 图

7.3.1 用法

如果用图提供信息更有利于标准的理解,则宜使用图。每幅图在条文中均应明确提及。

7.3.2 形式

应采用绘制形式的图,只有在确需连续色调的图片时,才可使用照片。应提供准确的制版用图,宜提供计算机制作的图。

7.3.3 编号

每幅图均应有编号。图的编号由“图”和从 1 开始的阿拉伯数字组成,例如“图 1”、“图 2”等。只有一幅图时,仍应给出编号“图 1”。图的编号从引言开始一直连续到附录之前,并与章、条和表的编号无关。

分图的编号见 7.3.10.2。附录中图的编号见 5.2.7。

7.3.4 图题

图题即图的名称。每幅图宜有图题。标准中的图有无图题应统一。

7.3.5 字母符号、字体和序号

一般情况下，图中用于表示角度量或线性量的字母符号应符合 GB 3102.1 的规定，必要时，使用下标以区分特定符号的不同用途。

图中表示各种长度时使用符号系列 l_1、l_2、l_3 等，而不使用诸如 A、B、C 或 a、b、c 等符号。

图中的字体应符合 GB/T 14691 的规定。斜体字应该用于：

——代表量的符号；

——代表量的下标符号；

——代表数的符号。

正体字应该用于所有其他情况。

在插图中，应使用零、部件序号(参见 GB/T 4458.2)或脚注(见 7.3.9)代替文字描述，文字描述的内容在说明的序号含义或脚注中给出。

如果所有量的单位均相同，宜在图的右上方用一句适当的陈述(例如“单位为毫米”)表示。

示例：

单位为毫米

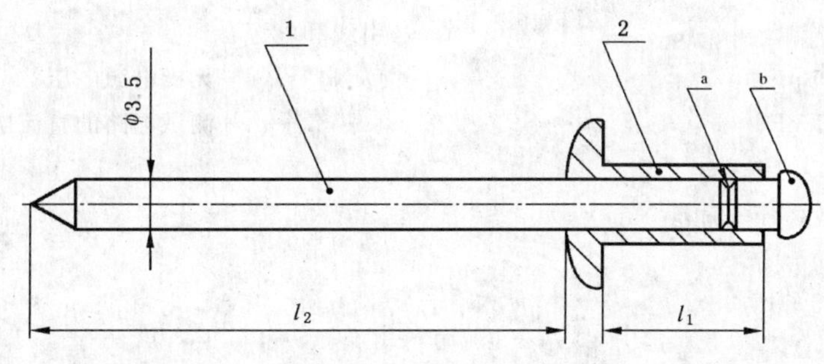

l_1	l_2
6	27
12	
20	
30	

说明：

1——钉芯；

2——钉体。

钉芯的设计应保证：安装时，钉体变形、胀粗，之后钉芯抽断。

注：此图所示为开口型平圆头抽芯铆钉。

[a] 断裂槽应滚压成型。

[b] 钉芯头的形状与尺寸由制造者确定。

图 × 抽芯铆钉

7.3.6 技术制图、简图和图形符号

技术制图应按照 GB/T 17451 等有关标准绘制(参见 A.8)。电气简图,诸如电路图和接线图(例如:试验电路)等,应按照 GB/T 6988 绘制。

设备用图形符号应符合 GB/T 5465.2、GB/T 16273 和 ISO 7000 的规定。电气简图和机械简图用图形符号应符合 GB/T 4728、GB/T 20063 等标准的规定。

参照代号和信号代号应分别符合 GB/T 5094 和 GB/T 16679 的规定。

示例:

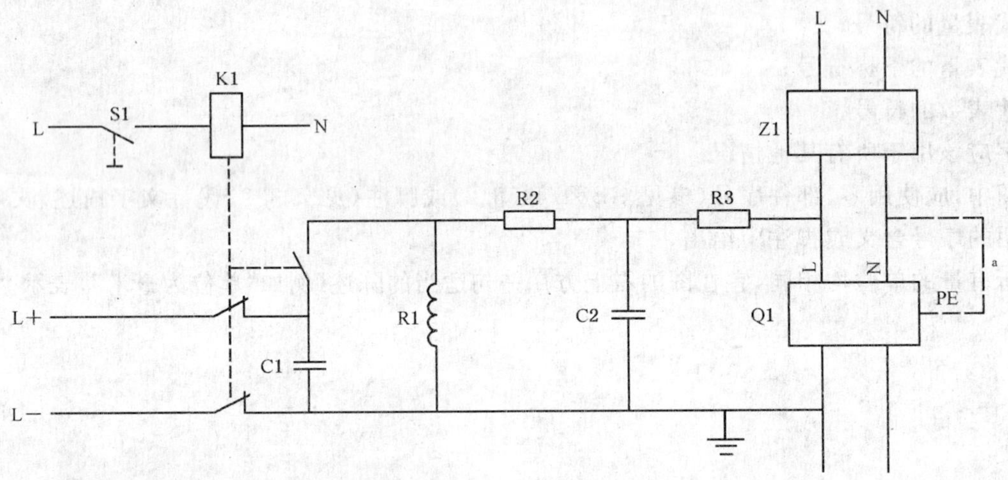

元件:

C1——电容器 C=0.5 μF;

C2——电容器 C=0.5 nF;

K1——继电器;

Q1——测试的 RCCB(具有终端 L,N 和 PE);

R1——电感器 L=0.5 μH;

R2——电阻器 R=2.5 Ω;

R3——电阻器 R=25 Ω;

S1——手控开关;

Z1——滤波器。

引线和电源:

L,N ——无极电源电压;

L+,L− ——测试电路的直流电源。

[a] 如果被测试的对象具有 PE 端子,则需引线。

图 × 校验误断路电阻的测试电路示例

7.3.7 图的接排

如果某幅图需要转页接排,在随后接排该图的各页上应重复图的编号、图题(可选)和“(续)”,如下所示:

图 ×(续)

续图均应重复关于单位的陈述。

7.3.8 图注

图注应区别于条文的注(见 7.2.1)。图注应置于图题之上,图的脚注之前。图中只有一个注时,应

在注的第一行文字前标明“注:”;图中有多个注时,应标明“注 1:”、“注 2:”、“注 3:”等。每幅图的图注应单独编号。(见 7.3.5 的示例)

图注不应包含要求或对于标准的应用是必不可少的任何信息。关于图的内容的任何要求应在条文、图的脚注或图和图题之间的段中给出。

7.3.9 图的脚注

图的脚注应区别于条文的脚注(见 7.2.2)。图的脚注应置于图题之上,并紧跟图注。应使用上标形式的小写拉丁字母从“a”开始对图的脚注进行编号,即[a]、[b]、[c]等。在图中需注释的位置应以相同上标形式的小写拉丁字母标明图的脚注。每幅图的脚注应单独编号。(见 7.3.5 的示例)

图的脚注可包含要求。因此,起草图的脚注的内容时,应使用附录 F 中适当的助动词,以明确区分不同类型的条款。

7.3.10 分图

7.3.10.1 用法

分图会给标准的编排和管理增加麻烦,只要可能,通常宜避免使用。当分图对理解标准的内容必不可少时,才可使用。

零、部件不同方向的视图、剖面图、断面图和局部放大图不应作为分图。

7.3.10.2 编号和编排

只准许对图作一个层次的细分。分图应使用字母编号(后带半圆括号的小写拉丁字母)[例如:图 1 可包含分图 a)、b)、c)等],不应使用其他形式的编号(例如:1.1 、1.2 、…, 1-1、1-2、…,等)。

示例:

关于单位的陈述

a) 分图题　　　　b) 分图题

说明:

1——说明的内容

2——说明的内容

段(可包含要求)

注:图注的内容

[a] 图的脚注的内容

图 × 图题

如果每个分图中均包含了各自的说明、图注或图的脚注,则不应作为分图处理,而应作为单独编号的图。

7.4 表

7.4.1 用法

如果用表提供信息更有利于标准的理解，则宜使用表。每个表在条文中均应明确提及。

不准许表中有表，也不准许将表再分为次级表。

7.4.2 编号

每个表均应有编号。表的编号由“表”和从1开始的阿拉伯数字组成，例如“表1”、“表2”等。只有一个表时，仍应给出编号“表1”。表的编号从引言开始一直连续到附录之前，并与章、条和图的编号无关。

附录中表的编号见5.2.7。

7.4.3 表题

表题即表的名称。每个表宜有表题，标准中的表有无表题应统一。

示例：

表× 表题

××××	××××	××××	××××

7.4.4 表头

每个表应有表头。表栏中使用的单位一般应置于相应栏的表头中量的名称之下。

示例1：

类型	线密度 kg/m	内圆直径 mm	外圆直径 mm

适用时，表头中可用量和单位的符号表示(见示例2)。需要时，可在提及表的陈述中或在表注中对相应的符号予以解释。又见8.8.1.2。

示例2：

类型	ρ_l/(kg/m)	d/mm	D/mm

如果表中所有单位均相同，宜在表的右上方用一句适当的陈述(例如“单位为毫米”)代替各栏中的单位。

示例3：

单位为毫米

类型	长度	内圆直径	外圆直径

表头中不准许使用斜线，见示例4。正确表头的形式见示例5。

示例4：

类型 尺寸	A	B	C

示例5：

<table>
<tr><td rowspan="2">尺　寸</td><td colspan="3">类　型</td></tr>
<tr><td>A</td><td>B</td><td>C</td></tr>
<tr><td></td><td></td><td></td><td></td></tr>
</table>

7.4.5 表的接排

如果某个表需要转页接排，则随后接排该表的各页上应重复表的编号、表题（可选）和"（续）"，如下所示：

表 ×（续）

续表均应重复表头和关于单位的陈述。

7.4.6 表注

表注应区别于条文的注（见7.2.1）。表注应置于表中，并位于表的脚注之前。表中只有一个注时，应在注的第一行文字前标明"注："；表中有多个注时，应标明"注1："、"注2："、"注3："等。每个表的表注应单独编号。

示例：

单位为毫米

<table>
<tr><td>类　型</td><td>长　度</td><td>内圆直径</td><td>外圆直径</td></tr>
<tr><td></td><td>l_1^{a}</td><td>d_1</td><td></td></tr>
<tr><td></td><td>l_2</td><td>$d_2^{b,c}$</td><td></td></tr>
<tr><td colspan="4">段（可包含要求）
注1：表注的内容
注2：表注的内容</td></tr>
<tr><td colspan="4">a 表的脚注的内容
b 表的脚注的内容
c 表的脚注的内容</td></tr>
</table>

表注不应包含要求或对于标准的应用是必不可少的任何信息。关于表的内容的任何要求应在条文、表的脚注或表内的段中给出。

7.4.7 表的脚注

表的脚注应区别于条文的脚注(见7.2.2)。表的脚注应置于表中,并紧跟表注。应用上标形式的小写拉丁字母从"a"开始对表的脚注进行编号,即[a]、[b]、[c]等。在表中需注释的位置应以相同的上标形式的小写拉丁字母标明表的脚注。每个表的脚注应单独编号。(见7.4.6的示例)

表的脚注可包含要求。因此,起草表的脚注的内容时,应使用附录F中适当的助动词,以明确区分不同类型的条款。

8 其他规则

8.1 引用

8.1.1 通则

编写标准时,经常需要在条文中重复标准本身的或其他文件的内容,以便给使用者提供参考或指示使用者需要符合的其他条款。这时,为了避免标准间的不协调、标准篇幅过大以及抄录错误等,通常不应抄录需重复的具体内容,而应采取引用的方式。然而,特殊情况下,如果认为有必要重复抄录其他文件中的少量内容,则应在所抄录的内容之后的方括号中准确地标明出处。

引用应使用8.1.2至8.1.4所示的方式,而不应使用页码。引用其他文件的详细规则见GB/T 20000.3。

8.1.2 提及标准本身的内容

8.1.2.1 提及标准本身

标准条文中将标准本身作为一个整体提及时,应使用下述适用的表述形式:

——"本标准……"(提及单独的标准);

——"本指导性技术文件……"(提及国家标准化指导性技术文件)。

标准分为多个单独的部分时,如果其中某个部分的条文中提及本身的部分时,应使用下述表述形式:

——"GB/T 20501的本部分……";

——"本部分……"。

如果分部分标准中的某部分提及其所在标准的所有部分时,应与提及其他标准的方式相同,表述形式为:"GB 3102……"。

上述表述形式不适用于"规范性引用文件"(见6.2.3)和"术语和定义"(见6.3.2)章中的引导语,也不适用于有关专利内容的说明(见附录C)。

8.1.2.2 提及标准本身的具体内容

规范性提及标准中的具体内容,应使用诸如下列表述方式:

——"按第3章的要求";

——"符合3.1.1给出的细节";

——"按3.1b)的规定";

——"按B.2给出的要求";

——"符合附录C的规定";

——"见公式(3)";

——"符合表2的尺寸系列"。

资料性提及标准中的具体内容，以及提及标准中的资料性内容时，应使用下列资料性的提及方式：

——“参见 4.2.1”；

——“相关信息参见附录 B”；

——“见表 2 的注”；

——“见 6.6.3 的示例 2”；

——“(参见表 B.2)”；

——“(参见图 3)”。

8.1.3 引用其他文件

8.1.3.1 通则

原则上，被引用的文件应是国家标准、行业标准、国家标准化指导性技术文件或国际标准。然而，其他正式出版的文件，只要经过相关标准(即需引用这些文件的标准)的归口标准化技术委员会或该标准的审查会议确认符合下列条件，则允许以规范性方式加以引用：

——具有广泛可接受性和权威性，并且能够公开获得；

——作者或出版者(知道时)已经同意该文件被引用，并且当函索时，能从作者或出版者那里得到这些文件；

——作者或出版者(知道时)已经同意，将他们修订该文件的打算以及修订所涉及的要点及时通知相关标准的归口标准化技术委员会或归口单位。

引用其他文件可注日期，也可不注日期。标准中所有被规范性引用的文件，无论是注日期，还是不注日期，均应在“规范性引用文件”一章中列出(见 6.2.3)。标准中被资料性引用的文件，如需要，宜在“参考文献”中列出(见 6.4.2)。在标准条文中，规范性引用文件和资料性引用文件的表述应明确区分。

8.1.3.2 注日期引用

注日期引用是指引用指定的版本，用年号表示。凡引用了被引用文件中的具体章或条、附录、图或表的编号，均应注日期。

对于注日期引用，如果随后被引用的文件有修改单或修订版，适用时，引用这些文件的标准可发布其本身的修改单，以便引用被引用文件的修改单或修订版的内容。

注日期引用时，使用下列表述方式：

——“……GB/T 2423.1—2001 给出了相应的试验方法，……”(注日期引用其他标准的特定部分)；

——“……遵守 GB/T 16900—2008 第 5 章……”(注日期引用其他标准中具体的章)；

——“……应符合 GB/T 10001.1—2006 表 1 中规定的……”(注日期引用其他标准的特定部分中具体的表)。

引用其他文件中的段或列项中无编号的项，使用下列表述方式：

——“……按 GB/T ×××××—2005，3.1 中第二段的规定”；

——“……按 GB/T ×××××—2003，4.2 中列项的第二项规定”；

——“……按 GB/T ×××××.1—2006，5.2 中第二个列项的第三项规定”。

8.1.3.3 不注日期引用

不注日期引用是指引用文件的最新版本(包括所有的修改单)，具体表述时不应提及年号或版本号。

对于规范性的引用，根据引用某文件的目的，在可接受该文件将来的所有改变时，才可不注日期引用文件。为此，引用时应引用完整的文件(包括标准的某个部分)，或者不提及被引用文件中的具体章或条、附录、图或表的编号。

对于资料性的引用，只要引用完整的文件(包括标准的某个部分)，或者不提及被引用文件中的具体章或条、附录、图或表的编号，即可不注日期。

不注日期引用时，使用下列表述方式：

——“……按 GB/T 4457.4 和 GB/T 4458 规定的……”；

——“……参见 GB/T 16273……”。

8.1.4 部分之间的引用

对于分部分标准内部的不同部分之间的引用，应注意从一个部分引用另一个部分的准确性。因此，一般情况下应遵守引用其他文件的规定(见 8.1.3)。在保证一个标准的不同部分中相应的改变能同步进行时，允许不注日期引用。

注：一个标准的不同部分通常由同一个标准化技术委员会管理，因此，不同部分的同步修订是可能的。

8.2 全称、简称和缩略语

标准中使用的组织机构的全称和简称(或外文缩写)应与这些组织机构所使用的全称和简称(或外文缩写)相同。

如果在标准中某个词语需要使用简称，则在条文中第一次出现该词语时，应在其后的圆括号中给出简称，以后则应使用该简称。

如果标准中未给出缩略语清单(见 6.3.3)，则在标准的条文中第一次出现某缩略语时，应先给出完整的中文词语或术语，在其后的圆括号中给出缩略语，以后则使用该缩略语。

应慎重使用由拉丁字母组成的缩略语，只有在不引起混淆的情况下才使用。仅仅在标准中随后需要多次使用某缩略语时，才应规定该缩略语。

一般的原则为，缩略语由大写拉丁字母组成，每个字母后面没有下脚点(例如：DNA)。特殊情况下，来源于字词首字母的缩略语由小写拉丁字母组成，每个字母后有一个下脚点(例如：a.c.)。

8.3 商品名

应给出产品的正确名称或描述，而不应给出产品的商品名(品牌名)。特定产品的专用商品名(商标)，即使是通常使用的，也宜尽可能避免。如果在特殊情况下不能避免使用商品名，则应指明其性质，例如，用注册商标符号®注明。

示例：最好用“聚四氟乙烯(PTFE)”，而不用“特氟纶®”。

如果适用某标准的产品目前只有一种，则在该标准的条文中可以给出该产品的商品名，但应附上具有如下内容的脚注：

“×) ……[产品的商品名]……是由……[供应商]……提供的产品的商品名。给出这一信息是为了方便本标准的使用者，并不表示对该产品的认可。如果其他等效产品具有相同的效果，则可使用这些等效产品。”

如果由于产品特性难以详细描述，而有必要给出适用某标准的市售产品的一个或多个实例，则可在具有如下内容的脚注中给出这些商品名。

“×) ……[产品(或多个产品)的商品名(或多个商品名)]……是适合的市售产品的实例(或多个实例)。给出这一信息是为了方便本标准的使用者，并不表示对这一(这些)产品的认可。”

8.4 专利

标准中与专利有关的事项应遵守附录 C 的规定。

8.5 数值的选择

8.5.1 极限值

根据特性的用途可规定极限值[最大值和(或)最小值]。通常一个特性规定一个极限值,但有多个广泛使用的类型或等级时,则需要规定多个极限值。

8.5.2 可选值

根据特性的用途,特别是品种控制和某些接口的用途,可选择多个数值或数系。适合时,数值或数系应按照GB/T 321(进一步的指南参见GB/T 19763和GB/T 19764)给出的优先数系,或者按照模数制或其他决定性因素进行选择。

当试图对一个拟定的数系进行标准化时,应检查是否有现成的被广泛接受的数系。

采用优先数系时,宜注意非整数(例如:数3.15)有时可能带来不便或要求不必要的高精度。这时,需要对非整数进行修约(参见GB/T 19764)。宜避免由于同一标准中同时包含了精确值和修约值,而导致不同使用者选择不同的值。

8.6 数和数值的表示

8.6.1 任何数,均应从小数点符号起,向左或向右每三位数字为一组,组间空四分之一个汉字的间隙,但表示年号的四位数除外。

示例:23 456 2 345 2.345 2.345 6 2.345 67 2008(年号)

8.6.2 为了清晰起见,数和(或)数值相乘应使用乘号“×”,而不使用圆点。

示例:写作 1.8×10^{-3}(不写作 $1.8\cdot10^{-3}$)

8.6.3 表示物理量的数值,应使用后跟法定计量单位符号(见GB 3100~3102和IEC 60027)的阿拉伯数字。

8.6.4 标准中数字的用法应符合GB/T 15835的规定。

8.7 量、单位及其符号

应使用GB 3101、GB 3102规定的法定计量单位。只要可能,就应从GB 3101、GB 3102、GB/T 13394、GB/T 14559和IEC 60027中选择量的符号。进一步的应用规则见GB 3100。

表示量值时,应写出其单位。

度、分和秒(平面角)的单位符号应紧跟数值后;所有其他单位符号前应空四分之一个汉字的间隙,参见附录G。

数学符号应符合GB 3102.11的规定。

标准中使用的量和单位参见附录G。

8.8 数学公式

8.8.1 公式的类型

8.8.1.1 在量关系式和数值关系式之间应首选前者。公式应以正确的数学形式表示,由字母符号表示的变量,应随公式对其含义进行解释,但已在“符号、代号和缩略语”一章中(见6.3.3)列出的字母符号除外。

示例1所示为量关系式的式样:

示例1:

$$v=\frac{l}{t}$$

式中：

v ——匀速运动质点的速度；

l ——运行距离；

t ——时间间隔。

示例 2 给出了特殊情况下使用数值关系式的式样：

示例 2：

$$v = 3.6 \times \frac{l}{t}$$

式中：

v ——匀速运动质点的速度的数值，单位为千米每小时(km/h)；

l ——运行距离的数值，单位为米(m)；

t ——时间间隔的数值，单位为秒(s)。

一项标准中同一符号绝不应既表示一个物理量，又表示其对应的数值。例如，在同一项标准内既使用示例 1 的公式，又使用示例 2 的公式，就会意味着 1=3.6，这显然不正确。

公式不应使用量的名称或描述量的术语表示。量的名称或多字母缩略术语，不论正体或斜体，亦不论是否含有下标，均不应用来代替量的符号。

示例 3：

写作

$$\rho = \frac{m}{V}$$

而不写作

$$\text{密度} = \frac{\textit{质量}}{\textit{体积}}$$

示例 4：

写作

$$\dim(E) = \dim(F) \times \dim(l)$$

式中：

E ——能量；

F ——力；

l ——长度。

而不写作

$$\dim(\text{能量}) = \dim(\text{力}) \times \dim(\text{长度})$$

或

$$\dim(\textit{能量}) = \dim(\textit{力}) \times \dim(\textit{长度})$$

示例 5：

写作

$$t_i = \sqrt{\frac{S_{\mathrm{ME},i}}{S_{\mathrm{MR},i}}}$$

式中：

t_i ——系统 i 的统计量；

$S_{\mathrm{ME},i}$ ——系统 i 的残差均方；

$S_{\mathrm{MR},i}$ ——系统 i 由于回归产生的均方。

而不写作

$$t_i = \sqrt{\frac{MSE_i}{MSR_i}}$$

式中：

t_i ——系统 i 的统计量；

MSE_i ——系统 i 的残差均方；

MSR_i ——系统 i 由于回归产生的均方。

8.8.1.2 在曲线图的坐标轴上和表的表头中尤其适合使用如下数值表示法：

$\frac{v}{\mathrm{km/h}}$、$\frac{l}{\mathrm{m}}$和$\frac{t}{\mathrm{s}}$或 $v/(\mathrm{km/h})$、l/m 和 t/s

8.8.2 公式的表示

在条文中应避免使用多于一行的表示形式(见示例1)。在公式中应尽可能避免使用多于一个层次的上标或下标符号(见示例2),还应避免使用多于两行的表示形式(见示例3)。

示例1:在条文中,a/b 优于 $\frac{a}{b}$。

示例2:$D_{1,\max}$ 优于 $D_{1_{\max}}$。

示例3:在公式中,使用

$$\frac{\sin[(N+1)\varphi/2]\sin(N\varphi/2)}{\sin(\varphi/2)}$$

而不使用

$$\frac{\sin\left[\frac{(N+1)}{2}\varphi\right]\sin\left(\frac{N}{2}\varphi\right)}{\sin\frac{\varphi}{2}}$$

数学公式的其他表示形式见示例4至示例6。

示例4:

$$-\frac{\partial W}{\partial x}+\frac{\mathrm{d}}{\mathrm{d}t}\frac{\partial W}{\partial \dot{x}}=Q\left[\left(-\mathbf{grad}V-\frac{\partial A}{\partial t}\right)_x+(v\times\mathbf{rot}A)_x\right]$$

式中:

W ——动势;

x ——x 坐标;

t ——时间;

$\dot{x}$ ——x 的时间导数;

Q ——电荷;

V ——电位;

A ——磁矢位;

v ——速度。

示例5:

$$\frac{x(t_1)}{x(t_1+T/2)}=\frac{\mathrm{e}^{-\delta t_1}\cos(\omega t_1+\alpha)}{\mathrm{e}^{-\delta(t_1+T/2)}\cos(\omega t_1+\alpha+\pi)}=-\mathrm{e}^{\delta T/2}\approx-1.392\ 15$$

式中:

x ——x 坐标;

t_1 ——第一个拐点的时间;

T ——周期;

ω ——角频率;

α ——初始相位;

δ ——阻尼系数;

π ——3.141 592 6…。

示例6:

质量分数用以下表达式是充分的:

$$w=\frac{m_{\mathrm{D}}}{m_{\mathrm{S}}}$$

然而,以下等式也可以接受:

$$w=\frac{m_{\mathrm{D}}}{m_{\mathrm{S}}}\times 100\%$$

但需注意,“质量分数”宜避免表达为“质量百分数”。

8.8.3 编号

如果为了便于引用,需要对标准中的公式进行编号,则应使用从1开始的带圆括号的阿拉伯数字。

示例：

$$x^2 + y^2 < z^2 \qquad \cdots\cdots(1)$$

公式的编号应从引言开始一直连续到附录之前，并与章、条、图和表的编号无关。附录中公式的编号见5.2.7。不准许对公式进行细分[例如：(2a)、(2b)等]。

8.9 尺寸和公差

尺寸应以无歧义的方式表示(见示例1)。

示例1：80 mm×25 mm×50 mm[不写作80×25×50 mm或(80×25×50)mm]

公差应以无歧义的方式表示，通常使用最大值、最小值，带有公差的中心值(见示例2至示例4)或量的范围(见示例5、示例6)表示。

示例2：80 μF±2 μF或(80±2)μF(不写作80±2 μF)

示例3：$80^{+2}_{\ 0}$ mm(不写作80^{+2}_{-0} mm)

示例4：80 mm^{+50}_{-25} μm

示例5：10 kPa～12 kPa(不写作10～12 kPa)

示例6：0 ℃～10 ℃(不写作0～10 ℃)

为了避免误解，百分数的公差应以正确的数学形式表示(见示例7、示例8)。

示例7：用“63%～67%”表示范围。

示例8：用“(65±2)%”表示带有公差的中心值，不应使用“65±2%”或“65%±2%”的形式。

平面角宜用单位度(°)表示，例如，写作17.25°不写作17°15′。

仅仅作为资料提及的值或尺寸应与作为要求的值或尺寸明确区分。

8.10 重要提示

特殊情况下，如果需要给标准使用者一个涉及整个文件内容的提示，以便引起使用者注意，则可在标准名称之后，要素“范围”之前以“重要提示”或“警告”开头，用黑体字给出相关内容。

重要提示经常涉及人身安全或健康的内容，或者在涉及安全或健康的标准中给出。

9 编排格式

9.1 通则

出版标准的纸张应采用A4幅面，即210 mm×297 mm，允许公差±1 mm。在特殊情况下(例如，图、表不能缩小时)，标准幅面可根据实际需要延长和(或)加宽，倍数不限，此时，书眉上的标准编号的位置应做相应调整。

标准出版的格式应符合本章的规定。标准报批稿的格式宜按本章的规定编排。

标准条文编排示例参见附录H。附录I给出了标准不同页面的格式。标准中各个位置的文字的字号和字体应符合附录J的规定。

9.2 封面

9.2.1 格式

国家标准、行业标准和地方标准的封面格式分别见图I.1、图I.2和图I.3。

9.2.2 标准名称

标准名称由多个要素组成时，各要素之间应空一个汉字的间隙。标准名称也可分为上下多行编排，行间距应为3 mm。

标准名称的英文译名各要素的第一个字母大写，其余字母小写，各要素之间的连接号为一字线。

9.2.3 与国际标准的一致性程度标识

我国标准与国际标准的一致性程度标识应置于标准名称的英文译名之下，并加上圆括号。

9.2.4 标准编号和被代替标准编号

封面上标准的编号中，标准代号与标准顺序号之间空半个汉字的间隙，标准顺序号与年号之间的连接号为一字线。如果有被代替的标准，则在本标准的编号之下另起一行编排被代替标准的编号。被代替标准的编号之前编排“代替”二字，本标准的编号和被代替标准的编号右端对齐。

9.2.5 ICS号和中国标准文献分类号

封面上的ICS号和中国标准文献分类号应分为上下两行编排，左端对齐。

9.3 目次

目次格式见图I.4。目次中所列的前言、引言、章、附录、参考文献、索引等各占一行半。图或表的目次与其前面的内容均空一行编排。目次中所列的前言、引言、章、附录、参考文献、索引、图、表等均应顶格起排，第一层次的条以及附录的章均空一个汉字起排，第二层次的条以及附录的第一层次的条均空两个汉字起排，依此类推。

章、条、图、表的目次应给出编号，后跟完整的标题；附录的目次应给出附录编号，后跟附录的性质并加圆括号，其后为附录标题。章、条、图、表的编号以及附录的性质与其后面的标题之间应空一个汉字的间隙。前言、引言、各类标题、参考文献、索引与页码之间均用“……”连接。页码不加括号。

9.4 前言和引言

前言和引言均应另起一面，其格式见图I.5。

9.5 正文

9.5.1 正文首页

正文首页应从单数页起排，其格式见图I.6。正文首页中标准名称由多个要素组成时，各要素之间应空一个汉字的间隙，标准名称也可分成上下多行编排。

9.5.2 规范性引用文件

规范性引用文件中所列文件均应空两个汉字起排，回行时顶格编排，每个文件之后不加标点符号。所列标准的编号与标准名称之间空一个汉字的间隙。

9.5.3 术语和定义

标准中的“术语和定义”一章不应采用表的形式编排。除条目编号外，其余各项均应另行空两个汉字起排，并按下列顺序给出：

a) 条目编号（黑体）顶格编排；

b) 术语（黑体）后空一个汉字的间隙接排英文对应词（黑体），英文对应词的第一个字母小写（除非原文本身要求大写）；

c) 符号；

d) 术语的定义或说明，回行时顶格编排；

e) 概念的其他表述形式;

f) 示例;

g) 注。

9.6 附录

每个附录均应另起一面,其格式见图I.7。

附录编号、附录的性质[即“(规范性附录)”或“(资料性附录)”]以及附录标题,每项各占一行,置于附录条文之上居中位置。

9.7 参考文献和索引

参考文献和索引均应另起一面,其格式见图I.8和图I.9。

参考文献中所列文件均应空两个汉字起排,回行时顶格编排,每个文件之后不加标点符号。所列标准的编号与标准名称之间空一个汉字的间隙。

9.8 单数页、双数页和封底

标准单数页、双数页和封底的格式见图I.10、图I.11和图I.12。

9.9 其他

9.9.1 章、条、段

章、条的编号应顶格编排。章的编号与其后的标题,条的编号与其后的标题或文字之间空一个汉字的间隙。

章的编号和章标题应占三行,条的编号和条标题应占两行。

段的文字空两个汉字起排,回行时顶格编排。

9.9.2 列项

每一项之前的破折号、圆点或字母编号均应空两个汉字起排,其后的文字以及文字回行均应置于距版心左边五个汉字的位置。

字母编号下一层次列项的破折号、圆点或数字编号均应空四个汉字起排,其后的文字以及文字回行均应置于距版心左边七个汉字的位置。

9.9.3 注和脚注

标明注、图注和表注的“注:”或“注×:”均应另起一行空两个汉字起排,其后接排注的内容,回行时与注的内容的文字位置左对齐。

脚注编号应另起一行空两个汉字起排,其后脚注内容的文字以及文字回行均应置于距版心左边五个汉字的位置。

图的脚注编号应另起一行空两个汉字起排,其后脚注内容的文字以及文字回行均应置于距版心左边四个汉字的位置。

表的脚注编号应另起一行空两个汉字起排,其后脚注内容的文字以及文字回行均应置于距表的左框线四个汉字的位置。

9.9.4 示例

每个示例应另起一行空两个汉字起排。“示例:”或“示例×:”宜单独占一行。文字类的示例回行时宜顶格编排。

9.9.5 公式

标准中的公式应另起一行居中编排，较长的公式宜在等号(=)后回行，或者在加号(+)、减号(-)等运算符号后回行。公式中的分数线、长横线和短横线应明确区分，主要的横线应与等号取平。

公式的编号应右端对齐，公式与编号之间用“……”连接。

公式之下的“式中:”应空两个汉字起排，单独占一行。公式中需要解释的符号应按先左后右，先上后下的顺序分行说明，每行空两个汉字起排，并用破折号与释文连接，回行时与上一行释文的文字位置左对齐。各行的破折号对齐。

9.9.6 图和表

每幅图与其前面的条文，每个表与其后面的条文均宜空一行。

图题和表题均应置于其编号之后，与编号之间空一个汉字的间隙。

图的编号和图题应置于图的下方，占两行居中；表的编号和表题应置于表的上方，占两行居中。

表的外框线、表头的下框线、表注和(或)表内的段的上框线均应为粗实线，仅有表的脚注时其上框线也为粗实线。

9.9.7 终结线、书眉和页码

在标准的最后一个要素之后，应有标准的终结线。终结线为居中的粗实线，长度为版心宽度的四分之一。终结线应排在标准的最后一个要素之后，不准许另起一面编排(见图 I.9)。

从标准的目次开始在每页书眉位置应给出标准编号，单数页排在书眉右侧(见图 I.10)，双数页排在书眉左侧(见图 I.11)。

从目次页到正文首页前用正体大写罗马数字从Ⅰ开始编页码；正文首页起用阿拉伯数字从 1 开始另编页码。页码单数页排在右下侧(见图 I.10)，双数页排在左下侧(见图 I.11)。

附 录 A
（资料性附录）
部分基础标准清单

A.1 概述

本附录给出了部分最通用的基础标准（见4.3）清单。对特定对象，还可能涉及所列标准之外的其他标准的条款。

A.2 标准化原理和方法

GB/T 20000.1 标准化工作指南 第1部分：标准化和相关活动的通用词汇（GB/T 20000.1—2002，ISO/IEC Guide 2：1996，MOD）

GB/T 20000.2 标准化工作指南 第2部分：采用国际标准（GB/T 20000.2—2009，ISO/IEC Guide 21-1：2005，MOD）

GB/T 20000.3 标准化工作指南 第3部分：引用文件

GB/T 20000.4 标准化工作指南 第4部分：标准中涉及安全的内容（GB/T 20000.4—2003，ISO/IEC Guide 51：1999，MOD）

GB/T 20000.5 标准化工作指南 第5部分：产品标准中涉及环境的内容（GB/T 20000.5—2004，ISO Guide 64：1997，NEQ）

GB/T 20000.6 标准化工作指南 第6部分：标准化良好行为规范（GB/T 20000.6—2006，ISO/IEC Guide 59：1994，MOD）

GB/T 20000.7 标准化工作指南 第7部分：管理体系标准的论证和制定（GB/T 20000.7—2006，ISO Guide 72：2001，MOD）

GB/T 20001.1 标准编写规则 第1部分：术语（GB/T 20001.1—2001，ISO 10241：1992，NEQ）

GB/T 20001.2 标准编写规则 第2部分：符号

GB/T 20001.3 标准编写规则 第3部分：信息分类编码

GB/T 20001.4 标准编写规则 第4部分：化学分析方法（GB/T 20001.4—2001，ISO 78-2：1999，MOD）

GB/T 20002.1 标准中特定内容的起草 第1部分：儿童安全（GB/T 20002.1—2008，ISO/IEC Guide 50：2002，IDT）

GB/T 20002.2 标准中特定内容的起草 第2部分：老年人和残疾人的需求（GB/T 20002.2—2008，ISO/IEC Guide 71：2001，IDT）

A.3 标准化术语

GB/T 2900（所有部分） 电工术语（其中某些部分采用IEC 60050的某些部分）

GB/T 5271（所有部分） 数据处理词汇[ISO 2382（所有部分）]

GB/T 14733（所有部分） 电信术语（其中某些部分采用IEC 60050的某些部分）

GB/T 27000 合格评定 词汇和通用原则（GB/T 27000—2006，ISO/IEC 17000：2004，IDT）

IEC 60050（所有部分） 国际电工词汇

注：又见《IEC多语种词典 电学、电子学和电信学》，可在http://domino.iec.ch/iev下载。

A.4 术语的原则和方法

GB/T 10112—1999 术语工作 原则与方法

A.5 量、单位及其符号

GB/T 2987 电子管参数符号(GB/T 2987—1996,neq IEC 60027-1:1992、IEC 60027-2:1972)

GB 3100 国际单位制及其应用(GB 3100—1993,eqv ISO 1000:1992)

GB 3101 有关量、单位和符号的一般原则(GB 3101—1993,eqv ISO 31-0:1992)

GB 3102(所有部分) 量和单位[ISO 31(所有部分)]

GB/T 13394 电工技术用字母符号 旋转电机量的符号(GB/T 13394—1992,eqv IEC 27-4:1985)

GB/T 14559 变化量的符号和单位(GB/T 14559—1993,neq IEC 27-1:1992)

IEC 60027(所有部分) 电工技术用文字符号

A.6 符号、代号和缩略语

GB/T 2659 世界各国和地区名称代码(GB/T 2659—2000,eqv ISO 3166-1:1997)

GB/T 4880(所有部分) 语种名称代码[ISO 639(所有部分)]

GB/T 11617 辞书编纂符号(GB/T 11617—2000,neq ISO 1951:1997)

ISO 3166(所有部分) 世界各国和地区名称代码

A.7 参考文献的标引

GB/T 7714 文后参考文献著录规则(GB/T 7714—2005,ISO 690:1987;ISO 690-2:1997,NEQ)

A.8 技术制图

GB/T 4457.2 技术制图 图样画法 指引线和基准线的基本规定(GB/T 4457.2—2003,ISO 128-22:1999,IDT)

GB/T 4457.4 机械制图 图样画法 图线(GB/T 4457.4—2002,ISO 128-24:1999,MOD)

GB/T 4458(所有部分) 机械制图[ISO 128(所有部分)]

GB/T 14689 技术制图 图纸幅面和格式(GB/T 14689—2008,ISO 5457:1999,MOD)

GB/T 14690 技术制图 比例(GB/T 14690—1993,eqv ISO 5455:1979)

GB/T 14691(所有部分) 技术产品文件 字体[ISO 3098(所有部分)]

GB/T 17450 技术制图 图线(GB/T 17450—1998,idt ISO 128-20:1996)

GB/T 17451 技术制图 图样画法 视图

GB/T 17452 技术制图 图样画法 剖视图和断面图

GB/T 17453 技术制图 图样画法 剖面区域的表示法(GB/T 17453—2005,ISO 128-50:2001,IDT)

GB/T 18686 技术制图 CAD系统用图线的表示(GB/T 18686—2002,idt ISO 128-21:1997)

ISO 128(所有部分) 技术制图 一般表示原则

ISO 129(所有部分) 技术制图 尺寸和公差的表示方法

A.9 技术文件编制

GB/T 5094(所有部分) 工业系统、装置与设备以及工业产品 结构原则与参照代号[IEC 61346(所有部分)]

GB/T 6988(所有部分) 电气技术用文件的编制[IEC 61082(所有部分)]

GB/T 16679 信号与连接线的代号(GB/T 16679—1996,idt IEC 1175:1993)

GB/T 17564(所有部分) 电气元器件的标准数据元素类型和相关分类模式[IEC 61360(所有部分)]

IEC 61355 设施、系统和设备的文件的分类和名称

A.10 图形符号

GB/T 4728(所有部分) 电气简图用图形符号[IEC 60617(所有部分)]

GB/T 5465.2 电气设备用图形符号 第2部分:图形符号(GB/T 5465.2—2008,IEC 60417:2007,IDT)

GB/T 16273(所有部分) 设备用图形符号[ISO 7000]

GB/T 16900 图形符号表示规则 总则

GB/T 16901.1 技术文件用图形符号表示规则 第1部分:基本规则(GB/T 16901.1—2008,ISO 81714-1:1999,MOD)

GB/T 16901.2 图形符号表示规则 产品技术文件用图形符号 第2部分:图形符号(包括基准符号库中的图形符号)的计算机电子文件格式规范及其交换要求(GB/T 16901.2—2000,eqv IEC 81714-2:1998)

GB/T 16902.1 图形符号表示规则 设备用图形符号 第1部分:原形符号

GB/T 16902.2 设备用图形符号表示规则 第2部分:箭头的形式和使用(GB/T 16902.2—2008,ISO 80416-2:2001,MOD)

GB/T 20063(所有部分) 简图用图形符号[ISO 14617(所有部分)]

ISO 7000 设备用图形符号 索引和一览表

A.11 极限、配合和表面特征

GB/T 131 产品几何技术规范(GPS) 技术产品文件中表面结构的表示法(GB/T 131—2006,ISO 1302:2002,IDT)

GB/T 157 产品几何量技术规范(GPS) 圆锥的锥度与锥角系列(GB/T 157—2001,eqv ISO 1119:1998)

GB/T 1182—2008 产品几何技术规范(GPS) 几何公差 形状、方向、位置和跳动公差标注

GB/T 1184 形状和位置公差 未注公差值(GB/T 1184—1996,eqv ISO 2768-2:1989)

GB/T 1800(所有部分) 极限与配合[ISO 286(所有部分)]

GB/T 1801 极限与配合 公差带和配合的选择(GB/T 1801—1999,eqv ISO 1829:1975)

GB/T 1804 一般公差 未注公差的线性和角度尺寸的公差(GB/T 1804—2000,eqv ISO 2768-1:1989)

GB/T 3505 产品几何技术规范 表面结构 轮廓法 表面结构的术语、定义及参数

(GB/T 3505—2000,eqv ISO 4287:1997)

GB/T 4096 产品几何量技术规范(GPS) 棱体的角度与斜度系列(GB/T 4096—2001,eqv ISO 2538:1998)

GB/T 4249 公差原则(GB/T 4249—1996,eqv ISO 8015:1985)

GB/T 15757 产品几何量技术规范(GPS) 表面缺陷 术语、定义及参数(GB/T 15757—2002,eqv ISO 8785:1998)

GB/T 16671 形状和位置公差 最大实体要求、最小实体要求和可逆要求(GB/T 16671—1996,eqv ISO 2692:1996)

GB/T 18779(所有部分) 产品几何量技术规范(GPS) 工件与测量设备的测量检验[ISO 14253(所有部分)]

GB/T 18780(所有部分) 产品几何量技术规范(GPS) 几何要素[ISO 14660(所有部分)]

GB/T 19765 产品几何量技术规范(GPS) 产品几何量技术规范和检验的标准参考温度(GB/T 19765—2005,ISO 1:2002,IDT)

A.12 优先数

GB/T 321 优先数和优先数系(GB/T 321—2005,ISO 3:1973,IDT)

GB/T 2471 电阻器和电容器优先数系(GB/T 2471—1995,idt IEC 60063:1963)

GB/T 2822 标准尺寸

GB/T 19763 优先数和优先数系的应用指南(GB/T 19763—2005,ISO 17:1973,IDT)

GB/T 19764 优先数和优先数化整值系列的选用指南(GB/T 19764—2005,ISO 497:1973,IDT)

IEC 指南 103 配合尺寸的指南

A.13 统计方法

GB/T 3358(所有部分) 统计学术语

A.14 环境条件和有关试验

GB/T 20877 电工产品标准中引入环境因素的导则(GB/T 20877—2007,IEC Guide 109:2003,IDT)

ISO 554 条件和(或)测试的标准大气 规范

ISO 558 条件和测试 标准大气 定义

ISO 3205 优先试验温度

ISO 4677-1 条件和测试的大气 相对湿度的确定 第1部分:通风干湿表法

ISO 4677-2 条件和测试的大气 相对湿度的确定 第2部分:涡流干湿表法

IEC 指南 106 规定设备性能等级环境条件的指南

A.15 安全

GB/T 16499 安全出版物的编写及基础安全出版物和多专业共用安全出版物的应用导则(GB/T 16499—2008,IEC Guide 104:1997 Ed.3,NEQ)

A.16 电磁兼容(EMC)

GB/Z 18509 电磁兼容 电磁兼容标准起草导则(GB/Z 18509—2001,neq IEC Guide 107:1998)

A.17 符合性和质量

GB/T 19000 质量管理体系 基础和术语(GB/T 19000—2008,ISO 9000:2005,IDT)

GB/T 19001 质量管理体系 要求(GB/T 19001—2008,ISO 9001:2008,IDT)

GB/T 19004 质量管理体系 业绩改进指南(GB/T 19004—2000,idt ISO 9004:2000)

GB/T 27050.1 合格评定 供方的符合性声明 第1部分:通用要求(GB/T 27050.1—2006,ISO/IEC 17050-1:2004,IDT)

GB/T 27050.2 合格评定 供方的符合性声明 第2部分:支持性文件(GB/T 27050.2—2006,ISO/IEC 17050-2:2004,IDT)

ISO/IEC 指南 23 第三方认证体系标示符合标准的方法

IEC 指南 102 电子元器件 质量评定(鉴定批准和能力批准)用规范结构

A.18 环境管理

GB/T 24040 环境管理 生命周期评价 原则与框架(GB/T 24040—2008,ISO 14040:2006,IDT)

GB/T 24044 环境管理 生命周期评价 要求与指南(GB/T 24044—2008,ISO 14044:2006,IDT)

附 录 B
（资料性附录）
层次编号示例

附 录 C
（规范性附录）
专 利

C.1 专利信息的征集

征求意见稿和送审稿的封面显著位置应有如下说明：

“在提交反馈意见时，请将您知道的相关专利连同支持性文件一并附上。”

C.2 尚未识别出涉及专利

如果标准编制过程中没有识别出标准的技术内容涉及专利，标准的前言中应有如下内容：

“请注意本文件的某些内容可能涉及专利。本文件的发布机构不承担识别这些专利的责任。”

C.3 已经识别出涉及专利

如果标准编制过程中已经识别出标准的某些技术内容涉及专利，标准的引言中应有如下内容：

“本文件的发布机构提请注意，声明符合本文件时，可能涉及到……[条]……与……[内容]……相关的专利的使用。

本文件的发布机构对于该专利的真实性、有效性和范围无任何立场。

该专利持有人已向本文件的发布机构保证，他愿意同任何申请人在合理且无歧视的条款和条件下，就专利授权许可进行谈判。该专利持有人的声明已在本文件的发布机构备案。相关信息可以通过以下联系方式获得：

专利持有人姓名：……

地址：……

请注意除上述专利外，本文件的某些内容仍可能涉及专利。本文件的发布机构不承担识别这些专利的责任。”

附 录 D
（规范性附录）
标准名称的起草

D.1 标准名称中要素的选择

D.1.1 引导要素

如果没有引导要素，主体要素所表示的对象就不明确，则标准名称中应有引导要素。

示例 1：

正　确：叉车　钩式叉臂　词汇

不正确：　　　钩式叉臂　词汇

如果主体要素（同补充要素一起）能确切地概括标准所论述的对象，则标准名称中应省略引导要素。

示例 2：

正　确：　　　工业用过硼酸钠　容积密度测定

不正确：化学品　工业用过硼酸钠　容积密度测定

D.1.2 主体要素

标准名称中应有主体要素。

D.1.3 补充要素

如果标准只包含主体要素所表示对象的一个或非常少的几个方面，则标准名称中应有补充要素。

如果标准划分为部分，应使用补充要素区分和识别各个部分[每个部分的引导要素（如果有）和主体要素保持相同]。

示例 1：

GB/T 17888.1　机械安全　进入机器和工业设备的固定设施　第 1 部分：进入两级平面之间的固定设施的选择

GB/T 17888.2　机械安全　进入机器和工业设备的固定设施　第 2 部分：工作平台和通道

如果标准包含主体要素所表示对象的几个（但不是全部）方面，则在标准名称的补充要素中应由一般性的术语（如"规范"或"机械要求和测试方法"等）来表达这些方面，而无须一一列举。

如果标准同时具备以下两个条件，则标准名称中应省略补充要素：

——包含主体要素所表示对象的所有基本方面；

——是有关该对象的惟一标准（而且拟继续保持）。

示例 2：

正　确：咖啡研磨机

不正确：咖啡研磨机　术语、符号、材料、尺寸、机械性能、额定值、试验方法、包装

D.2 避免无意中限制范围

标准名称不应包含可能无意中限制标准范围的细节。然而，如果标准涉及一个特定类型的产品，则应在名称中反映出来。

示例：航天　1 100 MPa/235 ℃级单耳自锁固定螺母

D.3 措辞

标准名称中表达相同概念的术语应保持一致。

涉及术语的标准名称，只要可能，应使用下述表述方式：如果包含术语的定义，使用“……词汇”；如果只给出术语，使用“……术语集”。

标准名称无须描述文件的类型，不应使用“ ……标准”、“……国家标准”或“……国家标准化指导性技术文件”等表述形式。

D.4 试验方法标准的英文译名的起草

涉及试验方法的标准，只要可能其英文译名的表述方式应为：“Test method”或“Determination of …”。应避免以下类似的表述：“Method of testing”、“Method for the determination of … ”、“Test code for the measurement of … ”、“Test on … ”。

附 录 E
（规范性附录）
标准化项目标记

E.1 概述

标准化项目既可指有形的项目(例如:材料或成品),也可指无形的项目(例如:过程或系统、试验方法、字符集,或有关标志和交货的要求)。

在许多场合,用惟一识别某项目的简短的标记来代替对该项目冗长的描述是较为方便的。例如,在标准、目录、信函、科技文献,或者货物、材料和设备的订单,以及展销物品的赠品中引用某项目时。

本附录描述的标记体系不是商品代码(商品代码是指具有特定用途的类似产品所具有的相同的代码),也不是普通的产品代码,给任何产品赋予产品代码时,均不考虑该产品是否已经被标准化。相反,标记体系提供了该项目已经标准化的标记样式,因此在信息交流中能方便地对某项目进行快速和简洁的说明。这里描述的体系只用于国家标准或行业标准,如果国家标准或行业标准与相关国际标准等同,则给出相应标记不但意味着符合国家标准或行业标准,还意味着符合国际标准。因此,它为声明符合国家标准、行业标准或国际标准要求的项目的相互理解提供了方便。

标记不能代替标准的全部内容,要全面了解标准的内容,需要阅读有关标准。

特别注意,不必每项标准都含有标记体系,虽然对于产品和材料标准标记体系特别有用。在具体的标准中是否需要含有标记体系,由相应的标准化技术委员会或有关机构确定。

E.2 适用性

E.2.1 每个标准化项目都有若干个特性,与这些特性相关的数值(例如,在试验方法中所用的一摩尔硫酸溶液的体积,或在规范中以毫米计的埋头螺钉公称长度范围)可以是单一的(例如:酸的体积)或者是多个的(例如:埋头螺钉的长度范围)。在标准中对每个特性只规定一个数值时,提供标准代号和顺序号即可,不会发生混淆。当给出多个数值时,需要使用者进行选择。在这种情况下,使用者指明他的需要时,仅仅提供标准代号和顺序号则不够充分,他还有必要对该范围里所需要的一个或几个数值做出标记。

E.2.2 这里描述的标记体系适用于以下各种标准:

a) 提供一种以上选择的标准,该标准中规定的相关特性是开放的。例如,对于规定了任选尺寸和其他性质的产品标准,可从中选择尺寸和性质;对于包含了产品某种特性的多个测定方法的标准,可从中选择具体的测定方法;对于列出了若干任选参数的标准,可从中选择具体的参数。对于产品或材料标准,E.2.2c)也适用。

b) 规定术语和符号的标准,在信息交流时可从中选择术语和符号。

c) 产品或材料标准,通过其自身条款或引用其他标准的条款,提供了足够完整的技术要求,保证符合它的产品或材料适合于其预定用途,并且包括一个或多个任选要求。

注:如果标准中产品适用性的规定不够完整,将标记体系用于这类标准,很可能给采购者造成误解。因为许多使用者只知道标准中“选择”的内容,而误认为标准中也包含了保证适用性的其他特性。

E.2.3 标记体系适用于各种类型的信息交流,包括自动数据处理。

E.3 标记体系

E.3.1 每个标记由“描述段”和“识别段”组成。该体系由图 E.1 表示并在以下作进一步解释。

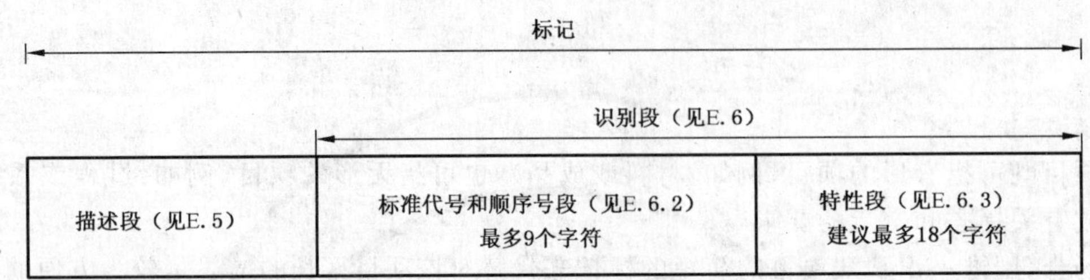

图 E.1 标记体系的构成

E.3.2 在以下描述的标记体系中，标准代号和顺序号将表示全部要求的特性及其数值，因此只在这些特性赋予单一数值时，才不致引起混淆；当这些特性赋予多个数值时，应从中选出特性数值并包括在特性段内。因此对于每个特性只赋予单一数值的标准来说可省略标记中的特性段。

E.4 字符的用法

E.4.1 标记由字符组成，字符应是字母、数字、符号和文字。

E.4.2 使用字母时，应使用拉丁字母。识别段宜用大写字母。

E.4.3 使用数字时，应使用阿拉伯数字。

E.4.4 使用符号时，只准许使用连接号(-)、加号(＋)、斜线(/)、逗号(,)和乘号(×)，在数据自动处理时，乘号用“X”。

E.4.5 在标记中，为了便于阅读可以插入空格。空格不算字符，在数据自动处理中可以删去，但标准顺序号前加空格除外。

E.5 描述段

应由标准化技术委员会或有关机构负责给标准化项目指定描述段的内容，描述段应尽可能简短，最好取自标准的主题分类词(即 ICS 中的主题词)，这样的描述词最能代表标准化项目。描述段的使用与否是可选择的，如果使用描述段时应将它放在标准代号和顺序号段之前。

E.6 识别段

E.6.1 通则

识别段的构成应能正确无误地指明标准化项目，它由两段字符组成，即：

——标准代号和顺序号段，最多由 9 个字符(字母“GB/T”以外最多加 5 个数字)组成；

——特性段(字母、数字、符号)，建议最多由 18 个字符组成。

为了区分标准代号和顺序号段与特性段，应在特性段前加一个连接号。

E.6.2 标准代号和顺序号段

E.6.2.1 标准代号和顺序号段应尽量简短，例如，第一个国家标准表示为 GB/T 1。当记录在机读媒体上时，可在标准顺序号前加空格或“0”，例如，GB/T 1 可表示为“GB/T　　1”或“GB/T 00001”。

E.6.2.2 当标准修订时，如果旧版中包含了标准化项目的标记方法，特别注意在规定新版中的标记时不能与旧版的任何标记发生混淆。通常这一要求容易满足，因此不需要在标准代号和顺序号段内加入发布年号。

E.6.2.3 当发布修改单时，也应按 E.6.2.2 的规定对标准化项目标记做相应的调整。

E.6.2.4 如果标准由多个单独发布的部分组成，其相应部分的编号应紧接在连接号之后标在特性段中。

E.6.3 特性段

E.6.3.1 特性段也应尽量简短，并由编制该标准的技术委员会或有关机构确定，以尽可能好的结构形式满足标记的用途。

E.6.3.2 对于某些化学、塑料和橡胶等制品，虽然经过挑选可能其标记项的数量仍然不少。为了给每个标记项提供一个明确的编码，特性段可进一步细分为几个数据段，每个数据段包含由代码(见 E.6.3.3)表示的特定信息。这些数据段之间用分隔符(例如：连接号)隔开。数据段的含义由它们的相对位置决定。因此，在标注时可能缺省一个或多个数据段，但造成的空位应使用双分隔符标出。

E.6.3.3 最重要的参数应列在首位。不应将文字(例如“羊毛”)作为特性段的一部分，因为它需要翻译；应使用代码来表示，代码的含义应由标准提供。

E.6.3.4 在特性段中，应避免使用字母“I”和“O”，以免与数字“1”和“0”相混。

E.6.3.5 如果规范中要求的数据以最简单的方式列出时，仍需要使用较多的字符(例如“1 500×1 000×15 ”，只列出了尺寸，还未规定公差，就已包含了 12 个字符)，则可使用由一个或多个字符的复合代码列出全部可能的内容(例如：设 1 500 ×1 000×15＝A；设 500×2 000×20＝B 等)。

E.6.3.6 如果一种产品涉及几项标准，则选择一项作为主要标准，并在这个标准中规定该产品的标记规则(特性段的标记组成)。

E.7 示例

E.7.1 温度计的标记示例。以符合 GB/T ××××，精密测量用，分度为 0.2 ℃，量程为 58 ℃～82 ℃，短柱式内标温度计为例，其标记为：

温度计 GB/T ××××-EC-0,2-58-82

标记中各要素的含义如下：

EC ——短柱式内标温度计；

0,2 ——分度为 0.2 ℃；

58-82——量程为 58 ℃～ 82 ℃。

注：因为 GB/T ××××中只提到短柱式内标温度计，故标记中字母“EC”能够省略。

E.7.2 多刃刀片的标记示例。以符合 GB/T 2079 的硬质合金(碳化物)可转位多刃刀片为例，其特征为：正三角形，有断屑槽，G 级公差(精磨的)，公称尺寸 16.5 mm，厚度 3.18 mm，刀刃磨后的圆角半径为 0.8 mm，供左侧和右侧切削，加工对象按 GB/T 2075 规定为 P20 组，其标记为：

多刃刀片 GB/T 2079-TPGN160308-EN-P20

标记中各要素的含义如下：

T ——外形符号(正三角形)；

P ——断屑槽符号(11°法后角)；

G ——公差等级 G(正三角形的高度公差为±0.025 mm，刀片的厚度公差为±0.13 mm)；

N ——特殊性能符号(N 为没有特殊性能)；

16 ——尺寸符号(正三角形公称尺寸为16.5 mm);

03 ——厚度符号(3.18 mm);

08 ——刀尖圆角特征符号(刀尖圆角半径为0.8 mm);

E ——切削刃状态符号(磨过的切削刃);

N ——切削方向符号(供左向和右向切削);

P20——硬质合金应使用范围和用途分组符号(适用于钢、铸钢、带长屑的可锻铸铁)。

E.7.3 开槽盘头螺钉的标记示例。以符合GB/T 67的开槽盘头螺钉为例,其特征为:螺纹规格为M5,公称长度为20 mm,产品等级为A,性能等级为4.8,其标记为:

开槽盘头螺钉 GB/T 67-M5×20-4,8

该标记涉及GB/T 67,该标准已确定了开槽盘头螺钉的尺寸,并且通过引用以下一些标准来确定这些螺钉的其他特性:

a) 普通螺纹的公差标准(GB/T 197),其中引用了其他一些标准:基本尺寸(GB/T 196)、基本牙型(GB/T 192)等。假设有关螺钉螺纹的公差等级由b)中提到的标准来确定,则用标记中要素"M5"来确定这些标准中有关被标记螺钉的数据。

b) 螺钉的尺寸和形位公差标准(GB/T 3103.1),其中分别规定了:公差与配合、形位公差、螺钉螺纹公差、表面粗糙度等要求。GB/T 67规定该螺钉的产品等级只有一种,即A级,所以在该标记中无须再给出产品等级A。

c) 紧固件的机械性能标准(GB/T 3098.1),其中引用了其他一些标准:金属拉伸试验(GB/T 228)、硬度试验(GB/T 230和GB/T 231)和冲击试验(GB/T 229)等。该标记中的要素"4,8"已足够确定相应标准中的有关数据。

虽然提到许多标准,但用相对较短的标记就能完整地确定该螺钉。

E.7.4 增塑醋酸纤维素的乙醚可溶物含量的测定方法A的标记示例:

醋酸纤维素试验方法 GB/T ××××-A

E.8 国际标准化项目标记的采用

E.8.1 当国家标准或行业标准等同采用ISO标准、IEC标准时,应使用国际标准化项目标记。这时,应将国家标准或行业标准的代号和顺序号插入描述段和ISO标准、IEC标准代号之间,并加分隔符。

示例:

螺钉的ISO标准化项目标记是:

"Slotted pan screw ISO 1580-M5×20-4,8"

如果GB/T 67等同采用ISO 1580,则国家标准化项目标记为:

"开槽盘头螺钉 GB/T 67-ISO 1580-M5×20-4,8"

E.8.2 如果国家标准或行业标准中的一个特定项目与规定在相应国际标准(国家标准或行业标准与之不等同)中的项目相同,则允许使用该项目的国际标准化项目标记。

如果一个特定的项目已在国家或行业层面上被标准化,并且该项目与相应的国际标准中的项目相关但不相同,则我国的标准化项目标记不应包含国际标准代号和顺序号,即不准许使用国际标准化项目标记。

附 录 F
（规范性附录）
条款表述所用的助动词

表 F.1 至表 F.4 给出了条款表述中助动词的使用规则。

表 F.1 所示的助动词应被用于表示声明符合标准需要满足的要求。

表 F.1 要求

助 动 词	在特殊情况下使用的等效表述(见 7.1.2)
应	应该 只准许
不应	不得 不准许
不使用“必须”作为“应”的替代词。(以避免将某标准的要求和外部的法定责任相混淆) 不使用“不可”代替“不应”表示禁止。 表示直接的指示时(例如涉及试验方法所采取的步骤),使用祈使句。例如:“开启记录仪。”	

表 F.2 所示的助动词应被用于表示在几种可能性中推荐特别适合的一种,不提及也不排除其他可能性,或表示某个行动步骤是首选的但未必是所要求的,或(以否定形式)表示不赞成但也不禁止某种可能性或行动步骤。

表 F.2 推荐

助 动 词	在特殊情况下使用的等效表述(见 7.1.2)
宜	推荐 建议
不宜	不推荐 不建议

表 F.3 所示的助动词应被用于表示在标准的界限内所允许的行动步骤。

表 F.3 允许

助 动 词	在特殊情况下使用的等效表述(见 7.1.2)
可	可以 允许
不必	无须 不需要
在这种情况下,不使用“可能”或“不可能”。 在这种情况下,不使用“能”代替“可”。 **注**:“可”是标准所表达的许可,而“能”指主、客观原因导致的能力,“可能”则指主、客观原因导致的可能性。	

表F.4所示的助动词应被用于陈述由材料的、生理的或某种原因导致的能力或可能性。

表 F.4 能力和可能性

助动词	在特殊情况下使用的等效表述(见7.1.2)
能	能够
不能	不能够
可能	有可能
不可能	没有可能
注：见表F.3的注。	

附 录 G
（资料性附录）
量 和 单 位

本资料性附录给出了标准中常用的量和单位。量和单位不属于GB/T 1的本部分规定的范围，本附录只是为标准起草者提供方便。起草标准时，关注有关量和单位国家标准的最新变动情况，有利于使标准中使用的量和单位准确地符合最新国家标准。以下内容摘自有关国家标准：

a) 小数点符号应为“.”。

b) 标准应只使用：

   1) GB 3101、GB 3102各部分所给出的单位；

   2) GB 3101给出的可与国际单位制单位并用的我国法定计量单位，例如：分(min)、[小]时(h)、日(d)、度(°)、[角]分(′)、[角]秒(″)、升(L)、吨(t)、电子伏(eV)和原子质量单位(u)等；

   3) GB 3102给出的单位，例如：奈培(Np)、贝[尔](B)、宋(sone)、方(phon)和倍频程(oct)等；

   4) 用于电子技术和信息技术的IEC 60027中给出的单位，例如：波特(Bd)、比特(bit)、八位字节(o)、字节(B)、厄兰(E)、哈特莱(Hart)、信息量自然单位(nat)、香农(Sh)、乏(var)等。

c) 不将单位的符号和名称混在一起使用。例如：
   写作“千米每小时”或“km/h”，而不写作“每小时km”或“千米/小时”。

d) 用阿拉伯数字表示的数值可与单位符号结合，例如“5 m”。避免诸如“五m”和“5米”之类的组合。数值和单位符号之间应空四分之一个汉字的间隙，用于平面角的上标单位符号除外，例如：5°6′7″。然而，最好用十进制表示平面角。

e) 不使用非标准化的缩略语表示单位，例如“sec”（代替秒的“s”），“mins”（代替分的“min”），“hrs”（代替小时的“h”），“cc”（代替立方厘米的“cm^3”），“lit”（代替升的“L”），“amps”（代替安培的“A”），“rpm”（代替转每分的“r/min”）。

f) 不应通过增加下标或其他信息修改标准化的单位符号。例如：
   写作“$U_{max}=500$ V”，而不写作“$U=500$ V_{max}”；
   写作“质量分数为5%”，而不写作“5%(m/m)”；“体积分数为7%”，而不写作“7%(V/V)”。
   （注意，%=0.01是单位一的百分数单位符号。）

g) 不将信息与单位符号相混。例如：
   写作“含水量20 mL/kg”，而不写作“20 mL H_2O/kg”或“20 mL水/kg”。

h) 不应使用诸如“ppm”“pphm”和“ppb”之类的缩略语。这些缩略语在不同的语种中含义不同，可能产生混淆。它们只代替数字，所以用数字表示则更清楚。例如：
   写作“质量分数为4.2 μg/g”或“质量分数为4.2×10^{-6}”，而不写作“质量分数为4.2 ppm”；
   写作“相对不确定度为6.7×10^{-12}”，而不写作“相对不确定度为6.7 ppb”。

i) 单位符号应为正体。量的符号应为斜体。表示数值的符号与表示对应量的符号不应相同。

j) 物理量相除构成的量，其名称中不应包含“单位”一词。例如：
   写作“线质量”，而不写作“每单位长度质量”；
   写作“体积电荷”，而不写作“每单位体积电荷”。

k) 注意区分物体和描写该物体的量，例如“表面”和“面积”，“物体”和“质量”，“电阻器”和“电阻”，“线圈”和“电感”。

l) 两个或更多的物理量不可能相加或相减，除非它们属于相互可比较的同一类量。因此，诸如230 V±5%这种表示相对误差的方法不符合代数学的基本规则。可用下述表示方法代替：
“(230±11.5)V”
“230 V，具有±5%的相对误差”
以下形式虽然常用，但是并不正确：(230±5%)V。

m) 如果需要指定底数，在公式中不写作“log”，写作“lg”、“ln”、“lb”或“$\log_a$”。

n) 使用GB 3102.11中推荐的数学标志和符号，例如，是“tan”不是“tg”。

附 录 H
（资料性附录）
标准条文编排示例

1 范围

××。

××。

2 规范性引用文件

下列文件对于本文件的应用是必不可少的。凡是注日期的引用文件，仅注日期的版本适用于本文件。凡是不注日期的引用文件，其最新版本(包括所有的修改单)适用于本文件。

××××××× ×××××××××××××××××××××××××××

××××××× ×××

××××××× ××××××××××××××××××××××××××××

3 术语和定义

下列术语和定义适用于本文件。

3.1

××× ×××××

×××。

3.2

×××× ××××× ×××××××

××。

3.3

×××× ×××××

×××。

3.4

×× ××××

×××。

4 标题

4.1 标题

4.1.1 ××。

4.1.2 ××[1]。

4.2 标题

××：

a) ××；
b) ××：
   1) ××××××××××××××××××××××××××××××××××××；
   2) ×××。

4.3 标题

×××。

注：××。

5 标题

5.1 标题

5.1.1 标题

×××。

5.1.2 标题

×××。

注1：××。

注2：××。

5.2 标题

5.2.1 ××

---

1) ××。

××××××××××××××××××××××××××××××××。

5.2.2 ××。

示例：

×××。

5.3 标题

×××。

注1：××。

××。

注2：×××。

5.4 标题

5.4.1 ×××：

——××××××××××××××××××××××××××××××××××××××；

——××××××××××××××××××××××××××××××；

——××。

5.4.2 ×××[2]××××××××××××××××××××××××××××。

示例1：

××。

示例2：

×××。

5.5 标题

××。

…………

2） ××。

附　录　I
（规范性附录）
标 准 格 式

图 I.1 至图 I.12 给出了标准不同页面的格式。这些图以推荐性标准作样板，如果是强制性标准则应将图中标准代号中的“/T”删去。等同采用国际标准的国家标准或行业标准的编号应符合 GB/T 20000.2的规定。另外，除封面外其他各页只给出了国家标准的格式，行业标准和地方标准的格式应比照执行。

单位为毫米

a 填写中国标准文献分类号。

b 国家标准的发布部门按有关规定填写。

图 I.1 国家标准封面格式

单位为毫米

a 填写中国标准文献分类号。

b 行业标准发布部门按有关规定填写。

图 I.2 行业标准封面格式

单位为毫米

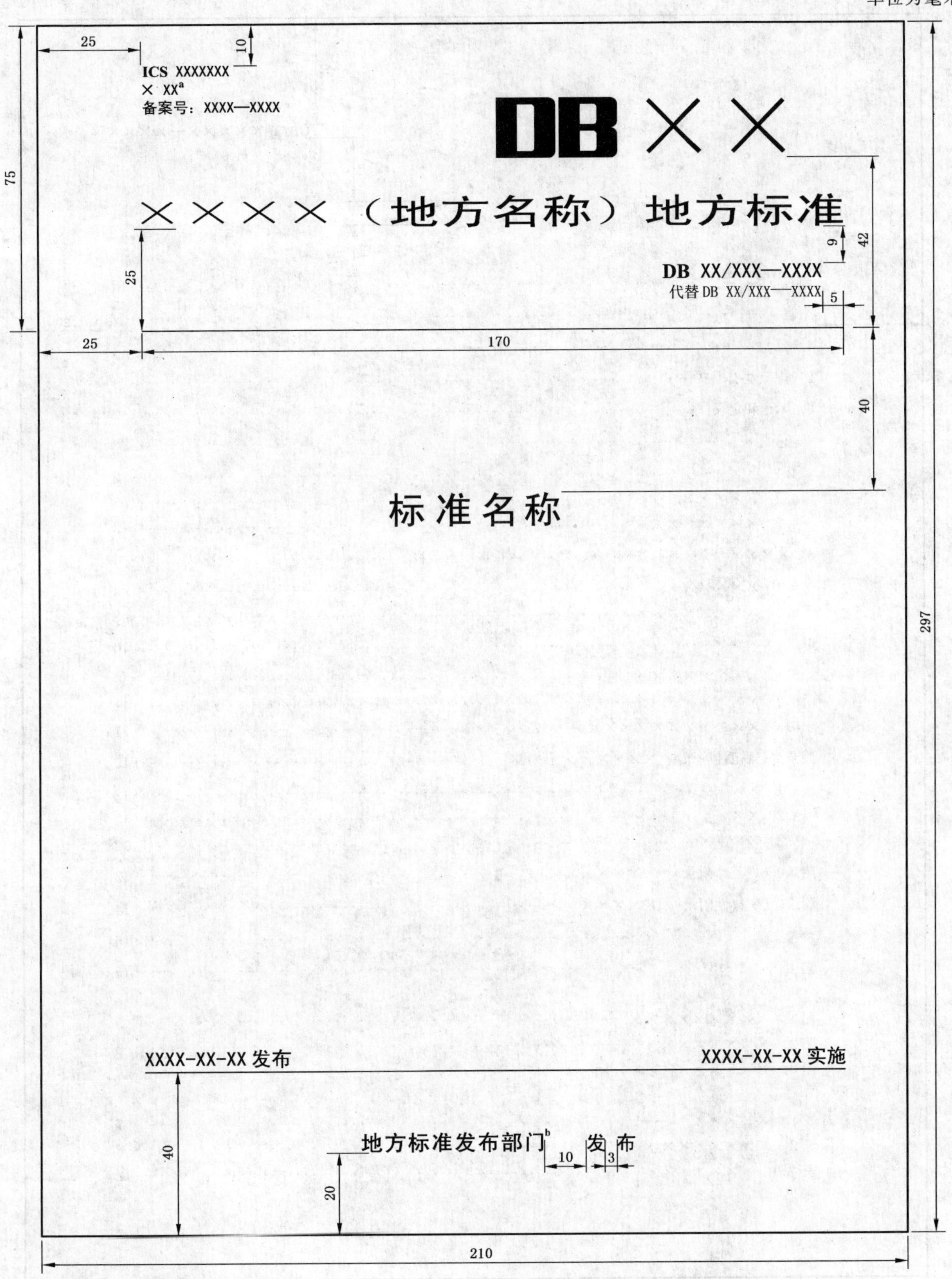

[a] 填写中国标准文献分类号。

[b] 地方标准发布部门按有关规定填写。

图 I.3 地方标准封面格式

单位为毫米

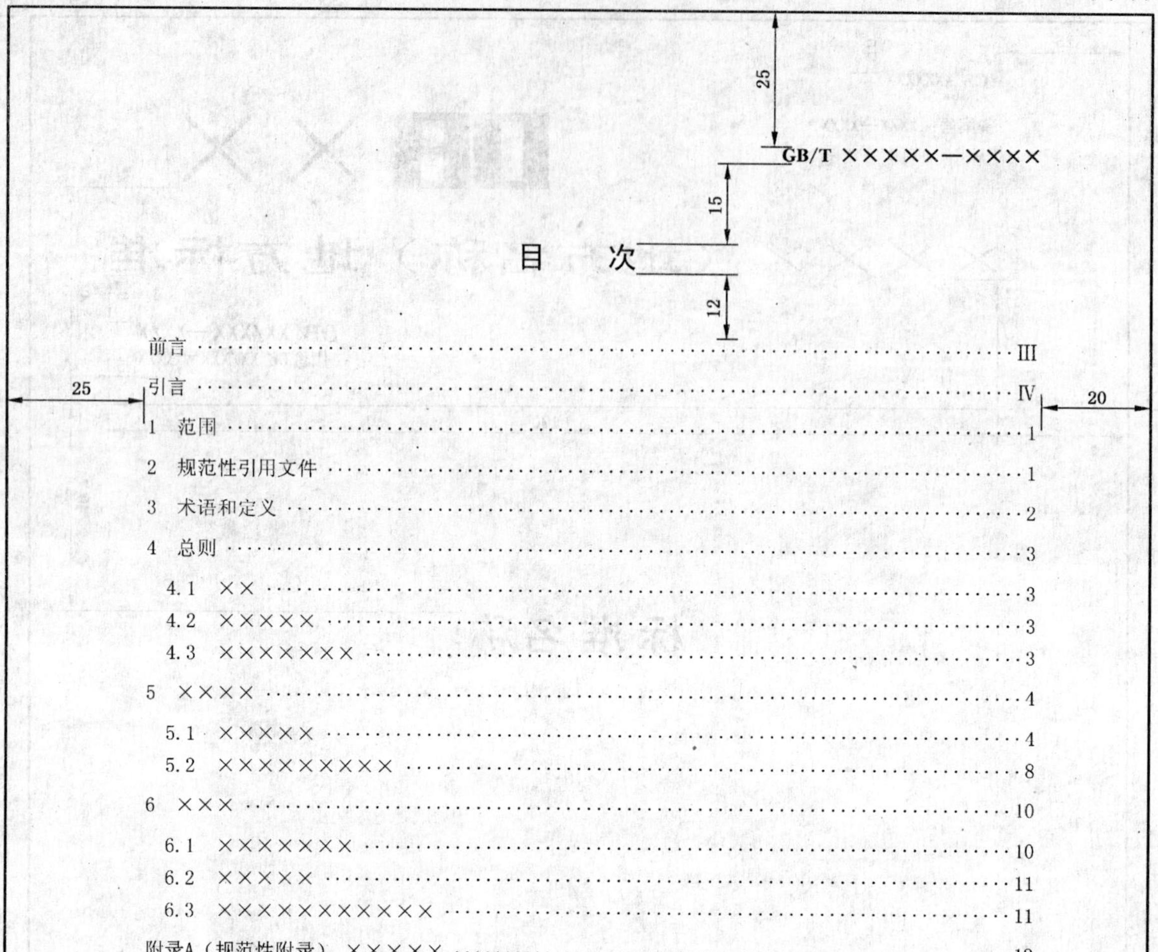

25

GB/T ×××××—××××

15

目　次

12

25　　20

注：以单数页为例。

图 I.4　目次格式

单位为毫米

注 1：以单数页为例。

注 2："引言"格式与此格式相同，只将"前言"改为"引言"。

图 I.5　前言或引言格式

单位为毫米

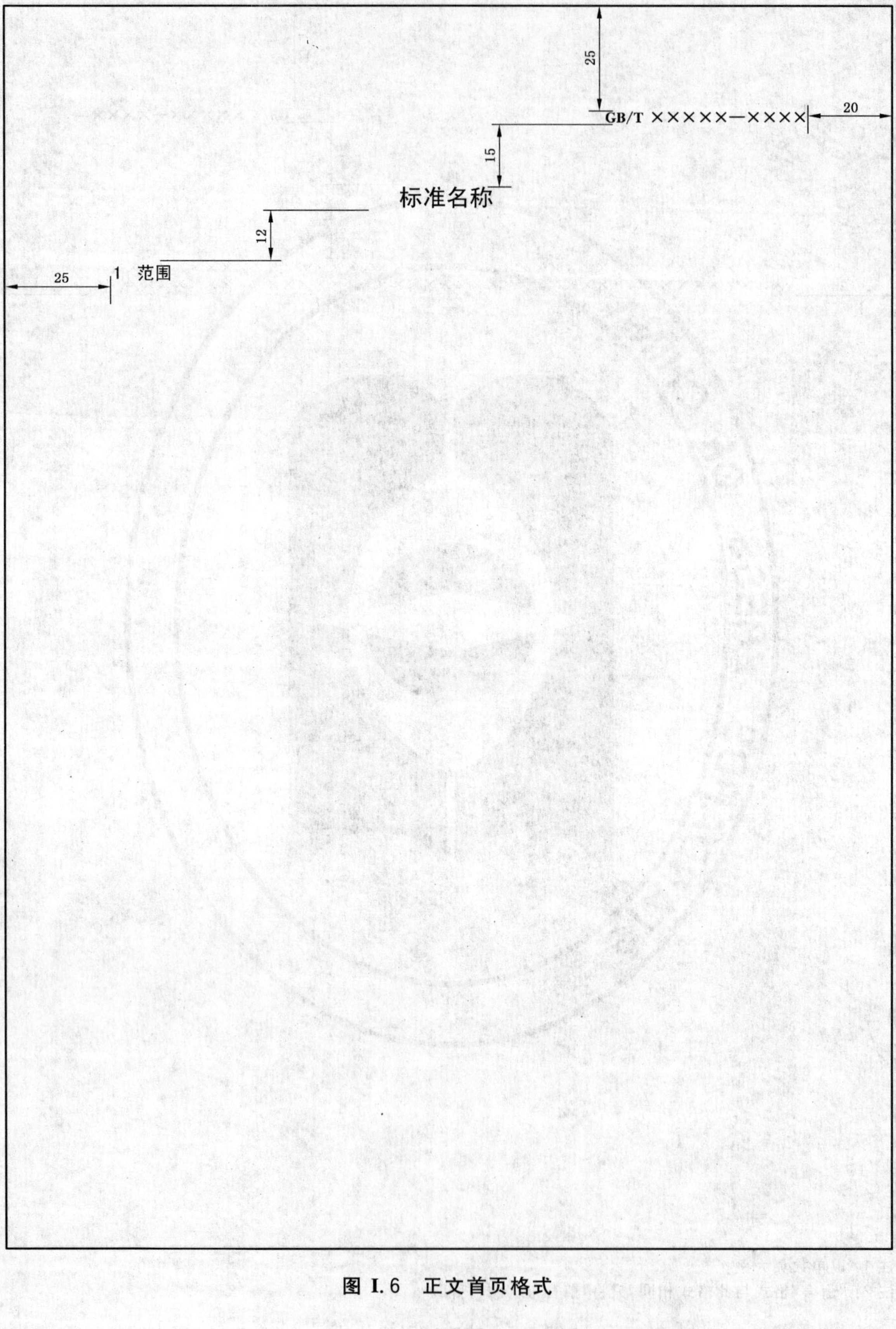

25

GB/T ×××××—××××

20

15

标准名称

12

25

1 范围

图 I.6 正文首页格式

单位为毫米

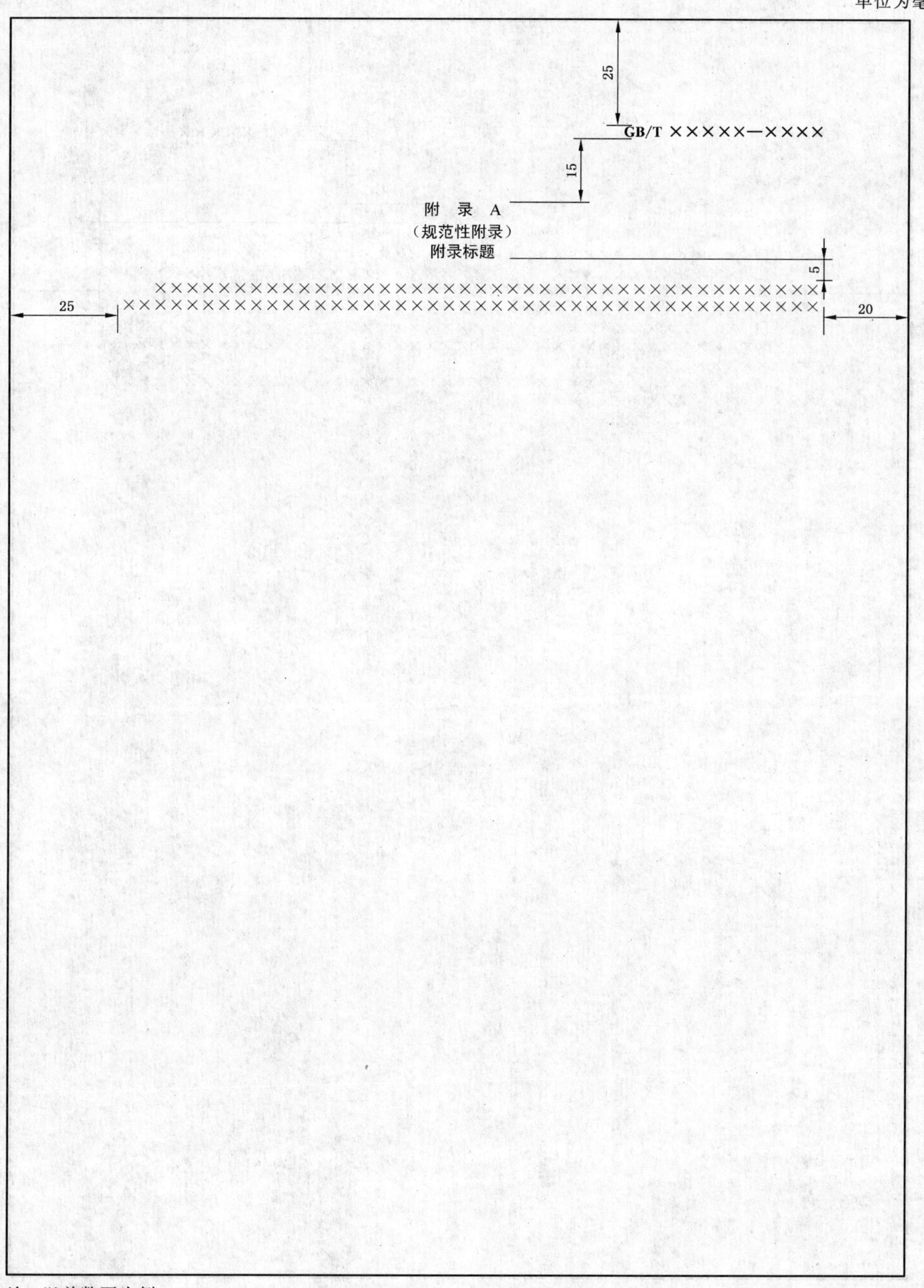

注：以单数页为例。

图 I.7 附录格式

单位为毫米

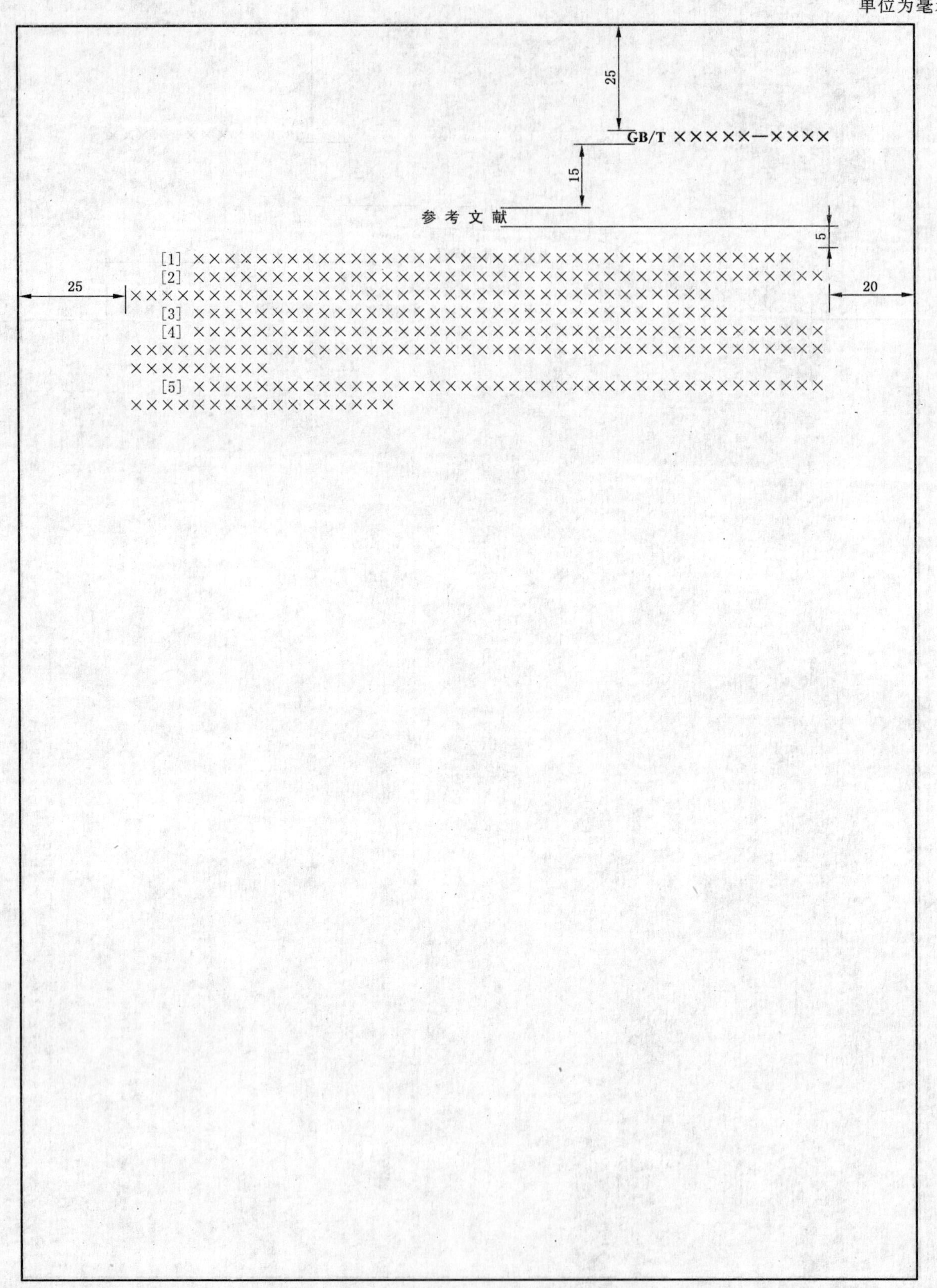

注：以单数页为例。

图 I.8　参考文献格式

单位为毫米

注：以“索引”为标准的最后一个要素，并位于单数页为例。

图 I.9　索引格式

单位为毫米

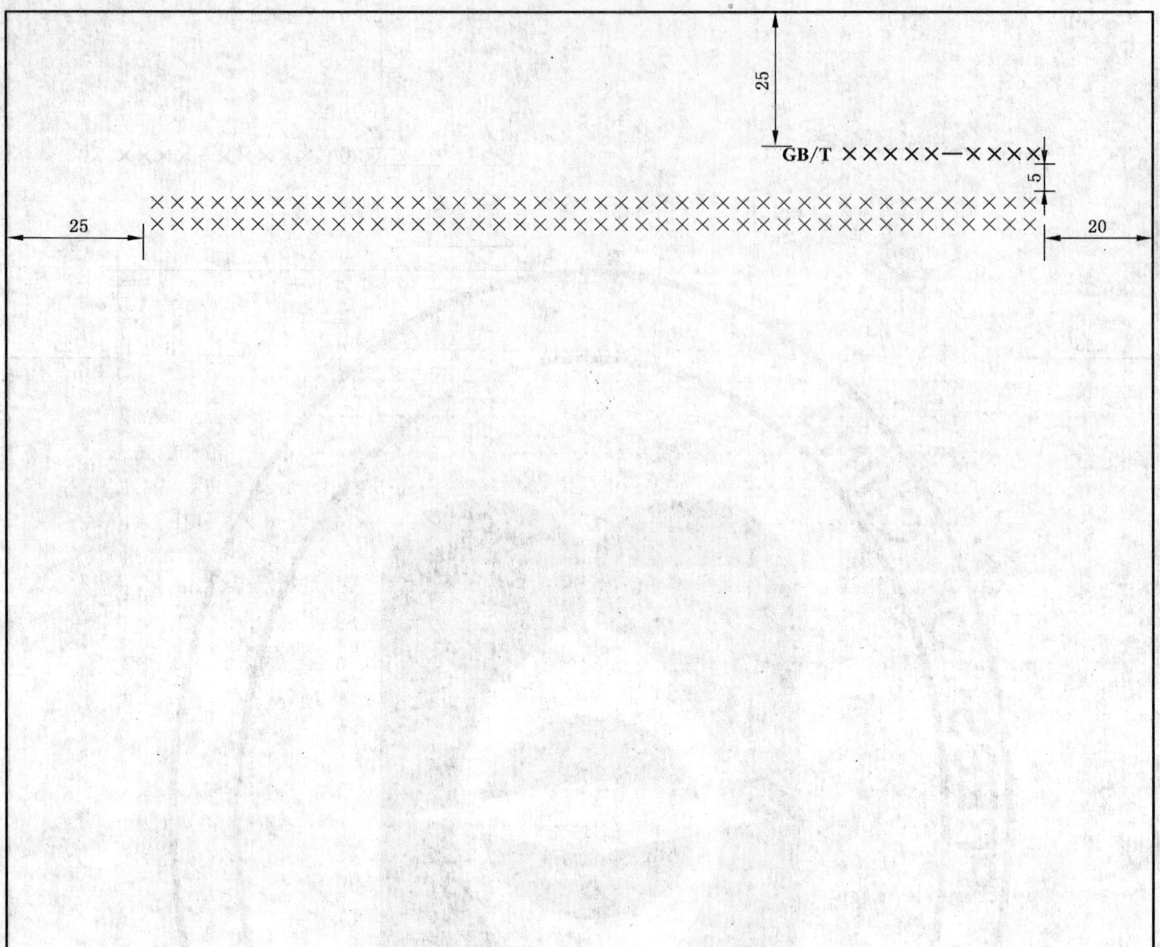

GB/T ×××××—××××

××
××

××

25 5 25 20 24 20

图 I.10 单数页格式

单位为毫米

图 I.11　双数页格式

单位为毫米

图 I.12　封底格式

附　录　J
（规范性附录）
标准中的字号和字体

表J.1规定了标准中各个位置的文字的字号和字体。

表J.1　标准中的字号和字体

序号	页别	位置	文字内容	字号和字体
01	封面	左上第一、二行	ICS号、中国标准文献分类号	五号黑体
02	封面	左上第三行	备案号	五号黑体
03	封面	右上第一行	标准的标志	专用美术体字
04	封面	右上第二行	标准编号	四号黑体
05	封面	右上第三行	代替标准编号	五号宋体
06	封面	第一行	中华人民共和国国家标准	专用字
07	封面	第一行	中华人民共和国××行业标准	专用字
08	封面	第二行	标准名称	一号黑体
09	封面	第三行	标准名称的英文译名	四号黑体
10	封面	第四行	与国际标准的一致性程度标识	四号宋体
11	封面	倒数第二行	发布日期、实施日期	四号黑体
12	封面	倒数第一行	标准发布部门	专用字
13	封面	右下	发布	四号黑体
14	目次	第一行	目次	三号黑体
15	目次		目次内容	五号宋体
16	前言	第一行	前言	三号黑体
17	前言		前言内容	五号宋体
18	引言	第一行	引言	三号黑体
19	引言		引言内容	五号宋体
20	正文首页	第一行	标准名称	三号黑体
21	各页		章、条的编号和标题	五号黑体
22	各页		标准条文、列项及其编号	五号宋体
23	各页		标明注的“注”、“注×”	小五号黑体
24	各页		标明示例的“示例”、“示例×”	小五号黑体
25	各页		条文的示例	小五号宋体
26	各页		注、图注、表注	小五号宋体
27	各页		脚注、脚注编号、图的脚注、表的脚注	小五号宋体
28	各页		图的编号、图题；表的编号、表题	五号黑体
29	各页		续图、续表的“（续）”	五号宋体
30	各页		图、表右上方关于单位的陈述	小五号宋体
31	各页		图中的数字和文字	六号宋体
32	各页		表中的数字和文字[a]	小五号宋体

表 J.1 标准中的字号和字体(续)

序号	页别	位置	文字内容	字号和字体
33	附录	第一行	附录编号	五号黑体
34		第二行	(规范性附录)、(资料性附录)	五号黑体
35		第三行	附录标题	五号黑体
36			附录内容	五号宋体
37	参考文献	第一行	参考文献	五号黑体
38			参考文献内容	五号宋体
39	索引	第一行	索引	五号黑体
40			索引内容[b]	五号宋体
41	封底	右上角	标准编号	四号黑体
42	单双数页	书眉右、左侧	标准编号	五号黑体
43		版心右、左下角	页码	小五号宋体

[a] 以表的形式编写的术语标准,表中的文字使用五号宋体。

[b] 术语标准索引内容的字体应符合 GB/T 20001.1 的规定。

参 考 文 献

[1] GB/T 67—2000 开槽盘头螺钉
[2] GB/T 2075—2007 切削加工用硬切削材料的分类和用途 大组和用途小组的分类代号
[3] GB/T 2079—1987 无孔的硬质合金可转位刀片
[4] GB/T 3099.2—2004 紧固件术语 盲铆钉
[5] GB/T 4458.2 机械制图 装配图中零、部件序号及其编排方法
[6] GB/T 19763 优先数和优先数系的应用指南
[7] GB/T 19764 优先数和优先数化整值系列的选用指南

索　引

H

J

K

L

M

N

Q

S

T

X

Y

Z

ICS 79.040
B 69

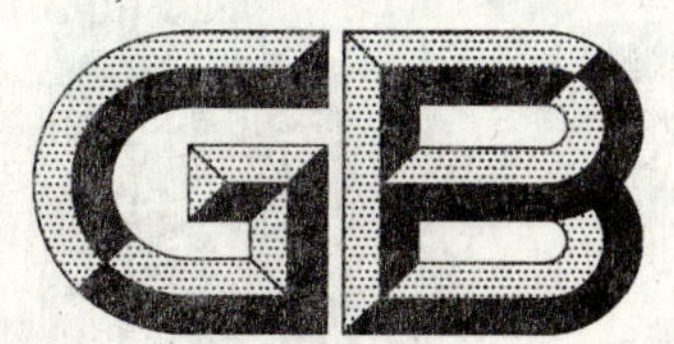

中华人民共和国国家标准

GB/T 153—2009
代替 GB/T 153—1995

针叶树锯材

Coniferous sawn timber

2009-02-23 发布 2009-08-01 实施

中华人民共和国国家质量监督检验检疫总局
中国国家标准化管理委员会 发布

前言

本标准代替 GB/T 153—1995《针叶树锯材》。

本标准与 GB/T 153—1995 相比主要差异如下：

——增加了针叶树锯材方材的规格尺寸和材质指标；

——对针叶树锯材长度、宽度、厚度允许偏差作了修订；

——对针叶树锯材材质指标缺陷允许限度中节子、钝棱作了修订。

本标准由国家林业局提出。

本标准由全国木材标准化技术委员会归口。

本标准主要起草单位:黑龙江省林产工业研究所、莆田标准木业有限公司。

本标准参加起草单位:国家林业局原木锯材产品质量监督检验站、黑河出入境检验检疫局。

本标准主要起草人:黄在华、冯一将、王春明、张冬梅、孙伟伦、车成利、时兰翠、何金存、李琳、王宏棣、董晓岛、金子博、崔鸣。

本标准所代替标准的历次版本发布情况为：

——GB 153.1—1984、GB/T 153—1995；

——GB 153.2—1984、GB/T 153—1995。

针叶树锯材

1 范围

本标准规定了针叶树锯材树种、尺寸、材质要求及检验方法。

本标准适用于除毛边锯材、专用锯材以外的所有针叶树锯材产品。

2 规范性引用文件

下列文件中的条款通过本标准的引用而成为本标准的条款。凡是注日期的引用文件，其随后所有的修改单(不包括勘误的内容)或修订版均不适用于本标准，然而，鼓励根据本标准达成协议的各方研究是否可使用这些文件的最新版本。凡是不注日期的引用文件，其最新版本适用于本标准。

GB/T 449　锯材材积表

GB/T 4822　锯材检验

GB/T 17659.2　原木锯材批量检查抽样、判定方法　第2部分：锯材批量检查抽样、判定方法

3 要求

3.1 树种

所有针叶树种。

3.2 尺寸

3.2.1　长度：1 m～8 m。

3.2.2　长度进级：自2 m以上按0.2 m进级，不足2 m的按0.1 m进级。

3.2.3　板材、方材规格：板材、方材规格尺寸见表1。

表1　板材、方材规格尺寸

单位为毫米

分类	厚度	宽度	
		尺寸范围	进级
薄板	12,15,18,21	30～300	10
中板	25,30,35		
厚板	40,45,50,60		
方材	25×20,25×25,30×30,40×30,60×40,60×50,100×55,100×60		
注：表中未列规格尺寸由供需双方协议商定。			

3.2.4　尺寸偏差：尺寸允许偏差见表2。

表2　尺寸允许偏差

种类	尺寸范围	偏差
长度	不足2.0 m	+3 cm −1 cm
	自2.0 m以上	+6 cm −2 cm
宽度、厚度	不足30 mm	±1 mm
	自30 mm以上	±2 mm

3.3 材质指标

针叶树锯材分为特等、一等、二等和三等四个等级，各等级材质指标见表3。长度不足1 m的锯材不分等级，其缺陷允许限度不低于三等材，检量计算方法按照本标准执行。

表3 材质指标

检量缺陷名称	检量与计算方法	允许限度			
		特等	一等	二等	三等
活节及死节	最大尺寸不得超过板宽的	15%	30%	40%	不限
	任意材长1 m范围内个数不得超过	4	8	12	
腐朽	面积不得超过所在材面面积的	不允许	2%	10%	30%
裂纹夹皮	长度不得超过材长的	5%	10%	30%	不限
虫眼	任意材长1 m范围内个数不得超过	1	4	15	不限
钝棱	最严重缺角尺寸不得超过材宽的	5%	10%	30%	40%
弯曲	横弯最大拱高不得超过内曲水平长的	0.3%	0.5%	2%	3%
	顺弯最大拱高不得超过内曲水平长的	1%	2%	3%	不限
斜纹	斜纹倾斜程度不得超过	5%	10%	20%	不限

4 检验方法

4.1 尺寸检量、材质评定

按GB/T 4822规定执行。

4.2 锯材材积

按GB/T 449规定执行。

4.3 检查抽样、判定方法

按GB/T 17659.2规定执行。

ICS 13.300
A 80

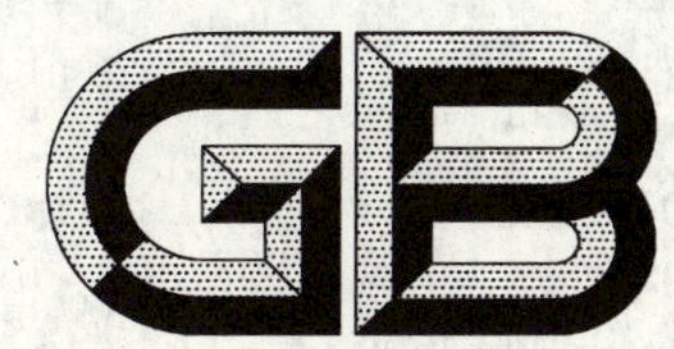

中华人民共和国国家标准

GB 190—2009
代替 GB 190—1990

危险货物包装标志

Packing symbol of dangerous goods

2009-06-21 发布　　　　2010-05-01 实施

中华人民共和国国家质量监督检验检疫总局
中国国家标准化管理委员会　发布

前　言

本标准的第3章、第4章为强制性的，其余为推荐性的。

本标准修改采用联合国《关于危险货物运输的建议书　规章范本》(第15修订版)第5部分：托运程序　第5.2章：标记和标签。本标准与其相比，存在以下技术性差异：

——标志图形采用表格形式叙述；

——删除了与标志使用无关的内容。

本标准代替GB 190—1990《危险货物包装标志》。本标准与GB 190—1990相比主要变化如下：

——爆炸品标签从原有的3个增加为4个；

——气体标签从原有的3个增加为5个；

——易燃液体标签从原有的1个增加为2个；

——第4类物质标签，从原有的3个增加为4个；

——第5类物质标签中，有机过氧化物变动较大；

——毒性物质标签，从原有的3个减少为1个；

——第7类物质标签中，增加裂变性物质标签；

——增加4个标记；

——增加标记和标签使用要求(附录A)。

本标准的附录A为规范性附录。

本标准由全国危险化学品管理标准化技术委员会(SAC/TC 251)提出并归口。

本标准负责起草单位：铁道部标准计量研究所。

本标准主要起草人：张锦、赵靖宇、赵华、兰淑梅、苏学锋。

本标准所代替标准的历次版本发布情况为：

——GB 190—1985、GB 190—1990。

危险货物包装标志

1 范围

本标准规定了危险货物包装图示标志(以下简称标志)的分类图形、尺寸、颜色及使用方法等。

本标准适用于危险货物的运输包装。

2 规范性引用文件

下列文件中的条款通过本标准的引用而成为本标准的条款。凡是注日期的引用文件,其随后所有的修改单(不包括勘误的内容)或修订版均不适用于本标准,然而,鼓励根据本标准达成协议的各方研究是否可使用这些文件的最新版本。凡是不注日期的引用文件,其最新版本适用于本标准。

GB/T 191 包装储运图示标志

GB 6944 危险货物分类和品名编号

GB 11806—2004 放射性物质安全运输规程

GB 12268 危险货物品名表

3 标志分类

标志分为标记(见表1)和标签(见表2)。标记4个;标签26个,其图形分别标示了9类危险货物的主要特性。

表1 标记

序　　号	标记名称	标记图形
1	危害环境物质和物品标记	 (符号:黑色,底色:白色)

表 1（续）

序　　号	标记名称	标记图形
2	方向标记	 （符号：黑色或正红色，底色：白色）  （符号：黑色或正红色，底色：白色）
3	高温运输标记	 （符号：正红色，底色：白色）

表 2　标签

序　　号	标签名称	标签图形	对应的危险货物类项号
1	爆炸性物质或物品	** * 1 （符号：黑色，底色：橙红色） 1.4 * 1 （符号：黑色，底色：橙红色） 1.5 * 1 （符号：黑色，底色：橙红色） 1.6 * 1 （符号：黑色，底色：橙红色） ＊＊ 项号的位置——如果爆炸性是次要危险性，留空白。 ＊ 配装组字母的位置——如果爆炸性是次要危险性，留空白。	1.1 1.2 1.3 1.4 1.5 1.6

表 2（续）

序　　号	标签名称	标签图形	对应的危险货物类项号
2	易燃气体	2 （符号：黑色，底色：正红色） 2 （符号：白色，底色：正红色）	2.1
	非易燃无毒气体	2 （符号：黑色，底色：绿色） 2 （符号：白色，底色：绿色）	2.2

表 2（续）

序　　号	标签名称	标签图形	对应的危险货物类项号
2	毒性气体	 （符号：黑色，底色：白色）	2.3
3	易燃液体	 （符号：黑色，底色：正红色）  （符号：白色，底色：正红色）	3
4	易燃固体	 （符号：黑色，底色：白色红条）	4.1

表 2（续）

序　　号	标签名称	标签图形	对应的危险货物类项号
4	易于自燃的物质	 （符号：黑色，底色：上白下红）	4.2
	遇水放出易燃气体的物质	 （符号：黑色，底色：蓝色）  （符号：白色，底色：蓝色）	4.3
5	氧化性物质	 （符号：黑色，底色：柠檬黄色）	5.1

表 2（续）

序　号	标签名称	标签图形	对应的危险货物类项号
5	有机过氧化物	 5.2 （符号：黑色，底色：红色和柠檬黄色）  5.2 （符号：白色，底色：红色和柠檬黄色）	5.2
6	毒性物质	 6 （符号：黑色，底色：白色）	6.1
	感染性物质	 6 （符号：黑色，底色：白色）	6.2

表 2（续）

序　号	标签名称	标签图形	对应的危险货物类项号
7	一级放射性物质	RADIOACTIVE I CONTENTS .... ACTIVITY .... 7 （符号：黑色，底色：白色，附一条红竖条） 黑色文字，在标签下半部分写上： “放射性” “内装物______” “放射性强度______” 在“放射性”字样之后应有一条红竖条	7A
	二级放射性物质	RADIOACTIVE II CONTENTS .... ACTIVITY .... TRANSPORT INDEX 7 （符号：黑色，底色：上黄下白，附两条红竖条） 黑色文字，在标签下半部分写上： “放射性” “内装物______” “放射性强度______” 在一个黑边框格内写上：“运输指数” 在“放射性”字样之后应有两条红竖条	7B

表 2（续）

序　　号	标签名称	标签图形	对应的危险货物类项号
7	三级放射性物质	（符号：黑色，底色：上黄下白，附三条红竖条） 黑色文字，在标签下半部分写上： “放射性” “内装物_____” “放射性强度_____” 在一个黑边框格内写上：“运输指数” 在“放射性”字样之后应有三条红竖条	7C
	裂变性物质	（符号：黑色，底色：白色） 黑色文字 在标签上半部分写上：“易裂变” 在标签下半部分的一个黑边 框格内写上：“临界安全指数”	7E
8	腐蚀性物质	（符号：黑色，底色：上白下黑）	8

表 2（续）

序 号	标签名称	标签图形	对应的危险货物类项号
9	杂项危险物质和物品	9 （符号：黑色，底色：白色）	9

4 标志的尺寸、颜色

4.1 标志的尺寸

标志的尺寸一般分为四种，见表 3。

表 3 标志的尺寸

单位为毫米

尺寸号别	长	宽
1	50	50
2	100	100
3	150	150
4	250	250
注：如遇特大或特小的运输包装件，标志的尺寸可按规定适当扩大或缩小。		

4.2 标志的颜色

标志的颜色按表 1 和表 2 中规定。

5 标志的使用方法

5.1 储运的各种危险货物性质的区分及其应标打的标志，应按 GB 6944、GB 12268 及有关国家运输主管部门相关规定选取，出口货物的标志应按我国执行的有关国际公约（规则）办理。

5.2 标志的具体使用方法见附录 A。

附 录 A
（规范性附录）
标记和标签使用要求

A.1 标记

A.1.1 除另有规定外，根据GB 12268确定的危险货物正式运输名称及相应编号，应标示在每个包装件上。如果是无包装物品，标记应标示在物品上、其托架上或其装卸、储存或发射装置上。

A.1.2 A.1.1要求的所有包装件标记：

a) 应明显可见而且易读；
b) 应能够经受日晒雨淋而不显著减弱其效果；
c) 应标示在包装件外表面的反衬底色上；
d) 不得与可能大大降低其效果的其他包装件标记放在一起。

A.1.3 救助容器应另外标明“救助”一词。

A.1.4 容量超过450 L的中型散货集装箱和大型容器，应在相对的两面作标记。

A.1.5 第7类的特殊标记规定：

a) 第7类的特殊标记、运输装置和包装形式应符合GB 11806—2004的规定。
b) 应在每个包装件的容器外部，醒目而耐久地标上发货人或收货人或两者的识别标志。
c) 对于每个包装件(GB 11806—2004规定的例外包装件除外)，应在容器外部醒目而耐久地标上前面冠以GB 12268编号和正式运输名称。就例外包装件而言，只需要标上前面冠以GB 12268编号。
d) 总质量超过50 kg的每个包装件应在其容器外部醒目而耐久地标上其许可总质量。
e) 每个包装件：
——如果符合IP-1型包装件、IP-2型包装件或IP-3型包装件的设计，应在容器外部醒目且耐久地酌情标上“IP-1型”、“IP-2型”或“IP-3型”；
——如符合A型包装件设计，应在容器外部醒目而耐久地标上“A型”标记；
——如符合IP-2型包装件、IP-3型包装件或A型包装件设计，应在容器外部醒目且耐久地标上原设计国的国际车辆注册代号(VRI代号)和制造商名称，或原设计国运输主管部门规定的其他容器识别标志。
f) 符合运输主管部门所批准设计的每个包装件应在容器外部醒目而耐久地标上下述标记：
——运输主管部门为该设计所规定的识别标记；
——专用于识别符合该设计的每个容器的序号；
——如为B(U)型或B(M)型包装件设计，标上“B(U)型”或“B(M)型”；
——如为C型包装件设计，标上“C型”。
g) 符合B(U)型或B(M)型或C型包装件设计的每个包装件应在其能防火、防水的最外层贮器的外表面用压纹、压印或其他能防火、防水的方式醒目地标上三叶形标志(见图A.1)。
h) LSA-Ⅰ物质或SCO-Ⅰ物体如装在贮器或包裹材料里并且按照运输主管部门容许的独家使用方式运输时，可以在这些贮器或包裹材料的外表面上酌情贴上“放射性LSA-Ⅰ”或“放射性SCO-Ⅰ”标记。
i) 如果包装件的国际运输需要运输主管部门对设计或装运的批准，而有关国家适用的批准型号不同，那么标记应按照原设计国的批准证书做出。

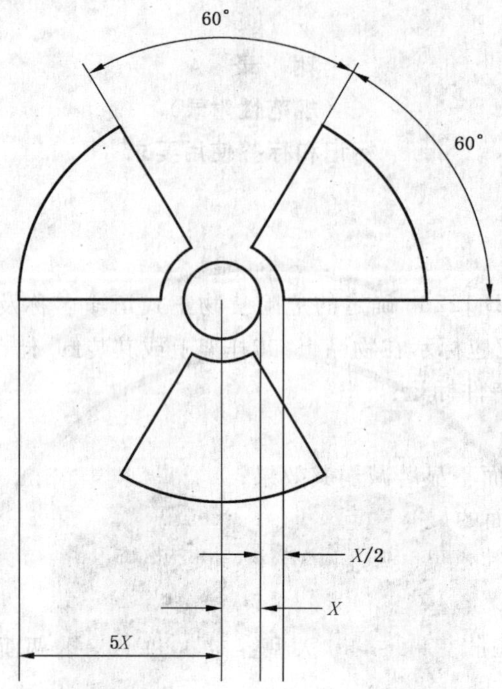

注：其尺寸比例基于半径为 X 的中心圆。X 的最小允许尺寸为 4 mm。

图 A.1 基本的三叶形标志

A.1.6 危害环境物质的特殊标记规定：

a) 装有符合 GB 12268 和 GB 6944 标准中的危害环境物质(UN 3077 和 UN 3082)的包装件，应耐久地标上危害环境物质标记，但以下容量的单容器和带内容器的组合容器除外：

——装载液体的容量为 5 L 或以下；

——装载固体的容量为 5 kg 或以下。

b) 危害环境物质标记，应位于 A.1.1 要求的各种标记附近，应满足 A.1.2 和 A.1.4 的要求。

c) 危害环境物质标记，应如表 1 序号 1 图所示。除非包装件的尺寸只能贴较小的标记，容器的标记尺寸应符合表 3 的规定。对于运输装置，最小尺寸应是 250 mm×250 mm。

A.1.7 方向箭头使用规定：

a) 除 b)规定的情况外：

——内容器装有液态危险货物的组合容器；

——配有通风口的单一容器；

——拟装运冷冻液化气体的开口低温贮器。

应清楚地标上与表 1 序号 2 图所示的包装件方向箭头，或者符合 GB/T 191 规定的方向箭头。方向箭头应标在包装件相对的两个垂直面上，箭头显示正确的朝上方向。标识应是长方形的，大小应与包装件的大小相适应，清晰可见。围绕箭头的长方形边框是可以任意选择的。

b) 下列包装件不需要标方向箭头：

——压力贮器；

——危险货物装在容积不超过 120 mL 的内容器中，内容器与外容器之间有足够的吸收材料，能够吸收全部液体内装物；

——6.2 项感染性物质装在容积不超过 50 mL 的主贮器内；

——第 7 类放射性物质装在 B(U)型、B(M)型或 C 型包装件内；

——任何放置方向都不漏的物品(例如装入温度计、喷雾器等的酒精或汞)。

c) 用于表明包装件正确放置方向以外的箭头，不应标示在按照本标准作标记的包装件上。

A.1.8 高温物质标记使用规定：

运输装置运输或提交运输时，如装有温度不低于 100 ℃的液态物质或者温度不低于 240 ℃的固态物质，应在其每一侧面和每一端面上贴有如表 1 序号 3 图所示的标记。标记为三角形，每边应至少有 250 mm，并且应为红色。

A.2 标签

A.2.1 标签规定

A.2.1.1 这些是表现内装货物的危险性分类标签规定(如表 2 所示)。但表明包装件在装卸或贮藏时应加小心的附加标记或符号(例如，用伞作符号表示包装件应保持干燥)，也可在包装件上适当标明。

A.2.1.2 表明主要和次要危险性的标签应与表 2 中所示的序号 1 至序号 9 所有式样相符。“爆炸品”次要危险性标签应使用序号 1 中带有爆炸式样标签图形。

A.2.1.3 危险货物一览表具体列出的物质或物品，应贴有 GB 12268 一览表第 4 栏下所示危险性的类别标签。危险货物一览表第 5 栏中以类号或项号表示的任何危险性，也须加贴次要危险性标签。但如果第 5 栏下未列出次要危险性，或危险货物一览表虽列出次要危险性但对使用标签的要求可予以豁免的情况下，特殊规定也须加贴次要危险性标签。

A.2.1.4 如果某种物质符合几个类别的定义，而且其名称未具体列在 GB 12268 危险货物一览表中，则应利用 GB 6944 中的规定来确定货物的主要危险性类别。除了需要有该主要危险性类的标签外，还应贴危险货物一览表中所列的次要危险性标签。

装有第 8 类物质的包装件不需要贴 6.1 号式样的次要危险性标签，如果毒性仅仅是由于对生物组织的破坏作用引起的。装有 4.2 项物质的包装件不需要贴 4.1 号式样的次要危险性标签。

A.2.1.5 具有次要危险性的第 2 类气体的标签见表 A.1。

表 A.1

项	GB 6944 所示的次要危险性	主要危险性标签	次要危险性标签
2.1	无	2.1	无
2.2	无	2.2	无
	5.1	2.2	5.1
2.3	无	2.3	无
	2.1	2.3	2.1
	5.1	2.3	5.1
	5.1,8	2.3	5.1,8
	8	2.3	8
	2.1,8	2.3	2.1,8

A.2.1.6 对第 2 类规定有三种不同的标签：一种表示 2.1 项的易燃气体(红色)，一种表示 2.2 项的非易燃无毒气体(绿色)，一种表示 2.3 项的毒性气体(白色)。如果 GB 12268 危险货物一览表表明某一种第 2 类气体具有一种或多种次要危险性，应根据 A.2.1.5 使用标签。

A.2.1.7 除 A.2.2.1.2 规定的要求外，每一标签应：

a) 在包装件尺寸够大的情况下，与正式运输名称贴在包装件的同一表面与之靠近的地方；

b) 贴在容器上不会被容器任何部分或容器配件或者任何其他标签或标记盖住或遮住的地方；

c) 当主要危险性标签和次要危险性标签都需要时，彼此紧挨着贴。

当包装件形状不规则或尺寸太小以致标签无法令人满意地贴上时，标签可用结牢的签条或其他装置挂在包装件上。

A.2.1.8 容量超过 450 L 的中型散货集装箱和大型容器,应在相对的两面贴标签。

A.2.1.9 标签应贴在反衬颜色的表面上。

A.2.1.10 自反应物质标签的特殊规定:

B 型自反应物质应贴有“爆炸品”次要危险性标签(1 号式样),除非运输主管部门已准许具体容器免贴此种标签,因为试验数据已证明自反应物质在此种容器中不显示爆炸性能。

A.2.1.11 有机过氧化物标签的特殊规定:

装有 GB 12268 危险货物一览表表明的 B、C、D、E 或 F 型有机过氧化物的包装件应贴表 2 序号 5 中 5.2 项标签(5.2 号式样)。这个标签也意味着产品可能易燃,因此不需要贴“易燃液体”次要危险性标签(3 号式样)。另外还应贴下列次要危险性标签:

a) B 型有机过氧化物应贴有“爆炸品”次要危险性标签(1 号式样),除非运输主管部门已准许具体容器免贴此种标签,因为试验数据已证明有机过氧化物在此种容器中不显示爆炸性能;

b) 当符合第 8 类物质Ⅰ类或Ⅱ类包装标准时,需要贴“腐蚀性”次要危险性标签(8 号式样)。

A.2.1.12 感染性物质包装件标签的特殊规定:

除了主要危险性标签(6.2 号式样)外,感染性物质包装件还应贴其内装物的性质所要求的任何其他标签。

A.2.1.13 放射性物质标签的特殊规定:

a) 除 GB 11806—2004 为大型货物集装箱和罐体规定的情况外,盛装放射性物质的每个包装件、外包装和货物集装箱应按照该包装件、外包装或货物集装箱的类别(见 GB 11806—2004 表 7)酌情贴上至少两个与 7A 号、7B 号和 7C 号式样相一致的标签。标签应贴在包装件外部两个相对的侧面上或货物集装箱外部的所有四个侧面上。盛装放射性物质的每个外包装应在外包装外部相对的侧面至少贴上两个标签。此外,盛装易裂变材料的每个包装件、外包装和货物集装箱应贴上与 7E 号式样相一致的标签;这类标签适用时应贴在放射性物质标签旁边。标签不得盖住规定的标记。任何与内装物无关的标签应除去或盖住。

b) 应符合 GB 11806—2004 的规定在与 7A 号、7B 号和 7C 号式样相一致的每个标签上填写下述资料:

——内装物:

除 LSA-Ⅰ物质外,以 GB 11806—2004 的 5.3.1.1 表 1 中规定的符号表示的取自该表的放射性核素的名称。对于放射性核素的混合物,应尽量地将限制最严格的那些核素列在该栏内直到写满为止。应在放射性核素的名称后面注明 LSA 或 SCO 的类别。为此,应使用“LSA-Ⅱ”、“LSA-Ⅲ”、“SCO-Ⅰ”及“SCO-Ⅱ”等符号;

对于 LSA-Ⅰ物质,仅需填写符号“LSA-Ⅰ”,无需填写放射性核素的名称。

——放射性活度:放射性内装物在运输期间的最大放射性活度,以贝克勒尔(Bq)为单位加适当的国际单位制词头符号表示。对于易裂变材料,可以克(g)或其倍数为单位表示的易裂变材料质量来代替放射性活度。

——对于外包装和货物集装箱,应在标签的“内装物”栏里和“放射性活度”栏里分别填写“外包装”和“货物集装箱”全部内装物加在一起的 A.2.1.13a)和 A.2.1.13b)所要求的资料,但装有含不同放射性核素的包装件的混合货载的外包装或货物集装箱除外,在它们标签上的这两栏里可填写“见运输票据”。

——运输指数:见 GB 11806—2004 中 6.8[Ⅰ类(白)毋需填写运输指数]。

c) 应在与 7E 号式样相一致的每个标签上填写与运输主管部门颁发的特殊安排批准证书或包装件设计批准证书上相同的临界安全指数(CSI)。

d) 对于外包装和货物集装箱,标签上的临界安全指数栏里应填写外包装或货物集装箱的易裂变内装物加在一起的 A.2.1.13c)所要求的资料。

e) 如果包装件的国际运输需要运输主管部门对设计或装运的批准，而有关国家适用的批准型号不同，那么标记应按照原设计国的批准证书做出。

A.2.2 标签规定

标签应满足本节的规定，并在颜色、符号和一般格式方面与表2所示的标签式样一致。必要时，表2所示的标签可按照下列a)的规定用虚线标出外缘。标签贴在反衬底色上时不需要这么做，规定如下：

a) 标签形状为呈45°角的正方形(菱形)，尺寸符合4.1的规定，但包装件的尺寸只能贴更小的标签和b)规定的情况除外。标签上沿着边缘有一条颜色与符号相同、距边缘5 mm的线。标签应贴在反衬底色上，或者用虚线或实线标出外缘。

b) 第2类的气瓶可根据其形状、放置方向和运输固定装置，贴表2序号2所规定的标签，尺寸符合4.1的规定，但在任何情况下表明主要危险的标签和任何标签上的编号均应完全可见，符号易于辨认。

c) 标签分为上下两半，除1.4项、1.5项或1.6项外，标签的上半部分为图形符号，下半部分为文字和类号或项号和适当的配装组字母。

d) 除1.4项、1.5项和1.6项外，第1类的标签在下半部分标明物质或物品的项号和配装组字母。1.4项、1.5项和1.6项的标签在上半部分标明项号，在下半部分标明配装组字母。1.4项S配装组一般不需要标签。但如果认为这类货物需要有标签，则应依照1.4号式样。

e) 第7类以外的物质的标签，在符号下面的空白部分填写的文字(类号或项号除外)应限于表明危险性质的资料和搬运时应注意的事项。

f) 所有标签上的符号、文字和号码应用黑色表示，但下述情况除外：

——第8类的标签，文字和类号用白色；

——标签底色全部为绿色、红色或蓝色时，符号、文字和号码可用白色；

——贴在装液化石油气的气瓶和气筒上的2.1项标签可以贮器的颜色作底色，但应有足够的颜色对比。

g) 所有标记应经受得住风吹雨打日晒，而不明显降低其效果。

ICS 77.080.01
H 11

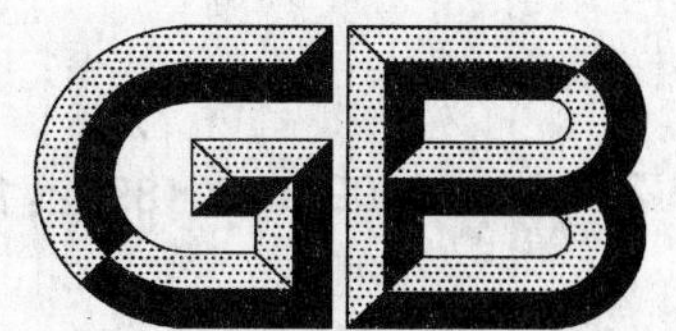

中华人民共和国国家标准

GB/T 223.83—2009/ISO 13902:1997

钢铁及合金　高硫含量的测定 感应炉燃烧后红外吸收法

Steel and iron—Determination of high sulfur content—Infrared absorption method after combustion in an induction furnace

(ISO 13902:1997,IDT)

2009-10-30 发布　　2010-05-01 实施

中华人民共和国国家质量监督检验检疫总局
中国国家标准化管理委员会　发布

前　言

本部分等同采用ISO 13902:1997《钢铁　高硫含量的测定　感应炉燃烧后红外吸收法》。

为便于使用，本部分做了下列编辑性修改：

——“本国际标准”改为“本部分”；

——用小数点“.”代替作为小数点的逗号“,”；

——删除国际标准的前言。

本部分的附录A、附录B和附录C都为资料性附录。

本部分由中国钢铁工业协会提出。

本部分由全国钢标准化技术委员会归口。

本部分起草单位：马鞍山钢铁股份有限公司技术中心、钢铁研究总院。

本部分主要起草人：徐汾兰、程坚平、华静、崔秋红、侯江。

钢铁及合金　高硫含量的测定　感应炉燃烧后红外吸收法

1　范围

GB/T 223 的本部分规定了用感应炉燃烧红外吸收法测定钢铁中硫含量的方法。

本方法适用于质量分数为 0.10%～0.35%硫含量的测定。

2　规范性引用文件

下列文件中的条款通过 GB/T 223 的本部分的引用而成为本部分的条款。凡是注日期的引用标准，其随后所有的修改单（不包括勘误的内容）或修改版均不适用于本部分，然而，鼓励根据本部分达成协议的各方研究是否可使用这些文件的最新版本。凡是不注日期的引用文件，其最新版本适用于本部分。

GB/T 6005　试验筛　金属丝编织网、穿孔板和电成型薄板　筛孔的基本尺寸（GB/T 6005—2008，ISO 565:1990，MOD）

GB/T 6379.1　测量方法与结果的准确度（正确度与精密度）　第 1 部分：总则与定义（GB/T 6379.1—2004，ISO 5725-1:1994，IDT）

GB/T 6379.2　测量方法与结果的准确度（正确度与精密度）　第 2 部分：确定标准测量方法重复性和再现性的基本方法（GB/T 6379.2—2004，ISO 5725-2:1994，IDT）

GB/T 20066　钢和铁　化学成分测定用试样的取样和制样方法（GB/T 20066—2006，ISO 14284:1996，IDT）

ISO 5725-3　测量方法与结果的准确度（正确度与精密度）　第 3 部分：标准测量方法精度的中间度量

3　原理

试料在纯氧气流中通过高频感应炉，在高温有助熔剂存在的条件下燃烧，将硫转化为二氧化硫。

测量氧气流中的二氧化硫的红外吸收光谱。

4　试剂和材料

除非另有说明，在分析中仅使用确认为分析纯的试剂。

4.1　氧气，质量分数不小于 99.5%。

当怀疑氧气中存在有机污染物时，应将一个加热到 450 ℃以上的氧化催化剂（氧化铜或铂金）管置于净化系统（参见附录 A）前。

4.2　纯铁，已知（或按 7.4 规定的步骤测定）硫的质量分数小于 0.000 5%。

4.3　合适的溶剂，用于清洗试样表面的油渍或污垢，例如：丙酮。

4.4　无水高氯酸镁[$Mg(ClO_4)_2$]，粒度为 0.7 mm～1.2 mm。

4.5　钨助熔剂，不含硫或已知硫的质量分数小于 0.000 5%。

注 1：助熔剂粒度大小由所用仪器的类型而定。

4.6　无水硫酸钡，质量分数不小于 99.5%。

使用前于 105 ℃～110 ℃干燥 3 h，置于干燥器中冷却。

4.7 惰性瓷珠(碱石棉),用氢氧化钠浸渍,粒度为0.7 mm～1.2 mm。

5 仪器设备

除非另有说明,分析中仅使用常规的实验室仪器。

满足在高频感应炉内燃烧和后续二氧化硫红外吸收光谱测量的仪器可以从许多生产厂家购买。按照厂家说明书操作仪器。

市售仪器的性能参见附录A。

5.1 微量天平,精确至0.001 mg。

5.2 瓷坩埚,能够耐感应炉中的燃烧。

使用前,将坩埚置于通空气或氧气流的电炉中,于1 100 ℃灼烧2 h以上,贮存于干燥器中。

5.3 玻璃纤维过滤器,剪成坩埚直径大小,于450 ℃灼烧12 h。

6 取制样

按GB/T 20066或适当的国家标准取制样。称取试料前应将分析用试样混匀。粉末试样可通过搅拌混匀(见第9章)。

7 分析步骤

警告:与燃烧分析有关的危险主要是预烧瓷坩埚和熔融过程中的燃烧。任何时候都要使用坩埚钳,并将用过的坩埚存放在合适的容器中。操作氧气钢瓶应小心。燃烧过程中的氧气应有效地从仪器中清除,因为高浓度的氧气在有限空间内易造成火灾。

7.1 仪器调试

采用装有用氢氧化钠浸渍的惰性瓷珠(烧碱石棉)(4.7)和高氯酸镁(4.4)的管子净化供给的氧气。待机时维持平稳的流速。安装一个玻璃棉过滤器或不锈钢网作为灰尘捕集器。必要时予以清洗和更换。燃烧室、基座柱、过滤器应经常清洁,以除去积存的氧化物。

停机一段时间后开机,应按仪器厂商的推荐,使仪器各部件稳定一段时间。

清洁炉腔和/或更换过滤器,或仪器停用一段时间后,在开始分析前应先燃烧几个与被测样品类型相似的样品,以稳定仪器。

给仪器通氧并调节零点。

如果所用仪器直接给出硫的百分含量,按以下步骤调整每一个校准范围的仪器读数:

选择一个硫含量接近校准系列中最高点的有证参考物质,按7.4规定的方法测量有证参考物质的硫含量;

将仪器读数调至标准值。

这种调节应在7.6规定的建立校准曲线之前进行,不能代替或修正校准曲线。

7.2 试料

用合适的溶剂(4.3)清洗试样表面油污,用热风吹干。

称取约0.5 g试样(见第9章),精确至1 mg,加入0.5 g±0.001 g纯铁(4.2)(见注2)。

注2:试料和助熔剂的量取决于所用仪器的类型。

7.3 空白试验

测量前,做两份下述空白试验:

准备一个瓷坩埚(5.2),用镊子将玻璃纤维过滤器(5.3)置于瓷坩埚底部。加入1.000 g纯铁(4.2)和1.5 g±0.1 g助熔剂(4.5);

按7.4.2和7.4.3所述方法处理坩埚和所盛材料;

读取空白试验读数,并通过校准曲线(7.6)转换成硫的毫克数;

以两次空白值计算出平均空白值(m_1)(见注 3)。

注 3:平均空白值含硫量不得超过 0.005 mg,两次空白值含硫量之差不得超过 0.003 mg。如果这些数值异常高,应调查并消除污染源。

7.4 纯铁(4.2)中的硫含量

7.4.1 按以下步骤测定纯铁(4.2)中的硫含量。

7.4.2 准备两个瓷坩埚(5.2),用镊子将玻璃纤维过滤器(5.3)置于每个瓷坩埚底部。

7.4.3 于两个瓷坩埚中分别加入 0.500 g 和 1.000 g 纯铁(4.2),各加盖 1.5 g±0.1 g 助熔剂(4.5)。

7.4.4 按 7.5.2 和 7.5.3 所述方法处理坩埚和所盛材料。

7.4.5 由校准曲线(7.6)将测定值转化为硫的毫克数。

7.4.6 加入的 0.500 g 纯铁的硫量(m_2)可通过从 1.000 g 纯铁硫测量值(m_4)中减去 0.500 g 纯铁硫测量值(m_3)得到,加入的 1.000 g 纯铁的硫量(m_5)为加入的 0.500 g 纯铁硫量(m_2)的两倍[见式(1)]。

$$m_5 = 2 \times m_2 = 2 \times (m_4 - m_3) \quad \cdots\cdots(1)$$

7.5 测量

7.5.1 准备一个瓷坩埚(5.2),用镊子将玻璃纤维过滤器(5.3)置于瓷坩埚底部。加入试料(7.2)和纯铁(4.2)(见 7.2),覆盖 1.5 g±0.1 g 助熔剂(4.5)。

7.5.2 将盛有材料的瓷坩埚置于样品基座上,升至燃烧位置,锁定系统。按仪器厂商说明书操作感应燃烧炉。

7.5.3 在燃烧和测量程序结束后,移去并丢弃坩埚,记录分析读数。

7.6 校准曲线的建立

7.6.1 校准系列的准备

准备 8 个瓷坩埚(5.2),用镊子将玻璃纤维过滤器(5.3)置于每个瓷坩埚的底部。

尽可能按表 1 所示质量用微量天平(5.1)称取硫酸钡(4.6),精确至 0.001 mg。

加入 1.000 g 纯铁(4.2),覆盖 1.5 g±0.1 g 助熔剂(4.5)。

表 1 校准系列

硫酸钡(4.6)质量/mg	瓷坩埚中加入的硫质量/mg	试料中硫的质量分数/%
0[a]	0	0
3.64	0.50	0.10
5.46	0.75	0.15
7.28	1.00	0.20
9.10	1.25	0.25
10.92	1.50	0.30
12.74	1.75	0.35
14.56	2.00	0.40

[a] 零点。

7.6.2 测量

按 7.5.2 和 7.5.3 所述方法处理坩埚和所盛材料。

7.6.3 校准曲线的绘制

将校准系列每个点的读数减去零点的读数得到净读数。

以校准系列每个点的净读数对相应的硫毫克数作图,绘制校准曲线。

8 结果计算

8.1 计算方法

用校准曲线将试料的测量读数(见7.5)转换成硫的毫克数(m_0)。

硫含量以质量分数 w_S 表示,按式(2)计算:

$$w_S=\frac{(m_0-m_1+m_2)}{m\times10^3}\times100=\frac{(m_0-m_1+m_2)}{10m} \qquad \cdots\cdots(2)$$

式中:

m_0——试料中硫的质量,单位为毫克(mg);

m_1——空白试验(7.3)中硫的质量,单位为毫克(mg);

m_2——0.5 g 纯铁(4.2)中硫的质量(见7.4),单位为毫克(mg);

m——试料(7.2)的质量,单位为克(g)。

8.2 精密度

本方法的精密度试验由7个国家的18个实验室,对8个水平的硫含量进行测定,每个实验室对每个水平的硫含量进行3次测量(见注4和注5)。

注4:三次测定中的两次是在GB/T 6379.1规定的重复性条件下进行的,即由同一操作员、用相同的仪器、相同的操作条件、同一校准和最短的时间间隔。

注5:第三次测定由注4中的操作员,在不同时间(不同天),用经重新校准的同一台仪器进行。

所用试样及其所得平均值和精密度结果参见附录B中表B.1。

根据GB/T 6379.1、GB/T 6379.2和ISO 5725-3,对试验结果进行统计处理。

所得数据表明硫含量与试验结果的重复性限(r)和再现性限(R 和 R_W)(见注6)之间呈对数关系,汇总于表2中。数据的图示如图C.1。

注6:由第一天所得两个结果,按GB/T 6379.2规定的方法计算重复性限(r)和再现性界限(R)。由第一天所得的第一个结果和第二天所得的结果,按ISO 5725-3规定的方法计算实验室内的再现性限(R_W)。

表2 重复性限和再现性限结果

硫的质量分数/%	重复性限,r	再现性限	
		R	R_W
0.10	0.004 0	0.017 7	0.009 6
0.15	0.005 9	0.018 8	0.011 3
0.20	0.007 8	0.020 0	0.012 6
0.25	0.009 7	0.020 7	0.013 8
0.30	0.011 6	0.021 3	0.015 0
0.35	0.013 4	0.021 9	0.015 9

9 含粉末试样的分析步骤

当分析样品中含有粒径小于500 μm的细粉时,应用GB/T 6005规定的试验筛(规格为500 μm)将粗粒和细粉筛分开。称量一定比例的每一组分以得到具有代表性的分析样品,分别测量每一组分的硫含量。

硫含量以质量分数 w_S 表示,按式(3)计算:

$$w_S=\frac{(w_{S,1}\times m_{cf})+(w_{S,2}\times m_{ff})}{m_{cf}+m_{ff}} \qquad \cdots\cdots(3)$$

式中:

$w_{S,1}$——粗组分中硫的质量分数,%;

$w_{S,2}$——细组分中硫的质量分数，%；

m_{cf}——试样中粗组分的质量，单位为克(g)；

m_{ff}——试样中细组分的质量，单位为克(g)。

10 试验报告

试验报告应包括下列内容：

a) 鉴别试料、实验室和分析日期等资料；

b) 遵守本部分规定的程度；

c) 分析结果及其表示；

d) 测定中观察到的异常现象；

e) 对分析结果可能有影响而本部分未包括的操作或者任选的操作。

附 录 A
（资料性附录）
市售高频感应炉和红外碳分析仪的性能特点

A.1 氧气源

氧气源配置有微调阀门和压力表，按照制造厂家的要求，要用压力调节器来控制炉子的氧气压力，通常为 28 kN/m²。

A.2 净化单元

包括二氧化碳吸收管中浸渍过氢氧化钠的惰性瓷珠和脱水管中的高氯酸镁。

A.3 流量计

可测量氧气流量为 0 L/min～4 L/min。

A.4 高频感应炉

A.4.1 燃烧炉包括感应线圈和高频发生器。炉腔由一石英管（如外径 30 mm～40 mm，内径 26 mm～36 mm，长 200 mm～220 mm）构成，可内置于感应线圈中，石英管顶部和底部的金属板，通过 O 型圈将管子密封。

气体流入和流出经过金属板。

A.4.2 高频发生器的表观功率通常为 1.5 kVA～2.5 kVA，但不同厂家使用的频率可能不同，频率为 2 MHz～6 MHz、15 MHz 和 20 MHz 均使用过，高频发生器向环绕石英管周围的感应线圈供电，发生器通常用空气冷却。

A.4.3 将盛有试料、溶剂和助熔剂的坩埚置于基座杆上，基座杆被精确定位，以使其升起后，坩埚内的金属恰好位于感应线圈内，以便供电时有效耦合。

A.4.4 耦合程度取决于感应线圈直径、圈数、炉腔几何尺寸和高频发生器功率。这些参数由仪器厂家确定。

A.4.5 燃烧过程所达到的温度部分取决于 A.4.4 中的参数，但也取决于坩埚内金属的特性、试料的形状和材料的质量，这些参数可由操作者在一定范围内选择。

A.5 灰尘收集器

用于收集来自炉子氧气流中的金属氧化物粉尘。

A.6 红外气体分析仪

A.6.1 对于大多数仪器，燃烧气体产物被流量恒定的氧气流载至分析系统。气体流经红外池，如 Luft 型，测量二氧化硫对红外辐射的吸收，并对预定时间段进行积分。信号被放大并转换成硫浓度百分浓度的数值。

A.6.2 有些分析仪用控制压力方式将燃烧产物收集在一定体积的氧气中，分析混合物中的二氧化硫。

A.6.3 电子控制装置通常用来调节仪器零点，补偿空白，调整校准曲线的斜率和校正非线性响应。分析仪通常能够输入标样或试料质量从而对读数进行自动校正。仪器还可以配备一体化的自动天平，用于称量坩埚、试料，并将质量数值传送至计算机。

附 录 B
（资料性附录）
国际合作试验的附加信息

表2是1993年国际分析试验的结果，7个国家的18家实验室对3个钢样和5个铁样进行了分析试验。

1994年3月ISO/TC 17/SC 1 N 1035文件报告了试验结果。精密度数据的图示由附录C给出。所用试样和得到的平均结果列于表B.1。

表 B.1 实验室试验结果

样品	硫质量分数/%			精密度数据		
	标准值	测定值		重复性限	再现性限	
		$\overline{w}_{S,1}$	$\overline{w}_{S,2}$	r	R	R_W
ACS 2(铸铁)	0.125	0.122	0.120	0.006 3	0.017	0.007 7
ECRM 489-1(铸铁)	0.155	0.153	0.153	0.005 7	0.021	0.014
ECRM 485-2(铸铁)	0.165	0.147	0.146	0.006 6	0.018	0.011
ECRM 486-1(铸铁)	0.168[a]	0.146	0.146	0.005 0	0.021	0.012
SWEDEN STEEL(不锈钢)	0.19[a]	0.199	0.200	0.006 6	0.016	0.014
ECRM 484-1(铸铁)	0.230	0.238	0.239	0.006 8	0.027	0.012
JSS S26(非合金钢)	0.304	0.291	0.290	0.012	0.021	0.016
ECRM 085-1(非合金钢)	0.336	0.336	0.338	0.016	0.020	0.012

$\overline{w}_{S,1}$：一天内的平均值。

$\overline{w}_{S,2}$：不同天的平均值。

[a] 非认可值。

附 录 C
（资料性附录）
精密度数据的图示

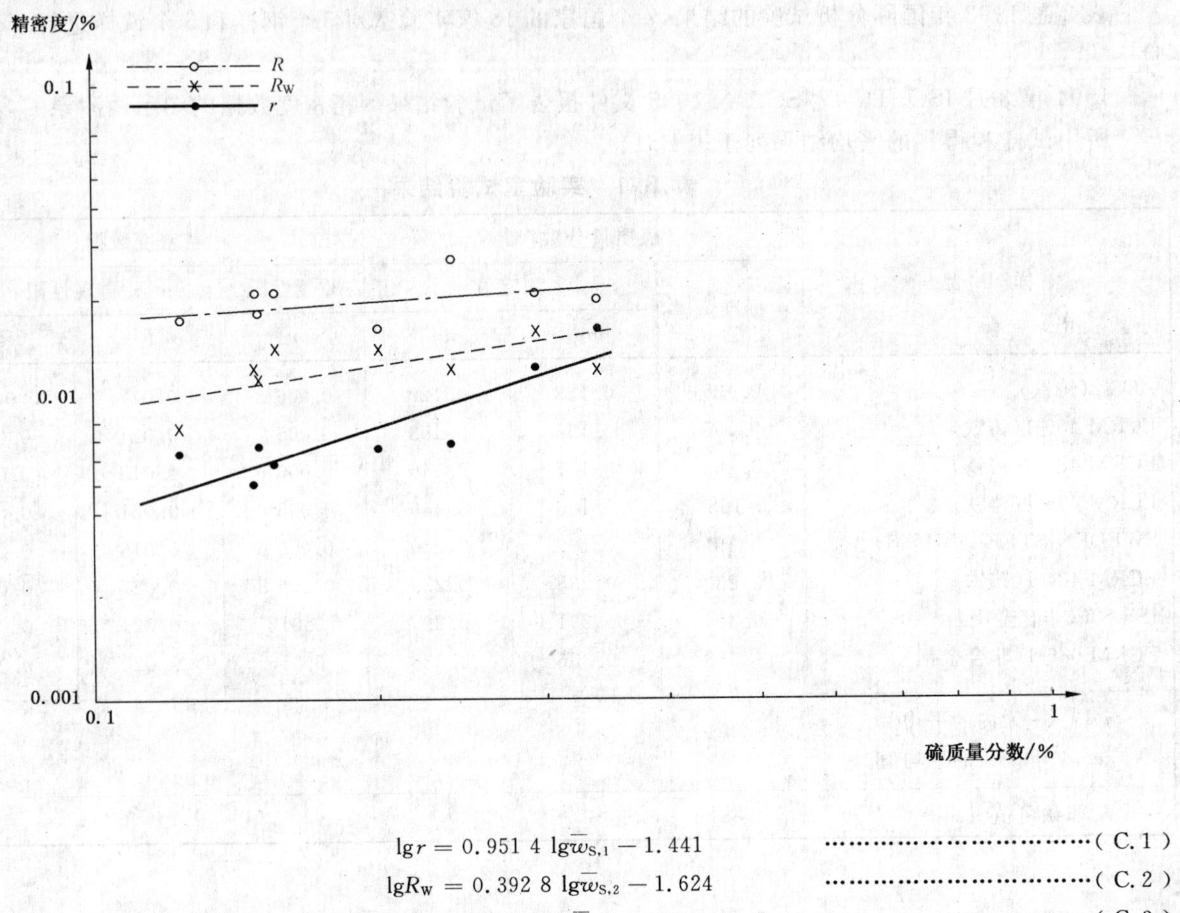

$$\lg r = 0.951\ 4\ \lg \overline{w}_{S,1} - 1.441 \qquad \text{(C.1)}$$

$$\lg R_W = 0.392\ 8\ \lg \overline{w}_{S,2} - 1.624 \qquad \text{(C.2)}$$

$$\lg R = 0.177\ 7\ \lg \overline{w}_{S,1} - 1.574 \qquad \text{(C.3)}$$

式中：

$\overline{w}_{S,1}$——一天内所得硫含量的平均值，以质量分数表示，%；

$\overline{w}_{S,2}$——不同天所得硫含量的平均值，以质量分数表示，%。

图 C.1 硫含量($\overline{w}_S$)与重复性限(r)或再现性限(R 和 R_W)之间的对数关系

ICS 77.080.01
H 11

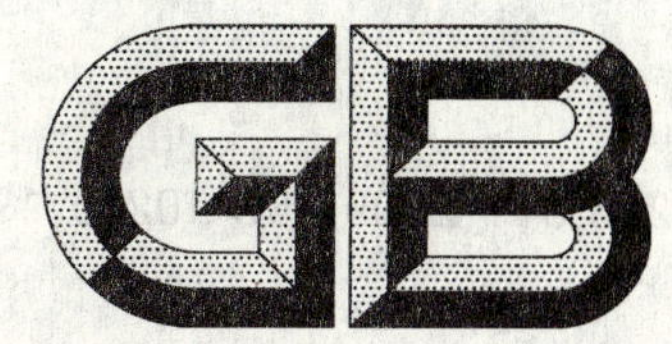

中华人民共和国国家标准

GB/T 223.84—2009/ISO 10280:1991

钢铁及合金　钛含量的测定　二安替比林甲烷分光光度法

Steel and iron—Determination of titanium content—Diantipyrylmethane spectrophotometric method

(ISO 10280:1991,IDT)

2009-10-30 发布　　2010-05-01 实施

中华人民共和国国家质量监督检验检疫总局
中国国家标准化管理委员会　发布

前　言

GB/T 223 的本部分等同采用 ISO 10280:1991《钢铁及合金　钛含量的测定　二安替比林甲烷分光光度法》。

为便于使用，本部分做了下列编辑性修改：

a)　‘本国际标准’改为‘本部分’；

b)　用小数点‘.’代替作为小数点的逗号‘,’；

c)　删除国际标准的前言。

本部分的附录 A、附录 B 都是资料性附录。

本部分由中国钢铁工业协会提出。

本部分由全国钢标准化技术委员会归口。

本部分起草单位：本钢板材股份有限公司技术中心、钢铁研究总院。

本部分起草人：刘小平、华凯、罗倩华、崔秋红、宋丽、吴俊。

钢铁及合金　钛含量的测定
二安替比林甲烷分光光度法

1　范围

GB/T 223 的本部分规定了用二安替比林甲烷分光光度法测定钢铁中钛含量。

本部分适用于质量分数为0.002%～0.80%钛含量的测定。

2　规范性引用文件

下列文件中的条款通过 GB/T 223 的本部分的引用而成为本标准的条款。凡是注日期的引用文件,其随后所有的修改单(不包括勘误的内容)或修订版均不适用于本部分,然而,鼓励根据本部分达成协议的各方研究是否可使用这些文件的最新版本。凡是不注日期的引用文件,其最新版本适用于本部分。

GB/T 6379.1　测量方法与结果的准确度(正确度与精密度)　第1部分:总则与定义(GB/T 6379.1—2004,ISO 5725-1:1994,IDT)

GB/T 6379.2　测量方法与结果的准确度(正确度与精密度)　第2部分:确定标准测量方法重复性和再现性的基本方法(GB/T 6379.2—2004,ISO 5725-2:1994,IDT)

GB/T 6682　分析实验室用水规格和试验方法(GB/T 6682—2008,ISO 3696:1987,MOD)

GB/T 12805　实验室玻璃仪器　滴定管(GB/T 12805—1991,neq ISO 385:1984)

GB/T 12806　实验室玻璃仪器　单标线容量瓶(GB/T 12806—1991,neq ISO 1042:1983)

GB/T 12808　实验室玻璃仪器　单标线吸量管(GB/T 12808—1991,neq ISO 648:1977)

GB/T 20066　钢和铁　化学成分测定用试样的取样和制样方法(GB/T 20066—2006,ISO 14284:1996,IDT)

ISO 5725-3　测量方法与结果的准确度(正确度与精密度)　第3部分:标准测量方法精度的中间度量

3　原理

试料用盐酸、硝酸、硫酸分解,硫酸氢钾熔融残渣。钛与4,4'-二安替比林甲烷形成黄色络合物。在波长385 nm处测定其吸光度。

4　试剂与材料

分析中除另有说明外,仅使用认可的分析纯试剂和 GB/T 6682 规定的二级水。

4.1　高纯铁,钛含量小于2 μg/g。

4.2　硫酸氢钾。

4.3　无水碳酸钠。

4.4　盐酸,ρ约1.19 g/mL。

4.5　盐酸,ρ约1.19 g/mL,稀释为1+1。

4.6　盐酸,ρ约1.19 g/mL,稀释为1+3。

4.7　硝酸,ρ约1.40 g/mL。

4.8　氢氟酸,ρ约1.15 g/mL。

4.9　硫酸，ρ约1.84 g/mL，稀释为1+1。

4.10　酒石酸溶液，100 g/L。

4.11　抗坏血酸溶液，100 g/L，用时现配。

4.12　草酸铵溶液，30 g/L。

将6 g草酸铵[$(COONH_4)_2 \cdot H_2O$]溶于水中，稀释至200 mL。

4.13　铁溶液，12.5 g/L。

将1.25 g纯铁(4.1)溶于10 mL盐酸(4.5)中，缓慢加热，加5 mL硝酸(4.7)煮沸至溶液体积大约为10 mL，冷却至室温，移入100 mL容量瓶中，用水稀释至刻度，混匀。

4.14　试剂空白溶液

用与试料分析同样量的试剂但不加铁，与试料分析平行，制备试剂空白溶液。按7.3.1和7.3.2的步骤进行，用水稀释至100 mL。

4.15　二安替比林甲烷溶液，40 g/L。

将4 g 4,4'-亚甲基双(2,3-二甲基-1-苯基-5-吡唑啉酮)一水合物，$C_{23}H_{24}O_2N_4 \cdot H_2O$，(二安替比林甲烷)溶于20 mL盐酸(4.5)中，用水稀释至100 mL。

4.16　钛标准溶液

4.16.1　钛贮备液，每升相当于1 g钛。

称取0.500 g高纯钛金属[纯度>99.9%(质量分数)]，精确至0.1 mg，置于300 mL烧杯中，加入180 mL硫酸(ρ约1.84 g/mL，稀释为1+3)，盖上表面皿，缓慢加热至金属溶解。滴加硝酸(4.7)氧化。冷却至室温，将溶液移入500 mL单标线容量瓶中，用水稀释至刻度，混匀。

此贮备液1 mL含1.0 mg钛。

4.16.2　钛标准溶液，每升相当于50 mg钛，用时现配。

移取10.00 mL钛贮备液(4.16.1)，于200 mL单标线容量瓶中，以水稀释至刻度，混匀。

此标准溶液1 mL含50 μg钛。

5　仪器

所有玻璃量器均应符合GB/T 12805、GB/T 12806和GB/T 12808规定的A级。

普通的实验室仪器以及

5.1　坩埚，铂金属或铂-金合金，容积为30 mL。

5.2　分光光度计，适合在385 nm处，用2 cm(或1 cm)吸收皿测定溶液的吸光度。

波长测量应至少精确到±2 nm。吸光度范围在0.05～0.85，吸光度测量值的重复性应在±0.003以内。

6　取制样

根据GB/T 20066或适当的钢铁国家标准取制样。

7　分析步骤

7.1　试料

根据钛含量，称取试料，精确至0.5 mg。

a)　钛含量(质量分数)在0.002%～0.125%，试料量为1.00 g。

b)　钛含量(质量分数)在0.125%～0.80%，试料量为0.50 g。

7.2　空白试验

与试料平行分析，加与试料相同量的纯铁(4.1)，用同样的分析步骤、同样的试剂和同样的吸收皿做空白试验。

7.3 测定

7.3.1 试料的溶解

将试料(7.1)置于250 mL烧杯中,加入20 mL盐酸(4.4),盖上表面皿,低温(70 ℃~90 ℃)溶解,待溶液反应停止后,加5 mL硝酸(4.7),煮沸至溶液体积约10 mL。

取下冷却,加20 mL硫酸(4.9),加热至三氧化硫烟出现。要起烟之前,固体开始形成,应缓慢加热以避免喷溅。一旦开始冒烟,混合物趋于稳定,应在高温下短暂冒烟。避免过度冒烟,尤其是含铬合金,因为沉积的铬盐很难再溶解。

取下冷却,加20 mL盐酸(4.6)加热溶解盐类。

用低灰分中速滤纸过滤,热水洗涤。用10 mL盐酸(4.5)冲洗烧杯和滤纸后再用热水洗涤。保留滤液。

7.3.2 不溶残渣的处理

将滤纸与残渣置于坩埚(5.1)中,干燥并低温灰化除去所有的含碳物质,然后在700 ℃灼烧至少15 min。冷却,加几滴硫酸(4.9)和2 mL氢氟酸(4.8),蒸发至干,并在700 ℃灼烧。

注1:含钨试料按第9章的规定进行。

用1.0 g硫酸氢钾(4.2)在喷灯上熔融残渣并冷却。用10 mL酒石酸(4.10)浸取,加热溶解后合并于原滤液中。按表1移入100 mL或200 mL单标线容量瓶中,用水稀释至刻度,混匀。

7.3.3 显色

按表1移取两份试液,分别置于50 mL单标线容量瓶中,制备显色液和参比液。用滴定管或移液管加入下列试剂,每加一种试剂后均要摇匀。如需要(见表1),补加铁溶液(4.13)和试剂空白溶液(4.14)。

显色液:加入2.0 mL草酸铵溶液(4.12),6.0 mL盐酸(4.5),8.0 mL抗坏血酸溶液(4.11),放置5 min。加入10.0 mL二安替比林甲烷溶液(4.15)。

参比液:加入2.0 mL草酸铵溶液(4.12),8.0 mL盐酸(4.5),8.0 mL抗坏血酸溶液(4.11),放置5 min。

用水稀释至刻度,混匀。室温(20 ℃~30 ℃)放置30 min。如室温在(15 ℃~20 ℃),放置60 min。

7.3.4 分光光度测定

将分光光度计(5.2)的波长设定为约385 nm处。

将盛有水的吸收皿放入分光光度计,设定仪器吸光度为零。采用合适的、能覆盖测量范围的吸收皿(见表1)。当改变吸收皿的大小,应用新的吸收皿重新校正分光光度计的零点。

以水为参比,测量试样和空白试验的显色液和参比液的吸光度。

对每一对吸光度读数,从显色液的吸光度减去参比液的吸光度为净吸光度。

表1

钛含量(质量分数)/%	试料量(m) g	试液的稀释体积(7.3.2)(V_0) mL	移取试液的体积(V_1) mL	加入铁溶液的体积(4.13) mL	加入试液空白溶液(4.14)的体积 mL	吸收皿 cm
0.002~0.050	1.0	100	10.0	—	—	2
0.050~0.125	1.0	100	10.0	—	—	1
0.125~0.50	0.5	200	10.0	6.0	5.0	1
0.50~0.80	0.5	200	5.0	7.0	7.5	1

7.4 校准曲线的建立

7.4.1 校准溶液的制备

称取数份1.000 g纯铁(4.1),分别置于一系列250 mL烧杯中,按表2加入钛标准溶液(4.16.2),

以下按 7.3.1 进行。

在每份滤液中加入 10 mL 盐酸(4.5)、1.0 g 硫酸氢钾(4.2)、10 mL 酒石酸溶液(4.10),混匀并溶解。冷却后分别移入一系列 100 mL 单标线容量瓶中,用水稀释至刻度,混匀。

移取 10.0 mL 各校准溶液分别置于 50 mL 单标线容量瓶中,按 7.3.3 进行显色。不需加入铁溶液(4.13)和试剂空白溶液(4.14)。

注 2:各校准溶液不需制备参比液,仅对零点制备参比液,用它来补偿每一个校准溶液。

7.4.2 分光光度测定

按 7.3.4 对每个溶液进行分光光度测量。对钛质量分数在 0.050% 以下的,用 2 cm 的吸收皿;钛质量分数大于 0.050% 的,用 1 cm 的吸收皿。

7.4.3 校准曲线的绘制

以净吸光度对测量溶液中的钛含量(μg/mL)绘制校准曲线。

表 2

钛含量(质量分数) %	钛标准溶液(4.16.2) mL	显色的校准溶液中钛的含量 μg/mL	试料中相应的钛含量 (质量分数)/%
0.002～0.050	0[a]	0	0
	1	0.1	0.005
	3	0.3	0.015
	5	0.5	0.025
	7	0.7	0.035
	10	1.0	0.050
0.050～0.125	0[a]	0	0
	5	0.5	0.025
	10	1.0	0.050
	15	1.5	0.075
	20	2.0	0.100
	25	2.5	0.125
0.125～0.50	0[a]	0	0
	5	0.5	0.100
	10	1.0	0.200
	15	1.5	0.300
	20	2.0	0.400
	25	2.5	0.500
0.50～0.80	0[a]	0	0
	5	0.5	0.20
	10	1.0	0.40
	15	1.5	0.60
	20	2.0	0.80

[a] 零点。

8 结果表示

8.1 计算方法

用校准曲线(7.4.3),将试液和空白液的净吸光度(7.3.4)转换为钛的浓度(μg/mL)。

按式(1)计算钛含量 w_{Ti},以质量分数表示:

$$w_{Ti} = (\rho_{Ti,1} - \rho_{Ti,0}) \times \frac{1}{10^6} \times \frac{V_0}{V_1} \times \frac{V_t}{m} \times 100 = \frac{V_0(\rho_{Ti,1} - \rho_{Ti,0})}{200mV_1} \quad \cdots\cdots(1)$$

式中:

$\rho_{Ti,0}$——空白试液中钛的浓度(经参比液校正后),单位为微克每毫升(μg/mL);

$\rho_{Ti,1}$——试液中的钛的浓度(经参比液校正后),单位为微克每毫升(μg/mL);

V_0——试液的体积(见 7.3.2 及表 1),单位为毫升(mL);

V_1——分取试液的体积(见表 1),单位为毫升(mL);

V_t——显色溶液的体积(7.3.3),单位为毫升(mL);

m——试料量(7.1),单位为克(g)。

8.2 精密度

本部分精密度试验由 17 个实验室,对 9 个水平的钛含量进行测定,每个实验室对每个水平的钛含量测定 3 次(见注 3 和注 4)。

所用试样列于附录 A 中表 A.1。

根据 GB/T 6379.1、GB/T 6379.2 和 ISO 5725-3,对得到的结果进行统计处理。

结果表明,钛含量与实验结果(见注 5)的重复性限(r)和再现性限(R 和 R_W)间呈对数关系,汇总于表 3,数据图示由附录 B 给出。

注 3:三次测定中的两次是在 GB/T 6379.1 规定的重复性条件下进行,即由同一实验员、用同一仪器、相同的实验条件、同一校准,在最短的时间内进行测定。

注 4:第三次测定由注 1 中的实验员,用同一台仪器,在不同时间(不同天),用新的校准进行。

注 5:由第一天所得的结果,按 GB/T 6379.2 计算重复性限(r)和再现性限(R)。由第一天所得的第一个结果和第二天所得的结果,按 ISO 5725-3 计算实验室内的再现性限(R_W)。

表 3

钛含量(质量分数) %	重复性限 r	再现性限	
		R	R_w
0.002	0.000 35	0.000 80	0.000 68
0.005	0.000 54	0.001 3	0.000 99
0.010	0.000 75	0.002 0	0.001 3
0.025	0.001 2	0.003 3	0.001 9
0.050	0.001 6	0.004 8	0.002 5
0.10	0.002 2	0.007 1	0.003 4
0.25	0.003 4	0.011 9	0.004 9
0.50	0.004 7	0.017 5	0.006 5
0.80	0.005 8	0.022 7	0.007 8

9 特殊情况

对于含钨试料,用 5 g 碳酸钠(4.3)于 950 ℃熔融经硫酸-氢氟酸处理过的残渣。冷却,用 200 mL

水溶解熔融物，加热至沸，用中速滤纸过滤，用热水洗涤。丢弃滤液。将残渣与滤纸置于铂金坩埚(5.1)中，干燥并在700 ℃灼烧。

按7.3.2的第二段进行，从“用1.0 g硫酸氢钾(4.2)在喷灯上熔融残渣”到最后。

采用独立的空白试验(7.2)，制备独立的试剂空白溶液(4.14)进行含钨试料的分析。

10 试验报告

试验报告应包括下列内容：

a) 鉴别试料、实验室和分析日期等资料；

b) 遵守本部分规定的程度；

c) 分析结果及其表示；

d) 测定中观察到的异常现象；

e) 对分析结果可能有影响而本部分未包括的操作或者任选的操作。

附 录 A
（资料性附录）
国际合作试验附加资料

表3是在1987年～1988年由8个国家的17个实验室对8个钢样品和1个生铁样品进行国际分析试验的结果得到的。

试验结果在1989年5月17/1 N 807文件报出。图示精密度数据参见附录B。

所用试样列于表A.1。

表 A.1

试样	钛含量(质量分数)/%		
	认可值	测定值	
		$\overline{W}_{Ti,1}$	$\overline{W}_{Ti,2}$
BHP-D3(低碳钢)	0.002[a]	0.001 9	0.001 9
NBS 11h(低碳钢)	0.004	0.003 7	0.003 6
JSS 500-5(低合金钢)	0.008	0.006 1	0.006 0
JSS 169-5(低碳钢)	0.012	0.010 7	0.010 8
BCS 453(低碳钢)	0.016	0.014 1	0.014 4
JSS 171-3(低碳钢)	0.036	0.035 0	0.034 9
JSS 102-4(生铁)	0.083	0.080 9	0.080 9
NBS 121d(不锈钢)	0.342	0.339	0.340
BCS 398(永磁合金)	0.79	0.764	0.764

$\overline{W}_{Ti,1}$：同一天的平均值。

$\overline{W}_{Ti,2}$：不同天的平均值。

[a] 非认可值。

附 录 B
（资料性附录）
精密度数据图示

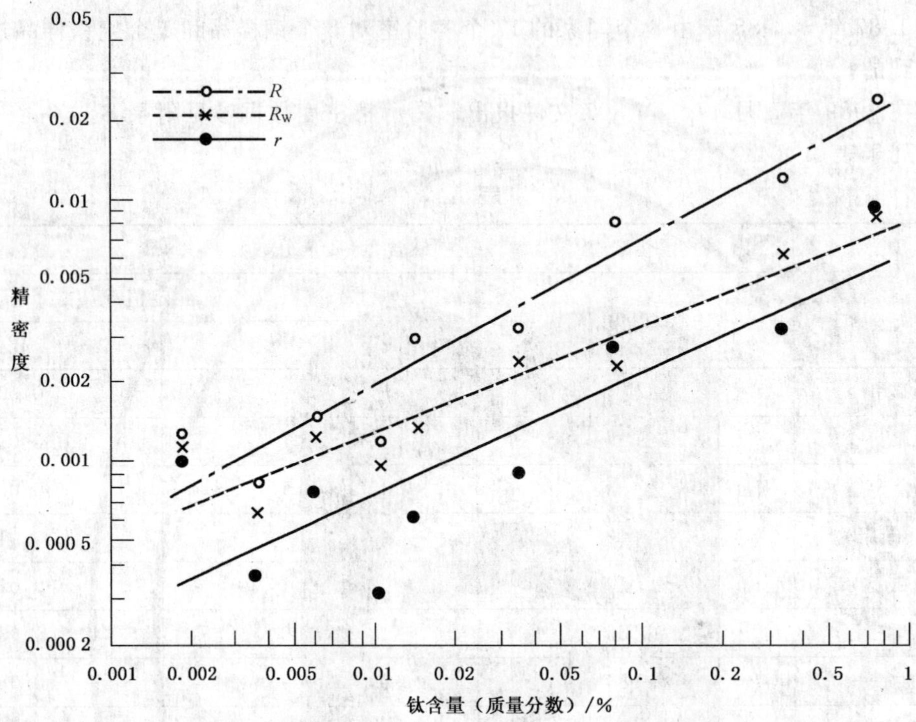

$\log r = 0.467\ 3\log \overline{w}_{Ti,1} - 2.189$

$\log R = 0.558\ 7\log \overline{w}_{Ti,1} - 1.590$

$\log R_W = 0.364\ 8\log \overline{w}_{Ti,2} - 2.091$

$\overline{w}_{Ti,1}$——同一天的平均值；

$\overline{w}_{Ti,2}$——不同天的平均值。

图 B.1 钛含量($\overline{W}_{Ti}$)与重复性限(r)和再现性限(R_W 和 R)的对数关系图

ICS 77.080.01
H 11

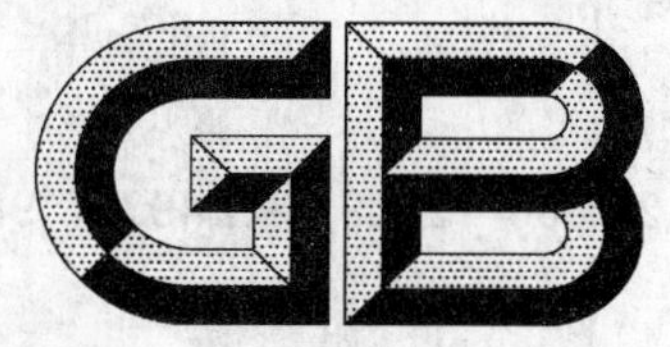

中华人民共和国国家标准

GB/T 223.85—2009/ISO 4935:1989

钢铁及合金　硫含量的测定　感应炉燃烧后红外吸收法

Steel and iron—Determination of sulfur content—Infrared absorption method after combustion in an induction furnace

(ISO 4935:1989,IDT)

2009-10-30 发布　　2010-05-01 实施

中华人民共和国国家质量监督检验检疫总局
中国国家标准化管理委员会　发布

前 言

GB/T 223 的本部分等同采用 ISO 4935:1989《钢铁　硫含量的测定　感应炉燃烧后红外吸收法》。

为便于使用，本部分做了下列编辑性修改：

a） ‘本国际标准’改为‘本部分’；

b） 用小数点‘.’代替作为小数点的逗号‘,’；

c） 删除国际标准的前言。

本部分的附录 A、附录 B 和附录 C 都为资料性的附录。

本部分由中国钢铁工业协会提出。

本部分由全国钢标准化技术委员会归口。

本部分主要起草单位：钢铁研究总院、长安汽车（集团）有限公司、重庆市计量质量检测研究院。

本部分主要起草人：文元梅、杨国荣、李启华、张健杨。

钢铁及合金　硫含量的测定
感应炉燃烧后红外吸收法

1　范围

GB/T 223 的本部分规定了用感应炉燃烧后红外吸收法测定钢铁中硫含量的方法。

本部分适用于质量分数为 0.002%～0.10%的硫含量的测定。

2　规范性引用文件

下列文件中的条款通过 GB/T 223 的本部分的引用而成为本部分的条款。凡是注日期的引用文件，其随后所有的修改单(不包括勘误的内容)或修订版均不适用于本部分，然而，鼓励根据本部分达成协议的各方研究是否可使用这些文件的最新版本。凡是不注日期的引用文件，其最新版本适用于本部分。

GB/T 6379.1　测量方法与结果的准确度(正确度与精密度)　第 1 部分：总则与定义(GB/T 6379.1—2004,ISO 5725-1:1994,IDT)

GB/T 6379.2　测量方法与结果的准确度(正确度与精密度)　第 2 部分：确定标准测量方法的重复性和再现性的基本方法(GB/T 6379.2—2004,ISO 5725-2:1994,IDT)

GB/T 12805　实验室玻璃仪器　滴定管(GB/T 12805—1991,neq ISO 385:1984)

GB/T 12806　实验室玻璃仪器　单标线容量瓶(GB/T 12806—1991,eqv ISO 1042:1983)

GB/T 12808　实验室玻璃仪器　单标线吸量管(GB/T 12808—1991,eqv ISO 648:1977)

GB/T 20066　钢和铁　化学成分测定用试样的取样和制样方法(GB/T 20066—2006,ISO 14284:1996,IDT)

ISO 5725-3　测量方法与结果的准确度(正确度与精密度)　第 3 部分：标准测量方法精度的中间度量

3　原理

试料在纯氧气流中通过高频感应炉，在高温有助熔剂存在的条件下燃烧，将硫转化为二氧化硫。

测量氧气流中的二氧化硫的红外吸收光谱。

4　试剂

除非另有说明，在分析中仅使用确认为分析纯的试剂和蒸馏水或相当纯度的水。

4.1　氧气，质量分数不小于 99.5%。

当怀疑氧气中存在有机污染物时，应将一个加热到 450 ℃以上的氧化催化剂(氧化铜或铂金)管置于净化系统前。

4.2　纯铁，硫含量小于 0.000 5%(质量分数)。

4.3　合适的溶剂，适合清洗试样表面的油渍或污垢，例如，丙酮。

4.4　高氯酸镁 [$Mg(ClO_4)_2$]，粒度为 0.7 mm～1.2 mm。

4.5　助熔剂：钨助熔剂，不含硫或硫含量小于 0.000 5%(质量分数)。助熔剂粒度大小由所用仪器的类型而定。

4.6 硫标准溶液。

按表1称取预先在105 ℃～110 ℃干燥1 h或达到恒定质量并置于干燥器中冷却的硫酸钾[纯度大于99.9%(质量分数)],精确至0.1 mg。

表1

硫标准溶液	硫酸钾质量/g	硫的浓度/(mg/mL)
4.6.1	0.217 4	0.40
4.6.2	0.380 4	0.70
4.6.3	0.543 4	1.00
4.6.4	1.086 9	2.00
4.6.5	1.902 2	3.50
4.6.6	2.717 2	5.00
4.6.7	4.347 5	8.00

移入7个100 mL烧杯中,用水溶解。

定量移入7个100 mL单标线容量瓶中,用水稀释至刻度,混匀。

4.7 惰性瓷珠(碱石棉)用氢氧化钠浸渍,粒度为0.7 mm～1.2 mm。

5 仪器设备

除非另有说明,分析中仅使用普通实验室设备。

按照GB/T 12805、GB/T 12806和GB/T 12808的要求,所用容量仪器应为A级。

用于在高频感应炉中燃烧和后续二氧化硫红外吸收光谱测量的仪器,可以从许多生产厂家购买。按照厂家说明书操作仪器。

市售仪器的性能参见附录C。

5.1 微量移液管,50 μL和100 μL,误差应小于1 μL。

5.2 锡囊,直径6 mm,高18 mm,质量0.3 g,容积约0.4 mL。

5.3 瓷坩埚,能够用于在感应炉中燃烧。

用前将瓷坩埚在空气或氧气流中于1 100 ℃灼烧不少于2 h,并储存在干燥器中。

注:用于测定低硫含量样品时,坩埚应在氧气流中于1 350 ℃下灼烧。

6 制样

按照GB/T 20066或适当的国家标准取制样。

7 分析步骤

警告:与燃烧分析有关的危险主要是预烧瓷坩埚和熔化过程中的燃烧。任何时候都要使用坩埚钳,并将用过的坩埚存放合适的容器中。操作氧气钢瓶应小心。燃烧过程中的氧气应有效地从仪器中清除,因为高浓度的氧气在有限空间内易造成火灾。

7.1 仪器调节

采用装有用氢氧化钠浸渍的惰性瓷珠(碱石棉)(4.7)和高氯酸镁(4.4)的管子净化供给的氧气。待机时维持静止的流速。安装一个玻璃棉过滤器或不锈钢网作为灰尘捕集器。必要时应清洗和更换。燃烧室、基座柱、过滤井应经常清洁,以除去积存的氧化物。

停机一段时间后开机，应根据仪器厂商的推荐稳定时间，使仪器的各项指标达到稳定。

清洁燃烧室/或更换过滤系统，或仪器停用一段时间后，进行分析前应先燃烧几个与被测样品类型相似的样品稳定仪器。

给仪器通氧并调节零点。

如果仪器直接给出硫的百分含量，按下列方法调节每一个校准范围的仪器读数。

选择一个硫含量接近校准系列中最高点的有证参考物质，按7.4规定的方法测量有证参考物质的硫含量。

将仪器读数调至标准值。

注：这种调节在7.5规定的校准曲线建立之前进行，不能代替或修正校准曲线。

7.2 试料

用合适的溶剂(4.3)洗去试样表面的油脂，用热风吹干。

硫质量分数小于0.04%时，称取约1 g试料；质量分数大于0.04%时，称取约0.5 g试料，精确至1 mg。

注：试料量根据所用仪器型号而定。

7.3 空白试验

测量前，做两份下述空白试验。

将锡囊(5.2)移入瓷坩埚(5.3)中，轻轻按压锡囊，使其位于坩埚底部。加入与试料(7.2)相同量的纯铁(4.2)和1.5 g±0.1 g助熔剂(4.5)。

按7.4中7.4.2和7.4.3的规定处理坩埚和所盛材料。

得到空白读数，根据校准曲线(7.5)将空白读数转化为硫的毫克数。

由空白试验的硫量减去所用纯铁(见注1)中的硫量得到空白值。

由两个空白值计算空白平均值。(见注2)

注1：按下述方法测定纯铁(4.2)中的硫含量：

准备两个瓷坩埚(5.3)，每个坩埚各移入一个锡囊(5.2)，轻轻按压锡囊，使其位于坩埚底部；

分别将0.500 g和1.000 g纯铁(4.2)加入每个瓷坩埚中，并覆盖1.5 g±0.1 g助熔剂(4.5)；

按7.4中7.4.2和7.4.3的规定处理坩埚和所盛材料；

根据校准曲线(7.5)将测定值转化为硫的毫克数。

加入的0.500g纯铁的硫含量(m_2)可通过从1.000 g纯铁处理后所测得硫含量值(m_4)减去0.500 g纯铁处理后所测得硫含量值(m_3)得到，加入的1.000 g纯铁的硫含量(m_5)为加入的0.500 g纯铁硫含量(m_2)的两倍。

$$m_5 = 2 \times m_2 = 2 \times (m_4 - m_3) \qquad (1)$$

注2：硫的空白平均值不应超过0.005 mg，两个硫的空白值之差不应超过0.003 mg。如果这些数值异常高，应调查并消除污染源。

7.4 测量

7.4.1 将锡囊(5.2)移入瓷坩埚(5.3)，轻轻按压锡囊，使其位于坩埚底部。加入试料(7.2)，并于表面覆盖1.5 g±0.1 g助熔剂(4.5)。

7.4.2 将瓷坩埚及所盛材料放在基座上，升至燃烧位置，并锁定系统，按厂家说明操作燃烧炉。

7.4.3 经燃烧和测量后，移出并弃去坩埚，记录分析读数。

7.5 校准曲线的建立

7.5.1 硫含量(质量分数)小于0.005%的样品

7.5.1.1 校准系列的准备

按表2用50 μL微量移液管(5.1)移取水(零点)和硫标准溶液(4.6)于4个锡囊中。

于90 ℃下缓慢蒸发至完全干燥，在干燥器中冷却至室温。

表 2

硫标准溶液	硫的质量/μg	试料中硫含量(质量分数)/%
水	0	0.000 0
4.6.1	20	0.002 0
4.6.2	35	0.003 5
4.6.3	50	0.005 0

7.5.1.2 **测量**

将锡囊从7.5.1.1移入瓷坩埚(5.3),轻轻按压锡囊,使其位于坩埚底部。加1.000 g纯铁(4.2),并于表面覆盖1.5 g±0.1 g助熔剂(4.5)。

按7.4中7.4.2和7.4.3的规定处理坩埚和所盛材料。

7.5.1.3 **校准曲线的绘制**

从校准系列的每个溶液的读数中减去零点读数,得到净读数。

以净读数对校准系列的每个溶液硫的毫克数绘制校准曲线。

7.5.2 **硫含量(质量分数)为0.005%~0.04%的样品**

7.5.2.1 **校准系列的准备**

按表3用50 μL微量移液管(5.1)移取水(零点)和硫标准溶液(4.6)于5个锡囊中。

于90 ℃下缓慢蒸发至完全干燥,在干燥器中冷却至室温。

表 3

硫标准溶液	硫的质量/μg	试料中硫含量(质量分数)/%
水	0	0.000 0
4.6.3	50	0.005 0
4.6.4	100	0.010 0
4.6.6	250	0.025 0
4.6.7	400	0.040 0

7.5.2.2 **测量**

按7.5.1.2规定的步骤进行操作。

7.5.2.3 **校准曲线的绘制**

按7.5.1.3规定的步骤进行操作。

7.5.3 **硫含量(质量分数)为0.04%~0.1%的样品**

7.5.3.1 **校准系列的准备**

按表4用100 μL微量移液管(5.1)移取水(零点)和硫标准溶液(4.6)于5个锡囊中。

于90 ℃下缓慢蒸发至完全干燥,在干燥器中冷却至室温。

表 4

硫标准溶液	硫的质量/μg	试料中硫含量(质量分数)/%
水	0	0.000 0
4.6.3	100	0.020 0
4.6.4	200	0.040 0
4.6.5	350	0.070 0
4.6.6	500	0.100 0

7.5.3.2 测量

将锡囊于7.5.3.1移入瓷坩埚(5.3)中，轻轻按压锡囊，使其位于坩埚底部。加0.500 g纯铁(4.2)，并于表面覆盖1.5 g±0.1 g助熔剂(4.5)。

按7.4中7.4.2和7.4.3的规定处理坩埚和所盛材料。

7.5.3.3 校准曲线的绘制

按7.5.1.3规定的步骤进行操作。

8 结果表示

8.1 计算方法

通过校准曲线(7.5)将试料分析读数转换为硫的毫克数。

硫含量以质量分数 w_S 计，数值以%表示，按式(2)计算：

$$w_S = \frac{(m_0 - \overline{m_1})}{m \times 10^3} \times 100 = \frac{(m_0 - \overline{m_1})}{10m} \quad \cdots\cdots(2)$$

式中：

m_0——试料中硫的质量，单位为毫克(mg)；

$\overline{m_1}$——空白试验(7.3)中硫的质量，单位为毫克(mg)；

m——试料(7.2)的质量，单位为克(g)。

8.2 精密度

本方法精密度试验是由22个实验室，对15个硫的水平进行测定，每个实验室对每个水平的硫含量测定3次(见注1和注2)。

所用试样和所得平均结果列于附录A中表A.1。

所得结果根据GB/T 6379.1、GB/T 6379.2和ISO 5725-3进行统计处理。

所得数据表明硫含量与测定结果(见注3)的重复性限(r)和再现性限(R 和 R_W)呈对数关系，汇总于表5。数据的图示由附录B给出。

表5

硫含量(质量分数)/%	重复性限 r	再现性限	
		R	R_W
0.002	0.000 21	0.000 59	0.000 25
0.005	0.000 37	0.001 11	0.000 48
0.010	0.000 57	0.001 79	0.000 77
0.020	0.000 88	0.002 89	0.001 26
0.050	0.001 56	0.005 43	0.002 39
0.100	0.002 41	0.008 75	0.003 89

注1：三次测定中的两次是在GB/T 6379.1规定的重复性条件下进行的，即由同一操作员、用相同的设备、相同的实验条件、同一校准，在最短的时间内进行测定。

注2：第三次测定由注1中的操作员，用相同的设备，在不同的时间(不同天)，用新的校准进行。

注3：由第一天所得两个结果，按GB/T 6379.2计算重复性限(r)和再现性界限(R)。由第一天所得的第一个结果和第二天所得的结果，按ISO 5725-3计算实验室内的再现性限(R_W)。

9 试验报告

试验报告应包括下列内容：

a) 鉴别试料、实验室和分析日期等资料；

b) 遵守本部分规定的程度；

c) 分析结果及其表示；

d) 测定中观察到的异常现象；

e) 对分析结果可能有影响而本部分未包括的操作或者任选的操作。

附 录 A
（资料性附录）
国际合作试验附加资料

表5中列出的是1985年进行的国际分析实验的结果，该结果是从5个国家22个实验室对11种钢样、4种铁样中得出的。

实验结果于1986年4月在ISO/TC17/1N673文献中公布。精密度数据的图示参见附录B。

所用试样列于表A.1。

表 A.1

样品	硫含量(质量分数)/%		
	认定值	测定值	
		$\overline{w}_1$	$\overline{w}_2$
IRSID 487-1 铸铁	0.000 7	0.000 58	0.000 70
BAS 088-1 高纯铁	0.001 9	0.002 06	0.002 09
BAM 885.1 18Ni.5Mo.9Co 钢	0.002 4	0.002 12	0.002 10
BAM 184-1 低合金钢	0.003 2	0.002 87	0.002 88
BAM 129-2 低合金钢	0.004 4	0.003 56	0.003 56
BAM 128-1 碳钢	0.007	0.007 09	0.007 04
CTIF C 76 铸铁	0.009[a]	0.008 14	0.008 03
BAS 282-1 不锈钢	0.016	0.016 7	0.016 6
JSS 241-7 碳钢	0.020	0.018 8	0.018 8
JSS 150-8 低合金钢	0.030	0.030 0	0.030 0
JSS 245-1 碳钢	0.060	0.061 2	0.061 3
CTIF FB 10-1 铸铁	0.089	0.090 2	0.090 8
CTIF FB 12 铸铁	0.155	0.160 3	0.160 7
BAM 286-1 硫易切削不锈钢	0.280	0.286 8	0.286 2
IRSID 022-1 硫易切削钢	0.300	0.313 2	0.312 3

$\overline{w}_1$：同一天的平均值。

$\overline{w}_2$：不同天的平均值。

[a] 未验证值。

附 录 B
（资料性附录）
精密度数据图示

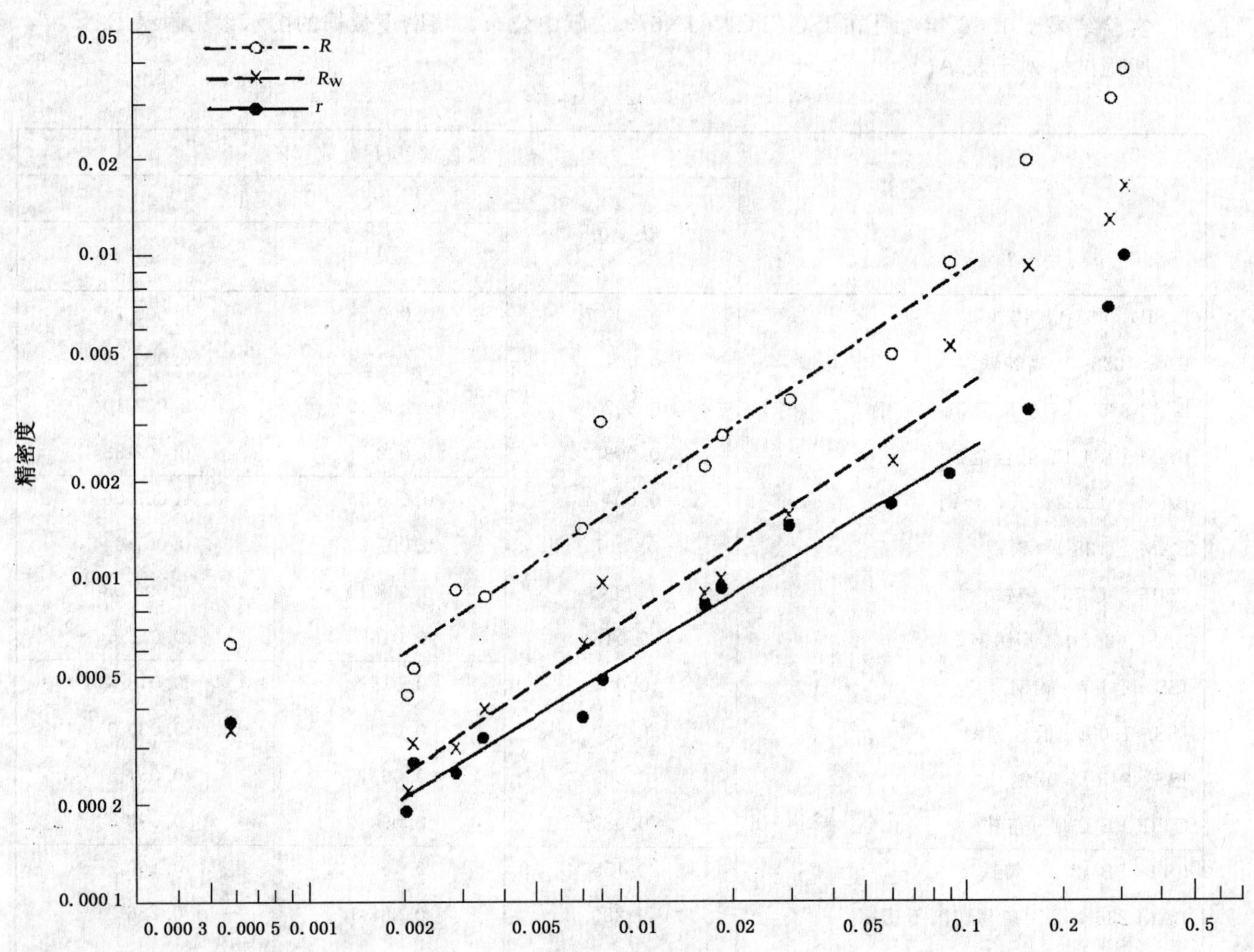

图 B.1 硫含量与重复性限(r)或再现性限(R 和 R_W)间的对数关系

附 录 C
（资料性附录）
市售高频感应炉和红外碳分析仪的性能特点

C.1 氧气源

氧气源配备有微调阀门和压力表，压力调节器用来按照厂家要求控制炉子的氧气压力，通常为28 kN/m²。

C.2 净化单元

包括二氧化碳吸收管中浸渍过氢氧化钠的惰性磁珠和脱水管中的高氯酸镁。

C.3 流量计

可测量氧气流量为 0 L/min～4 L/min。

C.4 高频感应炉

C.4.1 燃烧炉包括感应线圈和高频发生器，炉腔装有石英管（如外径 30 mm～40 mm，内径 26 mm～36 mm，长 200 mm～220 mm），可内置于感应线圈中，石英管顶端和底端带有金属板，通过 O 型圈与管子密封。气体流入和流出经过金属板。

C.4.2 高频发生器表观功率通常为 1.5 kVA～2.5 kVA，但不同厂家所用的频率可能不同，频率为 2 MHz～6 MHz，15 MHz 和 20 MHz 均使用过，高频发生器给环绕着石英炉管的感应线圈供电。高频发生器通常用空气来冷却。

C.4.3 将盛有样品、熔剂、和助熔剂的坩埚置于基座杆上。基座杆被精确定位，使其升起后，坩埚内的金属恰好位于感应线圈内，以便供电时有效耦合。

C.4.4 耦合程度取决于感应线圈直径、圈数、炉腔几何尺寸和高频发生器功率，这些参数由仪器厂家确定。

C.4.5 燃烧过程中所能达到的温度部分取决于 C.4.4 中的参数，但也取决于坩埚中金属的特性、试料的形状和材料的质量，这些参数可由操作者在一定范围内选择。

C.5 粉尘捕集器

能够捕集来自炉子氧气流中的金属氧化物粉尘。

C.6 红外气体分析仪

C.6.1 对于大多数仪器而言，燃烧气体产物由流量恒定的氧气载入分析系统，气体流经红外池，如 LUFT 型，测量由二氧化硫对红外辐射产生的吸收，并对预定时间段进行积分。信号被放大并转换成硫的百分含量的数值。

C.6.2 有些仪器可能将燃烧产物以控制压力的方式收集在一定体积的氧气中，分析混合物中的二氧化硫。

C.6.3 电子控制装置通常用来调节仪器零点，补偿空白，调整校准曲线的斜率和校正非线性响应。分析仪通常能够输入标准样品或试料的质量，对输出结果进行自动校正；仪器也可配备一体化的自动天平，用以称量坩埚、试料，并将质量的数值传送至计算机。

ICS 77.080.01
H 11

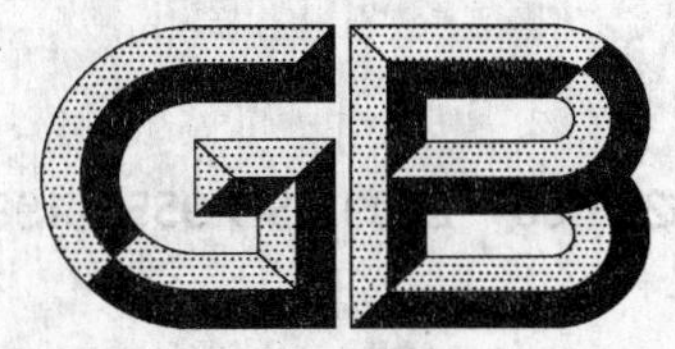

中华人民共和国国家标准

GB/T 223.86—2009/ISO 9556:1989

钢铁及合金　总碳含量的测定　感应炉燃烧后红外吸收法

Steel and iron—Determination of total carbon content—Infrared absorption method after combustion in an induction furnace

(ISO 9556:1989,IDT)

2009-10-30 发布　　　　2010-05-01 实施

中华人民共和国国家质量监督检验检疫总局
中国国家标准化管理委员会　发布

前　言

GB/T 223 的本部分等同采用 ISO 9556:1989《钢铁　总碳含量的测定　感应炉燃烧后红外吸收法》。

为便于使用，本部分做了下列编辑性修改：

——“本国际标准”改为“本部分”；

——用小数点“.”代替作为小数点的逗号“,”；

——删除国际标准的前言。

本部分的附录 A、附录 B 和附录 C 都是资料性附录。

本部分由中国钢铁工业协会提出。

本部分由全国钢标准化技术委员会归口。

本部分主要起草单位：钢铁研究总院、长安汽车(集团)有限公司、重庆市计量质量检测研究院。

本部分主要起草人：杨国荣、文元梅、李启华、张健杨。

钢铁及合金　总碳含量的测定 感应炉燃烧后红外吸收法

1　范围

GB/T 223 的本部分规定了用感应炉燃烧后红外吸收法测定钢铁中总碳含量的方法。

本部分适用于质量分数为 0.003%～4.5% 的碳含量的测定。

2　规范性引用文件

下列文件中的条款通过 GB/T 223 的本部分的引用而成为本部分的条款。凡是注日期的引用文件，其随后所有的修改单(不包括勘误的内容)或修订版均不适用于本部分，然而，鼓励根据本部分达成协议的各方研究是否可使用这些文件的最新版本。凡是不注日期的引用文件，其最新版本适用于本部分。

GB/T 6379.1　测量方法与结果的准确度(正确度与精密度)　第 1 部分：总则与定义(GB/T 6379.1—2004,ISO 5725-1:1994,IDT)

GB/T 6379.2　测量方法与结果的准确度(正确度与精密度)　第 2 部分：确定标准测量方法的重复性和再现性的基本方法(GB/T 6379.2—2004,ISO 5725-2:1994,IDT)

GB/T 12805　实验室玻璃仪器　滴定管(GB/T 12805—1991,neq ISO 385—1984)

GB/T 12806　实验室玻璃仪器　单标线容量瓶(GB/T 12806—1991,eqv ISO 1042—1983)

GB/T 12808　实验室玻璃仪器　单标线吸量管(GB/T 12808—1991,eqv ISO 648—1977)

GB/T 20066　钢和铁　化学成分测定用试样的取样和制样方法(GB/T 20066—2006,ISO 14284:1996,IDT)

ISO 5725-3　测量方法与结果的准确度(正确度与精密度)　第 3 部分：标准测量方法精度的中间度量

3　原理

试料在纯氧气流中通过高频感应炉，在高温有助熔剂存在的条件下燃烧，将碳转化为二氧化碳和/或一氧化碳。

测量氧气流中的二氧化碳和/或一氧化碳的红外吸收光谱。

4　试剂

除非另有说明，在分析中仅使用确认为分析纯的试剂和蒸馏水或相当纯度的水。

4.1　水，不含二氧化碳

使用前将水煮沸 30 min，冷却至室温，通氧(4.2)吹泡 15 min。

4.2　氧气，质量分数不小于 99.5%

当怀疑氧气中存在有机污染物时，应将一个加热到 450 ℃以上的氧化催化剂管(氧化铜或铂)置于净化系统前(参见附录 C)。

4.3　纯铁，碳含量小于 0.001 0%(质量分数)。

4.4 合适的溶剂，适合清洗试样表面的油渍或污垢，例如，丙酮。

4.5 高氯酸镁[$Mg(ClO_4)_2$]，粒度为0.7 mm～1.2 mm。

4.6 碳酸钡

用前将碳酸钡(质量分数大于99.5%)于105 ℃～110 ℃干燥3 h，并置于干燥器中冷却，备用。

4.7 碳酸钠

将无水碳酸钠(质量分数大于99.9%)于285 ℃干燥2 h，并置于干燥器中冷却，备用。

4.8 助熔剂：碳质量分数小于0.001 0%的铜、钨锡混合物或钨助熔剂。

4.9 蔗糖标准溶液，相当于每升25 g碳

称取14.843 g蔗糖($C_{12}H_{22}O_{11}$)(分析纯，用前于100 ℃～105 ℃干燥2.5 h，并置于干燥器中冷却，备用)，精确至1 mg。

将蔗糖溶于约100 mL水(4.1)中，定量移入250 mL单标线容量瓶中，用水(4.1)稀释至刻度，混匀。

此标准溶液1 mL含25 mg碳。

4.10 碳酸钠标准溶液，相当于每升25 g碳

称取55.152 g碳酸钠(4.7)，精确至1 mg，溶于200 mL水(4.1)中，定量移入250 mL单标线容量瓶中，用水(4.1)稀释至刻度，混匀。

此标准溶液1 mL含25 mg碳。

4.11 惰性瓷珠(碱石棉)，用氢氧化钠浸渍，粒度为0.7 mm～1.2 mm。

5 仪器

除非另有说明，分析中仅使用普通实验室设备。

按照GB/T 12805、GB/T 12806和GB/T 12808的要求，所用玻璃容量仪器应为A级。

用于在高频感应炉中燃烧及后续二氧化碳和/或一氧化碳红外吸收测量的仪器，可以从许多生产厂家购买。按照厂家说明书操作仪器。

市售仪器的性能参见附录C。

5.1 微量移液管，100 μL，误差应小于1 μL。

5.2 锡囊，直径约6 mm，高18 mm，质量0.3 g，容积约0.4 mL，碳质量分数小于0.001 0%。

5.3 瓷坩埚，能够用于在感应炉中燃烧

用前将瓷坩埚置于电炉中，在空气或氧气流中于1 100 ℃灼烧不少于2 h，并储存在干燥器中。

注：用于测定低碳含量样品时，坩埚应在氧气流中于1 350 ℃下灼烧。

6 取制样

按照GB/T 20066或适当的国家标准取制样。

7 分析步骤

警告：与燃烧分析有关的危险主要是预烧瓷坩埚和熔化过程中的燃烧。任何时候都要使用坩埚钳，并将用过的坩埚存放合适的容器中。操作氧气钢瓶应小心。燃烧过程中的氧气应有效地从仪器中清除，因为高浓度的氧气在有限空间内易造成火灾。

7.1 通用操作说明

采用装有用氢氧化钠浸渍的惰性瓷珠(碱石棉)(4.11)和高氯酸镁(4.5)的管子净化供给的氧气。待机时维持静止的流速。安装一个玻璃棉过滤器或不锈钢网作为灰尘捕集器。必要时应清洗和更换。

燃烧室、基座柱、过滤井应经常清洁,以除去积存的氧化物。

停机一段时间后开机,应根据仪器厂商推荐的稳定时间,使仪器的各项指标达到稳定。

清洁燃烧室和/或更换过滤器,或仪器停用一段时间后,进行分析前应先燃烧几个与被测样品类型相似的样品稳定仪器。

给仪器通氧并调节零点。

如果仪器直接给出碳的百分含量,按下列方法调节每一个校准范围的仪器读数。

选择一个碳含量接近校准系列中最高点的有证参考物质,按 7.4 规定的方法测量有证参考物质的碳含量。

将仪器读数调至标准值。

注:这种调节应在 7.5 规定的校准曲线建立之前进行,不能代替或修正校准曲线。

7.2 试料

用合适的溶剂(4.4)洗去试样表面的油脂,用热风吹干。

碳质量分数小于 1.0% 时,称取约 1 g 试料;质量分数大于 1.0% 时,称取约 0.5 g 试料,精确至 1 mg。

注:试料量应根据所用仪器型号而定。

7.3 空白试验

测量前,做两份下述空白试验。

将锡囊(5.2)(见注 1)移入瓷坩埚(5.3)中,轻轻按压锡囊,使其位于坩埚底部。加入与试料(7.2)等量的纯铁(4.3)和助熔剂(4.8)(见注 2)。

按 7.4 中 7.4.2 和 7.4.3 的规定处理坩埚和所盛材料。

得到空白读数,根据校准曲线(7.5)将空白读数转化成碳的毫克数。

由空白试验的碳量减去所用纯铁中的碳量(4.3)得到空白值。

由两个空白值计算空白平均值($\overline{m_1}$)(见注 3)。

注 1:当采用校正曲线 7.5.1 或 7.5.2 时,用下述方法制备锡囊。

锡囊准备:用微量移液管(5.1)移取 100 微升水(4.1)于锡囊(5.2)中,于 90 ℃干燥 2 h。

注 2:助熔剂用量取决于仪器特性和所分析材料的类型,用量要保证能使试料完全燃烧。

注 3:两个空白值之差和它们的平均值,均不应超过 0.01 mg。如果这些数值异常高,应调查并消除污染源。

7.4 测量

7.4.1 将锡囊(5.2)移入瓷坩埚(5.3),轻轻按压锡囊,使其位于坩埚底部。加入试料(7.2),并于表面覆盖适量的助熔剂(4.8)(见 7.3 中注 2)。

7.4.2 将瓷坩埚及所盛材料放在基座上,升至燃烧位置,并锁定系统,按厂家说明操作燃烧炉。

7.4.3 经燃烧和测量后,移出并弃去坩埚,记录分析读数。

7.5 校准曲线的建立

7.5.1 碳含量(质量分数)在 0.003%~0.01% 的样品

7.5.1.1 校准系列的准备

按表 1 移取一定体积的蔗糖标准溶液(4.9)或碳酸钠标准溶液(4.10)于 5 个 250 mL 单标线容量瓶中,用水(4.1)稀释至刻度,混匀。

用微量移液管(5.1)移取稀释后的标准溶液各 100 μL 于 5 个锡囊(5.2)中,于 90 ℃干燥 2 h。

在干燥器中冷却至室温。

表 1

标准溶液体积(4.9)或(4.10) mL	每毫升稀释液中的碳质量 mg	移入锡囊中的碳质量 mg	试料中碳含量(质量分数) %
0[a]	0	0	0
1.0	0.10	0.010	0.001
2.0	0.20	0.020	0.002
5.0	0.50	0.050	0.005
10.0	1.00	0.100	0.010
[a] 零点。			

7.5.1.2 测量

将装有蔗糖或碳酸钠的锡囊放入瓷坩埚(5.3),轻轻按压锡囊,使其位于坩埚底部。加1.000g纯铁(4.3),并于表面覆盖与测定试料时等量的助熔剂(4.8)(见7.3的注2)。

按7.4.2和7.4.3的规定处理坩埚和所盛材料。

7.5.1.3 校准曲线的绘制

从校准系列的每个点的读数中减去零点读数,得到净读数。

以净读数对校准系列的每个点碳的毫克数绘制校准曲线。

7.5.2 碳含量(质量分数)在0.01%~0.1%的样品

7.5.2.1 校准系列的准备

按表2移取一定体积的蔗糖标准溶液(4.9)或碳酸钠标准溶液(4.10)于5个50 mL单标线容量瓶中,用水(4.1)稀释至刻度,混匀。

用微量移液管(5.1)移取稀释后的标准溶液各100 μL于5个锡囊(5.2)中,于90 ℃干燥2 h。

在干燥器中冷却至室温。

表 2

标准溶液体积(4.9)或(4.10) mL	每毫升稀释液中的碳质量 mg	移入锡囊中的碳质量 mg	试料中碳含量(质量分数) %
0[a]	0	0	0
2.0	1.0	0.10	0.010
4.0	2.0	0.20	0.020
10.0	5.0	0.50	0.050
20.0	10.0	1.00	0.100
[a] 零点。			

7.5.2.2 测量

按7.5.1.2规定的步骤进行操作。

7.5.2.3 校准曲线的绘制

按7.5.1.3规定的步骤进行操作。

7.5.3 碳含量(质量分数)在0.1%~1.0%的样品

7.5.3.1 校准系列的准备

按表3称取碳酸钡(4.6)或碳酸钠(4.7),精确至0.1 mg,移入5个锡囊中。

表 3

参考物质质量 mg		移入锡囊中的碳质量 mg	试料中碳含量(质量分数) %
碳酸钡(4.6)	碳酸钠(4.7)		
0[a]	0[a]	0	0
16.4	8.8	1.0	0.10
32.9	17.7	2.0	0.20
82.1	44.1	5.0	0.50
164.3	88.2	10.0	1.00
[a] 零点。			

7.5.3.2 **测量**

将装有碳酸钡或碳酸钠的锡囊放入瓷坩埚(5.3),轻轻按压锡囊,使其位于坩埚底部。加 1.000g 纯铁(4.3),并于表面覆盖与测定试料时等量的助熔剂(4.8)(见 7.3 的注 2)。

按 7.4.2 和 7.4.3 的规定处理坩埚和所盛材料。

7.5.3.3 **校准曲线的绘制**

按 7.5.1.3 规定的步骤进行操作。

7.5.4 **碳含量(质量分数)在 1.0%～4.5%的样品**

7.5.4.1 **校准系列的准备**

按表 4 称取碳酸钡(4.6)或碳酸钠(4.7),精确至 0.1 mg,移入 5 个锡囊(5.2)中。

注:如果称取的碳酸钡不能移入锡囊中,可直接置于瓷坩埚底部。

表 4

参考物质质量 mg		移入锡囊中的碳质量 mg	试料中碳含量(质量分数) %
碳酸钡(4.6)	碳酸钠(4.7)		
0[a]	0[a]	0	0
82.1	44.1	5.0	1.0
164.3	88.2	10.0	2.0
246.4	132.3	15.0	3.0
369.7	198.6	22.5	4.5
[a] 零点。			

7.5.4.2 **测量**

将装有碳酸钡或碳酸钠的锡囊放入瓷坩埚(5.3)中,轻轻按压锡囊,使其位于坩埚底部。加 0.500g 纯铁(4.3),并于表面覆盖与测定试料时等量的助熔剂(4.8)(见 7.3 的注 2)。

按 7.4.2 和 7.4.3 的规定处理坩埚和所盛材料。

7.5.4.3 **校准曲线的绘制**

按 7.5.1.3 规定的步骤进行操作。

8 结果表示

8.1 计算方法

用校准曲线(7.5)将试料分析读数转换为碳的毫克数。

碳含量以质量分数 w_C 计，数值以%表示，按下式计算：

$$w_C = \frac{(m_0 - \overline{m_1})}{m \times 100^3} \times 100 = \frac{(m_0 - \overline{m_1})}{10m} \quad \cdots\cdots(1)$$

式中：

m_0——试料中碳的质量，单位为毫克(mg)；

$\overline{m_1}$——空白试验(7.3)中碳的质量，单位为毫克(mg)；

m——试料(7.2)的质量，单位为克(g)。

8.2 精密度

本方法精密度试验是由22个实验室，对12个碳的水平进行测定，每个实验室对每个水平的碳含量测定3次(见注1和注2)。

所用试样和所得平均结果列于附录A中表A.1。

所得结果根据GB/T 6379.1、GB/T 6379.2和ISO 5725-3进行统计处理。

所得数据表明碳含量与测定结果(见注3)的重复性限(r)和再现性限(R 和 R_W)呈对数关系，汇总于表5。数据的图示由附录B给出。

注1：三次测定中的两次是在GB/T 6379.1规定的重复性条件下进行的，即由同一操作员、用相同的设备、相同的实验条件、同一校准，在最短的时间内进行测定。

注2：第三次测定由注1中的操作员，用相同的设备，在不同的时间(不同天)，用新的校准进行。

注3：由第一天所得两个结果，按GB/T 6379.2计算重复性限(r)和再现性界限(R)。由第一天所得的第一个结果和第二天所得的结果，按ISO 5725-3计算实验室内的再现性限(R_W)。

表5

碳含量(质量分数) %	重复性限 r	再现性限 R	 R_W
0.003	0.000 53	0.001 19	0.000 77
0.005	0.000 69	0.001 60	0.001 02
0.01	0.000 99	0.002 40	0.001 50
0.02	0.001 42	0.003 59	0.002 20
0.05	0.002 29	0.006 12	0.003 65
0.1	0.003 29	0.009 17	0.005 36
0.2	0.004 72	0.013 7	0.007 85
0.5	0.007 62	0.023 4	0.013 0
1.0	0.011 0	0.035 1	0.019 1
2.0	0.015 7	0.052 6	0.028 0
4.5	0.024 0	0.084 4	0.043 8

9 试验报告

试验报告应包括下列内容：

a) 鉴别试料、实验室和分析日期等资料；

b) 遵守本部分规定的程度；

c) 分析结果及其表示；

d) 测定中观察到的异常现象；

e) 对分析结果可能有影响而本部分未包括的操作或者任选的操作。

附 录 A
（资料性附录）
国际合作试验附加资料

在 1985 年，由分布在 8 个国家的 22 个实验室对 7 个钢样品和 5 个铁样品进行了分析。列于表 5 中的数据由这次国际分析实验的结果计算而得。

实验结果公布在文件 17/1N 688，4 月 1986 上。图示精密度数据参见附录 B。

实验用的样品列于表 A.1。

表 A.1

样品	碳含量（质量分数）/%		
	认定值	测定值	
		w_1	w_2
EURO B 097-1 高纯铁	<0.002	0.001 4	0.001 3
JSS 001-2 高纯铁	0.004 7	0.004 5	0.004 4
NBS SRM 365 电解铁	0.006 8	0.007 5	0.007 5
BCS 431/1 碳钢	0.026	0.025 8	0.025 7
JSS 171-3 低碳钢	0.042	0.041 2	0.040 9
NBS SRM 15g 碳钢	0.094	0.092 8	0.092 6
JSS 0304 碳钢	0.18	0.183	0.182
EURO F 080-1 碳钢	0.452	0.457	0.456
NBS SRM 14f 碳钢	0.753	0.760	0.760
EURO B 063-1 碳钢	1.26	1.267	1.266
NBS SRM 3d 白铁	2.54	2.556	2.559
JSS 110-7 铸铁	4.12	4.095	4.095
w_1：同一天测试数据的平均值。 w_2：不同天测试数据的平均值。			

附 录 B
(资料性附录)
精密度数据图示

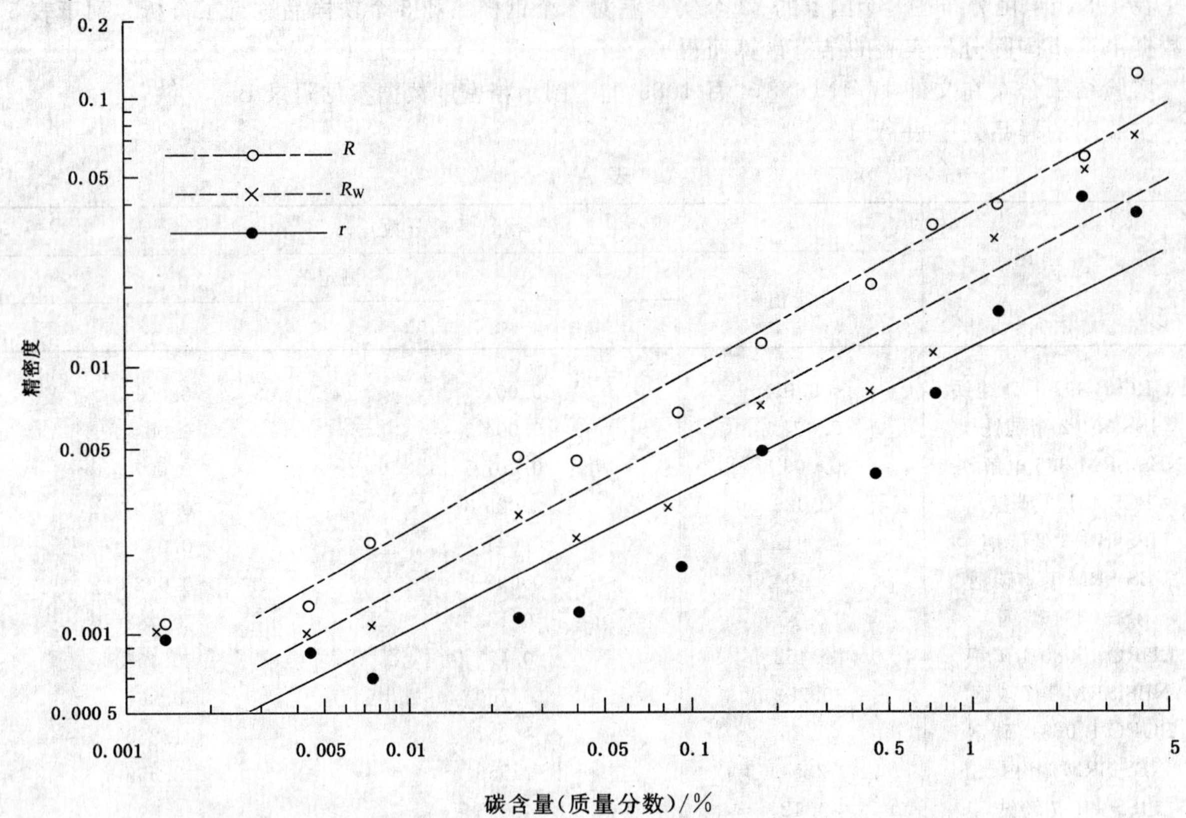

图 B.1 碳含量与重复性限(r)或再现性限(R 和 R_W)间的对数关系

附 录 C
（资料性附录）
市售高频感应炉和红外碳分析仪的性能特点

C.1 氧气源

氧气源配备有微调阀门和压力表，压力调节器用来按照厂家要求控制炉子的氧气压力，通常为28 kN/m^2。

C.2 净化单元

包括二氧化碳吸收管中浸渍过氢氧化钠的惰性磁珠和脱水管中的高氯酸镁。

C.3 流量计

可测量氧气流量为0 L/min～4 L/min。

C.4 高频感应炉

C.4.1 燃烧炉包括感应线圈和高频发生器，炉腔装有石英管（如外径30 mm～40 mm，内径26 mm～36 mm，长200 mm～220 mm），可内置于感应线圈中，石英管顶端和底端带有金属板，通过O型圈与管子密封。气体流入和流出经过金属板。

C.4.2 高频发生器表观功率通常为1.5 kVA～2.5 kVA，但不同厂家所用的频率可能不同，频率为2 MHz～6 MHz，15 MHz和20 MHz均使用过，高频发生器给环绕着石英炉管的感应线圈供电。高频发生器通常用空气来冷却。

C.4.3 将盛有样品、熔剂和助熔剂的坩埚置于基座杆上。基座杆被精确定位，使其升起后，坩埚内的金属恰好位于感应线圈内，以便供电时有效耦合。

C.4.4 耦合程度取决于感应线圈直径、圈数、炉腔几何尺寸和高频发生器功率，这些参数由仪器厂家确定。

C.4.5 燃烧过程中所能达到的温度部分取决于C.4.4中的参数，但也取决于坩埚中金属的特性、试料的形状和材料的质量，这些参数可由操作者在一定范围内选择。

C.5 粉尘捕集器

能够捕集来自炉子氧气流中的金属氧化物粉尘。

C.6 去硫管

由内装铂箔或铂硅胶的加热氧化管和盛有纤维棉三氧化硫捕集器组成。

C.7 红外气体分析仪

C.7.1 对于大多数仪器而言，燃烧气体产物由流量恒定的氧气载入分析系统，气体流经红外池，如LUFT型，测量由二氧化碳和/或一氧化碳对红外辐射产生的吸收，并对预定时间段进行积分。信号被放大并转换成碳的百分含量的数值。

C.7.2 有些仪器可能将燃烧产物以控制压力的方式收集在一定体积的氧气中，分析混合物中的一氧化碳和/或二氧化碳。

C.7.3 电子控制装置通常用来调节仪器零点,补偿空白,调整校准曲线的斜率和校正非线性响应。分析仪通常能够输入标准样品或试料的质量,对输出结果进行自动校正;仪器也可配备一体化的自动天平,用以称量坩埚、试料,并将质量的数值传送至计算机。

ICS 77.040.10
H 22

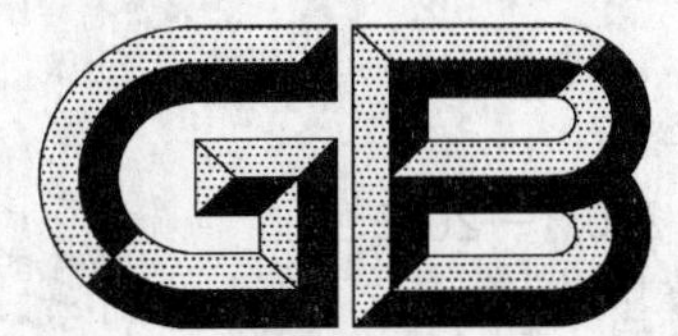

中华人民共和国国家标准

GB/T 230.1—2009
代替 GB/T 230.1—2004

金属材料　洛氏硬度试验
第1部分:试验方法(A、B、C、D、E、F、G、H、K、N、T标尺)

Metallic materials—Rockwell hardness test—
Part 1:Test method(scales A、B、C、D、E、F、G、H、K、N、T)

(ISO 6508-1:2005,MOD)

2009-06-25 发布　　　　2010-04-01 实施

中华人民共和国国家质量监督检验检疫总局
中国国家标准化管理委员会　发布

前言

GB/T 230《金属材料 洛氏硬度试验》分为如下三部分：

——第1部分：试验方法；

——第2部分：硬度计的检验与校准；

——第3部分：标准硬度块的标定。

本部分为GB/T 230的第1部分。

本部分修改采用国际标准ISO 6508-1：2005《金属材料 洛氏硬度试验 第1部分：试验方法(A、B、C、D、E、F、G、H、K、N、T标尺)》(英文版)。

本部分根据ISO 6508-1：2005重新起草，根据我国的实际情况，本标准在采用国际标准时进行了修改和补充。这些技术性差异用垂直单线标识在它们所涉及的条款的页边空白处。

本部分结构和技术内容与ISO 6508-1：2005基本一致，根据我国情况在以下几方面进行了修改：

——删去了国际标准的前言；

——删除了引言；

——“本国际标准”一词改为“本部分”；

——用小数点“.”代替作为小数点的“，”；

——增加了对试样表面粗糙度的建议；

——增加了试验结果有效位数的规定；

——修改了附录G洛氏硬度测量值的不确定度分析方法。

本部分代替GB/T 230.1—2004《金属洛氏硬度试验 第1部分：试验方法(A、B、C、D、E、F、G、H、K、N、T标尺)》，与原标准相比对下列内容进行了修改：

——增加了试验范围的解释和说明；

——增加对活性金属的硬度试样的规定；

——对可能产生过度塑性变形的试样进行试验时的加荷时间做出规定；

——增加了对结果不确定度的说明；

——增加了资料性附录G(硬度测量值的不确定度评定)。

本部分的附录A、附录B、附录C、附录D为规范性附录，附录E、附录F、附录G为资料性附录。

本部分由中国钢铁工业协会提出。

本部分由全国钢标准化技术委员会归口。

本部分起草单位：钢铁研究总院、首钢总公司、冶金工业信息标准研究院、上海出入境检验检疫局、上海材料研究所、攀钢钢研院。

本部分起草人：朱林茂、高怡斐、刘卫平、董莉、华沂、王滨、张晓华。

本部分所代替标准的历次版本发布情况为：

——GB/T 230—1983、GB/T 230—1991、GB/T 230.1—2004；

——GB/T 1818—1979、GB/T 1818—1994。

金属材料　洛氏硬度试验　第1部分：试验方法（A、B、C、D、E、F、G、H、K、N、T标尺）

1　范围

GB/T 230的本部分规定了金属材料洛氏硬度和表面洛氏硬度试验的原理、符号及说明、试验设备、试样、试验程序、结果的不确定度及试验报告。

值得注意的是硬质合金球形压头为标准型洛氏硬度压头。如果在产品标准或协议中有规定时，允许使用钢球压头。

注1：需要指出的是使用两种类型的球进行硬度测试会得出不同的结果。对于特殊的材料或产品适用其他标准。

注2：对于某些材料，适用范围可能比所规定的要窄。

2　规范性引用文件

下列文件中的条款通过GB/T 230的本部分的引用而成为本部分的条款。凡是注日期的引用文件，其随后所有的修改单或修订版均不适用于本部分，然而，鼓励根据本部分达成协议的各方研究是否可使用这些文件的最新版本。凡是不注日期的引用文件，其最新版本适用于本部分。

GB/T 230.2　金属洛氏硬度试验　第2部分：硬度计（A、B、C、D、E、F、G、H、K、N、T标尺）的检验与校准（GB/T 230.2—2002，ISO 6508-2：1999，MOD）

GB/T 230.3　金属洛氏硬度试验　第3部分：标准硬度块（A、B、C、D、E、F、G、H、K、N、T标尺）的标定（GB/T 230.3—2002，ISO 6508-3：1999，MOD）

JJF 1059　测量不确定度评定与表示

3　原理

将压头（金刚石圆锥、硬质合金球）按图1分两个步骤压入试样表面，经规定保持时间后，卸除主试验力，测量在初试验力下的残余压痕深度 h。

根据 h 值及常数 N 和 S（见表2），用式（1）计算洛氏硬度（见图1）：

$$\text{洛氏硬度} = N - \frac{h}{S} \qquad (1)$$

4　符号及说明

4.1　符号及说明见图1、表1及表2。

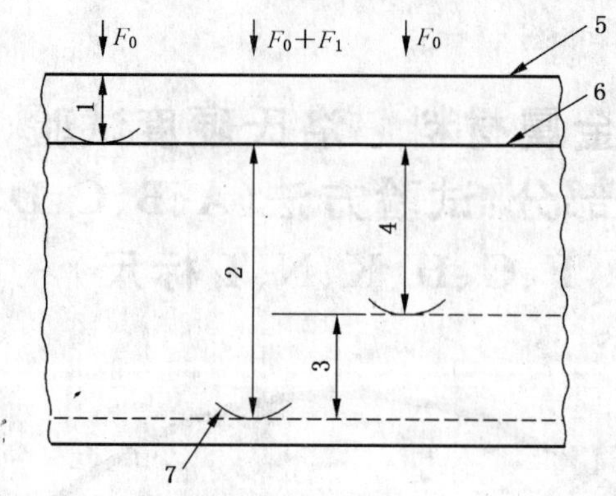

1——在初试验力 F_0 下的压入深度；

2——由主试验力 F_1 引起的压入深度；

3——卸除主试验力 F_1 后的弹性回复深度；

4——残余压入深度 h；

5——试样表面；

6——测量基准面；

7——压头位置。

图 1 洛氏硬度试验原理图

表 1 洛氏硬度标尺

洛氏硬度标尺	硬度符号[d]	压头类型	初试验力 F_0/N	主试验力 F_1/N	总试验力 F/N	适用范围
A[a]	HRA	金刚石圆锥	98.07	490.3	588.4	20HRA～88HRA
B[b]	HRB	直径 1.587 5 mm 球	98.07	882.6	980.7	20HRB～100HRB
C[c]	HRC	金刚石圆锥	98.07	1 373	1 471	20HRC～70HRC
D	HRD	金刚石圆锥	98.07	882.6	980.7	40HRD～77HRD
E	HRE	直径 3.175 mm 球	98.07	882.6	980.7	70HRE～100HRE
F	HRF	直径 1.587 5 mm 球	98.07	490.3	588.4	60HRF～100HRF
G	HRG	直径 1.587 5 mm 球	98.07	1 373	1 471	30HRG～94HRG
H	HRH	直径 3.175 mm 球	98.07	490.3	588.4	80HRH～100HRH
K	HRK	直径 3.175 mm 球	98.07	1 373	1 471	40HRK～100HRK
15N	HR15N	金刚石圆锥	29.42	117.7	147.1	70HR15N～94HR15N
30N	HR30N	金刚石圆锥	29.42	264.8	294.2	42HR30N～86HR30N
45N	HR45N	金刚石圆锥	29.42	411.9	441.3	20HR45N～77HR45N
15T	HR15T	直径 1.587 5 mm 球	29.42	117.7	147.1	67HR15T～93HR15T
30T	HR30T	直径 1.587 5 mm 球	29.42	264.8	294.2	29HR30T～82HR30T
45T	HR45T	直径 1.587 5 mm 球	29.42	411.9	441.3	10HR45T～72HR45T

如果在产品标准或协议中有规定时，可以使用直径为 6.350 mm 和 12.70 mm 的球形压头。

a 试验允许范围可延伸至 94 HRA。

b 如果在产品标准或协议中有规定时，试验允许范围可延伸至 10 HRBW。

c 如果压痕具有合适的尺寸，试验允许范围可延伸至 10 HRC。

d 使用硬质合金球压头的标尺，硬度符号后面加“W”。使用钢球压头的标尺，硬度符号后面加“S”。

4.2 洛氏硬度的表示方法如下例。

例如：

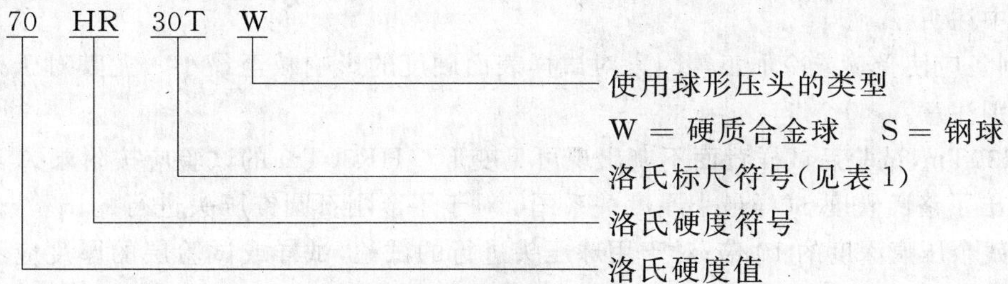

表 2 符号及名称

符 号	说 明	单 位
F_0	初试验力	N
F_1	主试验力	N
F	总试验力	N
S	给定标尺的单位	mm
N	给定标尺的硬度数	
h	卸除主试验力，在初试验力下压痕残留的深度 (残余压痕深度)	mm
HRA HRC HRD	洛氏硬度 $=100-\frac{h}{0.002}$	
HRB HRE HRF HRG HRH HRK	洛氏硬度 $=130-\frac{h}{0.002}$	
HRN HRT	表面洛氏硬度 $=100-\frac{h}{0.001}$	

5 试验设备

5.1 硬度计

硬度计应能按表 1 施加预定的试验力，并符合 GB/T 230.2 的要求。

5.2 压头

金刚石圆锥压头锥角为 120°，顶部曲率半径为 0.2 mm，并符合 GB/T 230.2 的要求。

硬质合金球压头的直径为 1.587 5 mm 或 3.175 mm，并符合 GB/T 230.2 的要求。

5.3 测量系统

测量系统应符合 GB/T 230.2 的规定。

注：附录 E 给出了使用者对硬度计进行期间核查的方法。附录 F 也给出了关于金刚石压头的说明。

6 试样

6.1 除非产品或材料标准另有规定，试样表面应平坦光滑，并且不应有氧化皮及外来污物，尤其不应有油脂,试样的表面应能保证压痕深度的精确测量.建议试样表面粗糙度 Ra 不大于 1.6 μm。在做可能会与压头粘结的活性金属的硬度试验时,例如钛,可以使用某种合适的油性介质(例如煤油)。使用的介质应在试验报告中注明。

6.2 试样的制备应使受热或冷加工等因素对试样表面硬度的影响减至最小。尤其对于残余压痕深度浅的试样应特别注意。

6.3 除了 HR30Tm,试验后试样背面不应出现可见变形。HR30Tm 的试验应按附录 A 进行。

附录 B 给出了洛氏硬度-试样最小厚度关系图。对于用金刚石圆锥压头进行的试验,试样或试验层厚度应不小于残余压痕深度的 10 倍;对于用球压头进行的试验,试样或试验层的厚度应不小于残余压痕深度的 15 倍。除非可以证明使用较薄的试样对试验结果没有影响。

6.4 表 C.1、表 C.2、表 C.3、表 C.4 和表 D.1 给出了在凸圆柱面和凸球面上试验时的洛氏硬度修正值。

未规定在凹面上试验的修正值,在凹面上试验时,应专门协商。

7 试验程序

7.1 试验一般在 10 ℃～35 ℃室温下进行。洛氏硬度试验应选择在较小的温度变化范围内进行,因为温度的变化可能会对试验结果有影响。

注:试样和硬度计的温度也可能会影响试验结果,因此试验人员应该确保试验温度不会影响试验结果。

7.2 试样应平稳地放在刚性支承物上,并使压头轴线与试样表面垂直,避免试样产生位移。如果使用固定装置,应与 GB/T 230.2 的规定一致。

在大量试验前或距上次试验超过 24 h,以及移动和更换压头或载物台之后,应确定硬度计的压头和载物台安装正确。上述调整后的前两次试验结果应舍弃。

应对圆柱形试样作适当支承,例如放置在洛氏硬度值不低于 60HRC 的带有 V 型槽的试台上。尤其应注意使压头、试样、V 型槽与硬度计支座中心对中。

7.3 使压头与试样表面接触,无冲击和振动地施加初试验力 F_0,初试验力保持时间不应超过 3 s。

注:对于电子控制的硬度计,施加初始试验力的时间(T_a)和初始试验力保持时间(T_{pm})之和满足公式(2):

$$T_p = T_a/2 + T_{pm} \leqslant 3\ \text{s} \qquad \cdots\cdots(2)$$

式中:

T_p——初始试验力施加总时间;

T_a——初始试验力施加时间;

T_{pm}——初始试验力保持时间。

7.4 无冲击和无振动或无摆动地将测量装置调整至基准位置,从初试验力 F_0 施加至总试验力 F 的时间应不小于 1 s 且不大于 8 s。

注:一般情况下,对于约为 60HRC 的试样从 F_0 至 F 的时间为 2 s～3 s。对于 N 和 T 标尺的硬度,约为 78HR30N 的试样建议加力时间为 1 s～1.5 s。

7.5 总试验力 F 保持时间为 4 s±2 s。然后卸除主试验力 F_1,保持初试验力 F_0,经短时间稳定后,进行读数。

对于压头持续压入而呈现过度塑性流变(压痕蠕变)的试样,应保持施加全部试验力。当产品标准中另有规定时,施加全部试验力的时间可以超过 6 s。这种情况下,实际施加试验力的时间应在试验结果中注明(例如,65HRFW,10 s)。

7.6 洛氏硬度值用表 2 中给出的公式由残余压痕深度 h 计算出,通常从测量装置中直接读数,图 1 中说明了洛氏硬度值的求出过程。

7.7 试验过程中,硬度计应避免受到冲击或振动。

7.8 两相邻压痕中心之间的距离至少应为压痕直径的 4 倍,并且不应小于 2 mm。

任一压痕中心距试样边缘的距离至少应为压痕直径的 2.5 倍，并且不应小于 1 mm。

8 结果的不确定度

如需要，一次完整的不确定度评估宜依照测量不确定度表示指南 JJF 1059 进行。

对于硬度试验，可能有以下两种评定测量不确定度的方法：

——基于在直接校准中对所有出现的相关不确定度分量的评估。

——基于用标准硬度块（有证标准物质）进行间接校准，测定指导参见附录 G。

9 试验报告

试验报告应包括以下内容：

a) GB/T 230 的本部分编号；

b) 与试样有关的详细资料；

c) 不在 10 ℃～35 ℃的试验温度；

d) 试验结果，洛氏硬度值应至少精确至 0.5HR；

e) 不在本部分规定之内的操作；

f) 影响试验结果的各种细节；

g) 如果施加全部试验力的时间超过 6 s，应注明准确施加试验力的时间。

没有普遍适用的方法将洛氏硬度值精确地换成其他硬度或抗拉强度，因此应避免这种换算，除非通过对比试验得到可比较的换算方法。

注：资料表明，某些材料可能对应变速率较敏感，应变速率的改变可能引起屈服应力值轻微变化，压痕形成的时间对硬度值的改变有相应影响。

附 录 A
（规范性附录）
薄产品 HR30Tm 和 HR15Tm 试验规范

A.1 一般要求

本试验与 GB/T 230.1 中规定的 HR30T 或 HR15T 试验条件相似，但经协议允许在试样背面出现变形痕迹（这在 HRT 试验中不允许）。

本试验可用于厚度小于 0.6 mm 至产品标准中给出的最小厚度的产品。可对硬度在 80HR30T（相当于 90HR15T）以下的薄件进行试验。产品标准规定 HR30Tm 或 HR15Tm 硬度时，可按此方法试验。

除按 GB/T 230.1 试验外，还应满足 A.2～A.4 要求。

A.2 试样支座

试样支座应使用直径为 4.5 mm 的金刚石平板。支座面应与压头轴线垂直，支座轴线应与主轴同轴，并能稳固精确地安装于硬度计试台上。

A.3 试样制备

如有必要减薄试样，要对试样上下两面进行加工，加工中应避免如发热或冷变形等对金属基体性能的影响。基体金属不应薄于最小允许厚度。

A.4 压痕距离

如无其他规定，两相邻压痕中心间距离或任一压痕中心距试样边缘距离不小于 5 mm。

附 录 B
（规范性附录）
洛氏硬度-试样最小厚度关系图

图 B.1、图 B.2 和图 B.3 给出了试样或试验层最小厚度。

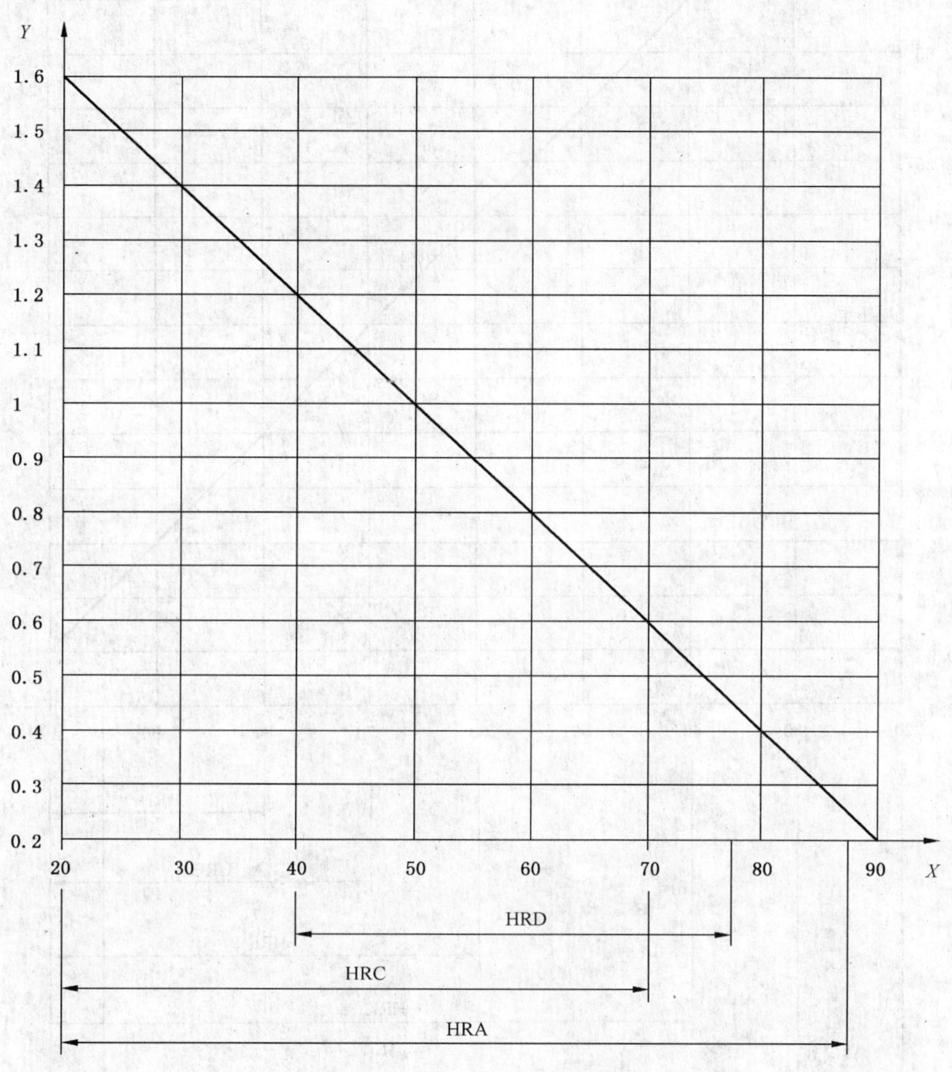

X——洛氏硬度；
Y——试样最小厚度，单位为毫米(mm)。

图 B.1 用金刚石圆锥压头试验(A、C、和 D 标尺)

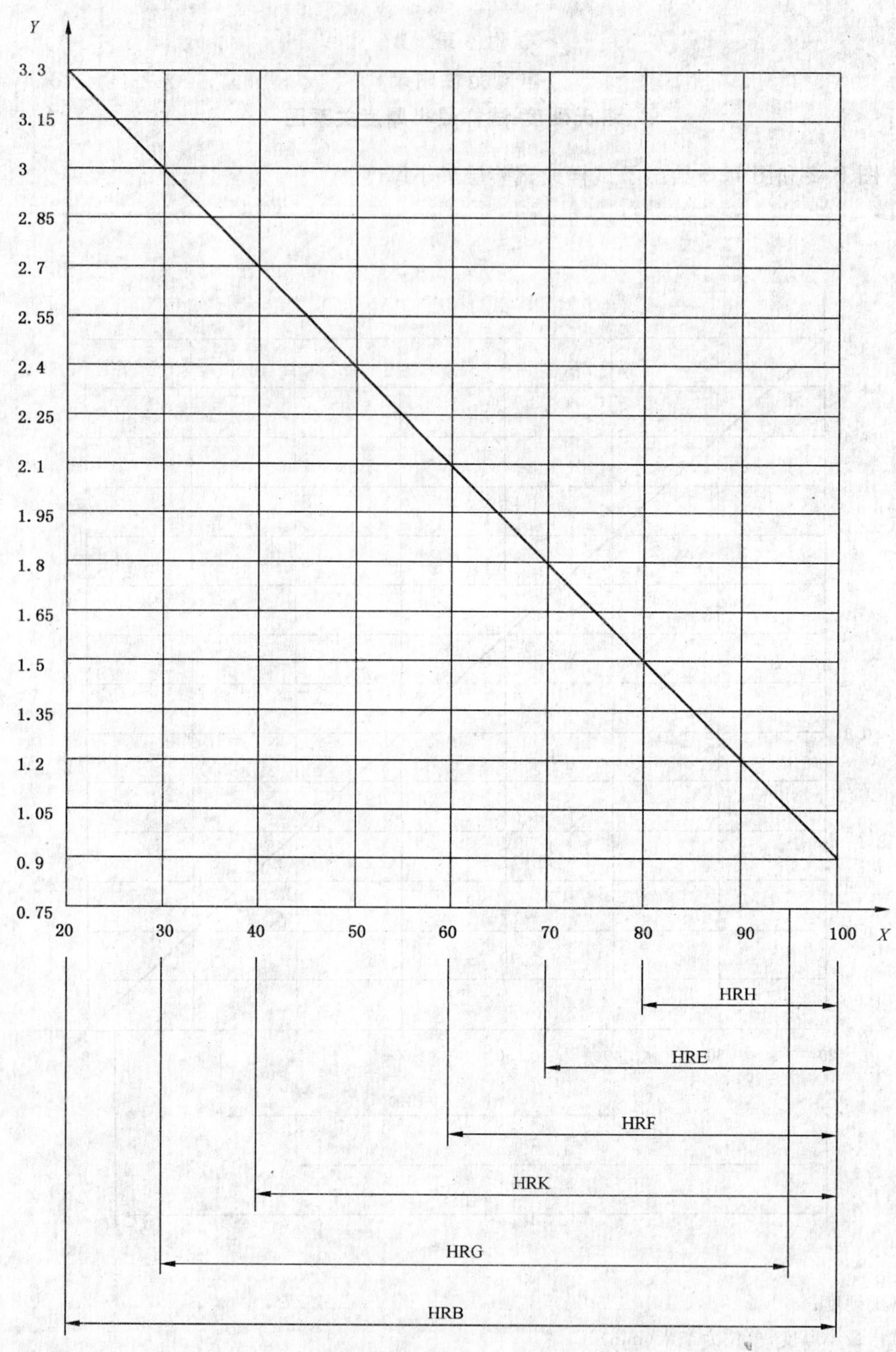

X——洛氏硬度；

Y——试样最小厚度，单位为毫米(mm)。

图 B.2 用球压头试验(B、E、F、G、H 和 K 标尺)

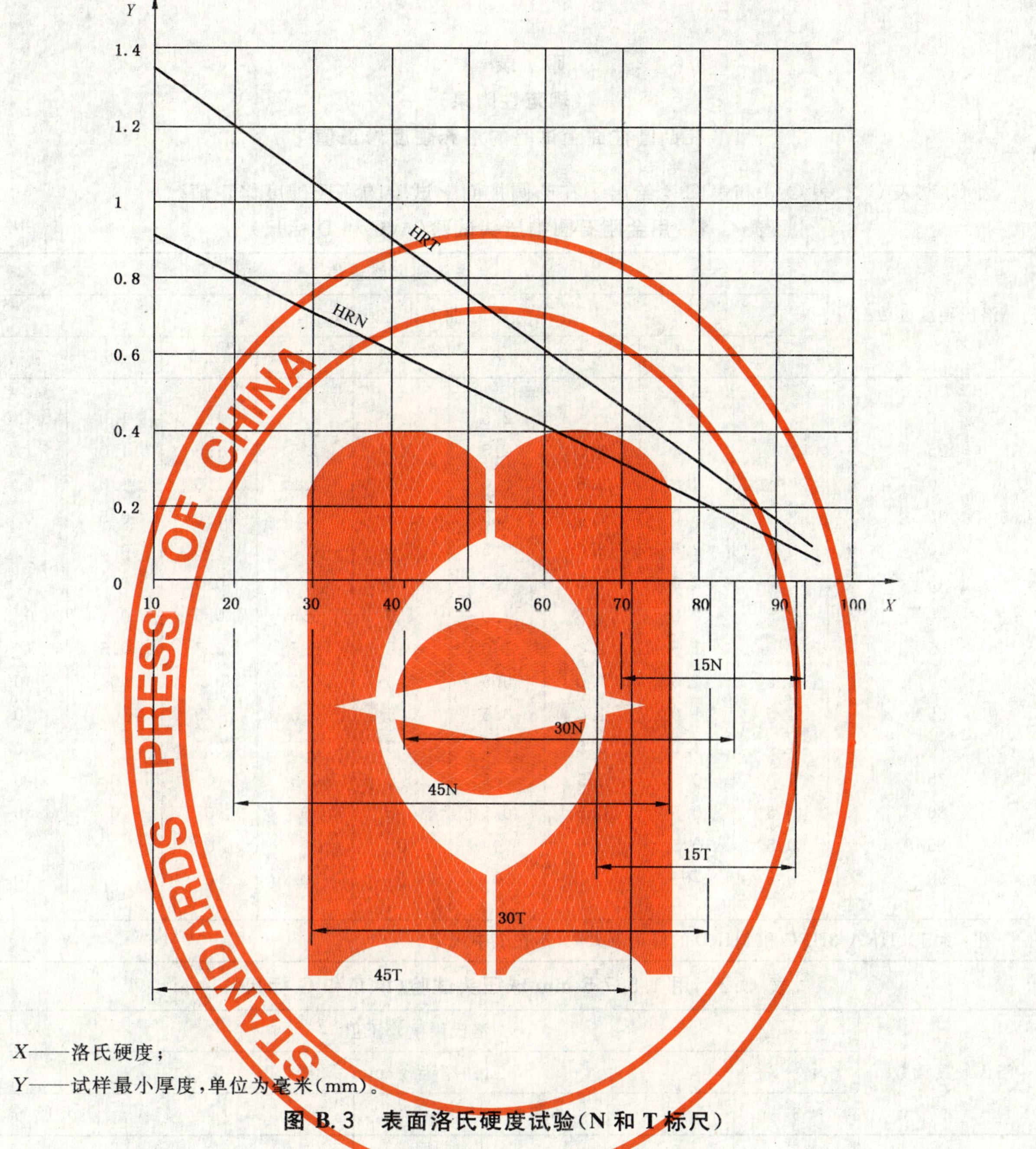

X——洛氏硬度；

Y——试样最小厚度，单位为毫米(mm)。

图 B.3 表面洛氏硬度试验(N 和 T 标尺)

附 录 C
（规范性附录）
在凸圆柱面上试验的洛氏硬度修正值

表 C.1、表 C.2、表 C.3 和表 C.4 给出了在凸圆柱面上试验的洛氏硬度修正值。

表 C.1 用金刚石圆锥压头试验（A、C 和 D 标尺）

洛氏硬度读数	洛氏硬度修正值								
	曲率半径/mm								
	3	5	6.5	8	9.5	11	12.5	16	19
20				2.5	2.0	1.5	1.5	1.0	1.0
25			3.0	2.5	2.0	1.5	1.0	1.0	1.0
30			2.5	2.0	1.5	1.5	1.0	1.0	0.5
35		3.0	2.0	1.5	1.5	1.0	1.0	0.5	0.5
40		2.5	2.0	1.5	1.0	1.0	1.0	0.5	0.5
45	3.0	2.0	1.5	1.0	1.0	1.0	0.5	0.5	0.5
50	2.5	2.0	1.5	1.0	1.0	0.5	0.5	0.5	0.5
55	2.0	1.5	1.0	1.0	0.5	0.5	0.5	0.5	0
60	1.5	1.0	1.0	0.5	0.5	0.5	0.5	0	0
65	1.5	1.0	1.0	0.5	0.5	0.5	0.5	0	0
70	1.0	1.0	0.5	0.5	0.5	0.5	0.5	0	0
75	1.0	0.5	0.5	0.5	0.5	0.5	0	0	0
80	0.5	0.5	0.5	0.5	0.5	0	0	0	0
85	0.5	0.5	0.5	0	0	0	0	0	0
90	0.5	0	0	0	0	0	0	0	0

注：大于 3HRA、3HRC 和 3HRD 的修正值太大，不在表中规定。

表 C.2 用 1.587 5 mm 球压头试验（B、F 和 G 标尺）

洛氏硬度读数	洛氏硬度修正值						
	曲率半径/mm						
	3	5	6.5	8	9.5	11	12.5
20				4.5	4.0	3.5	3.0
30			5.0	4.5	3.5	3.0	2.5
40			4.5	4.0	3.0	2.5	2.5
50			4.0	3.5	3.0	2.5	2.0
60		5.0	3.5	3.0	2.5	2.0	2.0
70		4.0	3.0	2.5	2.0	2.0	1.5
80	5.0	3.5	2.5	2.0	1.5	1.5	1.5
90	4.0	3.0	2.0	1.5	1.5	1.5	1.0
100	3.5	2.5	1.5	1.5	1.0	1.0	0.5

注：大于 5HRB、5HRF 和 5HRG 的修正值太大，不在表中规定。

表 C.3 表面洛氏硬度试验(N 标尺)[a,b]

表面洛氏硬度读数	表面洛氏硬度修正值					
	曲率半径[c]/mm					
	1.6	3.2	5	6.5	9.5	12.5
20	(6.0)[d]	3.0	2.0	1.5	1.5	1.5
25	(5.5)[d]	3.0	2.0	1.5	1.5	1.0
30	(5.5)[d]	3.0	2.0	1.5	1.0	1.0
35	(5.0)[d]	2.5	2.0	1.5	1.0	1.0
40	(4.5)[d]	2.5	1.5	1.5	1.0	1.0
45	(4.0)[d]	2.0	1.5	1.0	1.0	1.0
50	(3.5)[d]	2.0	1.5	1.0	1.0	1.0
55	(3.5)[d]	2.0	1.5	1.0	0.5	0.5
60	3.0	1.5	1.0	1.0	0.5	0.5
65	2.5	1.5	1.0	0.5	0.5	0.5
70	3.0	1.0	1.0	0.5	0.5	0.5
75	1.5	1.0	0.5	0.5	0.5	0
80	1.0	0.5	0.5	0.5	0	0
85	0.5	0.5	0.5	0.5	0	0
90	0	0	0	0	0	0

a 修正值仅为近似值,代表从表中给出曲面上实测平均值。精确至 0.5 个表面洛氏硬度单位。

b 圆柱面的试验结果受主轴及 V 型试台与压头同轴度、试样表面粗糙度及圆柱面平直度综合影响。

c 对表中其他半径的修正值,可用线性内插法求得。

d 括号中的修正值,经协商后方可使用。

表 C.4 表面洛氏硬度试验(T 标尺)[a,b]

表面洛氏硬度读数	表面洛氏硬度修正值						
	曲率半径[c]/mm						
	1.6	3.2	5	6.5	8	9.5	12.5
20	(13)[d]	(9.0)[d]	(6.0)[d]	(4.5)[d]	(3.5)[d]	3.0	2.0
30	(11.5)[d]	(7.5)[d]	(5.0)[d]	(4.0)[d]	(3.5)[d]	2.5	2.0
40	(10.0)[d]	(6.5)[d]	(4.5)[d]	(3.5)[d]	3.0	2.5	2.0
50	(8.5)[d]	(5.5)[d]	(4.0)[d]	3.0	2.5	2.0	1.5
60	(6.5)[d]	(4.5)[d]	3.0	2.5	2.0	1.5	1.5
70	(5.0)[d]	(3.5)[d]	2.5	2.0	1.5	1.0	1.0
80	3.0	2.0	1.5	1.5	1.0	1.0	0.5
90	1.5	1.0	1.0	0.5	0.5	0.5	0.5

a 修正值仅为近似值,代表从表中给出曲面上实测平均值。精确至 0.5 个表面洛氏硬度单位。

b 圆柱面的试验结果受主轴及 V 型试台与压头同轴度、试样表面粗糙度及圆柱面平直度综合影响。

c 对表中其他半径的修正值,可用线性内插法求得。

d 括号中的修正值,经协商后方可使用。

附 录 D
（规范性附录）
在凸球面上试验C标尺洛氏硬度修正表

表D.1中给出了在凸球面上试验的洛氏硬度修正值。

表 D.1 凸球面上C标尺洛氏硬度修正值

洛氏硬度读数	洛氏硬度修正值								
	凸球面直径 d/mm								
	4	6.5	8	9.5	11	12.5	15	20	25
55HRC	6.4	3.9	3.2	2.7	2.3	2.0	1.7	1.3	1.0
60HRC	5.8	3.6	2.9	2.4	2.1	1.8	1.5	1.2	0.9
65HRC	5.2	3.2	2.6	2.2	1.9	1.7	1.4	1.0	0.8

在表D.1中给出的加于洛氏硬度C标尺的修正值 ΔH 由下式计算出：

$$\Delta H = 59 \times \frac{\left(1 - \frac{H}{160}\right)^2}{d} \qquad \text{(D.1)}$$

式中：

H——洛氏硬度值；

d——球直径，单位为毫米(mm)。

附 录 E
（资料性附录）
操作者对硬度计期间检查的方法

使用者应在当天使用硬度计之前，对其使用的硬度标尺或范围进行检查。

日常检查之前，（对于每个范围/标尺和硬度水平）应使用依照 GB/T 230.3 标定过的标准硬度块上的标准压痕进行测量装置的间接检验。测量值应与标准硬度块证书上的标准值相差应在 GB/T 230.2 中给出的最大允许误差以内。如果测量装置不能满足上述要求，应采取相应措施。

日常检查应在按照 GB/T 230.3 标定的标准硬度块上至少打一个压痕。如果测量的硬度（平均）值与标准硬度块标准值的差值在 GB/T 230.2 中给出的允许误差之内，则硬度计被认为是满意的。如果超出，应立即进行间接检验。

所测数据应当保存一段时间，以便监测硬度计的再现性和测量设备的稳定性。

附 录 F
（资料性附录）
金刚石压头的说明

经验表明，许多良好的压头在试验一段时间以后出现缺陷，这是由于表面的小裂纹、斑痕或缺陷所致。如果能及时检查出这些缺陷并修复，许多压头仍能继续使用，否则任何小缺陷都会很快恶化，导致压头报废。

因此：

——对压头的表面在首次使用和以后的使用中要用光学装置（显微镜、放大镜等）经常检查；

——当发现压头表面有缺陷后则认为压头失效；

——应按 GB/T 230.2 中要求对重新研磨或修复的压头再校验。

附 录 G
（资料性附录）
硬度测量值的不确定度评定

G.1 通常要求

本附录定义的不确定度只考虑硬度计与标准硬度块(CRM)相关测量的不确定度。这些不确定度反映了所有分量不确定度的组合影响(间接检定)。由于本方法要求硬度计的各个独立部件均在其允许偏差范围内正常工作,故强烈建议在硬度计通过直接检定一年内采用本方法计算。

图 G.1 显示用于定义和区分各硬度标尺的四级的计量朔源链的结构图。朔源链起始于用于定义国际比对的各硬度标尺的国际基准。一定数量的国家基准——基础标准硬度计“定值”校准实验室用基础参考硬度块。当然,基础标准硬度计应当在尽可能高的准确度下进行直接标定和校准。

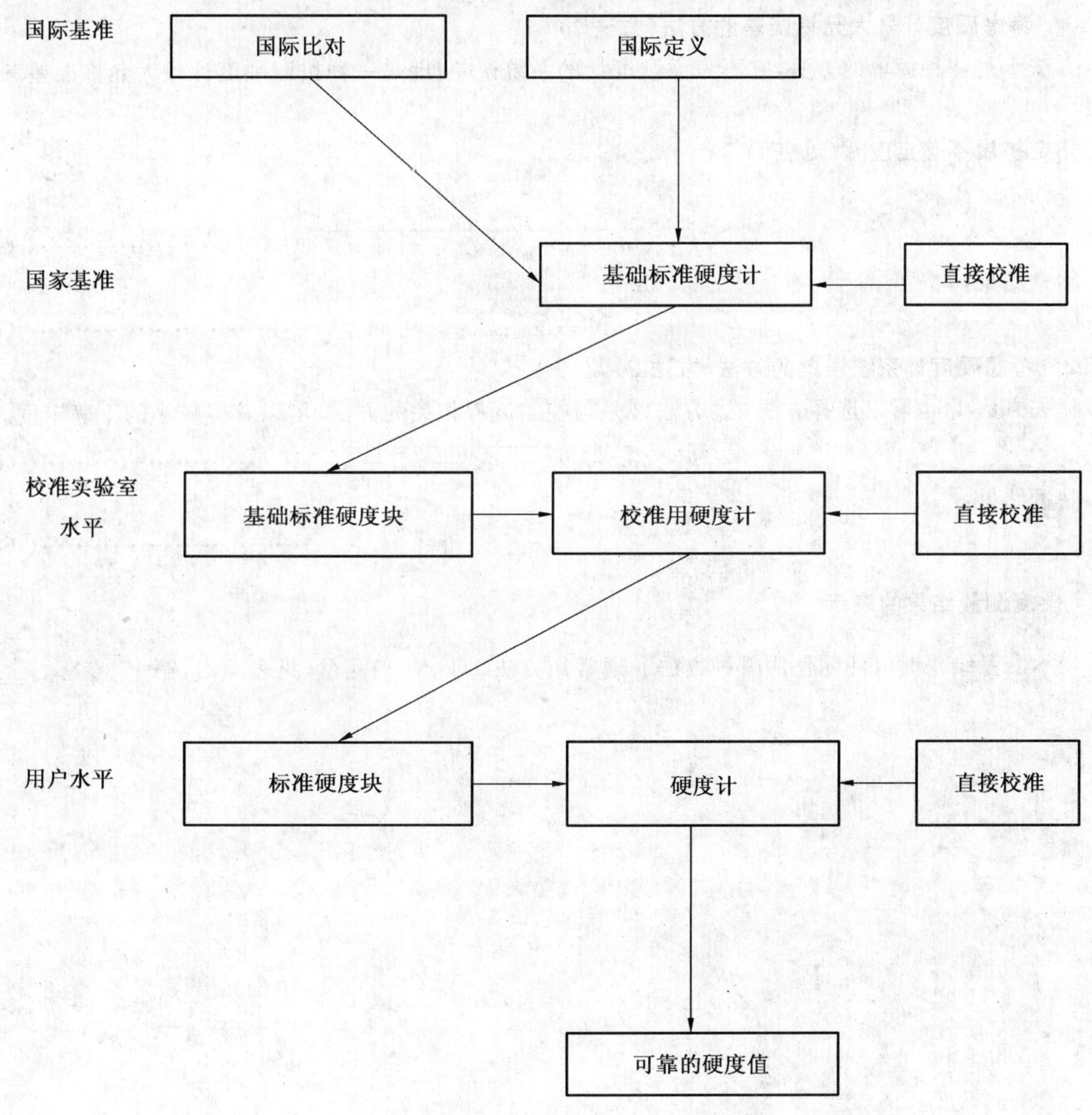

图 G.1 硬度标尺的定义和量值传递图

G.2 通常程序

本程序用平方根求和的方法(RSS)合成 u_1(各不确定度分项见表 G.1)。扩展不确定度 U 是 u_1 和包含因子 $k(k=2)$的乘积。表 G.1 给出了全部的符号和定义。

G.3 硬度计的偏差

硬度计的偏差 b 起源于下面两部分之间的差异:

——校准硬度计的五个硬度压痕的平均值。

——标准硬度块的校准值。

可以用不同的方法测定不确定度。

G.4 计算不确定度的步骤:硬度测量值

注:CRM(Certified Reference Material)是由标准硬度计定义的标准硬度块。

G.4.1 考虑硬度计最大允许误差的方法(方法 1)

方法 1 是一种简单的方法,它不考虑硬度计的系统误差,即是一种按照硬度计最大允许误差考虑的方法。

测定扩展不确定度 U(见表 D.1)

$$U = k \cdot \sqrt{u_E^2 + u_{CRM}^2 + u_{\bar{H}}^2 + u_x^2 + u_{ms}^2} \quad \text{(G.1)}$$

测量结果:

$$X = \bar{x} \pm U \quad \text{(G.2)}$$

G.4.2 考虑硬度计系统误差的方法(方法 2)

除去方法 1,也可以选择方法 2。方法 2 是与控制流程相关的方法,可以获得较小的不确定度。

$$U = k \cdot \sqrt{u_x^2 + u_{\bar{H}}^2 + u_{CRM}^2 + u_{ms}^2 + u_b^2} \quad \text{(G.3)}$$

测量结果:

$$X = \bar{x} \pm U \quad \text{(G.4)}$$

G.5 硬度测量结果的表示

表示测量结果时应注明使用哪种方法。通常用方法 1(G.4.1)测量(见表 G.1,第 11 步)。

表 G.1 扩展不确定度的说明

方法 步骤	不确定度分项	符号	公式	出处	例:[…]=HRC
1 方法 1	测量试样的平均值及其标准偏差	$\overline{x}$ s_x	$\overline{x}=\frac{\sum_{i=1}^{n} x_i}{n}$ $s_x=\frac{R}{C}$	测量结果的标准偏差 采用极差法计算 当 $n=5$ 时极差系数 $C=2.33$	单次测量值 60.9,61.0,61.1,61.1,60.7 $\overline{x}=60.96$ $s_x=\frac{0.4}{2.33}=0.17$
2 方法 1 方法 2	对试样测量重复性的标准不确定度	u_x	$u_x=s_x$	评定单次测量的标准不确定度	$u_x=0.17$
3 方法 1 方法 2	标准硬度块的平均值及其标准偏差	$\overline{H}$ s_H	$\overline{H}=\frac{\sum_{i=1}^{n} H_i}{n}$ $s_H=\frac{R}{C}$	测量结果的标准偏差 采用极差法计算 当 $n=5$ 时极差系数 $C=2.33$	60.7,60.8,61.1,61.0,60.8 $\overline{H}=60.88$ $s_H=\frac{0.4}{2.33}=0.17$
4 方法 1 方法 2	测量标准物质时硬度试验机的标准不确定度	$u_{\overline{H}}$	$u_{\overline{H}}=\frac{S_H}{\sqrt{n}}$	评定 5 次平均值的标准不确定度 $n=5$	$u_{\overline{H}}=\frac{0.17}{\sqrt{5}}=0.08$
5 方法 1 方法 2	标准硬度块的标准不确定度	u_{CRM}	$u_{CRM}=\frac{r_{rel}\cdot H_{CRM}}{2.83}$	标准硬度块不均匀性 最大允许值见 GB/T 230.3 $r_{rel}=1.0\%$	$u_{CRM}=60.82\times\frac{1\%}{2.83}=0.21$
6 方法 1 方法 2	最大允许误差下的标准不确定度	u_E	$u_E=\frac{E}{\sqrt{3}}$	允许误差 $E=\pm 1.5HRC$ 见 GB/T 230.2	$u_E=\frac{1.5}{\sqrt{3}}=0.87$

表 G.1(续)

方法步骤	不确定度分项	符号	公式	出处	例:[…]=HRC
7 方法1 方法2	压痕测量系统分辨力引起的标准不确定度	u_{ms}	$u_{ms}=\frac{\delta_{ms}}{2\sqrt{3}}$	$\delta_{ms}=0.1HRC$	$u_{ms}=\frac{0.1}{2\sqrt{3}}=0.03$
8 方法2	硬度计校准值与硬度块标准值差	b	$b=\overline{H}-H_{CRM}$	第3步	$b=60.88-60.82=0.06$
9 方法2	硬度计偏差带来的不确定度	u_b	$u_b=\|b\|$	第8步	$u_b=0.06$
10 方法1	扩展不确定度的测定	U	$U=k\cdot\sqrt{u_E^2+u_{CRM}^2+u_{\overline{H}}^2+u_x^2+u_{ms}^2}$	第1步到第7步 $k=2$	$U=2\times\sqrt{0.87^2+0.21^2+0.08^2+0.17^2+0.03^2}$ $U=1.83HRC$
11 方法1	测量结果	X	$X=\overline{x}\pm U$	第1步和第10步	X=(60.9±1.8)HRC(方法1)
12 方法2	扩展不确定度的测定	U	$U=k\cdot\sqrt{u_b^2+u_{CRM}^2+u_{\overline{H}}^2+u_x^2+u_{ms}^2}$	第1步到第5步 第7步到第9步	$U=2\times\sqrt{0.06^2+0.21^2+0.08^2+0.17^2+0.03^2}$ $U=0.58HRC$
13 方法2	测量结果	X	$X=\overline{x}\pm U$	第1步和第12步	X=(60.9±0.6)HRC(方法2)

ICS 77.040.10
H 22

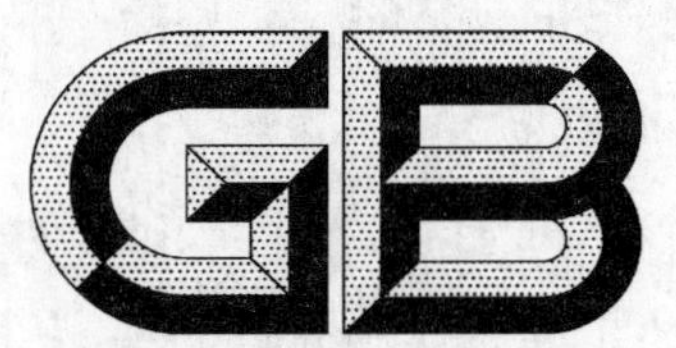

中华人民共和国国家标准

GB/T 231.1—2009
代替 GB/T 231.1—2002

金属材料　布氏硬度试验
第1部分:试验方法

Metallic materials—Brinell hardness test—
Part 1:Test method

(ISO 6506-1:2005,MOD)

2009-06-25 发布　　2010-04-01 实施

中华人民共和国国家质量监督检验检疫总局
中国国家标准化管理委员会　发布

前　言

GB/T 231《金属材料　布氏硬度试验》分为如下四部分：

——第1部分：试验方法；

——第2部分：硬度计的检验与校准；

——第3部分：标准硬度块的标定；

——第4部分：硬度值表。

本部分为GB/T 231的第1部分。

本部分修改采用国际标准ISO 6506-1：2005《金属材料　布氏硬度试验　第1部分：试验方法》(英文版)。

本部分根据ISO 6506-1：2005重新起草，根据我国的实际情况，本部分在采用国际标准时进行了修改和补充。这些技术性差异用垂直单线标识在它们所涉及的条款的页边空白处。

本部分结构和技术内容与ISO 6506-1：2005基本一致，根据我国情况在以下几方面进行了修改：

——删去了国际标准的前言；

——"本国际标准"一词改为"本标准"；

——用小数点"."代替作为小数点的"，"；

——在规范性引用文件中删去了标准ISO 4498-1；

——在第6章中的6.1增加了试样表面粗糙度的建议；

——对原ISO 6506-1：2005标准的附录C硬度值的测量不确定度进行了修改。

本部分代替GB/T 231.1—2002《金属布氏硬度试验　第1部分：试验方法》，与原标准相比对下列内容进行了修改：

——增加了引言；

——在7.3中增加了"尽可能选取大的试样区域的相关内容"；

——在7.4中增加了"试样在试验过程中不应发生位移的说明"；

——增加了7.9条；

——增加了第8章"试验结果的不确定度"；

——增加了资料性附录A使用者对硬度计的日常核查；

——增加了资料性附录C硬度值测量不确定度。

本部分的附录B为规范性附录，附录A和附录C为资料性附录。

本部分由中国钢铁工业协会提出。

本部分由全国钢标准化技术委员会归口。

本部分起草单位：钢铁研究总院、冶金工业信息标准研究院、首钢总公司、上海出入境检验检疫局、武钢研究院、大连希望设备公司、上海材料所。

本部分起草人：高怡斐、董莉、王萍、吴益文、殷建军、李荣峰、王滨。

本部分所代替标准的历次版本发布情况为：

——GB/T 231—1962，GB/T 231—1984，GB/T 231.1—2002。

引　言

本版标准只允许使用硬质合金球压头。布氏硬度符号为 HBW，不应与以前的符号 HB 和用钢球头时使用的符号 HBS 相混淆。

金属材料　布氏硬度试验
第1部分:试验方法

1　范围

GB/T 231的本部分规定了金属布氏硬度试验的原理、符号及说明、试验设备、试样、试验程序、结果的不确定度及试验报告。

本部分规定的布氏硬度试验范围上限为650 HBW。

特殊材料或产品布氏硬度试验,应在相关标准中规定。

2　规范性引用文件

下列文件中的条款通过GB/T 231的本部分的引用而成为本部分的条款。凡是注日期的引用文件,其随后所有的修改单(不包括勘误的内容)或修订版均不适用于本部分,然而,鼓励根据本部分达成协议的各方研究是否可使用这些文件的最新版本。凡是不注日期的引用文件,其最新版本适用于本部分。

GB/T 231.2　金属布氏硬度试验　第2部分:硬度计的检验与校准(GB/T 231.2—2002,ISO 6506-2:1999,MOD)

GB/T 231.3　金属布氏硬度试验　第3部分:标准硬度块的标定(GB/T 231.3—2002,ISO 6506-3:1999,MOD)

GB/T 231.4　金属材料　布氏硬度试验　第4部分:硬度值表(GB/T 231.4—2009,ISO 6506-4:2005,IDT)

JJF 1059　测量不确定度评定与表示

3　原理

对一定直径的硬质合金球施加试验力压入试样表面,经规定保持时间后,卸除试验力,测量试样表面压痕的直径(见图1)。

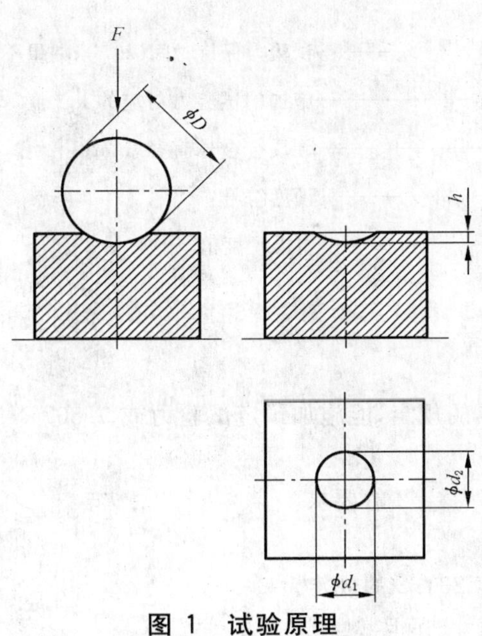

图1　试验原理

布氏硬度与试验力除以压痕表面积的商成正比。压痕被看作是具有一定半径的球形，压痕的表面积通过压痕的平均直径和压头直径计算得到。

4 符号及说明

4.1 符号及说明见表1及图1。

表1 符号及说明

符号	说明	单位
D	硬质合金球直径	mm
F	试验力	N
d	压痕平均直径 $d=\frac{d_1+d_2}{2}$	mm
d_1，d_2	在两相互垂直方向测量的压痕直径	mm
h	压痕深度 $=\frac{D-\sqrt{D^2-d^2}}{2}$	mm
HBW	布氏硬度 $=$ 常数 $\times\frac{\text{试验力}}{\text{压痕表面积}}$ $=0.102\frac{2F}{\pi D(D-\sqrt{D^2-d^2})}$	
$0.102\times F/D^2$	试验力-球直径平方的比率	N/mm²
注：常数 $=\frac{1}{g_n}=\frac{1}{9.80665}\approx 0.102$。 g_n——标准重力加速度。		

4.2 布氏硬度 HBW 表达方法举例

示例：

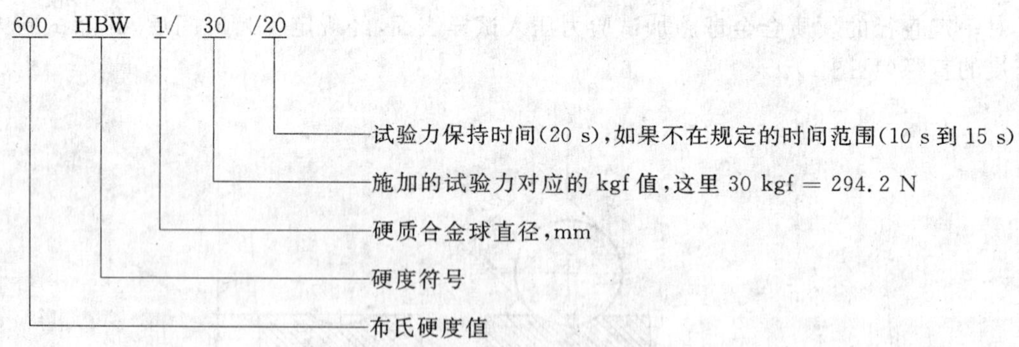

5 试验设备

5.1 硬度计

硬度计应符合 GB/T 231.2 的规定，能施加预定试验力或 9.807 N～29.42 kN 范围内的试验力。

5.2 压头

硬质合金压头应符合 GB/T 231.2 的要求。

5.3 压痕测量装置

压痕测量装置应符合 GB/T 231.2 的规定。

注：附录A给出了使用者对硬度计进行日常检查的方法。

6 试样

6.1 试样表面应平坦光滑，并且不应有氧化皮及外界污物，尤其不应有油脂。试样表面应能保证压痕直径的精确测量，建议表面粗糙度参数 Ra 不大于 1.6 μm。

6.2 制备试样时，应使过热或冷加工等因素对试样表面性能的影响减至最小。

6.3 试样厚度至少应为压痕深度的 8 倍。试样最小厚度与压痕平均直径的关系见附录 B。试验后，试样背部如出现可见变形，则表明试样太薄。

7 试验程序

7.1 试验一般在 10 ℃～35 ℃室温下进行，对于温度要求严格的试验，温度为 23 ℃±5 ℃。

7.2 本部分使用表 2 中各级试验力。

注：如果有特殊协议，其他试验力-球直径平方的比率也可以用。

表 2 不同条件下的试验力

硬度符号	硬质合金球直径 D/mm	试验力-球直径平方的比率 $0.102\times F/D^2$/(N/mm²)	试验力的标称值 F
HBW 10/3000	10	30	29.42 kN
HBW 10/1500	10	15	14.71 kN
HBW 10/1000	10	10	9.807 kN
HBW 10/500	10	5	4.903 kN
HBW 10/250	10	2.5	2.452 kN
HBW 10/100	10	1	980.7 N
HBW 5/750	5	30	7.355 kN
HBW 5/250	5	10	2.452 kN
HBW 5/125	5	5	1.226 kN
HBW 5/62.5	5	2.5	612.9 N
HBW 5/25	5	1	245.2 N
HBW 2.5/187.5	2.5	30	1.839 kN
HBW 2.5/62.5	2.5	10	612.9 N
HBW 2.5/31.25	2.5	5	306.5 N
HBW 2.5/15.625	2.5	2.5	153.2 N
HBW 2.5/6.25	2.5	1	61.29 N
HBW 1/30	1	30	294.2 N
HBW 1/10	1	10	98.07 N
HBW 1/5	1	5	49.03 N
HBW 1/2.5	1	2.5	24.52 N
HBW 1/1	1	1	9.807 N

7.3 试验力的选择应保证压痕直径在 $0.24D$～$0.6D$ 之间。

试验力-压头球直径平方的比率（$0.102F/D^2$ 比值）应根据材料和硬度值选择，见表 3。

为了保证在尽可能大的有代表性的试样区域试验，应尽可能地选取大直径压头。

当试样尺寸允许时，应优先选用直径 10 mm 的球压头进行试验。

表 3　不同材料的试验力-压头球直径平方的比率

材　　料	布氏硬度 HBW	试验力-球直径平方的比率 $0.102\times F/D^2$/(N/mm²)
钢、镍基合金、钛合金		30
铸铁[a]	＜140	10
	≥140	30
铜和铜合金	＜35	5
	35～200	10
	＞200	30
轻金属及其合金	＜35	2.5
	35～80	5
		10
		15
	＞80	10
		15
铅、锡		1

[a] 对于铸铁试验，压头的名义直径应为 2.5 mm、5 mm 或 10 mm。

7.4　试样应稳固地放置于试台上。试样背面和试台之间应清洁和无外界污物(氧化皮、油、灰尘等)。将试样牢固地放置在试台上，保证在试验过程中不发生位移是非常重要的。

7.5　使压头与试样表面接触，无冲击和振动地垂直于试验面施加试验力，直至达到规定试验力值。从加力开始至全部试验力施加完毕的时间应在 2 s～8 s 之间。试验力保持时间为 10 s～15 s。对于要求试验力保持时间较长的材料，试验力保持时间允许误差应在±2 s 以内。

7.6　在整个试验期间，硬度计不应受到影响试验结果的冲击和振动。

7.7　任一压痕中心距试样边缘距离至少应为压痕平均直径的 2.5 倍；两相邻压痕中心间距离至少应为压痕平均直径的 3 倍。

7.8　应在两相互垂直方向测量压痕直径。用两个读数的平均值计算布氏硬度，或按 GB/T 231.4 查得布氏硬度值。

注：对于自动测量装置，可采用如下方式计算：

——等间隔多次测量的平均值；

——材料表面压痕投影面积数值。

7.9　GB/T 231.4 包含了平面布氏硬度值的计算表，用于测定平面试样的硬度值。

8　结果的不确定度

如需要，一次完整的不确定度评估宜依照测量不确定度表示指南 JJF 1059 进行。

对于硬度试验，可能有以下两种评定测量不确定度的方法。

——基于在直接校准中对所有出现的相关不确定度分量的评估。

——基于用标准硬度块(有证标准物质)进行间接校准，测定指导参见附录 C。

9　试验报告

试验报告应包括以下内容：

a) GB/T 231 的本部分编号；

b) 有关试样的详细描述；

c) 如果试验温度不在 10 ℃～35 ℃，应注明试验温度；

d) 试验结果；

e) 不在本部分规定之内的操作；

f) 影响试验结果的各种细节。

注 1：没有普遍适用的精确方法将布氏硬度值换算成其他硬度或抗拉强度。除非通过对比试验得到相关的换算依据，或产品标准另有规定，否则应避免这些换算。

注 2：应注意材料的各项异性，例如经过大变形量冷加工，这样压痕直径在不同方向可能有较大差异。产品技术条件应规定这个差异的极限。

附　录　A
（资料性附录）
使用者对硬度计的日常检查

使用者应在当天使用硬度计之前，对其使用的硬度标尺或范围进行检查。

日常检查之前，（对于每个范围/标尺和硬度水平）应使用依照 GB/T 231.3 标定过的标准硬度块上的标准压痕进行压痕测量装置的间接检验。压痕测量值应与标准硬度块证书上的标准值相差在 0.5%以内。如果测量装置不能满足上述要求，应采取相应措施。

日常检查应在按照 GB/T 231.3 标定的标准硬度块上至少打一个压痕。如果测量的硬度（平均）值与标准硬度块标准值的差值在 GB/T 231.2 中给出的允许误差之内，则硬度计被认为是满意的。如果超出，应立即进行间接检验。

所测数据应当保存一段时间，以便监测硬度计的再现性和测量设备的稳定性。

附 录 B
（规范性附录）
压痕平均直径与试样最小厚度关系表

表 B.1 压痕平均直径与试样最小厚度关系

单位为毫米

压痕的平均直径 *d*	试样的最小厚度			
	D=1	*D*=2.5	*D*=5	*D*=10
0.2	0.08			
0.3	0.18			
0.4	0.33			
0.5	0.54			
0.6	0.80	0.29		
0.7		0.40		
0.8		0.53		
0.9		0.67		
1.0		0.83		
1.1		1.02		
1.2		1.23	0.58	
1.3		1.46	0.69	
1.4		1.72	0.80	
1.5		2.00	0.92	
1.6			1.05	
1.7			1.19	
1.8			1.34	
1.9			1.50	
2.0			1.67	
2.2			2.04	
2.4			2.46	1.17
2.6			2.92	1.38
2.8			3.43	1.60
3.0			4.00	1.84
3.2				2.10
3.4				2.38
3.6				2.68
3.8				3.00
4.0				3.34
4.2				3.70

表 B.1（续）

单位为毫米

压痕的平均直径 d	试样的最小厚度			
	D=1	D=2.5	D=5	D=10
4.4				4.08
4.6				4.48
4.8				4.91
5.0				5.36
5.2				5.83
5.4				6.33
5.6				6.86
5.8				7.42
6.0				8.00

附 录 C
（资料性附录）
硬度值测量的不确定度

C.1 通常要求

本附录定义的不确定度只考虑硬度计与标准硬度块(CRM)相关测量的不确定度。这些不确定度反映了所有分量不确定度的组合影响(间接检定)。由于本方法要求硬度计的各个独立部件均在其允许偏差范围内正常工作,故强烈建议在硬度计通过直接检定一年内采用本方法计算。

图 C.1 显示用于定义和区分各硬度标尺的四级的计量朔源链的结构图。朔源链起始于用于定义国际比对的各硬度标尺的国际基准。一定数量的国家基准——基础标准硬度计“定值”校准实验室用基础参考硬度块。当然,基础标准硬度计应当在尽可能高的准确度下进行直接标定和校准。

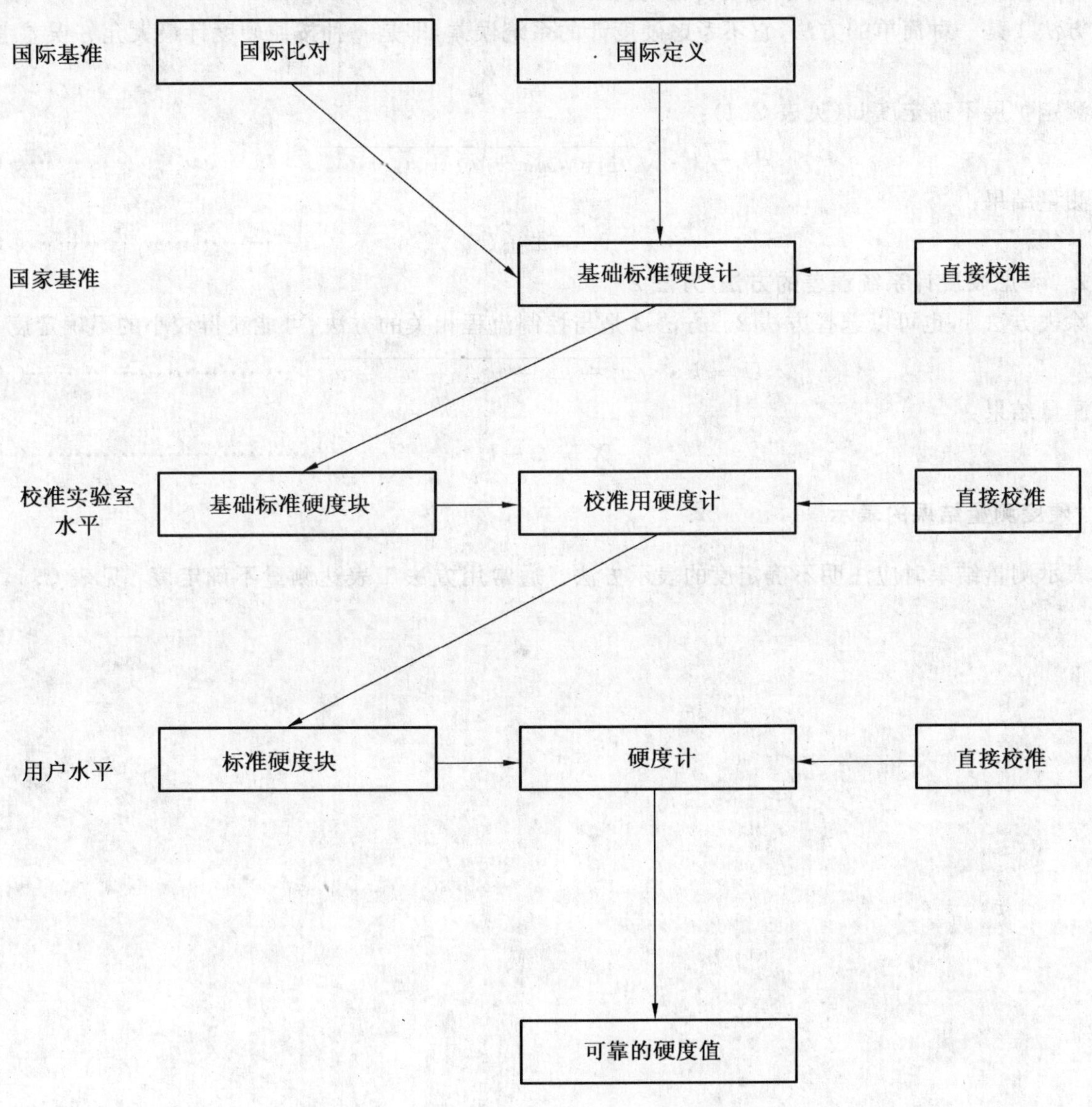

图 C.1 硬度标尺的定义和量值传递图

C.2 通常程序

本程序用平方根求和的方法(RSS)合成 u_1(各不确定度分项见表 C.1)。扩展不确定度 U 是 u_1 和包含因子 $k(k=2)$ 的乘积。表 C.1 给出了全部的符号和定义。

C.3 硬度计的偏差

硬度计的偏差 b 起源于下面两部分之间的差异：

——校准硬度计的五个硬度压痕的平均值。

——标准硬度块的标准值。

可以用不同的方法确定不确定度。

C.4 计算不确定度的步骤:硬度测量值

注：CRM (Certified Reference Material)是由标准硬度计标定的标准硬度块。

C.4.1 考虑硬度计最大允许误差的方法(方法 1)

方法 1 是一种简单的方法,它不考虑硬度计的系统误差,即是一种按照硬度计最大允许误差考虑的方法。

测定扩展不确定度 U(见表 C.1)：

$$U = k \cdot \sqrt{u_E^2 + u_{CRM}^2 + u_H^2 + u_x^2 + u_{ms}^2} \qquad \text{(C.1)}$$

测量结果：

$$X = \bar{x} \pm U \qquad \text{(C.2)}$$

C.4.2 考虑硬度计系统误差的方法(方法 2)

除去方法 1,也可以选择方法 2。方法 2 是与控制流程相关的方法,可能获得较小的不确定度。

$$U = k \cdot \sqrt{u_x^2 + u_H^2 + u_{CRM}^2 + u_{ms}^2 + u_b^2} \qquad \text{(C.3)}$$

测量结果：

$$X = \bar{x} \pm U \qquad \text{(C.4)}$$

C.5 硬度测量结果的表示

表示测量结果时应注明不确定度的表示方法。通常用方法 1 表达测量不确定度（见表 C.1,第 10 步）。

表 C.1 扩展不确定度评定的两种方法

方法 步骤	不确定度来源	符号	公式	依据	例： […]=HBW 2.5/187.5
1 方法 1 方法 2	测量试样的平均值及其标准偏差	$\bar{x}$ s_x	$\bar{x}=\frac{\sum_{i=1}^{n}x_i}{n}$ $s_x=\frac{R}{C}$	测量结果的标准偏差 采用极差法计算 当 $n=5$ 时 极差系数 $C=2.33$	单次测量值 246,245,246,246,246 $\bar{x}=245.8$ $s_x=\frac{1.0}{2.33}=0.43$
2 方法 1 方法 2	对试样测量重复性的标准不确定度	u_x	$u_x=s_x$	评定单次测量的标准不确定度	$u_x=0.43$
3 方法 1 方法 2	用标准硬度块检定的平均值和标准偏差	$\overline{H}$ s_H	$\overline{H}=\frac{\sum_{i=1}^{n}H_i}{n}$ $s_H=\frac{R}{C}$	检定结果的标准偏差 采用极差法计算 当 $n=5$ 时 极差系数 $C=2.33$	245,246,247,246,247 $\overline{H}=246.2$ $s_H=\frac{2.0}{2.33}=0.86$
4 方法 1 方法 2	用标准硬度块检定的平均值的标准不确定度	u_H	$u_H=s_H/\sqrt{5}$	评定 5 次平均值的标准不确定度 $n=5$	$u_H=\frac{0.86}{\sqrt{5}}=0.38$
5 方法 1 方法 2	标准硬度块的标准不确定度	u_{CRM}	$\mathrm{HBW}=0.102\times\frac{2F}{\pi D^2(1-\sqrt{1-d^2/D^2})}$ $u_{CRM}=H_{CRM}\cdot u_{dCRM}\cdot\left(\frac{D+\sqrt{D^2-d^2}}{\sqrt{D^2-d^2}}\right)$ $u_{dCRM}=\frac{r_{rel}}{2.83}$	标准硬度块不均匀性 最大允许值见 GB/T 231.3	$u_{CRM}=246.8\times\frac{1.5\%}{2.83}\times$ $\frac{2.5+\sqrt{2.5^2+0.965\ 5^2}}{\sqrt{2.5^2+0.965\ 5^2}}=2.53$
6 方法 1	最大允许误差下的标准不确定度	u_E	$u_E=\frac{E_{rel}\cdot\bar{x}}{\sqrt{3}}$	GB/T 231.2 压痕最大允许误差 $E_{rel}=\pm2\%$	$u_E=\frac{0.02\times245.8}{\sqrt{3}}=2.84$
7 方法 1 方法 2	压痕测量分辨力的标准不确定度	u_{ms}	$\mathrm{HBW}=0.102\times\frac{2F}{\pi D^2(1-\sqrt{1-d^2/D^2})}$ $u_{rel}(\mathrm{HBW})=2u_{rel}(d)$ $u_{rel(d)}=\frac{\delta_{ms}}{2\sqrt{3}}$	GB/T 231.2 中压痕测量装置能分辨直径的 0.5%	$u_{ms}=245.8\times u_{rel}(\mathrm{HBW})$ $=245.8\times2\times\frac{0.5\%}{2\sqrt{3}}=0.71$

表 C.1(续)

方法 步骤	不确定度来源	符号	公式	依据	例: […]=HBW 2.5/187.5
8 方法 2	硬度计校准值与硬度块标准值差	b	$b=\overline{H}-H_{CRM}$	第 3 步和第 5 步	$b=246.2-246.8=-0.6$
9 方法 2	硬度计系统误差带来的不确定度	u_b	$u_b=\lvert b\rvert$	两点分布	$u_b=0.6$
10 方法 1	扩展不确定度的评定	U	$U=k\cdot\sqrt{u_x^2+u_{\bar{H}}^2+u_{CRM}^2+u_E^2+u_{ms}^2}$	第 1 步到第 7 步 $k=2$	$U=2\cdot\sqrt{0.43^2+0.38^2+2.53^2+2.84^2+0.71^2}$ $U=7.8\text{HBW}$
11 方法 1	测量结果	X	$X=\bar{x}\pm U$	第 1 步和第 10 步	$X=(245.8\pm7.8)$HBW(方法 1)
12 方法 2	扩展不确定度的评定	U	$U=k\cdot\sqrt{u_x^2+u_{\bar{H}}^2+u_{CRM}^2+u_{ms}^2+u_b^2}$	第 1 步到第 5 步 第 7 步到第 9 步	$U=2\times\sqrt{0.43^2+0.38^2+2.53^2+0.71^2+(-0.6)^2}$ $U=5.5\text{HBW}$
13 方法 2	测量结果	X	$X=\bar{x}\pm U$	第 1 步和第 12 步	$X=(245.8\pm5.5)$HBW(方法 2)

ICS 77.040.10
H 22

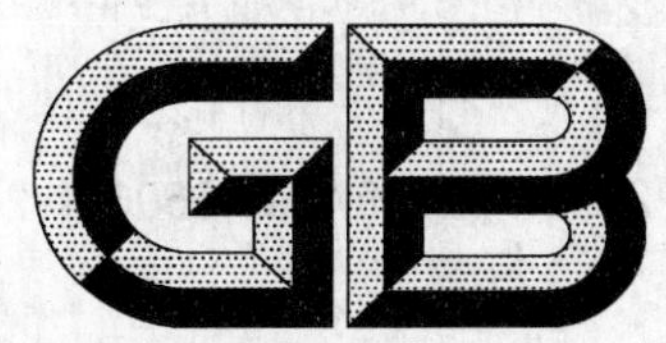

中华人民共和国国家标准

GB/T 231.4—2009/ISO 6506-4:2005

金属材料　布氏硬度试验
第4部分:硬度值表

Metallic materials—Brinell hardness test—
Part 4:Tables of hardness values

(ISO 6506-4:2005,IDT)

2009-06-25 发布　　2010-04-01 实施

中华人民共和国国家质量监督检验检疫总局
中国国家标准化管理委员会　发布

前言

GB/T 231《金属材料　布氏硬度试验》分为如下四部分：

——第1部分：试验方法；

——第2部分：硬度计的检验与校准；

——第3部分：标准硬度块的标定；

——第4部分：硬度值表。

本部分为GB/T 231的第4部分。

本部分等同采用国际标准ISO 6506-4:2005《金属材料　布氏硬度试验　第4部分：硬度值表》(英文版)。

本部分的整体结构、层次划分、编写方法和技术内容与ISO 6506-4:2005完全一致，并符合国家标准GB/T 1《标准化工作导则》系列标准的规定。

本部分与等同采用的国际标准ISO 6506-4:2005，在编辑上有以下微小差异：

——用中文惯用的小数点符号"."代替英文采用的小数点符号","；

——重新编写了前言，代替ISO 6506-4:2005的前言。

本部分由中国钢铁工业协会提出。

本部分由全国钢标准化技术委员会归口。

本部分起草单位：钢铁研究总院、冶金工业信息标准研究院。

本部分起草人：高怡斐、董莉。

金属材料　布氏硬度试验
第 4 部分:硬度值表

1　范围

GB/T 231 的本部分给出了平面布氏硬度值计算表。

2　平面布氏硬度值的测定

见表 1。

表 1

硬质合金球直径 D/mm				试验力-球直径平方的比率 $0.102\times F/D^2$/(N/mm²)					
				30	15	10	5	2.5	1
				试验力 F					
10				29.42 kN	14.71 kN	9.807 kN	4.903 kN	2.452 kN	980.7 kN
	5			7.355 kN	—	2.452 kN	1.226 kN	612.9 N	245.2 N
		2.5		1.839 kN	—	612.9 N	306.5 N	153.2 N	61.29 N
			1	294.2 N	—	98.07 N	49.03 N	24.52 N	9.807 N
压痕的平均直径 d/mm				布氏硬度 HBW					
2.40	1.200	0.600 0	0.240	653	327	218	109	54.5	21.8
2.41	1.205	0.602 4	0.241	648	324	216	108	54.0	21.6
2.42	1.210	0.605 0	0.242	643	321	214	107	53.5	21.4
2.43	1.215	0.607 5	0.243	637	319	212	106	53.1	21.2
2.44	1.220	0.610 0	0.244	632	316	211	105	52.7	21.1
2.45	1.225	0.612 5	0.245	627	313	209	104	52.2	20.9
2.46	1.230	0.615 0	0.246	621	311	207	104	51.8	20.7
2.47	1.235	0.617 5	0.247	616	308	205	103	51.4	20.5
2.48	1.240	0.620 0	0.248	611	306	204	102	50.9	20.4
2.49	1.245	0.622 5	0.249	606	303	202	101	50.5	20.2
2.50	1.250	0.625 0	0.250	601	301	200	100	50.1	20.0
2.51	1.255	0.627 5	0.251	597	298	199	99.4	49.7	19.9
2.52	1.260	0.630 0	0.252	592	296	197	98.6	49.3	19.7
2.53	1.265	0.632 5	0.253	587	294	196	97.8	48.9	19.6
2.54	1.270	0.635 0	0.254	582	291	194	97.1	48.5	19.4
2.55	1.275	0.637 5	0.255	578	289	193	96.3	48.1	19.3
2.56	1.280	0.640 0	0.256	573	287	191	95.5	47.8	19.1

表 1（续）

硬质合金球直径 D/mm				试验力-球直径平方的比率 0.102×F/D²/(N/mm²)					
				30	15	10	5	2.5	1
				试验力 F					
10				29.42 kN	14.71 kN	9.807 kN	4.903 kN	2.452 kN	980.7 kN
	5			7.355 kN	—	2.452 kN	1.226 kN	612.9 N	245.2 N
		2.5		1.839 kN	—	612.9 N	306.5 N	153.2 N	61.29 N
			1	294.2 N	—	98.07 N	49.03 N	24.52 N	9.807 N
压痕的平均直径 d/mm				布氏硬度 HBW					
2.57	1.285	0.642 5	0.257	569	284	190	94.8	47.4	19.0
2.58	1.290	0.645 0	0.258	564	282	188	94.0	47.0	18.8
2.59	1.295	0.647 5	0.259	560	280	187	93.3	46.6	18.7
2.60	1.300	0.650 0	0.260	555	278	185	92.6	46.3	18.5
2.61	1.305	0.652 5	0.261	551	276	184	91.8	45.9	18.4
2.62	1.310	0.655 0	0.262	547	273	182	91.1	45.6	18.2
2.63	1.315	0.657 5	0.263	543	271	181	90.4	45.2	18.1
2.64	1.320	0.660 0	0.264	538	269	179	89.7	44.9	17.9
2.65	1.325	0.662 5	0.265	534	267	178	89.0	44.5	17.8
2.66	1.330	0.665 0	0.266	530	265	177	88.4	44.2	17.7
2.67	1.335	0.667 5	0.267	526	263	175	87.7	43.8	17.5
2.68	1.340	0.670 0	0.268	522	261	174	87.0	43.5	17.4
2.69	1.345	0.672 5	0.269	518	259	173	86.4	43.2	17.3
2.70	1.350	0.675 0	0.270	514	257	171	85.7	42.9	17.1
2.71	1.355	0.677 5	0.271	510	255	170	85.1	42.5	17.0
2.72	1.360	0.680 0	0.272	507	253	169	84.4	42.2	16.9
2.73	1.365	0.682 5	0.273	503	251	168	83.8	41.9	16.8
2.74	1.370	0.685 0	0.274	499	250	166	83.2	41.6	16.6
2.75	1.375	0.687 5	0.275	495	248	165	82.6	41.3	16.5
2.76	1.380	0.690 0	0.276	492	246	164	81.9	41.0	16.4
2.77	1.385	0.692 5	0.277	488	244	163	81.3	40.7	16.3
2.78	1.390	0.695 0	0.278	485	242	162	80.8	40.4	16.2
2.79	1.395	0.697 5	0.279	481	240	160	80.2	40.1	16.0
2.80	1.400	0.700 0	0.280	477	239	159	79.6	39.8	15.9
2.81	1.405	0.702 5	0.281	474	237	158	79.0	39.5	15.8
2.82	1.410	0.705 0	0.282	471	235	157	78.4	39.2	15.7
2.83	1.415	0.707 5	0.283	467	234	156	77.9	38.9	15.6

表 1（续）

硬质合金球直径 D/mm				试验力-球直径平方的比率 $0.102\times F/D^2$/(N/mm²)					
				30	15	10	5	2.5	1
				试验力 F					
10				29.42 kN	14.71 kN	9.807 kN	4.903 kN	2.452 kN	980.7 kN
	5			7.355 kN	—	2.452 kN	1.226 kN	612.9 N	245.2 N
		2.5		1.839 kN	—	612.9 N	306.5 N	153.2 N	61.29 N
			1	294.2 N	—	98.07 N	49.03 N	24.52 N	9.807 N
压痕的平均直径 d/mm				布氏硬度 HBW					
2.84	1.420	0.710 0	0.284	464	232	155	77.3	38.7	15.5
2.85	1.425	0.712 5	0.285	461	230	154	76.8	38.4	15.4
2.86	1.430	0.715 0	0.286	457	229	152	76.2	38.1	15.2
2.87	1.435	0.717 5	0.287	454	227	151	75.7	37.8	15.1
2.88	1.440	0.720 0	0.288	451	225	150	75.1	37.6	15.0
2.89	1.445	0.722 5	0.289	448	224	149	74.6	37.3	14.9
2.90	1.450	0.725 0	0.290	444	222	148	74.1	37.0	14.8
2.91	1.455	0.727 5	0.291	441	221	147	73.6	36.8	14.7
2.92	1.460	0.730 0	0.292	438	219	146	73.0	36.5	14.6
2.93	1.465	0.732 5	0.293	435	218	145	72.5	36.3	14.5
2.94	1.470	0.735 0	0.294	432	216	144	72.0	36.0	14.4
2.95	1.475	0.737 5	0.295	429	215	143	71.5	35.8	14.3
2.96	1.480	0.740 0	0.296	426	213	142	71.0	35.5	14.2
2.97	1.485	0.742 5	0.297	423	212	141	70.5	35.3	14.1
2.98	1.490	0.745 0	0.298	420	210	140	70.1	35.0	14.0
2.99	1.495	0.747 5	0.299	417	209	139	69.6	34.8	13.9
3.00	1.500	0.750 0	0.300	415	207	138	69.1	34.6	13.8
3.01	1.505	0.752 5	0.301	412	206	137	68.6	34.3	13.7
3.02	1.510	0.755 0	0.302	409	205	136	68.2	34.1	13.6
3.03	1.515	0.757 5	0.303	406	203	135	67.7	33.9	13.5
3.04	1.520	0.760 0	0.304	404	202	135	67.3	33.6	13.5
3.05	1.525	0.762 5	0.305	401	200	134	66.8	33.4	13.4
3.06	1.530	0.765 0	0.306	398	199	133	66.4	33.2	13.3
3.07	1.535	0.767 5	0.307	395	198	132	65.9	33.0	13.2
3.08	1.540	0.770 0	0.308	393	196	131	65.5	32.7	13.1
3.09	1.545	0.772 5	0.309	390	195	130	65.0	32.5	13.0
3.10	1.550	0.775 0	0.310	388	194	129	64.6	32.3	12.9

表 1（续）

硬质合金球直径 D/mm				试验力-球直径平方的比率 $0.102\times F/D^2$/(N/mm²)					
				30	15	10	5	2.5	1
				试验力 F					
10				29.42 kN	14.71 kN	9.807 kN	4.903 kN	2.452 kN	980.7 kN
	5			7.355 kN	—	2.452 kN	1.226 kN	612.9 N	245.2 N
		2.5		1.839 kN	—	612.9 N	306.5 N	153.2 N	61.29 N
			1	294.2 N	—	98.07 N	49.03 N	24.52 N	9.807 N
压痕的平均直径 d/mm				布氏硬度 HBW					
3.11	1.555	0.777 5	0.311	385	193	128	64.2	32.1	12.8
3.12	1.560	0.780 0	0.312	383	191	128	63.8	31.9	12.8
3.13	1.565	0.782 5	0.313	380	190	127	63.3	31.7	12.7
3.14	1.570	0.787 0	0.314	378	189	126	62.9	31.5	12.6
3.15	1.575	0.787 5	0.315	375	188	125	62.5	31.3	12.5
3.16	1.580	0.790 0	0.316	373	186	124	62.1	31.1	12.4
3.17	1.585	0.792 5	0.317	370	185	123	61.7	30.9	12.3
3.18	1.590	0.795 0	0.318	368	184	123	61.3	30.7	12.3
3.19	1.595	0.797 5	0.319	366	183	122	60.9	30.5	12.2
3.20	1.600	0.800 0	0.320	363	182	121	60.5	30.3	12.1
3.21	1.605	0.802 5	0.321	361	180	120	60.1	30.1	12.0
3.22	1.610	0.805 0	0.322	359	179	120	59.8	29.9	12.0
3.23	1.615	0.807 5	0.323	356	178	119	59.4	29.7	11.9
3.24	1.620	0.810 0	0.324	354	177	118	59.0	29.5	11.8
3.25	1.625	0.812 5	0.325	352	176	117	58.6	29.3	11.7
3.26	1.630	0.815 0	0.326	350	175	117	58.3	29.1	11.7
3.27	1.635	0.817 5	0.327	347	174	116	57.9	29.0	11.6
3.28	1.640	0.820 0	0.328	345	173	115	57.5	28.8	11.5
3.29	1.645	0.822 5	0.329	343	172	114	57.2	28.6	11.4
3.30	1.650	0.825 0	0.330	341	170	114	56.8	28.4	11.4
3.31	1.655	0.827 5	0.331	339	169	113	56.5	28.2	11.3
3.32	1.660	0.830 0	0.332	337	168	112	56.1	28.1	11.2
3.33	1.665	0.832 5	0.333	335	167	112	55.8	27.9	11.2
3.34	1.670	0.835 0	0.334	333	166	111	55.4	27.7	11.1
3.35	1.675	0.837 5	0.335	331	165	110	55.1	27.5	11.0
3.36	1.680	0.840 0	0.336	329	164	110	54.8	27.4	11.0
3.37	1.685	0.842 5	0.337	326	163	109	54.4	27.2	10.9

表 1（续）

硬质合金球直径 D/mm				试验力-球直径平方的比率 $0.102\times F/D^2$/(N/mm²)					
				30	15	10	5	2.5	1
				试验力 F					
10				29.42 kN	14.71 kN	9.807 kN	4.903 kN	2.452 kN	980.7 kN
	5			7.355 kN	—	2.452 kN	1.226 kN	612.9 N	245.2 N
		2.5		1.839 kN	—	612.9 N	306.5 N	153.2 N	61.29 N
			1	294.2 N	—	98.07 N	49.03 N	24.52 N	9.807 N
压痕的平均直径 d/mm				布氏硬度 HBW					
3.38	1.690	0.845 0	0.338	325	162	108	54.1	27.0	10.8
3.39	1.695	0.847 5	0.339	323	161	108	53.8	26.9	10.8
3.40	1.700	0.850 0	0.340	321	160	107	53.4	26.7	10.7
3.41	1.705	0.852 5	0.341	319	159	106	53.1	26.6	10.6
3.42	1.710	0.855 0	0.342	317	158	106	52.8	26.4	10.6
3.43	1.715	0.857 5	0.343	315	157	105	52.5	26.2	10.5
3.44	1.720	0.860 0	0.344	313	156	104	52.2	26.1	10.4
3.45	1.725	0.862 5	0.345	311	156	104	51.8	25.9	10.4
3.46	1.730	0.865 0	0.346	309	155	103	51.5	25.8	10.3
3.47	1.735	0.867 5	0.347	307	154	102	51.2	25.6	10.2
3.48	1.740	0.870 0	0.348	306	153	102	50.9	25.5	10.2
3.49	1.745	0.872 5	0.349	304	152	101	50.6	25.3	10.1
3.50	1.750	0.875 0	0.350	302	151	101	50.3	25.2	10.1
3.51	1.755	0.877 5	0.351	300	150	100	50.0	25.0	10.0
3.52	1.760	0.880 0	0.352	298	149	99.5	49.7	24.9	9.95
3.53	1.765	0.882 5	0.353	297	148	98.9	49.4	24.7	9.89
3.54	1.770	0.885 0	0.354	295	147	98.3	49.2	24.6	9.83
3.55	1.775	0.887 5	0.355	293	147	97.7	48.9	24.4	9.77
3.56	1.780	0.890 0	0.356	292	146	97.2	48.6	24.3	9.72
3.57	1.785	0.892 5	0.357	290	145	96.6	48.3	24.2	9.66
3.58	1.790	0.895 0	0.358	288	144	96.1	48.0	24.0	9.61
3.59	1.795	0.897 5	0.359	286	143	95.5	47.7	23.9	9.55
3.60	1.800	0.900 0	0.360	285	142	95.0	47.5	23.7	9.50
3.61	1.805	0.902 5	0.361	283	142	94.4	47.2	23.6	9.44
3.62	1.810	0.905 0	0.362	282	141	93.9	46.9	23.5	9.39
3.63	1.815	0.907 5	0.363	280	140	93.3	46.7	23.3	9.33
3.64	1.820	0.910 0	0.364	278	139	92.8	46.4	23.2	9.28

表 1（续）

硬质合金球直径 D/mm				试验力-球直径平方的比率 $0.102\times F/D^2$/(N/mm²)					
				30	15	10	5	2.5	1
				试验力 F					
10				29.42 kN	14.71 kN	9.807 kN	4.903 kN	2.452 kN	980.7 kN
	5			7.355 kN	—	2.452 kN	1.226 kN	612.9 N	245.2 N
		2.5		1.839 kN	—	612.9 N	306.5 N	153.2 N	61.29 N
			1	294.2 N	—	98.07 N	49.03 N	24.52 N	9.807 N
压痕的平均直径 d/mm				布氏硬度 HBW					
3.65	1.825	0.912 5	0.365	277	138	92.3	46.1	23.1	9.23
3.66	1.830	0.915 0	0.366	275	138	91.8	45.9	22.9	9.18
3.67	1.835	0.917 5	0.367	274	137	91.2	45.6	22.8	9.12
3.68	1.840	0.920 0	0.368	272	136	90.7	45.4	22.7	9.07
3.69	1.845	0.922 5	0.369	271	135	90.2	45.1	22.6	9.02
3.70	1.850	0.925 0	0.370	269	135	89.7	44.9	22.4	8.97
3.71	1.855	0.927 5	0.371	268	134	89.2	44.6	22.3	8.92
3.72	1.860	0.930 0	0.372	266	133	88.7	44.4	22.2	8.87
3.73	1.865	0.932 5	0.373	265	132	88.2	44.1	22.1	8.82
3.74	1.870	0.935 0	0.374	263	132	87.7	43.9	21.9	8.77
3.75	1.875	0.937 5	0.375	262	131	87.2	43.6	21.8	8.72
3.76	1.880	0.940 0	0.376	260	130	86.8	43.4	21.7	8.68
3.77	1.885	0.942 5	0.377	259	129	86.3	43.1	21.6	8.63
3.78	1.890	0.945 0	0.378	257	129	85.8	42.9	21.5	8.58
3.79	1.895	0.947 5	0.379	256	128	85.3	42.7	21.3	8.53
3.80	1.900	0.950 0	0.380	255	127	84.9	42.4	21.2	8.49
3.81	1.905	0.952 5	0.381	253	127	84.4	42.2	21.1	8.44
3.82	1.910	0.955 0	0.382	252	126	83.9	42.0	21.0	8.39
3.83	1.915	0.957 5	0.383	250	125	83.5	41.7	20.9	8.35
3.84	1.920	0.960 0	0.384	249	125	83.0	41.5	20.8	8.30
3.85	1.925	0.962 5	0.385	248	124	82.6	41.3	20.6	8.26
3.86	1.930	0.965 0	0.386	246	123	82.1	41.1	20.5	8.21
3.87	1.935	0.967 5	0.387	245	123	81.7	40.9	20.4	8.17
3.88	1.940	0.970 0	0.388	244	122	81.3	40.6	20.3	8.13
3.89	1.945	0.972 5	0.389	242	121	80.8	40.4	20.2	8.08
3.90	1.950	0.975 0	0.390	241	121	80.4	40.2	20.1	8.04
3.91	1.955	0.977 5	0.391	240	120	80.0	40.0	20.0	8.00

表 1（续）

硬质合金球直径 D/mm				试验力-球直径平方的比率 $0.102\times F/D^2$/(N/mm²)					
				30	15	10	5	2.5	1
				试验力 F					
10				29.42 kN	14.71 kN	9.807 kN	4.903 kN	2.452 kN	980.7 kN
	5			7.355 kN	—	2.452 kN	1.226 kN	612.9 N	245.2 N
		2.5		1.839 kN	—	612.9 N	306.5 N	153.2 N	61.29 N
			1	294.2 N	—	98.07 N	49.03 N	24.52 N	9.807 N
压痕的平均直径 d/mm				布氏硬度 HBW					
3.92	1.960	0.980 0	0.392	239	119	79.5	39.8	19.9	7.95
3.93	1.965	0.982 5	0.393	237	119	79.1	39.6	19.8	7.91
3.94	1.970	0.985 0	0.394	236	118	78.7	39.4	19.7	7.87
3.95	1.975	0.987 5	0.395	235	117	78.3	39.1	19.6	7.83
3.96	1.980	0.990 0	0.396	234	117	77.9	38.9	19.5	7.79
3.97	1.985	0.992 5	0.397	232	116	77.5	38.7	19.4	7.75
3.98	1.990	0.995 0	0.398	231	116	77.1	38.5	19.3	7.71
3.99	1.995	0.997 5	0.399	230	115	76.7	38.3	19.2	7.67
4.00	2.000	1.000 0	0.400	229	114	76.3	38.1	19.1	7.63
4.01	2.005	1.002 5	0.401	228	114	75.9	37.9	19.0	7.59
4.02	2.010	1.005 0	0.402	226	113	75.5	37.7	18.9	7.55
4.03	2.015	1.007 5	0.403	225	113	75.1	37.5	18.8	7.51
4.04	2.020	1.010 0	0.404	224	112	74.7	37.3	18.7	7.47
4.05	2.025	1.012 5	0.405	223	111	74.3	37.1	18.6	7.43
4.06	2.030	1.015 0	0.406	222	111	73.9	37.0	18.5	7.39
4.07	2.035	1.017 5	0.407	221	110	73.5	36.8	18.4	7.35
4.08	2.040	1.020 0	0.408	219	110	73.2	36.6	18.3	7.32
4.09	2.045	1.022 5	0.409	218	109	72.8	36.4	18.2	7.28
4.10	2.050	1.025 0	0.410	217	109	72.4	36.2	18.1	7.24
4.11	2.055	1.027 5	0.411	216	108	72.0	36.0	18.0	7.20
4.12	2.060	1.030 0	0.412	215	108	71.7	35.8	17.9	7.17
4.13	2.065	1.032 5	0.413	214	107	71.3	35.7	17.8	7.13
4.14	2.070	1.035 0	0.414	213	106	71.0	35.5	17.7	7.10
4.15	2.075	1.037 5	0.415	212	106	70.6	35.3	17.6	7.06
4.16	2.080	1.040 0	0.416	211	105	70.2	35.1	17.6	7.02
4.17	2.085	1.042 5	0.417	210	105	69.9	34.9	17.5	6.99
4.18	2.090	1.045 0	0.418	209	104	69.5	34.8	17.4	6.95

表 1（续）

硬质合金球直径 D/mm				试验力-球直径平方的比率 $0.102\times F/D^2$/(N/mm²)					
				30	15	10	5	2.5	1
				试验力 F					
10				29.42 kN	14.71 kN	9.807 kN	4.903 kN	2.452 kN	980.7 kN
	5			7.355 kN	—	2.452 kN	1.226 kN	612.9 N	245.2 N
		2.5		1.839 kN	—	612.9 N	306.5 N	153.2 N	61.29 N
			1	294.2 N	—	98.07 N	49.03 N	24.52 N	9.807 N
压痕的平均直径 d/mm				布氏硬度 HBW					
4.19	2.095	1.047 5	0.419	208	104	69.2	34.6	17.3	6.92
4.20	2.100	1.050 0	0.420	207	103	68.8	34.4	17.2	6.88
4.21	2.105	1.052 5	0.421	205	103	68.5	34.2	17.1	6.85
4.22	2.110	1.055 0	0.422	204	102	68.2	34.1	17.0	6.82
4.23	2.115	1.057 5	0.423	203	102	67.8	33.9	17.0	6.78
4.24	2.120	1.060 0	0.424	202	101	67.5	33.7	16.9	6.75
4.25	2.125	1.062 5	0.425	201	101	67.1	33.6	16.8	6.71
4.26	2.130	1.065 0	0.426	200	100	66.8	33.4	16.7	6.68
4.27	2.135	1.067 5	0.427	199	99.7	66.5	33.2	16.6	6.65
4.28	2.140	1.070 0	0.428	198	99.2	66.2	33.1	16.5	6.62
4.29	2.145	1.072 5	0.429	198	98.8	65.8	32.9	16.5	6.58
4.30	2.150	1.075 0	0.430	197	98.3	65.5	32.8	16.4	6.55
4.31	2.155	1.077 5	0.431	196	97.8	65.2	32.6	16.3	6.52
4.32	2.160	1.080 0	0.432	195	97.3	64.9	32.4	16.2	6.49
4.33	2.165	1.082 5	0.433	194	96.8	64.6	32.3	16.1	6.46
4.34	2.170	1.085 0	0.434	193	96.4	64.2	32.1	16.1	6.42
4.35	2.175	1.087 5	0.435	192	95.9	63.9	32.0	16.0	6.39
4.36	2.180	1.090 0	0.436	191	95.4	63.6	31.8	15.9	6.36
4.37	2.185	1.092 5	0.437	190	95.0	63.3	31.7	15.8	6.33
4.38	2.190	1.095 0	0.438	189	94.5	63.0	31.5	15.8	6.30
4.39	2.195	1.097 5	0.439	188	94.1	62.7	31.4	15.7	6.27
4.40	2.200	1.100 0	0.440	187	93.6	62.4	31.2	15.6	6.24
4.41	2.205	1.102 5	0.441	186	93.2	62.1	31.1	15.5	6.21
4.42	2.210	1.105 0	0.442	185	92.7	61.8	30.9	15.5	6.18
4.43	2.215	1.107 5	0.443	185	92.3	61.5	30.8	15.4	6.15
4.44	2.220	1.110 0	0.444	184	91.8	61.2	30.6	15.3	6.12
4.45	2.225	1.112 5	0.445	183	91.4	60.9	30.5	15.2	6.09

表 1（续）

硬质合金球直径 D/mm				试验力-球直径平方的比率 $0.102\times F/D^2$/(N/mm^2)					
				30	15	10	5	2.5	1
				试验力 F					
10				29.42 kN	14.71 kN	9.807 kN	4.903 kN	2.452 kN	980.7 kN
	5			7.355 kN	—	2.452 kN	1.226 kN	612.9 N	245.2 N
		2.5		1.839 kN	—	612.9 N	306.5 N	153.2 N	61.29 N
			1	294.2 N	—	98.07 N	49.03 N	24.52 N	9.807 N
压痕的平均直径 d/mm				布氏硬度 HBW					
4.46	2.230	1.115 0	0.446	182	91.0	60.6	30.3	15.2	6.06
4.47	2.235	1.117 5	0.447	181	90.5	60.4	30.2	15.1	6.04
4.48	2.240	1.120 0	0.448	180	90.1	60.1	30.0	15.0	6.01
4.49	2.245	1.122 5	0.449	179	89.7	59.8	29.9	14.9	5.98
4.50	2.250	1.125 0	0.450	179	89.3	59.5	29.8	14.9	5.95
4.51	2.255	1.127 5	0.451	178	88.9	59.2	29.6	14.8	5.92
4.52	2.260	1.130 0	0.452	177	88.4	59.0	29.5	14.7	5.90
4.53	2.265	1.132 5	0.453	176	88.0	58.7	29.3	14.7	5.87
4.54	2.270	1.135 0	0.454	175	87.6	58.4	29.2	14.6	5.84
4.55	2.275	1.137 5	0.455	174	87.2	58.1	29.1	14.5	5.81
4.56	2.280	1.140 0	0.456	174	86.8	57.9	28.9	14.5	5.79
4.57	2.285	1.142 5	0.457	173	86.4	57.6	28.8	14.4	5.76
4.58	2.290	1.145 0	0.458	172	86.0	57.3	28.7	14.3	5.73
4.59	2.295	1.147 5	0.459	171	85.6	57.1	28.5	14.3	5.71
4.60	2.300	1.150 0	0.460	170	85.2	56.8	28.4	14.2	5.68
4.61	2.305	1.152 5	0.461	170	84.8	56.5	28.3	14.1	5.65
4.62	2.310	1.155 0	0.462	169	84.4	56.3	28.1	14.1	5.63
4.63	2.315	1.157 5	0.463	168	84.0	56.0	28.0	14.0	5.60
4.64	2.320	1.160 00	0.464	167	83.6	55.8	27.9	13.9	5.58
4.65	2.325	1.162 5	0.465	167	83.3	55.5	27.8	13.9	5.55
4.66	2.330	1.165 0	0.466	166	82.9	55.3	27.6	13.8	5.53
4.67	2.335	1.167 5	0.467	165	82.5	55.0	27.5	13.8	5.50
4.68	2.340	1.170 0	0.468	164	82.1	54.8	27.4	13.7	5.48
4.69	2.345	1.172 5	0.469	164	81.8	54.5	27.3	13.6	5.45
4.70	2.350	1.175 0	0.470	163	81.4	54.3	27.1	13.6	5.43
4.71	2.355	1.177 5	0.471	162	81.0	54.0	27.0	13.5	5.40
4.72	2.360	1.180 0	0.472	161	80.7	53.8	26.9	13.4	5.38

表 1（续）

硬质合金球直径 D/mm				试验力-球直径平方的比率 $0.102\times F/D^2$/(N/mm²)					
				30	15	10	5	2.5	1
				试验力 F					
10				29.42 kN	14.71 kN	9.807 kN	4.903 kN	2.452 kN	980.7 kN
	5			7.355 kN	—	2.452 kN	1.226 kN	612.9 N	245.2 N
		2.5		1.839 kN	—	612.9 N	306.5 N	153.2 N	61.29 N
			1	294.2 N	—	98.07 N	49.03 N	24.52 N	9.807 N
压痕的平均直径 d/mm				布氏硬度 HBW					
4.73	2.365	1.182 5	0.473	161	80.3	53.5	26.8	13.4	5.35
4.74	2.370	1.185 0	0.474	160	79.9	53.3	26.6	13.3	5.33
4.75	2.375	1.187 5	0.475	159	79.6	53.0	26.5	13.3	5.30
4.76	2.380	1.190 0	0.476	158	79.2	52.8	26.4	13.2	5.28
4.77	2.385	1.192 5	0.477	158	78.9	52.6	26.3	13.1	5.26
4.78	2.390	1.195 0	0.478	157	78.5	52.3	26.2	13.1	5.23
4.79	2.395	1.197 5	0.479	156	78.2	52.1	26.1	13.0	5.21
4.80	2.400	1.200 0	0.480	156	77.8	51.9	25.9	13.0	5.19
4.81	2.405	1.202 5	0.481	155	77.5	51.6	25.8	12.9	5.16
4.82	2.410	1.205 0	0.482	154	77.1	51.4	25.7	12.9	5.14
4.83	2.415	1.207 5	0.483	154	76.8	51.2	25.6	12.8	5.12
4.84	2.420	1.210 0	0.484	153	76.4	51.0	25.5	12.7	5.10
4.85	2.425	1.212 5	0.485	152	76.1	50.7	25.4	12.7	5.07
4.86	2.430	1.215 0	0.486	152	75.8	50.5	25.3	12.6	5.05
4.87	2.435	1.217 5	0.487	151	75.4	50.3	25.1	12.6	5.03
4.88	2.440	1.220 0	0.488	150	75.1	50.1	25.0	12.5	5.01
4.89	2.445	1.222 5	0.489	150	74.8	49.8	24.9	12.5	4.98
4.90	2.450	1.225 0	0.490	149	74.4	49.6	24.8	12.4	4.96
4.91	2.455	1.227 5	0.491	148	74.1	49.4	24.7	12.4	4.94
4.92	2.460	1.230 0	0.492	148	73.8	49.2	24.6	12.3	4.92
4.93	2.465	1.232 5	0.493	147	73.5	49.0	24.5	12.2	4.90
4.94	2.470	1.235 0	0.494	146	73.2	48.8	24.4	12.2	4.88
4.95	2.475	1.237 5	0.495	146	72.8	48.6	24.3	12.1	4.86
4.96	2.480	1.240 0	0.496	145	72.5	48.3	24.2	12.1	4.83
4.97	2.485	1.242 5	0.497	144	72.2	48.1	24.1	12.0	4.81
4.98	2.490	1.245 0	0.498	144	71.9	47.9	24.0	12.0	4.79
4.99	2.495	1.247 5	0.499	143	71.6	47.7	23.9	11.9	4.77

表 1（续）

硬质合金球直径 D/mm				试验力-球直径平方的比率 $0.102\times F/D^2/(\mathrm{N/mm^2})$					
				30	15	10	5	2.5	1
				试验力 F					
10				29.42 kN	14.71 kN	9.807 kN	4.903 kN	2.452 kN	980.7 kN
	5			7.355 kN	—	2.452 kN	1.226 kN	612.9 N	245.2 N
		2.5		1.839 kN	—	612.9 N	306.5 N	153.2 N	61.29 N
			1	294.2 N	—	98.07 N	49.03 N	24.52 N	9.807 N
压痕的平均直径 d/mm				布氏硬度 HBW					
5.00	2.500	1.250 0	0.500	143	71.3	47.5	23.8	11.9	4.75
5.01	2.505	1.252 5	0.501	142	71.0	47.3	23.7	11.8	4.73
5.02	2.510	1.255 0	0.502	141	70.7	47.1	23.6	11.8	4.71
5.03	2.515	1.257 5	0.503	141	70.4	46.9	23.5	11.7	4.69
5.04	2.520	1.260 0	0.504	140	70.1	46.7	23.4	11.7	4.67
5.05	2.525	1.262 5	0.505	140	69.8	46.5	23.3	11.6	4.65
5.06	2.530	1.265 0	0.506	139	69.5	46.3	23.2	11.6	4.63
5.07	2.535	1.267 5	0.507	138	69.2	46.1	23.1	11.5	4.61
5.08	2.540	1.270 0	0.508	138	68.9	45.9	23.0	11.5	4.59
5.09	2.545	1.272 5	0.509	137	68.6	45.7	22.9	11.4	4.57
5.10	2.550	1.275 0	0.510	137	68.3	45.5	22.8	11.4	4.55
5.11	2.555	1.277 5	0.511	136	68.0	45.3	22.7	11.3	4.51
5.12	2.560	1.280 0	0.512	135	67.7	45.1	22.6	11.3	4.51
5.13	2.565	1.282 5	0.513	135	67.4	45.0	22.5	11.2	4.50
5.14	2.570	1.285 0	0.514	134	67.1	44.8	22.4	11.2	4.48
5.15	2.575	1.287 5	0.515	134	66.9	44.6	22.3	11.1	4.46
5.16	2.580	1.290 0	0.516	133	66.6	44.4	22.2	11.1	4.44
5.17	2.585	1.292 5	0.517	133	66.3	44.2	22.1	11.1	4.42
5.18	2.590	1.295 0	0.518	132	66.0	44.0	22.0	11.0	4.40
5.19	2.595	1.297 5	0.519	132	65.8	43.8	21.9	11.0	4.38
5.20	2.600	1.300 0	0.520	131	65.5	43.7	21.8	10.9	4.37
5.21	2.605	1.302 5	0.521	130	65.2	43.5	21.7	10.9	4.35
5.22	2.610	1.305 0	0.522	130	64.9	43.3	21.6	10.8	4.33
5.23	2.615	1.307 5	0.523	129	64.7	43.1	21.6	10.8	4.31
5.24	2.620	1.310 0	0.524	129	64.4	42.9	21.5	10.7	4.29
5.25	2.625	1.312 5	0.525	128	64.1	42.8	21.4	10.7	4.28
5.26	2.630	1.315 0	0.526	128	63.9	42.6	21.3	10.6	4.26

表 1（续）

硬质合金球直径 D/mm				试验力-球直径平方的比率 $0.102\times F/D^2$/(N/mm²)					
				30	15	10	5	2.5	1
				试验力 F					
10				29.42 kN	14.71 kN	9.807 kN	4.903 kN	2.452 kN	980.7 kN
	5			7.355 kN	—	2.452 kN	1.226 kN	612.9 N	245.2 N
		2.5		1.839 kN	—	612.9 N	306.5 N	153.2 N	61.29 N
			1	294.2 N	—	98.07 N	49.03 N	24.52 N	9.807 N
压痕的平均直径 d/mm				布氏硬度 HBW					
5.27	2.635	1.317 5	0.527	127	63.6	42.4	21.2	10.6	4.24
5.28	2.640	1.320 0	0.528	127	63.3	42.2	21.1	10.6	4.22
5.29	2.645	1.322 5	0.529	126	63.1	42.1	21.0	10.5	4.21
5.30	2.650	1.325 0	0.530	126	62.8	41.9	20.9	10.5	4.19
5.31	2.655	1.327 5	0.531	125	62.6	41.7	20.9	10.4	4.17
5.32	2.660	1.330 0	0.532	125	62.3	41.5	20.8	10.4	4.15
5.33	2.665	1.332 5	0.533	124	62.1	41.4	20.7	10.3	4.14
5.34	2.670	1.335 0	0.534	124	61.8	41.2	20.6	10.3	4.12
5.35	2.675	1.337 5	0.535	123	61.5	41.0	20.5	10.3	4.10
5.36	2.680	1.340 0	0.536	123	61.3	40.9	20.4	10.2	4.09
5.37	2.685	1.342 5	0.537	122	61.0	40.7	20.3	10.2	4.07
5.38	2.690	1.345 0	0.538	122	60.8	40.5	20.3	10.1	4.05
5.39	2.695	1.347 5	0.539	121	60.6	40.4	20.2	10.1	4.04
5.40	2.700	1.350 0	0.540	121	60.3	40.2	20.1	10.1	4.02
5.41	2.705	1.352 5	0.541	120	60.1	40.0	20.0	10.0	4.00
5.42	2.710	1.355 0	0.542	120	59.8	39.9	19.9	9.97	3.99
5.43	2.715	1.357 5	0.543	119	59.6	39.7	19.9	9.93	3.97
5.44	2.720	1.360 0	0.544	118	59.3	39.6	19.8	9.89	3.96
5.45	2.725	1.362 5	0.545	118	59.1	39.4	19.7	9.85	3.94
5.46	2.730	1.365 0	0.546	118	58.9	39.2	19.6	9.81	3.92
5.47	2.735	1.367 5	0.547	117	58.6	39.1	19.5	9.77	3.91
5.48	2.740	1.370 0	0.548	117	58.4	38.9	19.5	9.73	3.89
5.49	2.745	1.372 5	0.549	116	58.2	38.8	19.4	9.69	3.88
5.50	2.750	1.375 0	0.550	116	57.9	38.6	19.3	9.66	3.86
5.51	2.755	1.377 5	0.551	115	57.7	38.5	19.2	9.62	3.85
5.52	2.760	1.380 0	0.552	115	57.5	38.3	19.2	9.58	3.83
5.53	2.765	1.382 5	0.553	114	57.2	38.2	19.1	9.54	3.82

表 1（续）

硬质合金球直径 D/mm				试验力-球直径平方的比率 $0.102\times F/D^2$/(N/mm²)					
				30	15	10	5	2.5	1
				试验力 F					
10				29.42 kN	14.71 kN	9.807 kN	4.903 kN	2.452 kN	980.7 kN
	5			7.355 kN	—	2.452 kN	1.226 kN	612.9 N	245.2 N
		2.5		1.839 kN	—	612.9 N	306.5 N	153.2 N	61.29 N
			1	294.2 N	—	98.07 N	49.03 N	24.52 N	9.807 N
压痕的平均直径 d/mm				布氏硬度 HBW					
5.54	2.770	1.385 0	0.554	114	57.0	38.0	19.0	9.50	3.80
5.55	2.775	1.387 5	0.555	114	56.8	37.9	18.9	9.47	3.79
5.56	2.780	1.390 0	0.556	113	56.6	37.7	18.9	9.43	3.77
5.57	2.785	1.392 5	0.557	113	56.3	37.6	18.8	9.39	3.76
5.58	2.790	1.395 0	0.558	112	56.1	37.4	18.7	9.35	3.74
5.59	2.795	1.397 5	0.559	112	55.9	37.3	18.6	9.32	3.73
5.60	2.800	1.400 0	0.560	111	55.7	37.1	18.6	9.28	3.71
5.61	2.805	1.402 5	0.561	111	55.5	37.0	18.5	9.24	3.70
5.62	2.810	1.405 0	0.562	110	55.2	36.8	18.4	9.21	3.68
5.63	2.815	1.407 5	0.563	110	55.0	36.7	18.3	9.17	3.67
5.64	2.820	1.410 0	0.564	110	54.8	36.5	18.3	9.14	3.65
5.65	2.825	1.412 5	0.565	109	54.6	36.4	18.2	9.10	3.64
5.66	2.830	1.415 0	0.566	109	54.4	36.3	18.1	9.06	3.63
5.67	2.835	1.417 5	0.567	108	54.2	36.1	18.1	9.03	3.61
5.68	2.840	1.420 0	0.568	108	54.0	36.0	18.0	8.99	3.60
5.69	2.845	1.422 5	0.569	107	53.7	35.8	17.9	8.96	3.58
5.70	2.850	1.425 0	0.570	107	53.5	35.7	17.8	8.92	3.57
5.71	2.855	1.427 5	0.571	107	53.3	35.6	17.8	8.89	3.56
5.72	2.860	1.430 0	0.572	106	53.1	35.4	17.7	8.85	3.54
5.73	2.865	1.432 5	0.573	106	52.9	35.3	17.6	8.82	3.53
5.74	2.870	1.435 0	0.574	105	52.7	35.1	17.6	8.79	3.51
5.75	2.875	1.437 5	0.575	105	52.5	35.0	17.5	8.75	3.50
5.76	2.880	1.440 0	0.576	105	52.3	34.9	17.4	8.72	3.49
5.77	2.885	1.442 5	0.577	104	52.1	34.7	17.4	8.68	3.47
5.78	2.890	1.445 0	0.578	104	51.9	34.6	17.3	8.65	3.46
5.79	2.895	1.447 5	0.579	103	51.7	34.5	17.2	8.62	3.45
5.80	2.900	1.450 0	0.580	103	51.5	34.3	17.2	8.59	3.43

表 1（续）

硬质合金球直径 D/mm				试验力-球直径平方的比率 $0.102\times F/D^2$/(N/mm²)					
				30	15	10	5	2.5	1
				试验力 F					
10				29.42 kN	14.71 kN	9.807 kN	4.903 kN	2.452 kN	980.7 kN
	5			7.355 kN	—	2.452 kN	1.226 kN	612.9 N	245.2 N
		2.5		1.839 kN	—	612.9 N	306.5 N	153.2 N	61.29 N
			1	294.2 N	—	98.07 N	49.03 N	24.52 N	9.807 N
压痕的平均直径 d/mm				布氏硬度 HBW					
5.81	2.905	1.452 5	0.581	103	51.3	34.2	17.1	8.55	3.42
5.82	2.910	1.455 0	0.582	102	51.1	34.1	17.0	8.52	3.41
5.83	2.915	1.457 5	0.583	102	50.9	33.9	17.0	8.49	3.39
5.84	2.920	1.460 0	0.584	101	50.7	33.8	16.9	8.45	3.38
5.85	2.925	1.462 5	0.585	101	50.5	33.7	16.8	8.42	3.37
5.86	2.930	1.465 0	0.586	101	50.3	33.6	16.8	8.39	3.36
5.87	2.935	1.467 5	0.587	100	50.2	33.4	16.7	8.36	3.34
5.88	2.940	1.470 0	0.588	99.9	50.0	33.3	16.7	8.33	3.33
5.89	2.945	1.472 5	0.589	99.5	49.8	33.2	16.6	8.30	3.32
5.90	2.950	1.475 0	0.590	99.2	49.6	33.1	16.5	8.26	3.31
5.91	2.955	1.477 5	0.591	98.8	49.4	32.9	16.5	8.23	3.29
5.92	2.960	1.480 0	0.592	98.4	49.2	32.8	16.4	8.20	3.28
5.93	2.965	1.482 5	0.593	98.0	49.0	32.7	16.3	8.17	3.27
5.94	2.970	1.485 0	0.594	97.7	48.8	32.6	16.3	8.14	3.26
5.95	2.975	1.487 5	0.595	97.3	48.7	32.4	16.2	8.11	3.24
5.96	2.980	1.490 0	0.596	96.9	48.5	32.3	16.2	8.08	3.23
5.97	2.985	1.492 5	0.597	96.6	48.3	32.2	16.1	8.05	3.22
5.98	2.990	1.495 0	0.598	96.2	48.1	32.1	16.0	8.02	3.21
5.99	2.995	1.497 5	0.599	95.9	47.9	32.0	16.0	7.99	3.20
6.00	3.000	1.500 0	0.600	95.5	47.7	31.8	15.9	7.96	3.18

ICS 73.040
D 24

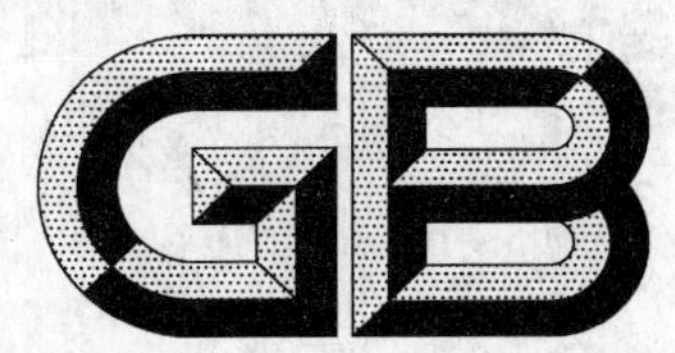

中华人民共和国国家标准

GB/T 397—2009
代替 GB/T 397—1998,GB/T 17609—1998

炼焦用煤技术条件

Specification of coal for coke making

2009-06-01 发布　　2010-01-01 实施

中华人民共和国国家质量监督检验检疫总局
中国国家标准化管理委员会　发布

前　言

本标准代替 GB/T 397—1998《冶金焦用煤技术条件》和 GB/T 17609—1998《铸造焦用煤技术条件》。

本标准与 GB/T 397—1998 和 GB/T 17609—1998 相比，主要修改如下：

——4.1 和 4.2 中修改了灰分和硫分的范围；

——4.1 和 4.2 中增加了对煤黏结指数和煤中磷含量的规定；

——4.3 中增加了利用镜质体反射率分布图判别混洗精煤的规定。

本标准由中国煤炭工业协会提出。

本标准由全国煤炭标准化技术委员会归口。

本标准起草单位：煤炭科学研究总院北京煤化工研究分院，武汉钢铁集团公司，太原煤炭气化（集团）有限责任公司，旭阳煤化工集团有限公司，冶金工业信息标准研究院

本标准主要起草人：白向飞、梁尚国、宋旗跃、张英伟、姜英、王大力、闫永成、孙伟。

本标准所代替标准的历次版本发布情况为：

——GB 397—1965；GB/T 397—1998；

——GB/T 17609—1998。

炼焦用煤技术条件

1 范围

本标准规定了炼焦用煤的类别、技术要求、测定方法、质量检验和验收。

本标准适用于冶金焦用煤和铸造焦用煤。

2 规范性引用文件

下列文件中的条款通过本标准的引用而成为本标准的条款。凡是注日期的引用文件，其随后所有的修改单(不包括勘误的内容)或修订版均不适用于本标准，然而，鼓励根据本标准达成协议的各方研究是否可使用这些文件的最新版本。凡是不注日期的引用文件，其最新版本适用于本标准。

GB/T 211 煤中全水分的测定方法(GB/T 211—2007,ISO 589:2003,Hard coal—Determination of total moisture,NEQ)

GB/T 212 煤的工业分析方法(GB/T 212—2008,ISO 11722:1999,Solid mineral fuels—Hard coal—Determination of moisture in the general analysis test sample by drying in nitrogen, ISO 1171:1997,Solid mineral fuels Determination of ash,ISO 562:1998,Hard coal and coke—Determination of volatile matter,NEQ)

GB/T 214 煤中全硫的测定方法(GB/T 214—2007,ISO 334:1992,Solid mineral fuels—Determination of total sulfur—Eschka method, ISO 351:1996, Solid mineral fuels—Determination of total sulfur—High temperature combustion method,NEQ)

GB/T 216 煤中磷的测定方法(GB/T 216—2003,ISO 622:1981,NEQ)

GB 474 煤样的制备方法(GB 474—2008,ISO 18283:2006,Hard coal and coke—Manual sampling,MOD)

GB 475 商品煤样人工采取方法(GB 475—2008,ISO 18283:2006,Hard coal and coke—Manual sampling,MOD)

GB/T 5447 烟煤粘结指数测定方法

GB/T 5751 中国煤炭分类

GB/T 6948 煤的镜质体反射率显微镜测定方法(GB/T 6948—2008,ISO 7404-5:1994,Methods for the petrographic analysis of bituminous coal and anthracite—Part 5:Method of determining microscopically the reflectance of vitrinite,MOD)

GB/T 18666 商品煤质量抽查和检验方法

GB/T 19494.1 煤炭机械化采样 第1部分:采样方法(GB/T 19494.1—2004,ISO 13909-1:2001 Hard coal and coke—Mechanical sampling—Part 1: General introduction,ISO 13909-2:2001 Hard coal and coke—Mechanical sampling—Part 2: Coal—Sampling from moving streams, ISO 13909-3: 2001 Hard coal and coke—Mechanical sampling—Part 3:Coal—Sampling from stationary lots,NEQ)

GB/T 19494.2 煤炭机械化采样 第2部分:煤样的制备(GB/T 19494.2—2004,ISO 13909-1:2001 Hard coal and coke—Mechanical sampling—Part 1:General introduction,ISO 13909-4:2001 Hard coal and coke—Mechanical sampling—Part 4:Coal—Preparation of test samples,NEQ)

3 类别

气煤、气肥煤、1/3 焦煤、肥煤、焦煤、瘦煤。

炼焦原料煤煤类的核定,应按 GB/T 5751 的规定进行。

4 技术要求和测定方法

4.1 冶金焦用原料煤煤质要求和测定方法

冶金焦用原料煤煤质要求和测定方法见表 1。

表 1 冶金焦用原料煤技术要求和测定方法

项目	技术要求	测定方法
灰分(A_d)/%	特级:≤5.00	GB/T 212
	1 级:5.01~5.50	
	2 级:5.51~6.00	
	3 级:6.01~6.50	
	4 级:6.51~7.00	
	5 级:7.01~7.50	
	6 级:7.51~8.00	
	7 级:8.01~8.50	
	8 级:8.51~9.00	
	9 级:9.01~9.50	
	10 级:9.51~10.00	
	11 级:10.01~10.50	
	12 级:10.51~11.00	
	13 级:11.01~11.50	
	14 级:11.51~12.00[a]	
全硫($S_{t,d}$)/%	特级:≤0.30	GB/T 214
	1 级:0.31~0.50	
	2 级:0.51~0.75	
	3 级:0.76~1.00	
	4 级:1.01~1.25	
	5 级:1.26~1.50	
	6 级:1.51~1.75[a]	
磷含量(P_d)/%	1 级:<0.010	GB/T 216
	2 级:≥0.010~0.050	
	3 级:>0.050~0.100	
	4 级:>0.100~0.150[a]	
粘结指数($G_{R.I}$)	>20~50	GB/T 5447
	>50~80	
	>80[a]	
全水分(M_t)/%	1 级:≤9.0	GB/T 211
	2 级:9.1~10.0	
	3 级:10.1~12.0[a,b]	

[a] 对于不符合表 1 中灰分、全硫、磷含量、粘结指数和全水分要求的部分原料煤,由供需双方协商解决。

[b] 东北、西北、华北地区冬季有火力干燥设备的选煤厂,冬季全水分(M_t)≤10.0%。冬季一般指 11 月 15 日~3 月 15 日,在特殊情况下,由供需双方协商,根据防冻的要求提前或延长。

4.2　铸造焦用原料煤煤质要求和测定方法

铸造焦用原料煤煤质要求和测定方法见表 2。

表 2　铸造焦用原料煤技术要求和测定方法

项　目	技术要求	测定方法
灰分(A_d)/%	特级:≤5.00	GB/T 212
	1 级:5.01～5.50	
	2 级:5.51～6.00	
	3 级:6.01～6.50	
	4 级:6.51～7.00	
	5 级:7.01～7.50	
	6 级:7.51～8.00	
	7 级:8.01～8.50	
	8 级:8.51～9.00	
	9 级:9.01～9.50[a]	
全硫($S_{t,d}$)/%	特级:≤0.30	GB/T 214
	1 级:0.31～0.50	
	2 级:0.51～0.75	
	3 级:0.76～1.00[a]	
磷含量(P_d)/%	1 级:<0.010	GB/T 216
	2 级:≥0.010～0.050	
	3 级:>0.050～0.100	
	4 级:>0.100～0.150[a]	
粘结指数($G_{R.I}$)	>20～50	GB/T 5447
	>50～80	
	>80[a]	
全水分(M_t)/%	1 级:≤9.0	GB/T 211
	2 级:9.1～10.0	
	3 级:10.1～12.0[a,b]	

a　对于不符合表 2 中灰分、全硫、磷含量、粘结指数和全水分要求的部分煤炭,由供需双方协商解决。

b　东北、西北、华北地区冬季有火力干燥设备的选煤厂,冬季全水分(M_t)≤10.0%。冬季一般指 11 月 15 日～3 月 5 日,在特殊情况下,由供需双方协商,根据防冻的要求提前或延长。

4.3　炼焦用煤煤类技术要求和判别方法

4.3.1　一般情况下,选煤厂不应将不同煤类煤混洗、混发,特别是长焰煤、不黏煤、无烟煤和贫煤等煤类不应配入炼焦煤中作为炼焦原料煤销售。

4.3.2　取得用户同意,供给配洗精煤时,应保证煤质稳定,同时应提供混配比例数据或精煤镜质体反射率分布图。炼焦原料煤中掺入其他煤类,通过镜质体反射率直方图来鉴定。

4.3.3　精煤镜质体反射率分布图应按照 GB/T 6948 的规定,由人工测定。

4.4 炼焦用煤质量稳定性

4.4.1 炼焦用煤应保证煤质稳定，要特别注意结焦性能的稳定。

4.4.2 选煤厂不应入洗或供应已经风氧化的煤。如用户认为供应的精煤变质时，可提出要求，由供需双方协商进行采样检验，认为煤适用后才可供应。

4.4.3 应采取措施将浮选精煤与重选精煤混匀，便于运输和防冻。

4.4.4 在冬季供给严寒地区（东北、西北、华北）使用的精煤或严寒地区选煤厂生产的精煤，其水分 M_t 超过 10%时，根据实际需要采取防冻和解冻措施。

5 质量检验和验收

5.1 煤样的采取和制备

煤样按 GB 475 或 GB/T 19494.1 的规定采取，按 GB 474 或 GB/T 19494.2 的规定制备。

5.2 质量检验

选煤厂发送的炼焦用煤应附有质量证明书。

炼焦用煤的质量检验由具有资质的质量检验机构负责。

5.3 验收

炼焦用煤验收按 GB/T 18666 的规定执行。

ICS 59.080.01
W 04

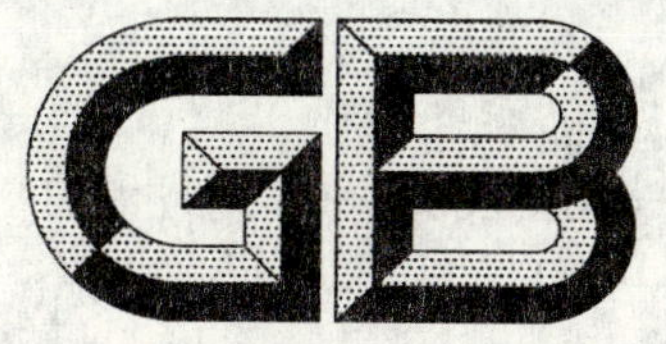

中华人民共和国国家标准

GB/T 420—2009
代替 GB/T 420—1990

纺织品 色牢度试验 颜料印染纺织品耐刷洗色牢度

**Textiles—Tests for colour fastness—
Colour fastness to wet scrubbing of pigment printed textiles**

(ISO 105-C07:1999,Textiles—Tests for colour fastness—
Part C07:Colour fastness to wet scrubbing of pigment printed textiles,MOD)

2009-06-11 发布 2010-01-01 实施

中华人民共和国国家质量监督检验检疫总局
中国国家标准化管理委员会 发布

前　言

本标准修改采用 ISO 105-C07:1999《纺织品　色牢度试验　第 C07 部分:颜料印染纺织品耐刷洗色牢度》(英文版)。

本标准根据 ISO 105-C07:1999 重新起草,与 ISO 105-C07:1999 的主要差异如下:

——规范性引用文件中的国际标准替换为相应的国家标准;

——增加了天平,以及加热皂液或洗涤剂溶液的装置;

——将第 6 章的每一段进行分条描述;

——对刷子的过分使用作为注的内容进行说明。

本标准代替 GB/T 420—1990《纺织品耐刷洗色牢度试验方法》。

本标准与 GB/T 420—1990 相比,主要变化如下:

——将标准名称修改为《纺织品　色牢度试验　颜料印染纺织品耐刷洗色牢度》;

——增加了天平,以及加热皂液或洗涤剂溶液装置的要求;

——刷子的纤维高度改为 15 mm;

——增加了对尼龙丝的要求;

——增加了试验温度的选择;

——将附录 A 的内容与正文合并,删除了附录 B。

本标准由中国纺织工业协会提出。

本标准由全国纺织品标准化技术委员会基础标准分会(SAC/TC 209/SC 1)归口。

本标准主要起草单位:新兴职业装备生产技术研究所。

本标准主要起草人:张惠、李世军、甘志军、夏小娟、田国力。

本标准所代替标准的历次版本发布情况为:

——GB/T 420—1990。

纺织品　色牢度试验
颜料印染纺织品耐刷洗色牢度

1　范围

本标准描述了各种颜料染色或印花纺织品的耐刷洗色牢度试验方法。

本标准不适用于散纤维。

2　规范性引用文件

下列文件中的条款通过本标准的引用而成为本标准的条款。凡是注日期的引用文件，其随后所有的修改单(不包括勘误的内容)或修订版均不适用于本标准，然而，鼓励根据本标准达成协议的各方研究是否可使用这些文件的最新版本。凡是不注日期的引用文件，其最新版本适用于本标准。

GB/T 250　纺织品　色牢度试验　评定变色用灰色样卡(GB/T 250—2008，ISO 105-A02：1993，IDT)

GB/T 3921—2008　纺织品　色牢度试验　耐皂洗色牢度(ISO 105-C10：2006，MOD)

GB/T 6151—1997　纺织品　色牢度试验通则(eqv ISO 105-A01：1994)

GB/T 12490—2007　纺织品　色牢度试验　耐家庭和商业洗涤色牢度(ISO 105-C06：1994，MOD)

3　原理

试样浸渍于皂液或洗涤剂后，用刷子刷洗规定的时间，再经冲洗和晾干。用灰色样卡评定试样变色程度。

4　设备和材料

4.1　试验装置：一个沿直线 100 mm±10 mm 往复刷洗的装置，施加于试样上的压力为 9 N±0.2 N，约每秒完成一个往复循环，其底板尺寸应足以夹持不小于 80 mm×250 mm 的试样。

4.2　刷子：由五排每排 13 或 14 簇尼龙纤维组成。每簇有 16 根直径为 0.36 mm 的尼龙丝，其高度为 15 mm，簇与簇间距为 4 mm，刷洗宽度为 55 mm±2 mm。与上述相似的其他刷子经相关方协商也可使用，若使用特殊类型的刷子应在报告中说明。

新刷子应在使用前用砂纸(参见注 2)磨刷至少 100 个往复循环，使其表面钝化。

注 1：建议使用以下规格的尼龙丝组成尼龙刷：

(丝)线密度：93 D

(刷)承压能力：2.44 kg

(丛)拔出力：14.2 N

(丝)拔出力：0.8 N

注 2：120 目(0 ＃)黑色氧化铝砂纸已被证明对测试是合适的。如果使用其他砂纸，宜在试验报告中说明。

4.3　肥皂，不含荧光增白剂，符合 GB/T 3921—2008 中 5.1 的规定。

4.4　过硼酸钠。

4.5　标准洗涤剂。

至少可以使用以下两种标准洗涤剂：

a)　ECE 标准洗涤剂 77，不含荧光增白剂，或

b) 1993 AATCC 标准洗涤剂 WOB。

上述洗涤剂均符合 GB/T 12490—2007 中 4.4 的规定。经相关方协商也可使用其他洗涤剂，需在试验报告中说明。

4.6 灰色样卡，用于评定变色，符合 GB/T 250。

4.7 三级水，符合 GB/T 6151—1997 中 8.1 的规定。

4.8 天平，精度为 0.01 g。

4.9 加热皂液或洗涤剂溶液的装置，使试验溶液保持在规定温度±3 ℃内。

5 试样

5.1 若试样为织物，则沿织物经向(或纵向)剪取尺寸不小于 80 mm×250 mm 试样一块，对于印花织物，如试样的受试面积上不能包括全部颜色，需取多个试样分别试验。

5.2 若试样是纱线，要将纱线编织成尺寸至少为 80 mm×250 mm 的织物，其织物结构宜经相关方商定。另外，可将纱线缠绕于塑料板上，所得织物结构可能影响到试验结果。

6 操作程序

6.1 将 5 g 肥皂(4.3)和 2 g 过硼酸钠(4.4)溶解在 1 L 水(4.7)中，或将 4 g 洗涤剂 a)(4.5)和 1 g 过硼酸钠(4.4)溶解在 1 L 水(4.7)中，或将 4 g 洗涤剂 b)(4.5)溶解在 1 L 水(4.7)中。

6.2 将约为 250 mL 皂液或约为 250 mL 标准洗涤剂溶液加入到 500 mL 的烧杯中，浴比不小于50：1。使用加热装置(4.9)，将皂液或洗涤剂溶液加热至以下温度之一，并在试验报告中说明所选择的加热温度：

——27 ℃±3 ℃；

——41 ℃±3 ℃；

——49 ℃±3 ℃；

——60 ℃±3 ℃；

——70 ℃±3 ℃。

6.3 将试样投入预设温度的皂液或洗涤剂溶液中，充分润湿，浸渍 1 min 后取出，用两根玻璃棒或其他合适的方式去除多余溶液，将试样平铺于试验仪(4.1)的平板上，使试样的长度方向与摩刷头的运行轨迹相一致，其两端用夹持器固定。将刷子(4.2)放在试样上，刷洗的动程为 100 mm±10 mm，共刷洗 25、50 或 100 个往复循环，摩刷头所施加的向下压力为 9.0 N±0.2 N。为了使试样保持潮湿，每 25 个往复循环均要将约 10 mL 皂液或约 10 mL 洗涤剂溶液添加到试样上。

6.4 在刷洗结束后，将试样放入约为 40 ℃±3 ℃的三级水(4.7)中，充分清洗，再将其置于不超过 60 ℃的空气中，放在一水平面上进行干燥。

6.5 清洁刷子，消除附着在刷子上的任何纤维或纱线，以及皂液或洗涤剂溶液，以便下次测试。

注：为防止过分使用尼龙刷，宜在使用前对其进行检查，当纤维簇中有卷曲纤维出现时，其纤维高度便不一致，宜立即更换新刷子，以保证刷洗效果的一致性。

6.6 试样经调湿后，依据 GB/T 250 的规定用灰色样卡(4.6)评定试样的变色。

7 试验报告

试验报告包括下列内容：

a) 试验是按本标准进行的；

b) 样品描述；

c) 所用溶液是肥皂还是洗涤剂；

d) 如果与 4.2 不同，所用尼龙刷的描述；

e) 摩刷次数；

f) 所选加热温度；

g) 如果需要，测试装置的品牌和型号；

h) 试样的变色级数；

i) 与规定程序的偏离。

ICS 65.100.30
G 25

中华人民共和国国家标准

GB 437—2009
代替 GB 437—1993

硫酸铜(农用)

Copper Sulfate(For crops use)

2009-04-27 发布　　2009-11-01 实施

中华人民共和国国家质量监督检验检疫总局
中国国家标准化管理委员会　发布

前言

本标准的第3章、第5章为强制性的，其余为推荐性的。

本标准修改采用FAO规格44.2s/TC/S(1989)《硫酸铜》(Copper Sulfate)。

本标准修改采用国外先进标准的方法为重新起草法。

本标准与FAO规格《硫酸铜》(Copper Sulfate)的主要技术性差异：

——本标准控制水不溶物为≤0.2%，酸度为≤0.2%，FAO规格未控制这两项指标。

本标准是对GB 437—1993《硫酸铜》的修订。

本标准与GB 437—1993《硫酸铜》的主要差异：

——取消了非农业用硫酸铜规格并同时取消了分等分级；

——本标准增加了杂质砷、铅和镉控制指标，并规定：砷质量分数≤25 mg/kg、铅质量分数≤125 mg/kg和镉质量分数≤25 mg/kg。

本标准由中国石油和化学工业协会提出。

本标准由全国农药标准化技术委员会(SAC/TC 133)归口。

本标准负责起草单位：沈阳化工研究院。

本标准参加起草单位：青岛奥迪斯生物科技有限公司、江苏龙灯化学有限公司。

本标准主要起草人：高晓晖、昝艳坤、李学臣、冯秀珍。

本标准所代替标准的历次版本发布情况为：

——GB 437—1964、GB 437—1980、GB 437—1993(2004复审确认)。

硫酸铜(农用)

该产品有效成分硫酸铜的其他名称、结构式和基本物化参数如下：

ISO 通用名称：copper sulfate

化学名称：硫酸铜

结构式：$CuSO_4 \cdot 5H_2O$

相对分子质量：249.7(按 2005 国际相对原子质量计)

生物活性：杀菌

相对密度(15.6 ℃)：2.286

溶解度(g/kg)：水中，148(0 ℃)；230.5(25 ℃)；335(50 ℃)；736(100 ℃)

稳定性：硫酸铜结晶在空气中缓慢风化，在 110 ℃下失水变成白色一水合物($CuSO_4 \cdot H_2O$)。本品对铁有很强腐蚀性

1 范围

本标准规定了硫酸铜的要求、试验方法以及标志、标签、包装、贮运。

本标准适用于由含 5 个结晶水的硫酸铜及其生产中产生的杂质组成的硫酸铜。

2 规范性引用文件

下列文件中的条款通过本标准的引用而成为本标准的条款。凡是注日期的引用文件，其随后所有的修改单(不包括勘误的内容)或修订版均不适用于本标准，然而，鼓励根据本标准达成协议的各方研究是否可使用这些文件的最新版本。凡是不注日期的引用文件，其最新版本适用于本标准。

GB/T 601　化学试剂　标准滴定溶液的制备

GB/T 1604　商品农药验收规则

GB/T 1605—2001　商品农药采样方法

GB 3796　农药包装通则

3 要求

3.1 外观

蓝色或蓝绿色晶体，无可见外来杂质。

3.2 技术指标

硫酸铜应符合表 1 要求。

表 1　硫酸铜控制项目指标

项目		指标
硫酸铜($CuSO_4 \cdot 5H_2O$)质量分数/%	≥	98.0
砷质量分数[a]/(mg/kg)	≤	25
铅质量分数[a]/(mg/kg)	≤	125
镉质量分数[a]/(mg/kg)	≤	25
水不溶物/%	≤	0.2
酸度(以 H_2SO_4 计)/%	≤	0.2

[a] 正常生产时，砷质量分数、镉质量分数和铅质量分数，至少每 3 个月测定一次。

4 试验方法

4.1 抽样

按照 GB/T 1605—2001 中“商品原药采样”方法进行。用随机数表法确定抽样的包装件，最终抽样量应不少于 100 g。

4.2 鉴别试验

4.2.1 加热法

加热后，颜色应由蓝色变成白色，冷却后加水其颜色恢复蓝色。

4.2.2 沉淀法

在盐酸存在的条件下滴加氯化钡溶液，产生白色沉淀。

4.3 硫酸铜质量分数的测定

4.3.1 方法提要

试样用水溶解，在微酸性条件下，加入适量的碘化钾与二价铜反应，析出等摩尔碘，以淀粉为指示剂，用硫代硫酸钠标准滴定溶液滴定析出的碘。从消耗硫代硫酸钠标准滴定溶液的体积，计算试样中硫酸铜含量。

反应式如下：

$$2Cu^{2+}+4I^{-}=2CuI\downarrow+I_2$$

$$2S_2O_3{}^{2-}+I_2=S_4O_6{}^{2-}+2I^{-}$$

4.3.2 试剂和溶液

碘化钾；

硝酸；

冰乙酸；

氟化钠：饱和溶液；

碳酸钠：饱和溶液；

乙酸溶液：$\varphi(CH_3COOH)=36\%$；

淀粉指示液：ρ(淀粉)=5 g/L；

硫代硫酸钠标准滴定溶液：$c(Na_2S_2O_3)=0.2$ mol/L，按 GB/T 601 配制和标定。

4.3.3 测定步骤

称取试样约 1 g(精确至 0.000 2 g)于 250 mL 三角瓶中，加 100 mL 水溶解，加三滴浓硝酸，煮沸，冷却，逐滴加入饱和碳酸钠溶液，直至有微量沉淀出现为止，然后加入 4 mL 乙酸溶液，使溶液呈微酸性，加 10 mL 饱和氟化钠溶液，5 g 碘化钾，用硫代硫酸钠标准滴定溶液滴定，直至溶液呈淡黄色。加 3 mL 淀粉指示液，继续滴定至蓝色消失。

4.3.4 计算

试样中硫酸铜的质量分数 w_1(%)按式(1)计算：

$$w_1=\frac{c\cdot V\cdot M}{1\,000m}\times 100 \qquad \cdots\cdots(1)$$

式中：

c——硫代硫酸钠标准滴定溶液的实际浓度，单位为摩尔每升(mol/L)；

V——滴定试样溶液，消耗硫代硫酸钠标准滴定溶液的体积，单位为毫升(mL)；

m——试样的质量，单位为克(g)；

M——硫酸铜($CuSO_4\cdot 5H_2O$)的摩尔质量的数值，单位为克每摩尔(g/mol)($M=249.7$)。

4.3.5 允许差

两次平行测定结果之差应不大于 0.6%。

4.4 砷、铅和镉质量分数的测定

4.4.1 砷质量分数的测定

4.4.1.1 方法提要

在碘化钾和氯化亚锡存在下，将试样溶液中的高价砷还原为三价砷，三价砷与锌粒在酸性条件下产生的氢气生成砷化氢气体，通过乙酸铅棉花除去硫化氢，再与溴化汞试纸形成黄色至橙色的色斑，与标准砷斑比较定量。

4.4.1.2 试剂和溶液

盐酸。

碘化钾溶液：$\rho(KI)=150$ g/L，贮于棕色瓶内(临用前配制)。

氢氧化钠溶液：$\rho(NaOH)=200$ g/L。

硫酸溶液：$c(H_2SO_4)=1$ mol/L。

氯化亚锡溶液：$\rho(SnCl_2 \cdot 2H_2O)=400$ g/L，称取 20 g 氯化亚锡($SnCl_2 \cdot 2H_2O$)，溶于 50 mL 盐酸；(贮藏于 0 ℃冰箱中)。

乙酸铅棉花：将脱脂棉浸于乙酸铅溶液中，2 h 后取出晾干。

无砷金属锌。

水：新蒸二次蒸馏水。

三氧化二砷(As_2O_3)：烘至恒重保存于硫酸干燥器中。

砷标准溶液 A：称取 0.132 0 g 三氧化二砷于 1 000 mL 容量瓶中，加入 5 mL 氢氧化钠溶液溶解，加入 25 mL 硫酸溶液，用水稀释至刻度，摇匀[此溶液 $\rho(As)=0.100$ mg/mL]。

砷标准溶液 B：用移液管取上述溶液 1 mL 于 100 mL 容量瓶中，加入 1 mL 硫酸溶液，用水稀释至刻度，摇匀[此溶液 $\rho(As)=1.0$ μg/mL]。

4.4.1.3 仪器

测砷装置：见图 1。

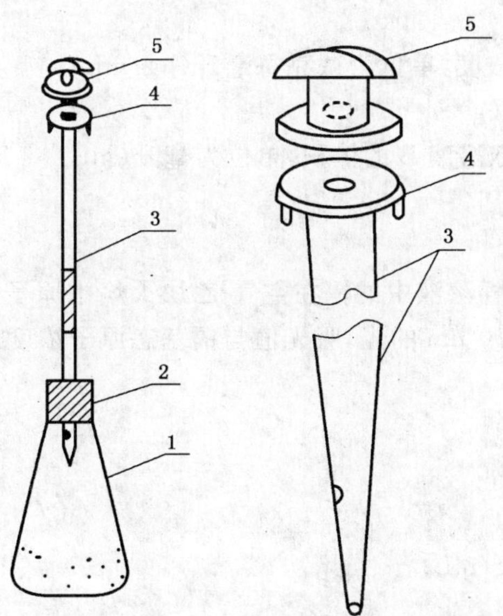

1——锥形瓶；
2——橡皮塞；
3——测砷管；
4——管口；
5——玻璃帽。

图 1 测砷装置

100 mL 锥形瓶。

橡皮塞：中间有一孔。

玻璃测砷管：全长 18 cm，上粗下细，自管口向下至 14 cm 一段的内径为 6.5 mm，自此以下逐渐狭细，末端内径为 1 mm～3 mm，近末端 1 cm 处有一孔，直径 2 mm，狭细部分紧密插入橡皮塞中，使下部伸出至小孔恰在橡皮塞下面。上部较粗部分装入乙酸铅棉花长 5 cm～6 cm，上端至管口处至少 3 cm，测砷管顶端为圆形扁平的管口，上面磨平，下面两侧各有一钩，为固定玻璃帽用。

玻璃帽：下面磨平，上面有弯月形凹槽，中央有圆孔，直径 6.5 mm。使用时将玻璃帽盖在测砷管的管口，使圆孔互相吻合，中间夹一溴化汞试纸，用橡皮圈或其他适宜的方法将玻璃帽与测砷管固定。

4.4.1.4 测定步骤

4.4.1.4.1 标样溶液的配制

吸取砷标准溶液 B 1 mL、1.5 mL、2 mL、2.5 mL、3 mL，分别置于锥形瓶中，加 5 mL 盐酸，加水至 30 mL，再加 5 mL 碘化钾溶液，5 滴氯化亚锡溶液，混匀，室温放置 10 min。

4.4.1.4.2 试样溶液的配制

称取 0.1 g 试样（精确至 0.000 2 g）置于锥形瓶中，加 5 mL 盐酸，加水至 30 mL，再加 5 mL 碘化钾溶液，5 滴氯化亚锡溶液，混匀，室温放置 10 min。

4.4.1.4.3 测定

向上述锥形瓶中，各加入 3 g 无砷金属锌，并立即塞上预先装有乙酸铅棉花及溴化汞试纸的测砷管，于 25 ℃放置 1 h，取出砷斑进行比较，得到试样中砷的质量，如果试样的砷斑颜色在标样砷斑颜色之外，可增加或减少称样量，使样品砷斑颜色在可比较标样砷斑颜色之内。

4.4.1.5 计算

试样中砷的质量分数 w_2(mg/kg)，按式(2)计算：

$$w_2 = \frac{\rho \times V}{m} \qquad \cdots\cdots(2)$$

式中：

ρ——砷标准溶液 B 的质量浓度，单位为微克每毫升（μg/mL）；

m——试样的质量，单位为克(g)；

V——试样砷斑相当于砷标准溶液 B 的体积，单位为毫升(mL)。

4.4.2 铅质量分数的测定

4.4.2.1 方法提要

试样用盐酸-硝酸分解后，试样溶液中的镉在空气-乙炔火焰中原子化，所产生的原子蒸气吸收从铅空心阴极灯射出的特征波长 217.0 nm 的光，吸光值与镉基态原子浓度成正比。

4.4.2.2 试剂和溶液

盐酸；

硝酸；

水：二次蒸馏水；

铅标准储备液：ρ(Pb)＝1 mg/mL；

溶解乙炔。

4.4.2.3 仪器

原子吸收分光光度计，附有空气-乙炔燃烧器及铅空心阴极灯。

电热板：温度在 250 ℃内可调。

4.4.2.4 测定步骤

4.4.2.4.1 试样溶液的制备

称取试样(2～4)g（精确到 0.000 2 g），置于 100 mL 烧杯中，用少量水润湿，加入 30 mL 盐酸和

10 mL 硝酸，盖上表面皿，在(150～200)℃电热板上微沸 30 min 后，移开表面皿继续加热，蒸至近干，取下。冷却后加 4 mL 盐酸和 50 mL 水，混匀过滤。收集滤液于 100 mL 容量瓶中，滤干后用少量水冲洗残渣 3 次，合并于滤液中，加水至刻度，备用。

4.4.2.4.2 标准曲线的绘制

分别吸取铅标准储备液 0.1 mL、0.2 mL、0.3 mL 于 3 个 100 mL 容量瓶中，加入 4 mL 盐酸，用水定容，混匀。此铅标准溶液的质量浓度分别为 1 mg/kg、2 mg/kg、3 mg/kg。同时配制空白溶液。在选定最佳工作条件下，使用空气-乙炔火焰，于波长 217.0 nm 处，以空白溶液为参比，测定各标准溶液的吸光值。以铅标准溶液的质量分数(mg/kg)为横坐标，相应的吸光值为纵坐标，绘制工作曲线。

4.4.2.4.3 测定

试样溶液(或适当稀释后)在与标准溶液相同的测定条件下，测得试样溶液的吸光值，在工作曲线上查出相应的铅的质量浓度(mg/kg)。

4.4.2.5 计算

试样中铅的质量分数 w_3(mg/kg)，按式(3)计算：

$$w_3 = \frac{\rho \times 100}{m} \qquad \cdots\cdots(3)$$

式中：

ρ——测得试样的吸光值在工作曲线上对应的铅的质量浓度，单位为毫克每升(mg/L)；

m——试样的质量，单位为克(g)；

100——试样溶液总体积，单位为毫升(mL)。

4.4.2.6 允许差

本方法两次测定平行结果之差应不大于 10 mg/kg。

4.4.3 镉质量分数的测定

4.4.3.1 方法提要

试样用盐酸-硝酸分解后，试样中的镉在空气-乙炔火焰中原子化，所产生的原子蒸气吸收从镉空心阴极灯射出的特征波长 228.8nm 的光，吸光值与镉基态原子浓度成正比。

4.4.3.2 试剂和溶液

盐酸；

硝酸；

水：二次蒸馏水；

镉标准储备液：ρ(Cd)=1 mg/mL；

溶解乙炔。

4.4.3.3 仪器

原子吸收分光光度计，附有空气-乙炔燃烧器及镉空心阴极灯；

电热板：温度在 250 ℃内可调。

4.4.3.4 测定步骤

4.4.3.4.1 试样溶液的制备

称取试样(2～4)g(精确到 0.000 2 g)，置于 100 mL 烧杯中，用少量水润湿，加入 30 mL 盐酸和 10 mL 硝酸，盖上表面皿，在(150～200)℃电热板上微沸 30 min 后，移开表面皿继续加热，蒸至近干，取下。冷却后加 4 mL 盐酸和 50 mL 水，混匀过滤。收集滤液于 100 mL 容量瓶中，用少量水冲洗残渣 3 次并合并于滤液中，加水至刻度，备用。

4.4.3.4.2 标准曲线的绘制

吸取镉标准储备液 1.0 mL 于 100 mL 容量瓶中，用水定容，混匀。分别从上述溶液中吸取 1.0 mL、2.0 mL、4.0 mL 于 3 个 100 mL 容量瓶中，加入 4 mL 盐酸，用水定容，混匀。同时配制空白溶液，此镉标准溶液的质量浓度分别为 0.1 mg/kg、0.2 mg/kg、0.4 mg/kg。在选定的工作条件下，使用空气-乙炔火焰，于波长 228.8 nm 处以空白溶液为参比测定各标准溶液的吸光值。以镉标准溶液的质量浓度(mg/kg)为横坐标，相应的吸光值为纵坐标，绘制工作曲线。

4.4.3.4.3 **测定**

试样溶液(或适当稀释后)在与标准溶液相同的测定条件下，测定试样溶液的吸光度，在工作曲线上查出相应的镉的质量分数(mg/kg)。

4.4.3.5 **计算**

试样中镉的质量分数 w_4(mg/kg)，按式(4)计算：

$$w_4 = \frac{\rho \times 100}{m} \qquad \cdots\cdots(4)$$

式中：

ρ——测得试样的吸光值在工作曲线上对应的镉的质量浓度，单位为毫克每升(mg/L)；

m——试样的质量，单位为克(g)；

100——试样溶液总体积，单位为毫升(mL)。

4.4.3.6 **允许差**

本方法两次测定平行结果之差应不大于 1 mg/kg。

4.5 **水不溶物的测定**

4.5.1 **方法提要**

适量样品用水加热溶解，不溶物趁热过滤并干燥，水不溶物含量以固体不溶物占样品的质量分数计算。

4.5.2 **试剂**

水。

4.5.3 **仪器**

标准具塞磨口锥形瓶：250 mL；

玻璃砂心坩埚漏斗：G4 型；

锥形抽滤瓶：500 mL；

烘箱；

玻璃干燥器；

水浴锅。

4.5.4 **测定步骤**

将玻璃砂心坩埚漏斗烘干(110 ℃约 1 h)至恒重(精确至 0.000 2 g)，放入干燥器中冷却待用。称取 10 g 试样(精确至 0.000 2 g)，置于锥形瓶中，加入 100 mL 水和 2 滴浓硫酸，加热使其溶解，趁热用已恒重的 G4 过滤坩埚过滤，用热水每次 20 mL 洗涤滤渣(共洗 5 次)。将盛有滤渣的 G4 过滤坩埚，放入 105 ℃～110 ℃烘箱中烘至恒重。

4.5.5 **计算**

水不溶物的质量分数 w_5(%)按式(5)计算：

$$w_5 = \frac{m_1 - m_2}{m} \times 100 \qquad \cdots\cdots(5)$$

式中：

m_1——恒重后坩埚和不溶物的质量，单位为克(g)；

m_2——坩埚的质量，单位为克(g)；

m——试样的质量，单位为克(g)。

4.6 酸度的测定

4.6.1 试剂和溶液

水：新煮沸过的，pH 值 6～8；

酒石酸氢钾：饱和溶液，pH＝3.56(25 ℃)；pH＝3.55(30 ℃)；

冰乙酸；

氢氧化钠标准滴定溶液：$c(NaOH)=0.02$ mol/L，按 GB/T 601 配制和标定。

4.6.2 仪器

pH 计(附有电磁搅拌器)；

玻璃电极；

饱和甘汞电极；

滴定管：10 mL，具有 0.05 mL 分度。

4.6.3 测定步骤

4.6.3.1 pH 计的校正

仪器稳定后，把电极放入标准缓冲溶液中[饱和酒石酸氢钾的 pH 值，pH＝3.56(25 ℃)，pH＝3.55(30 ℃)]，将仪器读数调到该温度下标准缓冲溶液的 pH 值读数位置，当标准缓冲溶液的读数不变时，此仪器即可使用。

4.6.3.2 测定

称取试样约 2 g(精确至 0.002 g)，置于 100 mL 烧杯中，加入 50 mL 水，在电磁搅拌下使试样溶解，然后用氢氧化钠标准滴定溶液滴定至 pH 计读数到 4.00，即为终点。

4.6.4 计算

试样中酸度的质量分数 w_6(%)按式(6)计算：

$$w_6=\frac{c\cdot V\cdot M}{1\ 000m}\times 100 \qquad \cdots\cdots(6)$$

式中：

c——氢氧化钠标准滴定溶液的实际浓度，单位为摩尔每升(mol/L)；

V——滴定试样溶液，消耗氢氧化钠标准滴定溶液的体积，单位为毫升(mL)；

m——试样的质量，单位为克(g)；

M——硫酸$\left(\frac{1}{2}H_2SO_4\right)$的摩尔质量的数值，单位为克每摩尔(g/mol)($M$=49)。

4.7 产品的检验与验收

应符合 GB/T 1604 的规定。极限数值处理采用修约值比较法。

5 标志、标签、包装、贮运、安全

5.1 硫酸铜的标志、标签、包装，应符合 GB 3796 的规定。

5.2 硫酸铜的包装材料可采用铁桶、不燃烧的塑料桶、内衬双层塑料袋的纸桶，严格密封，防止吸潮，也可以根据用户要求或订货协议采用其他形式的包装，但需符合 GB 3796 的规定。

5.3 硫酸铜包装件应贮存在通风、干燥的库房中。

5.4 贮运时，严防潮湿和日晒，不得与食物、种子、饲料混放，避免与皮肤、眼睛接触，防止由口鼻吸入。

5.5 安全：硫酸铜为低毒杀菌剂，吞噬或吸入均可中毒。使用时，应戴好防护手套、口罩，穿干净防护服。使用后应立即用肥皂和水洗净。如发生中毒现象，应及时检查治疗。

5.6 **保证期**：在规定的贮运条件下，硫酸铜的保证期，从生产日期算起为 2 年。

ICS 79.040
B 69

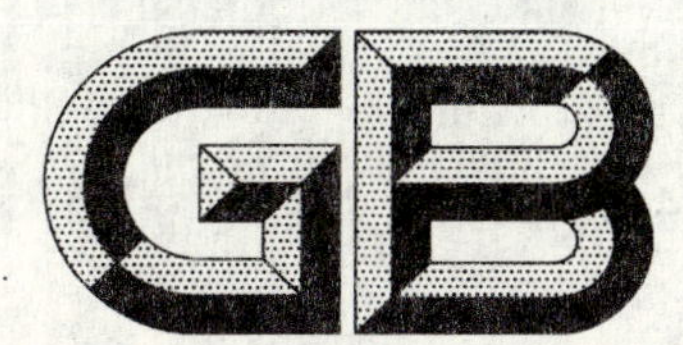

中华人民共和国国家标准

GB/T 449—2009
代替 GB 449—1984

锯材材积表

Sawn timber volume table

2009-02-23 发布 2009-08-01 实施

中华人民共和国国家质量监督检验检疫总局
中国国家标准化管理委员会 发布

前 言

本标准代替 GB 449—1984《锯材材积表》。

本标准与 GB 449—1984 相比，主要变化如下：

——由强制性标准改为推荐性标准；

——增补了规范性引用文件；

——增补了部分锯材长度、厚度尺寸的材积数据；

——增补了部分尺寸的方材的材积数据。

本标准由国家林业局提出。

本标准由全国木材标准化技术委员会归口。

本标准负责起草单位：东北林业大学。

本标准参加起草单位：安徽农业大学、北京林业大学、福建农林大学、西北农林科技大学。

本标准主要起草人：刘一星、刘镇波、崔永志、于海鹏、黄庆丰、曹琳、杨文斌、冯德君。

本标准所代替标准的历次版本发布情况为：

——GB 449—1984。

锯 材 材 积 表

1 范围

本标准规定了锯材材积的计算方法和锯材材积。

本标准适用于普通锯材和专用锯材的材积计算与查定。

2 规范性引用文件

下列文件中的条款通过本标准的引用而成为本标准的条款。凡是注日期的引用文件，其随后所有的修改单(不包括勘误的内容)或修订版均不适用于本标准，然而，鼓励根据本标准达成协议的各方研究是否可使用这些文件的最新版本。凡是不注日期的引用文件，其最新版本适用于本标准。

GB/T 153 针叶树锯材

GB 154 枕木

GB/T 4817 阔叶树锯材

GB 4820 罐道木

GB/T 4822 锯材检验

LY 1200 机台木

LY/T 1295 铁路货车锯材

LY/T 1296 载重汽车锯材

3 锯材材积计算方法

锯材材积按式(1)计算：

$$V = L \times W \times T / 1\,000\,000 \qquad \cdots\cdots(1)$$

式中：

V——锯材材积，单位为立方米(m^3)；

L——锯材长度，单位为米(m)；

W——锯材宽度，单位为毫米(mm)；

T——锯材厚度，单位为毫米(mm)。

4 锯材材积表

4.1 普通锯材材积表

4.1.1 普通锯材材积表见表1。

4.1.2 表1适用于材长0.5 m～8.0 m、材宽30 mm～300 mm、材厚12 mm～100 mm的所有树种锯材产品的材积查定。

4.1.3 锯材尺寸按GB/T 4822的规定检量。

4.1.4 锯材材长和材宽进级按GB/T 153和GB/T 4817的规定执行。

4.1.5 材积计算数字，材长在2.0 m以下，保留五位小数；材长自2.0 m以上，保留四位小数。

表 1 普通锯材材积表

材长/m	0.5							
材宽/mm	材 厚/mm							
	12	15	18	21	25	30	35	40
	材 积/m³							
30	0.000 18	0.000 23	0.000 27	0.000 32	0.000 38	0.000 45	0.000 53	0.000 60
40	0.000 24	0.000 30	0.000 36	0.000 42	0.000 50	0.000 60	0.000 70	0.000 80
50	0.000 30	0.000 38	0.000 45	0.000 53	0.000 63	0.000 75	0.000 88	0.001 00
60	0.000 36	0.000 45	0.000 54	0.000 63	0.000 75	0.000 90	0.001 05	0.001 20
70	0.000 42	0.000 53	0.000 63	0.000 74	0.000 88	0.001 05	0.001 23	0.001 40
80	0.000 48	0.000 60	0.000 72	0.000 84	0.001 00	0.001 20	0.001 40	0.001 60
90	0.000 54	0.000 68	0.000 81	0.000 95	0.001 13	0.001 35	0.001 58	0.001 80
100	0.000 60	0.000 75	0.000 90	0.001 05	0.001 25	0.001 50	0.001 75	0.002 00
110	0.000 66	0.000 83	0.000 99	0.001 16	0.001 38	0.001 65	0.001 93	0.002 20
120	0.000 72	0.000 90	0.001 08	0.001 26	0.001 50	0.001 80	0.002 10	0.002 40
130	0.000 78	0.000 98	0.001 17	0.001 37	0.001 63	0.001 95	0.002 28	0.002 60
140	0.000 84	0.001 05	0.001 26	0.001 47	0.001 75	0.002 10	0.002 45	0.002 80
150	0.000 90	0.001 13	0.001 35	0.001 58	0.001 88	0.002 25	0.002 63	0.003 00
160	0.000 96	0.001 20	0.001 44	0.001 68	0.002 00	0.002 40	0.002 80	0.003 20
170	0.001 02	0.001 28	0.001 53	0.001 79	0.002 13	0.002 55	0.002 98	0.003 40
180	0.001 08	0.001 35	0.001 62	0.001 89	0.002 25	0.002 70	0.003 15	0.003 60
190	0.001 14	0.001 43	0.001 71	0.002 00	0.002 38	0.002 85	0.003 33	0.003 80
200	0.001 20	0.001 50	0.001 80	0.002 10	0.002 50	0.003 00	0.003 50	0.004 00
210	0.001 26	0.001 58	0.001 89	0.002 21	0.002 63	0.003 15	0.003 68	0.004 20
220	0.001 32	0.001 65	0.001 98	0.002 31	0.002 75	0.003 30	0.003 85	0.004 40
230	0.001 38	0.001 73	0.002 07	0.002 42	0.002 88	0.003 45	0.004 03	0.004 60
240	0.001 44	0.001 80	0.002 16	0.002 52	0.003 00	0.003 60	0.004 20	0.004 80
250	0.001 50	0.001 88	0.002 25	0.002 63	0.003 13	0.003 75	0.004 38	0.005 00
260	0.001 56	0.001 95	0.002 34	0.002 73	0.003 25	0.003 90	0.004 55	0.005 20
270	0.001 62	0.002 03	0.002 43	0.002 84	0.003 38	0.004 05	0.004 73	0.005 40
280	0.001 68	0.002 10	0.002 52	0.002 94	0.003 50	0.004 20	0.004 90	0.005 60
290	0.001 74	0.002 18	0.002 61	0.003 05	0.003 63	0.004 35	0.005 08	0.005 80
300	0.001 80	0.002 25	0.002 70	0.003 15	0.003 75	0.004 50	0.005 25	0.006 00

表 1（续）

材长/m	0.5						
	材　厚/mm						
材宽/mm	45	50	60	70	80	90	100
	材　积/m³						
30	0.000 68	0.000 75	0.000 90	0.001 05	0.001 20	0.001 35	0.001 50
40	0.000 90	0.001 00	0.001 20	0.001 40	0.001 60	0.001 80	0.002 00
50	0.001 13	0.001 25	0.001 50	0.001 75	0.002 00	0.002 25	0.002 50
60	0.001 35	0.001 50	0.001 80	0.002 10	0.002 40	0.002 70	0.003 00
70	0.001 58	0.001 75	0.002 10	0.002 45	0.002 80	0.003 15	0.003 50
80	0.001 80	0.002 00	0.002 40	0.002 80	0.003 20	0.003 60	0.004 00
90	0.002 03	0.002 25	0.002 70	0.003 15	0.003 60	0.004 05	0.004 50
100	0.002 25	0.002 50	0.003 00	0.003 50	0.004 00	0.004 50	0.005 00
110	0.002 48	0.002 75	0.003 30	0.003 85	0.004 40	0.004 95	0.005 50
120	0.002 70	0.003 00	0.003 60	0.004 20	0.004 80	0.005 40	0.006 00
130	0.002 93	0.003 25	0.003 90	0.004 55	0.005 20	0.005 85	0.006 50
140	0.003 15	0.003 50	0.004 20	0.004 90	0.005 60	0.006 30	0.007 00
150	0.003 38	0.003 75	0.004 50	0.005 25	0.006 00	0.006 75	0.007 50
160	0.003 60	0.004 00	0.004 80	0.005 60	0.006 40	0.007 20	0.008 00
170	0.003 83	0.004 25	0.005 10	0.005 95	0.006 80	0.007 65	0.008 50
180	0.004 05	0.004 50	0.005 40	0.006 30	0.007 20	0.008 10	0.009 00
190	0.004 28	0.004 75	0.005 70	0.006 65	0.007 60	0.008 55	0.009 50
200	0.004 50	0.005 00	0.006 00	0.007 00	0.008 00	0.009 00	0.010 00
210	0.004 73	0.005 25	0.006 30	0.007 35	0.008 40	0.009 45	0.010 50
220	0.004 95	0.005 50	0.006 60	0.007 70	0.008 80	0.009 90	0.011 00
230	0.005 18	0.005 75	0.006 90	0.008 05	0.009 20	0.010 35	0.011 50
240	0.005 40	0.006 00	0.007 20	0.008 40	0.009 60	0.010 80	0.012 00
250	0.005 63	0.006 25	0.007 50	0.008 75	0.010 00	0.011 25	0.012 50
260	0.005 85	0.006 50	0.007 80	0.009 10	0.010 40	0.011 70	0.013 00
270	0.006 08	0.006 75	0.008 10	0.009 45	0.010 80	0.012 15	0.013 50
280	0.006 30	0.007 00	0.008 40	0.009 80	0.011 20	0.012 60	0.014 00
290	0.006 53	0.007 25	0.008 70	0.010 15	0.011 60	0.013 05	0.014 50
300	0.006 75	0.007 50	0.009 00	0.010 50	0.012 00	0.013 50	0.015 00

表 1（续）

材长/m	0.6							
材宽/mm	材　厚/mm							
	12	15	18	21	25	30	35	40
	材　积/m³							
30	0.000 22	0.000 27	0.000 32	0.000 38	0.000 45	0.000 54	0.000 63	0.000 72
40	0.000 29	0.000 36	0.000 43	0.000 50	0.000 60	0.000 72	0.000 84	0.000 96
50	0.000 36	0.000 45	0.000 54	0.000 63	0.000 75	0.000 90	0.001 05	0.001 20
60	0.000 43	0.000 54	0.000 65	0.000 76	0.000 90	0.001 08	0.001 26	0.001 44
70	0.000 50	0.000 63	0.000 76	0.000 88	0.001 05	0.001 26	0.001 47	0.001 68
80	0.000 58	0.000 72	0.000 86	0.001 01	0.001 20	0.001 44	0.001 68	0.001 92
90	0.000 65	0.000 81	0.000 97	0.001 13	0.001 35	0.001 62	0.001 89	0.002 16
100	0.000 72	0.000 90	0.001 08	0.001 26	0.001 50	0.001 80	0.002 10	0.002 40
110	0.000 79	0.000 99	0.001 19	0.001 39	0.001 65	0.001 98	0.002 31	0.002 64
120	0.000 86	0.001 08	0.001 30	0.001 51	0.001 80	0.002 16	0.002 52	0.002 88
130	0.000 94	0.001 17	0.001 40	0.001 64	0.001 95	0.002 34	0.002 73	0.003 12
140	0.001 01	0.001 26	0.001 51	0.001 76	0.002 10	0.002 52	0.002 94	0.003 36
150	0.001 08	0.001 35	0.001 62	0.001 89	0.002 25	0.002 70	0.003 15	0.003 60
160	0.001 15	0.001 44	0.001 73	0.002 02	0.002 40	0.002 88	0.003 36	0.003 84
170	0.001 22	0.001 53	0.001 84	0.002 14	0.002 55	0.003 06	0.003 57	0.004 08
180	0.001 30	0.001 62	0.001 94	0.002 27	0.002 70	0.003 24	0.003 78	0.004 32
190	0.001 37	0.001 71	0.002 05	0.002 39	0.002 85	0.003 42	0.003 99	0.004 56
200	0.001 44	0.001 80	0.002 16	0.002 52	0.003 00	0.003 60	0.004 20	0.004 80
210	0.001 51	0.001 89	0.002 27	0.002 65	0.003 15	0.003 78	0.004 41	0.005 04
220	0.001 58	0.001 98	0.002 38	0.002 77	0.003 30	0.003 96	0.004 62	0.005 28
230	0.001 66	0.002 07	0.002 48	0.002 90	0.003 45	0.004 14	0.004 83	0.005 52
240	0.001 73	0.002 16	0.002 59	0.003 02	0.003 60	0.004 32	0.005 04	0.005 76
250	0.001 80	0.002 25	0.002 70	0.003 15	0.003 75	0.004 50	0.005 25	0.006 00
260	0.001 87	0.002 34	0.002 81	0.003 28	0.003 90	0.004 68	0.005 46	0.006 24
270	0.001 94	0.002 43	0.002 92	0.003 40	0.004 05	0.004 86	0.005 67	0.006 48
280	0.002 02	0.002 52	0.003 02	0.003 53	0.004 20	0.005 04	0.005 88	0.006 72
290	0.002 09	0.002 61	0.003 13	0.003 65	0.004 35	0.005 22	0.006 09	0.006 96
300	0.002 16	0.002 70	0.003 24	0.003 78	0.004 50	0.005 40	0.006 30	0.007 20

表 1（续）

材长/m	0.6						
	材　厚/mm						
材宽/mm	45	50	60	70	80	90	100
	材　积/m³						
30	0.000 81	0.000 90	0.001 08	0.001 26	0.001 44	0.001 62	0.001 80
40	0.001 08	0.001 20	0.001 44	0.001 68	0.001 92	0.002 16	0.002 40
50	0.001 35	0.001 50	0.001 80	0.002 10	0.002 40	0.002 70	0.003 00
60	0.001 62	0.001 80	0.002 16	0.002 52	0.002 88	0.003 24	0.003 60
70	0.001 89	0.002 10	0.002 52	0.002 94	0.003 36	0.003 78	0.004 20
80	0.002 16	0.002 40	0.002 88	0.003 36	0.003 84	0.004 32	0.004 80
90	0.002 43	0.002 70	0.003 24	0.003 78	0.004 32	0.004 86	0.005 40
100	0.002 70	0.003 00	0.003 60	0.004 20	0.004 80	0.005 40	0.006 00
110	0.002 97	0.003 30	0.003 96	0.004 62	0.005 28	0.005 94	0.006 60
120	0.003 24	0.003 60	0.004 32	0.005 04	0.005 76	0.006 48	0.007 20
130	0.003 51	0.003 90	0.004 68	0.005 46	0.006 24	0.007 02	0.007 80
140	0.003 78	0.004 20	0.005 04	0.005 88	0.006 72	0.007 56	0.008 40
150	0.004 05	0.004 50	0.005 40	0.006 30	0.007 20	0.008 10	0.009 00
160	0.004 32	0.004 80	0.005 76	0.006 72	0.007 68	0.008 64	0.009 60
170	0.004 59	0.005 10	0.006 12	0.007 14	0.008 16	0.009 18	0.010 20
180	0.004 86	0.005 40	0.006 48	0.007 56	0.008 64	0.009 72	0.010 80
190	0.005 13	0.005 70	0.006 84	0.007 98	0.009 12	0.010 26	0.011 40
200	0.005 40	0.006 00	0.007 20	0.008 40	0.009 60	0.010 80	0.012 00
210	0.005 67	0.006 30	0.007 56	0.008 82	0.010 08	0.011 34	0.012 60
220	0.005 94	0.006 60	0.007 92	0.009 24	0.010 56	0.011 88	0.013 20
230	0.006 21	0.006 90	0.008 28	0.009 66	0.011 04	0.012 42	0.013 80
240	0.006 48	0.007 20	0.008 64	0.010 08	0.011 52	0.012 96	0.014 40
250	0.006 75	0.007 50	0.009 00	0.010 50	0.012 00	0.013 50	0.015 00
260	0.007 02	0.007 80	0.009 36	0.010 92	0.012 48	0.014 04	0.015 60
270	0.007 29	0.008 10	0.009 72	0.011 34	0.012 96	0.014 58	0.016 20
280	0.007 56	0.008 40	0.010 08	0.011 76	0.013 44	0.015 12	0.016 80
290	0.007 83	0.008 70	0.010 44	0.012 18	0.013 92	0.015 66	0.017 40
300	0.008 10	0.009 00	0.010 80	0.012 60	0.014 40	0.016 20	0.018 00

表 1（续）

材长/m	0.7							
	材　厚/mm							
材宽/mm	12	15	18	21	25	30	35	40
	材　积/m³							
30	0.000 25	0.000 32	0.000 38	0.000 44	0.000 53	0.000 63	0.000 74	0.000 84
40	0.000 34	0.000 42	0.000 50	0.000 59	0.000 70	0.000 84	0.000 98	0.001 12
50	0.000 42	0.000 53	0.000 63	0.000 74	0.000 88	0.001 05	0.001 23	0.001 40
60	0.000 50	0.000 63	0.000 76	0.000 88	0.001 05	0.001 26	0.001 47	0.001 68
70	0.000 59	0.000 74	0.000 88	0.001 03	0.001 23	0.001 47	0.001 72	0.001 96
80	0.000 67	0.000 84	0.001 01	0.001 18	0.001 40	0.001 68	0.001 96	0.002 24
90	0.000 76	0.000 95	0.001 13	0.001 32	0.001 58	0.001 89	0.002 21	0.002 52
100	0.000 84	0.001 05	0.001 26	0.001 47	0.001 75	0.002 10	0.002 45	0.002 80
110	0.000 92	0.001 16	0.001 39	0.001 62	0.001 93	0.002 31	0.002 70	0.003 08
120	0.001 01	0.001 26	0.001 51	0.001 76	0.002 10	0.002 52	0.002 94	0.003 36
130	0.001 09	0.001 37	0.001 64	0.001 91	0.002 28	0.002 73	0.003 19	0.003 64
140	0.001 18	0.001 47	0.001 76	0.002 06	0.002 45	0.002 94	0.003 43	0.003 92
150	0.001 26	0.001 58	0.001 89	0.002 21	0.002 63	0.003 15	0.003 68	0.004 20
160	0.001 34	0.001 68	0.002 02	0.002 35	0.002 80	0.003 36	0.003 92	0.004 48
170	0.001 43	0.001 79	0.002 14	0.002 50	0.002 98	0.003 57	0.004 17	0.004 76
180	0.001 51	0.001 89	0.002 27	0.002 65	0.003 15	0.003 78	0.004 41	0.005 04
190	0.001 60	0.002 00	0.002 39	0.002 79	0.003 33	0.003 99	0.004 66	0.005 32
200	0.001 68	0.002 10	0.002 52	0.002 94	0.003 50	0.004 20	0.004 90	0.005 60
210	0.001 76	0.002 21	0.002 65	0.003 09	0.003 68	0.004 41	0.005 15	0.005 88
220	0.001 85	0.002 31	0.002 77	0.003 23	0.003 85	0.004 62	0.005 39	0.006 16
230	0.001 93	0.002 42	0.002 90	0.003 38	0.004 03	0.004 83	0.005 64	0.006 44
240	0.002 02	0.002 52	0.003 02	0.003 53	0.004 20	0.005 04	0.005 88	0.006 72
250	0.002 10	0.002 63	0.003 15	0.003 68	0.004 38	0.005 25	0.006 13	0.007 00
260	0.002 18	0.002 73	0.003 28	0.003 82	0.004 55	0.005 46	0.006 37	0.007 28
270	0.002 27	0.002 84	0.003 40	0.003 97	0.004 73	0.005 67	0.006 62	0.007 56
280	0.002 35	0.002 94	0.003 53	0.004 12	0.004 90	0.005 88	0.006 86	0.007 84
290	0.002 44	0.003 05	0.003 65	0.004 26	0.005 08	0.006 09	0.007 11	0.008 12
300	0.002 52	0.003 15	0.003 78	0.004 41	0.005 25	0.006 30	0.007 35	0.008 40

表 1（续）

材长/m	0.7						
材宽/mm	材　厚/mm						
	45	50	60	70	80	90	100
	材　积/m³						
30	0.000 95	0.001 05	0.001 26	0.001 47	0.001 68	0.001 89	0.002 10
40	0.001 26	0.001 40	0.001 68	0.001 96	0.002 24	0.002 52	0.002 80
50	0.001 58	0.001 75	0.002 10	0.002 45	0.002 80	0.003 15	0.003 50
60	0.001 89	0.002 10	0.002 52	0.002 94	0.003 36	0.003 78	0.004 20
70	0.002 21	0.002 45	0.002 94	0.003 43	0.003 92	0.004 41	0.004 90
80	0.002 52	0.002 80	0.003 36	0.003 92	0.004 48	0.005 04	0.005 60
90	0.002 84	0.003 15	0.003 78	0.004 41	0.005 04	0.005 67	0.006 30
100	0.003 15	0.003 50	0.004 20	0.004 90	0.005 60	0.006 30	0.007 00
110	0.003 47	0.003 85	0.004 62	0.005 39	0.006 16	0.006 93	0.007 70
120	0.003 78	0.004 20	0.005 04	0.005 88	0.006 72	0.007 56	0.008 40
130	0.004 10	0.004 55	0.005 46	0.006 37	0.007 28	0.008 19	0.009 10
140	0.004 41	0.004 90	0.005 88	0.006 86	0.007 84	0.008 82	0.009 80
150	0.004 73	0.005 25	0.006 30	0.007 35	0.008 40	0.009 45	0.010 50
160	0.005 04	0.005 60	0.006 72	0.007 84	0.008 96	0.010 08	0.011 20
170	0.005 36	0.005 95	0.007 14	0.008 33	0.009 52	0.010 71	0.011 90
180	0.005 67	0.006 30	0.007 56	0.008 82	0.010 08	0.011 34	0.012 60
190	0.005 99	0.006 65	0.007 98	0.009 31	0.010 64	0.011 97	0.013 30
200	0.006 30	0.007 00	0.008 40	0.009 80	0.011 20	0.012 60	0.014 00
210	0.006 62	0.007 35	0.008 82	0.010 29	0.011 76	0.013 23	0.014 70
220	0.006 93	0.007 70	0.009 24	0.010 78	0.012 32	0.013 86	0.015 40
230	0.007 25	0.008 05	0.009 66	0.011 27	0.012 88	0.014 49	0.016 10
240	0.007 56	0.008 40	0.010 08	0.011 76	0.013 44	0.015 12	0.016 80
250	0.007 88	0.008 75	0.010 50	0.012 25	0.014 00	0.015 75	0.017 50
260	0.008 19	0.009 10	0.010 92	0.012 74	0.014 56	0.016 38	0.018 20
270	0.008 51	0.009 45	0.011 34	0.013 23	0.015 12	0.017 01	0.018 90
280	0.008 82	0.009 80	0.011 76	0.013 72	0.015 68	0.017 64	0.019 60
290	0.009 14	0.010 15	0.012 18	0.014 21	0.016 24	0.018 27	0.020 30
300	0.009 45	0.010 50	0.012 60	0.014 70	0.016 80	0.018 90	0.021 00

表 1（续）

材长/m	0.8							
材宽/mm	材　厚/mm							
	12	15	18	21	25	30	35	40
	材　积/m³							
30	0.000 29	0.000 36	0.000 43	0.000 50	0.000 60	0.000 72	0.000 84	0.000 96
40	0.000 38	0.000 48	0.000 58	0.000 67	0.000 80	0.000 96	0.001 12	0.001 28
50	0.000 48	0.000 60	0.000 72	0.000 84	0.001 00	0.001 20	0.001 40	0.001 60
60	0.000 58	0.000 72	0.000 86	0.001 01	0.001 20	0.001 44	0.001 68	0.001 92
70	0.000 67	0.000 84	0.001 01	0.001 18	0.001 40	0.001 68	0.001 96	0.002 24
80	0.000 77	0.000 96	0.001 15	0.001 34	0.001 60	0.001 92	0.002 24	0.002 56
90	0.000 86	0.001 08	0.001 30	0.001 51	0.001 80	0.002 16	0.002 52	0.002 88
100	0.000 96	0.001 20	0.001 44	0.001 68	0.002 00	0.002 40	0.002 80	0.003 20
110	0.001 06	0.001 32	0.001 58	0.001 85	0.002 20	0.002 64	0.003 08	0.003 52
120	0.001 15	0.001 44	0.001 73	0.002 02	0.002 40	0.002 88	0.003 36	0.003 84
130	0.001 25	0.001 56	0.001 87	0.002 18	0.002 60	0.003 12	0.003 64	0.004 16
140	0.001 34	0.001 68	0.002 02	0.002 35	0.002 80	0.003 36	0.003 92	0.004 48
150	0.001 44	0.001 80	0.002 16	0.002 52	0.003 00	0.003 60	0.004 20	0.004 80
160	0.001 54	0.001 92	0.002 30	0.002 69	0.003 20	0.003 84	0.004 48	0.005 12
170	0.001 63	0.002 04	0.002 45	0.002 86	0.003 40	0.004 08	0.004 76	0.005 44
180	0.001 73	0.002 16	0.002 59	0.003 02	0.003 60	0.004 32	0.005 04	0.005 76
190	0.001 82	0.002 28	0.002 74	0.003 19	0.003 80	0.004 56	0.005 32	0.006 08
200	0.001 92	0.002 40	0.002 88	0.003 36	0.004 00	0.004 80	0.005 60	0.006 40
210	0.002 02	0.002 52	0.003 02	0.003 53	0.004 20	0.005 04	0.005 88	0.006 72
220	0.002 11	0.002 64	0.003 17	0.003 70	0.004 40	0.005 28	0.006 16	0.007 04
230	0.002 21	0.002 76	0.003 31	0.003 86	0.004 60	0.005 52	0.006 44	0.007 36
240	0.002 30	0.002 88	0.003 46	0.004 03	0.004 80	0.005 76	0.006 72	0.007 68
250	0.002 40	0.003 00	0.003 60	0.004 20	0.005 00	0.006 00	0.007 00	0.008 00
260	0.002 50	0.003 12	0.003 74	0.004 37	0.005 20	0.006 24	0.007 28	0.008 32
270	0.002 59	0.003 24	0.003 89	0.004 54	0.005 40	0.006 48	0.007 56	0.008 64
280	0.002 69	0.003 36	0.004 03	0.004 70	0.005 60	0.006 72	0.007 84	0.008 96
290	0.002 78	0.003 48	0.004 18	0.004 87	0.005 80	0.006 96	0.008 12	0.009 28
300	0.002 88	0.003 60	0.004 32	0.005 04	0.006 00	0.007 20	0.008 40	0.009 60

表 1（续）

材长/m	0.8						
材宽/mm	材　　厚/mm						
	45	50	60	70	80	90	100
	材　　积/m³						
30	0.001 08	0.001 20	0.001 44	0.001 68	0.001 92	0.002 16	0.002 40
40	0.001 44	0.001 60	0.001 92	0.002 24	0.002 56	0.002 88	0.003 20
50	0.001 80	0.002 00	0.002 40	0.002 80	0.003 20	0.003 60	0.004 00
60	0.002 16	0.002 40	0.002 88	0.003 36	0.003 84	0.004 32	0.004 80
70	0.002 52	0.002 80	0.003 36	0.003 92	0.004 48	0.005 04	0.005 60
80	0.002 88	0.003 20	0.003 84	0.004 48	0.005 12	0.005 76	0.006 40
90	0.003 24	0.003 60	0.004 32	0.005 04	0.005 76	0.006 48	0.007 20
100	0.003 60	0.004 00	0.004 80	0.005 60	0.006 40	0.007 20	0.008 00
110	0.003 96	0.004 40	0.005 28	0.006 16	0.007 04	0.007 92	0.008 80
120	0.004 32	0.004 80	0.005 76	0.006 72	0.007 68	0.008 64	0.009 60
130	0.004 68	0.005 20	0.006 24	0.007 28	0.008 32	0.009 36	0.010 40
140	0.005 04	0.005 60	0.006 72	0.007 84	0.008 96	0.010 08	0.011 20
150	0.005 40	0.006 00	0.007 20	0.008 40	0.009 60	0.010 80	0.012 00
160	0.005 76	0.006 40	0.007 68	0.008 96	0.010 24	0.011 52	0.012 80
170	0.006 12	0.006 80	0.008 16	0.009 52	0.010 88	0.012 24	0.013 60
180	0.006 48	0.007 20	0.008 64	0.010 08	0.011 52	0.012 96	0.014 40
190	0.006 84	0.007 60	0.009 12	0.010 64	0.012 16	0.013 68	0.015 20
200	0.007 20	0.008 00	0.009 60	0.011 20	0.012 80	0.014 40	0.016 00
210	0.007 56	0.008 40	0.010 08	0.011 76	0.013 44	0.015 12	0.016 80
220	0.007 92	0.008 80	0.010 56	0.012 32	0.014 08	0.015 84	0.017 60
230	0.008 28	0.009 20	0.011 04	0.012 88	0.014 72	0.016 56	0.018 40
240	0.008 64	0.009 60	0.011 52	0.013 44	0.015 36	0.017 28	0.019 20
250	0.009 00	0.010 00	0.012 00	0.014 00	0.016 00	0.018 00	0.020 00
260	0.009 36	0.010 40	0.012 48	0.014 56	0.016 64	0.018 72	0.020 80
270	0.009 72	0.010 80	0.012 96	0.015 12	0.017 28	0.019 44	0.021 60
280	0.010 08	0.011 20	0.013 44	0.015 68	0.017 92	0.020 16	0.022 40
290	0.010 44	0.011 60	0.013 92	0.016 24	0.018 56	0.020 88	0.023 20
300	0.010 80	0.012 00	0.014 40	0.016 80	0.019 20	0.021 60	0.024 00

表 1（续）

材长/m	0.9							
材宽/mm	材　厚/mm							
	12	15	18	21	25	30	35	40
	材　积/m³							
30	0.000 32	0.000 41	0.000 49	0.000 57	0.000 68	0.000 81	0.000 95	0.001 08
40	0.000 43	0.000 54	0.000 65	0.000 76	0.000 90	0.001 08	0.001 26	0.001 44
50	0.000 54	0.000 68	0.000 81	0.000 95	0.001 13	0.001 35	0.001 58	0.001 80
60	0.000 65	0.000 81	0.000 97	0.001 13	0.001 35	0.001 62	0.001 89	0.002 16
70	0.000 76	0.000 95	0.001 13	0.001 32	0.001 58	0.001 89	0.002 21	0.002 52
80	0.000 86	0.001 08	0.001 30	0.001 51	0.001 80	0.002 16	0.002 52	0.002 88
90	0.000 97	0.001 22	0.001 46	0.001 70	0.002 03	0.002 43	0.002 84	0.003 24
100	0.001 08	0.001 35	0.001 62	0.001 89	0.002 25	0.002 70	0.003 15	0.003 60
110	0.001 19	0.001 49	0.001 78	0.002 08	0.002 48	0.002 97	0.003 47	0.003 96
120	0.001 30	0.001 62	0.001 94	0.002 27	0.002 70	0.003 24	0.003 78	0.004 32
130	0.001 40	0.001 76	0.002 11	0.002 46	0.002 93	0.003 51	0.004 10	0.004 68
140	0.001 51	0.001 89	0.002 27	0.002 65	0.003 15	0.003 78	0.004 41	0.005 04
150	0.001 62	0.002 03	0.002 43	0.002 84	0.003 38	0.004 05	0.004 73	0.005 40
160	0.001 73	0.002 16	0.002 59	0.003 02	0.003 60	0.004 32	0.005 04	0.005 76
170	0.001 84	0.002 30	0.002 75	0.003 21	0.003 83	0.004 59	0.005 36	0.006 12
180	0.001 94	0.002 43	0.002 92	0.003 40	0.004 05	0.004 86	0.005 67	0.006 48
190	0.002 05	0.002 57	0.003 08	0.003 59	0.004 28	0.005 13	0.005 99	0.006 84
200	0.002 16	0.002 70	0.003 24	0.003 78	0.004 50	0.005 40	0.006 30	0.007 20
210	0.002 27	0.002 84	0.003 40	0.003 97	0.004 73	0.005 67	0.006 62	0.007 56
220	0.002 38	0.002 97	0.003 56	0.004 16	0.004 95	0.005 94	0.006 93	0.007 92
230	0.002 48	0.003 11	0.003 73	0.004 35	0.005 18	0.006 21	0.007 25	0.008 28
240	0.002 59	0.003 24	0.003 89	0.004 54	0.005 40	0.006 48	0.007 56	0.008 64
250	0.002 70	0.003 38	0.004 05	0.004 73	0.005 63	0.006 75	0.007 88	0.009 00
260	0.002 81	0.003 51	0.004 21	0.004 91	0.005 85	0.007 02	0.008 19	0.009 36
270	0.002 92	0.003 65	0.004 37	0.005 10	0.006 08	0.007 29	0.008 51	0.009 72
280	0.003 02	0.003 78	0.004 54	0.005 29	0.006 30	0.007 56	0.008 82	0.010 08
290	0.003 13	0.003 92	0.004 70	0.005 48	0.006 53	0.007 83	0.009 14	0.010 44
300	0.003 24	0.004 05	0.004 86	0.005 67	0.006 75	0.008 10	0.009 45	0.010 80

表 1（续）

材长/m	0.9						
	材　厚/mm						
材宽/mm	45	50	60	70	80	90	100
	材　积/m³						
30	0.001 22	0.001 35	0.001 62	0.001 89	0.002 16	0.002 43	0.002 70
40	0.001 62	0.001 80	0.002 16	0.002 52	0.002 88	0.003 24	0.003 60
50	0.002 03	0.002 25	0.002 70	0.003 15	0.003 60	0.004 05	0.004 50
60	0.002 43	0.002 70	0.003 24	0.003 78	0.004 32	0.004 86	0.005 40
70	0.002 84	0.003 15	0.003 78	0.004 41	0.005 04	0.005 67	0.006 30
80	0.003 24	0.003 60	0.004 32	0.005 04	0.005 76	0.006 48	0.007 20
90	0.003 65	0.004 05	0.004 86	0.005 67	0.006 48	0.007 29	0.008 10
100	0.004 05	0.004 50	0.005 40	0.006 30	0.007 20	0.008 10	0.009 00
110	0.004 46	0.004 95	0.005 94	0.006 93	0.007 92	0.008 91	0.009 90
120	0.004 86	0.005 40	0.006 48	0.007 56	0.008 64	0.009 72	0.010 80
130	0.005 27	0.005 85	0.007 02	0.008 19	0.009 36	0.010 53	0.011 70
140	0.005 67	0.006 30	0.007 56	0.008 82	0.010 08	0.011 34	0.012 60
150	0.006 08	0.006 75	0.008 10	0.009 45	0.010 80	0.012 15	0.013 50
160	0.006 48	0.007 20	0.008 64	0.010 08	0.011 52	0.012 96	0.014 40
170	0.006 89	0.007 65	0.009 18	0.010 71	0.012 24	0.013 77	0.015 30
180	0.007 29	0.008 10	0.009 72	0.011 34	0.012 96	0.014 58	0.016 20
190	0.007 70	0.008 55	0.010 26	0.011 97	0.013 68	0.015 39	0.017 10
200	0.008 10	0.009 00	0.010 80	0.012 60	0.014 40	0.016 20	0.018 00
210	0.008 51	0.009 45	0.011 34	0.013 23	0.015 12	0.017 01	0.018 90
220	0.008 91	0.009 90	0.011 88	0.013 86	0.015 84	0.017 82	0.019 80
230	0.009 32	0.010 35	0.012 42	0.014 49	0.016 56	0.018 63	0.020 70
240	0.009 72	0.010 80	0.012 96	0.015 12	0.017 28	0.019 44	0.021 60
250	0.010 13	0.011 25	0.013 50	0.015 75	0.018 00	0.020 25	0.022 50
260	0.010 53	0.011 70	0.014 04	0.016 38	0.018 72	0.021 06	0.023 40
270	0.010 94	0.012 15	0.014 58	0.017 01	0.019 44	0.021 87	0.024 30
280	0.011 34	0.012 60	0.015 12	0.017 64	0.020 16	0.022 68	0.025 20
290	0.011 75	0.013 05	0.015 66	0.018 27	0.020 88	0.023 49	0.026 10
300	0.012 15	0.013 50	0.016 20	0.018 90	0.021 60	0.024 30	0.027 00

表 1（续）

材长/m	1.0							
材宽/mm	材　厚/mm							
	12	15	18	21	25	30	35	40
	材　积/m³							
30	0.000 36	0.000 45	0.000 54	0.000 63	0.000 75	0.000 90	0.001 05	0.001 20
40	0.000 48	0.000 60	0.000 72	0.000 84	0.001 00	0.001 20	0.001 40	0.001 60
50	0.000 60	0.000 75	0.000 90	0.001 05	0.001 25	0.001 50	0.001 75	0.002 00
60	0.000 72	0.000 90	0.001 08	0.001 26	0.001 50	0.001 80	0.002 10	0.002 40
70	0.000 84	0.001 05	0.001 26	0.001 47	0.001 75	0.002 10	0.002 45	0.002 80
80	0.000 96	0.001 20	0.001 44	0.001 68	0.002 00	0.002 40	0.002 80	0.003 20
90	0.001 08	0.001 35	0.001 62	0.001 89	0.002 25	0.002 70	0.003 15	0.003 60
100	0.001 20	0.001 50	0.001 80	0.002 10	0.002 50	0.003 00	0.003 50	0.004 00
110	0.001 32	0.001 65	0.001 98	0.002 31	0.002 75	0.003 30	0.003 85	0.004 40
120	0.001 44	0.001 80	0.002 16	0.002 52	0.003 00	0.003 60	0.004 20	0.004 80
130	0.001 56	0.001 95	0.002 34	0.002 73	0.003 25	0.003 90	0.004 55	0.005 20
140	0.001 68	0.002 10	0.002 52	0.002 94	0.003 50	0.004 20	0.004 90	0.005 60
150	0.001 80	0.002 25	0.002 70	0.003 15	0.003 75	0.004 50	0.005 25	0.006 00
160	0.001 92	0.002 40	0.002 88	0.003 36	0.004 00	0.004 80	0.005 60	0.006 40
170	0.002 04	0.002 55	0.003 06	0.003 57	0.004 25	0.005 10	0.005 95	0.006 80
180	0.002 16	0.002 70	0.003 24	0.003 78	0.004 50	0.005 40	0.006 30	0.007 20
190	0.002 28	0.002 85	0.003 42	0.003 99	0.004 75	0.005 70	0.006 65	0.007 60
200	0.002 40	0.003 00	0.003 60	0.004 20	0.005 00	0.006 00	0.007 00	0.008 00
210	0.002 52	0.003 15	0.003 78	0.004 41	0.005 25	0.006 30	0.007 35	0.008 40
220	0.002 64	0.003 30	0.003 96	0.004 62	0.005 50	0.006 60	0.007 70	0.008 80
230	0.002 76	0.003 45	0.004 14	0.004 83	0.005 75	0.006 90	0.008 05	0.009 20
240	0.002 88	0.003 60	0.004 32	0.005 04	0.006 00	0.007 20	0.008 40	0.009 60
250	0.003 00	0.003 75	0.004 50	0.005 25	0.006 25	0.007 50	0.008 75	0.010 00
260	0.003 12	0.003 90	0.004 68	0.005 46	0.006 50	0.007 80	0.009 10	0.010 40
270	0.003 24	0.004 05	0.004 86	0.005 67	0.006 75	0.008 10	0.009 45	0.010 80
280	0.003 36	0.004 20	0.005 04	0.005 88	0.007 00	0.008 40	0.009 80	0.011 20
290	0.003 48	0.004 35	0.005 22	0.006 09	0.007 25	0.008 70	0.010 15	0.011 60
300	0.003 60	0.004 50	0.005 40	0.006 30	0.007 50	0.009 00	0.010 50	0.012 00

表 1（续）

材长/m	1.0						
	材　　厚/mm						
材宽/mm	45	50	60	70	80	90	100
	材　　积/m³						
30	0.001 35	0.001 50	0.001 80	0.002 10	0.002 40	0.002 70	0.003 00
40	0.001 80	0.002 00	0.002 40	0.002 80	0.003 20	0.003 60	0.004 00
50	0.002 25	0.002 50	0.003 00	0.003 50	0.004 00	0.004 50	0.005 00
60	0.002 70	0.003 00	0.003 60	0.004 20	0.004 80	0.005 40	0.006 00
70	0.003 15	0.003 50	0.004 20	0.004 90	0.005 60	0.006 30	0.007 00
80	0.003 60	0.004 00	0.004 80	0.005 60	0.006 40	0.007 20	0.008 00
90	0.004 05	0.004 50	0.005 40	0.006 30	0.007 20	0.008 10	0.009 00
100	0.004 50	0.005 00	0.006 00	0.007 00	0.008 00	0.009 00	0.010 00
110	0.004 95	0.005 50	0.006 60	0.007 70	0.008 80	0.009 90	0.011 00
120	0.005 40	0.006 00	0.007 20	0.008 40	0.009 60	0.010 80	0.012 00
130	0.005 85	0.006 50	0.007 80	0.009 10	0.010 40	0.011 70	0.013 00
140	0.006 30	0.007 00	0.008 40	0.009 80	0.011 20	0.012 60	0.014 00
150	0.006 75	0.007 50	0.009 00	0.010 50	0.012 00	0.013 50	0.015 00
160	0.007 20	0.008 00	0.009 60	0.011 20	0.012 80	0.014 40	0.016 00
170	0.007 65	0.008 50	0.010 20	0.011 90	0.013 60	0.015 30	0.017 00
180	0.008 10	0.009 00	0.010 80	0.012 60	0.014 40	0.016 20	0.018 00
190	0.008 55	0.009 50	0.011 40	0.013 30	0.015 20	0.017 10	0.019 00
200	0.009 00	0.010 00	0.012 00	0.014 00	0.016 00	0.018 00	0.020 00
210	0.009 45	0.010 50	0.012 60	0.014 70	0.016 80	0.018 90	0.021 00
220	0.009 90	0.011 00	0.013 20	0.015 40	0.017 60	0.019 80	0.022 00
230	0.010 35	0.011 50	0.013 80	0.016 10	0.018 40	0.020 70	0.023 00
240	0.010 80	0.012 00	0.014 40	0.016 80	0.019 20	0.021 60	0.024 00
250	0.011 25	0.012 50	0.015 00	0.017 50	0.020 00	0.022 50	0.025 00
260	0.011 70	0.013 00	0.015 60	0.018 20	0.020 80	0.023 40	0.026 00
270	0.012 15	0.013 50	0.016 20	0.018 90	0.021 60	0.024 30	0.027 00
280	0.012 60	0.014 00	0.016 80	0.019 60	0.022 40	0.025 20	0.028 00
290	0.013 05	0.014 50	0.017 40	0.020 30	0.023 20	0.026 10	0.029 00
300	0.013 50	0.015 00	0.018 00	0.021 00	0.024 00	0.027 00	0.030 00

表 1（续）

材长/m	1.1							
材宽/mm	材　厚/mm							
	12	15	18	21	25	30	35	40
	材　积/m³							
30	0.000 40	0.000 50	0.000 59	0.000 69	0.000 83	0.000 99	0.001 16	0.001 32
40	0.000 53	0.000 66	0.000 79	0.000 92	0.001 10	0.001 32	0.001 54	0.001 76
50	0.000 66	0.000 83	0.000 99	0.001 16	0.001 38	0.001 65	0.001 93	0.002 20
60	0.000 79	0.000 99	0.001 19	0.001 39	0.001 65	0.001 98	0.002 31	0.002 64
70	0.000 92	0.001 16	0.001 39	0.001 62	0.001 93	0.002 31	0.002 70	0.003 08
80	0.001 06	0.001 32	0.001 58	0.001 85	0.002 20	0.002 64	0.003 08	0.003 52
90	0.001 19	0.001 49	0.001 78	0.002 08	0.002 48	0.002 97	0.003 47	0.003 96
100	0.001 32	0.001 65	0.001 98	0.002 31	0.002 75	0.003 30	0.003 85	0.004 40
110	0.001 45	0.001 82	0.002 18	0.002 54	0.003 03	0.003 63	0.004 24	0.004 84
120	0.001 58	0.001 98	0.002 38	0.002 77	0.003 30	0.003 96	0.004 62	0.005 28
130	0.001 72	0.002 15	0.002 57	0.003 00	0.003 58	0.004 29	0.005 01	0.005 72
140	0.001 85	0.002 31	0.002 77	0.003 23	0.003 85	0.004 62	0.005 39	0.006 16
150	0.001 98	0.002 48	0.002 97	0.003 47	0.004 13	0.004 95	0.005 78	0.006 60
160	0.002 11	0.002 64	0.003 17	0.003 70	0.004 40	0.005 28	0.006 16	0.007 04
170	0.002 24	0.002 81	0.003 37	0.003 93	0.004 68	0.005 61	0.006 55	0.007 48
180	0.002 38	0.002 97	0.003 56	0.004 16	0.004 95	0.005 94	0.006 93	0.007 92
190	0.002 51	0.003 14	0.003 76	0.004 39	0.005 23	0.006 27	0.007 32	0.008 36
200	0.002 64	0.003 30	0.003 96	0.004 62	0.005 50	0.006 60	0.007 70	0.008 80
210	0.002 77	0.003 47	0.004 16	0.004 85	0.005 78	0.006 93	0.008 09	0.009 24
220	0.002 90	0.003 63	0.004 36	0.005 08	0.006 05	0.007 26	0.008 47	0.009 68
230	0.003 04	0.003 80	0.004 55	0.005 31	0.006 33	0.007 59	0.008 86	0.010 12
240	0.003 17	0.003 96	0.004 75	0.005 54	0.006 60	0.007 92	0.009 24	0.010 56
250	0.003 30	0.004 13	0.004 95	0.005 78	0.006 88	0.008 25	0.009 63	0.011 00
260	0.003 43	0.004 29	0.005 15	0.006 01	0.007 15	0.008 58	0.010 01	0.011 44
270	0.003 56	0.004 46	0.005 35	0.006 24	0.007 43	0.008 91	0.010 40	0.011 88
280	0.003 70	0.004 62	0.005 54	0.006 47	0.007 70	0.009 24	0.010 78	0.012 32
290	0.003 83	0.004 79	0.005 74	0.006 70	0.007 98	0.009 57	0.011 17	0.012 76
300	0.003 96	0.004 95	0.005 94	0.006 93	0.008 25	0.009 90	0.011 55	0.013 20

表 1（续）

材长/m	1.1						
材宽/mm	材　厚/mm						
	45	50	60	70	80	90	100
	材　积/m^3						
30	0.001 49	0.001 65	0.001 98	0.002 31	0.002 64	0.002 97	0.003 30
40	0.001 98	0.002 20	0.002 64	0.003 08	0.003 52	0.003 96	0.004 40
50	0.002 48	0.002 75	0.003 30	0.003 85	0.004 40	0.004 95	0.005 50
60	0.002 97	0.003 30	0.003 96	0.004 62	0.005 28	0.005 94	0.006 60
70	0.003 47	0.003 85	0.004 62	0.005 39	0.006 16	0.006 93	0.007 70
80	0.003 96	0.004 40	0.005 28	0.006 16	0.007 04	0.007 92	0.008 80
90	0.004 46	0.004 95	0.005 94	0.006 93	0.007 92	0.008 91	0.009 90
100	0.004 95	0.005 50	0.006 60	0.007 70	0.008 80	0.009 90	0.011 00
110	0.005 45	0.006 05	0.007 26	0.008 47	0.009 68	0.010 89	0.012 10
120	0.005 94	0.006 60	0.007 92	0.009 24	0.010 56	0.011 88	0.013 20
130	0.006 44	0.007 15	0.008 58	0.010 01	0.011 44	0.012 87	0.014 30
140	0.006 93	0.007 70	0.009 24	0.010 78	0.012 32	0.013 86	0.015 40
150	0.007 43	0.008 25	0.009 90	0.011 55	0.013 20	0.014 85	0.016 50
160	0.007 92	0.008 80	0.010 56	0.012 32	0.014 08	0.015 84	0.017 60
170	0.008 42	0.009 35	0.011 22	0.013 09	0.014 96	0.016 83	0.018 70
180	0.008 91	0.009 90	0.011 88	0.013 86	0.015 84	0.017 82	0.019 80
190	0.009 41	0.010 45	0.012 54	0.014 63	0.016 72	0.018 81	0.020 90
200	0.009 90	0.011 00	0.013 20	0.015 40	0.017 60	0.019 80	0.022 00
210	0.010 40	0.011 55	0.013 86	0.016 17	0.018 48	0.020 79	0.023 10
220	0.010 89	0.012 10	0.014 52	0.016 94	0.019 36	0.021 78	0.024 20
230	0.011 39	0.012 65	0.015 18	0.017 71	0.020 24	0.022 77	0.025 30
240	0.011 88	0.013 20	0.015 84	0.018 48	0.021 12	0.023 76	0.026 40
250	0.012 38	0.013 75	0.016 50	0.019 25	0.022 00	0.024 75	0.027 50
260	0.012 87	0.014 30	0.017 16	0.020 02	0.022 88	0.025 74	0.028 60
270	0.013 37	0.014 85	0.017 82	0.020 79	0.023 76	0.026 73	0.029 70
280	0.013 86	0.015 40	0.018 48	0.021 56	0.024 64	0.027 72	0.030 80
290	0.014 36	0.015 95	0.019 14	0.022 33	0.025 52	0.028 71	0.031 90
300	0.014 85	0.016 50	0.019 80	0.023 10	0.026 40	0.029 70	0.033 00

表 1（续）

材长/m	1.2							
材宽/mm	材　厚/mm							
	12	15	18	21	25	30	35	40
	材　积/m^3							
30	0.000 43	0.000 54	0.000 65	0.000 76	0.000 90	0.001 08	0.001 26	0.001 44
40	0.000 58	0.000 72	0.000 86	0.001 01	0.001 20	0.001 44	0.001 68	0.001 92
50	0.000 72	0.000 90	0.001 08	0.001 26	0.001 50	0.001 80	0.002 10	0.002 40
60	0.000 86	0.001 08	0.001 30	0.001 51	0.001 80	0.002 16	0.002 52	0.002 88
70	0.001 01	0.001 26	0.001 51	0.001 76	0.002 10	0.002 52	0.002 94	0.003 36
80	0.001 15	0.001 44	0.001 73	0.002 02	0.002 40	0.002 88	0.003 36	0.003 84
90	0.001 30	0.001 62	0.001 94	0.002 27	0.002 70	0.003 24	0.003 78	0.004 32
100	0.001 44	0.001 80	0.002 16	0.002 52	0.003 00	0.003 60	0.004 20	0.004 80
110	0.001 58	0.001 98	0.002 38	0.002 77	0.003 30	0.003 96	0.004 62	0.005 28
120	0.001 73	0.002 16	0.002 59	0.003 02	0.003 60	0.004 32	0.005 04	0.005 76
130	0.001 87	0.002 34	0.002 81	0.003 28	0.003 90	0.004 68	0.005 46	0.006 24
140	0.002 02	0.002 52	0.003 02	0.003 53	0.004 20	0.005 04	0.005 88	0.006 72
150	0.002 16	0.002 70	0.003 24	0.003 78	0.004 50	0.005 40	0.006 30	0.007 20
160	0.002 30	0.002 88	0.003 46	0.004 03	0.004 80	0.005 76	0.006 72	0.007 68
170	0.002 45	0.003 06	0.003 67	0.004 28	0.005 10	0.006 12	0.007 14	0.008 16
180	0.002 59	0.003 24	0.003 89	0.004 54	0.005 40	0.006 48	0.007 56	0.008 64
190	0.002 74	0.003 42	0.004 10	0.004 79	0.005 70	0.006 84	0.007 98	0.009 12
200	0.002 88	0.003 60	0.004 32	0.005 04	0.006 00	0.007 20	0.008 40	0.009 60
210	0.003 02	0.003 78	0.004 54	0.005 29	0.006 30	0.007 56	0.008 82	0.010 08
220	0.003 17	0.003 96	0.004 75	0.005 54	0.006 60	0.007 92	0.009 24	0.010 56
230	0.003 31	0.004 14	0.004 97	0.005 80	0.006 90	0.008 28	0.009 66	0.011 04
240	0.003 46	0.004 32	0.005 18	0.006 05	0.007 20	0.008 64	0.010 08	0.011 52
250	0.003 60	0.004 50	0.005 40	0.006 30	0.007 50	0.009 00	0.010 50	0.012 00
260	0.003 74	0.004 68	0.005 62	0.006 55	0.007 80	0.009 36	0.010 92	0.012 48
270	0.003 89	0.004 86	0.005 83	0.006 80	0.008 10	0.009 72	0.011 34	0.012 96
280	0.004 03	0.005 04	0.006 05	0.007 06	0.008 40	0.010 08	0.011 76	0.013 44
290	0.004 18	0.005 22	0.006 26	0.007 31	0.008 70	0.010 44	0.012 18	0.013 92
300	0.004 32	0.005 40	0.006 48	0.007 56	0.009 00	0.010 80	0.012 60	0.014 40

表 1（续）

材长/m	1.2						
材宽/mm	材　厚/mm						
	45	50	60	70	80	90	100
	材　积/m³						
30	0.001 62	0.001 80	0.002 16	0.002 52	0.002 88	0.003 24	0.003 60
40	0.002 16	0.002 40	0.002 88	0.003 36	0.003 84	0.004 32	0.004 80
50	0.002 70	0.003 00	0.003 60	0.004 20	0.004 80	0.005 40	0.006 00
60	0.003 24	0.003 60	0.004 32	0.005 04	0.005 76	0.006 48	0.007 20
70	0.003 78	0.004 20	0.005 04	0.005 88	0.006 72	0.007 56	0.008 40
80	0.004 32	0.004 80	0.005 76	0.006 72	0.007 68	0.008 64	0.009 60
90	0.004 86	0.005 40	0.006 48	0.007 56	0.008 64	0.009 72	0.010 80
100	0.005 40	0.006 00	0.007 20	0.008 40	0.009 60	0.010 80	0.012 00
110	0.005 94	0.006 60	0.007 92	0.009 24	0.010 56	0.011 88	0.013 20
120	0.006 48	0.007 20	0.008 64	0.010 08	0.011 52	0.012 96	0.014 40
130	0.007 02	0.007 80	0.009 36	0.010 92	0.012 48	0.014 04	0.015 60
140	0.007 56	0.008 40	0.010 08	0.011 76	0.013 44	0.015 12	0.016 80
150	0.008 10	0.009 00	0.010 80	0.012 60	0.014 40	0.016 20	0.018 00
160	0.008 64	0.009 60	0.011 52	0.013 44	0.015 36	0.017 28	0.019 20
170	0.009 18	0.010 20	0.012 24	0.014 28	0.016 32	0.018 36	0.020 40
180	0.009 72	0.010 80	0.012 96	0.015 12	0.017 28	0.019 44	0.021 60
190	0.010 26	0.011 40	0.013 68	0.015 96	0.018 24	0.020 52	0.022 80
200	0.010 80	0.012 00	0.014 40	0.016 80	0.019 20	0.021 60	0.024 00
210	0.011 34	0.012 60	0.015 12	0.017 64	0.020 16	0.022 68	0.025 20
220	0.011 88	0.013 20	0.015 84	0.018 48	0.021 12	0.023 76	0.026 40
230	0.012 42	0.013 80	0.016 56	0.019 32	0.022 08	0.024 84	0.027 60
240	0.012 96	0.014 40	0.017 28	0.020 16	0.023 04	0.025 92	0.028 80
250	0.013 50	0.015 00	0.018 00	0.021 00	0.024 00	0.027 00	0.030 00
260	0.014 04	0.015 60	0.018 72	0.021 84	0.024 96	0.028 08	0.031 20
270	0.014 58	0.016 20	0.019 44	0.022 68	0.025 92	0.029 16	0.032 40
280	0.015 12	0.016 80	0.020 16	0.023 52	0.026 88	0.030 24	0.033 60
290	0.015 66	0.017 40	0.020 88	0.024 36	0.027 84	0.031 32	0.034 80
300	0.016 20	0.018 00	0.021 60	0.025 20	0.028 80	0.032 40	0.036 00

表 1（续）

材长/m	1.3							
材宽/mm	材　　厚/mm							
	12	15	18	21	25	30	35	40
	材　　积/m³							
30	0.000 47	0.000 59	0.000 70	0.000 82	0.000 98	0.001 17	0.001 37	0.001 56
40	0.000 62	0.000 78	0.000 94	0.001 09	0.001 30	0.001 56	0.001 82	0.002 08
50	0.000 78	0.000 98	0.001 17	0.001 37	0.001 63	0.001 95	0.002 28	0.002 60
60	0.000 94	0.001 17	0.001 40	0.001 64	0.001 95	0.002 34	0.002 73	0.003 12
70	0.001 09	0.001 37	0.001 64	0.001 91	0.002 28	0.002 73	0.003 19	0.003 64
80	0.001 25	0.001 56	0.001 87	0.002 18	0.002 60	0.003 12	0.003 64	0.004 16
90	0.001 40	0.001 76	0.002 11	0.002 46	0.002 93	0.003 51	0.004 10	0.004 68
100	0.001 56	0.001 95	0.002 34	0.002 73	0.003 25	0.003 90	0.004 55	0.005 20
110	0.001 72	0.002 15	0.002 57	0.003 00	0.003 58	0.004 29	0.005 01	0.005 72
120	0.001 87	0.002 34	0.002 81	0.003 28	0.003 90	0.004 68	0.005 46	0.006 24
130	0.002 03	0.002 54	0.003 04	0.003 55	0.004 23	0.005 07	0.005 92	0.006 76
140	0.002 18	0.002 73	0.003 28	0.003 82	0.004 55	0.005 46	0.006 37	0.007 28
150	0.002 34	0.002 93	0.003 51	0.004 10	0.004 88	0.005 85	0.006 83	0.007 80
160	0.002 50	0.003 12	0.003 74	0.004 37	0.005 20	0.006 24	0.007 28	0.008 32
170	0.002 65	0.003 32	0.003 98	0.004 64	0.005 53	0.006 63	0.007 74	0.008 84
180	0.002 81	0.003 51	0.004 21	0.004 91	0.005 85	0.007 02	0.008 19	0.009 36
190	0.002 96	0.003 71	0.004 45	0.005 19	0.006 18	0.007 41	0.008 65	0.009 88
200	0.003 12	0.003 90	0.004 68	0.005 46	0.006 50	0.007 80	0.009 10	0.010 40
210	0.003 28	0.004 10	0.004 91	0.005 73	0.006 83	0.008 19	0.009 56	0.010 92
220	0.003 43	0.004 29	0.005 15	0.006 01	0.007 15	0.008 58	0.010 01	0.011 44
230	0.003 59	0.004 49	0.005 38	0.006 28	0.007 48	0.008 97	0.010 47	0.011 96
240	0.003 74	0.004 68	0.005 62	0.006 55	0.007 80	0.009 36	0.010 92	0.012 48
250	0.003 90	0.004 88	0.005 85	0.006 83	0.008 13	0.009 75	0.011 38	0.013 00
260	0.004 06	0.005 07	0.006 08	0.007 10	0.008 45	0.010 14	0.011 83	0.013 52
270	0.004 21	0.005 27	0.006 32	0.007 37	0.008 78	0.010 53	0.012 29	0.014 04
280	0.004 37	0.005 46	0.006 55	0.007 64	0.009 10	0.010 92	0.012 74	0.014 56
290	0.004 52	0.005 66	0.006 79	0.007 92	0.009 43	0.011 31	0.013 20	0.015 08
300	0.004 68	0.005 85	0.007 02	0.008 19	0.009 75	0.011 70	0.013 65	0.015 60

表 1（续）

材长/m	1.3						
材宽/mm	材　厚/mm						
	45	50	60	70	80	90	100
	材　积/m³						
30	0.001 76	0.001 95	0.002 34	0.002 73	0.003 12	0.003 51	0.003 90
40	0.002 34	0.002 60	0.003 12	0.003 64	0.004 16	0.004 68	0.005 20
50	0.002 93	0.003 25	0.003 90	0.004 55	0.005 20	0.005 85	0.006 50
60	0.003 51	0.003 90	0.004 68	0.005 46	0.006 24	0.007 02	0.007 80
70	0.004 10	0.004 55	0.005 46	0.006 37	0.007 28	0.008 19	0.009 10
80	0.004 68	0.005 20	0.006 24	0.007 28	0.008 32	0.009 36	0.010 40
90	0.005 27	0.005 85	0.007 02	0.008 19	0.009 36	0.010 53	0.011 70
100	0.005 85	0.006 50	0.007 80	0.009 10	0.010 40	0.011 70	0.013 00
110	0.006 44	0.007 15	0.008 58	0.010 01	0.011 44	0.012 87	0.014 30
120	0.007 02	0.007 80	0.009 36	0.010 92	0.012 48	0.014 04	0.015 60
130	0.007 61	0.008 45	0.010 14	0.011 83	0.013 52	0.015 21	0.016 90
140	0.008 19	0.009 10	0.010 92	0.012 74	0.014 56	0.016 38	0.018 20
150	0.008 78	0.009 75	0.011 70	0.013 65	0.015 60	0.017 55	0.019 50
160	0.009 36	0.010 40	0.012 48	0.014 56	0.016 64	0.018 72	0.020 80
170	0.009 95	0.011 05	0.013 26	0.015 47	0.017 68	0.019 89	0.022 10
180	0.010 53	0.011 70	0.014 04	0.016 38	0.018 72	0.021 06	0.023 40
190	0.011 12	0.012 35	0.014 82	0.017 29	0.019 76	0.022 23	0.024 70
200	0.011 70	0.013 00	0.015 60	0.018 20	0.020 80	0.023 40	0.026 00
210	0.012 29	0.013 65	0.016 38	0.019 11	0.021 84	0.024 57	0.027 30
220	0.012 87	0.014 30	0.017 16	0.020 02	0.022 88	0.025 74	0.028 60
230	0.013 46	0.014 95	0.017 94	0.020 93	0.023 92	0.026 91	0.029 90
240	0.014 04	0.015 60	0.018 72	0.021 84	0.024 96	0.028 08	0.031 20
250	0.014 63	0.016 25	0.019 50	0.022 75	0.026 00	0.029 25	0.032 50
260	0.015 21	0.016 90	0.020 28	0.023 66	0.027 04	0.030 42	0.033 80
270	0.015 80	0.017 55	0.021 06	0.024 57	0.028 08	0.031 59	0.035 10
280	0.016 38	0.018 20	0.021 84	0.025 48	0.029 12	0.032 76	0.036 40
290	0.016 97	0.018 85	0.022 62	0.026 39	0.030 16	0.033 93	0.037 70
300	0.017 55	0.019 50	0.023 40	0.027 30	0.031 20	0.035 10	0.039 00

表 1（续）

材长/m	1.4							
材宽/mm	材　厚/mm							
	12	15	18	21	25	30	35	40
	材　积/m^3							
30	0.000 50	0.000 63	0.000 76	0.000 88	0.001 05	0.001 26	0.001 47	0.001 68
40	0.000 67	0.000 84	0.001 01	0.001 18	0.001 40	0.001 68	0.001 96	0.002 24
50	0.000 84	0.001 05	0.001 26	0.001 47	0.001 75	0.002 10	0.002 45	0.002 80
60	0.001 01	0.001 26	0.001 51	0.001 76	0.002 10	0.002 52	0.002 94	0.003 36
70	0.001 18	0.001 47	0.001 76	0.002 06	0.002 45	0.002 94	0.003 43	0.003 92
80	0.001 34	0.001 68	0.002 02	0.002 35	0.002 80	0.003 36	0.003 92	0.004 48
90	0.001 51	0.001 89	0.002 27	0.002 65	0.003 15	0.003 78	0.004 41	0.005 04
100	0.001 68	0.002 10	0.002 52	0.002 94	0.003 50	0.004 20	0.004 90	0.005 60
110	0.001 85	0.002 31	0.002 77	0.003 23	0.003 85	0.004 62	0.005 39	0.006 16
120	0.002 02	0.002 52	0.003 02	0.003 53	0.004 20	0.005 04	0.005 88	0.006 72
130	0.002 18	0.002 73	0.003 28	0.003 82	0.004 55	0.005 46	0.006 37	0.007 28
140	0.002 35	0.002 94	0.003 53	0.004 12	0.004 90	0.005 88	0.006 86	0.007 84
150	0.002 52	0.003 15	0.003 78	0.004 41	0.005 25	0.006 30	0.007 35	0.008 40
160	0.002 69	0.003 36	0.004 03	0.004 70	0.005 60	0.006 72	0.007 84	0.008 96
170	0.002 86	0.003 57	0.004 28	0.005 00	0.005 95	0.007 14	0.008 33	0.009 52
180	0.003 02	0.003 78	0.004 54	0.005 29	0.006 30	0.007 56	0.008 82	0.010 08
190	0.003 19	0.003 99	0.004 79	0.005 59	0.006 65	0.007 98	0.009 31	0.010 64
200	0.003 36	0.004 20	0.005 04	0.005 88	0.007 00	0.008 40	0.009 80	0.011 20
210	0.003 53	0.004 41	0.005 29	0.006 17	0.007 35	0.008 82	0.010 29	0.011 76
220	0.003 70	0.004 62	0.005 54	0.006 47	0.007 70	0.009 24	0.010 78	0.012 32
230	0.003 86	0.004 83	0.005 80	0.006 76	0.008 05	0.009 66	0.011 27	0.012 88
240	0.004 03	0.005 04	0.006 05	0.007 06	0.008 40	0.010 08	0.011 76	0.013 44
250	0.004 20	0.005 25	0.006 30	0.007 35	0.008 75	0.010 50	0.012 25	0.014 00
260	0.004 37	0.005 46	0.006 55	0.007 64	0.009 10	0.010 92	0.012 74	0.014 56
270	0.004 54	0.005 67	0.006 80	0.007 94	0.009 45	0.011 34	0.013 23	0.015 12
280	0.004 70	0.005 88	0.007 06	0.008 23	0.009 80	0.011 76	0.013 72	0.015 68
290	0.004 87	0.006 09	0.007 31	0.008 53	0.010 15	0.012 18	0.014 21	0.016 24
300	0.005 04	0.006 30	0.007 56	0.008 82	0.010 50	0.012 60	0.014 70	0.016 80

表 1（续）

材长/m	1.4						
材宽/mm	材　　厚/mm						
	45	50	60	70	80	90	100
	材　　积/m^3						
30	0.001 89	0.002 10	0.002 52	0.002 94	0.003 36	0.003 78	0.004 20
40	0.002 52	0.002 80	0.003 36	0.003 92	0.004 48	0.005 04	0.005 60
50	0.003 15	0.003 50	0.004 20	0.004 90	0.005 60	0.006 30	0.007 00
60	0.003 78	0.004 20	0.005 04	0.005 88	0.006 72	0.007 56	0.008 40
70	0.004 41	0.004 90	0.005 88	0.006 86	0.007 84	0.008 82	0.009 80
80	0.005 04	0.005 60	0.006 72	0.007 84	0.008 96	0.010 08	0.011 20
90	0.005 67	0.006 30	0.007 56	0.008 82	0.010 08	0.011 34	0.012 60
100	0.006 30	0.007 00	0.008 40	0.009 80	0.011 20	0.012 60	0.014 00
110	0.006 93	0.007 70	0.009 24	0.010 78	0.012 32	0.013 86	0.015 40
120	0.007 56	0.008 40	0.010 08	0.011 76	0.013 44	0.015 12	0.016 80
130	0.008 19	0.009 10	0.010 92	0.012 74	0.014 56	0.016 38	0.018 20
140	0.008 82	0.009 80	0.011 76	0.013 72	0.015 68	0.017 64	0.019 60
150	0.009 45	0.010 50	0.012 60	0.014 70	0.016 80	0.018 90	0.021 00
160	0.010 08	0.011 20	0.013 44	0.015 68	0.017 92	0.020 16	0.022 40
170	0.010 71	0.011 90	0.014 28	0.016 66	0.019 04	0.021 42	0.023 80
180	0.011 34	0.012 60	0.015 12	0.017 64	0.020 16	0.022 68	0.025 20
190	0.011 97	0.013 30	0.015 96	0.018 62	0.021 28	0.023 94	0.026 60
200	0.012 60	0.014 00	0.016 80	0.019 60	0.022 40	0.025 20	0.028 00
210	0.013 23	0.014 70	0.017 64	0.020 58	0.023 52	0.026 46	0.029 40
220	0.013 86	0.015 40	0.018 48	0.021 56	0.024 64	0.027 72	0.030 80
230	0.014 49	0.016 10	0.019 32	0.022 54	0.025 76	0.028 98	0.032 20
240	0.015 12	0.016 80	0.020 16	0.023 52	0.026 88	0.030 24	0.033 60
250	0.015 75	0.017 50	0.021 00	0.024 50	0.028 00	0.031 50	0.035 00
260	0.016 38	0.018 20	0.021 84	0.025 48	0.029 12	0.032 76	0.036 40
270	0.017 01	0.018 90	0.022 68	0.026 46	0.030 24	0.034 02	0.037 80
280	0.017 64	0.019 60	0.023 52	0.027 44	0.031 36	0.035 28	0.039 20
290	0.018 27	0.020 30	0.024 36	0.028 42	0.032 48	0.036 54	0.040 60
300	0.018 90	0.021 00	0.025 20	0.029 40	0.033 60	0.037 80	0.042 00

表 1（续）

材长/m	1.5							
材宽/mm	材　厚/mm							
	12	15	18	21	25	30	35	40
	材　积/m³							
30	0.000 54	0.000 68	0.000 81	0.000 95	0.001 13	0.001 35	0.001 58	0.001 80
40	0.000 72	0.000 90	0.001 08	0.001 26	0.001 50	0.001 80	0.002 10	0.002 40
50	0.000 90	0.001 13	0.001 35	0.001 58	0.001 88	0.002 25	0.002 63	0.003 00
60	0.001 08	0.001 35	0.001 62	0.001 89	0.002 25	0.002 70	0.003 15	0.003 60
70	0.001 26	0.001 58	0.001 89	0.002 21	0.002 63	0.003 15	0.003 68	0.004 20
80	0.001 44	0.001 80	0.002 16	0.002 52	0.003 00	0.003 60	0.004 20	0.004 80
90	0.001 62	0.002 03	0.002 43	0.002 84	0.003 38	0.004 05	0.004 73	0.005 40
100	0.001 80	0.002 25	0.002 70	0.003 15	0.003 75	0.004 50	0.005 25	0.006 00
110	0.001 98	0.002 48	0.002 97	0.003 47	0.004 13	0.004 95	0.005 78	0.006 60
120	0.002 16	0.002 70	0.003 24	0.003 78	0.004 50	0.005 40	0.006 30	0.007 20
130	0.002 34	0.002 93	0.003 51	0.004 10	0.004 88	0.005 85	0.006 83	0.007 80
140	0.002 52	0.003 15	0.003 78	0.004 41	0.005 25	0.006 30	0.007 35	0.008 40
150	0.002 70	0.003 38	0.004 05	0.004 73	0.005 63	0.006 75	0.007 88	0.009 00
160	0.002 88	0.003 60	0.004 32	0.005 04	0.006 00	0.007 20	0.008 40	0.009 60
170	0.003 06	0.003 83	0.004 59	0.005 36	0.006 38	0.007 65	0.008 93	0.010 20
180	0.003 24	0.004 05	0.004 86	0.005 67	0.006 75	0.008 10	0.009 45	0.010 80
190	0.003 42	0.004 28	0.005 13	0.005 99	0.007 13	0.008 55	0.009 98	0.011 40
200	0.003 60	0.004 50	0.005 40	0.006 30	0.007 50	0.009 00	0.010 50	0.012 00
210	0.003 78	0.004 73	0.005 67	0.006 62	0.007 88	0.009 45	0.011 03	0.012 60
220	0.003 96	0.004 95	0.005 94	0.006 93	0.008 25	0.009 90	0.011 55	0.013 20
230	0.004 14	0.005 18	0.006 21	0.007 25	0.008 63	0.010 35	0.012 08	0.013 80
240	0.004 32	0.005 40	0.006 48	0.007 56	0.009 00	0.010 80	0.012 60	0.014 40
250	0.004 50	0.005 63	0.006 75	0.007 88	0.009 38	0.011 25	0.013 13	0.015 00
260	0.004 68	0.005 85	0.007 02	0.008 19	0.009 75	0.011 70	0.013 65	0.015 60
270	0.004 86	0.006 08	0.007 29	0.008 51	0.010 13	0.012 15	0.014 18	0.016 20
280	0.005 04	0.006 30	0.007 56	0.008 82	0.010 50	0.012 60	0.014 70	0.016 80
290	0.005 22	0.006 53	0.007 83	0.009 14	0.010 88	0.013 05	0.015 23	0.017 40
300	0.005 40	0.006 75	0.008 10	0.009 45	0.011 25	0.013 50	0.015 75	0.018 00

表 1（续）

材长/m	1.5						
材宽/mm	材　　厚/mm						
	45	50	60	70	80	90	100
	材　　积/m³						
30	0.002 03	0.002 25	0.002 70	0.003 15	0.003 60	0.004 05	0.004 50
40	0.002 70	0.003 00	0.003 60	0.004 20	0.004 80	0.005 40	0.006 00
50	0.003 38	0.003 75	0.004 50	0.005 25	0.006 00	0.006 75	0.007 50
60	0.004 05	0.004 50	0.005 40	0.006 30	0.007 20	0.008 10	0.009 00
70	0.004 73	0.005 25	0.006 30	0.007 35	0.008 40	0.009 45	0.010 50
80	0.005 40	0.006 00	0.007 20	0.008 40	0.009 60	0.010 80	0.012 00
90	0.006 08	0.006 75	0.008 10	0.009 45	0.010 80	0.012 15	0.013 50
100	0.006 75	0.007 50	0.009 00	0.010 50	0.012 00	0.013 50	0.015 00
110	0.007 43	0.008 25	0.009 90	0.011 55	0.013 20	0.014 85	0.016 50
120	0.008 10	0.009 00	0.010 80	0.012 60	0.014 40	0.016 20	0.018 00
130	0.008 78	0.009 75	0.011 70	0.013 65	0.015 60	0.017 55	0.019 50
140	0.009 45	0.010 50	0.012 60	0.014 70	0.016 80	0.018 90	0.021 00
150	0.010 13	0.011 25	0.013 50	0.015 75	0.018 00	0.020 25	0.022 50
160	0.010 80	0.012 00	0.014 40	0.016 80	0.019 20	0.021 60	0.024 00
170	0.011 48	0.012 75	0.015 30	0.017 85	0.020 40	0.022 95	0.025 50
180	0.012 15	0.013 50	0.016 20	0.018 90	0.021 60	0.024 30	0.027 00
190	0.012 83	0.014 25	0.017 10	0.019 95	0.022 80	0.025 65	0.028 50
200	0.013 50	0.015 00	0.018 00	0.021 00	0.024 00	0.027 00	0.030 00
210	0.014 18	0.015 75	0.018 90	0.022 05	0.025 20	0.028 35	0.031 50
220	0.014 85	0.016 50	0.019 80	0.023 10	0.026 40	0.029 70	0.033 00
230	0.015 53	0.017 25	0.020 70	0.024 15	0.027 60	0.031 05	0.034 50
240	0.016 20	0.018 00	0.021 60	0.025 20	0.028 80	0.032 40	0.036 00
250	0.016 88	0.018 75	0.022 50	0.026 25	0.030 00	0.033 75	0.037 50
260	0.017 55	0.019 50	0.023 40	0.027 30	0.031 20	0.035 10	0.039 00
270	0.018 23	0.020 25	0.024 30	0.028 35	0.032 40	0.036 45	0.040 50
280	0.018 90	0.021 00	0.025 20	0.029 40	0.033 60	0.037 80	0.042 00
290	0.019 58	0.021 75	0.026 10	0.030 45	0.034 80	0.039 15	0.043 50
300	0.020 25	0.022 50	0.027 00	0.031 50	0.036 00	0.040 50	0.045 00

表 1（续）

材长/m	1.6							
材宽/mm	材　厚/mm							
	12	15	18	21	25	30	35	40
	材　积/m³							
30	0.000 58	0.000 72	0.000 86	0.001 01	0.001 20	0.001 44	0.001 68	0.001 92
40	0.000 77	0.000 96	0.001 15	0.001 34	0.001 60	0.001 92	0.002 24	0.002 56
50	0.000 96	0.001 20	0.001 44	0.001 68	0.002 00	0.002 40	0.002 80	0.003 20
60	0.001 15	0.001 44	0.001 73	0.002 02	0.002 40	0.002 88	0.003 36	0.003 84
70	0.001 34	0.001 68	0.002 02	0.002 35	0.002 80	0.003 36	0.003 92	0.004 48
80	0.001 54	0.001 92	0.002 30	0.002 69	0.003 20	0.003 84	0.004 48	0.005 12
90	0.001 73	0.002 16	0.002 59	0.003 02	0.003 60	0.004 32	0.005 04	0.005 76
100	0.001 92	0.002 40	0.002 88	0.003 36	0.004 00	0.004 80	0.005 60	0.006 40
110	0.002 11	0.002 64	0.003 17	0.003 70	0.004 40	0.005 28	0.006 16	0.007 04
120	0.002 30	0.002 88	0.003 46	0.004 03	0.004 80	0.005 76	0.006 72	0.007 68
130	0.002 50	0.003 12	0.003 74	0.004 37	0.005 20	0.006 24	0.007 28	0.008 32
140	0.002 69	0.003 36	0.004 03	0.004 70	0.005 60	0.006 72	0.007 84	0.008 96
150	0.002 88	0.003 60	0.004 32	0.005 04	0.006 00	0.007 20	0.008 40	0.009 60
160	0.003 07	0.003 84	0.004 61	0.005 38	0.006 40	0.007 68	0.008 96	0.010 24
170	0.003 26	0.004 08	0.004 90	0.005 71	0.006 80	0.008 16	0.009 52	0.010 88
180	0.003 46	0.004 32	0.005 18	0.006 05	0.007 20	0.008 64	0.010 08	0.011 52
190	0.003 65	0.004 56	0.005 47	0.006 38	0.007 60	0.009 12	0.010 64	0.012 16
200	0.003 84	0.004 80	0.005 76	0.006 72	0.008 00	0.009 60	0.011 20	0.012 80
210	0.004 03	0.005 04	0.006 05	0.007 06	0.008 40	0.010 08	0.011 76	0.013 44
220	0.004 22	0.005 28	0.006 34	0.007 39	0.008 80	0.010 56	0.012 32	0.014 08
230	0.004 42	0.005 52	0.006 62	0.007 73	0.009 20	0.011 04	0.012 88	0.014 72
240	0.004 61	0.005 76	0.006 91	0.008 06	0.009 60	0.011 52	0.013 44	0.015 36
250	0.004 80	0.006 00	0.007 20	0.008 40	0.010 00	0.012 00	0.014 00	0.016 00
260	0.004 99	0.006 24	0.007 49	0.008 74	0.010 40	0.012 48	0.014 56	0.016 64
270	0.005 18	0.006 48	0.007 78	0.009 07	0.010 80	0.012 96	0.015 12	0.017 28
280	0.005 38	0.006 72	0.008 06	0.009 41	0.011 20	0.013 44	0.015 68	0.017 92
290	0.005 57	0.006 96	0.008 35	0.009 74	0.011 60	0.013 92	0.016 24	0.018 56
300	0.005 76	0.007 20	0.008 64	0.010 08	0.012 00	0.014 40	0.016 80	0.019 20

表 1（续）

材长/m	1.6						
材宽/mm	材　　厚/mm						
	45	50	60	70	80	90	100
	材　　积/m³						
30	0.002 16	0.002 40	0.002 88	0.003 36	0.003 84	0.004 32	0.004 80
40	0.002 88	0.003 20	0.003 84	0.004 48	0.005 12	0.005 76	0.006 40
50	0.003 60	0.004 00	0.004 80	0.005 60	0.006 40	0.007 20	0.008 00
60	0.004 32	0.004 80	0.005 76	0.006 72	0.007 68	0.008 64	0.009 60
70	0.005 04	0.005 60	0.006 72	0.007 84	0.008 96	0.010 08	0.011 20
80	0.005 76	0.006 40	0.007 68	0.008 96	0.010 24	0.011 52	0.012 80
90	0.006 48	0.007 20	0.008 64	0.010 08	0.011 52	0.012 96	0.014 40
100	0.007 20	0.008 00	0.009 60	0.011 20	0.012 80	0.014 40	0.016 00
110	0.007 92	0.008 80	0.010 56	0.012 32	0.014 08	0.015 84	0.017 60
120	0.008 64	0.009 60	0.011 52	0.013 44	0.015 36	0.017 28	0.019 20
130	0.009 36	0.010 40	0.012 48	0.014 56	0.016 64	0.018 72	0.020 80
140	0.010 08	0.011 20	0.013 44	0.015 68	0.017 92	0.020 16	0.022 40
150	0.010 80	0.012 00	0.014 40	0.016 80	0.019 20	0.021 60	0.024 00
160	0.011 52	0.012 80	0.015 36	0.017 92	0.020 48	0.023 04	0.025 60
170	0.012 24	0.013 60	0.016 32	0.019 04	0.021 76	0.024 48	0.027 20
180	0.012 96	0.014 40	0.017 28	0.020 16	0.023 04	0.025 92	0.028 80
190	0.013 68	0.015 20	0.018 24	0.021 28	0.024 32	0.027 36	0.030 40
200	0.014 40	0.016 00	0.019 20	0.022 40	0.025 60	0.028 80	0.032 00
210	0.015 12	0.016 80	0.020 16	0.023 52	0.026 88	0.030 24	0.033 60
220	0.015 84	0.017 60	0.021 12	0.024 64	0.028 16	0.031 68	0.035 20
230	0.016 56	0.018 40	0.022 08	0.025 76	0.029 44	0.033 12	0.036 80
240	0.017 28	0.019 20	0.023 04	0.026 88	0.030 72	0.034 56	0.038 40
250	0.018 00	0.020 00	0.024 00	0.028 00	0.032 00	0.036 00	0.040 00
260	0.018 72	0.020 80	0.024 96	0.029 12	0.033 28	0.037 44	0.041 60
270	0.019 44	0.021 60	0.025 92	0.030 24	0.034 56	0.038 88	0.043 20
280	0.020 16	0.022 40	0.026 88	0.031 36	0.035 84	0.040 32	0.044 80
290	0.020 88	0.023 20	0.027 84	0.032 48	0.037 12	0.041 76	0.046 40
300	0.021 60	0.024 00	0.028 80	0.033 60	0.038 40	0.043 20	0.048 00

表 1（续）

材长/m	1.7							
	材　厚/mm							
材宽/mm	12	15	18	21	25	30	35	40
	材　积/m³							
30	0.000 61	0.000 77	0.000 92	0.001 07	0.001 28	0.001 53	0.001 79	0.002 04
40	0.000 82	0.001 02	0.001 22	0.001 43	0.001 70	0.002 04	0.002 38	0.002 72
50	0.001 02	0.001 28	0.001 53	0.001 79	0.002 13	0.002 55	0.002 98	0.003 40
60	0.001 22	0.001 53	0.001 84	0.002 14	0.002 55	0.003 06	0.003 57	0.004 08
70	0.001 43	0.001 79	0.002 14	0.002 50	0.002 98	0.003 57	0.004 17	0.004 76
80	0.001 63	0.002 04	0.002 45	0.002 86	0.003 40	0.004 08	0.004 76	0.005 44
90	0.001 84	0.002 30	0.002 75	0.003 21	0.003 83	0.004 59	0.005 36	0.006 12
100	0.002 04	0.002 55	0.003 06	0.003 57	0.004 25	0.005 10	0.005 95	0.006 80
110	0.002 24	0.002 81	0.003 37	0.003 93	0.004 68	0.005 61	0.006 55	0.007 48
120	0.002 45	0.003 06	0.003 67	0.004 28	0.005 10	0.006 12	0.007 14	0.008 16
130	0.002 65	0.003 32	0.003 98	0.004 64	0.005 53	0.006 63	0.007 74	0.008 84
140	0.002 86	0.003 57	0.004 28	0.005 00	0.005 95	0.007 14	0.008 33	0.009 52
150	0.003 06	0.003 83	0.004 59	0.005 36	0.006 38	0.007 65	0.008 93	0.010 20
160	0.003 26	0.004 08	0.004 90	0.005 71	0.006 80	0.008 16	0.009 52	0.010 88
170	0.003 47	0.004 34	0.005 20	0.006 07	0.007 23	0.008 67	0.010 12	0.011 56
180	0.003 67	0.004 59	0.005 51	0.006 43	0.007 65	0.009 18	0.010 71	0.012 24
190	0.003 88	0.004 85	0.005 81	0.006 78	0.008 08	0.009 69	0.011 31	0.012 92
200	0.004 08	0.005 10	0.006 12	0.007 14	0.008 50	0.010 20	0.011 90	0.013 60
210	0.004 28	0.005 36	0.006 43	0.007 50	0.008 93	0.010 71	0.012 50	0.014 28
220	0.004 49	0.005 61	0.006 73	0.007 85	0.009 35	0.011 22	0.013 09	0.014 96
230	0.004 69	0.005 87	0.007 04	0.008 21	0.009 78	0.011 73	0.013 69	0.015 64
240	0.004 90	0.006 12	0.007 34	0.008 57	0.010 20	0.012 24	0.014 28	0.016 32
250	0.005 10	0.006 38	0.007 65	0.008 93	0.010 63	0.012 75	0.014 88	0.017 00
260	0.005 30	0.006 63	0.007 96	0.009 28	0.011 05	0.013 26	0.015 47	0.017 68
270	0.005 51	0.006 89	0.008 26	0.009 64	0.011 48	0.013 77	0.016 07	0.018 36
280	0.005 71	0.007 14	0.008 57	0.010 00	0.011 90	0.014 28	0.016 66	0.019 04
290	0.005 92	0.007 40	0.008 87	0.010 35	0.012 33	0.014 79	0.017 26	0.019 72
300	0.006 12	0.007 65	0.009 18	0.010 71	0.012 75	0.015 30	0.017 85	0.020 40

表 1（续）

材长/m	1.7						
	材　　厚/mm						
材宽/mm	45	50	60	70	80	90	100
	材　　积/m^3						
30	0.002 30	0.002 55	0.003 06	0.003 57	0.004 08	0.004 59	0.005 10
40	0.003 06	0.003 40	0.004 08	0.004 76	0.005 44	0.006 12	0.006 80
50	0.003 83	0.004 25	0.005 10	0.005 95	0.006 80	0.007 65	0.008 50
60	0.004 59	0.005 10	0.006 12	0.007 14	0.008 16	0.009 18	0.010 20
70	0.005 36	0.005 95	0.007 14	0.008 33	0.009 52	0.010 71	0.011 90
80	0.006 12	0.006 80	0.008 16	0.009 52	0.010 88	0.012 24	0.013 60
90	0.006 89	0.007 65	0.009 18	0.010 71	0.012 24	0.013 77	0.015 30
100	0.007 65	0.008 50	0.010 20	0.011 90	0.013 60	0.015 30	0.017 00
110	0.008 42	0.009 35	0.011 22	0.013 09	0.014 96	0.016 83	0.018 70
120	0.009 18	0.010 20	0.012 24	0.014 28	0.016 32	0.018 36	0.020 40
130	0.009 95	0.011 05	0.013 26	0.015 47	0.017 68	0.019 89	0.022 10
140	0.010 71	0.011 90	0.014 28	0.016 66	0.019 04	0.021 42	0.023 80
150	0.011 48	0.012 75	0.015 30	0.017 85	0.020 40	0.022 95	0.025 50
160	0.012 24	0.013 60	0.016 32	0.019 04	0.021 76	0.024 48	0.027 20
170	0.013 01	0.014 45	0.017 34	0.020 23	0.023 12	0.026 01	0.028 90
180	0.013 77	0.015 30	0.018 36	0.021 42	0.024 48	0.027 54	0.030 60
190	0.014 54	0.016 15	0.019 38	0.022 61	0.025 84	0.029 07	0.032 30
200	0.015 30	0.017 00	0.020 40	0.023 80	0.027 20	0.030 60	0.034 00
210	0.016 07	0.017 85	0.021 42	0.024 99	0.028 56	0.032 13	0.035 70
220	0.016 83	0.018 70	0.022 44	0.026 18	0.029 92	0.033 66	0.037 40
230	0.017 60	0.019 55	0.023 46	0.027 37	0.031 28	0.035 19	0.039 10
240	0.018 36	0.020 40	0.024 48	0.028 56	0.032 64	0.036 72	0.040 80
250	0.019 13	0.021 25	0.025 50	0.029 75	0.034 00	0.038 25	0.042 50
260	0.019 89	0.022 10	0.026 52	0.030 94	0.035 36	0.039 78	0.044 20
270	0.020 66	0.022 95	0.027 54	0.032 13	0.036 72	0.041 31	0.045 90
280	0.021 42	0.023 80	0.028 56	0.033 32	0.038 08	0.042 84	0.047 60
290	0.022 19	0.024 65	0.029 58	0.034 51	0.039 44	0.044 37	0.049 30
300	0.022 95	0.025 50	0.030 60	0.035 70	0.040 80	0.045 90	0.051 00

表 1（续）

材长/m	1.8							
材宽/mm	材　　厚/mm							
	12	15	18	21	25	30	35	40
	材　　积/m³							
30	0.000 65	0.000 81	0.000 97	0.001 13	0.001 35	0.001 62	0.001 89	0.002 16
40	0.000 86	0.001 08	0.001 30	0.001 51	0.001 80	0.002 16	0.002 52	0.002 88
50	0.001 08	0.001 35	0.001 62	0.001 89	0.002 25	0.002 70	0.003 15	0.003 60
60	0.001 30	0.001 62	0.001 94	0.002 27	0.002 70	0.003 24	0.003 78	0.004 32
70	0.001 51	0.001 89	0.002 27	0.002 65	0.003 15	0.003 78	0.004 41	0.005 04
80	0.001 73	0.002 16	0.002 59	0.003 02	0.003 60	0.004 32	0.005 04	0.005 76
90	0.001 94	0.002 43	0.002 92	0.003 40	0.004 05	0.004 86	0.005 67	0.006 48
100	0.002 16	0.002 70	0.003 24	0.003 78	0.004 50	0.005 40	0.006 30	0.007 20
110	0.002 38	0.002 97	0.003 56	0.004 16	0.004 95	0.005 94	0.006 93	0.007 92
120	0.002 59	0.003 24	0.003 89	0.004 54	0.005 40	0.006 48	0.007 56	0.008 64
130	0.002 81	0.003 51	0.004 21	0.004 91	0.005 85	0.007 02	0.008 19	0.009 36
140	0.003 02	0.003 78	0.004 54	0.005 29	0.006 30	0.007 56	0.008 82	0.010 08
150	0.003 24	0.004 05	0.004 86	0.005 67	0.006 75	0.008 10	0.009 45	0.010 80
160	0.003 46	0.004 32	0.005 18	0.006 05	0.007 20	0.008 64	0.010 08	0.011 52
170	0.003 67	0.004 59	0.005 51	0.006 43	0.007 65	0.009 18	0.010 71	0.012 24
180	0.003 89	0.004 86	0.005 83	0.006 80	0.008 10	0.009 72	0.011 34	0.012 96
190	0.004 10	0.005 13	0.006 16	0.007 18	0.008 55	0.010 26	0.011 97	0.013 68
200	0.004 32	0.005 40	0.006 48	0.007 56	0.009 00	0.010 80	0.012 60	0.014 40
210	0.004 54	0.005 67	0.006 80	0.007 94	0.009 45	0.011 34	0.013 23	0.015 12
220	0.004 75	0.005 94	0.007 13	0.008 32	0.009 90	0.011 88	0.013 86	0.015 84
230	0.004 97	0.006 21	0.007 45	0.008 69	0.010 35	0.012 42	0.014 49	0.016 56
240	0.005 18	0.006 48	0.007 78	0.009 07	0.010 80	0.012 96	0.015 12	0.017 28
250	0.005 40	0.006 75	0.008 10	0.009 45	0.011 25	0.013 50	0.015 75	0.018 00
260	0.005 62	0.007 02	0.008 42	0.009 83	0.011 70	0.014 04	0.016 38	0.018 72
270	0.005 83	0.007 29	0.008 75	0.010 21	0.012 15	0.014 58	0.017 01	0.019 44
280	0.006 05	0.007 56	0.009 07	0.010 58	0.012 60	0.015 12	0.017 64	0.020 16
290	0.006 26	0.007 83	0.009 40	0.010 96	0.013 05	0.015 66	0.018 27	0.020 88
300	0.006 48	0.008 10	0.009 72	0.011 34	0.013 50	0.016 20	0.018 90	0.021 60

表 1（续）

材长/m	1.8						
材宽/mm	材　厚/mm						
	45	50	60	70	80	90	100
	材　积/m³						
30	0.002 43	0.002 70	0.003 24	0.003 78	0.004 32	0.004 86	0.005 40
40	0.003 24	0.003 60	0.004 32	0.005 04	0.005 76	0.006 48	0.007 20
50	0.004 05	0.004 50	0.005 40	0.006 30	0.007 20	0.008 10	0.009 00
60	0.004 86	0.005 40	0.006 48	0.007 56	0.008 64	0.009 72	0.010 80
70	0.005 67	0.006 30	0.007 56	0.008 82	0.010 08	0.011 34	0.012 60
80	0.006 48	0.007 20	0.008 64	0.010 08	0.011 52	0.012 96	0.014 40
90	0.007 29	0.008 10	0.009 72	0.011 34	0.012 96	0.014 58	0.016 20
100	0.008 10	0.009 00	0.010 80	0.012 60	0.014 40	0.016 20	0.018 00
110	0.008 91	0.009 90	0.011 88	0.013 86	0.015 84	0.017 82	0.019 80
120	0.009 72	0.010 80	0.012 96	0.015 12	0.017 28	0.019 44	0.021 60
130	0.010 53	0.011 70	0.014 04	0.016 38	0.018 72	0.021 06	0.023 40
140	0.011 34	0.012 60	0.015 12	0.017 64	0.020 16	0.022 68	0.025 20
150	0.012 15	0.013 50	0.016 20	0.018 90	0.021 60	0.024 30	0.027 00
160	0.012 96	0.014 40	0.017 28	0.020 16	0.023 04	0.025 92	0.028 80
170	0.013 77	0.015 30	0.018 36	0.021 42	0.024 48	0.027 54	0.030 60
180	0.014 58	0.016 20	0.019 44	0.022 68	0.025 92	0.029 16	0.032 40
190	0.015 39	0.017 10	0.020 52	0.023 94	0.027 36	0.030 78	0.034 20
200	0.016 20	0.018 00	0.021 60	0.025 20	0.028 80	0.032 40	0.036 00
210	0.017 01	0.018 90	0.022 68	0.026 46	0.030 24	0.034 02	0.037 80
220	0.017 82	0.019 80	0.023 76	0.027 72	0.031 68	0.035 64	0.039 60
230	0.018 63	0.020 70	0.024 84	0.028 98	0.033 12	0.037 26	0.041 40
240	0.019 44	0.021 60	0.025 92	0.030 24	0.034 56	0.038 88	0.043 20
250	0.020 25	0.022 50	0.027 00	0.031 50	0.036 00	0.040 50	0.045 00
260	0.021 06	0.023 40	0.028 08	0.032 76	0.037 44	0.042 12	0.046 80
270	0.021 87	0.024 30	0.029 16	0.034 02	0.038 88	0.043 74	0.048 60
280	0.022 68	0.025 20	0.030 24	0.035 28	0.040 32	0.045 36	0.050 40
290	0.023 49	0.026 10	0.031 32	0.036 54	0.041 76	0.046 98	0.052 20
300	0.024 30	0.027 00	0.032 40	0.037 80	0.043 20	0.048 60	0.054 00

表 1（续）

材长/m	1.9							
材宽/mm	材　厚/mm							
	12	15	18	21	25	30	35	40
	材　积/m³							
30	0.000 68	0.000 86	0.001 03	0.001 20	0.001 43	0.001 71	0.002 00	0.002 28
40	0.000 91	0.001 14	0.001 37	0.001 60	0.001 90	0.002 28	0.002 66	0.003 04
50	0.001 14	0.001 43	0.001 71	0.002 00	0.002 38	0.002 85	0.003 33	0.003 80
60	0.001 37	0.001 71	0.002 05	0.002 39	0.002 85	0.003 42	0.003 99	0.004 56
70	0.001 60	0.002 00	0.002 39	0.002 79	0.003 33	0.003 99	0.004 66	0.005 32
80	0.001 82	0.002 28	0.002 74	0.003 19	0.003 80	0.004 56	0.005 32	0.006 08
90	0.002 05	0.002 57	0.003 08	0.003 59	0.004 28	0.005 13	0.005 99	0.006 84
100	0.002 28	0.002 85	0.003 42	0.003 99	0.004 75	0.005 70	0.006 65	0.007 60
110	0.002 51	0.003 14	0.003 76	0.004 39	0.005 23	0.006 27	0.007 32	0.008 36
120	0.002 74	0.003 42	0.004 10	0.004 79	0.005 70	0.006 84	0.007 98	0.009 12
130	0.002 96	0.003 71	0.004 45	0.005 19	0.006 18	0.007 41	0.008 65	0.009 88
140	0.003 19	0.003 99	0.004 79	0.005 59	0.006 65	0.007 98	0.009 31	0.010 64
150	0.003 42	0.004 28	0.005 13	0.005 99	0.007 13	0.008 55	0.009 98	0.011 40
160	0.003 65	0.004 56	0.005 47	0.006 38	0.007 60	0.009 12	0.010 64	0.012 16
170	0.003 88	0.004 85	0.005 81	0.006 78	0.008 08	0.009 69	0.011 31	0.012 92
180	0.004 10	0.005 13	0.006 16	0.007 18	0.008 55	0.010 26	0.011 97	0.013 68
190	0.004 33	0.005 42	0.006 50	0.007 58	0.009 03	0.010 83	0.012 64	0.014 44
200	0.004 56	0.005 70	0.006 84	0.007 98	0.009 50	0.011 40	0.013 30	0.015 20
210	0.004 79	0.005 99	0.007 18	0.008 38	0.009 98	0.011 97	0.013 97	0.015 96
220	0.005 02	0.006 27	0.007 52	0.008 78	0.010 45	0.012 54	0.014 63	0.016 72
230	0.005 24	0.006 56	0.007 87	0.009 18	0.010 93	0.013 11	0.015 30	0.017 48
240	0.005 47	0.006 84	0.008 21	0.009 58	0.011 40	0.013 68	0.015 96	0.018 24
250	0.005 70	0.007 13	0.008 55	0.009 98	0.011 88	0.014 25	0.016 63	0.019 00
260	0.005 93	0.007 41	0.008 89	0.010 37	0.012 35	0.014 82	0.017 29	0.019 76
270	0.006 16	0.007 70	0.009 23	0.010 77	0.012 83	0.015 39	0.017 96	0.020 52
280	0.006 38	0.007 98	0.009 58	0.011 17	0.013 30	0.015 96	0.018 62	0.021 28
290	0.006 61	0.008 27	0.009 92	0.011 57	0.013 78	0.016 53	0.019 29	0.022 04
300	0.006 84	0.008 55	0.010 26	0.011 97	0.014 25	0.017 10	0.019 95	0.022 80

表 1 (续)

材长/m	1.9						
材宽/mm	材　厚/mm						
	45	50	60	70	80	90	100
	材　积/m³						
30	0.002 57	0.002 85	0.003 42	0.003 99	0.004 56	0.005 13	0.005 70
40	0.003 42	0.003 80	0.004 56	0.005 32	0.006 08	0.006 84	0.007 60
50	0.004 28	0.004 75	0.005 70	0.006 65	0.007 60	0.008 55	0.009 50
60	0.005 13	0.005 70	0.006 84	0.007 98	0.009 12	0.010 26	0.011 40
70	0.005 99	0.006 65	0.007 98	0.009 31	0.010 64	0.011 97	0.013 30
80	0.006 84	0.007 60	0.009 12	0.010 64	0.012 16	0.013 68	0.015 20
90	0.007 70	0.008 55	0.010 26	0.011 97	0.013 68	0.015 39	0.017 10
100	0.008 55	0.009 50	0.011 40	0.013 30	0.015 20	0.017 10	0.019 00
110	0.009 41	0.010 45	0.012 54	0.014 63	0.016 72	0.018 81	0.020 90
120	0.010 26	0.011 40	0.013 68	0.015 96	0.018 24	0.020 52	0.022 80
130	0.011 12	0.012 35	0.014 82	0.017 29	0.019 76	0.022 23	0.024 70
140	0.011 97	0.013 30	0.015 96	0.018 62	0.021 28	0.023 94	0.026 60
150	0.012 83	0.014 25	0.017 10	0.019 95	0.022 80	0.025 65	0.028 50
160	0.013 68	0.015 20	0.018 24	0.021 28	0.024 32	0.027 36	0.030 40
170	0.014 54	0.016 15	0.019 38	0.022 61	0.025 84	0.029 07	0.032 30
180	0.015 39	0.017 10	0.020 52	0.023 94	0.027 36	0.030 78	0.034 20
190	0.016 25	0.018 05	0.021 66	0.025 27	0.028 88	0.032 49	0.036 10
200	0.017 10	0.019 00	0.022 80	0.026 60	0.030 40	0.034 20	0.038 00
210	0.017 96	0.019 95	0.023 94	0.027 93	0.031 92	0.035 91	0.039 90
220	0.018 81	0.020 90	0.025 08	0.029 26	0.033 44	0.037 62	0.041 80
230	0.019 67	0.021 85	0.026 22	0.030 59	0.034 96	0.039 33	0.043 70
240	0.020 52	0.022 80	0.027 36	0.031 92	0.036 48	0.041 04	0.045 60
250	0.021 38	0.023 75	0.028 50	0.033 25	0.038 00	0.042 75	0.047 50
260	0.022 23	0.024 70	0.029 64	0.034 58	0.039 52	0.044 46	0.049 40
270	0.023 09	0.025 65	0.030 78	0.035 91	0.041 04	0.046 17	0.051 30
280	0.023 94	0.026 60	0.031 92	0.037 24	0.042 56	0.047 88	0.053 20
290	0.024 80	0.027 55	0.033 06	0.038 57	0.044 08	0.049 59	0.055 10
300	0.025 65	0.028 50	0.034 20	0.039 90	0.045 60	0.051 30	0.057 00

表 1（续）

材长/m	2.0							
材宽/mm	材　厚/mm							
	12	15	18	21	25	30	35	40
	材　积/m³							
30	0.000 7	0.000 9	0.001 1	0.001 3	0.001 5	0.001 8	0.002 1	0.002 4
40	0.001 0	0.001 2	0.001 4	0.001 7	0.002 0	0.002 4	0.002 8	0.003 2
50	0.001 2	0.001 5	0.001 8	0.002 1	0.002 5	0.003 0	0.003 5	0.004 0
60	0.001 4	0.001 8	0.002 2	0.002 5	0.003 0	0.003 6	0.004 2	0.004 8
70	0.001 7	0.002 1	0.002 5	0.002 9	0.003 5	0.004 2	0.004 9	0.005 6
80	0.001 9	0.002 4	0.002 9	0.003 4	0.004 0	0.004 8	0.005 6	0.006 4
90	0.002 2	0.002 7	0.003 2	0.003 8	0.004 5	0.005 4	0.006 3	0.007 2
100	0.002 4	0.003 0	0.003 6	0.004 2	0.005 0	0.006 0	0.007 0	0.008 0
110	0.002 6	0.003 3	0.004 0	0.004 6	0.005 5	0.006 6	0.007 7	0.008 8
120	0.002 9	0.003 6	0.004 3	0.005 0	0.006 0	0.007 2	0.008 4	0.009 6
130	0.003 1	0.003 9	0.004 7	0.005 5	0.006 5	0.007 8	0.009 1	0.010 4
140	0.003 4	0.004 2	0.005 0	0.005 9	0.007 0	0.008 4	0.009 8	0.011 2
150	0.003 6	0.004 5	0.005 4	0.006 3	0.007 5	0.009 0	0.010 5	0.012 0
160	0.003 8	0.004 8	0.005 8	0.006 7	0.008 0	0.009 6	0.011 2	0.012 8
170	0.004 1	0.005 1	0.006 1	0.007 1	0.008 5	0.010 2	0.011 9	0.013 6
180	0.004 3	0.005 4	0.006 5	0.007 6	0.009 0	0.010 8	0.012 6	0.014 4
190	0.004 6	0.005 7	0.006 8	0.008 0	0.009 5	0.011 4	0.013 3	0.015 2
200	0.004 8	0.006 0	0.007 2	0.008 4	0.010 0	0.012 0	0.014 0	0.016 0
210	0.005 0	0.006 3	0.007 6	0.008 8	0.010 5	0.012 6	0.014 7	0.016 8
220	0.005 3	0.006 6	0.007 9	0.009 2	0.011 0	0.013 2	0.015 4	0.017 6
230	0.005 5	0.006 9	0.008 3	0.009 7	0.011 5	0.013 8	0.016 1	0.018 4
240	0.005 8	0.007 2	0.008 6	0.010 1	0.012 0	0.014 4	0.016 8	0.019 2
250	0.006 0	0.007 5	0.009 0	0.010 5	0.012 5	0.015 0	0.017 5	0.020 0
260	0.006 2	0.007 8	0.009 4	0.010 9	0.013 0	0.015 6	0.018 2	0.020 8
270	0.006 5	0.008 1	0.009 7	0.011 3	0.013 5	0.016 2	0.018 9	0.021 6
280	0.006 7	0.008 4	0.010 1	0.011 8	0.014 0	0.016 8	0.019 6	0.022 4
290	0.007 0	0.008 7	0.010 4	0.012 2	0.014 5	0.017 4	0.020 3	0.023 2
300	0.007 2	0.009 0	0.010 8	0.012 6	0.015 0	0.018 0	0.021 0	0.024 0

表 1（续）

材长/m	2.0						
材宽/mm	材　厚/mm						
	45	50	60	70	80	90	100
	材　积/m³						
30	0.002 7	0.003 0	0.003 6	0.004 2	0.004 8	0.005 4	0.006 0
40	0.003 6	0.004 0	0.004 8	0.005 6	0.006 4	0.007 2	0.008 0
50	0.004 5	0.005 0	0.006 0	0.007 0	0.008 0	0.009 0	0.010 0
60	0.005 4	0.006 0	0.007 2	0.008 4	0.009 6	0.010 8	0.012 0
70	0.006 3	0.007 0	0.008 4	0.009 8	0.011 2	0.012 6	0.014 0
80	0.007 2	0.008 0	0.009 6	0.011 2	0.012 8	0.014 4	0.016 0
90	0.008 1	0.009 0	0.010 8	0.012 6	0.014 4	0.016 2	0.018 0
100	0.009 0	0.010 0	0.012 0	0.014 0	0.016 0	0.018 0	0.020 0
110	0.009 9	0.011 0	0.013 2	0.015 4	0.017 6	0.019 8	0.022 0
120	0.010 8	0.012 0	0.014 4	0.016 8	0.019 2	0.021 6	0.024 0
130	0.011 7	0.013 0	0.015 6	0.018 2	0.020 8	0.023 4	0.026 0
140	0.012 6	0.014 0	0.016 8	0.019 6	0.022 4	0.025 2	0.028 0
150	0.013 5	0.015 0	0.018 0	0.021 0	0.024 0	0.027 0	0.030 0
160	0.014 4	0.016 0	0.019 2	0.022 4	0.025 6	0.028 8	0.032 0
170	0.015 3	0.017 0	0.020 4	0.023 8	0.027 2	0.030 6	0.034 0
180	0.016 2	0.018 0	0.021 6	0.025 2	0.028 8	0.032 4	0.036 0
190	0.017 1	0.019 0	0.022 8	0.026 6	0.030 4	0.034 2	0.038 0
200	0.018 0	0.020 0	0.024 0	0.028 0	0.032 0	0.036 0	0.040 0
210	0.018 9	0.021 0	0.025 2	0.029 4	0.033 6	0.037 8	0.042 0
220	0.019 8	0.022 0	0.026 4	0.030 8	0.035 2	0.039 6	0.044 0
230	0.020 7	0.023 0	0.027 6	0.032 2	0.036 8	0.041 4	0.046 0
240	0.021 6	0.024 0	0.028 8	0.033 6	0.038 4	0.043 2	0.048 0
250	0.022 5	0.025 0	0.030 0	0.035 0	0.040 0	0.045 0	0.050 0
260	0.023 4	0.026 0	0.031 2	0.036 4	0.041 6	0.046 8	0.052 0
270	0.024 3	0.027 0	0.032 4	0.037 8	0.043 2	0.048 6	0.054 0
280	0.025 2	0.028 0	0.033 6	0.039 2	0.044 8	0.050 4	0.056 0
290	0.026 1	0.029 0	0.034 8	0.040 6	0.046 4	0.052 2	0.058 0
300	0.027 0	0.030 0	0.036 0	0.042 0	0.048 0	0.054 0	0.060 0

表 1（续）

材长/m	2.2							
材宽/mm	材　厚/mm							
	12	15	18	21	25	30	35	40
	材　积/m³							
30	0.000 8	0.001 0	0.001 2	0.001 4	0.001 7	0.002 0	0.002 3	0.002 6
40	0.001 1	0.001 3	0.001 6	0.001 8	0.002 2	0.002 6	0.003 1	0.003 5
50	0.001 3	0.001 7	0.002 0	0.002 3	0.002 8	0.003 3	0.003 9	0.004 4
60	0.001 6	0.002 0	0.002 4	0.002 8	0.003 3	0.004 0	0.004 6	0.005 3
70	0.001 8	0.002 3	0.002 8	0.003 2	0.003 9	0.004 6	0.005 4	0.006 2
80	0.002 1	0.002 6	0.003 2	0.003 7	0.004 4	0.005 3	0.006 2	0.007 0
90	0.002 4	0.003 0	0.003 6	0.004 2	0.005 0	0.005 9	0.006 9	0.007 9
100	0.002 6	0.003 3	0.004 0	0.004 6	0.005 5	0.006 6	0.007 7	0.008 8
110	0.002 9	0.003 6	0.004 4	0.005 1	0.006 1	0.007 3	0.008 5	0.009 7
120	0.003 2	0.004 0	0.004 8	0.005 5	0.006 6	0.007 9	0.009 2	0.010 6
130	0.003 4	0.004 3	0.005 1	0.006 0	0.007 2	0.008 6	0.010 0	0.011 4
140	0.003 7	0.004 6	0.005 5	0.006 5	0.007 7	0.009 2	0.010 8	0.012 3
150	0.004 0	0.005 0	0.005 9	0.006 9	0.008 3	0.009 9	0.011 6	0.013 2
160	0.004 2	0.005 3	0.006 3	0.007 4	0.008 8	0.010 6	0.012 3	0.014 1
170	0.004 5	0.005 6	0.006 7	0.007 9	0.009 4	0.011 2	0.013 1	0.015 0
180	0.004 8	0.005 9	0.007 1	0.008 3	0.009 9	0.011 9	0.013 9	0.015 8
190	0.005 0	0.006 3	0.007 5	0.008 8	0.010 5	0.012 5	0.014 6	0.016 7
200	0.005 3	0.006 6	0.007 9	0.009 2	0.011 0	0.013 2	0.015 4	0.017 6
210	0.005 5	0.006 9	0.008 3	0.009 7	0.011 6	0.013 9	0.016 2	0.018 5
220	0.005 8	0.007 3	0.008 7	0.010 2	0.012 1	0.014 5	0.016 9	0.019 4
230	0.006 1	0.007 6	0.009 1	0.010 6	0.012 7	0.015 2	0.017 7	0.020 2
240	0.006 3	0.007 9	0.009 5	0.011 1	0.013 2	0.015 8	0.018 5	0.021 1
250	0.006 6	0.008 3	0.009 9	0.011 6	0.013 8	0.016 5	0.019 3	0.022 0
260	0.006 9	0.008 6	0.010 3	0.012 0	0.014 3	0.017 2	0.020 0	0.022 9
270	0.007 1	0.008 9	0.010 7	0.012 5	0.014 9	0.017 8	0.020 8	0.023 8
280	0.007 4	0.009 2	0.011 1	0.012 9	0.015 4	0.018 5	0.021 6	0.024 6
290	0.007 7	0.009 6	0.011 5	0.013 4	0.016 0	0.019 1	0.022 3	0.025 5
300	0.007 9	0.009 9	0.011 9	0.013 9	0.016 5	0.019 8	0.023 1	0.026 4

表 1（续）

材长/m	2.2						
材宽/mm	材　　厚/mm						
	45	50	60	70	80	90	100
	材　　积/m^3						
30	0.003 0	0.003 3	0.004 0	0.004 6	0.005 3	0.005 9	0.006 6
40	0.004 0	0.004 4	0.005 3	0.006 2	0.007 0	0.007 9	0.008 8
50	0.005 0	0.005 5	0.006 6	0.007 7	0.008 8	0.009 9	0.011 0
60	0.005 9	0.006 6	0.007 9	0.009 2	0.010 6	0.011 9	0.013 2
70	0.006 9	0.007 7	0.009 2	0.010 8	0.012 3	0.013 9	0.015 4
80	0.007 9	0.008 8	0.010 6	0.012 3	0.014 1	0.015 8	0.017 6
90	0.008 9	0.009 9	0.011 9	0.013 9	0.015 8	0.017 8	0.019 8
100	0.009 9	0.011 0	0.013 2	0.015 4	0.017 6	0.019 8	0.022 0
110	0.010 9	0.012 1	0.014 5	0.016 9	0.019 4	0.021 8	0.024 2
120	0.011 9	0.013 2	0.015 8	0.018 5	0.021 1	0.023 8	0.026 4
130	0.012 9	0.014 3	0.017 2	0.020 0	0.022 9	0.025 7	0.028 6
140	0.013 9	0.015 4	0.018 5	0.021 6	0.024 6	0.027 7	0.030 8
150	0.014 9	0.016 5	0.019 8	0.023 1	0.026 4	0.029 7	0.033 0
160	0.015 8	0.017 6	0.021 1	0.024 6	0.028 2	0.031 7	0.035 2
170	0.016 8	0.018 7	0.022 4	0.026 2	0.029 9	0.033 7	0.037 4
180	0.017 8	0.019 8	0.023 8	0.027 7	0.031 7	0.035 6	0.039 6
190	0.018 8	0.020 9	0.025 1	0.029 3	0.033 4	0.037 6	0.041 8
200	0.019 8	0.022 0	0.026 4	0.030 8	0.035 2	0.039 6	0.044 0
210	0.020 8	0.023 1	0.027 7	0.032 3	0.037 0	0.041 6	0.046 2
220	0.021 8	0.024 2	0.029 0	0.033 9	0.038 7	0.043 6	0.048 4
230	0.022 8	0.025 3	0.030 4	0.035 4	0.040 5	0.045 5	0.050 6
240	0.023 8	0.026 4	0.031 7	0.037 0	0.042 2	0.047 5	0.052 8
250	0.024 8	0.027 5	0.033 0	0.038 5	0.044 0	0.049 5	0.055 0
260	0.025 7	0.028 6	0.034 3	0.040 0	0.045 8	0.051 5	0.057 2
270	0.026 7	0.029 7	0.035 6	0.041 6	0.047 5	0.053 5	0.059 4
280	0.027 7	0.030 8	0.037 0	0.043 1	0.049 3	0.055 4	0.061 6
290	0.028 7	0.031 9	0.038 3	0.044 7	0.051 0	0.057 4	0.063 8
300	0.029 7	0.033 0	0.039 6	0.046 2	0.052 8	0.059 4	0.066 0

表 1（续）

材长/m	2.4							
材宽/mm	材　厚/mm							
	12	15	18	21	25	30	35	40
	材　积/m³							
30	0.000 9	0.001 1	0.001 3	0.001 5	0.001 8	0.002 2	0.002 5	0.002 9
40	0.001 2	0.001 4	0.001 7	0.002 0	0.002 4	0.002 9	0.003 4	0.003 8
50	0.001 4	0.001 8	0.002 2	0.002 5	0.003 0	0.003 6	0.004 2	0.004 8
60	0.001 7	0.002 2	0.002 6	0.003 0	0.003 6	0.004 3	0.005 0	0.005 8
70	0.002 0	0.002 5	0.003 0	0.003 5	0.004 2	0.005 0	0.005 9	0.006 7
80	0.002 3	0.002 9	0.003 5	0.004 0	0.004 8	0.005 8	0.006 7	0.007 7
90	0.002 6	0.003 2	0.003 9	0.004 5	0.005 4	0.006 5	0.007 6	0.008 6
100	0.002 9	0.003 6	0.004 3	0.005 0	0.006 0	0.007 2	0.008 4	0.009 6
110	0.003 2	0.004 0	0.004 8	0.005 5	0.006 6	0.007 9	0.009 2	0.010 6
120	0.003 5	0.004 3	0.005 2	0.006 0	0.007 2	0.008 6	0.010 1	0.011 5
130	0.003 7	0.004 7	0.005 6	0.006 6	0.007 8	0.009 4	0.010 9	0.012 5
140	0.004 0	0.005 0	0.006 0	0.007 1	0.008 4	0.010 1	0.011 8	0.013 4
150	0.004 3	0.005 4	0.006 5	0.007 6	0.009 0	0.010 8	0.012 6	0.014 4
160	0.004 6	0.005 8	0.006 9	0.008 1	0.009 6	0.011 5	0.013 4	0.015 4
170	0.004 9	0.006 1	0.007 3	0.008 6	0.010 2	0.012 2	0.014 3	0.016 3
180	0.005 2	0.006 5	0.007 8	0.009 1	0.010 8	0.013 0	0.015 1	0.017 3
190	0.005 5	0.006 8	0.008 2	0.009 6	0.011 4	0.013 7	0.016 0	0.018 2
200	0.005 8	0.007 2	0.008 6	0.010 1	0.012 0	0.014 4	0.016 8	0.019 2
210	0.006 0	0.007 6	0.009 1	0.010 6	0.012 6	0.015 1	0.017 6	0.020 2
220	0.006 3	0.007 9	0.009 5	0.011 1	0.013 2	0.015 8	0.018 5	0.021 1
230	0.006 6	0.008 3	0.009 9	0.011 6	0.013 8	0.016 6	0.019 3	0.022 1
240	0.006 9	0.008 6	0.010 4	0.012 1	0.014 4	0.017 3	0.020 2	0.023 0
250	0.007 2	0.009 0	0.010 8	0.012 6	0.015 0	0.018 0	0.021 0	0.024 0
260	0.007 5	0.009 4	0.011 2	0.013 1	0.015 6	0.018 7	0.021 8	0.025 0
270	0.007 8	0.009 7	0.011 7	0.013 6	0.016 2	0.019 4	0.022 7	0.025 9
280	0.008 1	0.010 1	0.012 1	0.014 1	0.016 8	0.020 2	0.023 5	0.026 9
290	0.008 4	0.010 4	0.012 5	0.014 6	0.017 4	0.020 9	0.024 4	0.027 8
300	0.008 6	0.010 8	0.013 0	0.015 1	0.018 0	0.021 6	0.025 2	0.028 8

表 1（续）

材长/m	2.4						
材宽/mm	材　厚/mm						
	45	50	60	70	80	90	100
	材　积/m³						
30	0.003 2	0.003 6	0.004 3	0.005 0	0.005 8	0.006 5	0.007 2
40	0.004 3	0.004 8	0.005 8	0.006 7	0.007 7	0.008 6	0.009 6
50	0.005 4	0.006 0	0.007 2	0.008 4	0.009 6	0.010 8	0.012 0
60	0.006 5	0.007 2	0.008 6	0.010 1	0.011 5	0.013 0	0.014 4
70	0.007 6	0.008 4	0.010 1	0.011 8	0.013 4	0.015 1	0.016 8
80	0.008 6	0.009 6	0.011 5	0.013 4	0.015 4	0.017 3	0.019 2
90	0.009 7	0.010 8	0.013 0	0.015 1	0.017 3	0.019 4	0.021 6
100	0.010 8	0.012 0	0.014 4	0.016 8	0.019 2	0.021 6	0.024 0
110	0.011 9	0.013 2	0.015 8	0.018 5	0.021 1	0.023 8	0.026 4
120	0.013 0	0.014 4	0.017 3	0.020 2	0.023 0	0.025 9	0.028 8
130	0.014 0	0.015 6	0.018 7	0.021 8	0.025 0	0.028 1	0.031 2
140	0.015 1	0.016 8	0.020 2	0.023 5	0.026 9	0.030 2	0.033 6
150	0.016 2	0.018 0	0.021 6	0.025 2	0.028 8	0.032 4	0.036 0
160	0.017 3	0.019 2	0.023 0	0.026 9	0.030 7	0.034 6	0.038 4
170	0.018 4	0.020 4	0.024 5	0.028 6	0.032 6	0.036 7	0.040 8
180	0.019 4	0.021 6	0.025 9	0.030 2	0.034 6	0.038 9	0.043 2
190	0.020 5	0.022 8	0.027 4	0.031 9	0.036 5	0.041 0	0.045 6
200	0.021 6	0.024 0	0.028 8	0.033 6	0.038 4	0.043 2	0.048 0
210	0.022 7	0.025 2	0.030 2	0.035 3	0.040 3	0.045 4	0.050 4
220	0.023 8	0.026 4	0.031 7	0.037 0	0.042 2	0.047 5	0.052 8
230	0.024 8	0.027 6	0.033 1	0.038 6	0.044 2	0.049 7	0.055 2
240	0.025 9	0.028 8	0.034 6	0.040 3	0.046 1	0.051 8	0.057 6
250	0.027 0	0.030 0	0.036 0	0.042 0	0.048 0	0.054 0	0.060 0
260	0.028 1	0.031 2	0.037 4	0.043 7	0.049 9	0.056 2	0.062 4
270	0.029 2	0.032 4	0.038 9	0.045 4	0.051 8	0.058 3	0.064 8
280	0.030 2	0.033 6	0.040 3	0.047 0	0.053 8	0.060 5	0.067 2
290	0.031 3	0.034 8	0.041 8	0.048 7	0.055 7	0.062 6	0.069 6
300	0.032 4	0.036 0	0.043 2	0.050 4	0.057 6	0.064 8	0.072 0

表1(续)

材长/m	2.5							
	材　厚/mm							
材宽/mm	12	15	18	21	25	30	35	40
	材　积/m³							
30	0.000 9	0.001 1	0.001 4	0.001 6	0.001 9	0.002 3	0.002 6	0.003 0
40	0.001 2	0.001 5	0.001 8	0.002 1	0.002 5	0.003 0	0.003 5	0.004 0
50	0.001 5	0.001 9	0.002 3	0.002 6	0.003 1	0.003 8	0.004 4	0.005 0
60	0.001 8	0.002 3	0.002 7	0.003 2	0.003 8	0.004 5	0.005 3	0.006 0
70	0.002 1	0.002 6	0.003 2	0.003 7	0.004 4	0.005 3	0.006 1	0.007 0
80	0.002 4	0.003 0	0.003 6	0.004 2	0.005 0	0.006 0	0.007 0	0.008 0
90	0.002 7	0.003 4	0.004 1	0.004 7	0.005 6	0.006 8	0.007 9	0.009 0
100	0.003 0	0.003 8	0.004 5	0.005 3	0.006 3	0.007 5	0.008 8	0.010 0
110	0.003 3	0.004 1	0.005 0	0.005 8	0.006 9	0.008 3	0.009 6	0.011 0
120	0.003 6	0.004 5	0.005 4	0.006 3	0.007 5	0.009 0	0.010 5	0.012 0
130	0.003 9	0.004 9	0.005 9	0.006 8	0.008 1	0.009 8	0.011 4	0.013 0
140	0.004 2	0.005 3	0.006 3	0.007 4	0.008 8	0.010 5	0.012 3	0.014 0
150	0.004 5	0.005 6	0.006 8	0.007 9	0.009 4	0.011 3	0.013 1	0.015 0
160	0.004 8	0.006 0	0.007 2	0.008 4	0.010 0	0.012 0	0.014 0	0.016 0
170	0.005 1	0.006 4	0.007 7	0.008 9	0.010 6	0.012 8	0.014 9	0.017 0
180	0.005 4	0.006 8	0.008 1	0.009 5	0.011 3	0.013 5	0.015 8	0.018 0
190	0.005 7	0.007 1	0.008 6	0.010 0	0.011 9	0.014 3	0.016 6	0.019 0
200	0.006 0	0.007 5	0.009 0	0.010 5	0.012 5	0.015 0	0.017 5	0.020 0
210	0.006 3	0.007 9	0.009 5	0.011 0	0.013 1	0.015 8	0.018 4	0.021 0
220	0.006 6	0.008 3	0.009 9	0.011 6	0.013 8	0.016 5	0.019 3	0.022 0
230	0.006 9	0.008 6	0.010 4	0.012 1	0.014 4	0.017 3	0.020 1	0.023 0
240	0.007 2	0.009 0	0.010 8	0.012 6	0.015 0	0.018 0	0.021 0	0.024 0
250	0.007 5	0.009 4	0.011 3	0.013 1	0.015 6	0.018 8	0.021 9	0.025 0
260	0.007 8	0.009 8	0.011 7	0.013 7	0.016 3	0.019 5	0.022 8	0.026 0
270	0.008 1	0.010 1	0.012 2	0.014 2	0.016 9	0.020 3	0.023 6	0.027 0
280	0.008 4	0.010 5	0.012 6	0.014 7	0.017 5	0.021 0	0.024 5	0.028 0
290	0.008 7	0.010 9	0.013 1	0.015 2	0.018 1	0.021 8	0.025 4	0.029 0
300	0.009 0	0.011 3	0.013 5	0.015 8	0.018 8	0.022 5	0.026 3	0.030 0

表 1（续）

材长/m	2.5						
材宽/mm	材　厚/mm						
	45	50	60	70	80	90	100
	材　积/m³						
30	0.003 4	0.003 8	0.004 5	0.005 3	0.006 0	0.006 8	0.007 5
40	0.004 5	0.005 0	0.006 0	0.007 0	0.008 0	0.009 0	0.010 0
50	0.005 6	0.006 3	0.007 5	0.008 8	0.010 0	0.011 3	0.012 5
60	0.006 8	0.007 5	0.009 0	0.010 5	0.012 0	0.013 5	0.015 0
70	0.007 9	0.008 8	0.010 5	0.012 3	0.014 0	0.015 8	0.017 5
80	0.009 0	0.010 0	0.012 0	0.014 0	0.016 0	0.018 0	0.020 0
90	0.010 1	0.011 3	0.013 5	0.015 8	0.018 0	0.020 3	0.022 5
100	0.011 3	0.012 5	0.015 0	0.017 5	0.020 0	0.022 5	0.025 0
110	0.012 4	0.013 8	0.016 5	0.019 3	0.022 0	0.024 8	0.027 5
120	0.013 5	0.015 0	0.018 0	0.021 0	0.024 0	0.027 0	0.030 0
130	0.014 6	0.016 3	0.019 5	0.022 8	0.026 0	0.029 3	0.032 5
140	0.015 8	0.017 5	0.021 0	0.024 5	0.028 0	0.031 5	0.035 0
150	0.016 9	0.018 8	0.022 5	0.026 3	0.030 0	0.033 8	0.037 5
160	0.018 0	0.020 0	0.024 0	0.028 0	0.032 0	0.036 0	0.040 0
170	0.019 1	0.021 3	0.025 5	0.029 8	0.034 0	0.038 3	0.042 5
180	0.020 3	0.022 5	0.027 0	0.031 5	0.036 0	0.040 5	0.045 0
190	0.021 4	0.023 8	0.028 5	0.033 3	0.038 0	0.042 8	0.047 5
200	0.022 5	0.025 0	0.030 0	0.035 0	0.040 0	0.045 0	0.050 0
210	0.023 6	0.026 3	0.031 5	0.036 8	0.042 0	0.047 3	0.052 5
220	0.024 8	0.027 5	0.033 0	0.038 5	0.044 0	0.049 5	0.055 0
230	0.025 9	0.028 8	0.034 5	0.040 3	0.046 0	0.051 8	0.057 5
240	0.027 0	0.030 0	0.036 0	0.042 0	0.048 0	0.054 0	0.060 0
250	0.028 1	0.031 3	0.037 5	0.043 8	0.050 0	0.056 3	0.062 5
260	0.029 3	0.032 5	0.039 0	0.045 5	0.052 0	0.058 5	0.065 0
270	0.030 4	0.033 8	0.040 5	0.047 3	0.054 0	0.060 8	0.067 5
280	0.031 5	0.035 0	0.042 0	0.049 0	0.056 0	0.063 0	0.070 0
290	0.032 6	0.036 3	0.043 5	0.050 8	0.058 0	0.065 3	0.072 5
300	0.033 8	0.037 5	0.045 0	0.052 5	0.060 0	0.067 5	0.075 0

表 1（续）

材长/m	2.6							
材宽/mm	材　厚/mm							
	12	15	18	21	25	30	35	40
	材　积/m³							
30	0.000 9	0.001 2	0.001 4	0.001 6	0.002 0	0.002 3	0.002 7	0.003 1
40	0.001 2	0.001 6	0.001 9	0.002 2	0.002 6	0.003 1	0.003 6	0.004 2
50	0.001 6	0.002 0	0.002 3	0.002 7	0.003 3	0.003 9	0.004 6	0.005 2
60	0.001 9	0.002 3	0.002 8	0.003 3	0.003 9	0.004 7	0.005 5	0.006 2
70	0.002 2	0.002 7	0.003 3	0.003 8	0.004 6	0.005 5	0.006 4	0.007 3
80	0.002 5	0.003 1	0.003 7	0.004 4	0.005 2	0.006 2	0.007 3	0.008 3
90	0.002 8	0.003 5	0.004 2	0.004 9	0.005 9	0.007 0	0.008 2	0.009 4
100	0.003 1	0.003 9	0.004 7	0.005 5	0.006 5	0.007 8	0.009 1	0.010 4
110	0.003 4	0.004 3	0.005 1	0.006 0	0.007 2	0.008 6	0.010 0	0.011 4
120	0.003 7	0.004 7	0.005 6	0.006 6	0.007 8	0.009 4	0.010 9	0.012 5
130	0.004 1	0.005 1	0.006 1	0.007 1	0.008 5	0.010 1	0.011 8	0.013 5
140	0.004 4	0.005 5	0.006 6	0.007 6	0.009 1	0.010 9	0.012 7	0.014 6
150	0.004 7	0.005 9	0.007 0	0.008 2	0.009 8	0.011 7	0.013 7	0.015 6
160	0.005 0	0.006 2	0.007 5	0.008 7	0.010 4	0.012 5	0.014 6	0.016 6
170	0.005 3	0.006 6	0.008 0	0.009 3	0.011 1	0.013 3	0.015 5	0.017 7
180	0.005 6	0.007 0	0.008 4	0.009 8	0.011 7	0.014 0	0.016 4	0.018 7
190	0.005 9	0.007 4	0.008 9	0.010 4	0.012 4	0.014 8	0.017 3	0.019 8
200	0.006 2	0.007 8	0.009 4	0.010 9	0.013 0	0.015 6	0.018 2	0.020 8
210	0.006 6	0.008 2	0.009 8	0.011 5	0.013 7	0.016 4	0.019 1	0.021 8
220	0.006 9	0.008 6	0.010 3	0.012 0	0.014 3	0.017 2	0.020 0	0.022 9
230	0.007 2	0.009 0	0.010 8	0.012 6	0.015 0	0.017 9	0.020 9	0.023 9
240	0.007 5	0.009 4	0.011 2	0.013 1	0.015 6	0.018 7	0.021 8	0.025 0
250	0.007 8	0.009 8	0.011 7	0.013 7	0.016 3	0.019 5	0.022 8	0.026 0
260	0.008 1	0.010 1	0.012 2	0.014 2	0.016 9	0.020 3	0.023 7	0.027 0
270	0.008 4	0.010 5	0.012 6	0.014 7	0.017 6	0.021 1	0.024 6	0.028 1
280	0.008 7	0.010 9	0.013 1	0.015 3	0.018 2	0.021 8	0.025 5	0.029 1
290	0.009 0	0.011 3	0.013 6	0.015 8	0.018 9	0.022 6	0.026 4	0.030 2
300	0.009 4	0.011 7	0.014 0	0.016 4	0.019 5	0.023 4	0.027 3	0.031 2

表 1（续）

材长/m	2.6						
材宽/mm	材　　厚/mm						
	45	50	60	70	80	90	100
	材　　积/m³						
30	0.003 5	0.003 9	0.004 7	0.005 5	0.006 2	0.007 0	0.007 8
40	0.004 7	0.005 2	0.006 2	0.007 3	0.008 3	0.009 4	0.010 4
50	0.005 9	0.006 5	0.007 8	0.009 1	0.010 4	0.011 7	0.013 0
60	0.007 0	0.007 8	0.009 4	0.010 9	0.012 5	0.014 0	0.015 6
70	0.008 2	0.009 1	0.010 9	0.012 7	0.014 6	0.016 4	0.018 2
80	0.009 4	0.010 4	0.012 5	0.014 6	0.016 6	0.018 7	0.020 8
90	0.010 5	0.011 7	0.014 0	0.016 4	0.018 7	0.021 1	0.023 4
100	0.011 7	0.013 0	0.015 6	0.018 2	0.020 8	0.023 4	0.026 0
110	0.012 9	0.014 3	0.017 2	0.020 0	0.022 9	0.025 7	0.028 6
120	0.014 0	0.015 6	0.018 7	0.021 8	0.025 0	0.028 1	0.031 2
130	0.015 2	0.016 9	0.020 3	0.023 7	0.027 0	0.030 4	0.033 8
140	0.016 4	0.018 2	0.021 8	0.025 5	0.029 1	0.032 8	0.036 4
150	0.017 6	0.019 5	0.023 4	0.027 3	0.031 2	0.035 1	0.039 0
160	0.018 7	0.020 8	0.025 0	0.029 1	0.033 3	0.037 4	0.041 6
170	0.019 9	0.022 1	0.026 5	0.030 9	0.035 4	0.039 8	0.044 2
180	0.021 1	0.023 4	0.028 1	0.032 8	0.037 4	0.042 1	0.046 8
190	0.022 2	0.024 7	0.029 6	0.034 6	0.039 5	0.044 5	0.049 4
200	0.023 4	0.026 0	0.031 2	0.036 4	0.041 6	0.046 8	0.052 0
210	0.024 6	0.027 3	0.032 8	0.038 2	0.043 7	0.049 1	0.054 6
220	0.025 7	0.028 6	0.034 3	0.040 0	0.045 8	0.051 5	0.057 2
230	0.026 9	0.029 9	0.035 9	0.041 9	0.047 8	0.053 8	0.059 8
240	0.028 1	0.031 2	0.037 4	0.043 7	0.049 9	0.056 2	0.062 4
250	0.029 3	0.032 5	0.039 0	0.045 5	0.052 0	0.058 5	0.065 0
260	0.030 4	0.033 8	0.040 6	0.047 3	0.054 1	0.060 8	0.067 6
270	0.031 6	0.035 1	0.042 1	0.049 1	0.056 2	0.063 2	0.070 2
280	0.032 8	0.036 4	0.043 7	0.051 0	0.058 2	0.065 5	0.072 8
290	0.033 9	0.037 7	0.045 2	0.052 8	0.060 3	0.067 9	0.075 4
300	0.035 1	0.039 0	0.046 8	0.054 6	0.062 4	0.070 2	0.078 0

表 1（续）

材长/m	2.8							
材宽/mm	材　厚/mm							
	12	15	18	21	25	30	35	40
	材　积/m³							
30	0.001 0	0.001 3	0.001 5	0.001 8	0.002 1	0.002 5	0.002 9	0.003 4
40	0.001 3	0.001 7	0.002 0	0.002 4	0.002 8	0.003 4	0.003 9	0.004 5
50	0.001 7	0.002 1	0.002 5	0.002 9	0.003 5	0.004 2	0.004 9	0.005 6
60	0.002 0	0.002 5	0.003 0	0.003 5	0.004 2	0.005 0	0.005 9	0.006 7
70	0.002 4	0.002 9	0.003 5	0.004 1	0.004 9	0.005 9	0.006 9	0.007 8
80	0.002 7	0.003 4	0.004 0	0.004 7	0.005 6	0.006 7	0.007 8	0.009 0
90	0.003 0	0.003 8	0.004 5	0.005 3	0.006 3	0.007 6	0.008 8	0.010 1
100	0.003 4	0.004 2	0.005 0	0.005 9	0.007 0	0.008 4	0.009 8	0.011 2
110	0.003 7	0.004 6	0.005 5	0.006 5	0.007 7	0.009 2	0.010 8	0.012 3
120	0.004 0	0.005 0	0.006 0	0.007 1	0.008 4	0.010 1	0.011 8	0.013 4
130	0.004 4	0.005 5	0.006 6	0.007 6	0.009 1	0.010 9	0.012 7	0.014 6
140	0.004 7	0.005 9	0.007 1	0.008 2	0.009 8	0.011 8	0.013 7	0.015 7
150	0.005 0	0.006 3	0.007 6	0.008 8	0.010 5	0.012 6	0.014 7	0.016 8
160	0.005 4	0.006 7	0.008 1	0.009 4	0.011 2	0.013 4	0.015 7	0.017 9
170	0.005 7	0.007 1	0.008 6	0.010 0	0.011 9	0.014 3	0.016 7	0.019 0
180	0.006 0	0.007 6	0.009 1	0.010 6	0.012 6	0.015 1	0.017 6	0.020 2
190	0.006 4	0.008 0	0.009 6	0.011 2	0.013 3	0.016 0	0.018 6	0.021 3
200	0.006 7	0.008 4	0.010 1	0.011 8	0.014 0	0.016 8	0.019 6	0.022 4
210	0.007 1	0.008 8	0.010 6	0.012 3	0.014 7	0.017 6	0.020 6	0.023 5
220	0.007 4	0.009 2	0.011 1	0.012 9	0.015 4	0.018 5	0.021 6	0.024 6
230	0.007 7	0.009 7	0.011 6	0.013 5	0.016 1	0.019 3	0.022 5	0.025 8
240	0.008 1	0.010 1	0.012 1	0.014 1	0.016 8	0.020 2	0.023 5	0.026 9
250	0.008 4	0.010 5	0.012 6	0.014 7	0.017 5	0.021 0	0.024 5	0.028 0
260	0.008 7	0.010 9	0.013 1	0.015 3	0.018 2	0.021 8	0.025 5	0.029 1
270	0.009 1	0.011 3	0.013 6	0.015 9	0.018 9	0.022 7	0.026 5	0.030 2
280	0.009 4	0.011 8	0.014 1	0.016 5	0.019 6	0.023 5	0.027 4	0.031 4
290	0.009 7	0.012 2	0.014 6	0.017 1	0.020 3	0.024 4	0.028 4	0.032 5
300	0.010 1	0.012 6	0.015 1	0.017 6	0.021 0	0.025 2	0.029 4	0.033 6

表 1（续）

材长/m	2.8						
材宽/mm	材　厚/mm						
	45	50	60	70	80	90	100
	材　积/m³						
30	0.003 8	0.004 2	0.005 0	0.005 9	0.006 7	0.007 6	0.008 4
40	0.005 0	0.005 6	0.006 7	0.007 8	0.009 0	0.010 1	0.011 2
50	0.006 3	0.007 0	0.008 4	0.009 8	0.011 2	0.012 6	0.014 0
60	0.007 6	0.008 4	0.010 1	0.011 8	0.013 4	0.015 1	0.016 8
70	0.008 8	0.009 8	0.011 8	0.013 7	0.015 7	0.017 6	0.019 6
80	0.010 1	0.011 2	0.013 4	0.015 7	0.017 9	0.020 2	0.022 4
90	0.011 3	0.012 6	0.015 1	0.017 6	0.020 2	0.022 7	0.025 2
100	0.012 6	0.014 0	0.016 8	0.019 6	0.022 4	0.025 2	0.028 0
110	0.013 9	0.015 4	0.018 5	0.021 6	0.024 6	0.027 7	0.030 8
120	0.015 1	0.016 8	0.020 2	0.023 5	0.026 9	0.030 2	0.033 6
130	0.016 4	0.018 2	0.021 8	0.025 5	0.029 1	0.032 8	0.036 4
140	0.017 6	0.019 6	0.023 5	0.027 4	0.031 4	0.035 3	0.039 2
150	0.018 9	0.021 0	0.025 2	0.029 4	0.033 6	0.037 8	0.042 0
160	0.020 2	0.022 4	0.026 9	0.031 4	0.035 8	0.040 3	0.044 8
170	0.021 4	0.023 8	0.028 6	0.033 3	0.038 1	0.042 8	0.047 6
180	0.022 7	0.025 2	0.030 2	0.035 3	0.040 3	0.045 4	0.050 4
190	0.023 9	0.026 6	0.031 9	0.037 2	0.042 6	0.047 9	0.053 2
200	0.025 2	0.028 0	0.033 6	0.039 2	0.044 8	0.050 4	0.056 0
210	0.026 5	0.029 4	0.035 3	0.041 2	0.047 0	0.052 9	0.058 8
220	0.027 7	0.030 8	0.037 0	0.043 1	0.049 3	0.055 4	0.061 6
230	0.029 0	0.032 2	0.038 6	0.045 1	0.051 5	0.058 0	0.064 4
240	0.030 2	0.033 6	0.040 3	0.047 0	0.053 8	0.060 5	0.067 2
250	0.031 5	0.035 0	0.042 0	0.049 0	0.056 0	0.063 0	0.070 0
260	0.032 8	0.036 4	0.043 7	0.051 0	0.058 2	0.065 5	0.072 8
270	0.034 0	0.037 8	0.045 4	0.052 9	0.060 5	0.068 0	0.075 6
280	0.035 3	0.039 2	0.047 0	0.054 9	0.062 7	0.070 6	0.078 4
290	0.036 5	0.040 6	0.048 7	0.056 8	0.065 0	0.073 1	0.081 2
300	0.037 8	0.042 0	0.050 4	0.058 8	0.067 2	0.075 6	0.084 0

表 1（续）

材长/m	3.0							
材宽/mm	材　厚/mm							
	12	15	18	21	25	30	35	40
	材　积/m³							
30	0.001 1	0.001 4	0.001 6	0.001 9	0.002 3	0.002 7	0.003 2	0.003 6
40	0.001 4	0.001 8	0.002 2	0.002 5	0.003 0	0.003 6	0.004 2	0.004 8
50	0.001 8	0.002 3	0.002 7	0.003 2	0.003 8	0.004 5	0.005 3	0.006 0
60	0.002 2	0.002 7	0.003 2	0.003 8	0.004 5	0.005 4	0.006 3	0.007 2
70	0.002 5	0.003 2	0.003 8	0.004 4	0.005 3	0.006 3	0.007 4	0.008 4
80	0.002 9	0.003 6	0.004 3	0.005 0	0.006 0	0.007 2	0.008 4	0.009 6
90	0.003 2	0.004 1	0.004 9	0.005 7	0.006 8	0.008 1	0.009 5	0.010 8
100	0.003 6	0.004 5	0.005 4	0.006 3	0.007 5	0.009 0	0.010 5	0.012 0
110	0.004 0	0.005 0	0.005 9	0.006 9	0.008 3	0.009 9	0.011 6	0.013 2
120	0.004 3	0.005 4	0.006 5	0.007 6	0.009 0	0.010 8	0.012 6	0.014 4
130	0.004 7	0.005 9	0.007 0	0.008 2	0.009 8	0.011 7	0.013 7	0.015 6
140	0.005 0	0.006 3	0.007 6	0.008 8	0.010 5	0.012 6	0.014 7	0.016 8
150	0.005 4	0.006 8	0.008 1	0.009 5	0.011 3	0.013 5	0.015 8	0.018 0
160	0.005 8	0.007 2	0.008 6	0.010 1	0.012 0	0.014 4	0.016 8	0.019 2
170	0.006 1	0.007 7	0.009 2	0.010 7	0.012 8	0.015 3	0.017 9	0.020 4
180	0.006 5	0.008 1	0.009 7	0.011 3	0.013 5	0.016 2	0.018 9	0.021 6
190	0.006 8	0.008 6	0.010 3	0.012 0	0.014 3	0.017 1	0.020 0	0.022 8
200	0.007 2	0.009 0	0.010 8	0.012 6	0.015 0	0.018 0	0.021 0	0.024 0
210	0.007 6	0.009 5	0.011 3	0.013 2	0.015 8	0.018 9	0.022 1	0.025 2
220	0.007 9	0.009 9	0.011 9	0.013 9	0.016 5	0.019 8	0.023 1	0.026 4
230	0.008 3	0.010 4	0.012 4	0.014 5	0.017 3	0.020 7	0.024 2	0.027 6
240	0.008 6	0.010 8	0.013 0	0.015 1	0.018 0	0.021 6	0.025 2	0.028 8
250	0.009 0	0.011 3	0.013 5	0.015 8	0.018 8	0.022 5	0.026 3	0.030 0
260	0.009 4	0.011 7	0.014 0	0.016 4	0.019 5	0.023 4	0.027 3	0.031 2
270	0.009 7	0.012 2	0.014 6	0.017 0	0.020 3	0.024 3	0.028 4	0.032 4
280	0.010 1	0.012 6	0.015 1	0.017 6	0.021 0	0.025 2	0.029 4	0.033 6
290	0.010 4	0.013 1	0.015 7	0.018 3	0.021 8	0.026 1	0.030 5	0.034 8
300	0.010 8	0.013 5	0.016 2	0.018 9	0.022 5	0.027 0	0.031 5	0.036 0

表 1（续）

材长/m	3.0						
材宽/mm	材　厚/mm						
	45	50	60	70	80	90	100
	材　积/m³						
30	0.004 1	0.004 5	0.005 4	0.006 3	0.007 2	0.008 1	0.009 0
40	0.005 4	0.006 0	0.007 2	0.008 4	0.009 6	0.010 8	0.012 0
50	0.006 8	0.007 5	0.009 0	0.010 5	0.012 0	0.013 5	0.015 0
60	0.008 1	0.009 0	0.010 8	0.012 6	0.014 4	0.016 2	0.018 0
70	0.009 5	0.010 5	0.012 6	0.014 7	0.016 8	0.018 9	0.021 0
80	0.010 8	0.012 0	0.014 4	0.016 8	0.019 2	0.021 6	0.024 0
90	0.012 2	0.013 5	0.016 2	0.018 9	0.021 6	0.024 3	0.027 0
100	0.013 5	0.015 0	0.018 0	0.021 0	0.024 0	0.027 0	0.030 0
110	0.014 9	0.016 5	0.019 8	0.023 1	0.026 4	0.029 7	0.033 0
120	0.016 2	0.018 0	0.021 6	0.025 2	0.028 8	0.032 4	0.036 0
130	0.017 6	0.019 5	0.023 4	0.027 3	0.031 2	0.035 1	0.039 0
140	0.018 9	0.021 0	0.025 2	0.029 4	0.033 6	0.037 8	0.042 0
150	0.020 3	0.022 5	0.027 0	0.031 5	0.036 0	0.040 5	0.045 0
160	0.021 6	0.024 0	0.028 8	0.033 6	0.038 4	0.043 2	0.048 0
170	0.023 0	0.025 5	0.030 6	0.035 7	0.040 8	0.045 9	0.051 0
180	0.024 3	0.027 0	0.032 4	0.037 8	0.043 2	0.048 6	0.054 0
190	0.025 7	0.028 5	0.034 2	0.039 9	0.045 6	0.051 3	0.057 0
200	0.027 0	0.030 0	0.036 0	0.042 0	0.048 0	0.054 0	0.060 0
210	0.028 4	0.031 5	0.037 8	0.044 1	0.050 4	0.056 7	0.063 0
220	0.029 7	0.033 0	0.039 6	0.046 2	0.052 8	0.059 4	0.066 0
230	0.031 1	0.034 5	0.041 4	0.048 3	0.055 2	0.062 1	0.069 0
240	0.032 4	0.036 0	0.043 2	0.050 4	0.057 6	0.064 8	0.072 0
250	0.033 8	0.037 5	0.045 0	0.052 5	0.060 0	0.067 5	0.075 0
260	0.035 1	0.039 0	0.046 8	0.054 6	0.062 4	0.070 2	0.078 0
270	0.036 5	0.040 5	0.048 6	0.056 7	0.064 8	0.072 9	0.081 0
280	0.037 8	0.042 0	0.050 4	0.058 8	0.067 2	0.075 6	0.084 0
290	0.039 2	0.043 5	0.052 2	0.060 9	0.069 6	0.078 3	0.087 0
300	0.040 5	0.045 0	0.054 0	0.063 0	0.072 0	0.081 0	0.090 0

表 1（续）

材长/m	3.2							
材宽/mm	材　厚/mm							
	12	15	18	21	25	30	35	40
	材　积/m³							
30	0.001 2	0.001 4	0.001 7	0.002 0	0.002 4	0.002 9	0.003 4	0.003 8
40	0.001 5	0.001 9	0.002 3	0.002 7	0.003 2	0.003 8	0.004 5	0.005 1
50	0.001 9	0.002 4	0.002 9	0.003 4	0.004 0	0.004 8	0.005 6	0.006 4
60	0.002 3	0.002 9	0.003 5	0.004 0	0.004 8	0.005 8	0.006 7	0.007 7
70	0.002 7	0.003 4	0.004 0	0.004 7	0.005 6	0.006 7	0.007 8	0.009 0
80	0.003 1	0.003 8	0.004 6	0.005 4	0.006 4	0.007 7	0.009 0	0.010 2
90	0.003 5	0.004 3	0.005 2	0.006 0	0.007 2	0.008 6	0.010 1	0.011 5
100	0.003 8	0.004 8	0.005 8	0.006 7	0.008 0	0.009 6	0.011 2	0.012 8
110	0.004 2	0.005 3	0.006 3	0.007 4	0.008 8	0.010 6	0.012 3	0.014 1
120	0.004 6	0.005 8	0.006 9	0.008 1	0.009 6	0.011 5	0.013 4	0.015 4
130	0.005 0	0.006 2	0.007 5	0.008 7	0.010 4	0.012 5	0.014 6	0.016 6
140	0.005 4	0.006 7	0.008 1	0.009 4	0.011 2	0.013 4	0.015 7	0.017 9
150	0.005 8	0.007 2	0.008 6	0.010 1	0.012 0	0.014 4	0.016 8	0.019 2
160	0.006 1	0.007 7	0.009 2	0.010 8	0.012 8	0.015 4	0.017 9	0.020 5
170	0.006 5	0.008 2	0.009 8	0.011 4	0.013 6	0.016 3	0.019 0	0.021 8
180	0.006 9	0.008 6	0.010 4	0.012 1	0.014 4	0.017 3	0.020 2	0.023 0
190	0.007 3	0.009 1	0.010 9	0.012 8	0.015 2	0.018 2	0.021 3	0.024 3
200	0.007 7	0.009 6	0.011 5	0.013 4	0.016 0	0.019 2	0.022 4	0.025 6
210	0.008 1	0.010 1	0.012 1	0.014 1	0.016 8	0.020 2	0.023 5	0.026 9
220	0.008 4	0.010 6	0.012 7	0.014 8	0.017 6	0.021 1	0.024 6	0.028 2
230	0.008 8	0.011 0	0.013 2	0.015 5	0.018 4	0.022 1	0.025 8	0.029 4
240	0.009 2	0.011 5	0.013 8	0.016 1	0.019 2	0.023 0	0.026 9	0.030 7
250	0.009 6	0.012 0	0.014 4	0.016 8	0.020 0	0.024 0	0.028 0	0.032 0
260	0.010 0	0.012 5	0.015 0	0.017 5	0.020 8	0.025 0	0.029 1	0.033 3
270	0.010 4	0.013 0	0.015 6	0.018 1	0.021 6	0.025 9	0.030 2	0.034 6
280	0.010 8	0.013 4	0.016 1	0.018 8	0.022 4	0.026 9	0.031 4	0.035 8
290	0.011 1	0.013 9	0.016 7	0.019 5	0.023 2	0.027 8	0.032 5	0.037 1
300	0.011 5	0.014 4	0.017 3	0.020 2	0.024 0	0.028 8	0.033 6	0.038 4

表 1（续）

材长/m	3.2						
材宽/mm	材　　厚/mm						
	45	50	60	70	80	90	100
	材　　积/m³						
30	0.004 3	0.004 8	0.005 8	0.006 7	0.007 7	0.008 6	0.009 6
40	0.005 8	0.006 4	0.007 7	0.009 0	0.010 2	0.011 5	0.012 8
50	0.007 2	0.008 0	0.009 6	0.011 2	0.012 8	0.014 4	0.016 0
60	0.008 6	0.009 6	0.011 5	0.013 4	0.015 4	0.017 3	0.019 2
70	0.010 1	0.011 2	0.013 4	0.015 7	0.017 9	0.020 2	0.022 4
80	0.011 5	0.012 8	0.015 4	0.017 9	0.020 5	0.023 0	0.025 6
90	0.013 0	0.014 4	0.017 3	0.020 2	0.023 0	0.025 9	0.028 8
100	0.014 4	0.016 0	0.019 2	0.022 4	0.025 6	0.028 8	0.032 0
110	0.015 8	0.017 6	0.021 1	0.024 6	0.028 2	0.031 7	0.035 2
120	0.017 3	0.019 2	0.023 0	0.026 9	0.030 7	0.034 6	0.038 4
130	0.018 7	0.020 8	0.025 0	0.029 1	0.033 3	0.037 4	0.041 6
140	0.020 2	0.022 4	0.026 9	0.031 4	0.035 8	0.040 3	0.044 8
150	0.021 6	0.024 0	0.028 8	0.033 6	0.038 4	0.043 2	0.048 0
160	0.023 0	0.025 6	0.030 7	0.035 8	0.041 0	0.046 1	0.051 2
170	0.024 5	0.027 2	0.032 6	0.038 1	0.043 5	0.049 0	0.054 4
180	0.025 9	0.028 8	0.034 6	0.040 3	0.046 1	0.051 8	0.057 6
190	0.027 4	0.030 4	0.036 5	0.042 6	0.048 6	0.054 7	0.060 8
200	0.028 8	0.032 0	0.038 4	0.044 8	0.051 2	0.057 6	0.064 0
210	0.030 2	0.033 6	0.040 3	0.047 0	0.053 8	0.060 5	0.067 2
220	0.031 7	0.035 2	0.042 2	0.049 3	0.056 3	0.063 4	0.070 4
230	0.033 1	0.036 8	0.044 2	0.051 5	0.058 9	0.066 2	0.073 6
240	0.034 6	0.038 4	0.046 1	0.053 8	0.061 4	0.069 1	0.076 8
250	0.036 0	0.040 0	0.048 0	0.056 0	0.064 0	0.072 0	0.080 0
260	0.037 4	0.041 6	0.049 9	0.058 2	0.066 6	0.074 9	0.083 2
270	0.038 9	0.043 2	0.051 8	0.060 5	0.069 1	0.077 8	0.086 4
280	0.040 3	0.044 8	0.053 8	0.062 7	0.071 7	0.080 6	0.089 6
290	0.041 8	0.046 4	0.055 7	0.065 0	0.074 2	0.083 5	0.092 8
300	0.043 2	0.048 0	0.057 6	0.067 2	0.076 8	0.086 4	0.096 0

表 1（续）

材长/m	3.4							
	材　厚/mm							
材宽/mm	12	15	18	21	25	30	35	40
	材　积/m³							
30	0.001 2	0.001 5	0.001 8	0.002 1	0.002 6	0.003 1	0.003 6	0.004 1
40	0.001 6	0.002 0	0.002 4	0.002 9	0.003 4	0.004 1	0.004 8	0.005 4
50	0.002 0	0.002 6	0.003 1	0.003 6	0.004 3	0.005 1	0.006 0	0.006 8
60	0.002 4	0.003 1	0.003 7	0.004 3	0.005 1	0.006 1	0.007 1	0.008 2
70	0.002 9	0.003 6	0.004 3	0.005 0	0.006 0	0.007 1	0.008 3	0.009 5
80	0.003 3	0.004 1	0.004 9	0.005 7	0.006 8	0.008 2	0.009 5	0.010 9
90	0.003 7	0.004 6	0.005 5	0.006 4	0.007 7	0.009 2	0.010 7	0.012 2
100	0.004 1	0.005 1	0.006 1	0.007 1	0.008 5	0.010 2	0.011 9	0.013 6
110	0.004 5	0.005 6	0.006 7	0.007 9	0.009 4	0.011 2	0.013 1	0.015 0
120	0.004 9	0.006 1	0.007 3	0.008 6	0.010 2	0.012 2	0.014 3	0.016 3
130	0.005 3	0.006 6	0.008 0	0.009 3	0.011 1	0.013 3	0.015 5	0.017 7
140	0.005 7	0.007 1	0.008 6	0.010 0	0.011 9	0.014 3	0.016 7	0.019 0
150	0.006 1	0.007 7	0.009 2	0.010 7	0.012 8	0.015 3	0.017 9	0.020 4
160	0.006 5	0.008 2	0.009 8	0.011 4	0.013 6	0.016 3	0.019 0	0.021 8
170	0.006 9	0.008 7	0.010 4	0.012 1	0.014 5	0.017 3	0.020 2	0.023 1
180	0.007 3	0.009 2	0.011 0	0.012 9	0.015 3	0.018 4	0.021 4	0.024 5
190	0.007 8	0.009 7	0.011 6	0.013 6	0.016 2	0.019 4	0.022 6	0.025 8
200	0.008 2	0.010 2	0.012 2	0.014 3	0.017 0	0.020 4	0.023 8	0.027 2
210	0.008 6	0.010 7	0.012 9	0.015 0	0.017 9	0.021 4	0.025 0	0.028 6
220	0.009 0	0.011 2	0.013 5	0.015 7	0.018 7	0.022 4	0.026 2	0.029 9
230	0.009 4	0.011 7	0.014 1	0.016 4	0.019 6	0.023 5	0.027 4	0.031 3
240	0.009 8	0.012 2	0.014 7	0.017 1	0.020 4	0.024 5	0.028 6	0.032 6
250	0.010 2	0.012 8	0.015 3	0.017 9	0.021 3	0.025 5	0.029 8	0.034 0
260	0.010 6	0.013 3	0.015 9	0.018 6	0.022 1	0.026 5	0.030 9	0.035 4
270	0.011 0	0.013 8	0.016 5	0.019 3	0.023 0	0.027 5	0.032 1	0.036 7
280	0.011 4	0.014 3	0.017 1	0.020 0	0.023 8	0.028 6	0.033 3	0.038 1
290	0.011 8	0.014 8	0.017 7	0.020 7	0.024 7	0.029 6	0.034 5	0.039 4
300	0.012 2	0.015 3	0.018 4	0.021 4	0.025 5	0.030 6	0.035 7	0.040 8

表 1（续）

材长/m	3.4						
材宽/mm	材　　厚/mm						
	45	50	60	70	80	90	100
	材　　积/m^3						
30	0.004 6	0.005 1	0.006 1	0.007 1	0.008 2	0.009 2	0.010 2
40	0.006 1	0.006 8	0.008 2	0.009 5	0.010 9	0.012 2	0.013 6
50	0.007 7	0.008 5	0.010 2	0.011 9	0.013 6	0.015 3	0.017 0
60	0.009 2	0.010 2	0.012 2	0.014 3	0.016 3	0.018 4	0.020 4
70	0.010 7	0.011 9	0.014 3	0.016 7	0.019 0	0.021 4	0.023 8
80	0.012 2	0.013 6	0.016 3	0.019 0	0.021 8	0.024 5	0.027 2
90	0.013 8	0.015 3	0.018 4	0.021 4	0.024 5	0.027 5	0.030 6
100	0.015 3	0.017 0	0.020 4	0.023 8	0.027 2	0.030 6	0.034 0
110	0.016 8	0.018 7	0.022 4	0.026 2	0.029 9	0.033 7	0.037 4
120	0.018 4	0.020 4	0.024 5	0.028 6	0.032 6	0.036 7	0.040 8
130	0.019 9	0.022 1	0.026 5	0.030 9	0.035 4	0.039 8	0.044 2
140	0.021 4	0.023 8	0.028 6	0.033 3	0.038 1	0.042 8	0.047 6
150	0.023 0	0.025 5	0.030 6	0.035 7	0.040 8	0.045 9	0.051 0
160	0.024 5	0.027 2	0.032 6	0.038 1	0.043 5	0.049 0	0.054 4
170	0.026 0	0.028 9	0.034 7	0.040 5	0.046 2	0.052 0	0.057 8
180	0.027 5	0.030 6	0.036 7	0.042 8	0.049 0	0.055 1	0.061 2
190	0.029 1	0.032 3	0.038 8	0.045 2	0.051 7	0.058 1	0.064 6
200	0.030 6	0.034 0	0.040 8	0.047 6	0.054 4	0.061 2	0.068 0
210	0.032 1	0.035 7	0.042 8	0.050 0	0.057 1	0.064 3	0.071 4
220	0.033 7	0.037 4	0.044 9	0.052 4	0.059 8	0.067 3	0.074 8
230	0.035 2	0.039 1	0.046 9	0.054 7	0.062 6	0.070 4	0.078 2
240	0.036 7	0.040 8	0.049 0	0.057 1	0.065 3	0.073 4	0.081 6
250	0.038 3	0.042 5	0.051 0	0.059 5	0.068 0	0.076 5	0.085 0
260	0.039 8	0.044 2	0.053 0	0.061 9	0.070 7	0.079 6	0.088 4
270	0.041 3	0.045 9	0.055 1	0.064 3	0.073 4	0.082 6	0.091 8
280	0.042 8	0.047 6	0.057 1	0.066 6	0.076 2	0.085 7	0.095 2
290	0.044 4	0.049 3	0.059 2	0.069 0	0.078 9	0.088 7	0.098 6
300	0.045 9	0.051 0	0.061 2	0.071 4	0.081 6	0.091 8	0.102 0

表 1（续）

材长/m	3.6							
材宽/mm	材　厚/mm							
	12	15	18	21	25	30	35	40
	材　积/m³							
30	0.001 3	0.001 6	0.001 9	0.002 3	0.002 7	0.003 2	0.003 8	0.004 3
40	0.001 7	0.002 2	0.002 6	0.003 0	0.003 6	0.004 3	0.005 0	0.005 8
50	0.002 2	0.002 7	0.003 2	0.003 8	0.004 5	0.005 4	0.006 3	0.007 2
60	0.002 6	0.003 2	0.003 9	0.004 5	0.005 4	0.006 5	0.007 6	0.008 6
70	0.003 0	0.003 8	0.004 5	0.005 3	0.006 3	0.007 6	0.008 8	0.010 1
80	0.003 5	0.004 3	0.005 2	0.006 0	0.007 2	0.008 6	0.010 1	0.011 5
90	0.003 9	0.004 9	0.005 8	0.006 8	0.008 1	0.009 7	0.011 3	0.013 0
100	0.004 3	0.005 4	0.006 5	0.007 6	0.009 0	0.010 8	0.012 6	0.014 4
110	0.004 8	0.005 9	0.007 1	0.008 3	0.009 9	0.011 9	0.013 9	0.015 8
120	0.005 2	0.006 5	0.007 8	0.009 1	0.010 8	0.013 0	0.015 1	0.017 3
130	0.005 6	0.007 0	0.008 4	0.009 8	0.011 7	0.014 0	0.016 4	0.018 7
140	0.006 0	0.007 6	0.009 1	0.010 6	0.012 6	0.015 1	0.017 6	0.020 2
150	0.006 5	0.008 1	0.009 7	0.011 3	0.013 5	0.016 2	0.018 9	0.021 6
160	0.006 9	0.008 6	0.010 4	0.012 1	0.014 4	0.017 3	0.020 2	0.023 0
170	0.007 3	0.009 2	0.011 0	0.012 9	0.015 3	0.018 4	0.021 4	0.024 5
180	0.007 8	0.009 7	0.011 7	0.013 6	0.016 2	0.019 4	0.022 7	0.025 9
190	0.008 2	0.010 3	0.012 3	0.014 4	0.017 1	0.020 5	0.023 9	0.027 4
200	0.008 6	0.010 8	0.013 0	0.015 1	0.018 0	0.021 6	0.025 2	0.028 8
210	0.009 1	0.011 3	0.013 6	0.015 9	0.018 9	0.022 7	0.026 5	0.030 2
220	0.009 5	0.011 9	0.014 3	0.016 6	0.019 8	0.023 8	0.027 7	0.031 7
230	0.009 9	0.012 4	0.014 9	0.017 4	0.020 7	0.024 8	0.029 0	0.033 1
240	0.010 4	0.013 0	0.015 6	0.018 1	0.021 6	0.025 9	0.030 2	0.034 6
250	0.010 8	0.013 5	0.016 2	0.018 9	0.022 5	0.027 0	0.031 5	0.036 0
260	0.011 2	0.014 0	0.016 8	0.019 7	0.023 4	0.028 1	0.032 8	0.037 4
270	0.011 7	0.014 6	0.017 5	0.020 4	0.024 3	0.029 2	0.034 0	0.038 9
280	0.012 1	0.015 1	0.018 1	0.021 2	0.025 2	0.030 2	0.035 3	0.040 3
290	0.012 5	0.015 7	0.018 8	0.021 9	0.026 1	0.031 3	0.036 5	0.041 8
300	0.013 0	0.016 2	0.019 4	0.022 7	0.027 0	0.032 4	0.037 8	0.043 2

表 1（续）

材长/m	3.6						
材宽/mm	材　厚/mm						
	45	50	60	70	80	90	100
	材　积/m³						
30	0.004 9	0.005 4	0.006 5	0.007 6	0.008 6	0.009 7	0.010 8
40	0.006 5	0.007 2	0.008 6	0.010 1	0.011 5	0.013 0	0.014 4
50	0.008 1	0.009 0	0.010 8	0.012 6	0.014 4	0.016 2	0.018 0
60	0.009 7	0.010 8	0.013 0	0.015 1	0.017 3	0.019 4	0.021 6
70	0.011 3	0.012 6	0.015 1	0.017 6	0.020 2	0.022 7	0.025 2
80	0.013 0	0.014 4	0.017 3	0.020 2	0.023 0	0.025 9	0.028 8
90	0.014 6	0.016 2	0.019 4	0.022 7	0.025 9	0.029 2	0.032 4
100	0.016 2	0.018 0	0.021 6	0.025 2	0.028 8	0.032 4	0.036 0
110	0.017 8	0.019 8	0.023 8	0.027 7	0.031 7	0.035 6	0.039 6
120	0.019 4	0.021 6	0.025 9	0.030 2	0.034 6	0.038 9	0.043 2
130	0.021 1	0.023 4	0.028 1	0.032 8	0.037 4	0.042 1	0.046 8
140	0.022 7	0.025 2	0.030 2	0.035 3	0.040 3	0.045 4	0.050 4
150	0.024 3	0.027 0	0.032 4	0.037 8	0.043 2	0.048 6	0.054 0
160	0.025 9	0.028 8	0.034 6	0.040 3	0.046 1	0.051 8	0.057 6
170	0.027 5	0.030 6	0.036 7	0.042 8	0.049 0	0.055 1	0.061 2
180	0.029 2	0.032 4	0.038 9	0.045 4	0.051 8	0.058 3	0.064 8
190	0.030 8	0.034 2	0.041 0	0.047 9	0.054 7	0.061 6	0.068 4
200	0.032 4	0.036 0	0.043 2	0.050 4	0.057 6	0.064 8	0.072 0
210	0.034 0	0.037 8	0.045 4	0.052 9	0.060 5	0.068 0	0.075 6
220	0.035 6	0.039 6	0.047 5	0.055 4	0.063 4	0.071 3	0.079 2
230	0.037 3	0.041 4	0.049 7	0.058 0	0.066 2	0.074 5	0.082 8
240	0.038 9	0.043 2	0.051 8	0.060 5	0.069 1	0.077 8	0.086 4
250	0.040 5	0.045 0	0.054 0	0.063 0	0.072 0	0.081 0	0.090 0
260	0.042 1	0.046 8	0.056 2	0.065 5	0.074 9	0.084 2	0.093 6
270	0.043 7	0.048 6	0.058 3	0.068 0	0.077 8	0.087 5	0.097 2
280	0.045 4	0.050 4	0.060 5	0.070 6	0.080 6	0.090 7	0.100 8
290	0.047 0	0.052 2	0.062 6	0.073 1	0.083 5	0.094 0	0.104 4
300	0.048 6	0.054 0	0.064 8	0.075 6	0.086 4	0.097 2	0.108 0

表 1（续）

材长/m	3.8							
材宽/mm	材　　厚/mm							
	12	15	18	21	25	30	35	40
	材　　积/m³							
30	0.001 4	0.001 7	0.002 1	0.002 4	0.002 9	0.003 4	0.004 0	0.004 6
40	0.001 8	0.002 3	0.002 7	0.003 2	0.003 8	0.004 6	0.005 3	0.006 1
50	0.002 3	0.002 9	0.003 4	0.004 0	0.004 8	0.005 7	0.006 7	0.007 6
60	0.002 7	0.003 4	0.004 1	0.004 8	0.005 7	0.006 8	0.008 0	0.009 1
70	0.003 2	0.004 0	0.004 8	0.005 6	0.006 7	0.008 0	0.009 3	0.010 6
80	0.003 6	0.004 6	0.005 5	0.006 4	0.007 6	0.009 1	0.010 6	0.012 2
90	0.004 1	0.005 1	0.006 2	0.007 2	0.008 6	0.010 3	0.012 0	0.013 7
100	0.004 6	0.005 7	0.006 8	0.008 0	0.009 5	0.011 4	0.013 3	0.015 2
110	0.005 0	0.006 3	0.007 5	0.008 8	0.010 5	0.012 5	0.014 6	0.016 7
120	0.005 5	0.006 8	0.008 2	0.009 6	0.011 4	0.013 7	0.016 0	0.018 2
130	0.005 9	0.007 4	0.008 9	0.010 4	0.012 4	0.014 8	0.017 3	0.019 8
140	0.006 4	0.008 0	0.009 6	0.011 2	0.013 3	0.016 0	0.018 6	0.021 3
150	0.006 8	0.008 6	0.010 3	0.012 0	0.014 3	0.017 1	0.020 0	0.022 8
160	0.007 3	0.009 1	0.010 9	0.012 8	0.015 2	0.018 2	0.021 3	0.024 3
170	0.007 8	0.009 7	0.011 6	0.013 6	0.016 2	0.019 4	0.022 6	0.025 8
180	0.008 2	0.010 3	0.012 3	0.014 4	0.017 1	0.020 5	0.023 9	0.027 4
190	0.008 7	0.010 8	0.013 0	0.015 2	0.018 1	0.021 7	0.025 3	0.028 9
200	0.009 1	0.011 4	0.013 7	0.016 0	0.019 0	0.022 8	0.026 6	0.030 4
210	0.009 6	0.012 0	0.014 4	0.016 8	0.020 0	0.023 9	0.027 9	0.031 9
220	0.010 0	0.012 5	0.015 0	0.017 6	0.020 9	0.025 1	0.029 3	0.033 4
230	0.010 5	0.013 1	0.015 7	0.018 4	0.021 9	0.026 2	0.030 6	0.035 0
240	0.010 9	0.013 7	0.016 4	0.019 2	0.022 8	0.027 4	0.031 9	0.036 5
250	0.011 4	0.014 3	0.017 1	0.020 0	0.023 8	0.028 5	0.033 3	0.038 0
260	0.011 9	0.014 8	0.017 8	0.020 7	0.024 7	0.029 6	0.034 6	0.039 5
270	0.012 3	0.015 4	0.018 5	0.021 5	0.025 7	0.030 8	0.035 9	0.041 0
280	0.012 8	0.016 0	0.019 2	0.022 3	0.026 6	0.031 9	0.037 2	0.042 6
290	0.013 2	0.016 5	0.019 8	0.023 1	0.027 6	0.033 1	0.038 6	0.044 1
300	0.013 7	0.017 1	0.020 5	0.023 9	0.028 5	0.034 2	0.039 9	0.045 6

表 1（续）

材长/m	3.8						
材宽/mm	材　　厚/mm						
	45	50	60	70	80	90	100
	材　　积/m³						
30	0.005 1	0.005 7	0.006 8	0.008 0	0.009 1	0.010 3	0.011 4
40	0.006 8	0.007 6	0.009 1	0.010 6	0.012 2	0.013 7	0.015 2
50	0.008 6	0.009 5	0.011 4	0.013 3	0.015 2	0.017 1	0.019 0
60	0.010 3	0.011 4	0.013 7	0.016 0	0.018 2	0.020 5	0.022 8
70	0.012 0	0.013 3	0.016 0	0.018 6	0.021 3	0.023 9	0.026 6
80	0.013 7	0.015 2	0.018 2	0.021 3	0.024 3	0.027 4	0.030 4
90	0.015 4	0.017 1	0.020 5	0.023 9	0.027 4	0.030 8	0.034 2
100	0.017 1	0.019 0	0.022 8	0.026 6	0.030 4	0.034 2	0.038 0
110	0.018 8	0.020 9	0.025 1	0.029 3	0.033 4	0.037 6	0.041 8
120	0.020 5	0.022 8	0.027 4	0.031 9	0.036 5	0.041 0	0.045 6
130	0.022 2	0.024 7	0.029 6	0.034 6	0.039 5	0.044 5	0.049 4
140	0.023 9	0.026 6	0.031 9	0.037 2	0.042 6	0.047 9	0.053 2
150	0.025 7	0.028 5	0.034 2	0.039 9	0.045 6	0.051 3	0.057 0
160	0.027 4	0.030 4	0.036 5	0.042 6	0.048 6	0.054 7	0.060 8
170	0.029 1	0.032 3	0.038 8	0.045 2	0.051 7	0.058 1	0.064 6
180	0.030 8	0.034 2	0.041 0	0.047 9	0.054 7	0.061 6	0.068 4
190	0.032 5	0.036 1	0.043 3	0.050 5	0.057 8	0.065 0	0.072 2
200	0.034 2	0.038 0	0.045 6	0.053 2	0.060 8	0.068 4	0.076 0
210	0.035 9	0.039 9	0.047 9	0.055 9	0.063 8	0.071 8	0.079 8
220	0.037 6	0.041 8	0.050 2	0.058 5	0.066 9	0.075 2	0.083 6
230	0.039 3	0.043 7	0.052 4	0.061 2	0.069 9	0.078 7	0.087 4
240	0.041 0	0.045 6	0.054 7	0.063 8	0.073 0	0.082 1	0.091 2
250	0.042 8	0.047 5	0.057 0	0.066 5	0.076 0	0.085 5	0.095 0
260	0.044 5	0.049 4	0.059 3	0.069 2	0.079 0	0.088 9	0.098 8
270	0.046 2	0.051 3	0.061 6	0.071 8	0.082 1	0.092 3	0.102 6
280	0.047 9	0.053 2	0.063 8	0.074 5	0.085 1	0.095 8	0.106 4
290	0.049 6	0.055 1	0.066 1	0.077 1	0.088 2	0.099 2	0.110 2
300	0.051 3	0.057 0	0.068 4	0.079 8	0.091 2	0.102 6	0.114 0

表 1（续）

材长/m	4.0							
材宽/mm	材　厚/mm							
	12	15	18	21	25	30	35	40
	材　积/m³							
30	0.001 4	0.001 8	0.002 2	0.002 5	0.003 0	0.003 6	0.004 2	0.004 8
40	0.001 9	0.002 4	0.002 9	0.003 4	0.004 0	0.004 8	0.005 6	0.006 4
50	0.002 4	0.003 0	0.003 6	0.004 2	0.005 0	0.006 0	0.007 0	0.008 0
60	0.002 9	0.003 6	0.004 3	0.005 0	0.006 0	0.007 2	0.008 4	0.009 6
70	0.003 4	0.004 2	0.005 0	0.005 9	0.007 0	0.008 4	0.009 8	0.011 2
80	0.003 8	0.004 8	0.005 8	0.006 7	0.008 0	0.009 6	0.011 2	0.012 8
90	0.004 3	0.005 4	0.006 5	0.007 6	0.009 0	0.010 8	0.012 6	0.014 4
100	0.004 8	0.006 0	0.007 2	0.008 4	0.010 0	0.012 0	0.014 0	0.016 0
110	0.005 3	0.006 6	0.007 9	0.009 2	0.011 0	0.013 2	0.015 4	0.017 6
120	0.005 8	0.007 2	0.008 6	0.010 1	0.012 0	0.014 4	0.016 8	0.019 2
130	0.006 2	0.007 8	0.009 4	0.010 9	0.013 0	0.015 6	0.018 2	0.020 8
140	0.006 7	0.008 4	0.010 1	0.011 8	0.014 0	0.016 8	0.019 6	0.022 4
150	0.007 2	0.009 0	0.010 8	0.012 6	0.015 0	0.018 0	0.021 0	0.024 0
160	0.007 7	0.009 6	0.011 5	0.013 4	0.016 0	0.019 2	0.022 4	0.025 6
170	0.008 2	0.010 2	0.012 2	0.014 3	0.017 0	0.020 4	0.023 8	0.027 2
180	0.008 6	0.010 8	0.013 0	0.015 1	0.018 0	0.021 6	0.025 2	0.028 8
190	0.009 1	0.011 4	0.013 7	0.016 0	0.019 0	0.022 8	0.026 6	0.030 4
200	0.009 6	0.012 0	0.014 4	0.016 8	0.020 0	0.024 0	0.028 0	0.032 0
210	0.010 1	0.012 6	0.015 1	0.017 6	0.021 0	0.025 2	0.029 4	0.033 6
220	0.010 6	0.013 2	0.015 8	0.018 5	0.022 0	0.026 4	0.030 8	0.035 2
230	0.011 0	0.013 8	0.016 6	0.019 3	0.023 0	0.027 6	0.032 2	0.036 8
240	0.011 5	0.014 4	0.017 3	0.020 2	0.024 0	0.028 8	0.033 6	0.038 4
250	0.012 0	0.015 0	0.018 0	0.021 0	0.025 0	0.030 0	0.035 0	0.040 0
260	0.012 5	0.015 6	0.018 7	0.021 8	0.026 0	0.031 2	0.036 4	0.041 6
270	0.013 0	0.016 2	0.019 4	0.022 7	0.027 0	0.032 4	0.037 8	0.043 2
280	0.013 4	0.016 8	0.020 2	0.023 5	0.028 0	0.033 6	0.039 2	0.044 8
290	0.013 9	0.017 4	0.020 9	0.024 4	0.029 0	0.034 8	0.040 6	0.046 4
300	0.014 4	0.018 0	0.021 6	0.025 2	0.030 0	0.036 0	0.042 0	0.048 0

表 1（续）

材长/m	4.0						
材宽/mm	材　厚/mm						
	45	50	60	70	80	90	100
	材　积/m³						
30	0.005 4	0.006 0	0.007 2	0.008 4	0.009 6	0.010 8	0.012 0
40	0.007 2	0.008 0	0.009 6	0.011 2	0.012 8	0.014 4	0.016 0
50	0.009 0	0.010 0	0.012 0	0.014 0	0.016 0	0.018 0	0.020 0
60	0.010 8	0.012 0	0.014 4	0.016 8	0.019 2	0.021 6	0.024 0
70	0.012 6	0.014 0	0.016 8	0.019 6	0.022 4	0.025 2	0.028 0
80	0.014 4	0.016 0	0.019 2	0.022 4	0.025 6	0.028 8	0.032 0
90	0.016 2	0.018 0	0.021 6	0.025 2	0.028 8	0.032 4	0.036 0
100	0.018 0	0.020 0	0.024 0	0.028 0	0.032 0	0.036 0	0.040 0
110	0.019 8	0.022 0	0.026 4	0.030 8	0.035 2	0.039 6	0.044 0
120	0.021 6	0.024 0	0.028 8	0.033 6	0.038 4	0.043 2	0.048 0
130	0.023 4	0.026 0	0.031 2	0.036 4	0.041 6	0.046 8	0.052 0
140	0.025 2	0.028 0	0.033 6	0.039 2	0.044 8	0.050 4	0.056 0
150	0.027 0	0.030 0	0.036 0	0.042 0	0.048 0	0.054 0	0.060 0
160	0.028 8	0.032 0	0.038 4	0.044 8	0.051 2	0.057 6	0.064 0
170	0.030 6	0.034 0	0.040 8	0.047 6	0.054 4	0.061 2	0.068 0
180	0.032 4	0.036 0	0.043 2	0.050 4	0.057 6	0.064 8	0.072 0
190	0.034 2	0.038 0	0.045 6	0.053 2	0.060 8	0.068 4	0.076 0
200	0.036 0	0.040 0	0.048 0	0.056 0	0.064 0	0.072 0	0.080 0
210	0.037 8	0.042 0	0.050 4	0.058 8	0.067 2	0.075 6	0.084 0
220	0.039 6	0.044 0	0.052 8	0.061 6	0.070 4	0.079 2	0.088 0
230	0.041 4	0.046 0	0.055 2	0.064 4	0.073 6	0.082 8	0.092 0
240	0.043 2	0.048 0	0.057 6	0.067 2	0.076 8	0.086 4	0.096 0
250	0.045 0	0.050 0	0.060 0	0.070 0	0.080 0	0.090 0	0.100 0
260	0.046 8	0.052 0	0.062 4	0.072 8	0.083 2	0.093 6	0.104 0
270	0.048 6	0.054 0	0.064 8	0.075 6	0.086 4	0.097 2	0.108 0
280	0.050 4	0.056 0	0.067 2	0.078 4	0.089 6	0.100 8	0.112 0
290	0.052 2	0.058 0	0.069 6	0.081 2	0.092 8	0.104 4	0.116 0
300	0.054 0	0.060 0	0.072 0	0.084 0	0.096 0	0.108 0	0.120 0

表 1（续）

材长/m	4.2							
	材　厚/mm							
材宽/mm	12	15	18	21	25	30	35	40
	材　积/m³							
30	0.001 5	0.001 9	0.002 3	0.002 6	0.003 2	0.003 8	0.004 4	0.005 0
40	0.002 0	0.002 5	0.003 0	0.003 5	0.004 2	0.005 0	0.005 9	0.006 7
50	0.002 5	0.003 2	0.003 8	0.004 4	0.005 3	0.006 3	0.007 4	0.008 4
60	0.003 0	0.003 8	0.004 5	0.005 3	0.006 3	0.007 6	0.008 8	0.010 1
70	0.003 5	0.004 4	0.005 3	0.006 2	0.007 4	0.008 8	0.010 3	0.011 8
80	0.004 0	0.005 0	0.006 0	0.007 1	0.008 4	0.010 1	0.011 8	0.013 4
90	0.004 5	0.005 7	0.006 8	0.007 9	0.009 5	0.011 3	0.013 2	0.015 1
100	0.005 0	0.006 3	0.007 6	0.008 8	0.010 5	0.012 6	0.014 7	0.016 8
110	0.005 5	0.006 9	0.008 3	0.009 7	0.011 6	0.013 9	0.016 2	0.018 5
120	0.006 0	0.007 6	0.009 1	0.010 6	0.012 6	0.015 1	0.017 6	0.020 2
130	0.006 6	0.008 2	0.009 8	0.011 5	0.013 7	0.016 4	0.019 1	0.021 8
140	0.007 1	0.008 8	0.010 6	0.012 3	0.014 7	0.017 6	0.020 6	0.023 5
150	0.007 6	0.009 5	0.011 3	0.013 2	0.015 8	0.018 9	0.022 1	0.025 2
160	0.008 1	0.010 1	0.012 1	0.014 1	0.016 8	0.020 2	0.023 5	0.026 9
170	0.008 6	0.010 7	0.012 9	0.015 0	0.017 9	0.021 4	0.025 0	0.028 6
180	0.009 1	0.011 3	0.013 6	0.015 9	0.018 9	0.022 7	0.026 5	0.030 2
190	0.009 6	0.012 0	0.014 4	0.016 8	0.020 0	0.023 9	0.027 9	0.031 9
200	0.010 1	0.012 6	0.015 1	0.017 6	0.021 0	0.025 2	0.029 4	0.033 6
210	0.010 6	0.013 2	0.015 9	0.018 5	0.022 1	0.026 5	0.030 9	0.035 3
220	0.011 1	0.013 9	0.016 6	0.019 4	0.023 1	0.027 7	0.032 3	0.037 0
230	0.011 6	0.014 5	0.017 4	0.020 3	0.024 2	0.029 0	0.033 8	0.038 6
240	0.012 1	0.015 1	0.018 1	0.021 2	0.025 2	0.030 2	0.035 3	0.040 3
250	0.012 6	0.015 8	0.018 9	0.022 1	0.026 3	0.031 5	0.036 8	0.042 0
260	0.013 1	0.016 4	0.019 7	0.022 9	0.027 3	0.032 8	0.038 2	0.043 7
270	0.013 6	0.017 0	0.020 4	0.023 8	0.028 4	0.034 0	0.039 7	0.045 4
280	0.014 1	0.017 6	0.021 2	0.024 7	0.029 4	0.035 3	0.041 2	0.047 0
290	0.014 6	0.018 3	0.021 9	0.025 6	0.030 5	0.036 5	0.042 6	0.048 7
300	0.015 1	0.018 9	0.022 7	0.026 5	0.031 5	0.037 8	0.044 1	0.050 4

表 1（续）

材长/m	4.2						
材宽/mm	材　　厚/mm						
	45	50	60	70	80	90	100
	材　　积/m³						
30	0.005 7	0.006 3	0.007 6	0.008 8	0.010 1	0.011 3	0.012 6
40	0.007 6	0.008 4	0.010 1	0.011 8	0.013 4	0.015 1	0.016 8
50	0.009 5	0.010 5	0.012 6	0.014 7	0.016 8	0.018 9	0.021 0
60	0.011 3	0.012 6	0.015 1	0.017 6	0.020 2	0.022 7	0.025 2
70	0.013 2	0.014 7	0.017 6	0.020 6	0.023 5	0.026 5	0.029 4
80	0.015 1	0.016 8	0.020 2	0.023 5	0.026 9	0.030 2	0.033 6
90	0.017 0	0.018 9	0.022 7	0.026 5	0.030 2	0.034 0	0.037 8
100	0.018 9	0.021 0	0.025 2	0.029 4	0.033 6	0.037 8	0.042 0
110	0.020 8	0.023 1	0.027 7	0.032 3	0.037 0	0.041 6	0.046 2
120	0.022 7	0.025 2	0.030 2	0.035 3	0.040 3	0.045 4	0.050 4
130	0.024 6	0.027 3	0.032 8	0.038 2	0.043 7	0.049 1	0.054 6
140	0.026 5	0.029 4	0.035 3	0.041 2	0.047 0	0.052 9	0.058 8
150	0.028 4	0.031 5	0.037 8	0.044 1	0.050 4	0.056 7	0.063 0
160	0.030 2	0.033 6	0.040 3	0.047 0	0.053 8	0.060 5	0.067 2
170	0.032 1	0.035 7	0.042 8	0.050 0	0.057 1	0.064 3	0.071 4
180	0.034 0	0.037 8	0.045 4	0.052 9	0.060 5	0.068 0	0.075 6
190	0.035 9	0.039 9	0.047 9	0.055 9	0.063 8	0.071 8	0.079 8
200	0.037 8	0.042 0	0.050 4	0.058 8	0.067 2	0.075 6	0.084 0
210	0.039 7	0.044 1	0.052 9	0.061 7	0.070 6	0.079 4	0.088 2
220	0.041 6	0.046 2	0.055 4	0.064 7	0.073 9	0.083 2	0.092 4
230	0.043 5	0.048 3	0.058 0	0.067 6	0.077 3	0.086 9	0.096 6
240	0.045 4	0.050 4	0.060 5	0.070 6	0.080 6	0.090 7	0.100 8
250	0.047 3	0.052 5	0.063 0	0.073 5	0.084 0	0.094 5	0.105 0
260	0.049 1	0.054 6	0.065 5	0.076 4	0.087 4	0.098 3	0.109 2
270	0.051 0	0.056 7	0.068 0	0.079 4	0.090 7	0.102 1	0.113 4
280	0.052 9	0.058 8	0.070 6	0.082 3	0.094 1	0.105 8	0.117 6
290	0.054 8	0.060 9	0.073 1	0.085 3	0.097 4	0.109 6	0.121 8
300	0.056 7	0.063 0	0.075 6	0.088 2	0.100 8	0.113 4	0.126 0

表 1（续）

材长/m	4.4							
材宽/mm	材　厚/mm							
	12	15	18	21	25	30	35	40
	材　积/m³							
30	0.001 6	0.002 0	0.002 4	0.002 8	0.003 3	0.004 0	0.004 6	0.005 3
40	0.002 1	0.002 6	0.003 2	0.003 7	0.004 4	0.005 3	0.006 2	0.007 0
50	0.002 6	0.003 3	0.004 0	0.004 6	0.005 5	0.006 6	0.007 7	0.008 8
60	0.003 2	0.004 0	0.004 8	0.005 5	0.006 6	0.007 9	0.009 2	0.010 6
70	0.003 7	0.004 6	0.005 5	0.006 5	0.007 7	0.009 2	0.010 8	0.012 3
80	0.004 2	0.005 3	0.006 3	0.007 4	0.008 8	0.010 6	0.012 3	0.014 1
90	0.004 8	0.005 9	0.007 1	0.008 3	0.009 9	0.011 9	0.013 9	0.015 8
100	0.005 3	0.006 6	0.007 9	0.009 2	0.011 0	0.013 2	0.015 4	0.017 6
110	0.005 8	0.007 3	0.008 7	0.010 2	0.012 1	0.014 5	0.016 9	0.019 4
120	0.006 3	0.007 9	0.009 5	0.011 1	0.013 2	0.015 8	0.018 5	0.021 1
130	0.006 9	0.008 6	0.010 3	0.012 0	0.014 3	0.017 2	0.020 0	0.022 9
140	0.007 4	0.009 2	0.011 1	0.012 9	0.015 4	0.018 5	0.021 6	0.024 6
150	0.007 9	0.009 9	0.011 9	0.013 9	0.016 5	0.019 8	0.023 1	0.026 4
160	0.008 4	0.010 6	0.012 7	0.014 8	0.017 6	0.021 1	0.024 6	0.028 2
170	0.009 0	0.011 2	0.013 5	0.015 7	0.018 7	0.022 4	0.026 2	0.029 9
180	0.009 5	0.011 9	0.014 3	0.016 6	0.019 8	0.023 8	0.027 7	0.031 7
190	0.010 0	0.012 5	0.015 0	0.017 6	0.020 9	0.025 1	0.029 3	0.033 4
200	0.010 6	0.013 2	0.015 8	0.018 5	0.022 0	0.026 4	0.030 8	0.035 2
210	0.011 1	0.013 9	0.016 6	0.019 4	0.023 1	0.027 7	0.032 3	0.037 0
220	0.011 6	0.014 5	0.017 4	0.020 3	0.024 2	0.029 0	0.033 9	0.038 7
230	0.012 1	0.015 2	0.018 2	0.021 3	0.025 3	0.030 4	0.035 4	0.040 5
240	0.012 7	0.015 8	0.019 0	0.022 2	0.026 4	0.031 7	0.037 0	0.042 2
250	0.013 2	0.016 5	0.019 8	0.023 1	0.027 5	0.033 0	0.038 5	0.044 0
260	0.013 7	0.017 2	0.020 6	0.024 0	0.028 6	0.034 3	0.040 0	0.045 8
270	0.014 3	0.017 8	0.021 4	0.024 9	0.029 7	0.035 6	0.041 6	0.047 5
280	0.014 8	0.018 5	0.022 2	0.025 9	0.030 8	0.037 0	0.043 1	0.049 3
290	0.015 3	0.019 1	0.023 0	0.026 8	0.031 9	0.038 3	0.044 7	0.051 0
300	0.015 8	0.019 8	0.023 8	0.027 7	0.033 0	0.039 6	0.046 2	0.052 8

表 1（续）

材长/m	4.4						
材宽/mm	材　厚/mm						
	45	50	60	70	80	90	100
	材　积/m³						
30	0.005 9	0.006 6	0.007 9	0.009 2	0.010 6	0.011 9	0.013 2
40	0.007 9	0.008 8	0.010 6	0.012 3	0.014 1	0.015 8	0.017 6
50	0.009 9	0.011 0	0.013 2	0.015 4	0.017 6	0.019 8	0.022 0
60	0.011 9	0.013 2	0.015 8	0.018 5	0.021 1	0.023 8	0.026 4
70	0.013 9	0.015 4	0.018 5	0.021 6	0.024 6	0.027 7	0.030 8
80	0.015 8	0.017 6	0.021 1	0.024 6	0.028 2	0.031 7	0.035 2
90	0.017 8	0.019 8	0.023 8	0.027 7	0.031 7	0.035 6	0.039 6
100	0.019 8	0.022 0	0.026 4	0.030 8	0.035 2	0.039 6	0.044 0
110	0.021 8	0.024 2	0.029 0	0.033 9	0.038 7	0.043 6	0.048 4
120	0.023 8	0.026 4	0.031 7	0.037 0	0.042 2	0.047 5	0.052 8
130	0.025 7	0.028 6	0.034 3	0.040 0	0.045 8	0.051 5	0.057 2
140	0.027 7	0.030 8	0.037 0	0.043 1	0.049 3	0.055 4	0.061 6
150	0.029 7	0.033 0	0.039 6	0.046 2	0.052 8	0.059 4	0.066 0
160	0.031 7	0.035 2	0.042 2	0.049 3	0.056 3	0.063 4	0.070 4
170	0.033 7	0.037 4	0.044 9	0.052 4	0.059 8	0.067 3	0.074 8
180	0.035 6	0.039 6	0.047 5	0.055 4	0.063 4	0.071 3	0.079 2
190	0.037 6	0.041 8	0.050 2	0.058 5	0.066 9	0.075 2	0.083 6
200	0.039 6	0.044 0	0.052 8	0.061 6	0.070 4	0.079 2	0.088 0
210	0.041 6	0.046 2	0.055 4	0.064 7	0.073 9	0.083 2	0.092 4
220	0.043 6	0.048 4	0.058 1	0.067 8	0.077 4	0.087 1	0.096 8
230	0.045 5	0.050 6	0.060 7	0.070 8	0.081 0	0.091 1	0.101 2
240	0.047 5	0.052 8	0.063 4	0.073 9	0.084 5	0.095 0	0.105 6
250	0.049 5	0.055 0	0.066 0	0.077 0	0.088 0	0.099 0	0.110 0
260	0.051 5	0.057 2	0.068 6	0.080 1	0.091 5	0.103 0	0.114 4
270	0.053 5	0.059 4	0.071 3	0.083 2	0.095 0	0.106 9	0.118 8
280	0.055 4	0.061 6	0.073 9	0.086 2	0.098 6	0.110 9	0.123 2
290	0.057 4	0.063 8	0.076 6	0.089 3	0.102 1	0.114 8	0.127 6
300	0.059 4	0.066 0	0.079 2	0.092 4	0.105 6	0.118 8	0.132 0

表 1（续）

材长/m	4.6							
材宽/mm	材　厚/mm							
	12	15	18	21	25	30	35	40
	材　积/m³							
30	0.001 7	0.002 1	0.002 5	0.002 9	0.003 5	0.004 1	0.004 8	0.005 5
40	0.002 2	0.002 8	0.003 3	0.003 9	0.004 6	0.005 5	0.006 4	0.007 4
50	0.002 8	0.003 5	0.004 1	0.004 8	0.005 8	0.006 9	0.008 1	0.009 2
60	0.003 3	0.004 1	0.005 0	0.005 8	0.006 9	0.008 3	0.009 7	0.011 0
70	0.003 9	0.004 8	0.005 8	0.006 8	0.008 1	0.009 7	0.011 3	0.012 9
80	0.004 4	0.005 5	0.006 6	0.007 7	0.009 2	0.011 0	0.012 9	0.014 7
90	0.005 0	0.006 2	0.007 5	0.008 7	0.010 4	0.012 4	0.014 5	0.016 6
100	0.005 5	0.006 9	0.008 3	0.009 7	0.011 5	0.013 8	0.016 1	0.018 4
110	0.006 1	0.007 6	0.009 1	0.010 6	0.012 7	0.015 2	0.017 7	0.020 2
120	0.006 6	0.008 3	0.009 9	0.011 6	0.013 8	0.016 6	0.019 3	0.022 1
130	0.007 2	0.009 0	0.010 8	0.012 6	0.015 0	0.017 9	0.020 9	0.023 9
140	0.007 7	0.009 7	0.011 6	0.013 5	0.016 1	0.019 3	0.022 5	0.025 8
150	0.008 3	0.010 4	0.012 4	0.014 5	0.017 3	0.020 7	0.024 2	0.027 6
160	0.008 8	0.011 0	0.013 2	0.015 5	0.018 4	0.022 1	0.025 8	0.029 4
170	0.009 4	0.011 7	0.014 1	0.016 4	0.019 6	0.023 5	0.027 4	0.031 3
180	0.009 9	0.012 4	0.014 9	0.017 4	0.020 7	0.024 8	0.029 0	0.033 1
190	0.010 5	0.013 1	0.015 7	0.018 4	0.021 9	0.026 2	0.030 6	0.035 0
200	0.011 0	0.013 8	0.016 6	0.019 3	0.023 0	0.027 6	0.032 2	0.036 8
210	0.011 6	0.014 5	0.017 4	0.020 3	0.024 2	0.029 0	0.033 8	0.038 6
220	0.012 1	0.015 2	0.018 2	0.021 3	0.025 3	0.030 4	0.035 4	0.040 5
230	0.012 7	0.015 9	0.019 0	0.022 2	0.026 5	0.031 7	0.037 0	0.042 3
240	0.013 2	0.016 6	0.019 9	0.023 2	0.027 6	0.033 1	0.038 6	0.044 2
250	0.013 8	0.017 3	0.020 7	0.024 2	0.028 8	0.034 5	0.040 3	0.046 0
260	0.014 4	0.017 9	0.021 5	0.025 1	0.029 9	0.035 9	0.041 9	0.047 8
270	0.014 9	0.018 6	0.022 4	0.026 1	0.031 1	0.037 3	0.043 5	0.049 7
280	0.015 5	0.019 3	0.023 2	0.027 0	0.032 2	0.038 6	0.045 1	0.051 5
290	0.016 0	0.020 0	0.024 0	0.028 0	0.033 4	0.040 0	0.046 7	0.053 4
300	0.016 6	0.020 7	0.024 8	0.029 0	0.034 5	0.041 4	0.048 3	0.055 2

表 1（续）

材长/m	4.6						
材宽/mm	材　厚/mm						
	45	50	60	70	80	90	100
	材　积/m³						
30	0.006 2	0.006 9	0.008 3	0.009 7	0.011 0	0.012 4	0.013 8
40	0.008 3	0.009 2	0.011 0	0.012 9	0.014 7	0.016 6	0.018 4
50	0.010 4	0.011 5	0.013 8	0.016 1	0.018 4	0.020 7	0.023 0
60	0.012 4	0.013 8	0.016 6	0.019 3	0.022 1	0.024 8	0.027 6
70	0.014 5	0.016 1	0.019 3	0.022 5	0.025 8	0.029 0	0.032 2
80	0.016 6	0.018 4	0.022 1	0.025 8	0.029 4	0.033 1	0.036 8
90	0.018 6	0.020 7	0.024 8	0.029 0	0.033 1	0.037 3	0.041 4
100	0.020 7	0.023 0	0.027 6	0.032 2	0.036 8	0.041 4	0.046 0
110	0.022 8	0.025 3	0.030 4	0.035 4	0.040 5	0.045 5	0.050 6
120	0.024 8	0.027 6	0.033 1	0.038 6	0.044 2	0.049 7	0.055 2
130	0.026 9	0.029 9	0.035 9	0.041 9	0.047 8	0.053 8	0.059 8
140	0.029 0	0.032 2	0.038 6	0.045 1	0.051 5	0.058 0	0.064 4
150	0.031 1	0.034 5	0.041 4	0.048 3	0.055 2	0.062 1	0.069 0
160	0.033 1	0.036 8	0.044 2	0.051 5	0.058 9	0.066 2	0.073 6
170	0.035 2	0.039 1	0.046 9	0.054 7	0.062 6	0.070 4	0.078 2
180	0.037 3	0.041 4	0.049 7	0.058 0	0.066 2	0.074 5	0.082 8
190	0.039 3	0.043 7	0.052 4	0.061 2	0.069 9	0.078 7	0.087 4
200	0.041 4	0.046 0	0.055 2	0.064 4	0.073 6	0.082 8	0.092 0
210	0.043 5	0.048 3	0.058 0	0.067 6	0.077 3	0.086 9	0.096 6
220	0.045 5	0.050 6	0.060 7	0.070 8	0.081 0	0.091 1	0.101 2
230	0.047 6	0.052 9	0.063 5	0.074 1	0.084 6	0.095 2	0.105 8
240	0.049 7	0.055 2	0.066 2	0.077 3	0.088 3	0.099 4	0.110 4
250	0.051 8	0.057 5	0.069 0	0.080 5	0.092 0	0.103 5	0.115 0
260	0.053 8	0.059 8	0.071 8	0.083 7	0.095 7	0.107 6	0.119 6
270	0.055 9	0.062 1	0.074 5	0.086 9	0.099 4	0.111 8	0.124 2
280	0.058 0	0.064 4	0.077 3	0.090 2	0.103 0	0.115 9	0.128 8
290	0.060 0	0.066 7	0.080 0	0.093 4	0.106 7	0.120 1	0.133 4
300	0.062 1	0.069 0	0.082 8	0.096 6	0.110 4	0.124 2	0.138 0

表 1（续）

材长/m	4.8							
	材　厚/mm							
材宽/mm	12	15	18	21	25	30	35	40
	材　积/m³							
30	0.001 7	0.002 2	0.002 6	0.003 0	0.003 6	0.004 3	0.005 0	0.005 8
40	0.002 3	0.002 9	0.003 5	0.004 0	0.004 8	0.005 8	0.006 7	0.007 7
50	0.002 9	0.003 6	0.004 3	0.005 0	0.006 0	0.007 2	0.008 4	0.009 6
60	0.003 5	0.004 3	0.005 2	0.006 0	0.007 2	0.008 6	0.010 1	0.011 5
70	0.004 0	0.005 0	0.006 0	0.007 1	0.008 4	0.010 1	0.011 8	0.013 4
80	0.004 6	0.005 8	0.006 9	0.008 1	0.009 6	0.011 5	0.013 4	0.015 4
90	0.005 2	0.006 5	0.007 8	0.009 1	0.010 8	0.013 0	0.015 1	0.017 3
100	0.005 8	0.007 2	0.008 6	0.010 1	0.012 0	0.014 4	0.016 8	0.019 2
110	0.006 3	0.007 9	0.009 5	0.011 1	0.013 2	0.015 8	0.018 5	0.021 1
120	0.006 9	0.008 6	0.010 4	0.012 1	0.014 4	0.017 3	0.020 2	0.023 0
130	0.007 5	0.009 4	0.011 2	0.013 1	0.015 6	0.018 7	0.021 8	0.025 0
140	0.008 1	0.010 1	0.012 1	0.014 1	0.016 8	0.020 2	0.023 5	0.026 9
150	0.008 6	0.010 8	0.013 0	0.015 1	0.018 0	0.021 6	0.025 2	0.028 8
160	0.009 2	0.011 5	0.013 8	0.016 1	0.019 2	0.023 0	0.026 9	0.030 7
170	0.009 8	0.012 2	0.014 7	0.017 1	0.020 4	0.024 5	0.028 6	0.032 6
180	0.010 4	0.013 0	0.015 6	0.018 1	0.021 6	0.025 9	0.030 2	0.034 6
190	0.010 9	0.013 7	0.016 4	0.019 2	0.022 8	0.027 4	0.031 9	0.036 5
200	0.011 5	0.014 4	0.017 3	0.020 2	0.024 0	0.028 8	0.033 6	0.038 4
210	0.012 1	0.015 1	0.018 1	0.021 2	0.025 2	0.030 2	0.035 3	0.040 3
220	0.012 7	0.015 8	0.019 0	0.022 2	0.026 4	0.031 7	0.037 0	0.042 2
230	0.013 2	0.016 6	0.019 9	0.023 2	0.027 6	0.033 1	0.038 6	0.044 2
240	0.013 8	0.017 3	0.020 7	0.024 2	0.028 8	0.034 6	0.040 3	0.046 1
250	0.014 4	0.018 0	0.021 6	0.025 2	0.030 0	0.036 0	0.042 0	0.048 0
260	0.015 0	0.018 7	0.022 5	0.026 2	0.031 2	0.037 4	0.043 7	0.049 9
270	0.015 6	0.019 4	0.023 3	0.027 2	0.032 4	0.038 9	0.045 4	0.051 8
280	0.016 1	0.020 2	0.024 2	0.028 2	0.033 6	0.040 3	0.047 0	0.053 8
290	0.016 7	0.020 9	0.025 1	0.029 2	0.034 8	0.041 8	0.048 7	0.055 7
300	0.017 3	0.021 6	0.025 9	0.030 2	0.036 0	0.043 2	0.050 4	0.057 6

表 1（续）

材长/m	4.8						
材宽/mm	材　厚/mm						
	45	50	60	70	80	90	100
	材　积/m³						
30	0.006 5	0.007 2	0.008 6	0.010 1	0.011 5	0.013 0	0.014 4
40	0.008 6	0.009 6	0.011 5	0.013 4	0.015 4	0.017 3	0.019 2
50	0.010 8	0.012 0	0.014 4	0.016 8	0.019 2	0.021 6	0.024 0
60	0.013 0	0.014 4	0.017 3	0.020 2	0.023 0	0.025 9	0.028 8
70	0.015 1	0.016 8	0.020 2	0.023 5	0.026 9	0.030 2	0.033 6
80	0.017 3	0.019 2	0.023 0	0.026 9	0.030 7	0.034 6	0.038 4
90	0.019 4	0.021 6	0.025 9	0.030 2	0.034 6	0.038 9	0.043 2
100	0.021 6	0.024 0	0.028 8	0.033 6	0.038 4	0.043 2	0.048 0
110	0.023 8	0.026 4	0.031 7	0.037 0	0.042 2	0.047 5	0.052 8
120	0.025 9	0.028 8	0.034 6	0.040 3	0.046 1	0.051 8	0.057 6
130	0.028 1	0.031 2	0.037 4	0.043 7	0.049 9	0.056 2	0.062 4
140	0.030 2	0.033 6	0.040 3	0.047 0	0.053 8	0.060 5	0.067 2
150	0.032 4	0.036 0	0.043 2	0.050 4	0.057 6	0.064 8	0.072 0
160	0.034 6	0.038 4	0.046 1	0.053 8	0.061 4	0.069 1	0.076 8
170	0.036 7	0.040 8	0.049 0	0.057 1	0.065 3	0.073 4	0.081 6
180	0.038 9	0.043 2	0.051 8	0.060 5	0.069 1	0.077 8	0.086 4
190	0.041 0	0.045 6	0.054 7	0.063 8	0.073 0	0.082 1	0.091 2
200	0.043 2	0.048 0	0.057 6	0.067 2	0.076 8	0.086 4	0.096 0
210	0.045 4	0.050 4	0.060 5	0.070 6	0.080 6	0.090 7	0.100 8
220	0.047 5	0.052 8	0.063 4	0.073 9	0.084 5	0.095 0	0.105 6
230	0.049 7	0.055 2	0.066 2	0.077 3	0.088 3	0.099 4	0.110 4
240	0.051 8	0.057 6	0.069 1	0.080 6	0.092 2	0.103 7	0.115 2
250	0.054 0	0.060 0	0.072 0	0.084 0	0.096 0	0.108 0	0.120 0
260	0.056 2	0.062 4	0.074 9	0.087 4	0.099 8	0.112 3	0.124 8
270	0.058 3	0.064 8	0.077 8	0.090 7	0.103 7	0.116 6	0.129 6
280	0.060 5	0.067 2	0.080 6	0.094 1	0.107 5	0.121 0	0.134 4
290	0.062 6	0.069 6	0.083 5	0.097 4	0.111 4	0.125 3	0.139 2
300	0.064 8	0.072 0	0.086 4	0.100 8	0.115 2	0.129 6	0.144 0

表 1（续）

材长/m	5.0							
材宽/mm	材　厚/mm							
	12	15	18	21	25	30	35	40
	材　积/m³							
30	0.001 8	0.002 3	0.002 7	0.003 2	0.003 8	0.004 5	0.005 3	0.006 0
40	0.002 4	0.003 0	0.003 6	0.004 2	0.005 0	0.006 0	0.007 0	0.008 0
50	0.003 0	0.003 8	0.004 5	0.005 3	0.006 3	0.007 5	0.008 8	0.010 0
60	0.003 6	0.004 5	0.005 4	0.006 3	0.007 5	0.009 0	0.010 5	0.012 0
70	0.004 2	0.005 3	0.006 3	0.007 4	0.008 8	0.010 5	0.012 3	0.014 0
80	0.004 8	0.006 0	0.007 2	0.008 4	0.010 0	0.012 0	0.014 0	0.016 0
90	0.005 4	0.006 8	0.008 1	0.009 5	0.011 3	0.013 5	0.015 8	0.018 0
100	0.006 0	0.007 5	0.009 0	0.010 5	0.012 5	0.015 0	0.017 5	0.020 0
110	0.006 6	0.008 3	0.009 9	0.011 6	0.013 8	0.016 5	0.019 3	0.022 0
120	0.007 2	0.009 0	0.010 8	0.012 6	0.015 0	0.018 0	0.021 0	0.024 0
130	0.007 8	0.009 8	0.011 7	0.013 7	0.016 3	0.019 5	0.022 8	0.026 0
140	0.008 4	0.010 5	0.012 6	0.014 7	0.017 5	0.021 0	0.024 5	0.028 0
150	0.009 0	0.011 3	0.013 5	0.015 8	0.018 8	0.022 5	0.026 3	0.030 0
160	0.009 6	0.012 0	0.014 4	0.016 8	0.020 0	0.024 0	0.028 0	0.032 0
170	0.010 2	0.012 8	0.015 3	0.017 9	0.021 3	0.025 5	0.029 8	0.034 0
180	0.010 8	0.013 5	0.016 2	0.018 9	0.022 5	0.027 0	0.031 5	0.036 0
190	0.011 4	0.014 3	0.017 1	0.020 0	0.023 8	0.028 5	0.033 3	0.038 0
200	0.012 0	0.015 0	0.018 0	0.021 0	0.025 0	0.030 0	0.035 0	0.040 0
210	0.012 6	0.015 8	0.018 9	0.022 1	0.026 3	0.031 5	0.036 8	0.042 0
220	0.013 2	0.016 5	0.019 8	0.023 1	0.027 5	0.033 0	0.038 5	0.044 0
230	0.013 8	0.017 3	0.020 7	0.024 2	0.028 8	0.034 5	0.040 3	0.046 0
240	0.014 4	0.018 0	0.021 6	0.025 2	0.030 0	0.036 0	0.042 0	0.048 0
250	0.015 0	0.018 8	0.022 5	0.026 3	0.031 3	0.037 5	0.043 8	0.050 0
260	0.015 6	0.019 5	0.023 4	0.027 3	0.032 5	0.039 0	0.045 5	0.052 0
270	0.016 2	0.020 3	0.024 3	0.028 4	0.033 8	0.040 5	0.047 3	0.054 0
280	0.016 8	0.021 0	0.025 2	0.029 4	0.035 0	0.042 0	0.049 0	0.056 0
290	0.017 4	0.021 8	0.026 1	0.030 5	0.036 3	0.043 5	0.050 8	0.058 0
300	0.018 0	0.022 5	0.027 0	0.031 5	0.037 5	0.045 0	0.052 5	0.060 0

表 1（续）

材长/m	5.0						
材宽/mm	材　厚/mm						
	45	50	60	70	80	90	100
	材　积/m³						
30	0.006 8	0.007 5	0.009 0	0.010 5	0.012 0	0.013 5	0.015 0
40	0.009 0	0.010 0	0.012 0	0.014 0	0.016 0	0.018 0	0.020 0
50	0.011 3	0.012 5	0.015 0	0.017 5	0.020 0	0.022 5	0.025 0
60	0.013 5	0.015 0	0.018 0	0.021 0	0.024 0	0.027 0	0.030 0
70	0.015 8	0.017 5	0.021 0	0.024 5	0.028 0	0.031 5	0.035 0
80	0.018 0	0.020 0	0.024 0	0.028 0	0.032 0	0.036 0	0.040 0
90	0.020 3	0.022 5	0.027 0	0.031 5	0.036 0	0.040 5	0.045 0
100	0.022 5	0.025 0	0.030 0	0.035 0	0.040 0	0.045 0	0.050 0
110	0.024 8	0.027 5	0.033 0	0.038 5	0.044 0	0.049 5	0.055 0
120	0.027 0	0.030 0	0.036 0	0.042 0	0.048 0	0.054 0	0.060 0
130	0.029 3	0.032 5	0.039 0	0.045 5	0.052 0	0.058 5	0.065 0
140	0.031 5	0.035 0	0.042 0	0.049 0	0.056 0	0.063 0	0.070 0
150	0.033 8	0.037 5	0.045 0	0.052 5	0.060 0	0.067 5	0.075 0
160	0.036 0	0.040 0	0.048 0	0.056 0	0.064 0	0.072 0	0.080 0
170	0.038 3	0.042 5	0.051 0	0.059 5	0.068 0	0.076 5	0.085 0
180	0.040 5	0.045 0	0.054 0	0.063 0	0.072 0	0.081 0	0.090 0
190	0.042 8	0.047 5	0.057 0	0.066 5	0.076 0	0.085 5	0.095 0
200	0.045 0	0.050 0	0.060 0	0.070 0	0.080 0	0.090 0	0.100 0
210	0.047 3	0.052 5	0.063 0	0.073 5	0.084 0	0.094 5	0.105 0
220	0.049 5	0.055 0	0.066 0	0.077 0	0.088 0	0.099 0	0.110 0
230	0.051 8	0.057 5	0.069 0	0.080 5	0.092 0	0.103 5	0.115 0
240	0.054 0	0.060 0	0.072 0	0.084 0	0.096 0	0.108 0	0.120 0
250	0.056 3	0.062 5	0.075 0	0.087 5	0.100 0	0.112 5	0.125 0
260	0.058 5	0.065 0	0.078 0	0.091 0	0.104 0	0.117 0	0.130 0
270	0.060 8	0.067 5	0.081 0	0.094 5	0.108 0	0.121 5	0.135 0
280	0.063 0	0.070 0	0.084 0	0.098 0	0.112 0	0.126 0	0.140 0
290	0.065 3	0.072 5	0.087 0	0.101 5	0.116 0	0.130 5	0.145 0
300	0.067 5	0.075 0	0.090 0	0.105 0	0.120 0	0.135 0	0.150 0

表 1（续）

材长/m	5.2							
	材　　厚/mm							
材宽/mm	12	15	18	21	25	30	35	40
	材　　积/m³							
30	0.001 9	0.002 3	0.002 8	0.003 3	0.003 9	0.004 7	0.005 5	0.006 2
40	0.002 5	0.003 1	0.003 7	0.004 4	0.005 2	0.006 2	0.007 3	0.008 3
50	0.003 1	0.003 9	0.004 7	0.005 5	0.006 5	0.007 8	0.009 1	0.010 4
60	0.003 7	0.004 7	0.005 6	0.006 6	0.007 8	0.009 4	0.010 9	0.012 5
70	0.004 4	0.005 5	0.006 6	0.007 6	0.009 1	0.010 9	0.012 7	0.014 6
80	0.005 0	0.006 2	0.007 5	0.008 7	0.010 4	0.012 5	0.014 6	0.016 6
90	0.005 6	0.007 0	0.008 4	0.009 8	0.011 7	0.014 0	0.016 4	0.018 7
100	0.006 2	0.007 8	0.009 4	0.010 9	0.013 0	0.015 6	0.018 2	0.020 8
110	0.006 9	0.008 6	0.010 3	0.012 0	0.014 3	0.017 2	0.020 0	0.022 9
120	0.007 5	0.009 4	0.011 2	0.013 1	0.015 6	0.018 7	0.021 8	0.025 0
130	0.008 1	0.010 1	0.012 2	0.014 2	0.016 9	0.020 3	0.023 7	0.027 0
140	0.008 7	0.010 9	0.013 1	0.015 3	0.018 2	0.021 8	0.025 5	0.029 1
150	0.009 4	0.011 7	0.014 0	0.016 4	0.019 5	0.023 4	0.027 3	0.031 2
160	0.010 0	0.012 5	0.015 0	0.017 5	0.020 8	0.025 0	0.029 1	0.033 3
170	0.010 6	0.013 3	0.015 9	0.018 6	0.022 1	0.026 5	0.030 9	0.035 4
180	0.011 2	0.014 0	0.016 8	0.019 7	0.023 4	0.028 1	0.032 8	0.037 4
190	0.011 9	0.014 8	0.017 8	0.020 7	0.024 7	0.029 6	0.034 6	0.039 5
200	0.012 5	0.015 6	0.018 7	0.021 8	0.026 0	0.031 2	0.036 4	0.041 6
210	0.013 1	0.016 4	0.019 7	0.022 9	0.027 3	0.032 8	0.038 2	0.043 7
220	0.013 7	0.017 2	0.020 6	0.024 0	0.028 6	0.034 3	0.040 0	0.045 8
230	0.014 4	0.017 9	0.021 5	0.025 1	0.029 9	0.035 9	0.041 9	0.047 8
240	0.015 0	0.018 7	0.022 5	0.026 2	0.031 2	0.037 4	0.043 7	0.049 9
250	0.015 6	0.019 5	0.023 4	0.027 3	0.032 5	0.039 0	0.045 5	0.052 0
260	0.016 2	0.020 3	0.024 3	0.028 4	0.033 8	0.040 6	0.047 3	0.054 1
270	0.016 8	0.021 1	0.025 3	0.029 5	0.035 1	0.042 1	0.049 1	0.056 2
280	0.017 5	0.021 8	0.026 2	0.030 6	0.036 4	0.043 7	0.051 0	0.058 2
290	0.018 1	0.022 6	0.027 1	0.031 7	0.037 7	0.045 2	0.052 8	0.060 3
300	0.018 7	0.023 4	0.028 1	0.032 8	0.039 0	0.046 8	0.054 6	0.062 4

表 1（续）

材长/m	5.2						
材宽/mm	材　厚/mm						
	45	50	60	70	80	90	100
	材　积/m^3						
30	0.007 0	0.007 8	0.009 4	0.010 9	0.012 5	0.014 0	0.015 6
40	0.009 4	0.010 4	0.012 5	0.014 6	0.016 6	0.018 7	0.020 8
50	0.011 7	0.013 0	0.015 6	0.018 2	0.020 8	0.023 4	0.026 0
60	0.014 0	0.015 6	0.018 7	0.021 8	0.025 0	0.028 1	0.031 2
70	0.016 4	0.018 2	0.021 8	0.025 5	0.029 1	0.032 8	0.036 4
80	0.018 7	0.020 8	0.025 0	0.029 1	0.033 3	0.037 4	0.041 6
90	0.021 1	0.023 4	0.028 1	0.032 8	0.037 4	0.042 1	0.046 8
100	0.023 4	0.026 0	0.031 2	0.036 4	0.041 6	0.046 8	0.052 0
110	0.025 7	0.028 6	0.034 3	0.040 0	0.045 8	0.051 5	0.057 2
120	0.028 1	0.031 2	0.037 4	0.043 7	0.049 9	0.056 2	0.062 4
130	0.030 4	0.033 8	0.040 6	0.047 3	0.054 1	0.060 8	0.067 6
140	0.032 8	0.036 4	0.043 7	0.051 0	0.058 2	0.065 5	0.072 8
150	0.035 1	0.039 0	0.046 8	0.054 6	0.062 4	0.070 2	0.078 0
160	0.037 4	0.041 6	0.049 9	0.058 2	0.066 6	0.074 9	0.083 2
170	0.039 8	0.044 2	0.053 0	0.061 9	0.070 7	0.079 6	0.088 4
180	0.042 1	0.046 8	0.056 2	0.065 5	0.074 9	0.084 2	0.093 6
190	0.044 5	0.049 4	0.059 3	0.069 2	0.079 0	0.088 9	0.098 8
200	0.046 8	0.052 0	0.062 4	0.072 8	0.083 2	0.093 6	0.104 0
210	0.049 1	0.054 6	0.065 5	0.076 4	0.087 4	0.098 3	0.109 2
220	0.051 5	0.057 2	0.068 6	0.080 1	0.091 5	0.103 0	0.114 4
230	0.053 8	0.059 8	0.071 8	0.083 7	0.095 7	0.107 6	0.119 6
240	0.056 2	0.062 4	0.074 9	0.087 4	0.099 8	0.112 3	0.124 8
250	0.058 5	0.065 0	0.078 0	0.091 0	0.104 0	0.117 0	0.130 0
260	0.060 8	0.067 6	0.081 1	0.094 6	0.108 2	0.121 7	0.135 2
270	0.063 2	0.070 2	0.084 2	0.098 3	0.112 3	0.126 4	0.140 4
280	0.065 5	0.072 8	0.087 4	0.101 9	0.116 5	0.131 0	0.145 6
290	0.067 9	0.075 4	0.090 5	0.105 6	0.120 6	0.135 7	0.150 8
300	0.070 2	0.078 0	0.093 6	0.109 2	0.124 8	0.140 4	0.156 0

表 1（续）

材长/m	5.4							
材宽/mm	材　厚/mm							
	12	15	18	21	25	30	35	40
	材　积/m³							
30	0.001 9	0.002 4	0.002 9	0.003 4	0.004 1	0.004 9	0.005 7	0.006 5
40	0.002 6	0.003 2	0.003 9	0.004 5	0.005 4	0.006 5	0.007 6	0.008 6
50	0.003 2	0.004 1	0.004 9	0.005 7	0.006 8	0.008 1	0.009 5	0.010 8
60	0.003 9	0.004 9	0.005 8	0.006 8	0.008 1	0.009 7	0.011 3	0.013 0
70	0.004 5	0.005 7	0.006 8	0.007 9	0.009 5	0.011 3	0.013 2	0.015 1
80	0.005 2	0.006 5	0.007 8	0.009 1	0.010 8	0.013 0	0.015 1	0.017 3
90	0.005 8	0.007 3	0.008 7	0.010 2	0.012 2	0.014 6	0.017 0	0.019 4
100	0.006 5	0.008 1	0.009 7	0.011 3	0.013 5	0.016 2	0.018 9	0.021 6
110	0.007 1	0.008 9	0.010 7	0.012 5	0.014 9	0.017 8	0.020 8	0.023 8
120	0.007 8	0.009 7	0.011 7	0.013 6	0.016 2	0.019 4	0.022 7	0.025 9
130	0.008 4	0.010 5	0.012 6	0.014 7	0.017 6	0.021 1	0.024 6	0.028 1
140	0.009 1	0.011 3	0.013 6	0.015 9	0.018 9	0.022 7	0.026 5	0.030 2
150	0.009 7	0.012 2	0.014 6	0.017 0	0.020 3	0.024 3	0.028 4	0.032 4
160	0.010 4	0.013 0	0.015 6	0.018 1	0.021 6	0.025 9	0.030 2	0.034 6
170	0.011 0	0.013 8	0.016 5	0.019 3	0.023 0	0.027 5	0.032 1	0.036 7
180	0.011 7	0.014 6	0.017 5	0.020 4	0.024 3	0.029 2	0.034 0	0.038 9
190	0.012 3	0.015 4	0.018 5	0.021 5	0.025 7	0.030 8	0.035 9	0.041 0
200	0.013 0	0.016 2	0.019 4	0.022 7	0.027 0	0.032 4	0.037 8	0.043 2
210	0.013 6	0.017 0	0.020 4	0.023 8	0.028 4	0.034 0	0.039 7	0.045 4
220	0.014 3	0.017 8	0.021 4	0.024 9	0.029 7	0.035 6	0.041 6	0.047 5
230	0.014 9	0.018 6	0.022 4	0.026 1	0.031 1	0.037 3	0.043 5	0.049 7
240	0.015 6	0.019 4	0.023 3	0.027 2	0.032 4	0.038 9	0.045 4	0.051 8
250	0.016 2	0.020 3	0.024 3	0.028 4	0.033 8	0.040 5	0.047 3	0.054 0
260	0.016 8	0.021 1	0.025 3	0.029 5	0.035 1	0.042 1	0.049 1	0.056 2
270	0.017 5	0.021 9	0.026 2	0.030 6	0.036 5	0.043 7	0.051 0	0.058 3
280	0.018 1	0.022 7	0.027 2	0.031 8	0.037 8	0.045 4	0.052 9	0.060 5
290	0.018 8	0.023 5	0.028 2	0.032 9	0.039 2	0.047 0	0.054 8	0.062 6
300	0.019 4	0.024 3	0.029 2	0.034 0	0.040 5	0.048 6	0.056 7	0.064 8

表 1（续）

材长/m	5.4						
材宽/mm	材　厚/mm						
	45	50	60	70	80	90	100
	材　积/m³						
30	0.007 3	0.008 1	0.009 7	0.011 3	0.013 0	0.014 6	0.016 2
40	0.009 7	0.010 8	0.013 0	0.015 1	0.017 3	0.019 4	0.021 6
50	0.012 2	0.013 5	0.016 2	0.018 9	0.021 6	0.024 3	0.027 0
60	0.014 6	0.016 2	0.019 4	0.022 7	0.025 9	0.029 2	0.032 4
70	0.017 0	0.018 9	0.022 7	0.026 5	0.030 2	0.034 0	0.037 8
80	0.019 4	0.021 6	0.025 9	0.030 2	0.034 6	0.038 9	0.043 2
90	0.021 9	0.024 3	0.029 2	0.034 0	0.038 9	0.043 7	0.048 6
100	0.024 3	0.027 0	0.032 4	0.037 8	0.043 2	0.048 6	0.054 0
110	0.026 7	0.029 7	0.035 6	0.041 6	0.047 5	0.053 5	0.059 4
120	0.029 2	0.032 4	0.038 9	0.045 4	0.051 8	0.058 3	0.064 8
130	0.031 6	0.035 1	0.042 1	0.049 1	0.056 2	0.063 2	0.070 2
140	0.034 0	0.037 8	0.045 4	0.052 9	0.060 5	0.068 0	0.075 6
150	0.036 5	0.040 5	0.048 6	0.056 7	0.064 8	0.072 9	0.081 0
160	0.038 9	0.043 2	0.051 8	0.060 5	0.069 1	0.077 8	0.086 4
170	0.041 3	0.045 9	0.055 1	0.064 3	0.073 4	0.082 6	0.091 8
180	0.043 7	0.048 6	0.058 3	0.068 0	0.077 8	0.087 5	0.097 2
190	0.046 2	0.051 3	0.061 6	0.071 8	0.082 1	0.092 3	0.102 6
200	0.048 6	0.054 0	0.064 8	0.075 6	0.086 4	0.097 2	0.108 0
210	0.051 0	0.056 7	0.068 0	0.079 4	0.090 7	0.102 1	0.113 4
220	0.053 5	0.059 4	0.071 3	0.083 2	0.095 0	0.106 9	0.118 8
230	0.055 9	0.062 1	0.074 5	0.086 9	0.099 4	0.111 8	0.124 2
240	0.058 3	0.064 8	0.077 8	0.090 7	0.103 7	0.116 6	0.129 6
250	0.060 8	0.067 5	0.081 0	0.094 5	0.108 0	0.121 5	0.135 0
260	0.063 2	0.070 2	0.084 2	0.098 3	0.112 3	0.126 4	0.140 4
270	0.065 6	0.072 9	0.087 5	0.102 1	0.116 6	0.131 2	0.145 8
280	0.068 0	0.075 6	0.090 7	0.105 8	0.121 0	0.136 1	0.151 2
290	0.070 5	0.078 3	0.094 0	0.109 6	0.125 3	0.140 9	0.156 6
300	0.072 9	0.081 0	0.097 2	0.113 4	0.129 6	0.145 8	0.162 0

表 1（续）

材长/m	5.6							
	材　厚/mm							
材宽/mm	12	15	18	21	25	30	35	40
	材　积/m³							
30	0.002 0	0.002 5	0.003 0	0.003 5	0.004 2	0.005 0	0.005 9	0.006 7
40	0.002 7	0.003 4	0.004 0	0.004 7	0.005 6	0.006 7	0.007 8	0.009 0
50	0.003 4	0.004 2	0.005 0	0.005 9	0.007 0	0.008 4	0.009 8	0.011 2
60	0.004 0	0.005 0	0.006 0	0.007 1	0.008 4	0.010 1	0.011 8	0.013 4
70	0.004 7	0.005 9	0.007 1	0.008 2	0.009 8	0.011 8	0.013 7	0.015 7
80	0.005 4	0.006 7	0.008 1	0.009 4	0.011 2	0.013 4	0.015 7	0.017 9
90	0.006 0	0.007 6	0.009 1	0.010 6	0.012 6	0.015 1	0.017 6	0.020 2
100	0.006 7	0.008 4	0.010 1	0.011 8	0.014 0	0.016 8	0.019 6	0.022 4
110	0.007 4	0.009 2	0.011 1	0.012 9	0.015 4	0.018 5	0.021 6	0.024 6
120	0.008 1	0.010 1	0.012 1	0.014 1	0.016 8	0.020 2	0.023 5	0.026 9
130	0.008 7	0.010 9	0.013 1	0.015 3	0.018 2	0.021 8	0.025 5	0.029 1
140	0.009 4	0.011 8	0.014 1	0.016 5	0.019 6	0.023 5	0.027 4	0.031 4
150	0.010 1	0.012 6	0.015 1	0.017 6	0.021 0	0.025 2	0.029 4	0.033 6
160	0.010 8	0.013 4	0.016 1	0.018 8	0.022 4	0.026 9	0.031 4	0.035 8
170	0.011 4	0.014 3	0.017 1	0.020 0	0.023 8	0.028 6	0.033 3	0.038 1
180	0.012 1	0.015 1	0.018 1	0.021 2	0.025 2	0.030 2	0.035 3	0.040 3
190	0.012 8	0.016 0	0.019 2	0.022 3	0.026 6	0.031 9	0.037 2	0.042 6
200	0.013 4	0.016 8	0.020 2	0.023 5	0.028 0	0.033 6	0.039 2	0.044 8
210	0.014 1	0.017 6	0.021 2	0.024 7	0.029 4	0.035 3	0.041 2	0.047 0
220	0.014 8	0.018 5	0.022 2	0.025 9	0.030 8	0.037 0	0.043 1	0.049 3
230	0.015 5	0.019 3	0.023 2	0.027 0	0.032 2	0.038 6	0.045 1	0.051 5
240	0.016 1	0.020 2	0.024 2	0.028 2	0.033 6	0.040 3	0.047 0	0.053 8
250	0.016 8	0.021 0	0.025 2	0.029 4	0.035 0	0.042 0	0.049 0	0.056 0
260	0.017 5	0.021 8	0.026 2	0.030 6	0.036 4	0.043 7	0.051 0	0.058 2
270	0.018 1	0.022 7	0.027 2	0.031 8	0.037 8	0.045 4	0.052 9	0.060 5
280	0.018 8	0.023 5	0.028 2	0.032 9	0.039 2	0.047 0	0.054 9	0.062 7
290	0.019 5	0.024 4	0.029 2	0.034 1	0.040 6	0.048 7	0.056 8	0.065 0
300	0.020 2	0.025 2	0.030 2	0.035 3	0.042 0	0.050 4	0.058 8	0.067 2

表 1（续）

材长/m	5.6						
材宽/mm	材　厚/mm						
	45	50	60	70	80	90	100
	材　积/m³						
30	0.007 6	0.008 4	0.010 1	0.011 8	0.013 4	0.015 1	0.016 8
40	0.010 1	0.011 2	0.013 4	0.015 7	0.017 9	0.020 2	0.022 4
50	0.012 6	0.014 0	0.016 8	0.019 6	0.022 4	0.025 2	0.028 0
60	0.015 1	0.016 8	0.020 2	0.023 5	0.026 9	0.030 2	0.033 6
70	0.017 6	0.019 6	0.023 5	0.027 4	0.031 4	0.035 3	0.039 2
80	0.020 2	0.022 4	0.026 9	0.031 4	0.035 8	0.040 3	0.044 8
90	0.022 7	0.025 2	0.030 2	0.035 3	0.040 3	0.045 4	0.050 4
100	0.025 2	0.028 0	0.033 6	0.039 2	0.044 8	0.050 4	0.056 0
110	0.027 7	0.030 8	0.037 0	0.043 1	0.049 3	0.055 4	0.061 6
120	0.030 2	0.033 6	0.040 3	0.047 0	0.053 8	0.060 5	0.067 2
130	0.032 8	0.036 4	0.043 7	0.051 0	0.058 2	0.065 5	0.072 8
140	0.035 3	0.039 2	0.047 0	0.054 9	0.062 7	0.070 6	0.078 4
150	0.037 8	0.042 0	0.050 4	0.058 8	0.067 2	0.075 6	0.084 0
160	0.040 3	0.044 8	0.053 8	0.062 7	0.071 7	0.080 6	0.089 6
170	0.042 8	0.047 6	0.057 1	0.066 6	0.076 2	0.085 7	0.095 2
180	0.045 4	0.050 4	0.060 5	0.070 6	0.080 6	0.090 7	0.100 8
190	0.047 9	0.053 2	0.063 8	0.074 5	0.085 1	0.095 8	0.106 4
200	0.050 4	0.056 0	0.067 2	0.078 4	0.089 6	0.100 8	0.112 0
210	0.052 9	0.058 8	0.070 6	0.082 3	0.094 1	0.105 8	0.117 6
220	0.055 4	0.061 6	0.073 9	0.086 2	0.098 6	0.110 9	0.123 2
230	0.058 0	0.064 4	0.077 3	0.090 2	0.103 0	0.115 9	0.128 8
240	0.060 5	0.067 2	0.080 6	0.094 1	0.107 5	0.121 0	0.134 4
250	0.063 0	0.070 0	0.084 0	0.098 0	0.112 0	0.126 0	0.140 0
260	0.065 5	0.072 8	0.087 4	0.101 9	0.116 5	0.131 0	0.145 6
270	0.068 0	0.075 6	0.090 7	0.105 8	0.121 0	0.136 1	0.151 2
280	0.070 6	0.078 4	0.094 1	0.109 8	0.125 4	0.141 1	0.156 8
290	0.073 1	0.081 2	0.097 4	0.113 7	0.129 9	0.146 2	0.162 4
300	0.075 6	0.084 0	0.100 8	0.117 6	0.134 4	0.151 2	0.168 0

表 1（续）

材长/m	5.8							
	材　厚/mm							
材宽/mm	12	15	18	21	25	30	35	40
	材　积/m³							
30	0.002 1	0.002 6	0.003 1	0.003 7	0.004 4	0.005 2	0.006 1	0.007 0
40	0.002 8	0.003 5	0.004 2	0.004 9	0.005 8	0.007 0	0.008 1	0.009 3
50	0.003 5	0.004 4	0.005 2	0.006 1	0.007 3	0.008 7	0.010 2	0.011 6
60	0.004 2	0.005 2	0.006 3	0.007 3	0.008 7	0.010 4	0.012 2	0.013 9
70	0.004 9	0.006 1	0.007 3	0.008 5	0.010 2	0.012 2	0.014 2	0.016 2
80	0.005 6	0.007 0	0.008 4	0.009 7	0.011 6	0.013 9	0.016 2	0.018 6
90	0.006 3	0.007 8	0.009 4	0.011 0	0.013 1	0.015 7	0.018 3	0.020 9
100	0.007 0	0.008 7	0.010 4	0.012 2	0.014 5	0.017 4	0.020 3	0.023 2
110	0.007 7	0.009 6	0.011 5	0.013 4	0.016 0	0.019 1	0.022 3	0.025 5
120	0.008 4	0.010 4	0.012 5	0.014 6	0.017 4	0.020 9	0.024 4	0.027 8
130	0.009 0	0.011 3	0.013 6	0.015 8	0.018 9	0.022 6	0.026 4	0.030 2
140	0.009 7	0.012 2	0.014 6	0.017 1	0.020 3	0.024 4	0.028 4	0.032 5
150	0.010 4	0.013 1	0.015 7	0.018 3	0.021 8	0.026 1	0.030 5	0.034 8
160	0.011 1	0.013 9	0.016 7	0.019 5	0.023 2	0.027 8	0.032 5	0.037 1
170	0.011 8	0.014 8	0.017 7	0.020 7	0.024 7	0.029 6	0.034 5	0.039 4
180	0.012 5	0.015 7	0.018 8	0.021 9	0.026 1	0.031 3	0.036 5	0.041 8
190	0.013 2	0.016 5	0.019 8	0.023 1	0.027 6	0.033 1	0.038 6	0.044 1
200	0.013 9	0.017 4	0.020 9	0.024 4	0.029 0	0.034 8	0.040 6	0.046 4
210	0.014 6	0.018 3	0.021 9	0.025 6	0.030 5	0.036 5	0.042 6	0.048 7
220	0.015 3	0.019 1	0.023 0	0.026 8	0.031 9	0.038 3	0.044 7	0.051 0
230	0.016 0	0.020 0	0.024 0	0.028 0	0.033 4	0.040 0	0.046 7	0.053 4
240	0.016 7	0.020 9	0.025 1	0.029 2	0.034 8	0.041 8	0.048 7	0.055 7
250	0.017 4	0.021 8	0.026 1	0.030 5	0.036 3	0.043 5	0.050 8	0.058 0
260	0.018 1	0.022 6	0.027 1	0.031 7	0.037 7	0.045 2	0.052 8	0.060 3
270	0.018 8	0.023 5	0.028 2	0.032 9	0.039 2	0.047 0	0.054 8	0.062 6
280	0.019 5	0.024 4	0.029 2	0.034 1	0.040 6	0.048 7	0.056 8	0.065 0
290	0.020 2	0.025 2	0.030 3	0.035 3	0.042 1	0.050 5	0.058 9	0.067 3
300	0.020 9	0.026 1	0.031 3	0.036 5	0.043 5	0.052 2	0.060 9	0.069 6

表 1（续）

材长/m	5.8						
材宽/mm	材　厚/mm						
	45	50	60	70	80	90	100
	材　积/m³						
30	0.007 8	0.008 7	0.010 4	0.012 2	0.013 9	0.015 7	0.017 4
40	0.010 4	0.011 6	0.013 9	0.016 2	0.018 6	0.020 9	0.023 2
50	0.013 1	0.014 5	0.017 4	0.020 3	0.023 2	0.026 1	0.029 0
60	0.015 7	0.017 4	0.020 9	0.024 4	0.027 8	0.031 3	0.034 8
70	0.018 3	0.020 3	0.024 4	0.028 4	0.032 5	0.036 5	0.040 6
80	0.020 9	0.023 2	0.027 8	0.032 5	0.037 1	0.041 8	0.046 4
90	0.023 5	0.026 1	0.031 3	0.036 5	0.041 8	0.047 0	0.052 2
100	0.026 1	0.029 0	0.034 8	0.040 6	0.046 4	0.052 2	0.058 0
110	0.028 7	0.031 9	0.038 3	0.044 7	0.051 0	0.057 4	0.063 8
120	0.031 3	0.034 8	0.041 8	0.048 7	0.055 7	0.062 6	0.069 6
130	0.033 9	0.037 7	0.045 2	0.052 8	0.060 3	0.067 9	0.075 4
140	0.036 5	0.040 6	0.048 7	0.056 8	0.065 0	0.073 1	0.081 2
150	0.039 2	0.043 5	0.052 2	0.060 9	0.069 6	0.078 3	0.087 0
160	0.041 8	0.046 4	0.055 7	0.065 0	0.074 2	0.083 5	0.092 8
170	0.044 4	0.049 3	0.059 2	0.069 0	0.078 9	0.088 7	0.098 6
180	0.047 0	0.052 2	0.062 6	0.073 1	0.083 5	0.094 0	0.104 4
190	0.049 6	0.055 1	0.066 1	0.077 1	0.088 2	0.099 2	0.110 2
200	0.052 2	0.058 0	0.069 6	0.081 2	0.092 8	0.104 4	0.116 0
210	0.054 8	0.060 9	0.073 1	0.085 3	0.097 4	0.109 6	0.121 8
220	0.057 4	0.063 8	0.076 6	0.089 3	0.102 1	0.114 8	0.127 6
230	0.060 0	0.066 7	0.080 0	0.093 4	0.106 7	0.120 1	0.133 4
240	0.062 6	0.069 6	0.083 5	0.097 4	0.111 4	0.125 3	0.139 2
250	0.065 3	0.072 5	0.087 0	0.101 5	0.116 0	0.130 5	0.145 0
260	0.067 9	0.075 4	0.090 5	0.105 6	0.120 6	0.135 7	0.150 8
270	0.070 5	0.078 3	0.094 0	0.109 6	0.125 3	0.140 9	0.156 6
280	0.073 1	0.081 2	0.097 4	0.113 7	0.129 9	0.146 2	0.162 4
290	0.075 7	0.084 1	0.100 9	0.117 7	0.134 6	0.151 4	0.168 2
300	0.078 3	0.087 0	0.104 4	0.121 8	0.139 2	0.156 6	0.174 0

表 1（续）

材长/m	6.0							
材宽/mm	材　厚/mm							
	12	15	18	21	25	30	35	40
	材　积/m³							
30	0.002 2	0.002 7	0.003 2	0.003 8	0.004 5	0.005 4	0.006 3	0.007 2
40	0.002 9	0.003 6	0.004 3	0.005 0	0.006 0	0.007 2	0.008 4	0.009 6
50	0.003 6	0.004 5	0.005 4	0.006 3	0.007 5	0.009 0	0.010 5	0.012 0
60	0.004 3	0.005 4	0.006 5	0.007 6	0.009 0	0.010 8	0.012 6	0.014 4
70	0.005 0	0.006 3	0.007 6	0.008 8	0.010 5	0.012 6	0.014 7	0.016 8
80	0.005 8	0.007 2	0.008 6	0.010 1	0.012 0	0.014 4	0.016 8	0.019 2
90	0.006 5	0.008 1	0.009 7	0.011 3	0.013 5	0.016 2	0.018 9	0.021 6
100	0.007 2	0.009 0	0.010 8	0.012 6	0.015 0	0.018 0	0.021 0	0.024 0
110	0.007 9	0.009 9	0.011 9	0.013 9	0.016 5	0.019 8	0.023 1	0.026 4
120	0.008 6	0.010 8	0.013 0	0.015 1	0.018 0	0.021 6	0.025 2	0.028 8
130	0.009 4	0.011 7	0.014 0	0.016 4	0.019 5	0.023 4	0.027 3	0.031 2
140	0.010 1	0.012 6	0.015 1	0.017 6	0.021 0	0.025 2	0.029 4	0.033 6
150	0.010 8	0.013 5	0.016 2	0.018 9	0.022 5	0.027 0	0.031 5	0.036 0
160	0.011 5	0.014 4	0.017 3	0.020 2	0.024 0	0.028 8	0.033 6	0.038 4
170	0.012 2	0.015 3	0.018 4	0.021 4	0.025 5	0.030 6	0.035 7	0.040 8
180	0.013 0	0.016 2	0.019 4	0.022 7	0.027 0	0.032 4	0.037 8	0.043 2
190	0.013 7	0.017 1	0.020 5	0.023 9	0.028 5	0.034 2	0.039 9	0.045 6
200	0.014 4	0.018 0	0.021 6	0.025 2	0.030 0	0.036 0	0.042 0	0.048 0
210	0.015 1	0.018 9	0.022 7	0.026 5	0.031 5	0.037 8	0.044 1	0.050 4
220	0.015 8	0.019 8	0.023 8	0.027 7	0.033 0	0.039 6	0.046 2	0.052 8
230	0.016 6	0.020 7	0.024 8	0.029 0	0.034 5	0.041 4	0.048 3	0.055 2
240	0.017 3	0.021 6	0.025 9	0.030 2	0.036 0	0.043 2	0.050 4	0.057 6
250	0.018 0	0.022 5	0.027 0	0.031 5	0.037 5	0.045 0	0.052 5	0.060 0
260	0.018 7	0.023 4	0.028 1	0.032 8	0.039 0	0.046 8	0.054 6	0.062 4
270	0.019 4	0.024 3	0.029 2	0.034 0	0.040 5	0.048 6	0.056 7	0.064 8
280	0.020 2	0.025 2	0.030 2	0.035 3	0.042 0	0.050 4	0.058 8	0.067 2
290	0.020 9	0.026 1	0.031 3	0.036 5	0.043 5	0.052 2	0.060 9	0.069 6
300	0.021 6	0.027 0	0.032 4	0.037 8	0.045 0	0.054 0	0.063 0	0.072 0

表 1（续）

材长/m	6.0						
材宽/mm	材　厚/mm						
	45	50	60	70	80	90	100
	材　积/m³						
30	0.008 1	0.009 0	0.010 8	0.012 6	0.014 4	0.016 2	0.018 0
40	0.010 8	0.012 0	0.014 4	0.016 8	0.019 2	0.021 6	0.024 0
50	0.013 5	0.015 0	0.018 0	0.021 0	0.024 0	0.027 0	0.030 0
60	0.016 2	0.018 0	0.021 6	0.025 2	0.028 8	0.032 4	0.036 0
70	0.018 9	0.021 0	0.025 2	0.029 4	0.033 6	0.037 8	0.042 0
80	0.021 6	0.024 0	0.028 8	0.033 6	0.038 4	0.043 2	0.048 0
90	0.024 3	0.027 0	0.032 4	0.037 8	0.043 2	0.048 6	0.054 0
100	0.027 0	0.030 0	0.036 0	0.042 0	0.048 0	0.054 0	0.060 0
110	0.029 7	0.033 0	0.039 6	0.046 2	0.052 8	0.059 4	0.066 0
120	0.032 4	0.036 0	0.043 2	0.050 4	0.057 6	0.064 8	0.072 0
130	0.035 1	0.039 0	0.046 8	0.054 6	0.062 4	0.070 2	0.078 0
140	0.037 8	0.042 0	0.050 4	0.058 8	0.067 2	0.075 6	0.084 0
150	0.040 5	0.045 0	0.054 0	0.063 0	0.072 0	0.081 0	0.090 0
160	0.043 2	0.048 0	0.057 6	0.067 2	0.076 8	0.086 4	0.096 0
170	0.045 9	0.051 0	0.061 2	0.071 4	0.081 6	0.091 8	0.102 0
180	0.048 6	0.054 0	0.064 8	0.075 6	0.086 4	0.097 2	0.108 0
190	0.051 3	0.057 0	0.068 4	0.079 8	0.091 2	0.102 6	0.114 0
200	0.054 0	0.060 0	0.072 0	0.084 0	0.096 0	0.108 0	0.120 0
210	0.056 7	0.063 0	0.075 6	0.088 2	0.100 8	0.113 4	0.126 0
220	0.059 4	0.066 0	0.079 2	0.092 4	0.105 6	0.118 8	0.132 0
230	0.062 1	0.069 0	0.082 8	0.096 6	0.110 4	0.124 2	0.138 0
240	0.064 8	0.072 0	0.086 4	0.100 8	0.115 2	0.129 6	0.144 0
250	0.067 5	0.075 0	0.090 0	0.105 0	0.120 0	0.135 0	0.150 0
260	0.070 2	0.078 0	0.093 6	0.109 2	0.124 8	0.140 4	0.156 0
270	0.072 9	0.081 0	0.097 2	0.113 4	0.129 6	0.145 8	0.162 0
280	0.075 6	0.084 0	0.100 8	0.117 6	0.134 4	0.151 2	0.168 0
290	0.078 3	0.087 0	0.104 4	0.121 8	0.139 2	0.156 6	0.174 0
300	0.081 0	0.090 0	0.108 0	0.126 0	0.144 0	0.162 0	0.180 0

表 1（续）

材长/m	6.2							
材宽/mm	材　厚/mm							
	12	15	18	21	25	30	35	40
	材　积/m³							
30	0.002 2	0.002 8	0.003 3	0.003 9	0.004 7	0.005 6	0.006 5	0.007 4
40	0.003 0	0.003 7	0.004 5	0.005 2	0.006 2	0.007 4	0.008 7	0.009 9
50	0.003 7	0.004 7	0.005 6	0.006 5	0.007 8	0.009 3	0.010 9	0.012 4
60	0.004 5	0.005 6	0.006 7	0.007 8	0.009 3	0.011 2	0.013 0	0.014 9
70	0.005 2	0.006 5	0.007 8	0.009 1	0.010 9	0.013 0	0.015 2	0.017 4
80	0.006 0	0.007 4	0.008 9	0.010 4	0.012 4	0.014 9	0.017 4	0.019 8
90	0.006 7	0.008 4	0.010 0	0.011 7	0.014 0	0.016 7	0.019 5	0.022 3
100	0.007 4	0.009 3	0.011 2	0.013 0	0.015 5	0.018 6	0.021 7	0.024 8
110	0.008 2	0.010 2	0.012 3	0.014 3	0.017 1	0.020 5	0.023 9	0.027 3
120	0.008 9	0.011 2	0.013 4	0.015 6	0.018 6	0.022 3	0.026 0	0.029 8
130	0.009 7	0.012 1	0.014 5	0.016 9	0.020 2	0.024 2	0.028 2	0.032 2
140	0.010 4	0.013 0	0.015 6	0.018 2	0.021 7	0.026 0	0.030 4	0.034 7
150	0.011 2	0.014 0	0.016 7	0.019 5	0.023 3	0.027 9	0.032 6	0.037 2
160	0.011 9	0.014 9	0.017 9	0.020 8	0.024 8	0.029 8	0.034 7	0.039 7
170	0.012 6	0.015 8	0.019 0	0.022 1	0.026 4	0.031 6	0.036 9	0.042 2
180	0.013 4	0.016 7	0.020 1	0.023 4	0.027 9	0.033 5	0.039 1	0.044 6
190	0.014 1	0.017 7	0.021 2	0.024 7	0.029 5	0.035 3	0.041 2	0.047 1
200	0.014 9	0.018 6	0.022 3	0.026 0	0.031 0	0.037 2	0.043 4	0.049 6
210	0.015 6	0.019 5	0.023 4	0.027 3	0.032 6	0.039 1	0.045 6	0.052 1
220	0.016 4	0.020 5	0.024 6	0.028 6	0.034 1	0.040 9	0.047 7	0.054 6
230	0.017 1	0.021 4	0.025 7	0.029 9	0.035 7	0.042 8	0.049 9	0.057 0
240	0.017 9	0.022 3	0.026 8	0.031 2	0.037 2	0.044 6	0.052 1	0.059 5
250	0.018 6	0.023 3	0.027 9	0.032 6	0.038 8	0.046 5	0.054 3	0.062 0
260	0.019 3	0.024 2	0.029 0	0.033 9	0.040 3	0.048 4	0.056 4	0.064 5
270	0.020 1	0.025 1	0.030 1	0.035 2	0.041 9	0.050 2	0.058 6	0.067 0
280	0.020 8	0.026 0	0.031 2	0.036 5	0.043 4	0.052 1	0.060 8	0.069 4
290	0.021 6	0.027 0	0.032 4	0.037 8	0.045 0	0.053 9	0.062 9	0.071 9
300	0.022 3	0.027 9	0.033 5	0.039 1	0.046 5	0.055 8	0.065 1	0.074 4

表 1（续）

材长/m	6.2						
材宽/mm	材　厚/mm						
	45	50	60	70	80	90	100
	材　积/m³						
30	0.008 4	0.009 3	0.011 2	0.013 0	0.014 9	0.016 7	0.018 6
40	0.011 2	0.012 4	0.014 9	0.017 4	0.019 8	0.022 3	0.024 8
50	0.014 0	0.015 5	0.018 6	0.021 7	0.024 8	0.027 9	0.031 0
60	0.016 7	0.018 6	0.022 3	0.026 0	0.029 8	0.033 5	0.037 2
70	0.019 5	0.021 7	0.026 0	0.030 4	0.034 7	0.039 1	0.043 4
80	0.022 3	0.024 8	0.029 8	0.034 7	0.039 7	0.044 6	0.049 6
90	0.025 1	0.027 9	0.033 5	0.039 1	0.044 6	0.050 2	0.055 8
100	0.027 9	0.031 0	0.037 2	0.043 4	0.049 6	0.055 8	0.062 0
110	0.030 7	0.034 1	0.040 9	0.047 7	0.054 6	0.061 4	0.068 2
120	0.033 5	0.037 2	0.044 6	0.052 1	0.059 5	0.067 0	0.074 4
130	0.036 3	0.040 3	0.048 4	0.056 4	0.064 5	0.072 5	0.080 6
140	0.039 1	0.043 4	0.052 1	0.060 8	0.069 4	0.078 1	0.086 8
150	0.041 9	0.046 5	0.055 8	0.065 1	0.074 4	0.083 7	0.093 0
160	0.044 6	0.049 6	0.059 5	0.069 4	0.079 4	0.089 3	0.099 2
170	0.047 4	0.052 7	0.063 2	0.073 8	0.084 3	0.094 9	0.105 4
180	0.050 2	0.055 8	0.067 0	0.078 1	0.089 3	0.100 4	0.111 6
190	0.053 0	0.058 9	0.070 7	0.082 5	0.094 2	0.106 0	0.117 8
200	0.055 8	0.062 0	0.074 4	0.086 8	0.099 2	0.111 6	0.124 0
210	0.058 6	0.065 1	0.078 1	0.091 1	0.104 2	0.117 2	0.130 2
220	0.061 4	0.068 2	0.081 8	0.095 5	0.109 1	0.122 8	0.136 4
230	0.064 2	0.071 3	0.085 6	0.099 8	0.114 1	0.128 3	0.142 6
240	0.067 0	0.074 4	0.089 3	0.104 2	0.119 0	0.133 9	0.148 8
250	0.069 8	0.077 5	0.093 0	0.108 5	0.124 0	0.139 5	0.155 0
260	0.072 5	0.080 6	0.096 7	0.112 8	0.129 0	0.145 1	0.161 2
270	0.075 3	0.083 7	0.100 4	0.117 2	0.133 9	0.150 7	0.167 4
280	0.078 1	0.086 8	0.104 2	0.121 5	0.138 9	0.156 2	0.173 6
290	0.080 9	0.089 9	0.107 9	0.125 9	0.143 8	0.161 8	0.179 8
300	0.083 7	0.093 0	0.111 6	0.130 2	0.148 8	0.167 4	0.186 0

表 1（续）

材长/m	6.4							
材宽/mm	材　厚/mm							
	12	15	18	21	25	30	35	40
	材　积/m³							
30	0.002 3	0.002 9	0.003 5	0.004 0	0.004 8	0.005 8	0.006 7	0.007 7
40	0.003 1	0.003 8	0.004 6	0.005 4	0.006 4	0.007 7	0.009 0	0.010 2
50	0.003 8	0.004 8	0.005 8	0.006 7	0.008 0	0.009 6	0.011 2	0.012 8
60	0.004 6	0.005 8	0.006 9	0.008 1	0.009 6	0.011 5	0.013 4	0.015 4
70	0.005 4	0.006 7	0.008 1	0.009 4	0.011 2	0.013 4	0.015 7	0.017 9
80	0.006 1	0.007 7	0.009 2	0.010 8	0.012 8	0.015 4	0.017 9	0.020 5
90	0.006 9	0.008 6	0.010 4	0.012 1	0.014 4	0.017 3	0.020 2	0.023 0
100	0.007 7	0.009 6	0.011 5	0.013 4	0.016 0	0.019 2	0.022 4	0.025 6
110	0.008 4	0.010 6	0.012 7	0.014 8	0.017 6	0.021 1	0.024 6	0.028 2
120	0.009 2	0.011 5	0.013 8	0.016 1	0.019 2	0.023 0	0.026 9	0.030 7
130	0.010 0	0.012 5	0.015 0	0.017 5	0.020 8	0.025 0	0.029 1	0.033 3
140	0.010 8	0.013 4	0.016 1	0.018 8	0.022 4	0.026 9	0.031 4	0.035 8
150	0.011 5	0.014 4	0.017 3	0.020 2	0.024 0	0.028 8	0.033 6	0.038 4
160	0.012 3	0.015 4	0.018 4	0.021 5	0.025 6	0.030 7	0.035 8	0.041 0
170	0.013 1	0.016 3	0.019 6	0.022 8	0.027 2	0.032 6	0.038 1	0.043 5
180	0.013 8	0.017 3	0.020 7	0.024 2	0.028 8	0.034 6	0.040 3	0.046 1
190	0.014 6	0.018 2	0.021 9	0.025 5	0.030 4	0.036 5	0.042 6	0.048 6
200	0.015 4	0.019 2	0.023 0	0.026 9	0.032 0	0.038 4	0.044 8	0.051 2
210	0.016 1	0.020 2	0.024 2	0.028 2	0.033 6	0.040 3	0.047 0	0.053 8
220	0.016 9	0.021 1	0.025 3	0.029 6	0.035 2	0.042 2	0.049 3	0.056 3
230	0.017 7	0.022 1	0.026 5	0.030 9	0.036 8	0.044 2	0.051 5	0.058 9
240	0.018 4	0.023 0	0.027 6	0.032 3	0.038 4	0.046 1	0.053 8	0.061 4
250	0.019 2	0.024 0	0.028 8	0.033 6	0.040 0	0.048 0	0.056 0	0.064 0
260	0.020 0	0.025 0	0.030 0	0.034 9	0.041 6	0.049 9	0.058 2	0.066 6
270	0.020 7	0.025 9	0.031 1	0.036 3	0.043 2	0.051 8	0.060 5	0.069 1
280	0.021 5	0.026 9	0.032 3	0.037 6	0.044 8	0.053 8	0.062 7	0.071 7
290	0.022 3	0.027 8	0.033 4	0.039 0	0.046 4	0.055 7	0.065 0	0.074 2
300	0.023 0	0.028 8	0.034 6	0.040 3	0.048 0	0.057 6	0.067 2	0.076 8

表 1（续）

材长/m	6.4						
材宽/mm	材　厚/mm						
	45	50	60	70	80	90	100
	材　积/m³						
30	0.008 6	0.009 6	0.011 5	0.013 4	0.015 4	0.017 3	0.019 2
40	0.011 5	0.012 8	0.015 4	0.017 9	0.020 5	0.023 0	0.025 6
50	0.014 4	0.016 0	0.019 2	0.022 4	0.025 6	0.028 8	0.032 0
60	0.017 3	0.019 2	0.023 0	0.026 9	0.030 7	0.034 6	0.038 4
70	0.020 2	0.022 4	0.026 9	0.031 4	0.035 8	0.040 3	0.044 8
80	0.023 0	0.025 6	0.030 7	0.035 8	0.041 0	0.046 1	0.051 2
90	0.025 9	0.028 8	0.034 6	0.040 3	0.046 1	0.051 8	0.057 6
100	0.028 8	0.032 0	0.038 4	0.044 8	0.051 2	0.057 6	0.064 0
110	0.031 7	0.035 2	0.042 2	0.049 3	0.056 3	0.063 4	0.070 4
120	0.034 6	0.038 4	0.046 1	0.053 8	0.061 4	0.069 1	0.076 8
130	0.037 4	0.041 6	0.049 9	0.058 2	0.066 6	0.074 9	0.083 2
140	0.040 3	0.044 8	0.053 8	0.062 7	0.071 7	0.080 6	0.089 6
150	0.043 2	0.048 0	0.057 6	0.067 2	0.076 8	0.086 4	0.096 0
160	0.046 1	0.051 2	0.061 4	0.071 7	0.081 9	0.092 2	0.102 4
170	0.049 0	0.054 4	0.065 3	0.076 2	0.087 0	0.097 9	0.108 8
180	0.051 8	0.057 6	0.069 1	0.080 6	0.092 2	0.103 7	0.115 2
190	0.054 7	0.060 8	0.073 0	0.085 1	0.097 3	0.109 4	0.121 6
200	0.057 6	0.064 0	0.076 8	0.089 6	0.102 4	0.115 2	0.128 0
210	0.060 5	0.067 2	0.080 6	0.094 1	0.107 5	0.121 0	0.134 4
220	0.063 4	0.070 4	0.084 5	0.098 6	0.112 6	0.126 7	0.140 8
230	0.066 2	0.073 6	0.088 3	0.103 0	0.117 8	0.132 5	0.147 2
240	0.069 1	0.076 8	0.092 2	0.107 5	0.122 9	0.138 2	0.153 6
250	0.072 0	0.080 0	0.096 0	0.112 0	0.128 0	0.144 0	0.160 0
260	0.074 9	0.083 2	0.099 8	0.116 5	0.133 1	0.149 8	0.166 4
270	0.077 8	0.086 4	0.103 7	0.121 0	0.138 2	0.155 5	0.172 8
280	0.080 6	0.089 6	0.107 5	0.125 4	0.143 4	0.161 3	0.179 2
290	0.083 5	0.092 8	0.111 4	0.129 9	0.148 5	0.167 0	0.185 6
300	0.086 4	0.096 0	0.115 2	0.134 4	0.153 6	0.172 8	0.192 0

表 1(续)

材长/m	6.6							
材宽/mm	材　厚/mm							
	12	15	18	21	25	30	35	40
	材　积/m³							
30	0.002 4	0.003 0	0.003 6	0.004 2	0.005 0	0.005 9	0.006 9	0.007 9
40	0.003 2	0.004 0	0.004 8	0.005 5	0.006 6	0.007 9	0.009 2	0.010 6
50	0.004 0	0.005 0	0.005 9	0.006 9	0.008 3	0.009 9	0.011 6	0.013 2
60	0.004 8	0.005 9	0.007 1	0.008 3	0.009 9	0.011 9	0.013 9	0.015 8
70	0.005 5	0.006 9	0.008 3	0.009 7	0.011 6	0.013 9	0.016 2	0.018 5
80	0.006 3	0.007 9	0.009 5	0.011 1	0.013 2	0.015 8	0.018 5	0.021 1
90	0.007 1	0.008 9	0.010 7	0.012 5	0.014 9	0.017 8	0.020 8	0.023 8
100	0.007 9	0.009 9	0.011 9	0.013 9	0.016 5	0.019 8	0.023 1	0.026 4
110	0.008 7	0.010 9	0.013 1	0.015 2	0.018 2	0.021 8	0.025 4	0.029 0
120	0.009 5	0.011 9	0.014 3	0.016 6	0.019 8	0.023 8	0.027 7	0.031 7
130	0.010 3	0.012 9	0.015 4	0.018 0	0.021 5	0.025 7	0.030 0	0.034 3
140	0.011 1	0.013 9	0.016 6	0.019 4	0.023 1	0.027 7	0.032 3	0.037 0
150	0.011 9	0.014 9	0.017 8	0.020 8	0.024 8	0.029 7	0.034 7	0.039 6
160	0.012 7	0.015 8	0.019 0	0.022 2	0.026 4	0.031 7	0.037 0	0.042 2
170	0.013 5	0.016 8	0.020 2	0.023 6	0.028 1	0.033 7	0.039 3	0.044 9
180	0.014 3	0.017 8	0.021 4	0.024 9	0.029 7	0.035 6	0.041 6	0.047 5
190	0.015 0	0.018 8	0.022 6	0.026 3	0.031 4	0.037 6	0.043 9	0.050 2
200	0.015 8	0.019 8	0.023 8	0.027 7	0.033 0	0.039 6	0.046 2	0.052 8
210	0.016 6	0.020 8	0.024 9	0.029 1	0.034 7	0.041 6	0.048 5	0.055 4
220	0.017 4	0.021 8	0.026 1	0.030 5	0.036 3	0.043 6	0.050 8	0.058 1
230	0.018 2	0.022 8	0.027 3	0.031 9	0.038 0	0.045 5	0.053 1	0.060 7
240	0.019 0	0.023 8	0.028 5	0.033 3	0.039 6	0.047 5	0.055 4	0.063 4
250	0.019 8	0.024 8	0.029 7	0.034 7	0.041 3	0.049 5	0.057 8	0.066 0
260	0.020 6	0.025 7	0.030 9	0.036 0	0.042 9	0.051 5	0.060 1	0.068 6
270	0.021 4	0.026 7	0.032 1	0.037 4	0.044 6	0.053 5	0.062 4	0.071 3
280	0.022 2	0.027 7	0.033 3	0.038 8	0.046 2	0.055 4	0.064 7	0.073 9
290	0.023 0	0.028 7	0.034 5	0.040 2	0.047 9	0.057 4	0.067 0	0.076 6
300	0.023 8	0.029 7	0.035 6	0.041 6	0.049 5	0.059 4	0.069 3	0.079 2

表 1（续）

材长/m	6.6						
材宽/mm	材　　厚/mm						
	45	50	60	70	80	90	100
	材　　积/m³						
30	0.008 9	0.009 9	0.011 9	0.013 9	0.015 8	0.017 8	0.019 8
40	0.011 9	0.013 2	0.015 8	0.018 5	0.021 1	0.023 8	0.026 4
50	0.014 9	0.016 5	0.019 8	0.023 1	0.026 4	0.029 7	0.033 0
60	0.017 8	0.019 8	0.023 8	0.027 7	0.031 7	0.035 6	0.039 6
70	0.020 8	0.023 1	0.027 7	0.032 3	0.037 0	0.041 6	0.046 2
80	0.023 8	0.026 4	0.031 7	0.037 0	0.042 2	0.047 5	0.052 8
90	0.026 7	0.029 7	0.035 6	0.041 6	0.047 5	0.053 5	0.059 4
100	0.029 7	0.033 0	0.039 6	0.046 2	0.052 8	0.059 4	0.066 0
110	0.032 7	0.036 3	0.043 6	0.050 8	0.058 1	0.065 3	0.072 6
120	0.035 6	0.039 6	0.047 5	0.055 4	0.063 4	0.071 3	0.079 2
130	0.038 6	0.042 9	0.051 5	0.060 1	0.068 6	0.077 2	0.085 8
140	0.041 6	0.046 2	0.055 4	0.064 7	0.073 9	0.083 2	0.092 4
150	0.044 6	0.049 5	0.059 4	0.069 3	0.079 2	0.089 1	0.099 0
160	0.047 5	0.052 8	0.063 4	0.073 9	0.084 5	0.095 0	0.105 6
170	0.050 5	0.056 1	0.067 3	0.078 5	0.089 8	0.101 0	0.112 2
180	0.053 5	0.059 4	0.071 3	0.083 2	0.095 0	0.106 9	0.118 8
190	0.056 4	0.062 7	0.075 2	0.087 8	0.100 3	0.112 9	0.125 4
200	0.059 4	0.066 0	0.079 2	0.092 4	0.105 6	0.118 8	0.132 0
210	0.062 4	0.069 3	0.083 2	0.097 0	0.110 9	0.124 7	0.138 6
220	0.065 3	0.072 6	0.087 1	0.101 6	0.116 2	0.130 7	0.145 2
230	0.068 3	0.075 9	0.091 1	0.106 3	0.121 4	0.136 6	0.151 8
240	0.071 3	0.079 2	0.095 0	0.110 9	0.126 7	0.142 6	0.158 4
250	0.074 3	0.082 5	0.099 0	0.115 5	0.132 0	0.148 5	0.165 0
260	0.077 2	0.085 8	0.103 0	0.120 1	0.137 3	0.154 4	0.171 6
270	0.080 2	0.089 1	0.106 9	0.124 7	0.142 6	0.160 4	0.178 2
280	0.083 2	0.092 4	0.110 9	0.129 4	0.147 8	0.166 3	0.184 8
290	0.086 1	0.095 7	0.114 8	0.134 0	0.153 1	0.172 3	0.191 4
300	0.089 1	0.099 0	0.118 8	0.138 6	0.158 4	0.178 2	0.198 0

表 1（续）

材长/m	6.8							
材宽/mm	材　厚/mm							
	12	15	18	21	25	30	35	40
	材　积/m³							
30	0.002 4	0.003 1	0.003 7	0.004 3	0.005 1	0.006 1	0.007 1	0.008 2
40	0.003 3	0.004 1	0.004 9	0.005 7	0.006 8	0.008 2	0.009 5	0.010 9
50	0.004 1	0.005 1	0.006 1	0.007 1	0.008 5	0.010 2	0.011 9	0.013 6
60	0.004 9	0.006 1	0.007 3	0.008 6	0.010 2	0.012 2	0.014 3	0.016 3
70	0.005 7	0.007 1	0.008 6	0.010 0	0.011 9	0.014 3	0.016 7	0.019 0
80	0.006 5	0.008 2	0.009 8	0.011 4	0.013 6	0.016 3	0.019 0	0.021 8
90	0.007 3	0.009 2	0.011 0	0.012 9	0.015 3	0.018 4	0.021 4	0.024 5
100	0.008 2	0.010 2	0.012 2	0.014 3	0.017 0	0.020 4	0.023 8	0.027 2
110	0.009 0	0.011 2	0.013 5	0.015 7	0.018 7	0.022 4	0.026 2	0.029 9
120	0.009 8	0.012 2	0.014 7	0.017 1	0.020 4	0.024 5	0.028 6	0.032 6
130	0.010 6	0.013 3	0.015 9	0.018 6	0.022 1	0.026 5	0.030 9	0.035 4
140	0.011 4	0.014 3	0.017 1	0.020 0	0.023 8	0.028 6	0.033 3	0.038 1
150	0.012 2	0.015 3	0.018 4	0.021 4	0.025 5	0.030 6	0.035 7	0.040 8
160	0.013 1	0.016 3	0.019 6	0.022 8	0.027 2	0.032 6	0.038 1	0.043 5
170	0.013 9	0.017 3	0.020 8	0.024 3	0.028 9	0.034 7	0.040 5	0.046 2
180	0.014 7	0.018 4	0.022 0	0.025 7	0.030 6	0.036 7	0.042 8	0.049 0
190	0.015 5	0.019 4	0.023 3	0.027 1	0.032 3	0.038 8	0.045 2	0.051 7
200	0.016 3	0.020 4	0.024 5	0.028 6	0.034 0	0.040 8	0.047 6	0.054 4
210	0.017 1	0.021 4	0.025 7	0.030 0	0.035 7	0.042 8	0.050 0	0.057 1
220	0.018 0	0.022 4	0.026 9	0.031 4	0.037 4	0.044 9	0.052 4	0.059 8
230	0.018 8	0.023 5	0.028 2	0.032 8	0.039 1	0.046 9	0.054 7	0.062 6
240	0.019 6	0.024 5	0.029 4	0.034 3	0.040 8	0.049 0	0.057 1	0.065 3
250	0.020 4	0.025 5	0.030 6	0.035 7	0.042 5	0.051 0	0.059 5	0.068 0
260	0.021 2	0.026 5	0.031 8	0.037 1	0.044 2	0.053 0	0.061 9	0.070 7
270	0.022 0	0.027 5	0.033 0	0.038 6	0.045 9	0.055 1	0.064 3	0.073 4
280	0.022 8	0.028 6	0.034 3	0.040 0	0.047 6	0.057 1	0.066 6	0.076 2
290	0.023 7	0.029 6	0.035 5	0.041 4	0.049 3	0.059 2	0.069 0	0.078 9
300	0.024 5	0.030 6	0.036 7	0.042 8	0.051 0	0.061 2	0.071 4	0.081 6

表 1（续）

材长/m	6.8						
材宽/mm	材　　厚/mm						
	45	50	60	70	80	90	100
	材　　积/m³						
30	0.009 2	0.010 2	0.012 2	0.014 3	0.016 3	0.018 4	0.020 4
40	0.012 2	0.013 6	0.016 3	0.019 0	0.021 8	0.024 5	0.027 2
50	0.015 3	0.017 0	0.020 4	0.023 8	0.027 2	0.030 6	0.034 0
60	0.018 4	0.020 4	0.024 5	0.028 6	0.032 6	0.036 7	0.040 8
70	0.021 4	0.023 8	0.028 6	0.033 3	0.038 1	0.042 8	0.047 6
80	0.024 5	0.027 2	0.032 6	0.038 1	0.043 5	0.049 0	0.054 4
90	0.027 5	0.030 6	0.036 7	0.042 8	0.049 0	0.055 1	0.061 2
100	0.030 6	0.034 0	0.040 8	0.047 6	0.054 4	0.061 2	0.068 0
110	0.033 7	0.037 4	0.044 9	0.052 4	0.059 8	0.067 3	0.074 8
120	0.036 7	0.040 8	0.049 0	0.057 1	0.065 3	0.073 4	0.081 6
130	0.039 8	0.044 2	0.053 0	0.061 9	0.070 7	0.079 6	0.088 4
140	0.042 8	0.047 6	0.057 1	0.066 6	0.076 2	0.085 7	0.095 2
150	0.045 9	0.051 0	0.061 2	0.071 4	0.081 6	0.091 8	0.102 0
160	0.049 0	0.054 4	0.065 3	0.076 2	0.087 0	0.097 9	0.108 8
170	0.052 0	0.057 8	0.069 4	0.080 9	0.092 5	0.104 0	0.115 6
180	0.055 1	0.061 2	0.073 4	0.085 7	0.097 9	0.110 2	0.122 4
190	0.058 1	0.064 6	0.077 5	0.090 4	0.103 4	0.116 3	0.129 2
200	0.061 2	0.068 0	0.081 6	0.095 2	0.108 8	0.122 4	0.136 0
210	0.064 3	0.071 4	0.085 7	0.100 0	0.114 2	0.128 5	0.142 8
220	0.067 3	0.074 8	0.089 8	0.104 7	0.119 7	0.134 6	0.149 6
230	0.070 4	0.078 2	0.093 8	0.109 5	0.125 1	0.140 8	0.156 4
240	0.073 4	0.081 6	0.097 9	0.114 2	0.130 6	0.146 9	0.163 2
250	0.076 5	0.085 0	0.102 0	0.119 0	0.136 0	0.153 0	0.170 0
260	0.079 6	0.088 4	0.106 1	0.123 8	0.141 4	0.159 1	0.176 8
270	0.082 6	0.091 8	0.110 2	0.128 5	0.146 9	0.165 2	0.183 6
280	0.085 7	0.095 2	0.114 2	0.133 3	0.152 3	0.171 4	0.190 4
290	0.088 7	0.098 6	0.118 3	0.138 0	0.157 8	0.177 5	0.197 2
300	0.091 8	0.102 0	0.122 4	0.142 8	0.163 2	0.183 6	0.204 0

表 1（续）

材长/m	7.0							
	材　　厚/mm							
材宽/mm	12	15	18	21	25	30	35	40
	材　　积/m³							
30	0.002 5	0.003 2	0.003 8	0.004 4	0.005 3	0.006 3	0.007 4	0.008 4
40	0.003 4	0.004 2	0.005 0	0.005 9	0.007 0	0.008 4	0.009 8	0.011 2
50	0.004 2	0.005 3	0.006 3	0.007 4	0.008 8	0.010 5	0.012 3	0.014 0
60	0.005 0	0.006 3	0.007 6	0.008 8	0.010 5	0.012 6	0.014 7	0.016 8
70	0.005 9	0.007 4	0.008 8	0.010 3	0.012 3	0.014 7	0.017 2	0.019 6
80	0.006 7	0.008 4	0.010 1	0.011 8	0.014 0	0.016 8	0.019 6	0.022 4
90	0.007 6	0.009 5	0.011 3	0.013 2	0.015 8	0.018 9	0.022 1	0.025 2
100	0.008 4	0.010 5	0.012 6	0.014 7	0.017 5	0.021 0	0.024 5	0.028 0
110	0.009 2	0.011 6	0.013 9	0.016 2	0.019 3	0.023 1	0.027 0	0.030 8
120	0.010 1	0.012 6	0.015 1	0.017 6	0.021 0	0.025 2	0.029 4	0.033 6
130	0.010 9	0.013 7	0.016 4	0.019 1	0.022 8	0.027 3	0.031 9	0.036 4
140	0.011 8	0.014 7	0.017 6	0.020 6	0.024 5	0.029 4	0.034 3	0.039 2
150	0.012 6	0.015 8	0.018 9	0.022 1	0.026 3	0.031 5	0.036 8	0.042 0
160	0.013 4	0.016 8	0.020 2	0.023 5	0.028 0	0.033 6	0.039 2	0.044 8
170	0.014 3	0.017 9	0.021 4	0.025 0	0.029 8	0.035 7	0.041 7	0.047 6
180	0.015 1	0.018 9	0.022 7	0.026 5	0.031 5	0.037 8	0.044 1	0.050 4
190	0.016 0	0.020 0	0.023 9	0.027 9	0.033 3	0.039 9	0.046 6	0.053 2
200	0.016 8	0.021 0	0.025 2	0.029 4	0.035 0	0.042 0	0.049 0	0.056 0
210	0.017 6	0.022 1	0.026 5	0.030 9	0.036 8	0.044 1	0.051 5	0.058 8
220	0.018 5	0.023 1	0.027 7	0.032 3	0.038 5	0.046 2	0.053 9	0.061 6
230	0.019 3	0.024 2	0.029 0	0.033 8	0.040 3	0.048 3	0.056 4	0.064 4
240	0.020 2	0.025 2	0.030 2	0.035 3	0.042 0	0.050 4	0.058 8	0.067 2
250	0.021 0	0.026 3	0.031 5	0.036 8	0.043 8	0.052 5	0.061 3	0.070 0
260	0.021 8	0.027 3	0.032 8	0.038 2	0.045 5	0.054 6	0.063 7	0.072 8
270	0.022 7	0.028 4	0.034 0	0.039 7	0.047 3	0.056 7	0.066 2	0.075 6
280	0.023 5	0.029 4	0.035 3	0.041 2	0.049 0	0.058 8	0.068 6	0.078 4
290	0.024 4	0.030 5	0.036 5	0.042 6	0.050 8	0.060 9	0.071 1	0.081 2
300	0.025 2	0.031 5	0.037 8	0.044 1	0.052 5	0.063 0	0.073 5	0.084 0

表 1（续）

材长/m	7.0						
材宽/mm	材　厚/mm						
	45	50	60	70	80	90	100
	材　积/m³						
30	0.009 5	0.010 5	0.012 6	0.014 7	0.016 8	0.018 9	0.021 0
40	0.012 6	0.014 0	0.016 8	0.019 6	0.022 4	0.025 2	0.028 0
50	0.015 8	0.017 5	0.021 0	0.024 5	0.028 0	0.031 5	0.035 0
60	0.018 9	0.021 0	0.025 2	0.029 4	0.033 6	0.037 8	0.042 0
70	0.022 1	0.024 5	0.029 4	0.034 3	0.039 2	0.044 1	0.049 0
80	0.025 2	0.028 0	0.033 6	0.039 2	0.044 8	0.050 4	0.056 0
90	0.028 4	0.031 5	0.037 8	0.044 1	0.050 4	0.056 7	0.063 0
100	0.031 5	0.035 0	0.042 0	0.049 0	0.056 0	0.063 0	0.070 0
110	0.034 7	0.038 5	0.046 2	0.053 9	0.061 6	0.069 3	0.077 0
120	0.037 8	0.042 0	0.050 4	0.058 8	0.067 2	0.075 6	0.084 0
130	0.041 0	0.045 5	0.054 6	0.063 7	0.072 8	0.081 9	0.091 0
140	0.044 1	0.049 0	0.058 8	0.068 6	0.078 4	0.088 2	0.098 0
150	0.047 3	0.052 5	0.063 0	0.073 5	0.084 0	0.094 5	0.105 0
160	0.050 4	0.056 0	0.067 2	0.078 4	0.089 6	0.100 8	0.112 0
170	0.053 6	0.059 5	0.071 4	0.083 3	0.095 2	0.107 1	0.119 0
180	0.056 7	0.063 0	0.075 6	0.088 2	0.100 8	0.113 4	0.126 0
190	0.059 9	0.066 5	0.079 8	0.093 1	0.106 4	0.119 7	0.133 0
200	0.063 0	0.070 0	0.084 0	0.098 0	0.112 0	0.126 0	0.140 0
210	0.066 2	0.073 5	0.088 2	0.102 9	0.117 6	0.132 3	0.147 0
220	0.069 3	0.077 0	0.092 4	0.107 8	0.123 2	0.138 6	0.154 0
230	0.072 5	0.080 5	0.096 6	0.112 7	0.128 8	0.144 9	0.161 0
240	0.075 6	0.084 0	0.100 8	0.117 6	0.134 4	0.151 2	0.168 0
250	0.078 8	0.087 5	0.105 0	0.122 5	0.140 0	0.157 5	0.175 0
260	0.081 9	0.091 0	0.109 2	0.127 4	0.145 6	0.163 8	0.182 0
270	0.085 1	0.094 5	0.113 4	0.132 3	0.151 2	0.170 1	0.189 0
280	0.088 2	0.098 0	0.117 6	0.137 2	0.156 8	0.176 4	0.196 0
290	0.091 4	0.101 5	0.121 8	0.142 1	0.162 4	0.182 7	0.203 0
300	0.094 5	0.105 0	0.126 0	0.147 0	0.168 0	0.189 0	0.210 0

表 1（续）

材长/m	7.2							
材宽/mm	材　厚/mm							
	12	15	18	21	25	30	35	40
	材　积/m³							
30	0.002 6	0.003 2	0.003 9	0.004 5	0.005 4	0.006 5	0.007 6	0.008 6
40	0.003 5	0.004 3	0.005 2	0.006 0	0.007 2	0.008 6	0.010 1	0.011 5
50	0.004 3	0.005 4	0.006 5	0.007 6	0.009 0	0.010 8	0.012 6	0.014 4
60	0.005 2	0.006 5	0.007 8	0.009 1	0.010 8	0.013 0	0.015 1	0.017 3
70	0.006 0	0.007 6	0.009 1	0.010 6	0.012 6	0.015 1	0.017 6	0.020 2
80	0.006 9	0.008 6	0.010 4	0.012 1	0.014 4	0.017 3	0.020 2	0.023 0
90	0.007 8	0.009 7	0.011 7	0.013 6	0.016 2	0.019 4	0.022 7	0.025 9
100	0.008 6	0.010 8	0.013 0	0.015 1	0.018 0	0.021 6	0.025 2	0.028 8
110	0.009 5	0.011 9	0.014 3	0.016 6	0.019 8	0.023 8	0.027 7	0.031 7
120	0.010 4	0.013 0	0.015 6	0.018 1	0.021 6	0.025 9	0.030 2	0.034 6
130	0.011 2	0.014 0	0.016 8	0.019 7	0.023 4	0.028 1	0.032 8	0.037 4
140	0.012 1	0.015 1	0.018 1	0.021 2	0.025 2	0.030 2	0.035 3	0.040 3
150	0.013 0	0.016 2	0.019 4	0.022 7	0.027 0	0.032 4	0.037 8	0.043 2
160	0.013 8	0.017 3	0.020 7	0.024 2	0.028 8	0.034 6	0.040 3	0.046 1
170	0.014 7	0.018 4	0.022 0	0.025 7	0.030 6	0.036 7	0.042 8	0.049 0
180	0.015 6	0.019 4	0.023 3	0.027 2	0.032 4	0.038 9	0.045 4	0.051 8
190	0.016 4	0.020 5	0.024 6	0.028 7	0.034 2	0.041 0	0.047 9	0.054 7
200	0.017 3	0.021 6	0.025 9	0.030 2	0.036 0	0.043 2	0.050 4	0.057 6
210	0.018 1	0.022 7	0.027 2	0.031 8	0.037 8	0.045 4	0.052 9	0.060 5
220	0.019 0	0.023 8	0.028 5	0.033 3	0.039 6	0.047 5	0.055 4	0.063 4
230	0.019 9	0.024 8	0.029 8	0.034 8	0.041 4	0.049 7	0.058 0	0.066 2
240	0.020 7	0.025 9	0.031 1	0.036 3	0.043 2	0.051 8	0.060 5	0.069 1
250	0.021 6	0.027 0	0.032 4	0.037 8	0.045 0	0.054 0	0.063 0	0.072 0
260	0.022 5	0.028 1	0.033 7	0.039 3	0.046 8	0.056 2	0.065 5	0.074 9
270	0.023 3	0.029 2	0.035 0	0.040 8	0.048 6	0.058 3	0.068 0	0.077 8
280	0.024 2	0.030 2	0.036 3	0.042 3	0.050 4	0.060 5	0.070 6	0.080 6
290	0.025 1	0.031 3	0.037 6	0.043 8	0.052 2	0.062 6	0.073 1	0.083 5
300	0.025 9	0.032 4	0.038 9	0.045 4	0.054 0	0.064 8	0.075 6	0.086 4

表 1（续）

材长/m	7.2						
材宽/mm	材　厚/mm						
	45	50	60	70	80	90	100
	材　积/m³						
30	0.009 7	0.010 8	0.013 0	0.015 1	0.017 3	0.019 4	0.021 6
40	0.013 0	0.014 4	0.017 3	0.020 2	0.023 0	0.025 9	0.028 8
50	0.016 2	0.018 0	0.021 6	0.025 2	0.028 8	0.032 4	0.036 0
60	0.019 4	0.021 6	0.025 9	0.030 2	0.034 6	0.038 9	0.043 2
70	0.022 7	0.025 2	0.030 2	0.035 3	0.040 3	0.045 4	0.050 4
80	0.025 9	0.028 8	0.034 6	0.040 3	0.046 1	0.051 8	0.057 6
90	0.029 2	0.032 4	0.038 9	0.045 4	0.051 8	0.058 3	0.064 8
100	0.032 4	0.036 0	0.043 2	0.050 4	0.057 6	0.064 8	0.072 0
110	0.035 6	0.039 6	0.047 5	0.055 4	0.063 4	0.071 3	0.079 2
120	0.038 9	0.043 2	0.051 8	0.060 5	0.069 1	0.077 8	0.086 4
130	0.042 1	0.046 8	0.056 2	0.065 5	0.074 9	0.084 2	0.093 6
140	0.045 4	0.050 4	0.060 5	0.070 6	0.080 6	0.090 7	0.100 8
150	0.048 6	0.054 0	0.064 8	0.075 6	0.086 4	0.097 2	0.108 0
160	0.051 8	0.057 6	0.069 1	0.080 6	0.092 2	0.103 7	0.115 2
170	0.055 1	0.061 2	0.073 4	0.085 7	0.097 9	0.110 2	0.122 4
180	0.058 3	0.064 8	0.077 8	0.090 7	0.103 7	0.116 6	0.129 6
190	0.061 6	0.068 4	0.082 1	0.095 8	0.109 4	0.123 1	0.136 8
200	0.064 8	0.072 0	0.086 4	0.100 8	0.115 2	0.129 6	0.144 0
210	0.068 0	0.075 6	0.090 7	0.105 8	0.121 0	0.136 1	0.151 2
220	0.071 3	0.079 2	0.095 0	0.110 9	0.126 7	0.142 6	0.158 4
230	0.074 5	0.082 8	0.099 4	0.115 9	0.132 5	0.149 0	0.165 6
240	0.077 8	0.086 4	0.103 7	0.121 0	0.138 2	0.155 5	0.172 8
250	0.081 0	0.090 0	0.108 0	0.126 0	0.144 0	0.162 0	0.180 0
260	0.084 2	0.093 6	0.112 3	0.131 0	0.149 8	0.168 5	0.187 2
270	0.087 5	0.097 2	0.116 6	0.136 1	0.155 5	0.175 0	0.194 4
280	0.090 7	0.100 8	0.121 0	0.141 1	0.161 3	0.181 4	0.201 6
290	0.094 0	0.104 4	0.125 3	0.146 2	0.167 0	0.187 9	0.208 8
300	0.097 2	0.108 0	0.129 6	0.151 2	0.172 8	0.194 4	0.216 0

表 1（续）

材长/m	7.4							
材宽/mm	材　厚/mm							
	12	15	18	21	25	30	35	40
	材　积/m^3							
30	0.002 7	0.003 3	0.004 0	0.004 7	0.005 6	0.006 7	0.007 8	0.008 9
40	0.003 6	0.004 4	0.005 3	0.006 2	0.007 4	0.008 9	0.010 4	0.011 8
50	0.004 4	0.005 6	0.006 7	0.007 8	0.009 3	0.011 1	0.013 0	0.014 8
60	0.005 3	0.006 7	0.008 0	0.009 3	0.011 1	0.013 3	0.015 5	0.017 8
70	0.006 2	0.007 8	0.009 3	0.010 9	0.013 0	0.015 5	0.018 1	0.020 7
80	0.007 1	0.008 9	0.010 7	0.012 4	0.014 8	0.017 8	0.020 7	0.023 7
90	0.008 0	0.010 0	0.012 0	0.014 0	0.016 7	0.020 0	0.023 3	0.026 6
100	0.008 9	0.011 1	0.013 3	0.015 5	0.018 5	0.022 2	0.025 9	0.029 6
110	0.009 8	0.012 2	0.014 7	0.017 1	0.020 4	0.024 4	0.028 5	0.032 6
120	0.010 7	0.013 3	0.016 0	0.018 6	0.022 2	0.026 6	0.031 1	0.035 5
130	0.011 5	0.014 4	0.017 3	0.020 2	0.024 1	0.028 9	0.033 7	0.038 5
140	0.012 4	0.015 5	0.018 6	0.021 8	0.025 9	0.031 1	0.036 3	0.041 4
150	0.013 3	0.016 7	0.020 0	0.023 3	0.027 8	0.033 3	0.038 9	0.044 4
160	0.014 2	0.017 8	0.021 3	0.024 9	0.029 6	0.035 5	0.041 4	0.047 4
170	0.015 1	0.018 9	0.022 6	0.026 4	0.031 5	0.037 7	0.044 0	0.050 3
180	0.016 0	0.020 0	0.024 0	0.028 0	0.033 3	0.040 0	0.046 6	0.053 3
190	0.016 9	0.021 1	0.025 3	0.029 5	0.035 2	0.042 2	0.049 2	0.056 2
200	0.017 8	0.022 2	0.026 6	0.031 1	0.037 0	0.044 4	0.051 8	0.059 2
210	0.018 6	0.023 3	0.028 0	0.032 6	0.038 9	0.046 6	0.054 4	0.062 2
220	0.019 5	0.024 4	0.029 3	0.034 2	0.040 7	0.048 8	0.057 0	0.065 1
230	0.020 4	0.025 5	0.030 6	0.035 7	0.042 6	0.051 1	0.059 6	0.068 1
240	0.021 3	0.026 6	0.032 0	0.037 3	0.044 4	0.053 3	0.062 2	0.071 0
250	0.022 2	0.027 8	0.033 3	0.038 9	0.046 3	0.055 5	0.064 8	0.074 0
260	0.023 1	0.028 9	0.034 6	0.040 4	0.048 1	0.057 7	0.067 3	0.077 0
270	0.024 0	0.030 0	0.036 0	0.042 0	0.050 0	0.059 9	0.069 9	0.079 9
280	0.024 9	0.031 1	0.037 3	0.043 5	0.051 8	0.062 2	0.072 5	0.082 9
290	0.025 8	0.032 2	0.038 6	0.045 1	0.053 7	0.064 4	0.075 1	0.085 8
300	0.026 6	0.033 3	0.040 0	0.046 6	0.055 5	0.066 6	0.077 7	0.088 8

表 1（续）

材长/m	7.4						
材宽/mm	材　厚/mm						
	45	50	60	70	80	90	100
	材　积/m³						
30	0.010 0	0.011 1	0.013 3	0.015 5	0.017 8	0.020 0	0.022 2
40	0.013 3	0.014 8	0.017 8	0.020 7	0.023 7	0.026 6	0.029 6
50	0.016 7	0.018 5	0.022 2	0.025 9	0.029 6	0.033 3	0.037 0
60	0.020 0	0.022 2	0.026 6	0.031 1	0.035 5	0.040 0	0.044 4
70	0.023 3	0.025 9	0.031 1	0.036 3	0.041 4	0.046 6	0.051 8
80	0.026 6	0.029 6	0.035 5	0.041 4	0.047 4	0.053 3	0.059 2
90	0.030 0	0.033 3	0.040 0	0.046 6	0.053 3	0.059 9	0.066 6
100	0.033 3	0.037 0	0.044 4	0.051 8	0.059 2	0.066 6	0.074 0
110	0.036 6	0.040 7	0.048 8	0.057 0	0.065 1	0.073 3	0.081 4
120	0.040 0	0.044 4	0.053 3	0.062 2	0.071 0	0.079 9	0.088 8
130	0.043 3	0.048 1	0.057 7	0.067 3	0.077 0	0.086 6	0.096 2
140	0.046 6	0.051 8	0.062 2	0.072 5	0.082 9	0.093 2	0.103 6
150	0.050 0	0.055 5	0.066 6	0.077 7	0.088 8	0.099 9	0.111 0
160	0.053 3	0.059 2	0.071 0	0.082 9	0.094 7	0.106 6	0.118 4
170	0.056 6	0.062 9	0.075 5	0.088 1	0.100 6	0.113 2	0.125 8
180	0.059 9	0.066 6	0.079 9	0.093 2	0.106 6	0.119 9	0.133 2
190	0.063 3	0.070 3	0.084 4	0.098 4	0.112 5	0.126 5	0.140 6
200	0.066 6	0.074 0	0.088 8	0.103 6	0.118 4	0.133 2	0.148 0
210	0.069 9	0.077 7	0.093 2	0.108 8	0.124 3	0.139 9	0.155 4
220	0.073 3	0.081 4	0.097 7	0.114 0	0.130 2	0.146 5	0.162 8
230	0.076 6	0.085 1	0.102 1	0.119 1	0.136 2	0.153 2	0.170 2
240	0.079 9	0.088 8	0.106 6	0.124 3	0.142 1	0.159 8	0.177 6
250	0.083 3	0.092 5	0.111 0	0.129 5	0.148 0	0.166 5	0.185 0
260	0.086 6	0.096 2	0.115 4	0.134 7	0.153 9	0.173 2	0.192 4
270	0.089 9	0.099 9	0.119 9	0.139 9	0.159 8	0.179 8	0.199 8
280	0.093 2	0.103 6	0.124 3	0.145 0	0.165 8	0.186 5	0.207 2
290	0.096 6	0.107 3	0.128 8	0.150 2	0.171 7	0.193 1	0.214 6
300	0.099 9	0.111 0	0.133 2	0.155 4	0.177 6	0.199 8	0.222 0

表 1（续）

材长/m	7.6							
材宽/mm	材　厚/mm							
	12	15	18	21	25	30	35	40
	材　积/m³							
30	0.002 7	0.003 4	0.004 1	0.004 8	0.005 7	0.006 8	0.008 0	0.009 1
40	0.003 6	0.004 6	0.005 5	0.006 4	0.007 6	0.009 1	0.010 6	0.012 2
50	0.004 6	0.005 7	0.006 8	0.008 0	0.009 5	0.011 4	0.013 3	0.015 2
60	0.005 5	0.006 8	0.008 2	0.009 6	0.011 4	0.013 7	0.016 0	0.018 2
70	0.006 4	0.008 0	0.009 6	0.011 2	0.013 3	0.016 0	0.018 6	0.021 3
80	0.007 3	0.009 1	0.010 9	0.012 8	0.015 2	0.018 2	0.021 3	0.024 3
90	0.008 2	0.010 3	0.012 3	0.014 4	0.017 1	0.020 5	0.023 9	0.027 4
100	0.009 1	0.011 4	0.013 7	0.016 0	0.019 0	0.022 8	0.026 6	0.030 4
110	0.010 0	0.012 5	0.015 0	0.017 6	0.020 9	0.025 1	0.029 3	0.033 4
120	0.010 9	0.013 7	0.016 4	0.019 2	0.022 8	0.027 4	0.031 9	0.036 5
130	0.011 9	0.014 8	0.017 8	0.020 7	0.024 7	0.029 6	0.034 6	0.039 5
140	0.012 8	0.016 0	0.019 2	0.022 3	0.026 6	0.031 9	0.037 2	0.042 6
150	0.013 7	0.017 1	0.020 5	0.023 9	0.028 5	0.034 2	0.039 9	0.045 6
160	0.014 6	0.018 2	0.021 9	0.025 5	0.030 4	0.036 5	0.042 6	0.048 6
170	0.015 5	0.019 4	0.023 3	0.027 1	0.032 3	0.038 8	0.045 2	0.051 7
180	0.016 4	0.020 5	0.024 6	0.028 7	0.034 2	0.041 0	0.047 9	0.054 7
190	0.017 3	0.021 7	0.026 0	0.030 3	0.036 1	0.043 3	0.050 5	0.057 8
200	0.018 2	0.022 8	0.027 4	0.031 9	0.038 0	0.045 6	0.053 2	0.060 8
210	0.019 2	0.023 9	0.028 7	0.033 5	0.039 9	0.047 9	0.055 9	0.063 8
220	0.020 1	0.025 1	0.030 1	0.035 1	0.041 8	0.050 2	0.058 5	0.066 9
230	0.021 0	0.026 2	0.031 5	0.036 7	0.043 7	0.052 4	0.061 2	0.069 9
240	0.021 9	0.027 4	0.032 8	0.038 3	0.045 6	0.054 7	0.063 8	0.073 0
250	0.022 8	0.028 5	0.034 2	0.039 9	0.047 5	0.057 0	0.066 5	0.076 0
260	0.023 7	0.029 6	0.035 6	0.041 5	0.049 4	0.059 3	0.069 2	0.079 0
270	0.024 6	0.030 8	0.036 9	0.043 1	0.051 3	0.061 6	0.071 8	0.082 1
280	0.025 5	0.031 9	0.038 3	0.044 7	0.053 2	0.063 8	0.074 5	0.085 1
290	0.026 4	0.033 1	0.039 7	0.046 3	0.055 1	0.066 1	0.077 1	0.088 2
300	0.027 4	0.034 2	0.041 0	0.047 9	0.057 0	0.068 4	0.079 8	0.091 2

表 1（续）

材长/m	7.6						
材宽/mm	材　厚/mm						
	45	50	60	70	80	90	100
	材　积/m^3						
30	0.010 3	0.011 4	0.013 7	0.016 0	0.018 2	0.020 5	0.022 8
40	0.013 7	0.015 2	0.018 2	0.021 3	0.024 3	0.027 4	0.030 4
50	0.017 1	0.019 0	0.022 8	0.026 6	0.030 4	0.034 2	0.038 0
60	0.020 5	0.022 8	0.027 4	0.031 9	0.036 5	0.041 0	0.045 6
70	0.023 9	0.026 6	0.031 9	0.037 2	0.042 6	0.047 9	0.053 2
80	0.027 4	0.030 4	0.036 5	0.042 6	0.048 6	0.054 7	0.060 8
90	0.030 8	0.034 2	0.041 0	0.047 9	0.054 7	0.061 6	0.068 4
100	0.034 2	0.038 0	0.045 6	0.053 2	0.060 8	0.068 4	0.076 0
110	0.037 6	0.041 8	0.050 2	0.058 5	0.066 9	0.075 2	0.083 6
120	0.041 0	0.045 6	0.054 7	0.063 8	0.073 0	0.082 1	0.091 2
130	0.044 5	0.049 4	0.059 3	0.069 2	0.079 0	0.088 9	0.098 8
140	0.047 9	0.053 2	0.063 8	0.074 5	0.085 1	0.095 8	0.106 4
150	0.051 3	0.057 0	0.068 4	0.079 8	0.091 2	0.102 6	0.114 0
160	0.054 7	0.060 8	0.073 0	0.085 1	0.097 3	0.109 4	0.121 6
170	0.058 1	0.064 6	0.077 5	0.090 4	0.103 4	0.116 3	0.129 2
180	0.061 6	0.068 4	0.082 1	0.095 8	0.109 4	0.123 1	0.136 8
190	0.065 0	0.072 2	0.086 6	0.101 1	0.115 5	0.130 0	0.144 4
200	0.068 4	0.076 0	0.091 2	0.106 4	0.121 6	0.136 8	0.152 0
210	0.071 8	0.079 8	0.095 8	0.111 7	0.127 7	0.143 6	0.159 6
220	0.075 2	0.083 6	0.100 3	0.117 0	0.133 8	0.150 5	0.167 2
230	0.078 7	0.087 4	0.104 9	0.122 4	0.139 8	0.157 3	0.174 8
240	0.082 1	0.091 2	0.109 4	0.127 7	0.145 9	0.164 2	0.182 4
250	0.085 5	0.095 0	0.114 0	0.133 0	0.152 0	0.171 0	0.190 0
260	0.088 9	0.098 8	0.118 6	0.138 3	0.158 1	0.177 8	0.197 6
270	0.092 3	0.102 6	0.123 1	0.143 6	0.164 2	0.184 7	0.205 2
280	0.095 8	0.106 4	0.127 7	0.149 0	0.170 2	0.191 5	0.212 8
290	0.099 2	0.110 2	0.132 2	0.154 3	0.176 3	0.198 4	0.220 4
300	0.102 6	0.114 0	0.136 8	0.159 6	0.182 4	0.205 2	0.228 0

表 1（续）

材长/m	7.8							
材宽/mm	材　厚/mm							
	12	15	18	21	25	30	35	40
	材　积/m³							
30	0.002 8	0.003 5	0.004 2	0.004 9	0.005 9	0.007 0	0.008 2	0.009 4
40	0.003 7	0.004 7	0.005 6	0.006 6	0.007 8	0.009 4	0.010 9	0.012 5
50	0.004 7	0.005 9	0.007 0	0.008 2	0.009 8	0.011 7	0.013 7	0.015 6
60	0.005 6	0.007 0	0.008 4	0.009 8	0.011 7	0.014 0	0.016 4	0.018 7
70	0.006 6	0.008 2	0.009 8	0.011 5	0.013 7	0.016 4	0.019 1	0.021 8
80	0.007 5	0.009 4	0.011 2	0.013 1	0.015 6	0.018 7	0.021 8	0.025 0
90	0.008 4	0.010 5	0.012 6	0.014 7	0.017 6	0.021 1	0.024 6	0.028 1
100	0.009 4	0.011 7	0.014 0	0.016 4	0.019 5	0.023 4	0.027 3	0.031 2
110	0.010 3	0.012 9	0.015 4	0.018 0	0.021 5	0.025 7	0.030 0	0.034 3
120	0.011 2	0.014 0	0.016 8	0.019 7	0.023 4	0.028 1	0.032 8	0.037 4
130	0.012 2	0.015 2	0.018 3	0.021 3	0.025 4	0.030 4	0.035 5	0.040 6
140	0.013 1	0.016 4	0.019 7	0.022 9	0.027 3	0.032 8	0.038 2	0.043 7
150	0.014 0	0.017 6	0.021 1	0.024 6	0.029 3	0.035 1	0.041 0	0.046 8
160	0.015 0	0.018 7	0.022 5	0.026 2	0.031 2	0.037 4	0.043 7	0.049 9
170	0.015 9	0.019 9	0.023 9	0.027 8	0.033 2	0.039 8	0.046 4	0.053 0
180	0.016 8	0.021 1	0.025 3	0.029 5	0.035 1	0.042 1	0.049 1	0.056 2
190	0.017 8	0.022 2	0.026 7	0.031 1	0.037 1	0.044 5	0.051 9	0.059 3
200	0.018 7	0.023 4	0.028 1	0.032 8	0.039 0	0.046 8	0.054 6	0.062 4
210	0.019 7	0.024 6	0.029 5	0.034 4	0.041 0	0.049 1	0.057 3	0.065 5
220	0.020 6	0.025 7	0.030 9	0.036 0	0.042 9	0.051 5	0.060 1	0.068 6
230	0.021 5	0.026 9	0.032 3	0.037 7	0.044 9	0.053 8	0.062 8	0.071 8
240	0.022 5	0.028 1	0.033 7	0.039 3	0.046 8	0.056 2	0.065 5	0.074 9
250	0.023 4	0.029 3	0.035 1	0.041 0	0.048 8	0.058 5	0.068 3	0.078 0
260	0.024 3	0.030 4	0.036 5	0.042 6	0.050 7	0.060 8	0.071 0	0.081 1
270	0.025 3	0.031 6	0.037 9	0.044 2	0.052 7	0.063 2	0.073 7	0.084 2
280	0.026 2	0.032 8	0.039 3	0.045 9	0.054 6	0.065 5	0.076 4	0.087 4
290	0.027 1	0.033 9	0.040 7	0.047 5	0.056 6	0.067 9	0.079 2	0.090 5
300	0.028 1	0.035 1	0.042 1	0.049 1	0.058 5	0.070 2	0.081 9	0.093 6

表 1（续）

材长/m	7.8						
材宽/mm	材　厚/mm						
	45	50	60	70	80	90	100
	材　积/m³						
30	0.010 5	0.011 7	0.014 0	0.016 4	0.018 7	0.021 1	0.023 4
40	0.014 0	0.015 6	0.018 7	0.021 8	0.025 0	0.028 1	0.031 2
50	0.017 6	0.019 5	0.023 4	0.027 3	0.031 2	0.035 1	0.039 0
60	0.021 1	0.023 4	0.028 1	0.032 8	0.037 4	0.042 1	0.046 8
70	0.024 6	0.027 3	0.032 8	0.038 2	0.043 7	0.049 1	0.054 6
80	0.028 1	0.031 2	0.037 4	0.043 7	0.049 9	0.056 2	0.062 4
90	0.031 6	0.035 1	0.042 1	0.049 1	0.056 2	0.063 2	0.070 2
100	0.035 1	0.039 0	0.046 8	0.054 6	0.062 4	0.070 2	0.078 0
110	0.038 6	0.042 9	0.051 5	0.060 1	0.068 6	0.077 2	0.085 8
120	0.042 1	0.046 8	0.056 2	0.065 5	0.074 9	0.084 2	0.093 6
130	0.045 6	0.050 7	0.060 8	0.071 0	0.081 1	0.091 3	0.101 4
140	0.049 1	0.054 6	0.065 5	0.076 4	0.087 4	0.098 3	0.109 2
150	0.052 7	0.058 5	0.070 2	0.081 9	0.093 6	0.105 3	0.117 0
160	0.056 2	0.062 4	0.074 9	0.087 4	0.099 8	0.112 3	0.124 8
170	0.059 7	0.066 3	0.079 6	0.092 8	0.106 1	0.119 3	0.132 6
180	0.063 2	0.070 2	0.084 2	0.098 3	0.112 3	0.126 4	0.140 4
190	0.066 7	0.074 1	0.088 9	0.103 7	0.118 6	0.133 4	0.148 2
200	0.070 2	0.078 0	0.093 6	0.109 2	0.124 8	0.140 4	0.156 0
210	0.073 7	0.081 9	0.098 3	0.114 7	0.131 0	0.147 4	0.163 8
220	0.077 2	0.085 8	0.103 0	0.120 1	0.137 3	0.154 4	0.171 6
230	0.080 7	0.089 7	0.107 6	0.125 6	0.143 5	0.161 5	0.179 4
240	0.084 2	0.093 6	0.112 3	0.131 0	0.149 8	0.168 5	0.187 2
250	0.087 8	0.097 5	0.117 0	0.136 5	0.156 0	0.175 5	0.195 0
260	0.091 3	0.101 4	0.121 7	0.142 0	0.162 2	0.182 5	0.202 8
270	0.094 8	0.105 3	0.126 4	0.147 4	0.168 5	0.189 5	0.210 6
280	0.098 3	0.109 2	0.131 0	0.152 9	0.174 7	0.196 6	0.218 4
290	0.101 8	0.113 1	0.135 7	0.158 3	0.181 0	0.203 6	0.226 2
300	0.105 3	0.117 0	0.140 4	0.163 8	0.187 2	0.210 6	0.234 0

表 1（续）

材长/m	8.0							
	材　厚/mm							
材宽/mm	12	15	18	21	25	30	35	40
	材　积/m³							
30	0.002 9	0.003 6	0.004 3	0.005 0	0.006 0	0.007 2	0.008 4	0.009 6
40	0.003 8	0.004 8	0.005 8	0.006 7	0.008 0	0.009 6	0.011 2	0.012 8
50	0.004 8	0.006 0	0.007 2	0.008 4	0.010 0	0.012 0	0.014 0	0.016 0
60	0.005 8	0.007 2	0.008 6	0.010 1	0.012 0	0.014 4	0.016 8	0.019 2
70	0.006 7	0.008 4	0.010 1	0.011 8	0.014 0	0.016 8	0.019 6	0.022 4
80	0.007 7	0.009 6	0.011 5	0.013 4	0.016 0	0.019 2	0.022 4	0.025 6
90	0.008 6	0.010 8	0.013 0	0.015 1	0.018 0	0.021 6	0.025 2	0.028 8
100	0.009 6	0.012 0	0.014 4	0.016 8	0.020 0	0.024 0	0.028 0	0.032 0
110	0.010 6	0.013 2	0.015 8	0.018 5	0.022 0	0.026 4	0.030 8	0.035 2
120	0.011 5	0.014 4	0.017 3	0.020 2	0.024 0	0.028 8	0.033 6	0.038 4
130	0.012 5	0.015 6	0.018 7	0.021 8	0.026 0	0.031 2	0.036 4	0.041 6
140	0.013 4	0.016 8	0.020 2	0.023 5	0.028 0	0.033 6	0.039 2	0.044 8
150	0.014 4	0.018 0	0.021 6	0.025 2	0.030 0	0.036 0	0.042 0	0.048 0
160	0.015 4	0.019 2	0.023 0	0.026 9	0.032 0	0.038 4	0.044 8	0.051 2
170	0.016 3	0.020 4	0.024 5	0.028 6	0.034 0	0.040 8	0.047 6	0.054 4
180	0.017 3	0.021 6	0.025 9	0.030 2	0.036 0	0.043 2	0.050 4	0.057 6
190	0.018 2	0.022 8	0.027 4	0.031 9	0.038 0	0.045 6	0.053 2	0.060 8
200	0.019 2	0.024 0	0.028 8	0.033 6	0.040 0	0.048 0	0.056 0	0.064 0
210	0.020 2	0.025 2	0.030 2	0.035 3	0.042 0	0.050 4	0.058 8	0.067 2
220	0.021 1	0.026 4	0.031 7	0.037 0	0.044 0	0.052 8	0.061 6	0.070 4
230	0.022 1	0.027 6	0.033 1	0.038 6	0.046 0	0.055 2	0.064 4	0.073 6
240	0.023 0	0.028 8	0.034 6	0.040 3	0.048 0	0.057 6	0.067 2	0.076 8
250	0.024 0	0.030 0	0.036 0	0.042 0	0.050 0	0.060 0	0.070 0	0.080 0
260	0.025 0	0.031 2	0.037 4	0.043 7	0.052 0	0.062 4	0.072 8	0.083 2
270	0.025 9	0.032 4	0.038 9	0.045 4	0.054 0	0.064 8	0.075 6	0.086 4
280	0.026 9	0.033 6	0.040 3	0.047 0	0.056 0	0.067 2	0.078 4	0.089 6
290	0.027 8	0.034 8	0.041 8	0.048 7	0.058 0	0.069 6	0.081 2	0.092 8
300	0.028 8	0.036 0	0.043 2	0.050 4	0.060 0	0.072 0	0.084 0	0.096 0

表1（续）

材长/m	8.0						
材宽/mm	材厚/mm						
	45	50	60	70	80	90	100
	材积/m³						
30	0.010 8	0.012 0	0.014 4	0.016 8	0.019 2	0.021 6	0.024 0
40	0.014 4	0.016 0	0.019 2	0.022 4	0.025 6	0.028 8	0.032 0
50	0.018 0	0.020 0	0.024 0	0.028 0	0.032 0	0.036 0	0.040 0
60	0.021 6	0.024 0	0.028 8	0.033 6	0.038 4	0.043 2	0.048 0
70	0.025 2	0.028 0	0.033 6	0.039 2	0.044 8	0.050 4	0.056 0
80	0.028 8	0.032 0	0.038 4	0.044 8	0.051 2	0.057 6	0.064 0
90	0.032 4	0.036 0	0.043 2	0.050 4	0.057 6	0.064 8	0.072 0
100	0.036 0	0.040 0	0.048 0	0.056 0	0.064 0	0.072 0	0.080 0
110	0.039 6	0.044 0	0.052 8	0.061 6	0.070 4	0.079 2	0.088 0
120	0.043 2	0.048 0	0.057 6	0.067 2	0.076 8	0.086 4	0.096 0
130	0.046 8	0.052 0	0.062 4	0.072 8	0.083 2	0.093 6	0.104 0
140	0.050 4	0.056 0	0.067 2	0.078 4	0.089 6	0.100 8	0.112 0
150	0.054 0	0.060 0	0.072 0	0.084 0	0.096 0	0.108 0	0.120 0
160	0.057 6	0.064 0	0.076 8	0.089 6	0.102 4	0.115 2	0.128 0
170	0.061 2	0.068 0	0.081 6	0.095 2	0.108 8	0.122 4	0.136 0
180	0.064 8	0.072 0	0.086 4	0.100 8	0.115 2	0.129 6	0.144 0
190	0.068 4	0.076 0	0.091 2	0.106 4	0.121 6	0.136 8	0.152 0
200	0.072 0	0.080 0	0.096 0	0.112 0	0.128 0	0.144 0	0.160 0
210	0.075 6	0.084 0	0.100 8	0.117 6	0.134 4	0.151 2	0.168 0
220	0.079 2	0.088 0	0.105 6	0.123 2	0.140 8	0.158 4	0.176 0
230	0.082 8	0.092 0	0.110 4	0.128 8	0.147 2	0.165 6	0.184 0
240	0.086 4	0.096 0	0.115 2	0.134 4	0.153 6	0.172 8	0.192 0
250	0.090 0	0.100 0	0.120 0	0.140 0	0.160 0	0.180 0	0.200 0
260	0.093 6	0.104 0	0.124 8	0.145 6	0.166 4	0.187 2	0.208 0
270	0.097 2	0.108 0	0.129 6	0.151 2	0.172 8	0.194 4	0.216 0
280	0.100 8	0.112 0	0.134 4	0.156 8	0.179 2	0.201 6	0.224 0
290	0.104 4	0.116 0	0.139 2	0.162 4	0.185 6	0.208 8	0.232 0
300	0.108 0	0.120 0	0.144 0	0.168 0	0.192 0	0.216 0	0.240 0

4.2 专用锯材材积表

4.2.1 专用锯材材积表适用于枕木锯材、铁路货车锯材、载重汽车锯材、罐道木、机台木锯材的材积查定。

4.2.2 锯材尺寸按 GB/T 4822 的规定检量。

4.2.3 材积计算数字，枕木、铁路货车锯材、载重汽车锯材均保留四位小数；罐道木、机台木锯材保留三位小数。

4.2.4 枕木锯材材积表

4.2.4.1 按 GB 154 对铁路标准轨(轨距 1435 mm)普通枕木、道岔枕木和桥梁枕木的尺寸规格规定，制定枕木锯材材积表。

4.2.4.2 枕木锯材材积表见表 2。

表 2 枕木锯材材积表

宽×厚/mm	材长/m												
	2.5	2.6	2.8	3.0	3.2	3.4	3.6	3.8	4.0	4.2	4.4	4.6	4.8
	材积/m³												
200×145	0.072 5	—	—	—	—	—	—	—	—	—	—	—	—
200×220	—	—	—	0.132 0	—	—	—	—	—	0.184 8	—	—	0.211 2
200×240	—	—	—	0.144 0	—	—	—	—	—	0.201 6	—	—	0.230 4
220×160	0.088 0	—	—	—	—	—	—	—	—	—	—	—	—
220×260	—	—	—	0.171 6	—	—	—	—	—	0.240 2	—	—	0.274 6
220×280	—	—	—	—	0.197 1	—	—	—	—	0.258 7	—	—	0.295 7
240×160	—	0.099 8	0.107 5	0.115 2	0.122 9	0.130 6	0.138 2	0.145 9	0.153 6	0.161 3	0.169 0	0.176 6	0.184 3
240×300	—	—	—	—	0.230 4	0.244 8	—	—	—	0.302 4	—	—	0.345 6

4.2.5 铁路货车锯材材积表

4.2.5.1 按 LY/T 1295 对铁路货车车厢维修用的锯材的尺寸规定，制定铁路货车锯材材积表。

4.2.5.2 铁路货车锯材材积表见表 3。

表 3 铁路货车锯材材积表

材宽/mm	材长/m					
	3.0	5.0	6.0	2.5	5.0	6.0
	材厚/mm					
	52.0			57.0		
	材积/m³					
120	0.018 7	0.031 2	0.037 4	0.017 1	0.034 2	0.041 0
130	0.020 3	0.033 8	0.040 6	0.018 5	0.037 1	0.044 5
140	0.021 8	0.036 4	0.043 7	0.020 0	0.039 9	0.047 9
150	0.023 4	0.039 0	0.046 8	0.021 4	0.042 8	0.051 3
160	0.025 0	0.041 6	0.049 9	0.022 8	0.045 6	0.054 7
170	0.026 5	0.044 2	0.053 0	0.024 2	0.048 5	0.058 1
180	0.028 1	0.046 8	0.056 2	0.025 7	0.051 3	0.061 6
190	0.029 6	0.049 4	0.059 3	0.027 1	0.054 2	0.065 0
200	0.031 2	0.052 0	0.062 4	0.028 5	0.057 0	0.068 4

表 3（续）

材　宽/mm	材　长/m					
	3.0	5.0	6.0	2.5	5.0	6.0
	材　厚/mm					
	52.0			57.0		
	材　积/m^3					
210	0.032 8	0.054 6	0.065 5	0.029 9	0.059 9	0.071 8
220	0.034 3	0.057 2	0.068 6	0.031 4	0.062 7	0.075 2
230	0.035 9	0.059 8	0.071 8	0.032 8	0.065 6	0.078 7
240	0.037 4	0.062 4	0.074 9	0.034 2	0.068 4	0.082 1
250	0.039 0	0.065 0	0.078 0	0.035 6	0.071 3	0.085 5
260	0.040 6	0.067 6	0.081 1	0.037 1	0.074 1	0.088 9
270	0.042 1	0.070 2	0.084 2	0.038 5	0.077 0	0.092 3
280	0.043 7	0.072 8	0.087 4	0.039 9	0.079 8	0.095 8
290	0.045 2	0.075 4	0.090 5	0.041 3	0.082 7	0.099 2
300	0.046 8	0.078 0	0.093 6	0.042 8	0.085 5	0.102 6

4.2.6　载重汽车锯材材积表

4.2.6.1　按 LY/T 1296 对载重汽车车厢所用梁材、板材和栏板条的尺寸规定，制定载重汽车锯材材积表。

4.2.6.2　载重汽车锯材材积表见表 4。

表 4　载重汽车锯材材积表

材长/m	2.5							
材宽/mm	材　厚/mm							
	30	35	40	45	50	60	70	80
	材　积/m^3							
80	0.006 0	0.007 0	0.008 0	0.009 0	0.010 0	0.012 0	0.014 0	0.016 0
90	0.006 8	0.007 9	0.009 0	0.010 1	0.011 3	0.013 5	0.015 8	0.018 0
120	0.009 0	0.010 5	0.012 0	0.013 5	0.015 0	0.018 0	0.021 0	0.024 0
130	0.009 8	0.011 4	0.013 0	0.014 6	0.016 3	0.019 5	0.022 8	0.026 0
140	0.010 5	0.012 3	0.014 0	0.015 8	0.017 5	0.021 0	0.024 5	0.028 0
150	0.011 3	0.013 1	0.015 0	0.016 9	0.018 8	0.022 5	0.026 3	0.030 0
160	0.012 0	0.014 0	0.016 0	0.018 0	0.020 0	0.024 0	0.028 0	0.032 0
170	0.012 8	0.014 9	0.017 0	0.019 1	0.021 3	0.025 5	0.029 8	0.034 0
180	0.013 5	0.015 8	0.018 0	0.020 3	0.022 5	0.027 0	0.031 5	0.036 0
200	0.015 0	0.017 5	0.020 0	0.022 5	0.025 0	0.030 0	0.035 0	0.040 0
210	0.015 8	0.018 4	0.021 0	0.023 6	0.026 3	0.031 5	0.036 8	0.042 0
220	0.016 5	0.019 3	0.022 0	0.024 8	0.027 5	0.033 0	0.038 5	0.044 0

表 4（续）

材长/m	3.0							
材宽/mm	材　厚/mm							
	30	35	40	45	50	60	70	80
	材　积/m³							
80	0.007 2	0.008 4	0.009 6	0.010 8	0.012 0	0.014 4	0.016 8	0.019 2
90	0.008 1	0.009 5	0.010 8	0.012 2	0.013 5	0.016 2	0.018 9	0.021 6
120	0.010 8	0.012 6	0.014 4	0.016 2	0.018 0	0.021 6	0.025 2	0.028 8
130	0.011 7	0.013 7	0.015 6	0.017 6	0.019 5	0.023 4	0.027 3	0.031 2
140	0.012 6	0.014 7	0.016 8	0.018 9	0.021 0	0.025 2	0.029 4	0.033 6
150	0.013 5	0.015 8	0.018 0	0.020 3	0.022 5	0.027 0	0.031 5	0.036 0
160	0.014 4	0.016 8	0.019 2	0.021 6	0.024 0	0.028 8	0.033 6	0.038 4
170	0.015 3	0.017 9	0.020 4	0.023 0	0.025 5	0.030 6	0.035 7	0.040 8
180	0.016 2	0.018 9	0.021 6	0.024 3	0.027 0	0.032 4	0.037 8	0.043 2
200	0.018 0	0.021 0	0.024 0	0.027 0	0.030 0	0.036 0	0.042 0	0.048 0
210	0.018 9	0.022 1	0.025 2	0.028 4	0.031 5	0.037 8	0.044 1	0.050 4
220	0.019 8	0.023 1	0.026 4	0.029 7	0.033 0	0.039 6	0.046 2	0.052 8
材长/m	3.4							
材宽/mm	材　厚/mm							
	30	35	40	45	50	60	70	80
	材　积/m³							
80	0.008 2	0.009 5	0.010 9	0.012 2	0.013 6	0.016 3	0.019 0	0.021 8
90	0.009 2	0.010 7	0.012 2	0.013 8	0.015 3	0.018 4	0.021 4	0.024 5
120	0.012 2	0.014 3	0.016 3	0.018 4	0.020 4	0.024 5	0.028 6	0.032 6
130	0.013 3	0.015 5	0.017 7	0.019 9	0.022 1	0.026 5	0.030 9	0.035 4
140	0.014 3	0.016 7	0.019 0	0.021 4	0.023 8	0.028 6	0.033 3	0.038 1
150	0.015 3	0.017 9	0.020 4	0.023 0	0.025 5	0.030 6	0.035 7	0.040 8
160	0.016 3	0.019 0	0.021 8	0.024 5	0.027 2	0.032 6	0.038 1	0.043 5
170	0.017 3	0.020 2	0.023 1	0.026 0	0.028 9	0.034 7	0.040 5	0.046 2
180	0.018 4	0.021 4	0.024 5	0.027 5	0.030 6	0.036 7	0.042 8	0.049 0
200	0.020 4	0.023 8	0.027 2	0.030 6	0.034 0	0.040 8	0.047 6	0.054 4
210	0.021 4	0.025 0	0.028 6	0.032 1	0.035 7	0.042 8	0.050 0	0.057 1
220	0.022 4	0.026 2	0.029 9	0.033 7	0.037 4	0.044 9	0.052 4	0.059 8
材长/m	4.0							
材宽/mm	材　厚/mm							
	30	35	40	45	50	60	70	80
	材　积/m³							
80	0.009 6	0.011 2	0.012 8	0.014 4	0.016 0	0.019 2	0.022 4	0.025 6
90	0.010 8	0.012 6	0.014 4	0.016 2	0.018 0	0.021 6	0.025 2	0.028 8
120	0.014 4	0.016 8	0.019 2	0.021 6	0.024 0	0.028 8	0.033 6	0.038 4
130	0.015 6	0.018 2	0.020 8	0.023 4	0.026 0	0.031 2	0.036 4	0.041 6

表 4（续）

材长/m	4.0							
材宽/mm	材　厚/mm							
	30	35	40	45	50	60	70	80
	材　积/m^3							
140	0.016 8	0.019 6	0.022 4	0.025 2	0.028 0	0.033 6	0.039 2	0.044 8
150	0.018 0	0.021 0	0.024 0	0.027 0	0.030 0	0.036 0	0.042 0	0.048 0
160	0.019 2	0.022 4	0.025 6	0.028 8	0.032 0	0.038 4	0.044 8	0.051 2
170	0.020 4	0.023 8	0.027 2	0.030 6	0.034 0	0.040 8	0.047 6	0.054 4
180	0.021 6	0.025 2	0.028 8	0.032 4	0.036 0	0.043 2	0.050 4	0.057 6
200	0.024 0	0.028 0	0.032 0	0.036 0	0.040 0	0.048 0	0.056 0	0.064 0
210	0.025 2	0.029 4	0.033 6	0.037 8	0.042 0	0.050 4	0.058 8	0.067 2
220	0.026 4	0.030 8	0.035 2	0.039 6	0.044 0	0.052 8	0.061 6	0.070 4
材长/m	4.4							
材宽/mm	材　厚/mm							
	30	35	40	45	50	60	70	80
	材　积/m^3							
80	0.010 6	0.012 3	0.014 1	0.015 8	0.017 6	0.021 1	0.024 6	0.028 2
90	0.011 9	0.013 9	0.015 8	0.017 8	0.019 8	0.023 8	0.027 7	0.031 7
120	0.015 8	0.018 5	0.021 1	0.023 8	0.026 4	0.031 7	0.037 0	0.042 2
130	0.017 2	0.020 0	0.022 9	0.025 7	0.028 6	0.034 3	0.040 0	0.045 8
140	0.018 5	0.021 6	0.024 6	0.027 7	0.030 8	0.037 0	0.043 1	0.049 3
150	0.019 8	0.023 1	0.026 4	0.029 7	0.033 0	0.039 6	0.046 2	0.052 8
160	0.021 1	0.024 6	0.028 2	0.031 7	0.035 2	0.042 2	0.049 3	0.056 3
170	0.022 4	0.026 2	0.029 9	0.033 7	0.037 4	0.044 9	0.052 4	0.059 8
180	0.023 8	0.027 7	0.031 7	0.035 6	0.039 6	0.047 5	0.055 4	0.063 4
200	0.026 4	0.030 8	0.035 2	0.039 6	0.044 0	0.052 8	0.061 6	0.070 4
210	0.027 7	0.032 3	0.037 0	0.041 6	0.046 2	0.055 4	0.064 7	0.073 9
220	0.029 0	0.033 9	0.038 7	0.043 6	0.048 4	0.058 1	0.067 8	0.077 4
材长/m	5.0							
材宽/mm	材　厚/mm							
	30	35	40	45	50	60	70	80
	材　积/m^3							
80	0.012 0	0.014 0	0.016 0	0.018 0	0.020 0	0.024 0	0.028 0	0.032 0
90	0.013 5	0.015 8	0.018 0	0.020 3	0.022 5	0.027 0	0.031 5	0.036 0
120	0.018 0	0.021 0	0.024 0	0.027 0	0.030 0	0.036 0	0.042 0	0.048 0
130	0.019 5	0.022 8	0.026 0	0.029 3	0.032 5	0.039 0	0.045 5	0.052 0
140	0.021 0	0.024 5	0.028 0	0.031 5	0.035 0	0.042 0	0.049 0	0.056 0
150	0.022 5	0.026 3	0.030 0	0.033 8	0.037 5	0.045 0	0.052 5	0.060 0
160	0.024 0	0.028 0	0.032 0	0.036 0	0.040 0	0.048 0	0.056 0	0.064 0
170	0.025 5	0.029 8	0.034 0	0.038 3	0.042 5	0.051 0	0.059 5	0.068 0

表 4（续）

材长/m	5.0							
材宽/mm	材　厚/mm							
	30	35	40	45	50	60	70	80
	材　积/m^3							
180	0.027 0	0.031 5	0.036 0	0.040 5	0.045 0	0.054 0	0.063 0	0.072 0
200	0.030 0	0.035 0	0.040 0	0.045 0	0.050 0	0.060 0	0.070 0	0.080 0
210	0.031 5	0.036 8	0.042 0	0.047 3	0.052 5	0.063 0	0.073 5	0.084 0
220	0.033 0	0.038 5	0.044 0	0.049 5	0.055 0	0.066 0	0.077 0	0.088 0

材长/m	5.4							
材宽/mm	材　厚/mm							
	30	35	40	45	50	60	70	80
	材　积/m^3							
80	0.013 0	0.015 1	0.017 3	0.019 4	0.021 6	0.025 9	0.030 2	0.034 6
90	0.014 6	0.017 0	0.019 4	0.021 9	0.024 3	0.029 2	0.034 0	0.038 9
120	0.019 4	0.022 7	0.025 9	0.029 2	0.032 4	0.038 9	0.045 4	0.051 8
130	0.021 1	0.024 6	0.028 1	0.031 6	0.035 1	0.042 1	0.049 1	0.056 2
140	0.022 7	0.026 5	0.030 2	0.034 0	0.037 8	0.045 4	0.052 9	0.060 5
150	0.024 3	0.028 4	0.032 4	0.036 5	0.040 5	0.048 6	0.056 7	0.064 8
160	0.025 9	0.030 2	0.034 6	0.038 9	0.043 2	0.051 8	0.060 5	0.069 1
170	0.027 5	0.032 1	0.036 7	0.041 3	0.045 9	0.055 1	0.064 3	0.073 4
180	0.029 2	0.034 0	0.038 9	0.043 7	0.048 6	0.058 3	0.068 0	0.077 8
200	0.032 4	0.037 8	0.043 2	0.048 6	0.054 0	0.064 8	0.075 6	0.086 4
210	0.034 0	0.039 7	0.045 4	0.051 0	0.056 7	0.068 0	0.079 4	0.090 7
220	0.035 6	0.041 6	0.047 5	0.053 5	0.059 4	0.071 3	0.083 2	0.095 0

材长/m	6.0							
材宽/mm	材　厚/mm							
	30	35	40	45	50	60	70	80
	材　积/m^3							
80	0.014 4	0.016 8	0.019 2	0.021 6	0.024 0	0.028 8	0.033 6	0.038 4
90	0.016 2	0.018 9	0.021 6	0.024 3	0.027 0	0.032 4	0.037 8	0.043 2
120	0.021 6	0.025 2	0.028 8	0.032 4	0.036 0	0.043 2	0.050 4	0.057 6
130	0.023 4	0.027 3	0.031 2	0.035 1	0.039 0	0.046 8	0.054 6	0.062 4
140	0.025 2	0.029 4	0.033 6	0.037 8	0.042 0	0.050 4	0.058 8	0.067 2
150	0.027 0	0.031 5	0.036 0	0.040 5	0.045 0	0.054 0	0.063 0	0.072 0
160	0.028 8	0.033 6	0.038 4	0.043 2	0.048 0	0.057 6	0.067 2	0.076 8
170	0.030 6	0.035 7	0.040 8	0.045 9	0.051 0	0.061 2	0.071 4	0.081 6
180	0.032 4	0.037 8	0.043 2	0.048 6	0.054 0	0.064 8	0.075 6	0.086 4
200	0.036 0	0.042 0	0.048 0	0.054 0	0.060 0	0.072 0	0.084 0	0.096 0
210	0.037 8	0.044 1	0.050 4	0.056 7	0.063 0	0.075 6	0.088 2	0.100 8
220	0.039 6	0.046 2	0.052 8	0.059 4	0.066 0	0.079 2	0.092 4	0.105 6

4.2.7 罐道木和机台木锯材材积表

4.2.7.1 按 GB 4820 对矿山竖井罐道木尺寸的规定，制定罐道木材积表。

4.2.7.2 按 LY 1200 对机台木尺寸的规定，制定机台木材积表。

4.2.7.3 罐道木和机台木材积表见表 5。

表 5 罐道木和机台木材积表

材长/m	宽×厚/mm											
	210×210	220×220	230×230	240×240	250×250	260×260	270×270	280×280	290×290	300×300	310×310	320×320
	材积/m³											
4.0	0.176	0.194	0.212	0.230	0.250	0.270	0.292	0.314	0.336	0.360	0.384	0.410
4.5	0.198	0.218	0.238	0.259	0.281	0.304	0.328	0.353	0.378	0.405	0.432	0.461
5.0	0.221	0.242	0.265	0.288	0.313	0.338	0.365	0.392	0.421	0.450	0.481	0.512
5.2	0.229	0.252	0.275	0.300	0.325	0.352	0.379	0.408	0.437	0.468	0.500	0.532
5.4	0.238	0.261	0.286	0.311	0.338	0.365	0.394	0.423	0.454	0.486	0.519	0.553
5.5	0.243	0.266	0.291	0.317	0.344	0.372	0.401	0.431	0.463	0.495	0.529	0.563
5.6	0.247	0.271	0.296	0.323	0.350	0.379	0.408	0.439	0.471	0.504	0.538	0.573
5.8	0.256	0.281	0.307	0.334	0.363	0.392	0.423	0.455	0.488	0.522	0.557	0.594
6.0	0.265	0.290	0.317	0.346	0.375	0.406	0.437	0.470	0.505	0.540	0.577	0.614
6.2	0.273	0.300	0.328	0.357	0.388	0.419	0.452	0.486	0.521	0.558	0.596	0.635
6.4	0.282	0.310	0.339	0.369	0.400	0.433	0.467	0.502	0.538	0.576	0.615	0.655
6.5	0.287	0.315	0.344	0.374	0.406	0.439	0.474	0.510	0.547	0.585	0.625	0.666
6.6	0.291	0.319	0.349	0.380	0.413	0.446	0.481	0.517	0.555	0.594	0.634	0.676
6.8	0.300	0.329	0.360	0.392	0.425	0.460	0.496	0.533	0.572	0.612	0.653	0.696
7.0	0.309	0.339	0.370	0.403	0.438	0.473	0.510	0.549	0.589	0.630	0.673	0.717
7.2	0.318	0.348	0.381	0.415	0.450	0.487	0.525	0.564	0.606	0.648	0.692	0.737
7.4	0.326	0.358	0.391	0.426	0.463	0.500	0.539	0.580	0.622	0.666	0.711	0.758
7.5	0.331	0.363	0.397	0.432	0.469	0.507	0.547	0.588	0.631	0.675	0.721	0.768
7.6	0.335	0.368	0.402	0.438	0.475	0.514	0.554	0.596	0.639	0.684	0.730	0.778
7.8	0.344	0.378	0.413	0.449	0.488	0.527	0.569	0.612	0.656	0.702	0.750	0.799
8.0	0.353	0.387	0.423	0.461	0.500	0.541	0.583	0.627	0.673	0.720	0.769	0.819

4.3 部分方材材积表

4.3.1 部分方材材积表见表 6。

4.3.2 表 6 是对表 1 内容的补充，适用于部分方材材积的查定。

表 6 部分方材材积表

材长/m	宽×厚/mm								
	25×20	25×25	35×50	35×60	45×60	45×70	45×80	60×110	100×55
	材积/m³								
0.3	0.000 15	0.000 19	0.000 53	0.000 63	0.000 81	0.000 95	0.001 08	0.001 98	0.001 65
0.4	0.000 20	0.000 25	0.000 70	0.000 84	0.001 08	0.001 26	0.001 44	0.002 64	0.002 20
0.5	0.000 25	0.000 31	0.000 88	0.001 05	0.001 35	0.001 58	0.001 80	0.003 30	0.002 75
0.6	0.000 30	0.000 38	0.001 05	0.001 26	0.001 62	0.001 89	0.002 16	0.003 96	0.003 30
0.7	0.000 35	0.000 44	0.001 23	0.001 47	0.001 89	0.002 21	0.002 52	0.004 62	0.003 85
0.8	0.000 40	0.000 50	0.001 40	0.001 68	0.002 16	0.002 52	0.002 88	0.005 28	0.004 40
0.9	0.000 45	0.000 56	0.001 58	0.001 89	0.002 43	0.002 84	0.003 24	0.005 94	0.004 95
1.0	0.000 50	0.000 63	0.001 75	0.002 10	0.002 70	0.003 15	0.003 60	0.006 60	0.005 50

表 6（续）

材长/m	宽×厚/mm								
	25×20	25×25	35×50	35×60	45×60	45×70	45×80	60×110	100×55
	材　积/m³								
1.1	0.000 55	0.000 69	0.001 93	0.002 31	0.002 97	0.003 47	0.003 96	0.007 26	0.006 05
1.2	0.000 60	0.000 75	0.002 10	0.002 52	0.003 24	0.003 78	0.004 32	0.007 92	0.006 60
1.3	0.000 65	0.000 81	0.002 28	0.002 73	0.003 51	0.004 10	0.004 68	0.008 58	0.007 15
1.4	0.000 70	0.000 88	0.002 45	0.002 94	0.003 78	0.004 41	0.005 04	0.009 24	0.007 70
1.5	0.000 75	0.000 94	0.002 63	0.003 15	0.004 05	0.004 73	0.005 40	0.009 90	0.008 25
1.6	0.000 80	0.001 00	0.002 80	0.003 36	0.004 32	0.005 04	0.005 76	0.010 56	0.008 80
1.7	0.000 85	0.001 06	0.002 98	0.003 57	0.004 59	0.005 36	0.006 12	0.011 22	0.009 35
1.8	0.000 90	0.001 13	0.003 15	0.003 78	0.004 86	0.005 67	0.006 48	0.011 88	0.009 90
1.9	0.000 95	0.001 19	0.003 33	0.003 99	0.005 13	0.005 99	0.006 84	0.012 54	0.010 45
2.0	0.001 0	0.001 3	0.003 5	0.004 2	0.005 4	0.006 3	0.007 2	0.013 2	0.011 0
2.2	0.001 1	0.001 4	0.003 9	0.004 6	0.005 9	0.006 9	0.007 9	0.014 5	0.012 1
2.4	0.001 2	0.001 5	0.004 2	0.005 0	0.006 5	0.007 6	0.008 6	0.015 8	0.013 2
2.5	0.001 3	0.001 6	0.004 4	0.005 3	0.006 8	0.007 9	0.009 0	0.016 5	0.013 8
2.6	0.001 3	0.001 6	0.004 6	0.005 5	0.007 0	0.008 2	0.009 4	0.017 2	0.014 3
2.8	0.001 4	0.001 8	0.004 9	0.005 9	0.007 6	0.008 8	0.010 1	0.018 5	0.015 4
3.0	0.001 5	0.001 9	0.005 3	0.006 3	0.008 1	0.009 5	0.010 8	0.019 8	0.016 5
3.2	0.001 6	0.002 0	0.005 6	0.006 7	0.008 6	0.010 1	0.011 5	0.021 1	0.017 6
3.4	0.001 7	0.002 1	0.006 0	0.007 1	0.009 2	0.010 7	0.012 2	0.022 4	0.018 7
3.6	0.001 8	0.002 3	0.006 3	0.007 6	0.009 7	0.011 3	0.013 0	0.023 8	0.019 8
3.8	0.001 9	0.002 4	0.006 7	0.008 0	0.010 3	0.012 0	0.013 7	0.025 1	0.020 9
4.0	0.002 0	0.002 5	0.007 0	0.008 4	0.010 8	0.012 6	0.014 4	0.026 4	0.022 0
4.2	0.002 1	0.002 6	0.007 4	0.008 8	0.011 3	0.013 2	0.015 1	0.027 7	0.023 1
4.4	0.002 2	0.002 8	0.007 7	0.009 2	0.011 9	0.013 9	0.015 8	0.029 0	0.024 2
4.6	0.002 3	0.002 9	0.008 1	0.009 7	0.012 4	0.014 5	0.016 6	0.030 4	0.025 3
4.8	0.002 4	0.003 0	0.008 4	0.010 1	0.013 0	0.015 1	0.017 3	0.031 7	0.026 4
5.0	0.002 5	0.003 1	0.008 8	0.010 5	0.013 5	0.015 8	0.018 0	0.033 0	0.027 5
5.2	0.002 6	0.003 3	0.009 1	0.010 9	0.014 0	0.016 4	0.018 7	0.034 3	0.028 6
5.4	0.002 7	0.003 4	0.009 5	0.011 3	0.014 6	0.017 0	0.019 4	0.035 6	0.029 7
5.6	0.002 8	0.003 5	0.009 8	0.011 8	0.015 1	0.017 6	0.020 2	0.037 0	0.030 8
5.8	0.002 9	0.003 6	0.010 2	0.012 2	0.015 7	0.018 3	0.020 9	0.038 3	0.031 9
6.0	0.003 0	0.003 8	0.010 5	0.012 6	0.016 2	0.018 9	0.021 6	0.039 6	0.033 0
6.2	0.003 1	0.003 9	0.010 9	0.013 0	0.016 7	0.019 5	0.022 3	0.040 9	0.034 1
6.4	0.003 2	0.004 0	0.011 2	0.013 4	0.017 3	0.020 2	0.023 0	0.042 2	0.035 2
6.6	0.003 3	0.004 1	0.011 6	0.013 9	0.017 8	0.020 8	0.023 8	0.043 6	0.036 3
6.8	0.003 4	0.004 3	0.011 9	0.014 3	0.018 4	0.021 4	0.024 5	0.044 9	0.037 4
7.0	0.003 5	0.004 4	0.012 3	0.014 7	0.018 9	0.022 1	0.025 2	0.046 2	0.038 5
7.2	0.003 6	0.004 5	0.012 6	0.015 1	0.019 4	0.022 7	0.025 9	0.047 5	0.039 6
7.4	0.003 7	0.004 6	0.013 0	0.015 5	0.020 0	0.023 3	0.026 6	0.048 8	0.040 7
7.6	0.003 8	0.004 8	0.013 3	0.016 0	0.020 5	0.023 9	0.027 4	0.050 2	0.041 8
7.8	0.003 9	0.004 9	0.013 7	0.016 4	0.021 1	0.024 6	0.028 1	0.051 5	0.042 9
8.0	0.004 0	0.005 0	0.014 0	0.016 8	0.021 6	0.025 2	0.028 8	0.052 8	0.044 0

ICS 83.060
G 40

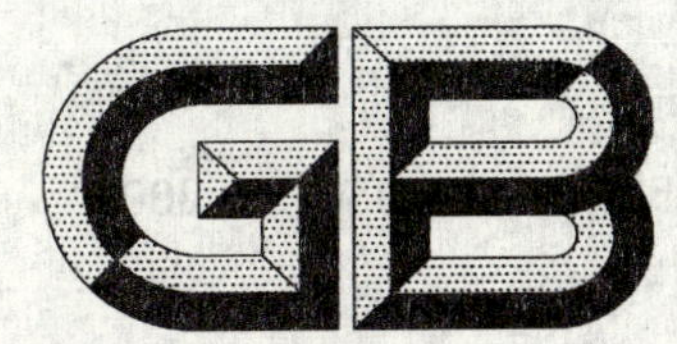

中华人民共和国国家标准

GB/T 528—2009/ISO 37:2005
代替 GB/T 528—1998

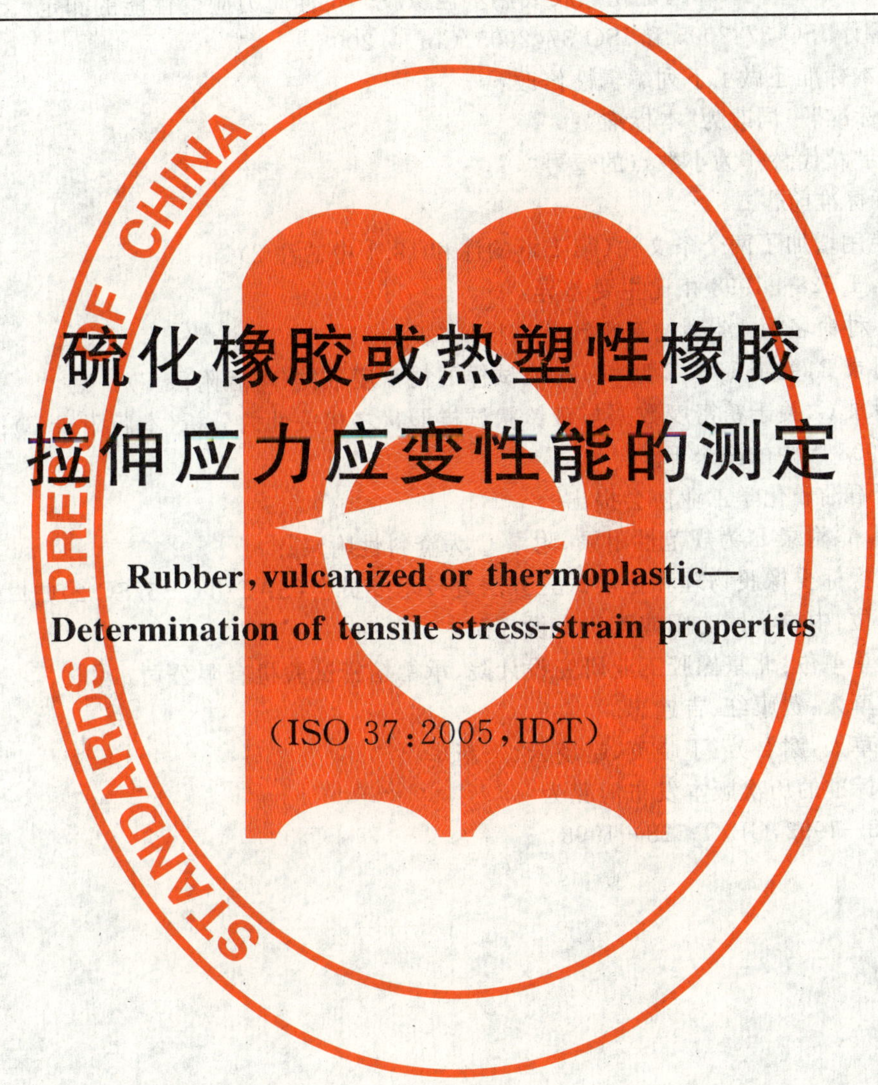

硫化橡胶或热塑性橡胶拉伸应力应变性能的测定

Rubber, vulcanized or thermoplastic—Determination of tensile stress-strain properties

(ISO 37:2005, IDT)

2009-04-24 发布　　2009-12-01 实施

中华人民共和国国家质量监督检验检疫总局
中国国家标准化管理委员会　发布

前　言

本标准等同采用ISO 37:2005《硫化橡胶或热塑性橡胶——拉伸应力应变性能的测定》(英文版),包括其修正案ISO 37:2005/Cor.1:2008。

本标准代替GB/T 528—1998《硫化橡胶或热塑性橡胶　拉伸应力应变性能的测定》。

本标准等同翻译ISO 37:2005和ISO 37:2005/Cor.1:2008。

为便于使用,本标准还做了下列编辑性修改:

a)　"本国际标准"一词改为"本标准";

b)　用小数点"."代替作为小数点的逗号",";

c)　删除国际标准前言;

d)　为方便使用增加了两个条文注(第1章的注和13.1中的注2)。

本标准与GB/T 528—1998相比主要差异:

——增加了一种命名为1A型的新哑铃状试样(本版6.1);

——增加了附录B,关于1型、2型和1A型试样的精密度数据(本版附录B);

——增加了附录C,关于精密度数据与哑铃状试样形状之相关性的分析(本版附录C);

——删除了1998版中的附录B。

本标准由中国石油和化学工业协会提出。

本标准的附录A、附录B为规范性附录,附录C为资料性附录。

本标准由全国橡标委橡胶物理和化学试验方法分技术委员会(SAC/TC 35/SC 2)归口。

本标准起草单位:中橡集团沈阳橡胶研究设计院。

本标准参加起草单位:北京橡胶工业研究设计院、承德精密试验机有限公司。

本标准主要起草人:费康红、吉连忠。

本标准参加起草人:谢君芳、丁晓英、赵凌云、王新华。

本标准所代替标准的历次版本发布情况为:

——GB/T 528—1992,GB/T 528—1998。

硫化橡胶或热塑性橡胶
拉伸应力应变性能的测定

警告:使用本标准的人员应有正规实验室工作的实践经验。本标准无意涉及因使用本标准可能出现的安全问题,使用者有责任采取适当的安全和健康措施,并保证符合国家有关法规规定的条件。

1 范围

本标准规定了硫化橡胶或热塑性橡胶拉伸应力应变性能的测定方法。

本标准适用于测定硫化橡胶或热塑性橡胶的性能,如拉伸强度、拉断伸长率、定伸应力、定应力伸长率、屈服点拉伸应力和屈服点伸长率。其中屈服点拉伸应力和应变的测量只适用于某些热塑性橡胶和某些其他胶料。

注:如果需要,也可增加拉断永久变形的测定。

2 规范性引用文件

下列文件中的条款通过本标准的引用而成为本标准的条款。凡是注日期的引用文件,其随后所有的修改单(不包括勘误的内容)或修订版均不适用于本标准,然而,鼓励根据本标准达成协议的各方研究是否可使用这些文件的最新版本。凡是不注日期的引用文件,其最新版本适用于本标准。

GB/T 2941 橡胶物理试验方法试样制备和调节通用程序(GB/T 2941—2006,ISO 23529:2004,IDT)

ISO 5893 橡胶与塑料拉伸、屈挠及压缩试验机(恒速)技术性能

3 术语和定义

下列术语和定义适用于本标准。

3.1

拉伸应力 *S* tensile stress

拉伸试样所施加的应力。

注:由施加的力除以试样试验长度的原始横截面面积计算而得。

3.2

伸长率 *E* elongation

由于拉伸应力而引起试样形变,用试验长度变化的百分数表示。

3.3

拉伸强度 *TS* tensile strength

试样拉伸至断裂过程中的最大拉伸应力。

注:见图1a)~图1c)。

3.4

断裂拉伸强度 TS_b tensile strength at break

试样拉伸至断裂时刻所记录的拉伸应力。

注1:见图1a)~图1c)。

注2:TS 和 TS_b 值可能有差异,如果在 S_y 处屈服后继续伸长并伴随着应力下降,则导致 TS_b 低于 TS 的结果[见图1c)]。

3.5

拉断伸长率 E_b　elongation at break

试样断裂时的百分比伸长率。

注：见图 1a)～图 1c)。

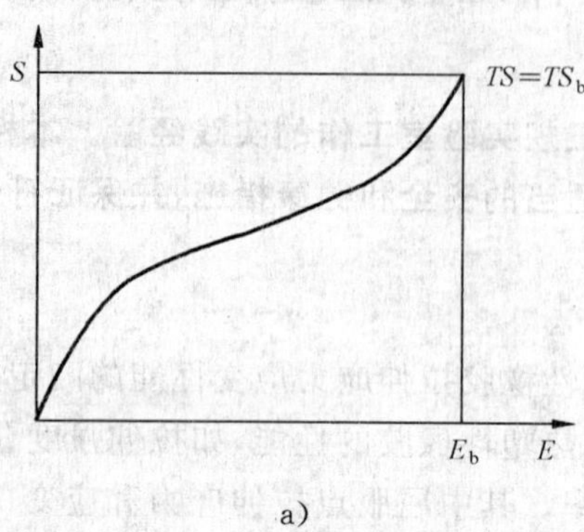

a)

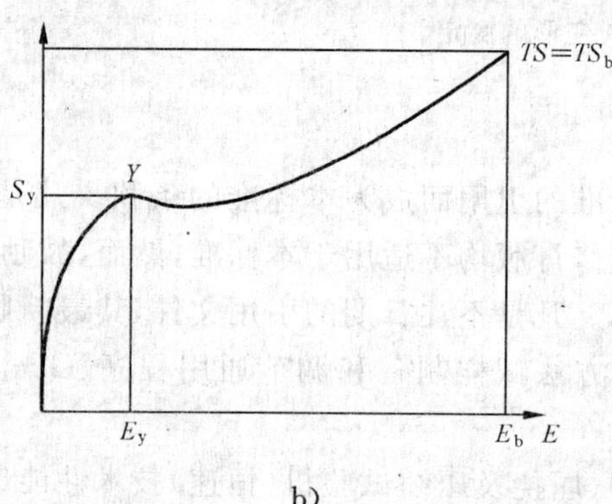

b)

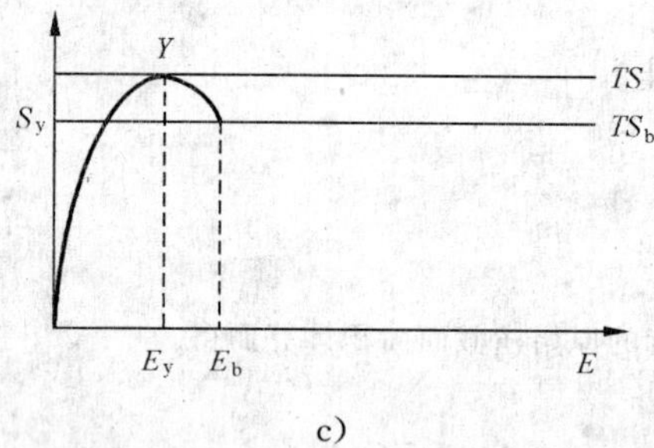

c)

E——伸长率；

S_y——屈服点拉伸应力；

E_b——拉断伸长率；

TS——拉伸强度；

E_y——屈服点伸长率；

TS_b——拉断强度；

S——应力；

Y——屈服点。

图 1　拉伸术语的图示

3.6

定应力伸长率 E_s　elongation at a given stress

试样在给定拉伸应力下的伸长率。

3.7

定伸应力 S_e stress at a given elongation

将试样的试验长度部分拉伸到给定伸长率所需的应力。

注：在橡胶工业中，这一定义被广泛地用术语“模量(modulus)”表示，应谨慎与表示“在给定伸长率下应力-应变曲线斜率”的“模量”相混淆。

3.8

屈服点拉伸应力 S_y tensile stress at yield

应力-应变曲线上出现的应变进一步增加而应力不再继续增加的第一个点对应的应力。

注：此值可能对应于拐点[参看图1b)]，也可能对应于最大值点[见图1c)]。

3.9

屈服点伸长率 E_y elongation at yield

应力-应变曲线上出现应变进一步增加而应力不增加的第一个点对应的拉伸应变。

注：见图1b)和1c)。

3.10

哑铃状试样的试验长度 test length of dumb-bell

哑铃状试样狭窄部分的长度内，用于测量伸长率的基准标线之间的初始距离。

注：见图2。

4 原理

在动夹持器或滑轮恒速移动的拉力试验机上，将哑铃状或环状标准试样进行拉伸。按要求记录试样在不断拉伸过程中和当其断裂时所需的力和伸长率的值。

5 总则

哑铃状试样和环状试样未必得出相同的应力-应变性能值。这主要是由于在拉伸环状试样时其横截面上的应力是不均匀的；另一个原因是“压延效应”的存在，它可使哑铃状试样因其长度方向是平行或垂直于压延方向而得出不同的值。

环状试样与哑铃状试样之间进行选择时，应注意以下要点：

a) 拉伸强度

测定拉伸强度宜选用哑铃状试样。环状试样得出的值比哑铃状试样低，有时低得很多。

b) 拉断伸长率

只要在下列条件下，环状试样得出与哑铃状试样近似相同的值：

1) 环状试样的伸长率以初始内圆周长的百分比计算；

2) 如果“压延效应”明显存在，哑铃状试样长度方向垂直于压延方向裁切。

如果要研究压延效应，则应选用哑铃状试样，而环状试样不适用。

c) 定应力伸长率和定伸应力

一般宜选用哑铃状试样(1型、2型和1A型)。

只有在下列条件下，环状试样得出与哑铃状试样近似相同的值：

1) 环状试样的伸长率以初始平均周长的百分比计算；

2) 如果“压延效应”明显存在，取平行于和垂直于压延方向裁切的哑铃状试样的平均值。

在自动控制试验时，由于试样容易操作，最好选用环状试样，对于定形变的应力测定，也是如此。

d) 小试样得出的拉伸强度值和拉断伸长率值可能与大试样稍有不同，通常较高。

本标准提供了七种类型的试样，即1型、2型、3型、4型和1A型哑铃状试样和A型(标准型)和

B型(小型)环状试样。对于一种给定材料所获得的结果可能根据所使用的试样类型而有所不同,因而对于不同材料,除非使用相同类型的试样,否则得出的结果是不可比的。

3型和4型哑铃状试样及B型环状试样只应在材料不足以制备大试样的情况下才使用。这些试样特别适用于制品试验及某些产品标准的试样,例如,3型哑铃状试样用于管道密封圈和电缆的试验。

试样制备需要打磨或厚度调整时,结果可能会受影响。

6 试样

6.1 哑铃状试样

哑铃状试样的形状如图2所示。

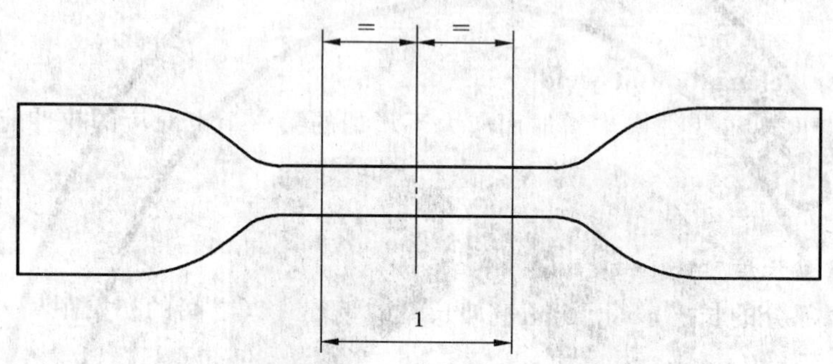

1——试验长度(见表1)。

图2 哑铃状试样的形状

试样狭窄部分的标准厚度,1型、2型、3型和1A型为2.0 mm±0.2 mm,4型为1.0 mm±0.1 mm。试验长度应符合表1规定。

表1 哑铃状试样的试验长度

试样类型	1型	1A型	2型	3型	4型
试验长度/mm	25.0 ± 0.5	20.0 ± 0.5[a]	20.0 ± 0.5	10.0 ± 0.5	10.0 ± 0.5

[a] 试验长度不应超过试样狭窄部位的长度(表2中尺寸 *C*)。

哑铃状试样的其他尺寸应符合相应的裁刀所给出的要求(见表2)。

非标准试样,例如取自成品的试样,狭窄部分的最大厚度,1型和1A型为3.0 mm,2型和3型为2.5 mm,4型为2.0 mm。

表2 哑铃状试样用裁刀尺寸

尺 寸	1型	1A型	2型	3型	4型
A 总长度(最小)[a]/mm	115	100	75	50	35
B 端部宽度/mm	25.0±1.0	25.0±1.0	12.5±1.0	8.5±0.5	6.0±0.5
C 狭窄部分长度/mm	33.0±2.0	20.0^{+2}_{0}	25.0±1.0	16.0±1.0	12.0±0.5
D 狭窄部分宽度/mm	$6.0^{+0.4}_{0}$	5.0±0.1	4.0±0.1	4.0±0.1	2.0±0.1
E 外侧过渡边半径/mm	14.0±1.0	11.0±1.0	8.0±0.5	7.5±0.5	3.0±0.1
F 内侧过渡边半径/mm	25.0±2.0	25.0±2.0	12.5±1.0	10.0±0.5	3.0±0.1

[a] 为确保只有两端宽大部分与机器夹持器接触,增加总长度从而避免"肩部断裂"。

6.2 环状试样

A型标准环状试样的内径为44.6 mm±0.2 mm。轴向厚度中位数和径向宽度中位数均为4.0 mm±0.2 mm。环上任一点的径向宽度与中位数的偏差不大于0.2 mm,而环上任一点的轴向厚度与中位数的偏差应不大于2%。

B 型标准环状试样的内径为 8.0 mm±0.1 mm。轴向厚度中位数和径向宽度中位数均为1.0 mm±0.1 mm。环上任一点的径向宽度与中位数的偏差不应大于 0.1 mm。

7 试验仪器

7.1 裁刀和裁片机

试验用的所有裁刀和裁片机应符合 GB/T 2941 的要求。制备哑铃状试样用的裁刀尺寸见表 2 和图 3，裁刀的狭窄平行部分任一点宽度的偏差应不大于 0.05 mm。

关于 B 型环状试样的切取方法，见附录 A。

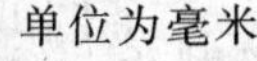
单位为毫米

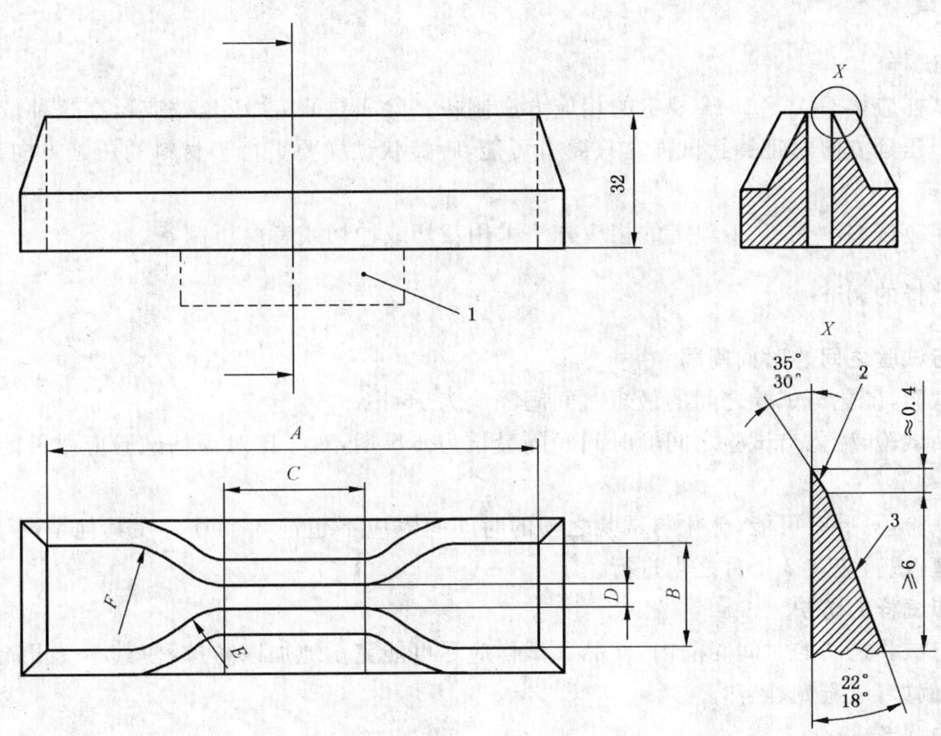

注：A～F 各尺寸见表 2。

1——固定在配套机器上的刀架头；

2——需研磨；

3——需抛光。

图 3 哑铃状试样用的裁刀

7.2 测厚计

测量哑铃状试样的厚度和环状试样的轴向厚度所用的测厚计应符合 GB/T 2941 方法 A 的规定。

测量环状试样径向宽度所用的仪器，除压足和基板应与环的曲率相吻合外，其他与上述测厚计相一致。

7.3 锥形测径计

经校准的锥形测径计或其他适用的仪器可用于测量环状试样的内径。

应采用误差不大于 0.01 mm 的仪器来测量直径。支撑被测环状试样的工具应能避免使所测的尺寸发生明显的变化。

7.4 拉力试验机

7.4.1 拉力试验机应符合 ISO 5893 的规定，具有 2 级测力精度。试验机中使用的伸长计的精度：1 型、2 型和 1A 型哑铃状试样和 A 型环形试样为 D 级；3 型和 4 型哑铃状试样和 B 型环形试样为

E级。试验机应至少能在100 mm/min±10 mm/min、200 mm/min±20 mm/min和500 mm/min±50 mm/min移动速度下进行操作。

7.4.2 对于在标准实验室温度以外的试验，拉伸试验机应配备一台合适的恒温箱。高于或低于正常温度的试验应符合GB/T 2941要求。

8 试样数量

试验的试样应不少于3个。

注：试样的数量应事先决定，使用5个试样的不确定度要低于用3个试样的试验。

9 试样的制备

9.1 哑铃状试样

哑铃状试样应按GB/T 2941规定的相应方法制备。除非要研究“压延效应”，在这种情况下还要裁取一组垂直于压延方向的哑铃状试样。只要有可能，哑铃状试样要平行于材料的压延方向裁切。

9.2 环状试样

环状试样应按GB/T 2941规定的相应方法采用裁切或冲切或者模压制备。

10 样品和试样的调节

10.1 硫化与试验之间的时间间隔

对所有试验，硫化与试验之间的最短时间间隔应为16 h。

对非制品试验，硫化与试验之间的时间间隔最长为4星期，对于比对评估试验应尽可能在相同时间间隔内进行。

对制品试验，只要有可能，硫化与试验之间的时间间隔应不超过3个月。在其他情况下，从用户收到制品之日起，试验应在2个月之内进行。

10.2 样品和试样的防护

在硫化与试验之间的时间间隔内，样品和试样应尽可能完全地加以防护，使其不受可能导致其损坏的外来影响，例如，应避光、隔热。

10.3 样品的调节

在裁切试样前，来源于胶乳以外的所有样品，都应按GB/T 2941的规定，在标准实验室温度下(不控制湿度)，调节至少3 h。

在裁切试样前，所有胶乳制备的样品均应按GB/T 2941的规定，在标准实验室温度下(控制湿度)，调节至少96 h。

10.4 试样的调节

所有试样应按GB/T 2941的规定进行调节。如果试样的制备需要打磨，则打磨与试验之间的时间间隔应不少于16 h，但不应大于72 h。

对于在标准实验室温度下的试验，如果试样是从经调节的试验样品上裁取，无需做进一步的制备，则试样可直接进行试验。对需要进一步制备的试样，应使其在标准实验室温度下调节至少3 h。

对于在标准实验室温度以外的温度下的试验，试样应按GB/T 2941的规定在该试验温度下调节足够长的时间，以保证试样达到充分平衡(见7.4.2)。

11 哑铃状试样的标记

如果使用非接触式伸长计，则应使用适当的打标器按表1规定的试验长度在哑铃状试样上标出两条基准标线。打标记时，试样不应发生变形。

两条标记线应标在如图2所示的试样的狭窄部分，即与试样中心等距，并与其纵轴垂直。

12 试样的测量

12.1 哑铃状试样

用测厚计在试验长度的中部和两端测量厚度。应取3个测量值的中位数用于计算横截面面积。在任何一个哑铃状试样中，狭窄部分的三个厚度测量值都不应大于厚度中位数的2%。取裁刀狭窄部分刀刃间的距离作为试样的宽度，该距离应按GB/T 2941的规定进行测量，精确到0.05 mm。

12.2 环状试样

沿环状试样一周大致六等分处，分别测量径向宽度和轴向厚度。取六次测量值的中位数用于计算横截面面积。内径测量应精确到0.1 mm。按下列公式计算内圆周长和平均圆周长：

$$内圆周长 = \pi \times 内径$$

$$平均圆周长 = \pi \times (内径 + 径向宽度)$$

12.3 多组试样比较

如果两组试样(哑铃状或环状)进行比较，每组厚度的中位数应不超出两组厚度总中位数的7.5%。

13 试验步骤

13.1 哑铃状试样

将试样对称地夹在拉力试验机的上、下夹持器上，使拉力均匀地分布在横截面上。根据需要，装配一个伸长测量装置。启动试验机，在整个试验过程中连续监测试验长度和力的变化，精度在±2%之内，或按第15章的要求。

夹持器的移动速度：1型、2型和1A型试样应为500 mm/min±50 mm/min，3型和4型试样应为200 mm/min±20 mm/min。

如果试样在狭窄部分以外断裂则舍弃该试验结果，并另取一试样进行重复试验。

注：1 采取目测时，应避免视觉误差。

2 在测拉断永久变形时，应将断裂后的试样放置3 min，再把断裂的两部分吻合在一起，用精度为0.05 mm的量具测量吻合后的两条平行标线间的距离。拉断永久变形计算公式为：

$$S_b = \frac{100(L_t - L_0)}{L_0}$$

式中：

S_b——拉断永久变形，%；

L_t——试样断裂后，放置3 min对起来的标距，单位为毫米(mm)；

L_0——初始试验长度，单位为毫米(mm)。

13.2 环状试样

将试样以张力最小的形式放在两个滑轮上。启动试验机，在整个试验过程中连续监测滑轮之间的距离和应力，精确到±2%，或按15章的要求。

可动滑轮的标称移动速度：A型试样应为500 mm/min±50 mm/min，B型试样应为100 mm/min±10 mm/min。

14 试验温度

试验通常应在GB/T 2941中规定的一种标准实验室温度下进行。当要求采用其他温度时，应从GB/T 2941规定的推荐表中选择。

在进行对比试验时，任一个试验或一批试验都应采用同一温度。

15 试验结果的计算

15.1 哑铃状试样

拉伸强度 TS 按式(1)计算,以 MPa 表示:

$$TS=\frac{F_m}{Wt} \quad \cdots\cdots(1)$$

断裂拉伸强度 TS_b 按式(2)计算,以 MPa 表示:

$$TS_b=\frac{F_b}{Wt} \quad \cdots\cdots(2)$$

拉断伸长率 E_b 按式(3)计算,以%表示:

$$E_b=\frac{100(L_b-L_0)}{L_0} \quad \cdots\cdots(3)$$

定伸应力 S_e 按式(4)计算,以 MPa 表示:

$$S_e=\frac{F_e}{Wt} \quad \cdots\cdots(4)$$

定应力伸长率 E_s 按式(5)计算,以%表示:

$$E_s=\frac{100(L_s-L_0)}{L_0} \quad \cdots\cdots(5)$$

所需应力对应的力值 F_e 按式(6)计算,以 N 表示:

$$F_e=S_eWt \quad \cdots\cdots(6)$$

屈服点拉伸应力 S_y 按式(7)计算,以 MPa 表示:

$$S_y=\frac{F_y}{Wt} \quad \cdots\cdots(7)$$

屈服点伸长率 E_y 按式(8)计算,以%表示:

$$E_y=\frac{100(L_y-L_0)}{L_0} \quad \cdots\cdots(8)$$

在上式中,所使用的符号意义如下:

F_b——断裂时记录的力,单位为牛(N);
F_e——给定应力时记录的力,单位为牛(N);
F_m——记录的最大力,单位为牛(N);
F_y——屈服点时记录的力,单位为牛(N);
L_0——初始试验长度,单位为毫米(mm);
L_b——断裂时的试验长度,单位为毫米(mm);
L_s——定应力时的试验长度,单位为毫米(mm);
L_y——屈服时的试验长度,单位为毫米(mm);
S_e——所需应力,单位为兆帕(MPa);
t——试验长度部分厚度,单位为毫米(mm);
W——裁刀狭窄部分的宽度,单位为毫米(mm)。

15.2 环状试样

拉伸强度 TS 按式(9)计算,以 MPa 表示:

$$TS=\frac{F_m}{2Wt} \quad \cdots\cdots(9)$$

断裂拉伸强度 TS_b 按式(10)计算,以 MPa 表示:

$$TS_b=\frac{F_b}{2Wt} \quad \cdots\cdots(10)$$

拉断伸长率 E_b 按式(11)计算,以%表示:

$$E_b = \frac{100(\pi d + 2L_b - C_i)}{C_i} \quad \cdots\cdots(11)$$

定伸应力 S_e 按式(12)计算,以 MPa 表示:

$$S_e = \frac{F_e}{2Wt} \quad \cdots\cdots(12)$$

给定伸长率对应于滑轮中心距 L_e 按式(13)计算,以 mm 表示:

$$L_e = \frac{C_m E_s}{200} + \frac{C_i - \pi d}{2} \quad \cdots\cdots(13)$$

定应力伸长率 E_s 按式(14)计算,以%表示:

$$E_s = \frac{100(\pi d + 2L_s - C_i)}{C_m} \quad \cdots\cdots(14)$$

定应力对应的力值 F_e 按式(15)计算,以 N 表示:

$$F_e = 2S_e Wt \quad \cdots\cdots(15)$$

屈服点拉伸应力 S_y 按式(16)计算,以 MPa 表示:

$$S_y = \frac{F_y}{2Wt} \quad \cdots\cdots(16)$$

屈服点伸长率 E_y 按式(17)计算,以%表示:

$$E_y = \frac{100(\pi d + 2L_y - C_i)}{C_m} \quad \cdots\cdots(17)$$

在上式中,所使用的符号意义如下:

C_i——环状试样的初始内周长,单位为毫米(mm);

C_m——环状试样的初始平均圆周长,单位为毫米(mm);

d——滑轮的直径,单位为毫米(mm);

E_s——定应力伸长率,%;

F_b——试样断裂时记录的力,单位为牛(N);

F_e——定应力对应的力值,单位为牛(N);

F_m——记录的最大力,单位为牛(N);

F_y——屈服点时记录的力,单位为牛(N);

L_b——试样断裂时两滑轮的中心距,单位为毫米(mm);

L_s——给定应力时两滑轮的中心距,单位为毫米(mm);

L_y——屈服点时两滑轮的中心距,单位为毫米(mm);

S_e——定伸应力,单位为兆帕(MPa);

t——环状试样的轴向厚度,单位为毫米(mm);

W——环状试样的径向宽度,单位为毫米(mm)。

16 试验结果的表示

如果在同一试样上测定几种拉伸应力-应变性能时,则每种试验数据可视为独立得到的,试验结果按规定分别予以计算。

在所有情况下,应报告每一性能的中位数。

17 试验报告

试验报告应包括下列内容:

a) 本标准编号;

b) 样品和试样的说明：

1) 样品及其来源的详细说明；

2) 如果知道，列出胶料和硫化条件；

3) 试样说明：

——试样的制备方法(例如打磨)试样类型及其厚度中位数；

——哑铃状试样相对于压延方向的裁切方向；

4) 试验试样数量。

c) 试验说明：

1) 非标准实验室温度时的试验温度，如果需要，列出相对湿度；

2) 试验日期；

3) 与规定试验步骤的任何不同之处。

d) 试验结果，即按第15章计算所测定的性能的中位数。

附 录 A
（规范性附录）
B型环状试样的制备

环状试样可用旋转式切片机切取，该机转速为 400 r/min，并配备一个夹持刀片的专用夹具（见图 A.1）。刀片应用肥皂液润滑，并应经常对锋利度、损坏等进行检查。在用图 A.2 所示的工具切取时，样品应被夹紧。

单位为毫米

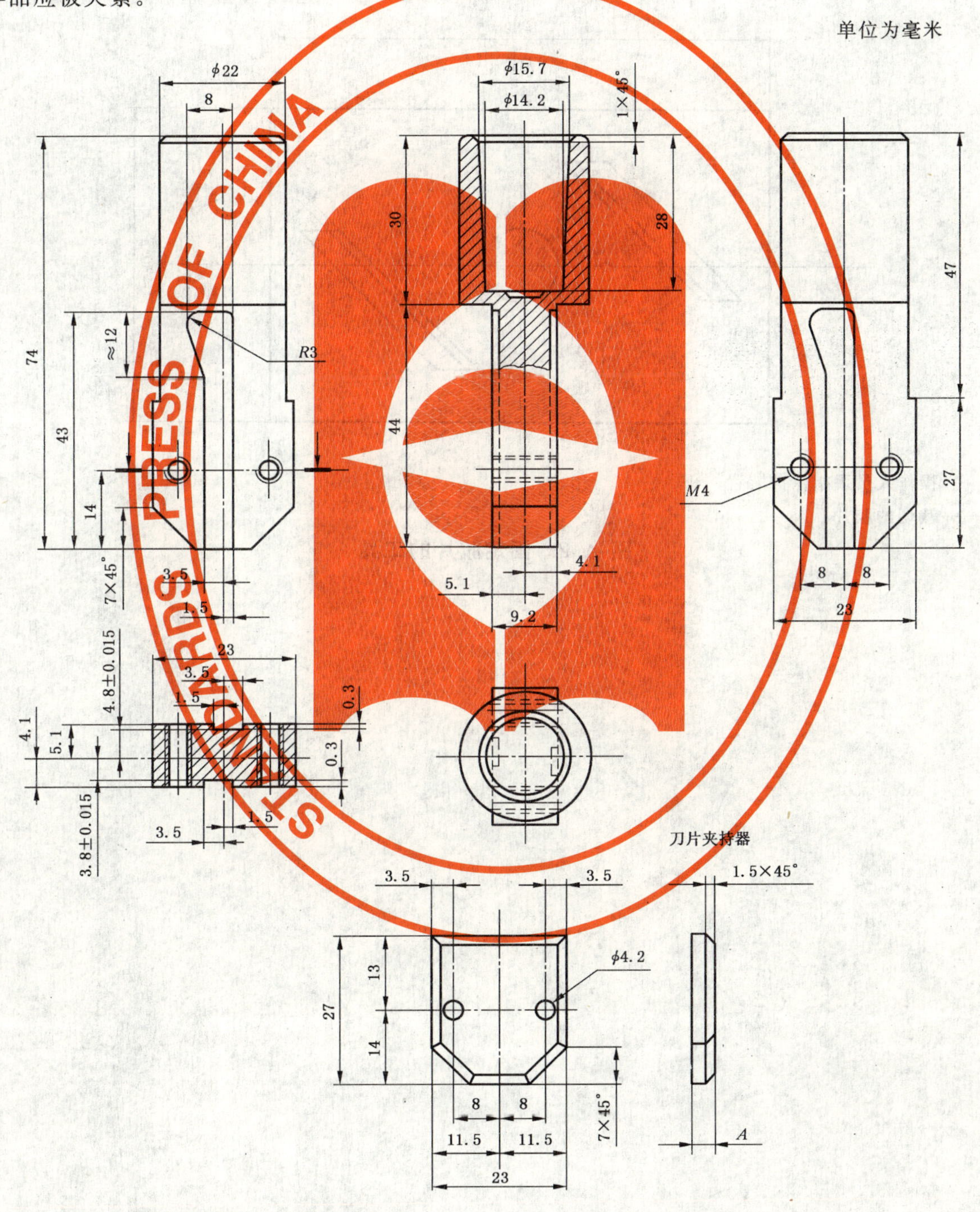

1——刀片夹持器的侧视图（*A* 不是关键尺寸）。

图 A.1 可拆装刀片的专用夹持工具

单位为毫米

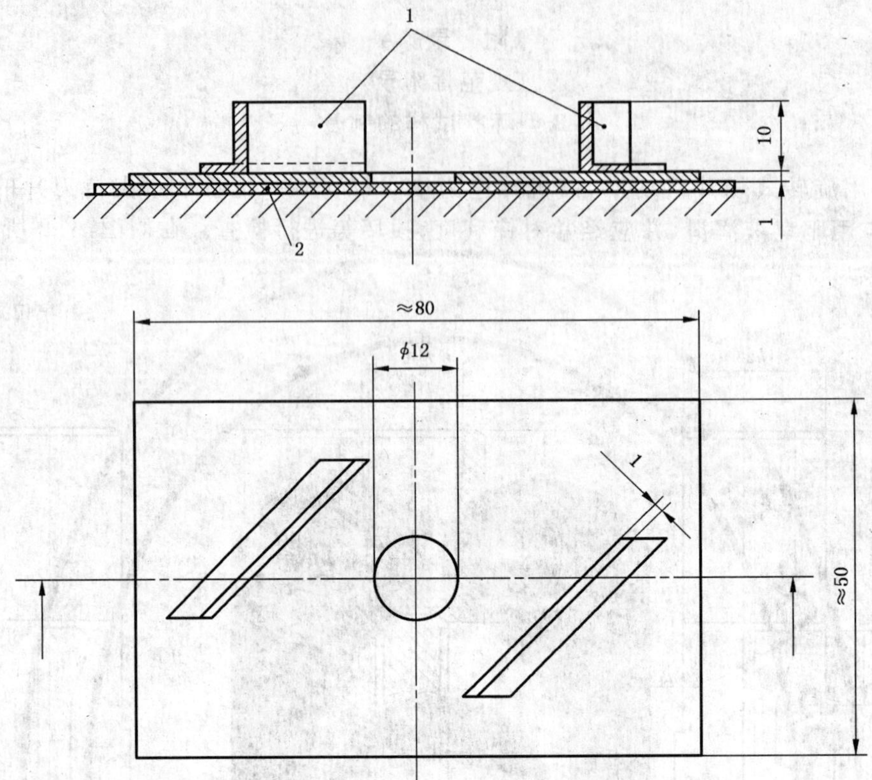

1——操作人员手指保护装置；

2——裁切的胶片。

图 A.2　固定胶片的工具

附 录 B
（规范性附录）
精 密 度

B.1 总则

方法的重复性和再现性基于 ISO/TR 9272:2005 进行计算。原始数据基于 ISO/TR 9272:2005 规定的程序以 5% 和 2% 显著性水平由第三方进行处理。

B.2 试验计划说明

B.2.1 安排了两个实验室间试验计划(ITP)。

2001 年第一个 ITP 如下：

拉伸试验使用了 NR、SBR 和 EPDM 三种不同的胶料。这一试验方法的试验结果为下述每一性能 5 次分别测量的平均值。总共 8 个国家的 23 个实验室参与了该计划。

2002 年第二个 ITP 如下：

拉伸试验使用一种 NR 胶料。胶料配方与第一个 ITP 所使用的 NR 胶料相同。总共 6 个国家的 17 个实验室参与该计划。

将完全制备好的橡胶试样送到每个实验室，两个 ITP 均以 1 级精密度进行评价。

B.2.2 测定的试验性能包括断裂拉伸强度 TS_b、拉断伸长率 E_b、100%定伸应力(S_{100})和 200%定伸应力(S_{200})。

B.2.3 用 1 型、2 型和 1A 型三种类型的哑铃状试样进行试验。

在第一个 ITP 中，用标距为 20 mm 和 25 mm 两种试验长度对 1 型试样进行试验，而在第二个 ITP 中只对试验长度为 25 mm 的试样进行试验。

B.3 精密度的结果

精密度的计算结果列于表 B.1、表 B.2、表 B.3、表 B.4。表 B.1、表 B.2 和表 B.3 分别列出第一个 ITP 的 NR、SBR 和 EPDM 胶料的结果，表 B.4 给出第二个 ITP 的 NR 的结果。

这些表中所使用的符号定义如下：

r——重复性，测量单位；

(r)——重复性，%(相对的)；

R——再现性，测量单位；

(R)——再现性，%(相对的)。

表 B.1 NR 胶料的精密度(第一个 ITP)

性 能	哑铃状类型/试验长度	平均值 $N=23\times2=46$	实验室内的重复性		实验室间的再现性	
			r	(r)	R	(R)
TS_b	1 型/20 mm	34.25	1.10	3.20	3.35	9.79
	1 型/25 mm	34.17	1.53	4.47	2.49	7.29
	2 型/20 mm	31.93	1.25	3.93	2.85	8.94
	1A 型/20 mm	34.88	0.67	1.91	2.63	7.54

表 B.1（续）

性　能	哑铃状类型/试验长度	平均值 $N=23\times2=46$	实验室内的重复性		实验室间的再现性	
			r	(r)	R	(R)
E_b	1 型/20 mm	671	42.1	6.28	57.2	8.52
	1 型/25 mm	670	66.3	9.89	63.1	9.41
	2 型/20 mm	651	29.9	4.60	60.5	9.29
	1A 型/20 mm	687	29.9	4.35	57.8	8.41
S_{100}	1 型/20 mm	1.83	0.18	10.00	0.36	19.50
	1 型/25 mm	1.86	0.12	6.73	0.32	17.24
	2 型/20 mm	1.84	0.15	8.33	0.40	21.95
	1A 型/20 mm	1.89	0.07	3.90	0.28	14.81
S_{200}	1 型/20 mm	4.49	0.45	10.08	0.85	18.97
	1 型/25 mm	4.42	0.52	11.82	0.77	17.36
	2 型/20 mm	4.39	0.39	8.79	0.87	19.85
	1A 型/20 mm	4.58	0.38	8.25	0.70	15.26

表 B.2　SBR 胶料的精密度(第一个 ITP)

性　能	哑铃状类型/试验长度	平均值 $N=23\times2=46$	实验室内的重复性		实验室间的再现性	
			r	(r)	R	(R)
TS_b	1 型/20 mm	24.87	1.48	5.94	2.12	8.53
	1 型/25 mm	24.60	1.17	4.74	2.58	10.47
	2 型/20 mm	24.38	1.52	6.22	2.84	11.65
	1A/20 mm	24.70	1.01	4.11	2.38	9.65
E_b	1 型/20 mm	457	29.3	6.40	39.0	8.53
	1 型/25 mm	458	31.4	6.85	31.6	6.90
	2 型/20 mm	462	32.9	7.12	48.2	10.43
	1A/20 mm	459	13.9	3.04	41.1	8.96
S_{100}	1 型/20 mm	2.64	0.20	7.46	0.51	19.47
	1 型/25 mm	2.61	0.20	7.52	0.41	15.75
	2 型/20 mm	2.66	0.24	9.11	0.57	21.30
	1A/20 mm	2.65	0.10	3.87	0.43	16.15
S_{200}	1 型/20 mm	7.76	0.59	7.62	1.28	16.52
	1 型/25 mm	7.74	0.47	6.08	0.94	12.15
	2 型/20 mm	7.68	0.56	7.31	1.48	19.25
	1A/20 mm	7.81	0.45	5.74	1.00	12.79

表 B.3 EPDM 胶料的精密度(第一个 ITP)

性　能	哑铃状类型/试验长度	平均值 $N=23\times2=46$	实验室内的重复性		实验室间的再现性	
			r	(r)	R	(R)
TS_b	1 型/20 mm	14.51	1.13	7.78	2.01	13.83
	1 型/25 mm	14.59	1.57	10.76	2.22	15.20
	2 型/20 mm	14.50	1.20	8.26	2.14	14.74
	1A/20 mm	14.77	0.65	4.39	1.87	12.65
E_b	1 型/20 mm	470	22.2	4.71	32.4	6.90
	1 型/25 mm	474	33.8	7.13	44.5	9.38
	2 型/20 mm	475	21.9	4.60	42.4	8.93
	1A/20 mm	471	20.2	4.28	39.2	8.34
S_{100}	1 型/20 mm	2.33	0.21	8.99	0.36	15.32
	1 型/25 mm	2.30	0.18	7.61	0.32	13.94
	2 型/20 mm	2.39	0.17	7.21	0.32	13.52
	1A/20 mm	2.40	0.09	3.87	0.29	12.04
S_{200}	1 型/20 mm	5.11	0.35	6.87	0.65	12.80
	1 型/25 mm	5.05	0.25	4.88	0.62	12.35
	2 型/20 mm	5.08	0.27	5.24	0.71	14.04
	1A/20 mm	5.20	0.22	4.22	0.46	8.84

表 B.4 NR 胶料的精密度(第二个 ITP)

性　能	哑铃状类型/试验长度	平均值 $N=17\times2=34$	实验室内的重复性		实验室间的再现性	
			r	(r)	R	(R)
TS_b	1 型/25 mm	32.26	1.86	5.76	2.21	6.84
	2 型/20 mm	34.75	1.53	4.41	4.04	11.63
	1A/20 mm	33.13	1.19	3.60	2.71	8.17
E_b	1 型/25 mm	640	27.26	4.26	54.44	8.50
	2 型/20 mm	683	30.80	4.51	94.49	13.83
	1A/20 mm	665	22.94	3.45	83.52	12.56
S_{100}	1 型/25 mm	1.74	0.13	7.29	0.32	18.17
	2 型/20 mm	1.83	0.20	11.08	0.30	16.18
	1A/20 mm	1.78	0.13	7.06	0.22	12.19
S_{200}	1 型/25 mm	4.27	0.32	7.42	1.10	25.81
	2 型/20 mm	4.31	0.44	10.31	1.03	23.91
	1A/20 mm	4.35	0.21	4.78	0.87	20.11

附 录 C
（资料性附录）
ITP 数据和哑铃状试样形状的分析

C.1 总则

本附录研究了通过 ITP 计划测定不同形状哑铃状试样(包括 1A 型)的性能。1A 型哑铃状试样是新增加到本标准中的,但是它已经在日本和其他国家使用多年了。

实验室间试验表明,1A 型哑铃状试样优于重复性较好的 1 型和 2 型,尤其是试验长度外断裂发生率较低。有限元分析证明,1A 型的应变分布更均匀,这可能是其性能有所改善的原因。

用 1A 型哑铃状试样测定的拉伸性能值却非常近似于 1 型,但是不能以为在所有情况下两者都是一致的。

1A 型哑铃状试样所有尺寸都近似于 1 型,可以作为是一种选择。它并未取代 1 型的原因是由于 1 型试样已获得了大量的数据，并且有长的传统。

C.2 三因子全嵌套实验的三个方差

在对按 ISO/TR 9272:2005 计算的精密度的比较中,R 是实验室之间方差(σ_L^2)的表征,r 是某一试验室的总方差($\sigma_D^2+\sigma_M^2$)的表征,它由每天之间的方差(σ_D^2)与因测量误差产生的方差(σ_M^2)构成。为了分别分析 σ_D^2 和 σ_M^2,用 ISO 5725-3 所述的“三因子全嵌套试验”足以评判方差的每个组分。

对第二个 ITP 中的测量值总方差的每个组分进行了评估。其结果示于表 C.1 和表 C.2。

表 C.1 用“三因子全嵌套试验”对第二个 ITP 中拉伸强度方差的每个组分的评估

	1 型	2 型	1A 型
σ_L^2	$(0.60)^2$	$(1.80)^2$	$(0.80)^2$
σ_D^2	$(0.67)^2$	$(0.54)^2$	$(0.17)^2$
σ_M^2	$(1.60)^2$	$(1.08)^2$	$(1.04)^2$

表 C.2 用“三因子全嵌套试验”对第二个 ITP 中伸长率方差的每个组分的评估

	1 型	2 型	1A 型
σ_L^2	$(20.4)^2$	$(43.7)^2$	$(24.3)^2$
σ_D^2	$(13.6)^2$	$(21.9)^2$	$(28.6)^2$
σ_M^2	$(28.1)^2$	$(19.3)^2$	$(19.3)^2$

在这三种方差中。因测量误差产生的方差(σ_M^2)对哑铃状试样形状是最重要的。其他方差(σ_L^2 和 σ_D^2)受哑铃状试样形状以外的许多因素的影响。

如数据所示,1A 型哑铃状试样的 σ_M^2 最小,表示用此类型试样的测量精密度最好。

C.3 断裂试样的分析

C.3.1 试验长度外断裂的试样数

图 C.1 示出在试验长度外(标线外)断裂的试样数。每一类型哑铃状试样都试验 230 个试样,由 23 个实验室在两个试验日内每个实验室每天试验 5 个试样。

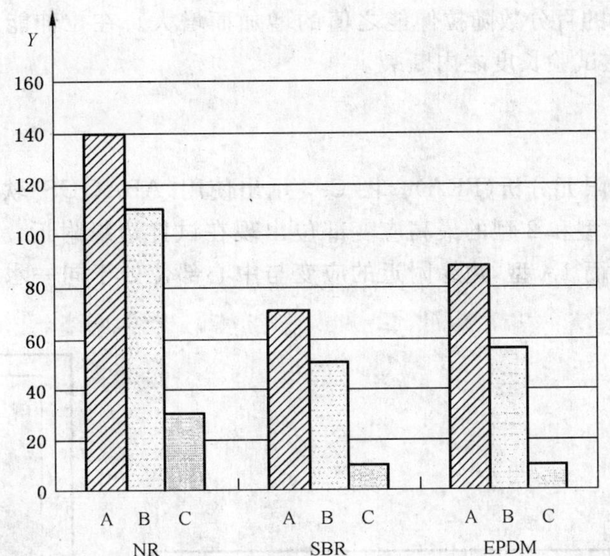

Y——试验长度外断裂的试样数；

A——1 型哑铃状试样；

B——2 型哑铃状试样；

C——1A 型哑铃状试样。

图 C.1 试验长度外断裂的试样数

（第一个 ITP——每个类型试样共 230 个）

在用 NR 胶料制备的试验长度为 20 mm 的 1 型哑铃状试样中，试验长度外断裂的试样 159 个，约占 70%；在试验长度为 25 mm 的 1 型试样中，约占 60%；在 2 型试样中，占 47%。但是，在 1A 型试样中，试验长度外断裂的试样只占 13%。

对于 SBR 和 EPDM，1A 型试样试验长度外断裂的概率也比其他类型哑铃状试样小得多。

C.3.2 试验长度外断裂试样的比例与拉伸能之间的关系

对试验长度外断裂试样的百分比与拉伸能（拉伸强度乘以拉断伸长率）之间的关系也进行了研究。制备了不同炭黑体积含量的 NR 胶料，测定其 TS_b 和 E_b。观测了试验长度外断裂试样的百分数。图 C.2 示出该试验的结果。

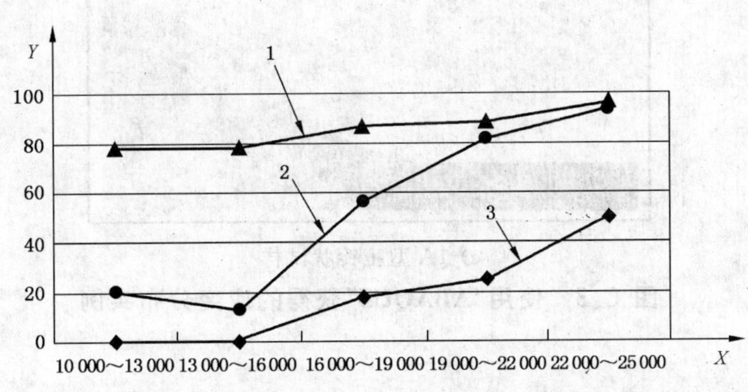

X——$TS_b \times E_b$（MPa·%）；

Y——在试验长度外断裂试样的百分数；

1——1 型哑铃状试样；

2——2 型哑铃状试样；

3——1A 型哑铃状试样。

图 C.2 试验长度外断裂试样的百分数与 $TS_b \times E_b$（拉伸能）的关系

试验长度外断裂试样的百分数随拉伸能之值的增加而增大。在拉伸能之值低于 20 000 MPa·% 时,大多数 1A 型试样都在试验长度之内断裂。

C.4 有限元分析

对部分试样进行了有限元分析(FEA)。图 C.3 示出使用“ABAQUS”软件获得的应变分布。

应变分布分析表明,1 型和 2 型的最高应变部位出现在试样边缘附近。这一观测结果与 C.3 章所述拉伸试验结果相一致。而 1A 型,边缘附近的应变与中心部位处于同一水平,表示 1A 型的应变分布比较均匀。

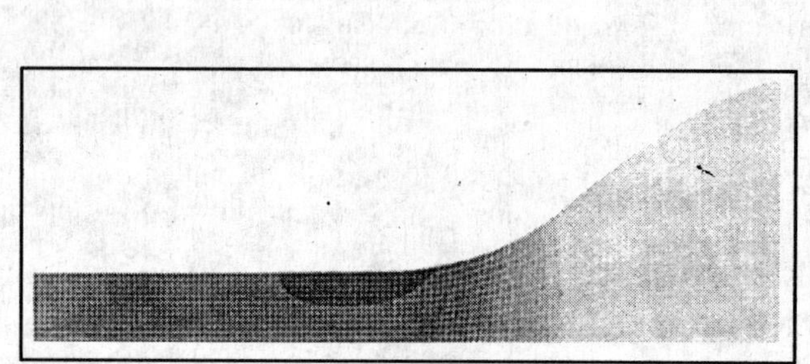

a) 1 型哑铃状试样

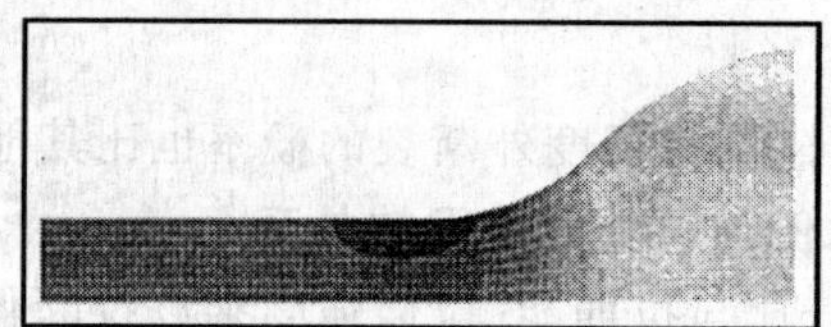

b) 2 型哑铃状试样

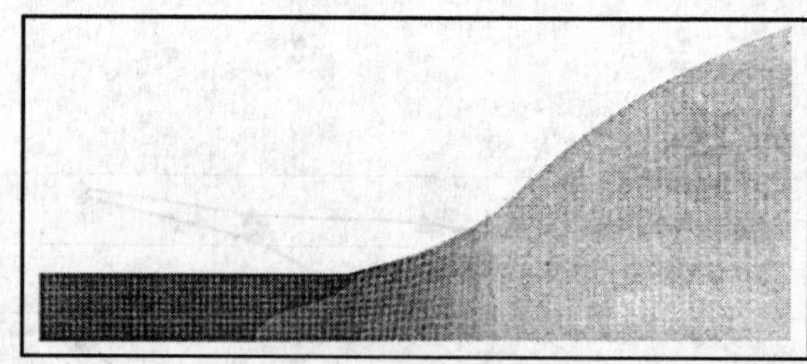

c) 1A 型哑铃状试样

图 C.3 使用“ABAQUS”获得的应变分布实例

参 考 文 献

[1] ISO/TR 9272:2005,橡胶和橡胶制品——试验方法标准精密度的测定。

[2] ISO 5725-3,测量方法和结果的准确性(真实度和精密度)——第3部分:标准测量方法精密度的中间测量。

ICS 83.060
G 40

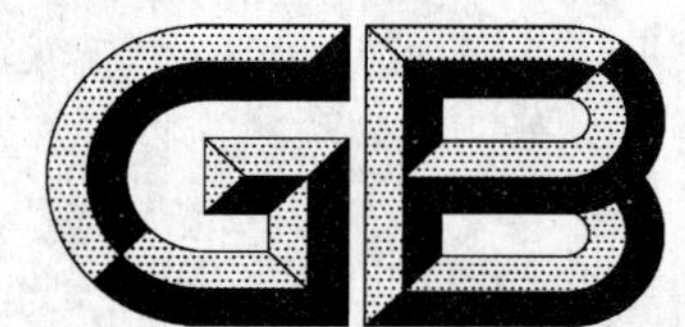

中华人民共和国国家标准

GB/T 531.2—2009/ISO 7619-2:2004
部分代替 GB/T 531—1999

硫化橡胶或热塑性橡胶 压入硬度试验方法 第2部分:便携式橡胶国际硬度计法

Rubber, vulcanized or thermoplastic—Determination of indentation hardness—Part 2: IRHD pocket meter method

(ISO 7619-2:2004, IDT)

2009-04-24 发布　　2009-12-01 实施

中华人民共和国国家质量监督检验检疫总局
中国国家标准化管理委员会　发布

前　言

GB/T 531《硫化橡胶或热塑性橡胶　压入硬度试验方法》分为两个部分：

——第 1 部分：邵氏硬度计法(邵尔硬度)；

——第 2 部分：便携式橡胶国际硬度计法。

本部分为 GB/T 531 的第 2 部分。

本部分等同采用国际标准 ISO 7619-2:2004《硫化橡胶或热塑性橡胶　压入硬度试验方法　第 2 部分：便携式橡胶国际硬度计法》(英文版)。

为便于使用，本部分做了下列编辑性修改：

a)　用“本部分”代替“本国际标准”；

b)　用小数点“.”代替作为小数点的“，”；

c)　删除了国际标准前言；

d)　删除了 ISO 标准第 2 章中的脚注 1)，8.2 中的脚注 2)与参考文献部分的脚注 3)。

本部分部分代替 GB/T 531—1999《橡胶袖珍硬度计压入硬度试验方法》中的橡胶国际硬度袖珍硬度计法的内容。

本部分与 GB/T 531—1999 的主要技术差异如下：

——对于硫化橡胶或未知类型橡胶，弹簧试验力保持时间由原来的“1 s 内”改为 3 s，由于在前几秒时间内硬度值显著下降，这样可得到更准确的结果(1999 年版的 7.1；本版的 7.2)；

——对于热塑性橡胶，引入了 15 s 的弹簧试验力保持时间，因为相对于硫化橡胶，其硬度值下降的过程持续了更长的时间，这一时间的规定和 ISO 868 的规定相同(本版的 7.2)。

本部分由中国石油和化学工业协会提出。

本部分由全国橡胶与橡胶制品标准化技术委员会通用试验方法分技术委员会(SAC/TC 35/SC 2)归口。

本部分起草单位：广东省计量科学研究院。

本部分起草人：陈明华、高富荣、汤昌社。

本部分所代替标准的历次版本发布情况为：

——GB/T 531—1965，GB/T 531—1992，GB/T 531—1999。

引　言

不论采用邵氏硬度计还是便携式橡胶国际硬度计测量橡胶硬度，都是由综合效应在橡胶表面形成一定的压入深度，用以表示硬度测量结果，该压入深度依赖于：

a) 橡胶的弹性模量；

b) 橡胶的粘弹性和滞弹性；

c) 试样的厚度；

d) 压针的几何形状；

e) 施加的压力；

f) 压力增加的速度；

g) 记录硬度时间间隔。

由于这些因素，不建议把橡胶国际硬度(IRHD)直接转换为邵氏硬度值，虽然对某些橡胶和化合物，曾经建立了这两种硬度之间转换的修正值。

注：有关邵氏硬度和橡胶国际硬度二者关系的进一步信息可参考参考文献中[4]，[5]，[6]。

硫化橡胶或热塑性橡胶
压入硬度试验方法
第2部分:便携式橡胶国际硬度计法

警告——使用GB/T 531本部分的人员应有正规实验室工作的实践经验。本部分并未指出所有可能的安全问题。使用者有责任采取适当的安全和健康措施,并保证符合国家有关法规规定的条件。

1 范围

GB/T 531的本部分规定了利用便携式橡胶国际硬度计测量硫化或热塑性橡胶压入硬度的方法。此类硬度计的使用主要是为了控制产品质量,把便携式硬度计固定于支架可提高其测量精度。

2 规范性引用文件

下列文件中的条款通过GB/T 531的本部分的引用而成为本部分的条款。凡是注日期的引用文件,其随后所有的修改单(不包括勘误的内容)或修订版均不适用于本部分,然而,鼓励根据本部分达成协议的各方研究是否可使用这些文件的最新版本。凡是不注日期的引用文件,其最新版本适用于本部分。

GB/T 2941 橡胶物理试验方法试样制备和调节通用程序(GB/T 2941—2006,ISO 23529:2004,IDT)

GB/T 6031 硫化橡胶或热塑性橡胶硬度的测定(10～100 IRHD)(GB/T 6031—1998,idt ISO 48:1994)

3 测量原理

测量原理是在规定的条件下把规定形状的压针压入被测材料而形成压入深度,再把压入深度转换为硬度值。

4 仪器

4.1 便携式橡胶国际硬度计

4.1.1至4.1.4详细介绍了便携式橡胶国际硬度计的各零部件。

4.1.1 压足

压足应为边长20 mm±2.5 mm的正方形,内有直径2.5 mm±0.5 mm的中孔(见图1)。

4.1.2 压针

压针顶端为直径1.575 mm±0.025 mm的半球形(见图1)。

单位为毫米

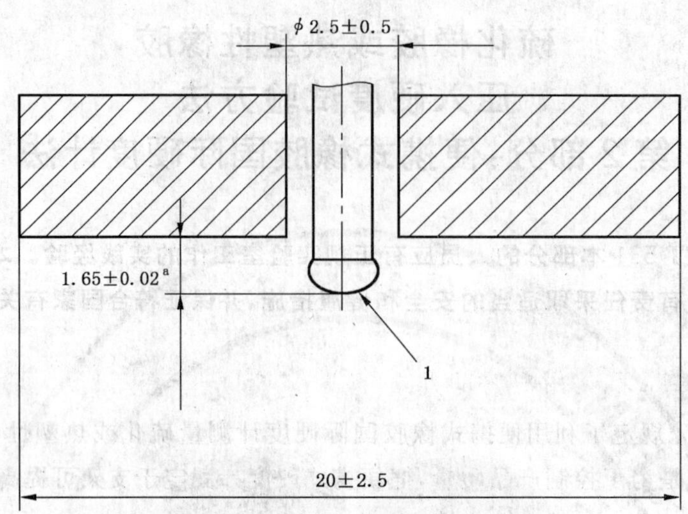

1——半球形压针(直径 1.575 mm±0.025 mm)。

a 硬度示值为 30 IRHD。

图 1 便携式橡胶国际硬度计压针

4.1.3 指示装置

指示装置用于读出压针末端伸出压足表面的长度,并用硬度值表示出来。指示装置的示值范围可通过下述方法进行校准:在压针最大伸出量为 1.65 mm 时指示值为 30 IRHD,把压足和压针紧密接触玻璃平面,伸出量为 0 时指示值为 100 IRHD。

4.1.4 弹簧

在硬度值为 30 IRHD 到 100 IRHD 范围内,弹簧用于对压针施加大小为 2.65 N±0.15 N 的恒定试验力。

5 试样

5.1 厚度

用便携式硬度计测量硬度,试样厚度应至少为 6 mm。

对于厚度小于 6 mm 的薄片,为获得足够的测试厚度,试样可以由不多于 3 片叠加而成,每片的厚度都不应小于 2 mm。但此法获得的测量结果有可能跟单层的测量结果不一致。

用于比对目的的试样,形状及尺寸应该是相似的。

5.2 表面

试样尺寸应足够大,测量点与试样任一边缘应至少有 12 mm 的距离,与压足接触的试样表面应平整。

用便携式橡胶国际硬度计不能在弯曲、不平或粗糙的表面上获得令人满意的测量结果。然而它们也有特殊应用,如 ISO 7267-1 适用于橡胶胶辊的硬度测定。对这些特殊应用的局限性应有清晰的认识。

6 调节

在进行试验前试样应按照 GB/T 2941 的规定在标准实验室温度下调节至少 1 h,用于比较目的的任何单一或系列试验应始终采用相同的温度。

7 程序

7.1 通用程序

将试样放于平整、坚硬的刚性表面上。把持好硬度计，使其压针末端中心与试样各边缘至少有12 mm的距离。尽可能快速、无振动地把压足压到试样上。保证压足与试样表面平行，压针与橡胶表面垂直。

7.2 试验力保持时间

施加足够的压力，使压足与试样表面保持紧密接触即可，然后在规定的时间读数。硫化橡胶标准试验力保持时间为3 s，热塑性橡胶为15 s。若采用其他试验力保持时间，需在试验报告中说明。未知类型橡胶当作硫化橡胶处理。

7.3 测量次数

在试样表面不同点进行5次测量，测量点两两间隔至少为6 mm，然后取5次测量结果的中值。

8 校准与核查

8.1 校准

应定期使用合适的仪器对硬度计的弹簧试验力和有关几何尺寸进行调整和校准。

注：有关邵氏硬度计的校准可参考ISO 18898。

8.2 使用标准橡胶块进行核查

将硬度计压在玻璃平板上，调整刻度盘上的读数为100 IRHD。使用一套硬度值大约30 IRHD～90 IRHD的标准橡胶块对其进行校准，所有的调整应按照制造厂的说明书进行。一套标准橡胶块包括至少6块，在标准橡胶块间撒上滑石粉，存放于避光、热、油脂的有盖盒子中。标准橡胶块要按照GB/T 6031给出的方法用定负荷硬度计定期重新校准，每次校准间隔时间不超过6个月。日常使用的硬度计应至少每星期使用标准橡胶块进行核查。

9 试验报告

试验报告应包含如下信息：

a) 本试验依据的标准名称及编号。

b) 样品详细情况

——样品及其来源的详细描述；

——所知道的化合物的详细资料以及加工调节情况；

——试样的描述，包括厚度，对于叠层试样的叠层数。

c) 试验详细情况

——试验温度，当材料的硬度与湿度有关时，给出相对湿度；

——使用仪器的型号；

——样品制备到测量硬度之间的时间间隔；

——任何偏离本部分要求的程序；

——本部分有关程序未给出的详细情况，比如任何有可能影响到测量结果的因素。

d) 试验结果——各个压入硬度数值以及在弹簧试验力保持时间不是3 s时每次读数的时间间隔，测量中值、最大值和最小值。

e) 试验日期。

参 考 文 献

[1] ISO 868 塑料和硬质胶压入硬度的邵氏硬度计(邵尔硬度)试验方法

[2] ISO 7267-1 胶辊表观硬度的测定 橡胶国际硬度计法

[3] ISO 18898 橡胶硬度计的校准和检定

[4] BROWN, R. P,橡胶物理试验,Chapman and Hall, London, 1996

[5] Oberto S 橡胶化学技术,1955,28,1054

[6] Juve A. E 橡胶化学技术,1957,30,367

ICS 71.060.50
G 12

中华人民共和国国家标准

GB/T 537—2009
代替 GB/T 537—1997

工业十水合四硼酸二钠

Disodium tetraborate decahydrate for industrial use

2009-05-18 发布　　2010-02-01 实施

中华人民共和国国家质量监督检验检疫总局
中国国家标准化管理委员会　发布

前言

本标准修改采用俄罗斯标准 ГОСТ 8429—1977《硼砂技术条件》(俄文版)。

本标准根据俄罗斯标准 ГОСТ 8429—1977《硼砂技术条件》重新起草。

考虑到我国国情,在采用俄罗斯标准 ГОСТ 8429—1977《硼砂技术条件》时,本标准做了一些修改。有关技术性差异已编入正文中并在它们所涉及的条款的页边空白处用垂直单线标识。在附录 A 及附录 B 中给出了这些技术性差异、结构性差异及其原因的一览表以供参考。

本标准代替 GB/T 537—1997《工业十水合四硼酸二钠》。

本标准与 GB/T 537—1997 的主要技术差异如下:

——氯化物的测定和铁含量的测定引用最新版本(1997 年版 5.6 和 5.7,本版 5.7 和 5.8)。

本标准的附录 A 和附录 B 为资料性附录。

本标准由中国石油和化学工业协会提出。

本标准由全国化学标准化技术委员会无机化工分会(SAC/TC 63/SC 1)归口。

本标准起草单位:中海油天津化工研究设计院、辽宁省硼工业协会、凤城化工集团有限公司、辽宁宽甸东方化工公司、大石桥兴鹏复合肥有限公司。

本标准主要起草人:郭凤鑫、曲勃、程恩庆、杜强善、张万庆、张洪辉。

本标准所代替标准的历次版本发布情况:

——GB 537—1979,GB 537—1984,GB/T 537—1997。

工业十水合四硼酸二钠

1 范围

本标准规定了工业十水合四硼酸二钠(硼砂)的要求、试验方法、标志、标签、包装、运输和贮存。

本标准适用于工业十水合四硼酸二钠。该产品主要用于玻璃、陶瓷和搪瓷工业,制取含硼化合物及含硼复混肥的原料等。

2 规范性引用文件

下列文件中的条款通过本标准的引用而成为本标准的条款。凡是注日期的引用文件,其随后所有的修改单(不包括勘误的内容)或修订版本均不适用于本标准,然而,鼓励根据本标准达成协议的各方研究是否可使用这些文件的最新版本。凡是不注日期的引用文件,其最新版本适用于本标准。

GB/T 191—2008 包装储运图示标志 (ISO 780:1997,MOD)

GB/T 1250 极限数值的表示方法和判定方法

GB/T 3049—2006 工业用化工产品 铁含量测定的通用方法 1,10-菲啰啉分光光度法(ISO 6685:1982,IDT)

GB/T 3051—2000 无机化工产品中氯化物含量测定的通用方法 汞量法(neq ISO 5790:1979)

GB/T 6678 化工产品采样总则

GB/T 6682—2008 分析实验室用水规格和试验方法(ISO 3696:1987,MOD)

HG/T 3696.1 无机化工产品化学分析用标准滴定溶液的制备

HG/T 3696.2 无机化工产品化学分析用杂质标准溶液的制备

HG/T 3696.3 无机化工产品化学分析用制剂及制品的制备

3 分子式和相对分子质量

分子式:$Na_2B_4O_7 \cdot 10H_2O$

相对分子质量:381.37 (按 2007 年国际相对原子质量)

4 要求

4.1 外观:白色细小结晶体。

4.2 工业十水合四硼酸二钠应符合表 1 要求。

表 1 要求

项 目		指标	
		优等品	一等品
主含量($Na_2B_4O_7 \cdot 10H_2O$)w/%	≥	99.5	95.0
碳酸盐(以 CO_2 计)w/%	≤	0.1	0.2
水不溶物 w/%	≤	0.04	0.04
硫酸盐(以 SO_4 计) w/%	≤	0.1	0.2
氯化物(以 Cl 计)w/%	≤	0.03	0.05
铁(Fe)w/%	≤	0.002	0.005

5 试验方法

5.1 安全提示

本试验方法中使用的部分试剂具有腐蚀性，操作者须小心谨慎！如溅到皮肤或眼睛应立即用水冲洗，严重者应立即治疗。

5.2 一般规定

本标准所用试剂和水，在没有注明其他要求时，均指分析纯试剂和 GB/T 6682—2008 中规定的三级水。试验中所需标准滴定溶液、杂质标准溶液、制剂及制品，在没有注明其他要求时，均按 HG/T 3696.1、HG/T 3696.2、HG/T 3696.3 之规定制备。

5.3 外观检验

在自然光下用目视法判定外观。

5.4 主含量和碳酸盐含量的测定

5.4.1 方法提要

用盐酸标准滴定溶液滴定十水合四硼酸二钠试样中的四硼酸二钠和碳酸钠，将四硼酸二钠转化为硼酸，将碳酸钠转化为碳酸。在酸性条件下煮沸以赶掉二氧化碳。然后用甘露醇强化硼酸，再用氢氧化钠标准滴定溶液滴定。

5.4.2 试剂和材料

5.4.2.1 甘露醇：中性；

检验方法：称取 5.0 g 甘露醇，溶解于 50 mL 不含二氧化碳的水中，以酚酞做指示剂，用 $c(NaOH)$ 约为 0.02mol/L 氢氧化钠标准滴定溶液中和时，其用量应不大于 0.3 mL。

5.4.2.2 盐酸标准滴定溶液：$c(HCl)\approx 0.1$ mol/L。

5.4.2.3 氢氧化钠标准滴定溶液：$c(NaOH)\approx 0.1$ mol/L 和 $c(NaOH)\approx 0.25$ mol/L。

5.4.2.4 溴甲酚绿-甲基红-酚酞混合指示液；

溴甲酚绿-甲基红指示液和酚酞指示液(10 g/L)按 1∶1 混合。

5.4.2.5 不含二氧化碳的水。

5.4.3 分析步骤

5.4.3.1 试验溶液的制备

称取约 10 g 试样，精确至 0.000 2 g，置于 500 mL 烧杯中，加入 300 mL 不含二氧化碳的水，加热使之溶解，但应避免沸腾。将溶液冷却至室温，移入 500 mL 容量瓶中，用不含二氧化碳的水稀释至刻度，摇匀。

5.4.3.2 测定

准确移取 25 mL 试验溶液，置于 250 mL 锥形瓶中。加入 0.4 mL 溴甲酚绿-甲基红-酚酞混合指示液，用盐酸标准滴定溶液滴定至暗红色(其变色顺序是：紫→灰→绿→灰→暗红)，记下盐酸标准滴定溶液的用量(V_1)，再过量约 0.1 mL 盐酸标准滴定溶液。加热微沸 2 min～3 min，使二氧化碳逸尽。加盖冷却至室温，用 0.1 mol/L 氢氧化钠标准滴定溶液中和至溶液呈暗红色，然后加入 7 g 甘露醇，用 0.25 mol/L 氢氧化钠标准滴定溶液滴定至灰色(其变色顺序是：暗红→灰→绿→灰)，记下氢氧化钠标准滴定溶液的用量(V_2)。

同时作空白试验。空白试验除不加试样外，其他操作及加入试剂的种类和量(标准滴定溶液除外)与测定试验相同。

5.4.4 结果计算

5.4.4.1 主含量

主含量以十水合四硼酸二钠($Na_2B_4O_7\cdot 10H_2O$)的质量分数 w_1 计，数值以%表示，按式(1)计算：

$$w_1=\frac{[(V_2-V_0)/1\,000]cM}{m(25/500)}\times 100 \qquad\cdots\cdots(1)$$

式中：

V_2——滴定试验溶液所消耗的氢氧化钠标准滴定溶液体积的数值，单位为毫升(mL)；

V_0——空白试验所消耗的氢氧化钠标准滴定溶液体积的数值，单位为毫升(mL)；

c——氢氧化钠标准滴定溶液浓度的准确数值，单位为摩尔每升(mol/L)；

m——试料质量的数值，单位为克(g)；

M——十水合四硼酸二钠($1/4Na_2B_4O_7 \cdot 10H_2O$)摩尔质量的数值，单位为克每摩尔(g/mol)($M$=95.34)。

取平行测定结果的算术平均值为测定结果，两次平行测定结果的绝对差值不大于0.2%。

5.4.4.2 **碳酸盐含量**

碳酸盐含量以二氧化碳(CO_2)的质量分数 w_2 计，数值以%表示，按式(2)计算：

$$w_2=\frac{\left[\left(V_1c_1-\frac{1}{2}V_2c_2\right)/1\,000\right]M}{m(25/500)}\times 100 \qquad\cdots\cdots(2)$$

式中：

V_1——滴定中所消耗的盐酸标准滴定溶液体积的数值，单位为毫升(mL)；

c_1——盐酸标准滴定溶液浓度的准确数值，单位为摩尔每升(mol/L)；

V_2——滴定中所消耗的氢氧化钠标准滴定溶液体积的数值，单位为毫升(mL)；

c_2——氢氧化钠标准滴定溶液浓度的准确数值，单位为摩尔每升(mol/L)；

m——试料质量的数值，单位为克(g)；

M——二氧化碳($1/2CO_2$)摩尔质量的数值，单位为克每摩尔(g/mol)(M=22.00)。

取平行测定结果的算术平均值为测定结果，两次平行测定结果的绝对差值不大于0.04%。

5.5 **水不溶物含量的测定**

5.5.1 **方法提要**

试样溶于热水中，将不溶物过滤、洗涤、干燥并称量。

5.5.2 **试剂和材料**

5.5.2.1 姜黄试纸；

5.5.2.2 盐酸溶液：2+98；

5.5.2.3 氢氧化钠溶液：10 g/L；

5.5.2.4 酸洗石棉；

取适量酸洗石棉，用5%盐酸溶液浸泡24 h。煮沸20 min，用古氏坩埚过滤并洗涤至中性，再用5%氢氧化钠溶液同样处理后，用水调成稀糊状，备用。

5.5.3 **仪器、设备**

5.5.3.1 古氏坩埚：25 mL或30 mL；

5.5.3.2 电热恒温干燥箱：能控制温度为105 ℃±2 ℃。

5.5.4 **分析步骤**

5.5.4.1 **准备坩埚**

将古氏坩埚置于抽滤瓶上，在筛压板上下各均匀地铺一层石棉(每层约0.2 g干石棉)，加热水洗至滤液不含石棉毛为止。取下坩埚，置于电热恒温干燥箱内，于105 ℃±2 ℃干燥至质量恒定，待用。

5.5.4.2 **测定**

称取约30 g试样，精确至0.01 g。置于1 000 mL烧杯中，用600 mL热水溶解，并在沸腾的水浴上保持30 min。

用准备好的古氏坩埚进行过滤，用热水洗涤不溶物，直至滤出液无硼离子反应(用姜黄试纸检查)

为止。

注：姜黄试纸检查硼离子，取一滴用盐酸溶液酸化过的滤出液放在一小条(3 mm×7 mm)姜黄试纸上，烘干。此时出现红棕色斑点，当以氢氧化钠溶液处理时，若变为蓝色至绿色，证明有硼离子存在。

将带有不溶物的古氏坩埚置于电热恒温干燥箱内，于 105 ℃±2 ℃干燥至质量恒定。

5.5.4.3 结果计算

水不溶物含量以质量分数 w_3 计，数值以%表示，按式(3)计算：

$$w_3 = \frac{m_2 - m_1}{m} \times 100 \qquad \cdots\cdots(3)$$

式中：

m_1——古氏坩埚质量的数值，单位为克(g)；

m_2——古氏坩埚和水不溶物质量的数值，单位为克(g)；

m——试料质量的数值，单位为克(g)。

取两次平行测定结果的算术平均值为测定结果，两次平行测定结果的绝对差值不大于 0.005%。

5.6 硫酸盐含量的测定

5.6.1 方法提要

在酸性介质中，氯化钡与溶液中的硫酸根生成硫酸钡沉淀，与硫酸钡标准比浊溶液进行限量比浊。

5.6.2 试剂和材料

5.6.2.1 95%乙醇；

5.6.2.2 盐酸溶液：1+5；

5.6.2.3 氯化钡溶液：200 g/L；

5.6.2.4 硫酸盐标准溶液：1 mL 溶液含有硫酸盐(SO_4^{2-})0.1 mg；

用移液管移取 10 mL 按 HG/T 3696.2 配制的硫酸盐标准溶液，置于 100 mL 容量瓶中，用水稀释至刻度，摇匀。

5.6.2.5 不含二氧化碳的水。

5.6.3 分析步骤

称取 2.00 g±0.01 g 试样，置于 100 mL 烧杯中，加 50 mL 不含二氧化碳的水，小火加热至试样溶解，冷却后转移至 100 mL 容量瓶，用水稀释至刻度，摇匀(如果溶液浑浊，先干过滤)。用移液管移取 10 mL 上述溶液，置于 50 mL 比色管中，加 2 滴酚酞指示液，用盐酸溶液调至红色褪去，加水至约 25 mL，加 5 mL 乙醇，1 mL 盐酸溶液，在不断振摇下滴加 3 mL 氯化钡溶液，稀释至刻度，摇匀，放置 20 min。所呈浊度不得深于标准比浊溶液。

标准比浊溶液是优等品取 2.00 mL，一等品取 4.00 mL 硫酸盐标准溶液，与试验溶液同时同样处理。

5.7 氯化物含量的测定

5.7.1 方法提要

同 GB/T 3051—2000 第 3 章。

5.7.2 试剂

同 GB/T 3051—2000 第 4 章。

5.7.3 仪器、设备

微量滴定管：分度值为 0.01 mL 或 0.02 mL。

5.7.4 分析步骤

称取约 5 g 试样，精确至 0.000 2 g，置于 250 mL 锥形瓶中，加入 100 mL 水使其溶解，加 3 滴溴酚蓝指示液，滴加 1 mol/L 的硝酸溶液至溶液呈黄色，再过量 5 滴。加入 1 mL 二苯偶氮碳酰肼指示液，用硝酸汞标准滴定溶液{$c[1/2Hg(NO_3)_2]\approx 0.05$ mol/L}滴定，溶液由黄色变为紫红色即为终点。

同时作空白试验。空白试验除不加试样外，其他操作及加入试剂的种类和量(标准滴定溶液除外)与测定试验相同。

滴定后的含汞废液参见 GB/T 3051—2000 附录 D 规定的方法进行处理。

5.7.5 结果计算

氯化物含量以氯(Cl)的质量分数 w_4 计，数值以%表示，按式(4)计算：

$$w_4=\frac{[(V-V_0)/1\,000]cM}{m}\times 100 \quad \cdots\cdots(4)$$

式中：

V——滴定中所消耗的硝酸汞标准滴定溶液体积的数值，单位为毫升(mL)；

V_0——空白试验所消耗的硝酸汞标准滴定溶液体积的数值，单位为毫升(mL)；

c——硝酸汞标准滴定溶液浓度的准确数值，单位为摩尔每升(mol/L)；

m——试料质量的数值，单位为克(g)；

M——氯(Cl)摩尔质量的数值，单位为克每摩尔(g/mol)(M=35.45)。

取平行测定结果的算术平均值为测定结果，两次平行测定结果的绝对差值不大于 0.005%。

5.8 铁含量的测定

5.8.1 方法提要

同 GB /T 3049—2006 第 3 章。

5.8.2 试剂

同 GB /T 3049—2006 第 4 章。

5.8.3 仪器、设备

分光光度计：配有厚度为 4 cm 吸收池。

5.8.4 分析步骤

5.8.4.1 工作曲线的绘制

按 GB/T 3049—2006 的 6.3 进行，选用 4 cm 吸收池及对应的铁标准溶液用量，绘制工作曲线。

5.8.4.2 试验溶液的制备

称取适量试样(优等品称取约 4 g，一等品称取约 1.5 g)，精确至 0.01 g，置于 400 mL 高型烧杯中，加 40 mL 1+1 盐酸溶液，于电热板上小心地蒸发至恰好干涸(接近干涸时应加盖表面皿)，加 8 mL 3 mol/L 盐酸溶液及 20 mL 水，温热使之溶解，冷却至室温。

5.8.4.3 空白试验溶液的制备

在 400 mL 高型烧杯中，用制备试验溶液的全部试剂和同样用量及相同的操作制备空白试验溶液。

5.8.4.4 测定

将试验溶液和空白试验溶液分别移入 100 mL 容量瓶中，以下按 GB/T 3049—2006 的 6.4，从“加水至 60 mL ……”开始进行操作。

从工作曲线中查出试验溶液和空白试验溶液中铁的质量。

5.8.5 结果计算

铁含量以铁(Fe)的质量分数 w_5 计，数值以%表示，按式(5)计算：

$$w_5=\frac{(m_1-m_0)\times 10^{-3}}{m}\times 100 \quad \cdots\cdots(5)$$

式中：

m_1——从工作曲线上查得的试验溶液中铁的质量的数值，单位为毫克(mg)；

m_0——从工作曲线上查得的空白试验溶液中铁的质量的数值，单位为毫克(mg)；

m——试料质量的数值，单位为克(g)。

取平行测定结果的算术平均值为测定结果，两次平行测定结果的绝对差值不大于 0.000 5%。

6 检验规则

6.1 本标准规定的所有指标为出厂检验项目,应逐批检验。

6.2 生产企业用相同材料,基本相同的生产条件,每天连续生产的同一级别的工业十水合四硼酸二钠为一批。

6.3 按 GB/T 6678 的规定确定采样单元数。采样时,将采样器自包装袋的上方斜插入至料层深度的 3/4 处采样。将采得的样品混匀后,按四分法缩分至不少于 500 g,分装于两个清洁干燥的瓶(袋)中,密封。瓶(袋)上粘贴标签,注明:生产厂名、产品名称、批号、采样日期和采样者姓名。一瓶(袋)作为实验室样品,另一瓶(袋)保存备查,保存时间由生产厂根据实际情况确定。

6.4 工业十水合四硼酸二钠应由生产厂的质量监督检验部门按照本标准的规定进行检验。生产厂应保证每批出厂的工业十水合四硼酸二钠都符合本标准的要求。

6.5 检验结果如有一项指标不符合本标准要求时,应重新自两倍量的包装中采样进行复验,复验结果即使只有一项指标不符合本标准的要求时,则整批产品为不合格。

6.6 采用 GB/T 1250 规定的修约值比较法判定检验结果是否符合标准。

7 标志、标签

7.1 工业十水合四硼酸二钠包装上应有牢固清晰的标志,内容包括:生产厂名、厂址、产品名称、等级、净含量、批号(或生产日期)、本标准编号及 GB/T 191—2008 中规定的“怕雨”标志。

7.2 每批出厂的产品都应附有质量证明书,内容包括:生产厂名、厂址、产品名称、等级、净含量、批号(或生产日期)、产品质量符合本标准的证明和本标准编号。

8 包装、运输、贮存

8.1 工业十水合四硼酸二钠内包装采用聚乙烯塑料薄膜袋,外包装采用塑料编织袋。每袋净含量 50 kg,也可根据用户要求的规格进行包装。

8.2 工业十水合四硼酸二钠的包装内袋采用尼龙绳扎口,或用与其相当的其他方式封口;外包装牢固封口。

8.3 工业十水合四硼酸二钠在运输过程中应有遮盖物,防止雨淋、受潮。不得与酸混运。

8.4 工业十水合四硼酸二钠应贮存在阴凉干燥处,防止雨淋、受潮。不得与酸混贮。

附 录 A
（资料性附录）
本标准与俄罗斯标准技术性差异及其原因一览表

表 A.1 给出了本标准与俄罗斯标准 ГОСТ 8429—1977《硼砂技术条件》(俄文版)技术性差异及其原因。

表 A.1 本标准与俄罗斯标准 ГОСТ 8429—1977 技术性差异及原因

本标准的章条编号	技术性差异	原 因
4.2	本标准未设置重金属和砷含量二项指标	本标准规定的产品为工业品，不用于食品添加剂和医药
	本标准增加了铁和氯化物含量的要求	根据用户的要求进行设置
	俄罗斯国家标准一级品的主含量为不小于 94.0%，本标准一等品主含量为不小于 95.0%	根据用户的要求。
	水不溶物指标优于俄罗斯国家标准的要求	根据用户的要求
5.4	主含量的测定方法作了适当改进	本标准规定的方法与国际标准的方法一致，对俄罗斯标准规定的指示剂作了调整
5.5	水不溶物测定方法采用古氏坩埚重量法	该方法适合国情，测定结果可靠

附 录 B
（资料性附录）
本标准与俄罗斯标准的结构性差异一览表

表 B.1 给出了本标准与俄罗斯标准 ГОСТ 8429—1977《硼砂技术条件》(俄文版)的结构性差异。

表 B.1 本标准与俄罗斯标准 ГОСТ 8429—1977 的结构性差异一览表

本标准		ГОСТ 8429—1977《硼砂技术条件》	
章条号	内 容	章条号	内 容
前言	前言	—	—
1	范围		范围
2	规范性引用文件	—	—
3	分子式和相对分子质量	—	—
4	要求	1	技术要求
4.2	工业十水合四硼酸二钠附合表 1 和表 2 要求	1.1	硼砂的物理化学指标应符合表 1 所列的标准
—	—	2	检收规则
5	试验方法	3	分析方法
6	检验规则	—	—
7	标志、标签	—	—
8	包装、运输、贮存	4	包装、标志、运输和贮存
—	—	5	生产厂的保证

ICS 47.020.30
U 52

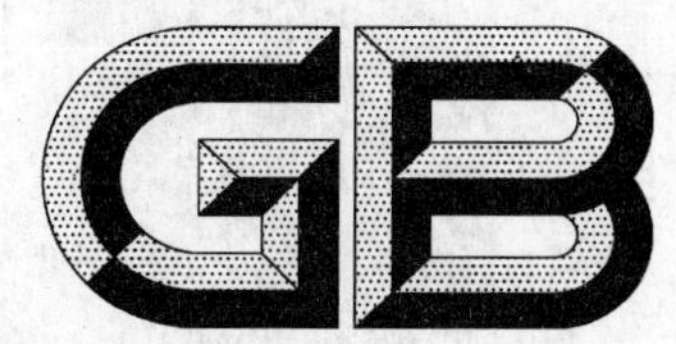

中华人民共和国国家标准

GB/T 588—2009
代替 GB/T 588—1993

船用法兰青铜截止止回阀

Marine bronze flanged stop check valves

2009-03-23 发布　　2009-11-01 实施

中华人民共和国国家质量监督检验检疫总局
中国国家标准化管理委员会　发布

前　言

本标准是对GB/T 588—1993《船用法兰青铜截止止回阀》的修订。

本标准与GB/T 588—1993相比主要做了如下修改：

——增加了阀杆和阀盖填料腔之间的密封要求；

——阀体、阀盖材料采用ZCuSn5Pb5Zn5；

——修改了标记方式；

——修改了加工要求。

本标准由中国船舶重工集团公司提出。

本标准由全国船用机械标准化技术委员会管系附件分技术委员会(SAC/TC 137/SC 3)归口。

本标准起草单位：大连船舶重工集团有限公司。

本标准主要起草人：李静、马玉龙、息春青、杨铭珍、杨霖。

本标准所代替标准的历次版本发布情况为：

——GB 588—1976、GB/T 588—1984、GB/T 588—1993。

船用法兰青铜截止止回阀

1 范围

本标准规定了法兰连接尺寸和密封面符合 GB/T 569 和 GB/T 2501 要求的船用法兰青铜截止止回阀(以下简称截止止回阀)的分类和标记、要求、试验方法、检验规则、包装和贮存。

本标准适用于介质为淡水、海水、滑油、燃油和温度不超过 250 ℃的蒸汽管路系统中截止止回阀的设计、制造和验收。

2 规范性引用文件

下列文件中的条款通过本标准的引用而成为本标准的条款。凡是注日期的引用文件,其随后所有的修改单(不包括勘误的内容)或修订版均不适用于本标准,然而,鼓励根据本标准达成协议的各方研究是否可使用这些文件的最新版本。凡是不注日期的引用文件,其最新版本适用于本标准。

GB/T 569 船用法兰 连接尺寸和密封面

GB/T 600 船舶管路阀件通用技术条件

GB/T 1176—1987 铸造铜合金技术条件(neq ISO 1338:1977)

GB/T 1184—1996 形状和位置公差 未注公差值(eqv ISO 2768-2:1989)

GB/T 1804—2000 一般公差 未注公差的线性和角度尺寸的公差(eqv ISO 2768-1:1989)

GB/T 1958 产品几何量技术规范(GPS) 形状和位置公差 检测规定

GB/T 2501 船用法兰连接尺寸和密封面(四进位)(GB/T 2501—1989,neq ISO 2084:1974)

GB/T 3032 船舶管路附件的标志

GB/T 4423—2007 铜及铜合金拉制棒

GB/T 11698 船用法兰连接金属阀门的结构长度(GB/T 11698—2008,ISO 5752:1982,MOD)

CB/T 3927 船用铸造阀件壁厚

3 分类和标记

3.1 型式

截止止回阀的型式规定如下:

A 型——法兰连接尺寸和密封面按 GB/T 569 规定的直通型截止止回阀;

B 型——法兰连接尺寸和密封面按 GB/T 569 规定的直角型截止止回阀;

AS 型——法兰连接尺寸和密封面按 GB/T 2501 规定的直通型截止止回阀;

BS 型——法兰连接尺寸和密封面按 GB/T 2501 规定的直角型截止止回阀。

3.2 基本参数

截止止回阀的基本参数见表 1。

表 1 截止止回阀基本参数

型 式	公称压力 PN/MPa	公称通径 DN/mm
A、B	1.0	65~150
	1.6	125、150
	2.5	20~125
AS、BS	0.6	15~150
	1.6	65~150
	2.5	15~125

3.3 结构和基本尺寸

3.3.1 A 型、B 型截止止回阀的结构和基本尺寸按图 1 和表 2。

单位为毫米

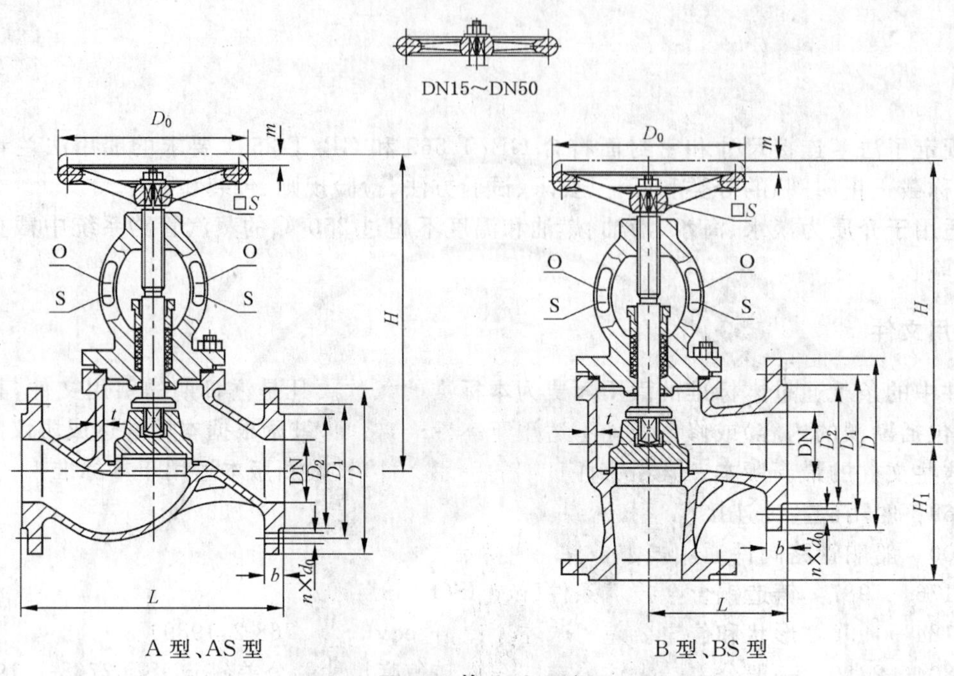

A 型、AS 型　　B 型、BS 型

图 1 截止止回阀

表 2 A 型、B 型截止止回阀基本尺寸

单位为毫米

<table>
<tr><th rowspan="3">公称压力 PN/MPa</th><th rowspan="3">公称通径 DN</th><th colspan="5">结构尺寸</th><th rowspan="3">壁厚 t</th><th colspan="8">法兰</th><th colspan="2">手轮</th><th rowspan="3">升程 m</th><th colspan="2" rowspan="2">理论重量/kg</th></tr>
<tr><th colspan="2">L</th><th colspan="2">H≈</th><th>H_1</th><th rowspan="2">D</th><th rowspan="2">D_1</th><th rowspan="2">D_2</th><th rowspan="2">d_0</th><th rowspan="2">b</th><th rowspan="2">n/个</th><th rowspan="2">螺纹规格</th><th rowspan="2">D_0</th><th rowspan="2">S</th></tr>
<tr><th>A 型</th><th>B 型</th><th>A 型</th><th>B 型</th><th>B 型</th><th>A 型</th><th>B 型</th></tr>
<tr><td rowspan="5">1.0</td><td>65</td><td>290</td><td>115</td><td>309</td><td>275</td><td>115</td><td rowspan="3">6</td><td>155</td><td>123</td><td>104</td><td rowspan="5">15</td><td rowspan="5">14</td><td>6</td><td rowspan="5">M14</td><td>140</td><td>12</td><td>17</td><td>14.6</td><td>12.6</td></tr>
<tr><td>80</td><td>310</td><td>125</td><td>339</td><td>298</td><td>125</td><td>170</td><td>138</td><td>118</td><td rowspan="2">8</td><td>160</td><td rowspan="2">14</td><td>20</td><td>18.9</td><td>17.1</td></tr>
<tr><td>100</td><td>350</td><td>150</td><td>364</td><td>315</td><td>135</td><td>190</td><td>158</td><td>138</td><td>180</td><td>25</td><td>28.1</td><td>23.2</td></tr>
<tr><td>125</td><td>400</td><td>175</td><td>414</td><td>354</td><td>155</td><td rowspan="3">7</td><td>215</td><td>183</td><td>164</td><td>10</td><td rowspan="2">200</td><td rowspan="2">17</td><td>32</td><td>38.0</td><td>35.2</td></tr>
<tr><td>150</td><td>480</td><td>180</td><td>468</td><td>395</td><td>160</td><td>240</td><td>208</td><td>190</td><td>12</td><td>38</td><td>55.8</td><td>47.9</td></tr>
<tr><td rowspan="2">1.6</td><td>125</td><td>400</td><td>175</td><td>450</td><td>393</td><td>155</td><td>225</td><td>187</td><td>168</td><td rowspan="2">17</td><td>17</td><td>10</td><td rowspan="2">M16</td><td>250</td><td>22</td><td>32</td><td>53.3</td><td>45.1</td></tr>
<tr><td>150</td><td>480</td><td>180</td><td>505</td><td>433</td><td>160</td><td>8</td><td>255</td><td>217</td><td>196</td><td>19</td><td>12</td><td>280</td><td>24</td><td>38</td><td>62.6</td><td>58.3</td></tr>
<tr><td rowspan="9">2.5</td><td>20</td><td>150</td><td>75</td><td rowspan="2">217</td><td rowspan="2">203</td><td>75</td><td rowspan="4">5</td><td>95</td><td>68</td><td>48</td><td rowspan="2">13</td><td>12</td><td rowspan="2">4</td><td rowspan="2">M12</td><td rowspan="2">80</td><td rowspan="2">8</td><td rowspan="2">7</td><td>4.61</td><td>4.4</td></tr>
<tr><td>25</td><td>160</td><td>80</td><td>80</td><td>105</td><td>73</td><td>56</td><td rowspan="2">13</td><td>5.1</td><td>5.0</td></tr>
<tr><td>32</td><td>180</td><td>85</td><td>236</td><td>216</td><td>85</td><td>115</td><td>83</td><td>64</td><td rowspan="3">15</td><td rowspan="3">6</td><td rowspan="3">M14</td><td>100</td><td>9</td><td>9</td><td>6.3</td><td>6.3</td></tr>
<tr><td>40</td><td>200</td><td>90</td><td>260</td><td>236</td><td>90</td><td>125</td><td>93</td><td>74</td><td rowspan="2">14</td><td>120</td><td>11</td><td>11</td><td>8.5</td><td>7.7</td></tr>
<tr><td>50</td><td>230</td><td>95</td><td>288</td><td>258</td><td>95</td><td>6</td><td>135</td><td>103</td><td>84</td><td>140</td><td>12</td><td>14</td><td>10.9</td><td>10.3</td></tr>
<tr><td>65</td><td>290</td><td>115</td><td>334</td><td>301</td><td>115</td><td rowspan="2">7</td><td>170</td><td>132</td><td>110</td><td rowspan="3">17</td><td>17</td><td rowspan="2">8</td><td rowspan="3">M16</td><td>160</td><td>14</td><td>17</td><td>17.9</td><td>15.9</td></tr>
<tr><td>80</td><td>310</td><td>125</td><td>362</td><td>321</td><td>125</td><td>185</td><td>147</td><td>126</td><td rowspan="2">19</td><td>200</td><td>17</td><td>20</td><td>25.4</td><td>23.5</td></tr>
<tr><td>100</td><td>350</td><td>135</td><td>417</td><td>368</td><td>135</td><td>8</td><td>205</td><td>167</td><td>146</td><td rowspan="2">10</td><td>250</td><td>22</td><td>25</td><td>37.6</td><td>32.8</td></tr>
<tr><td>125</td><td>400</td><td>155</td><td>481</td><td>421</td><td>155</td><td>9</td><td>240</td><td>196</td><td>172</td><td>21</td><td>21</td><td>M20</td><td>280</td><td>24</td><td>32</td><td>65.4</td><td>52.6</td></tr>
</table>

3.3.2 AS、BS型截止止回阀的结构和基本尺寸按图1和表3。

表3 AS型、BS型截止止回阀基本尺寸

单位为毫米

公称压力 PN/MPa	公称通径 DN	结构尺寸 L AS型	结构尺寸 L H_1 BS型	结构尺寸 $H\approx$ AS型	结构尺寸 $H\approx$ BS型	壁厚 t	法兰 D	法兰 D_1	法兰 D_2	法兰 d_0	法兰 b	法兰 n/个	法兰 螺纹规格	手轮 D_0	手轮 S	升程 m	理论重量/kg AS型	理论重量/kg BS型
0.6	15	130	90				80	55	40		12						3.9	3.8
	20	150	95	217	203	4	90	65	50	11			M10	80	8	7	4.4	4.3
	25	160	100				100	75	60		14						4.8	4.9
	32	180	105	236	216		120	90	70		15			100	9	9	6.7	6.5
	40	200	115	260	236	5	130	100	80		16	4		120	11	11	8.0	8.2
	50	230	125	288	258		140	110	90	14	17		M12	140	12	14	11.5	12.5
	65	290	145	308	275		160	130	110							17	15.2	13.8
	80	310	155	339	298	6	190	150	128		19			160	14	20	22.0	21.2
	100	350	175	364	315		210	170	148					180		25	32.1	27.8
	125	400	200	414	354	7	240	200	178		20	8		200	17	32	43.2	41.5
	150	480	225	468	376		265	225	202	18			M16			38	63.1	57.8
1.6	65	290	145	334	301		185	145	122		17	4		160	14	19	20.5	19.2
	80	310	155	362	321	6	200	160	133		19			200	17	20	28.3	27.2
	100	350	175	417	368		220	180	158		20	8		250	20	25	45.3	39.5
	125	400	200	450	393	7	250	210	184		22				22	32	57.0	51.3
	150	480	225	505	433	8	285	240	212	22			M20	280	24	38	69.0	68.9
2.5	15	130	90				95	65	47		12						5.3	5.0
	20	150	95	217	203		105	75	58	14			M12	80	8	7	5.8	5.5
	25	160	100			5	115	85	68		14	4					6.1	6.4
	32	180	105	236	216		140	100	78		15			100	9	9	8.6	8.4
	40	200	115	260	236		150	110	88		16			120	11	11	10.6	11.2
	50	230	125	288	258	6	165	125	102	18	17		M16	140	12	14	14.2	14.0
	65	290	145	334	301	7	185	145	122					160	14	19	20.7	19.4
	80	310	155	362	321		200	160	133		19	8		200	17	20	28.5	27.4
	100	350	175	417	368	8	235	190	158	22	20		M20	250	20	25	45.8	40.0
	125	400	200	481	421	9	270	220	184	26	26		M24	280	24	32	75.5	61.6

3.4 标记

3.4.1 产品标记

截止止回阀的型号表示方法为：

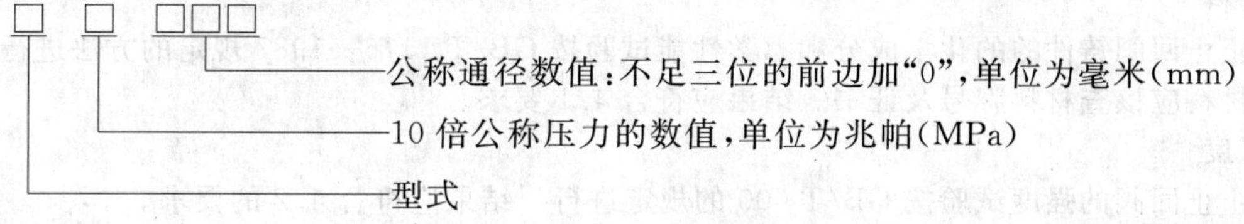

3.4.2 标记示例

公称压力为2.5 MPa,公称通径为80 mm,法兰连接尺寸和密封面按GB/T 569的直通型截止止回阀标记为:

截止止回阀 GB/T 588—2009 A25080

公称压力为1.6 MPa,公称通径为100 mm,法兰连接尺寸和密封面按GB/T 2501的直角型截止止回阀标记为:

截止止回阀 GB/T 588—2009 BS16100

4 要求

4.1 材料

4.1.1 截止止回阀主要零件的材料见表4。

表4 截止止回阀的主要零件材料

零件名称	材料		
	名称	牌号	标准编号
阀体、阀盖、阀盘、压紧螺母	铸锡青铜	ZCuSn5Pb5Zn5	GB/T 1176—1987
阀杆	铝青铜	QAl 9-2	GB/T 4423—2007

4.1.2 铸件每炉应至少有3根带有炉号的备查试棒,保存期不应少于3年。

4.2 强度

阀体在1.5倍公称压力的液压下应无渗漏。

4.3 密封性

4.3.1 截止止回阀阀盘和阀座之间的密封面在1.1PN的液压下应无渗漏。

4.3.2 截止止回阀密封面止回试验在0.3 MPa的液压下应无渗漏。

4.3.3 截止止回阀阀杆和阀盖填料腔的密封面,在1.1PN的液压下允许有$0.01\times DN mm^3/s$的渗漏量。

4.4 尺寸公差

4.4.1 截止止回阀的壁厚应符合CB/T 3927的要求;壁厚公差应符合GB/T 600的要求。

4.4.2 截止止回阀的线性尺寸未注公差应符合GB/T 1804—2000中m级的要求。

4.4.3 A型和B型截止止回阀的结构长度公差应符合施工图纸的要求;AS型和BS型截止止回阀的结构长度公差应符合GB/T 11698的要求。

4.5 形位公差

截止止回阀的形位公差按GB/T 1184—1996中H级的要求。

4.6 外观

截止止回阀的外观要求应符合GB/T 600的要求。

4.7 重量

截止止回阀的重量正偏差应不超过设计理论重量的4%。

4.8 标志

截止止回阀的标志应符合GB/T 3032的要求。

5 试验方法

5.1 材料

截止止回阀铸件的的化学成分和力学性能试验按GB/T 1176—1987规定的方法进行,除铸件以外的其他材料应核查材料牌号及证书。结果应符合4.1要求。

5.2 强度

截止止回阀的强度试验按GB/T 600的规定进行。结果应符合4.2的要求。

5.3 密封性

5.3.1 截止止回阀阀盘和阀座之间密封性的试验按 GB/T 600 的规定进行。结果应符合 4.3.1 的要求。

5.3.2 截止止回阀密封面止回试验按 GB/T 600 的规定进行。结果应符合 4.3.2 的要求。

5.3.3 截止止回阀阀杆和阀盖填料腔的密封性试验按 GB/T 600 的规定进行。结果应符合 4.3.3 的要求。

5.4 尺寸公差

5.4.1 截止止回阀的壁厚用测厚仪、卡钳或钢尺检查。结果应符合 3.3 和 4.4.1 的要求。

5.4.2 截止止回阀的线性尺寸公差用相应等级的量具检查。结果应符合 3.3 和 4.4.2 的要求。

5.4.3 截止止回阀的结构长度用钢尺或游标卡尺检查。结果应符合 3.3 和 4.4.3 的要求。

5.5 形位公差

截止止回阀的形位公差按 GB/T 1958 规定的方法检查。结果应符合 4.5 的要求。

5.6 外观

截止止回阀的外观用目测方法检查。结果应符合 4.6 的要求。

5.7 重量

将截止止回阀放在分度值不大于 0.1 kg 的衡器上进行称重。结果应符合 4.7 的要求。

5.8 标志

截止止回阀的标志用目测的方法检查。结果应符合 4.8 的要求。

6 检验规则

6.1 检验分类

截止止回阀的检验分为：

a) 型式检验；

b) 出厂检验。

6.2 型式检验

6.2.1 检验时机

有下列情况之一时，截止止回阀应进行型式检验：

a) 产品试制鉴定；

b) 产品工艺发生重大变化；

c) 质量检验部门提出要求。

6.2.2 检验项目和顺序

截止止回阀型式检验项目和顺序见表 5。

表 5 截止止回阀的检验项目和顺序

序号	检验项目	型式检验	出厂检验	要求的章、条号	试验方法的章、条号
1	材料	●	●	4.1	5.1
2	强度	●	●	4.2	5.2
3	密封性	●	●	4.3.1	5.3.1
		●	●	4.3.2	5.3.2
		●	—	4.3.3	5.3.3
4	尺寸公差	●	—	3.3、4.4.1	5.4.1
		●	—	3.3、4.4.2	5.4.2
		●	—	3.3、4.4.3	5.4.3

表 5（续）

序号	检验项目	型式检验	出厂检验	要求的章、条号	试验方法的章、条号
5	形位公差	●	—	4.5	5.5
6	外观	●	●	4.6	5.6
7	重量	●	—	4.7	5.7
8	标志	●	●	4.8	5.8
注：●为必检项目；—为不检项目。					

6.2.3　检验样品数量

截止止回阀型式检验的样品应为 3 个。

6.2.4　判定规则

截止止回阀所有样品全部检验项目符合要求，判为型式检验合格。若材料检验不符合要求，则判为型式检验不合格。其他项目有不符合要求的截止止回阀，应加倍取样复验。若复验符合要求，仍判为截止止回阀型式检验合格；若仍有不符合要求的项目，则判为截止止回阀型式检验不合格。

6.3　出厂检验

6.3.1　检验项目和顺序

截止止回阀出厂检验项目和顺序见表 5。

6.3.2　检验样品数量

截止止回阀所用材料除铸件按组批规则（同一炉号为一批）检验外，其他检验应逐个产品进行。

6.3.3　判定规则

全部检验项目符合要求的截止止回阀判定出厂检验合格。铸件化学成分、力学性能试验若有不符合要求的截止止回阀，则判为出厂检验不合格。其他项目的检验，若有不符合要求的截止止回阀，允许返修后进行复验。若复验合格，仍判该截止止回阀出厂检验合格；若复验仍不符合要求，则判该截止止回阀出厂检验不合格。

7　包装和贮存

截止止回阀的包装和贮存应按 GB/T 600 的规定进行。

ICS 23.100.01;01.080.30
J 20

中华人民共和国国家标准

GB/T 786.1—2009/ISO 1219-1:2006
代替 GB/T 786.1—1993

流体传动系统及元件图形符号和回路图 第1部分:用于常规用途和数据处理的图形符号

Fluid power systems and components—Graphic symbols and circuit diagrams—Part 1:Graphic symbols for conventional use and data-processing applications

(ISO 1219-1:2006,IDT)

2009-03-16 发布 2009-11-01 实施

中华人民共和国国家质量监督检验检疫总局
中国国家标准化管理委员会 发布

前　言

GB/T 786《流体传动系统及元件图形符号和回路图》分为两部分：

——第1部分：用于常规用途和数据处理的图形符号；

——第2部分：回路图。

本部分为GB/T 786的第1部分，等同采用ISO 1219-1:2006《流体传动系统和元件　图形符号和回路图　第1部分：用于常规用途和数据处理应用的图形符号》(英文版)。

本部分等同翻译ISO 1219-1:2006。

为便于使用，本部分做了下列编辑性修改：

——在"2 规范性引用文件"中，以相应的国家标准代替国际标准。

——ISO 1219-1:2006的8.5.26条款号重复，在GB/T 786.1中进行调整，顺延8.5.26～8.5.31为8.5.26～8.5.32。

——对ISO 1219-1:2006的6.1.6.4和6.1.8.1的图进行了修正。

——对ISO 1219-1:2006的6.1.9.6的"≥0.7"，修正为">0.7"。

本部分代替GB/T 786.1—1993《液压气动图形符号》，与前版相比主要变化如下：

——标准名称更改为《流体传动系统及元件图形符号和回路图　第1部分：用于常规用途和数据处理的图形符号》；

——在"1 范围"中，增加与GB/T 20063《简图用图形符号》系列标准关系的说明；

——在"3 术语和定义"中，删除单独规定的"术语"，直接引用"GB/T 17446确立的术语和定义"；

——增加第4章"标注说明"；

——第5章"总则"对本标准中所增加"注册号"给出应用说明；

——所给出的图形符号的表格结构更简洁，序列划分更便于应用，并增加"注册号"列。

本部分的附录A为资料性附录。

本部分由中国机械工业联合会提出。

本部分由全国液压气动标准化技术委员会(SAC/TC 3)归口。

本部分起草单位：北京机械工业自动化研究所、北京航空航天大学、无锡气动技术研究所有限公司。

本部分主要起草人：赵曼琳、李运华、蔡茂林、刘新德、杨燧然、李企芳。

本部分所替代标准的历次版本发布情况为：

——GB 786—1965、GB 786—1976、GB/T 786.1—1993。

流体传动系统及元件图形符号和回路图 第1部分:用于常规用途和数据处理的图形符号

1 范围

GB/T 786的本部分建立了各种符号的基本要素,并制定了液压气动元件和回路图表中符号的设计规则。

本部分内容是GB/T 20063系列标准的综合应用。本部分中各类符号按照固定尺寸设计,以便于直接应用在数据处理系统中,并生成各种变量。

2 规范性引用文件

下列文件中的条款通过GB/T 786的本部分的引用而成为本部分的条款。凡是注日期的引用文件,其随后所有的修改单(不包括勘误的内容)或修订版均不适用于本部分,然而,鼓励根据本部分达成协议的各方研究是否可使用这些文件的最新版本。凡是不注日期的引用文件,其最新版本适用于本部分。

GB/T 4457.4 机械制图 图样画法 图线(GB/T 4457.4—2002,ISO 128-24:1999,MOD)

GB/T 16901.2 图形符号表示规则 产品技术文件用图形符号 第2部分:图形符号(包括基准符号库中的图形符号)的计算机电子文件格式规范及其交换要求(GB/T 16901.2—2000,eqv IEC 81714-2:1998)

GB/T 17446 流体传动系统及元件 术语(GB/T 17446—1998,idt ISO 5598:1985)

GB/T 17450 技术制图 图线(GB/T 17450—1998,idt ISO 128-20:1996)

GB/T 18594 技术产品文件 字体 拉丁字母、数字和符号的CAD字体(GB/T 18594—2001,idt ISO 3098-5:1997)

GB/T 18686 技术制图 CAD系统用图线的表示(GB/T 18686—2002,idt ISO 128-21:1997)

GB/T 20063(所有部分) 简图用图形符号(GB/T 20063—2006,ISO 14617:2002,IDT)

ISO 81714-1 产品技术文件用图形符号的设计 第1部分:基本规则

3 术语和定义

GB/T 17446确立的术语和定义适用于本部分。

4 标注说明(引用GB/T 786的本部分)

决定遵守GB/T 786的本部分时,在试验报告、样本和商务文件中采用以下说明:"图形符号符合GB/T 786.1—2009《流体传动系统及元件图形符号和回路图 第1部分:用于常规用途和数据处理的图形符号》"。

5 总则

5.1 元件符号的创建采用本部分规定的基本形态的符号,并考虑为创建元件符号而给出的规则。

5.2 大多数符号表示具有特定功能的元件或装置。部分符号表示功能或操作方法。

5.3 符号一般不代表元件的实际结构。

5.4　元件符号表示的是元件未受激励的状态(非工作状态)。对于没有明确定义未受激励状态(非工作状态)的元件的符号,应按本部分中列出的符号创建的特定规则给出。

注:此规则适用于在 GB/T 786.2 中给出的回路图。[1)]

5.5　元件符号应给出所有的接口。

5.6　符号应有全部油口、气口/连接口标识以及参数或组合装置所需的空间,这些参数包括压力、流量、电气连接等。

5.7　依据 ISO 81714-1,当创建图形符号时,可以对基本形态符号进行水平翻转或旋转。

5.8　符号按如本部分和 ISO 81714-1 中定义的初始状态来表示,在不改变它们含义的前提下可以将它们水平翻转或 90°旋转。

5.9　如果一个符号用于表示具有两个或更多主要功能的流体传动元件,并且这些功能之间相互联系,则这个符号应由实线外框包围标出(见 8.1.1)。

注 1:例如,方向控制阀控制机构的工作方式和过滤器堵塞指示不被认为是主要功能。

注 2:GB/T 786.1—1993 中的标示线为点画线,改实线外框后更加明确。

5.10　当两个或者更多元件集成为一个元件时,它们的符号应由点画线包围标出(见 8.1.3)。

5.11　本部分中的点线(非常短的虚线)用来表示邻近的基本要素或元件,在图形符号中不用。

5.12　本部分中的图形符号按照 GB/T 20063、ISO 81714-1 以及 GB/T 16901.2 中的规则来绘制。与 GB/T 20063 一致的图形符号按模数尺寸 $M=2.5$ mm,线宽为 0.25 mm 来绘制。为了缩小符号尺寸,本部分的图形符号按模数尺寸 $M=2.0$ mm,线宽 0.25 mm 来绘制。但是,对这两种模数尺寸,字符大小都应为高 2.5 mm,线宽 0.25 mm。可以根据需要来改变图形符号的大小以用于元件标识或样本。

5.13　字母尺寸和油/气口标识字符的尺寸应按照 GB/T 18594,字体形状 CB。

本部分中的每个图形符号按照 GB/T 20063 赋有唯一的注册号。变量位于注册号之后,用 V1、V2、V3 等表示。

对于 GB/T 20063 中仍未规定的注册号,使用基本的注册号。在流体传动领域,基本形态符号的注册号数字前用"F"来标识,应用规则的注册号数字前则由"RF"来标识。

符号的样品用"X"标识,范围 X10000~X39999 保留给流体传动技术领域。

6　液压应用实例

6.1　阀

6.1.1　控制机构

	注册号	图　　形	描　　述
6.1.1.1	X10010 402V5 655V1 686V1 F041V1		带有分离把手和定位销的控制机构

1)　GB/T 786.2 正在制定中。

	注册号	图　形	描　述
6.1.1.2	X10020 402V5 711V1 201V2	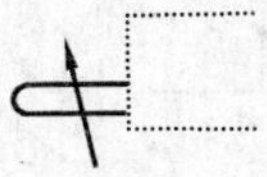	具有可调行程限制装置的顶杆
6.1.1.3	X10030 402V5 655V1 684V1 F041V1	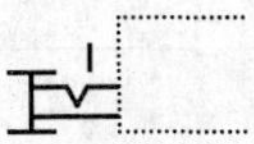	带有定位装置的推或拉控制机构
6.1.1.4	X10040 402V2 681V2 F041V1	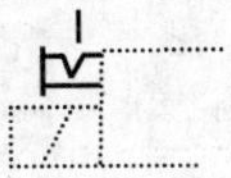	手动锁定控制机构
6.1.1.5	X10050 402V5 685V1 F041V1	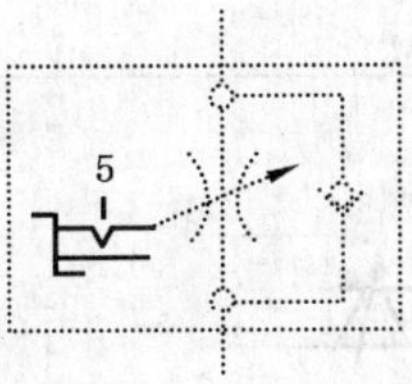 5	具有 5 个锁定位置的调节控制机构
6.1.1.6	X10060 402V5 711V1 2005V1 712V1	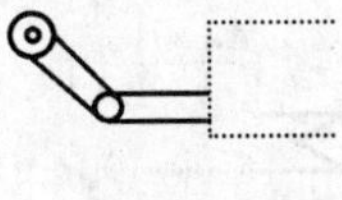	用作单方向行程操纵的滚轮杠杆
6.1.1.7	X10070 F019V2 211V1 402V5 F002V1	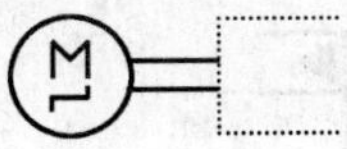 M	使用步进电机的控制机构
6.1.1.8	X10110 101V2 212V1	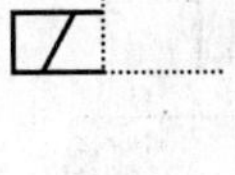	单作用电磁铁，动作指向阀芯

	注册号	图形	描述
6.1.1.9	X10120 101V2 212V2	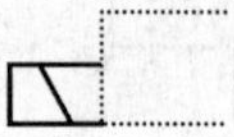	单作用电磁铁，动作背离阀芯
6.1.1.10	X10130 101V2 212V4	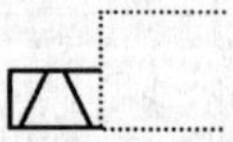	双作用电气控制机构，动作指向或背离阀芯
6.1.1.11	X10140 101V2 212V1 201V1	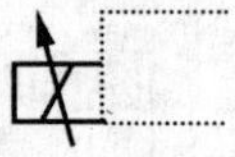	单作用电磁铁，动作指向阀芯，连续控制
6.1.1.12	X10150 101V2 212V2 201V1	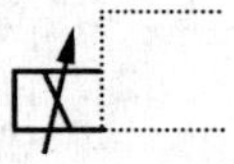	单作用电磁铁，动作背离阀芯，连续控制
6.1.1.13	X10160 101V2 212V4 201V1	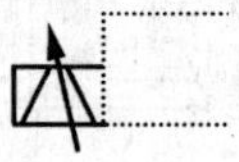	双作用电气控制机构，动作指向或背离阀芯，连续控制
6.1.1.14	X10170 101V2 212V2 244V1	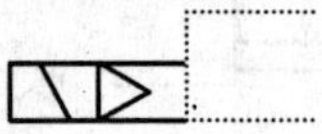	电气操纵的气动先导控制机构
6.1.1.15	X10180 101V2 212V1 243V1 422V1	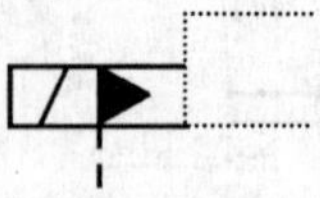	电气操纵的带有外部供油的液压先导控制机构
6.1.1.16	X10190 402V1 241V1 401V1	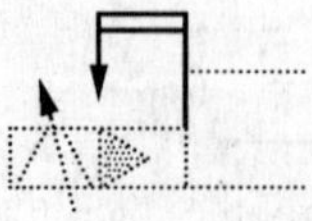	机械反馈

	注册号	图形	描述
6.1.1.17	X10200 101V2 243V1 212V4 201V2		具有外部先导供油，双比例电磁铁，双向操作，集成在同一组件，连续工作的双先导装置的液压控制机构
6.1.2 **方向控制阀**			
6.1.2.1	X10210 101V7 F028V1 2172V1 2002V1 402V5 682V1 401V2		二位二通方向控制阀，两通，两位，推压控制机构，弹簧复位，常闭
6.1.2.2	X10220 101V7 F028V1 2002V1 101V2 212V1 2172V1 401V2		二位二通方向控制阀，两通，两位，电磁铁操纵，弹簧复位，常开
6.1.2.3	X10230 101V7 F026V1 F027V1 2002V1 101V2 212V1		二位四通方向控制阀，电磁铁操纵，弹簧复位

	注册号	图　　形	描　　述
6.1.2.4	X10260 101V7 F026V1 F027V1 2172V1 402V5 682V1 F039V1 2172V1 401V2	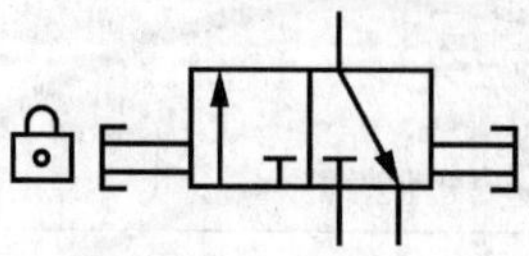	二位三通锁定阀
6.1.2.5	X10270 101V7 F026V1 F027V1 2172V1 2002V1 711V1 2005V1 402V5 401V2	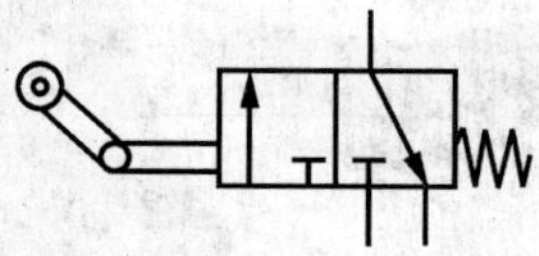	二位三通方向控制阀，滚轮杠杆控制，弹簧复位
6.1.2.6	X10280 101V7 F026V1 F027V1 2172V1 2002V1 101V2 212V1 401V2	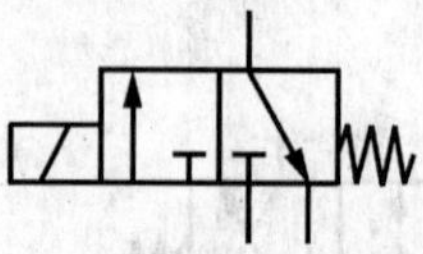	二位三通方向控制阀，电磁铁操纵，弹簧复位，常闭

	注册号	图 形	描 述
6.1.2.7	X10290 101V7 F026V1 F027V1 2172V1 2002V1 101V2 212V1 681V2 402V2 655V1 F041V1	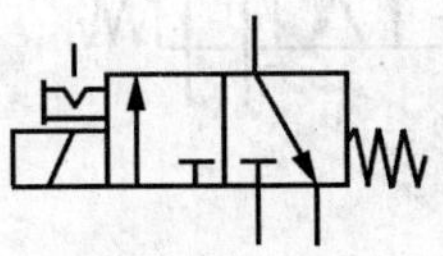	二位三通方向控制阀，单电磁铁操纵，弹簧复位，定位销式手动定位
6.1.2.8	X10320 101V7 F026V1 F027V1 2002V1 101V2 212V1 402V2	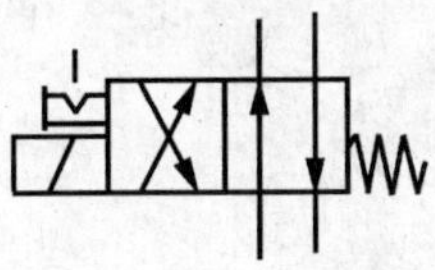	二位四通方向控制阀，单电磁铁操纵，弹簧复位，定位销式手动定位
6.1.2.9	X10330 101V7 F026V1 F027V1 101V2 212V1 655V1 F041V1 401V2	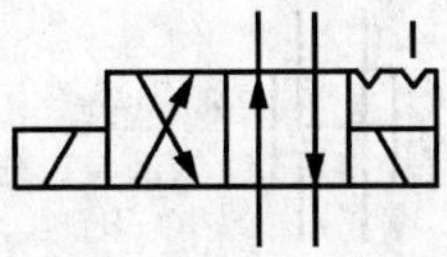	二位四通方向控制阀，双电磁铁操纵，定位销式(脉冲阀)

	注册号	图 形	描 述
6.1.2.10	X10350 101V7 F026V1 F027V1 2002V1 101V2 243V1 212V1 401V2	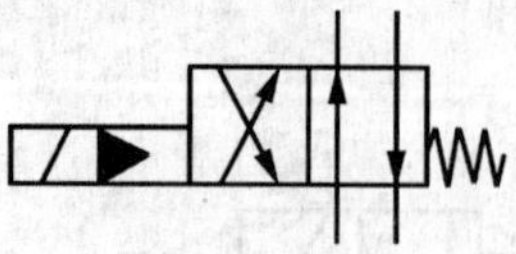	二位四通方向控制阀，电磁铁操纵液压先导控制，弹簧复位
6.1.2.11	X10360 101V7 F026V1 F027V1 2172V1 2002V1 212V1 401V2 F001V1	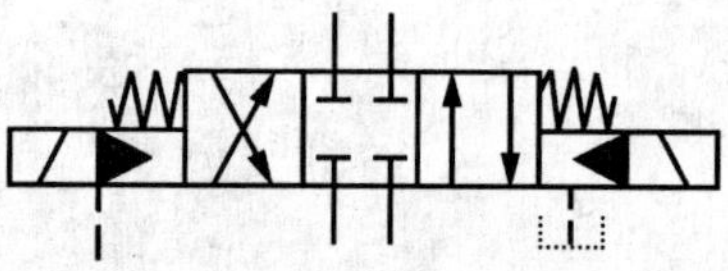	三位四通方向控制阀，电磁铁操纵先导级和液压操作主阀，主阀及先导级弹簧对中，外部先导供油和先导回油
6.1.2.12	X10370 101V7 F026V1 F027V1 2172V1 2002V1 101V2 212V1 F034V1 F031V1 501V1 401V2	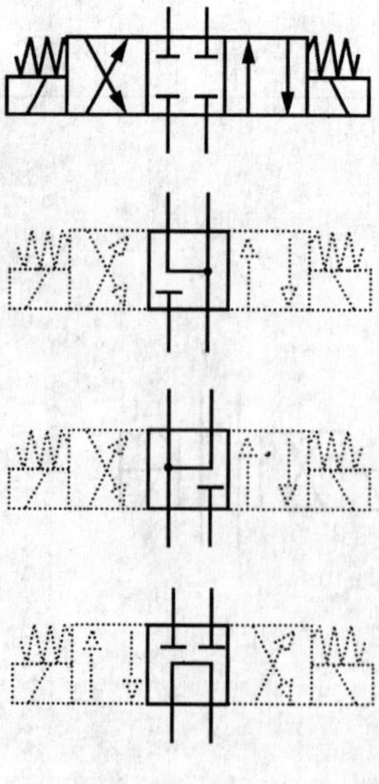	三位四通方向控制阀，弹簧对中，双电磁铁直接操纵，不同中位机能的类别

	注册号	图　形	描　述
6.1.2.13	X10380 101V7 F034V1 F026V1 2172V1 2002V1 243V1 F001V1 401V2	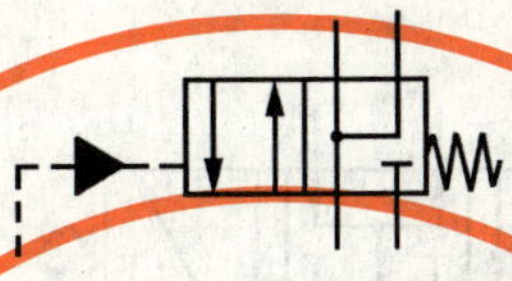	二位四通方向控制阀，液压控制，弹簧复位
6.1.2.14	X10390 101V7 F026V1 F034V1 2172V1 2002V1 243V1 F001V1 501V1 401V2		三位四通方向控制阀，液压控制，弹簧对中
6.1.2.15	X10400 101V8 F026V1 F027V1 2172V1 402V3 690V1 401V2	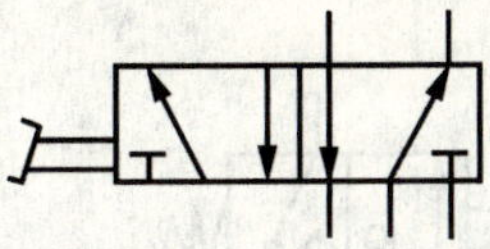	二位五通方向控制阀，踏板控制

	注册号	图　形	描　述
6.1.2.16	X10420 101V8 F032V1 242V1 F026V1 F027V1 2172V1 101V2 655V1 F041V1 402V3 688V1 401V2	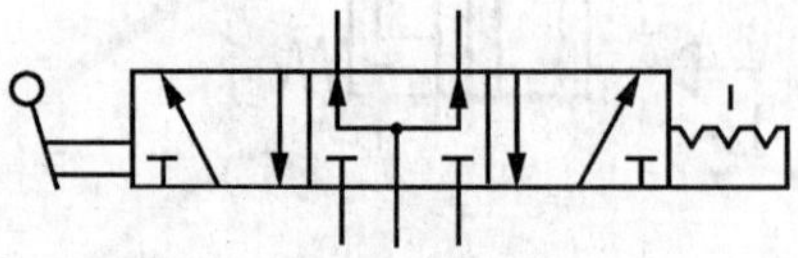	三位五通方向控制阀，定位销式各位置杠杆控制
6.1.2.17	X10480 101V7 F028V1 F029V1 2162V2 2163V2 101V2 212V1 101V5 F050V1	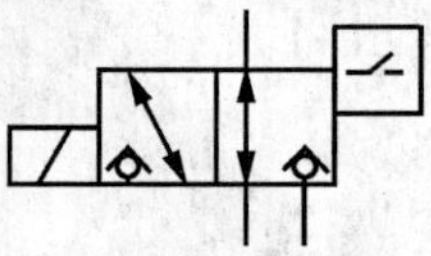	二位三通液压电磁换向座阀，带行程开关
6.1.2.18	X10490 101V7 F026V1 F027V1 2162V2 2163V2 2002V1 101V2 212V1 401V2	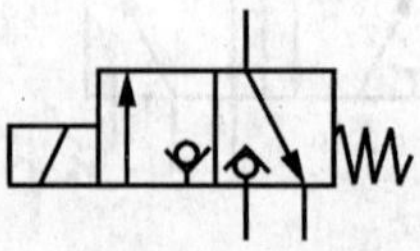	二位三通液压电磁换向座阀

	注册号	图形	描述
6.1.3 压力控制阀			
6.1.3.1	X10500 101V7 F026V1 2002V1 210V2 422V2 401V2	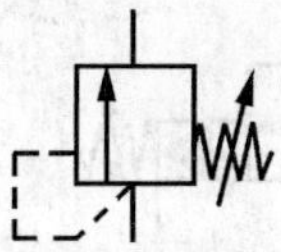	溢流阀,直动式,开启压力由弹簧调节
6.1.3.2	X10510 101V7 F026V1 2002V1 210V2 422V2 401V2 422V1	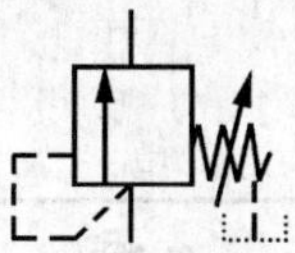	顺序阀,手动调节设定值
6.1.3.3	X10520 101V1 101V7 F026V1 2162V1 2163V1 422V2 501V1 401V1 422V1	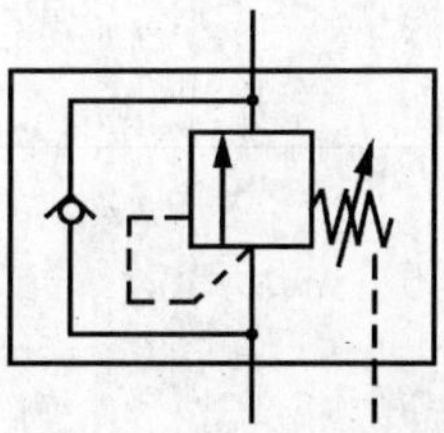	顺序阀,带有旁通阀
6.1.3.4	X10550 101V7 F026V1 2002V1 201V2 422V3 422V1 401V2	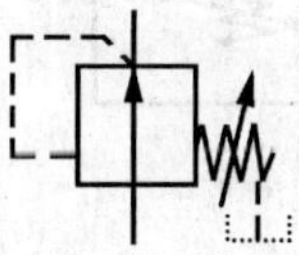	二通减压阀,直动式,外泄型

	注册号	图　形	描　述
6.1.3.5	X10560 101V7 F026V1 101V2 243V1 2002V1 201V2 422V3 401V2 422V1	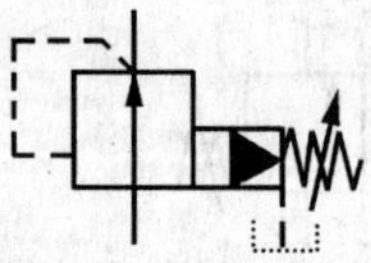	二通减压阀，先导式，外泄型
6.1.3.6	X10580 101V7 101V1 F026V1 2002V1 201V2 422V2 2162V1 2163V1 501V1 401V1	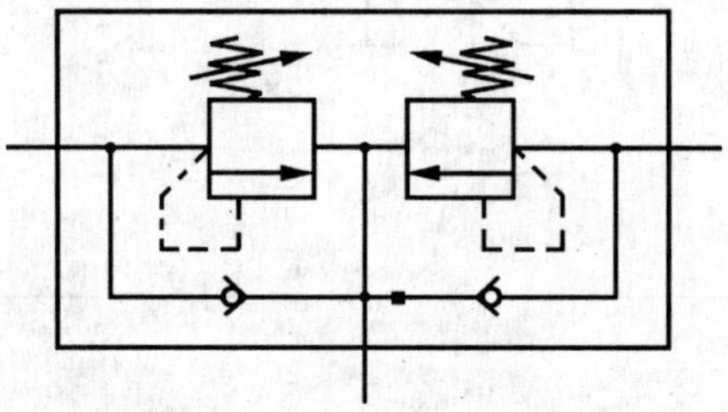	防气蚀溢流阀，用来保护两条供给管道
6.1.3.7	X10590 101V7 101V1 F026V1 422V2 2177V1 101V2 243V1 2002V1 201V2 2162V1 2163V1 501V1 401V1 422V1	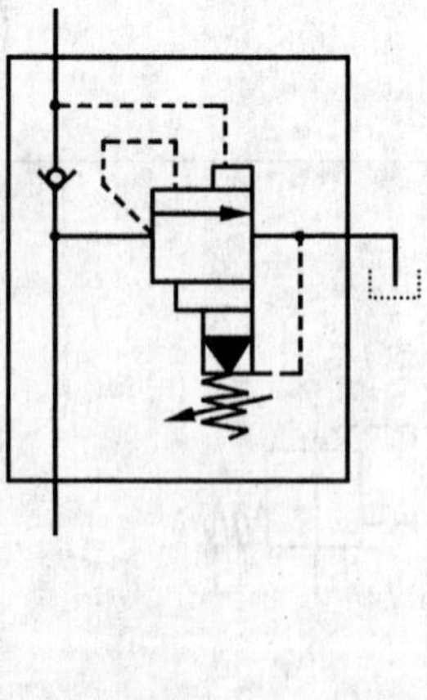	蓄能器充液阀，带有固定开关压差

	注册号	图　形	描　述
6.1.3.8	X10600 101V7 F026V1 422V2 101V2 2002V1 201V2 2172V1 212V1 422V1 501V1 401V1	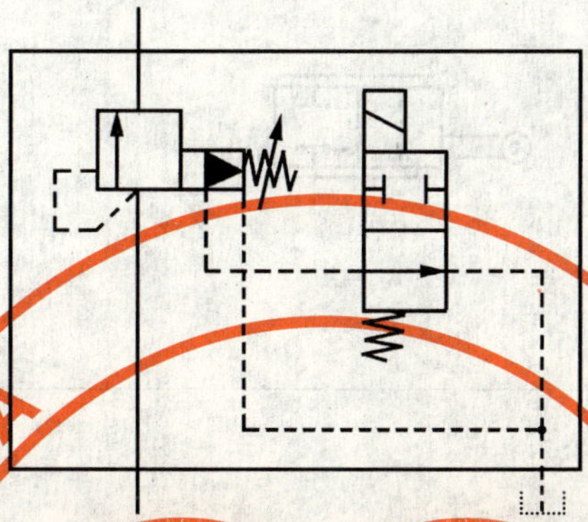	电磁溢流阀，先导式，电气操纵预设定压力
6.1.3.9	X10610 101V7 F028V1 422V4 2002V1 201V2 401V1 401V2	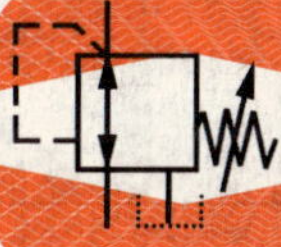	三通减压阀(液压)
6.1.4　流量控制阀			
6.1.4.1	X10630 401V1 2031V1 201V4		可调节流量控制阀
6.1.4.2	X10640 401V1 2031V1 201V4 2162V1 2163V1 501V1 401V1	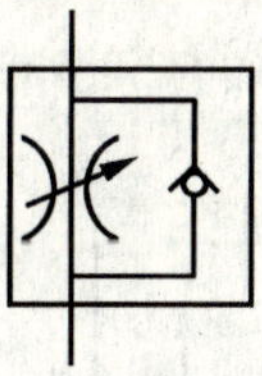	可调节流量控制阀，单向自由流动

	注册号	图　形	描　述
6.1.4.3	X10650 101V7 F028V1 2172V1 RF028 2002V1 402V5 712V1	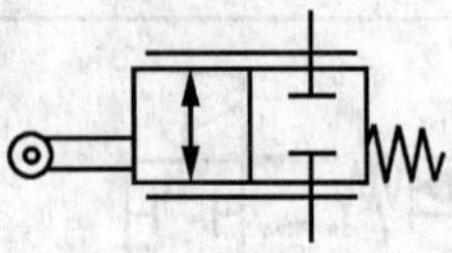	流量控制阀,滚轮杠杆操纵,弹簧复位
6.1.4.4	X10660 F022V1 F022V1 203V2 2162V1 2163V1 242V1 501V1 101V1 401V1	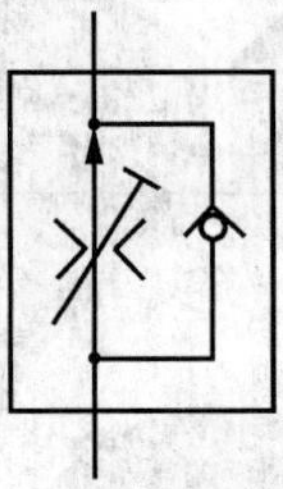	二通流量控制阀,可调节,带旁通阀,固定设置,单向流动,基本与黏度和压力差无关
6.1.4.5	X10670 F022V1 201V3 242V1 501V1 101V1 401V1	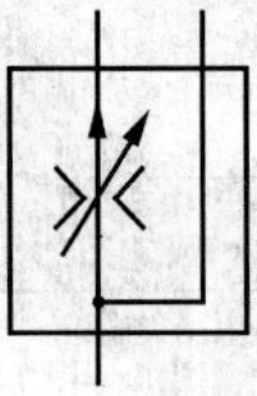	三通流量控制阀,可调节,将输入流量分成固定流量和剩余流量
6.1.4.6	X10680 F022V1 242V1 501V1 101V1 401V1	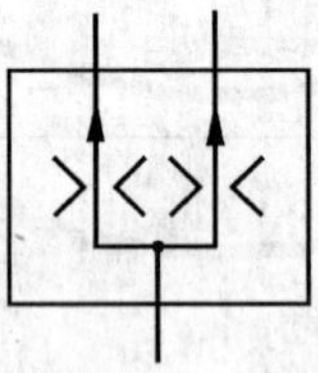	分流器,将输入流量分成两路输出
6.1.4.7	X10690 F022V1 242V1 501V1 101V1 401V1	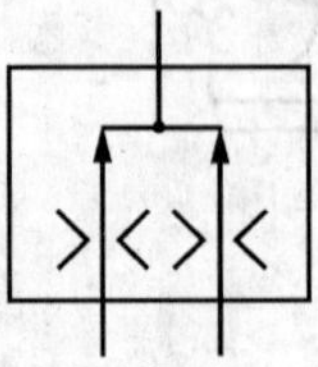	集流阀,保持两路输入流量相互恒定

	注册号	图形	描述
6.1.5 单向阀和梭阀			
6.1.5.1	X10700 2162V1 2163V1 401V1		单向阀，只能在一个方向自由流动
6.1.5.2	X10710 2162V1 2163V1 401V1 202V1		单向阀，带有复位弹簧，只能在一个方向流动，常闭
6.1.5.3	X10720 2162V1 2163V1 401V1 202V1 101V1 422V1		先导式液控单向阀，带有复位弹簧，先导压力允许在两个方向自由流动
6.1.5.4	X10730 101V1 2162V1 2163V1 422V1 401V1		双单向阀，先导式
6.1.5.5	X10740 101V16 2162V1 2163V1 501V2 401V1 401V2		梭阀（“或”逻辑），压力高的入口自动与出口接通

	注册号	图 形	描 述
6.1.6 比例方向控制阀			
6.1.6.1	X10760 101V7 F026V1 F027V1 2172V1 RF028 101V2 212V1 201V2 2002V1	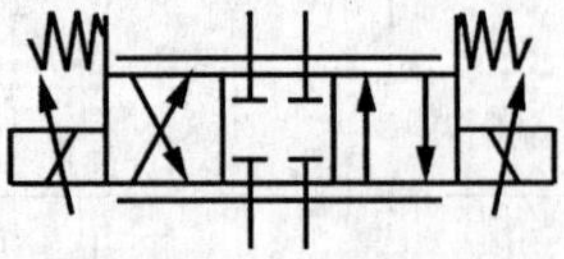	直动式比例方向控制阀
6.1.6.2	X10770 101V7 F026V1 F027V1 F032V1 2031V2 RF028 2172V1 101V2 212V1 201V2 2002V1	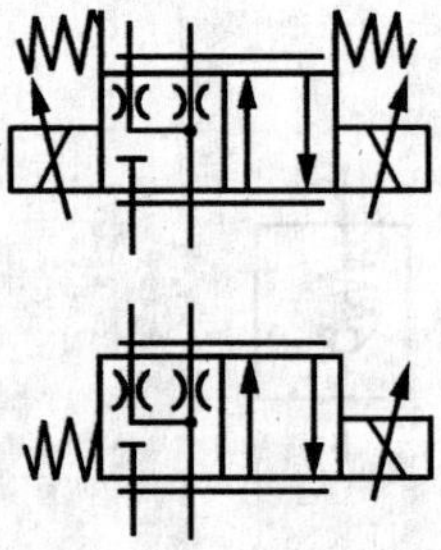	比例方向控制阀，直接控制
6.1.6.3	X10780 101V7 F026V1 F027V1 RF028 101V2 243V1 212V1 201V2 2002V1 753V1 F045V1 234V1 401V2 101V5 F052V1	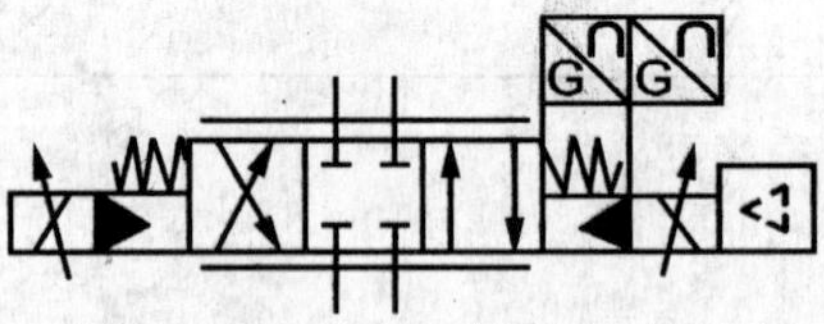	先导式比例方向控制阀，带主级和先导级的闭环位置控制，集成电子器件

	注册号	图　　形	描　　述
6.1.6.4	X10790 101V7 F026V1 F027V1 RF028 101V2 243V1 212V1 201V2 101V5 F052V1 2002V1 753V1 F045V1 234V1 2002V1 401V2	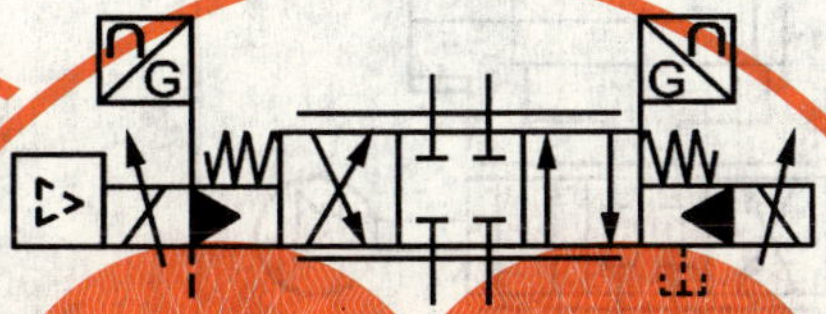	先导式伺服阀，带主级和先导级的闭环位置控制，集成电子器件，外部先导供油和回油
6.1.6.5	X10800 101V7 F026V1 F027V1 F033V1 2031V2 RF028 101V2 243V1 212V4 201V2 402V1 241V1 401V2		先导式伺服阀，先导级带双线圈电气控制机构，双向连续控制，阀芯位置机械反馈到先导装置，集成电子器件

	注册号	图形	描述
6.1.6.6	X10810 101V7 F026V1 F027V1 2172V1 RF028 101V13 F004V1 101V14 402V1 241V1 F019V2 211V1 F002V1 402V5 101V1 401V1	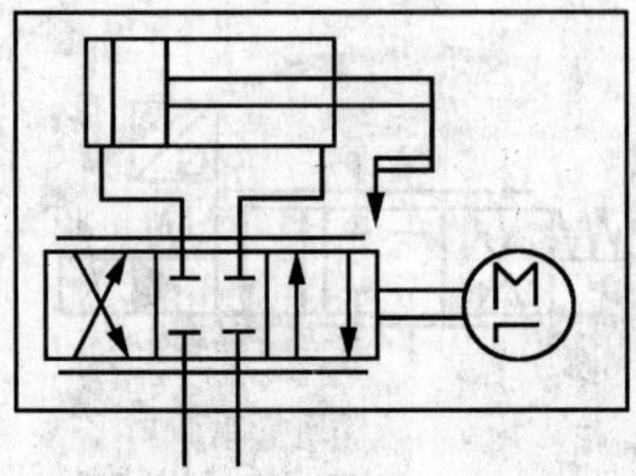	电液线性执行器，带由步进电机驱动的伺服阀和油缸位置机械反馈
6.1.6.7	X10820 101V7 F026V1 F027V1 2172V1 RF028 F034V1 2002V1 101V2 212V1 201V2 101V5 F052V1 753V1 F045V1 234V1	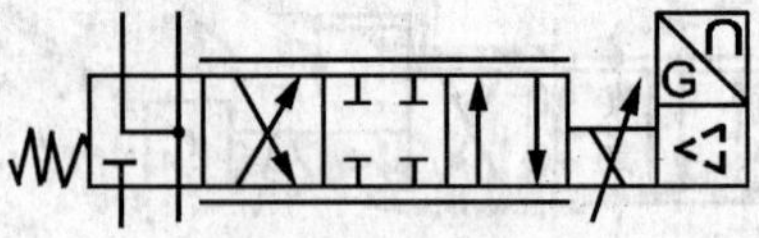	伺服阀，内置电反馈和集成电子器件，带预设动力故障位置

	注册号	图　形	描　述
6.1.7　比例压力控制阀			
6.1.7.1	X10830 101V7 F026V1 422V2 2002V1 101V2 212V1 201V2 401V2	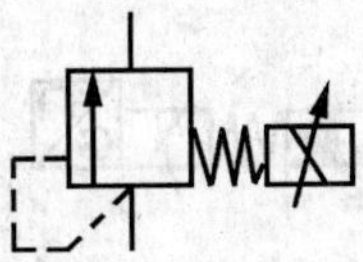	比例溢流阀，直控式，通过电磁铁控制弹簧工作长度来控制液压电磁换向座阀
6.1.7.2	X10840 101V7 F026V1 422V2 101V2 212V1 201V2 401V2 101V5 F052V1 401V2	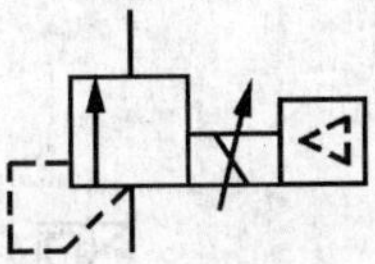	比例溢流阀，直控式，电磁力直接作用在阀芯上，集成电子器件
6.1.7.3	X10850 101V7 F026V1 422V2 2002V1 101V2 212V1 201V2 101V5 F052V1 753V1 F045V1 234V1 401V2	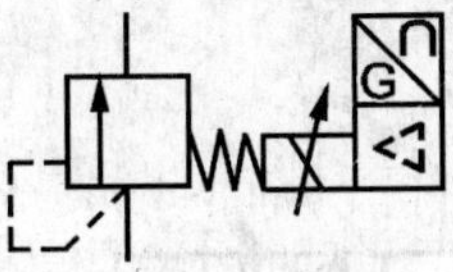	比例溢流阀，直控式，带电磁铁位置闭环控制，集成电子器件

	注册号	图　形	描　述
6.1.7.4	X10860 101V7 F026V1 422V2 2002V1 101V2 212V1 201V2 401V2 243V1 753V1 F045V1 234V1	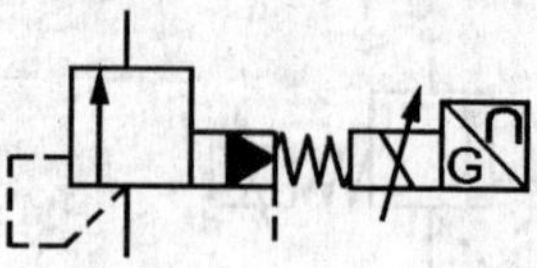	比例溢流阀，先导控制，带电磁铁位置反馈
6.1.7.5	X10870 101V7 F028V1 422V4 101V2 243V1 2002V1 212V1 201V2 101V5 F052V1 753V1 F045V1 234V1 501V1 422V1 401V1	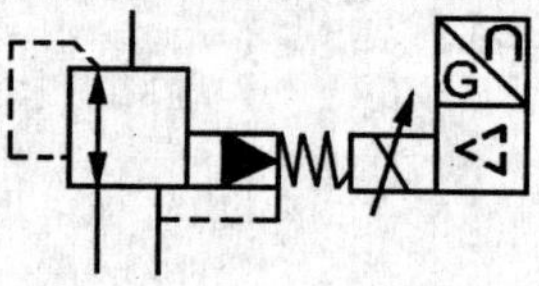	三通比例减压阀，带电磁铁闭环位置控制和集成式电子放大器
6.1.7.6	X10880 101V7 F026V1 101V2 243V1 212V1 201V2 101V5 F052V1 422V2 422V1 401V2	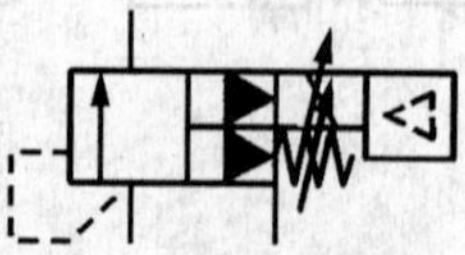	比例溢流阀，先导式，带电子放大器和附加先导级，以实现手动压力调节或最高压力溢流功能

	注册号	图　形	描　述
6.1.8　比例流量控制阀			
6.1.8.1	X10890 101V7 F028V1 2172V1 RF028 2002V1 101V2 212V1 201V2 401V2	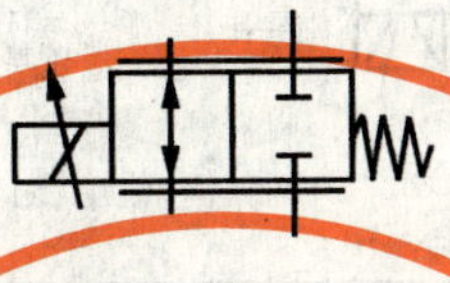	比例流量控制阀，直控式
6.1.8.2	X10900 101V7 F027V1 2172V1 RF028 2002V1 101V2 212V1 201V2 101V5 F052V1 753V1 F045V1 234V1 401V2	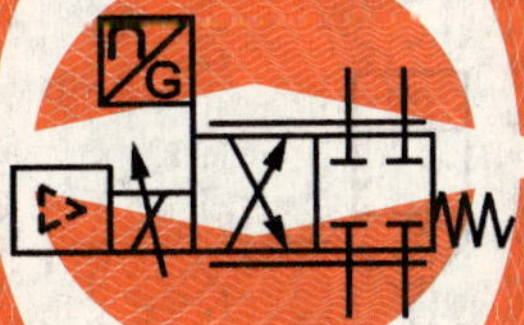	比例流量控制阀，直控式，带电磁铁闭环位置控制和集成式电子放大器
6.1.8.3	X10910 101V7 2172V2 F026V1 2172V1 RF028 2002V1 101V2 243V1 212V1 201V2 753V1 F045V1 234V1 101V5 F052V1 401V2	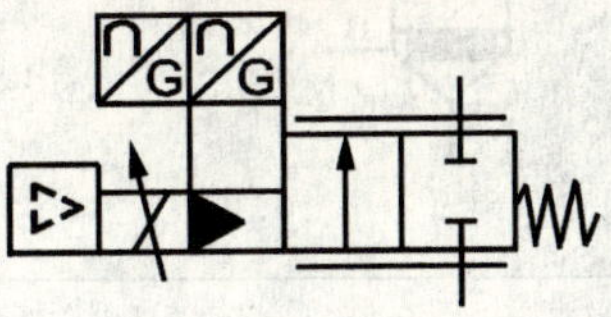	比例流量控制阀，先导式，带主级和先导级的位置控制和电子放大器

	注册号	图　形	描　述
6.1.8.4	X10920 201V3 242V1 101V2 212V4 201V2 401V1		流量控制阀，用双线圈比例电磁铁控制，节流孔可变，特性不受黏度变化的影响
6.1.9　二通盖板式插装阀			
6.1.9.1	X10930 F010V1 101V1 2002V2 401V2	B A	压力控制和方向控制插装阀插件，座阀结构，面积1∶1
6.1.9.2	X10940 F010V1 101V1 2002V2 401V2	B A	压力控制和方向控制插装阀插件，座阀结构，常开，面积比1∶1
6.1.9.3	X10950 F010V1 F011V1 2002V2 401V2	B A	方向控制插装阀插件，带节流端的座阀结构，面积比例 ≤0.7
6.1.9.4	X10960 F010V1 F012V1 2002V2 401V2	B A	方向控制插装阀插件，带节流端的座阀结构，面积比例＞0.7
6.1.9.5	X10970 F010V1 F011V1 2002V2 401V2	B A	方向控制插装阀插件，座阀结构，面积比例≤0.7

	注册号	图　形	描　述
6.1.9.6	X10980 F010V1 F012V1 2002V2 401V2	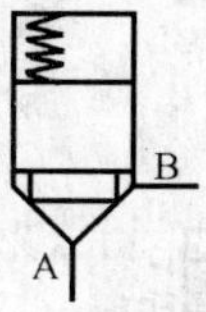	方向控制插装阀插件，座阀结构，面积比例>0.7
6.1.9.7	X10990 F013V1 F014V1 2002V2 401V2	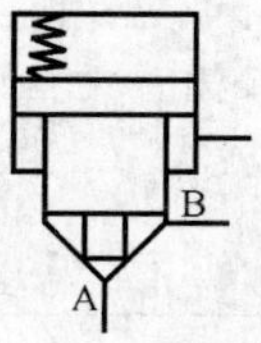	主动控制的方向控制插装阀插件，座阀结构，由先导压力打开
6.1.9.8	X11000 F013V1 F015V1 2002V2 401V2	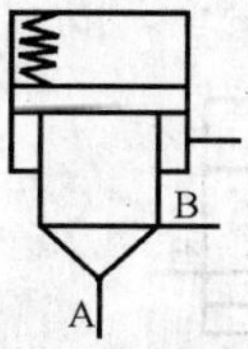	主动控制插件，B端无面积差
6.1.9.9	X11010 F010V1 F011V1 2002V2 2031V2 401V2 RF034	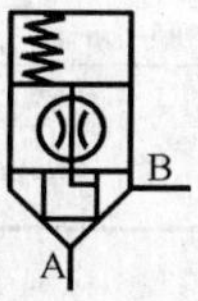	方向控制阀插件，单向流动，座阀结构，内部先导供油，带可替换的节流孔(节流器)
6.1.9.10	X11020 101V10 101V11 2002V2 2031V2 501V1 401V1	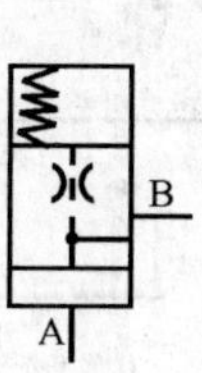	带溢流和限制保护功能的阀芯插件，滑阀结构，常闭

	注册号	图 形	描 述
6.1.9.11	X11030 101V10 101V11 2002V2 2031V2 501V1 2162V2 6163V2 401V1 422V1	B A	减压插装阀插件，滑阀结构，常闭，带集成的单向阀
6.1.9.12	X11040 101V10 101V11 2002V2 2031V2 501V1 2162V2 6163V2 401V1 422V1	B A	减压插装阀插件，滑阀结构，常开，带集成的单向阀
6.1.9.13	X11050 F016V1		无端口控制盖
6.1.9.14	X11060 F016V1 2031V2 RF034 422V1	X	带先导端口的控制盖

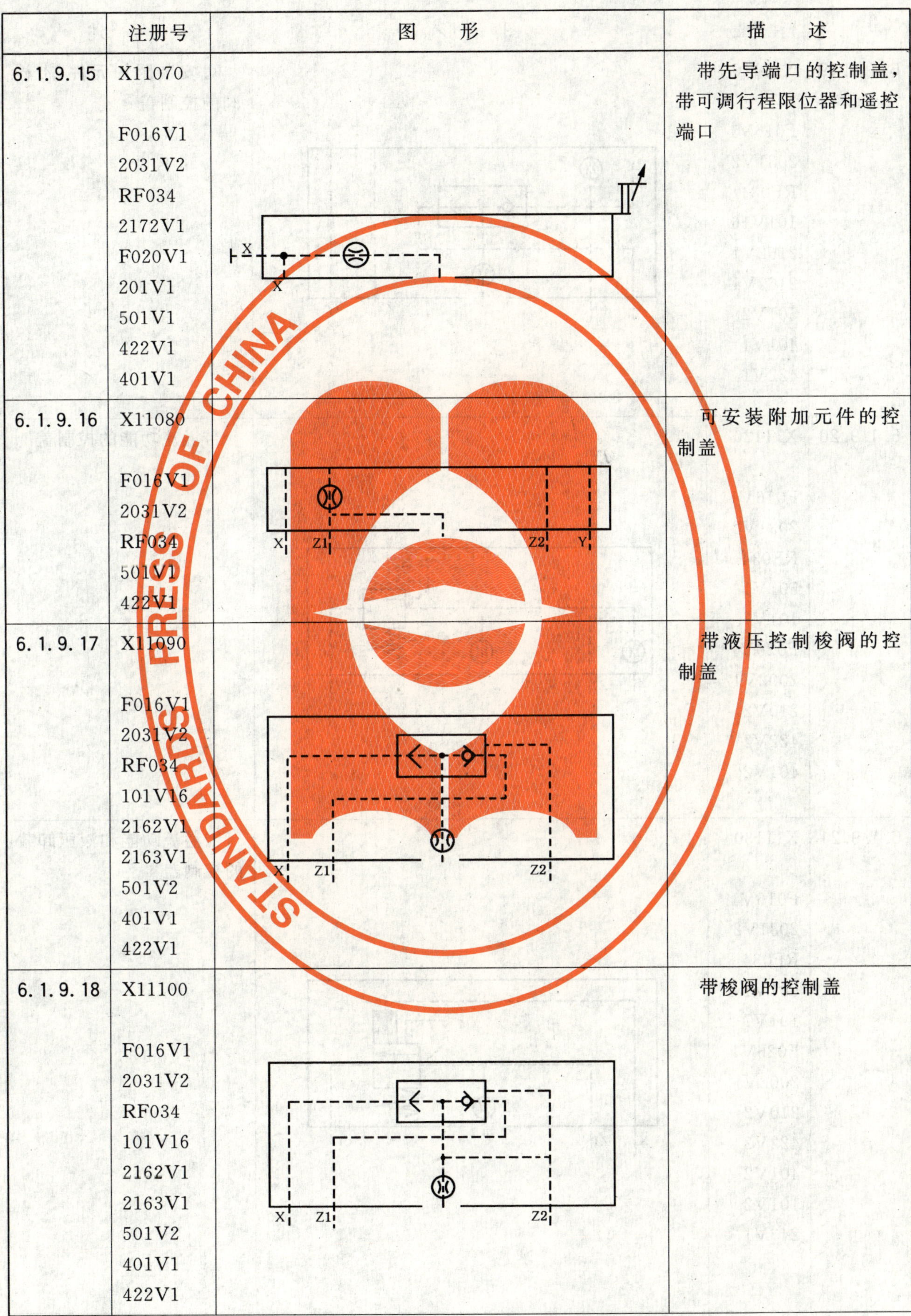

	注册号	图　形	描　述
6.1.9.15	X11070 F016V1 2031V2 RF034 2172V1 F020V1 201V1 501V1 422V1 401V1		带先导端口的控制盖，带可调行程限位器和遥控端口
6.1.9.16	X11080 F016V1 2031V2 RF034 501V1 422V1		可安装附加元件的控制盖
6.1.9.17	X11090 F016V1 2031V2 RF034 101V16 2162V1 2163V1 501V2 401V1 422V1		带液压控制梭阀的控制盖
6.1.9.18	X11100 F016V1 2031V2 RF034 101V16 2162V1 2163V1 501V2 401V1 422V1		带梭阀的控制盖

	注册号	图　形	描　　述
6.1.9.19	X11110 F016V1 2031V2 RF034 101V16 2162V1 2163V1 501V2 401V1 422V1	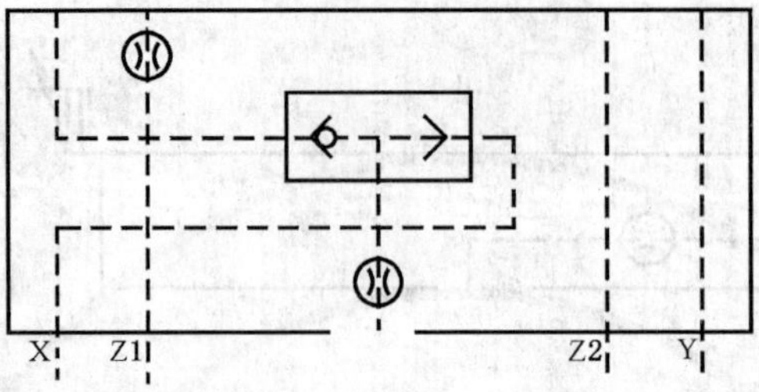 X Z1 Z2 Y	可安装附加元件，带梭阀的控制盖
6.1.9.20	X11120 F016V1 2031V2 RF034 501V1 101V7 F026V1 2002V1 210V2 422V2 401V2	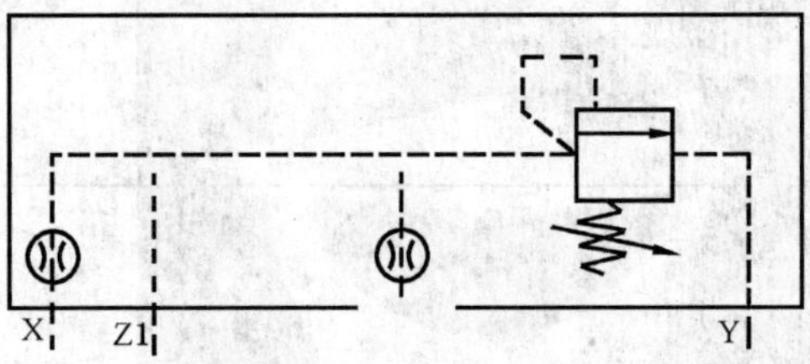 X Z1 Y	带溢流功能的控制盖
6.1.9.21	X11130 F016V1 2031V2 RF034 501V1 101V7 F026V1 2002V1 210V2 422V2 401V2 101V2 243V1	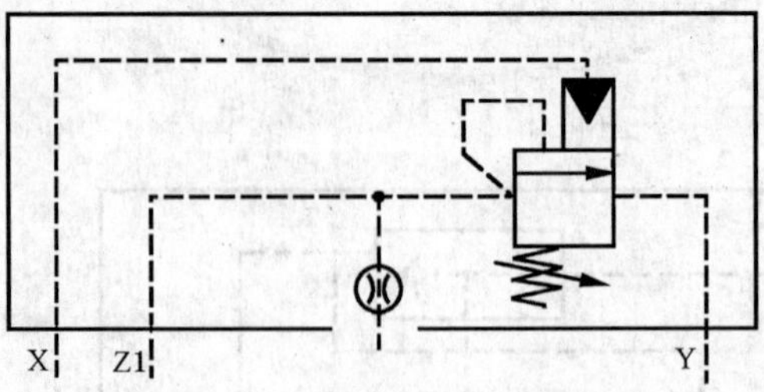 X Z1 Y	带溢流功能和液压卸载的控制盖

	注册号	图　形	描　述
6.1.9.22	X11140 F016V1 2031V2 RF034 501V1 101V7 F026V1 2002V1 210V2 422V2 401V2 2031V1 242V1 401V1	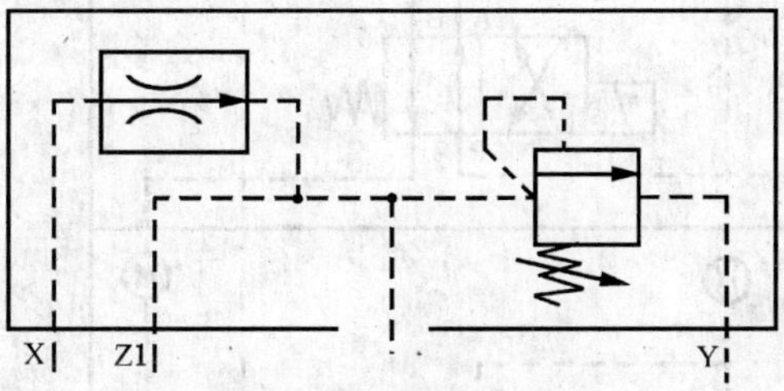 X Z1 Y	带溢流功能的控制盖，用流量控制阀来限制先导级流量
6.1.9.23	X11150 F016V1 2031V2 RF034 2172V1 F020V1 201V1 501V1 422V1 401V1 F010V1 F011V1 2002V2 401V2	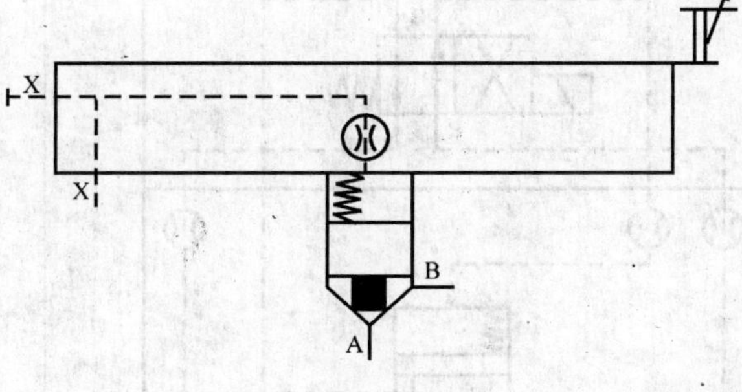 X X B A	带行程限制器的二通插装阀

	注册号	图　形	描　述
6.1.9.24	X11160 101V7 F026V1 F027V1 101V2 212V1 2002V1 F016V1 2031V2 RF034 501V1 422V1 F010V1 F011V1 2002V2 401V2	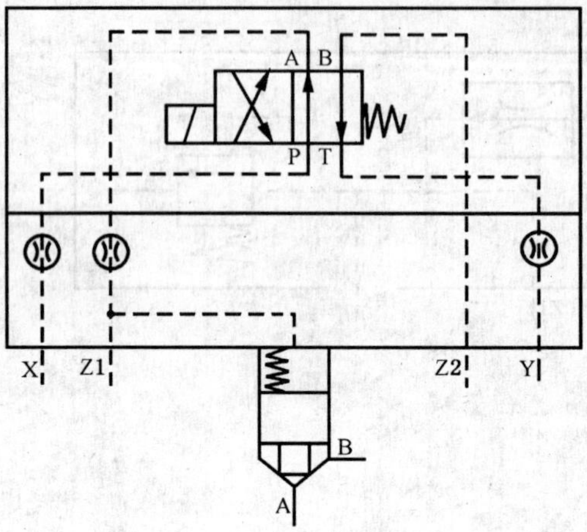	带方向控制阀的二通插装阀
6.1.9.25	X11170 101V7 F026V1 F027V1 101V2 212V1 2002V1 F016V1 2031V2 RF034 422V1 F013V1 F015V1 2002V2 401V2	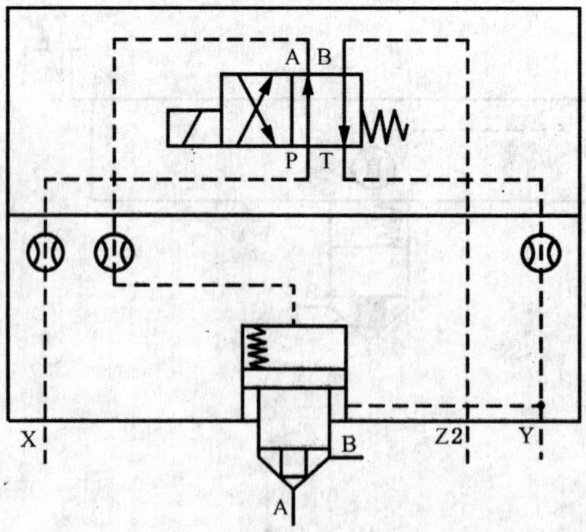	主动控制，带方向控制阀的二通插装阀

	注册号	图　形	描　述
6.1.9.26	X11180 F010V1 101V1 2002V2 401V2 F016V1 2031V2 RF034 501V1 101V7 F026V1 2002V1 210V2 422V2 401V2	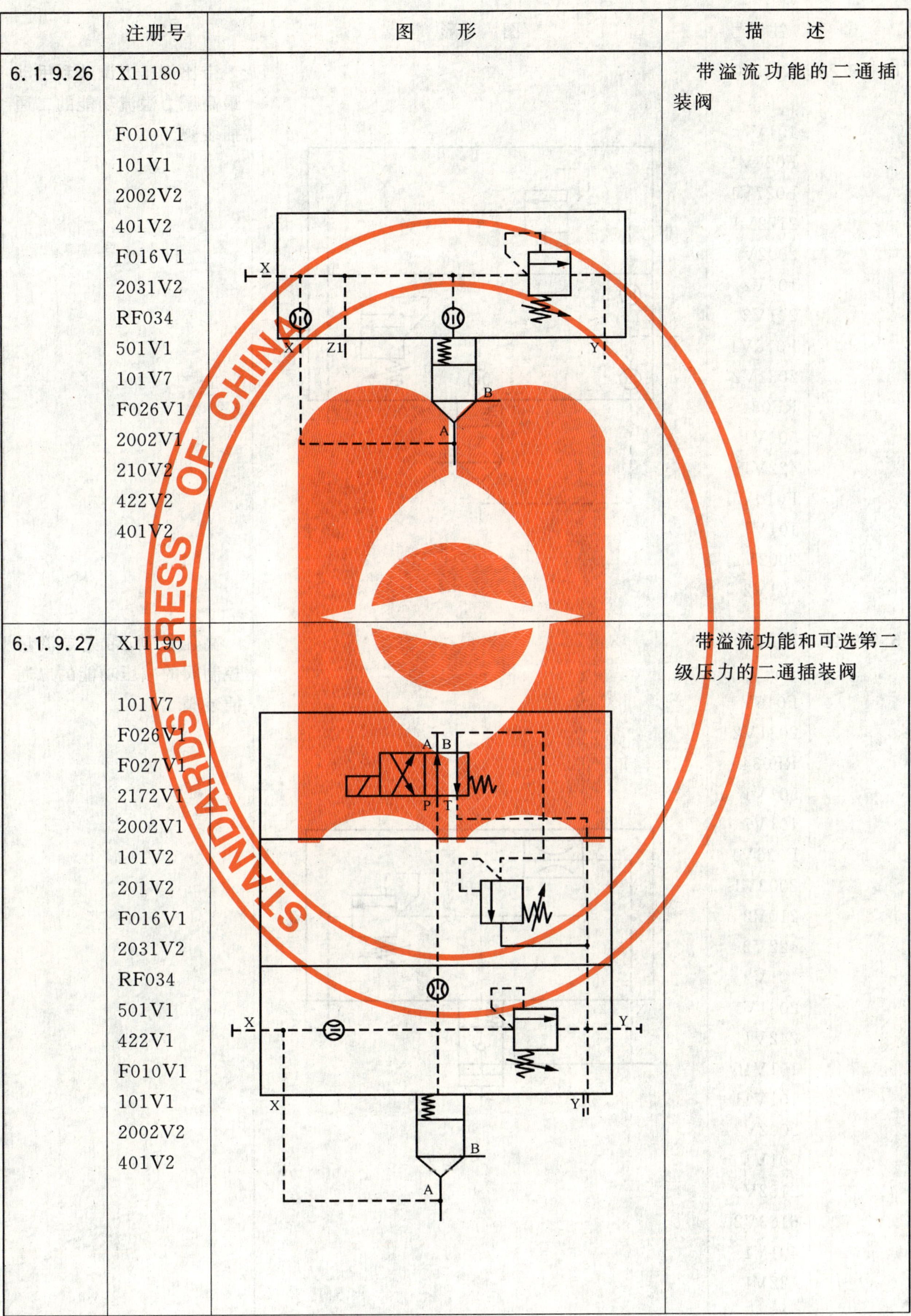	带溢流功能的二通插装阀
6.1.9.27	X11190 101V7 F026V1 F027V1 2172V1 2002V1 101V2 201V2 F016V1 2031V2 RF034 501V1 422V1 F010V1 101V1 2002V2 401V2		带溢流功能和可选第二级压力的二通插装阀

	注册号	图　形	描　述
6.1.9.28	X11200 101V7 F026V1 F027V1 2172V1 2002V1 101V2 201V2 F016V1 2031V2 RF034 501V1 422V1 F010V1 101V1 2002V2 401V2	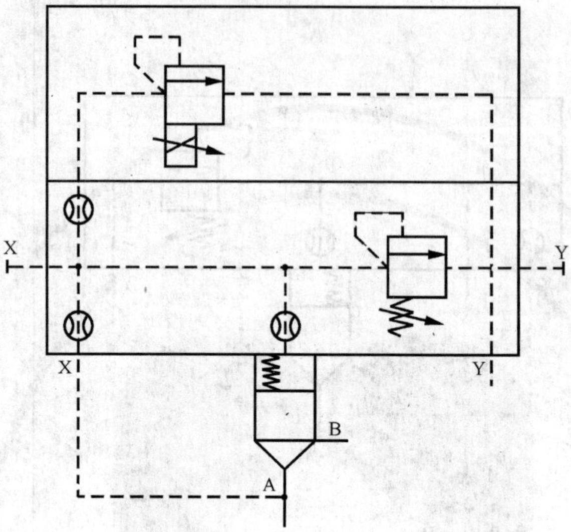	带比例压力调节和手动最高压力溢流功能的二通插装阀
6.1.9.29	X11210 F016V1 2031V2 RF034 501V1 101V7 F026V1 2002V1 210V2 422V2 401V2 2031V1 242V1 101V10 101V11 2002V2 501V1 2162V2 6163V2 401V1 422V1	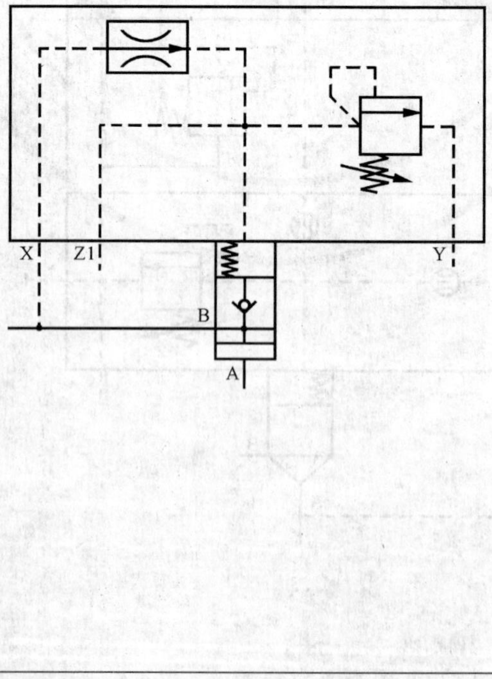	高压控制、带先导流量控制阀的减压功能的二通插装阀

	注册号	图　形	描　述
6.1.9.30	X11220 F016V1 2031V2 RF034 501V1 101V7 F026V1 2002V1 210V2 422V2 401V2 101V10 101V11 2002V2 501V1 401V1	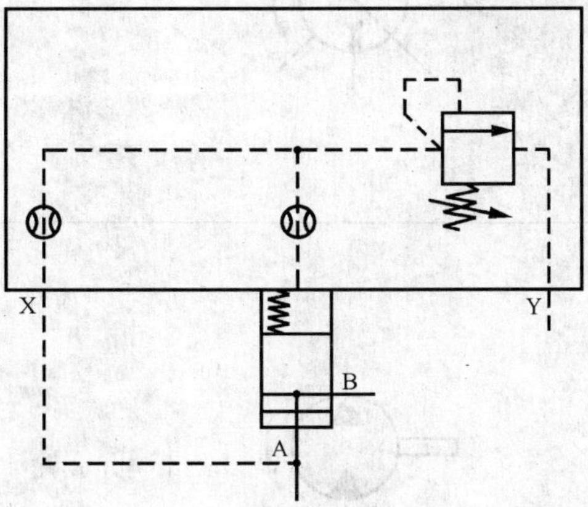 X Y B A	低压控制、减压功能的二通插装阀
6.2　**泵和马达**			
6.2.1	X11230 2065V1 243V1 F017V1 201V5 401V2	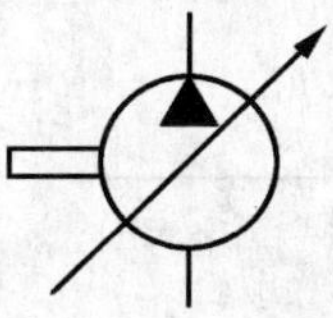	变量泵
6.2.2	X11240 2065V1 243V1 F017V1 201V5 401V2 255V1 422V1	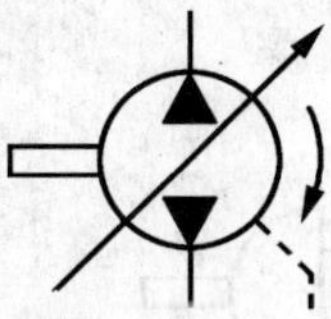	双向流动，带外泄油路单向旋转的变量泵

	注册号	图　形	描　述
6.2.3	X11250 2065V1 243V2 F017V1 201V5 401V2 256V1	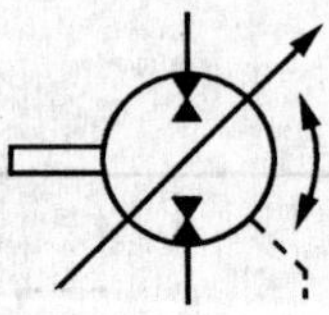	双向变量泵或马达单元,双向流动,带外泄油路,双向旋转
6.2.4	X11260 2065V1 243V1 F017V1 401V2 255V1 422V1	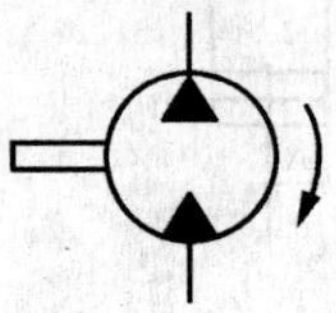	单向旋转的定量泵或马达
6.2.5	X11270 F003V1 243V2 402V3 688V1 401V2	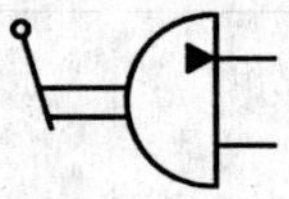	操纵杆控制,限制转盘角度的泵
6.2.6	X11280 F003V1 256V1 F017V1 401V2	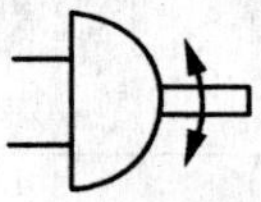	限制摆动角度,双向流动的摆动执行器或旋转驱动
6.2.7	X11290 F003V1 256V1 F017V1 401V2 2002V1	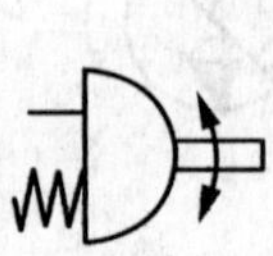	单作用的半摆动执行器或旋转驱动

	注册号	图　形	描　述
6.2.8	X11300 2065V1 243V1 F017V1 201V5 401V2 255V1 422V1 101V2 101V1 243V1	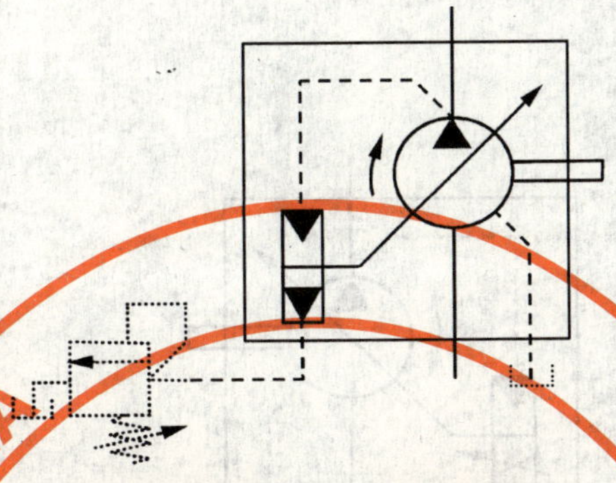	变量泵,先导控制,带压力补偿,单向旋转,带外泄油路
6.2.9	X11310 2065V1 243V1 F017V1 201V5 401V2 255V1 422V1 101V2 101V1 243V1 2002V1 201V2		带复合压力或流量控制(负载敏感型)变量泵,单向驱动,带外泄油路
6.2.10	X11320 2065V1 243V1 F017V1 201V5 401V2 255V2 422V1 101V2 101V1 243V1 402V5 681V2	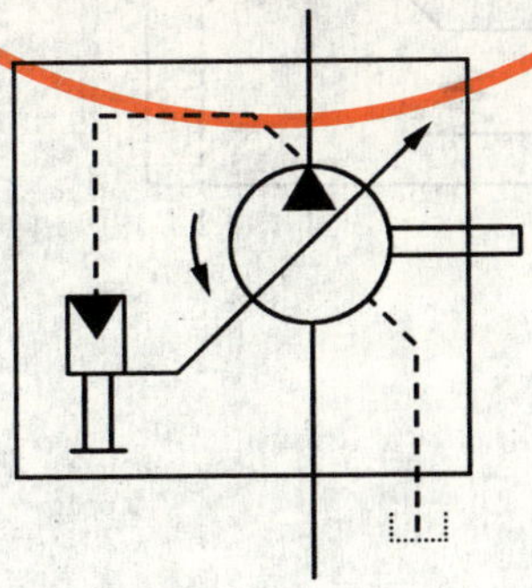	机械或液压伺服控制的变量泵

	注册号	图　　形	描　　述
6.2.11	X11330 2065V1 243V1 F017V1 201V5 401V2 255V2 422V1 101V2 101V1 243V1 212V1 210V2	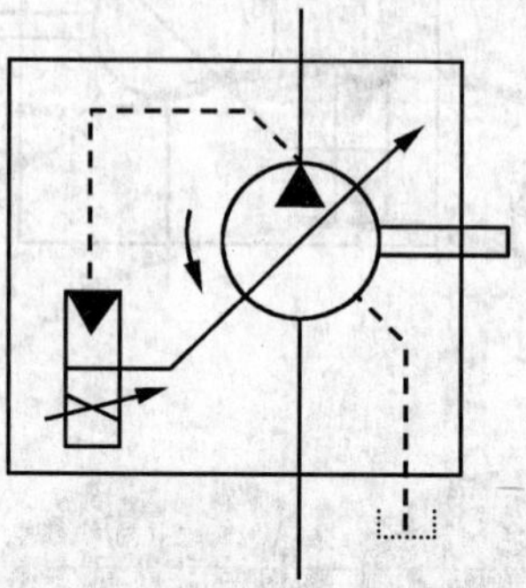	电液伺服控制的变量液压泵
6.2.12	X11340 2065V1 243V1 F017V1 201V5 401V2 255V2 422V1 101V2 101V1 243V1 2002V1 401V1	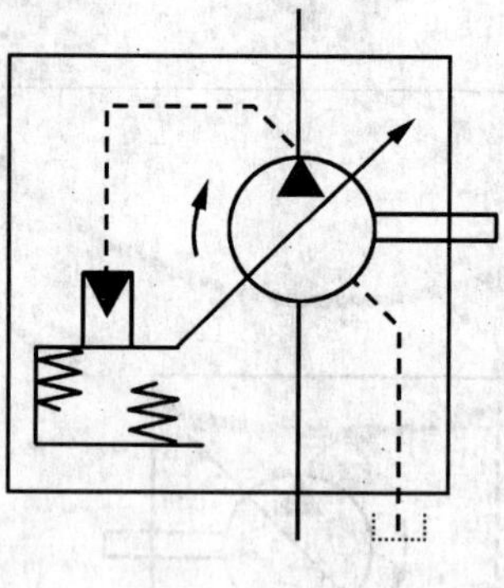	恒功率控制的变量泵

	注册号	图　形	描　述
6.2.13	X11350 2065V1 243V1 F017V1 201V5 401V2 255V1 422V1 101V2 101V1 243V1 2002V1 201V2 F020V1 201V1 501V1	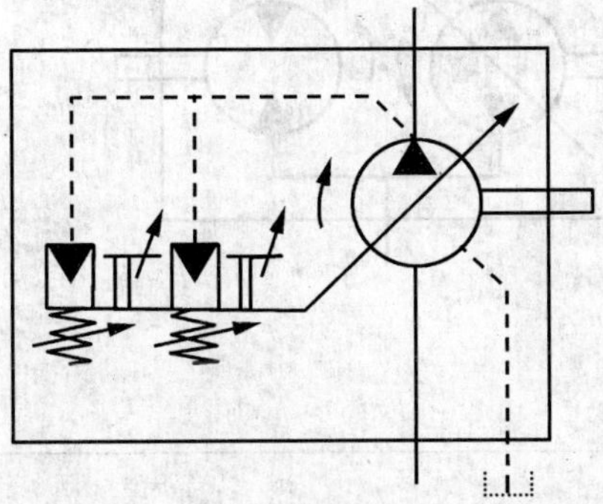	带两级压力或流量控制的变量泵，内部先导操纵
6.2.14	X11360 2065V1 243V1 F017V1 201V5 401V2 255V1 422V1 101V2 101V1 243V1 2002V1 201V2 F020V1 201V1 501V1 101V7 F026V1 F027V1	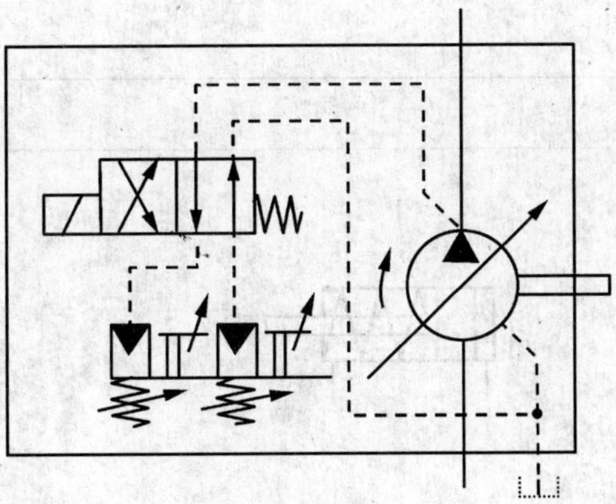	带两级压力控制元件的变量泵，电气转换

	注册号	图　　形	描　　述
6.2.15	X11370 2065V1 243V1 F017V1 201V5 401V2 255V1 422V1 501V1 101V1 401V1		静液传动(简化表达)驱动单元,由一个能反转、带单输入旋转方向的变量泵和一个带双输出旋转方向的定量马达组成
6.2.16	X11380 2065V1 243V1 F017V1 201V5 401V2 101V7	***	表现出控制和调节元件的变量泵,箭头表示调节能力可扩展,控制机构和元件可以在箭头任意一边连接 *** 没有指定复杂控制器
6.2.17	X11430 2065V1 243V2 244V2 401V2	p1 p2	连续增压器,将气体压力 p_1 转换为较高的液体压力 p_2
6.3　缸			
6.3.1	X11440 101V13 2002V3 101V14 F004V1 401V2		单作用单杆缸,靠弹簧力返回行程,弹簧腔带连接油口
6.3.2	X11450 101V13 101V14 F004V1 401V2		双作用单杆缸

	注册号	图　形	描　述
6.3.3	X11460 101V13 101V14 F004V1 F004V2 101V19 201V7 401V2	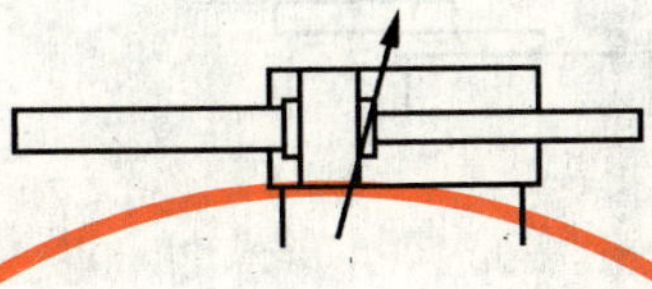	双作用双杆缸，活塞杆直径不同，双侧缓冲，右侧带调节
6.3.4	X11470 101V13 F006V1 F004V1 F003V1 201V1 401V2		带行程限制器的双作用膜片缸
6.3.5	X11480 101V13 F004V1 F006V1 101V19 2002V3 2174V1 401V2		活塞杆终端带缓冲的单作用膜片缸，排气口不连接
6.3.6	X11490 101V22 101V18 401V2	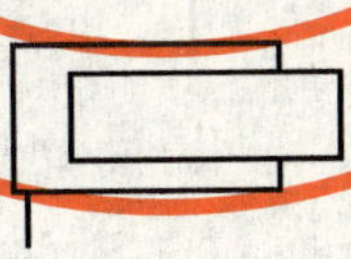	单作用缸，柱塞缸
6.3.7	X11500 101V22 F004V1 F004V3 401V2	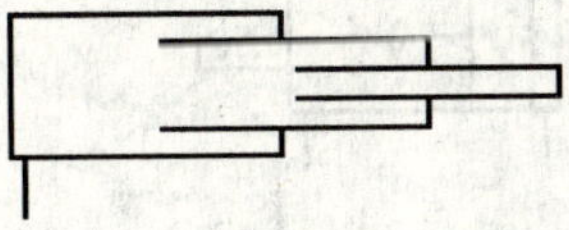	单作用伸缩缸

	注册号	图　形	描　述
6.3.8	X11510 101V22 F005V1 F005V2 401V2	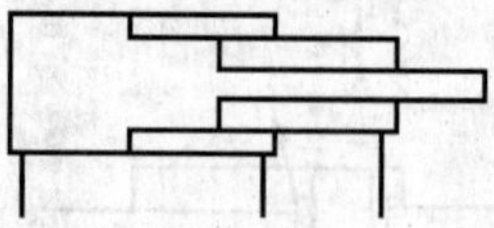	双作用伸缩缸
6.3.9	X11520 101V13 101V14 101V19 101V20	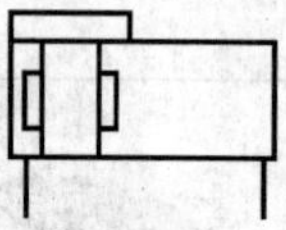	双作用带状无杆缸，活塞两端带终点位置缓冲
6.3.10	X11530 101V13 101V14 101V19 101V20 201V7 245V1 401V2	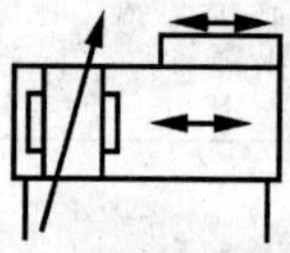	双作用缆绳式无杆缸，活塞两端带可调节终点位置缓冲
6.3.11	X11540 101V13 101V14 753V1 F045V1 F048V1 326V1 401V2	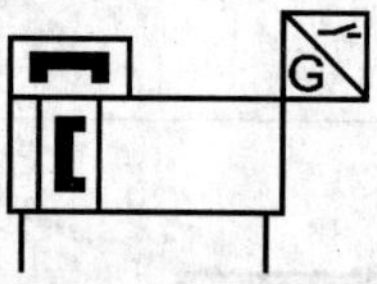 G	双作用磁性无杆缸，仅右边终端位置切换
6.3.12	X11550 101V13 101V14 F004V1 655V1 F041V1 401V2	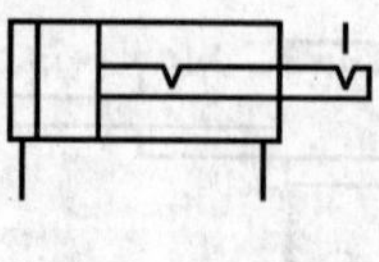	行程两端定位的双作用缸

	注册号	图 形	描 述
6.3.13	X11560 101V13 101V14 F004V1 753V1 F045V1 F048V1 401V2	G G	双杆双作用缸,左终点带内部限位开关,内部机械控制,右终点有外部限位开关,由活塞杆触发
6.3.14	X11580 101V13 101V14 243V2 244V2 401V2		单作用压力介质转换器,将气体压力转换为等值的液体压力,反之亦然
6.3.15	X11590 F007V1 F008V1 243V2 244V2 401V2	p1 p2	单作用增压器,将气体压力 p_1 转换为更高的液体压力 p_2
6.4 附件			
6.4.1 连接和管接头			
6.4.1.1	X11670 501V1 452V1		软管总成
6.4.1.2	X11680 F036V1 RF049	1 2 3 1 2 3	三通旋转接头
6.4.1.3	X11690 2162V1 2172V1		不带单向阀的快换接头,断开状态

	注册号	图　形	描　述
6.4.1.4	X11700 2162V1 2163V1 2172V1	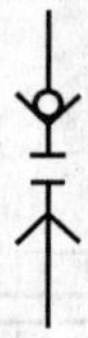	带单向阀的快换接头，断开状态
6.4.1.5	X11710 2162V1 2163V1 2172V1		带两个单向阀的快换接头，断开状态
6.4.1.6	X11720 2162V1 2172V1		不带单向阀的快换接头，连接状态
6.4.1.7	X11730 2162V1 2163V1 2172V1		带一个单向阀的快插管接头，连接状态
6.4.1.8	X11740 2162V1 2163V1 2172V1		带两个单向阀的快插管接头，连接状态
6.4.2　电气装置			
6.4.2.1	X11750 101V5 F017V1 2002V1 201V2 401V2	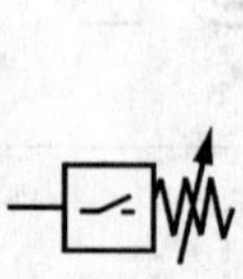	可调节的机械电子压力继电器

	注册号	图　形	描　述
6.4.2.2	X11760 753V1 F045V1 F048V1 201V1 401V1 401V2		输出开关信号、可电子调节的压力转换器
6.4.2.3	X11770 753V1 F045V1 234V1 401V2		模拟信号输出压力传感器
6.4.3 测量仪和指示器			
6.4.3.1	X11790 101V6 148V1 F056V1		光学指示器
6.4.3.2	X11800 101V6 235V1 148V1		数字式指示器
6.4.3.3	X11810 101V6 148V1 F057V1		声音指示器
6.4.3.4	X11820 F002V1 148V1 401V2		压力测量单元(压力表)

	注册号	图形	描述
6.4.3.5	X11830 F002V1 148V1 401V2		压差计
6.4.3.6	X11840 F002V1 148V1 402V5 685V1 401V2	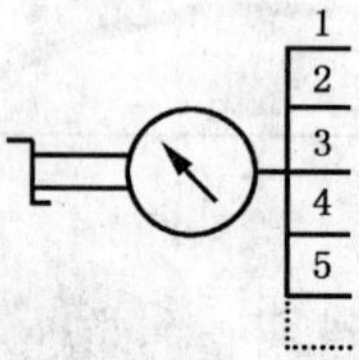 1 2 3 4 5	带选择功能的压力表
6.4.3.7	X11850 F002V1 F055V1 401V2		温度计
6.4.3.8	X11860 F002V1 F055V1 401V2 F049V1 201V1	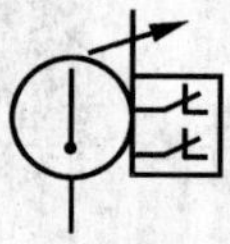	可调电气常闭触点温度计(接点温度计)
6.4.3.9	X11870 F002V1 1103V1 F058V1 401V2		液位指示器(液位计)
6.4.3.10	X11880 F002V1 1103V1 F058V1 401V2 F049V1	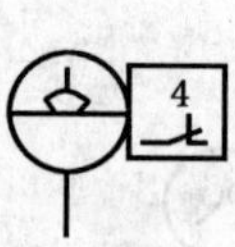 4	四常闭触点液位开关

	注册号	图　形	描　述
6.4.3.11	X11890 F002V1 1103V1 F058V1 401V2 148V1 101V6 235V1 234V1 F045V1 753V1	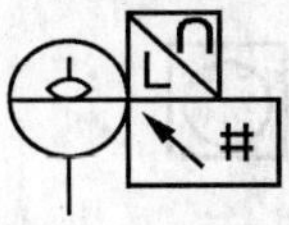	模拟量输出数字式电气液位监控器
6.4.3.12	X11900 F002V1 F054V1 401V2		流量指示器
6.4.3.13	X11910 F002V1 F054V1 401V2		流量计
6.4.3.14	X11920 F002V1 F054V1 401V2 101V6 235V1 148V1	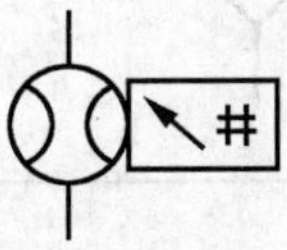	数字式流量计
6.4.3.15	X11930 F002V1 401V2 F025V1	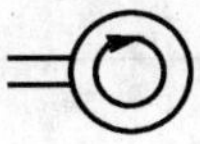	转速仪
6.4.3.16	X11940 F002V1 401V2 F024V1		转矩仪

	注册号	图　形	描　述
6.4.3.17	X11950 101V6 F059V1 F050V1	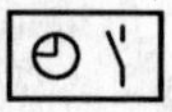	开关式定时器
6.4.3.18	X11960 101V5 F060V1		计数器
6.4.3.19	X11970 101V1 422V1 242V1 2061V1 401V1	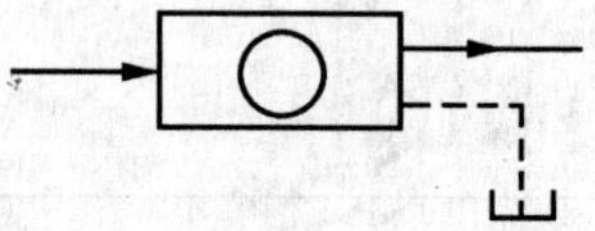	直通式颗粒计数器
6.4.4　过滤器与分离器			
6.4.4.1	X11980 101V15 F061V1 401V2	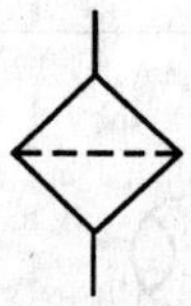	过滤器
6.4.4.2	X11990 101V15 F061V1 244V2 401V2	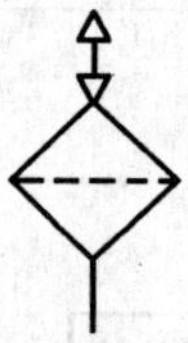	油箱通气过滤器
6.4.4.3	X12000 101V15 F061V1 326V1 401V2		带附属磁性滤芯的过滤器
6.4.4.4	X12010 101V15 F061V1 101V6 148V1 F056V1 401V2	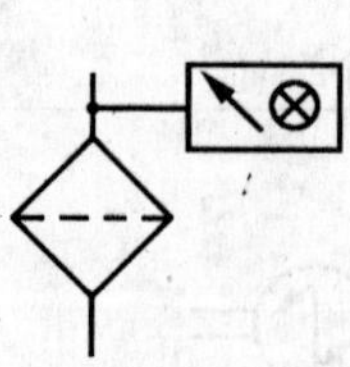	带光学阻塞指示器的过滤器

	注册号	图　形	描　述
6.4.4.5	X12020 101V15 F061V1 F002V1 148V1 422V1 401V2	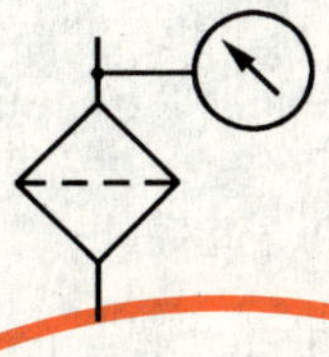	带压力表的过滤器
6.4.4.6	X12030 101V15 F061V1 2031V1 501V1 401V1	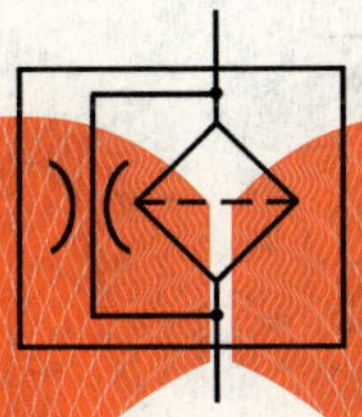	带旁路节流的过滤器
6.4.4.7	X12040 101V15 F061V1 2002V1 2162V1 2163V1 501V1 401V1	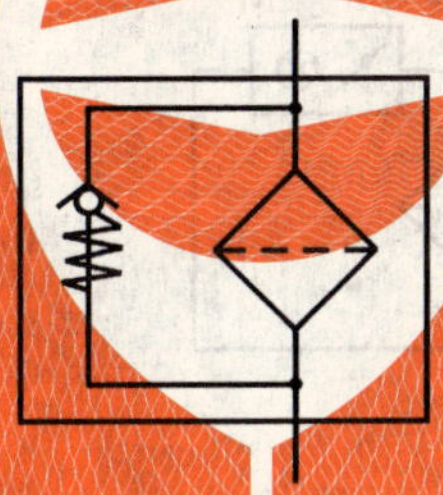	带旁路单向阀的过滤器
6.4.4.8	X12050 101V15 F061V1 2002V1 2162V1 2163V1 501V1 101V6 148V1 235V1 401V1	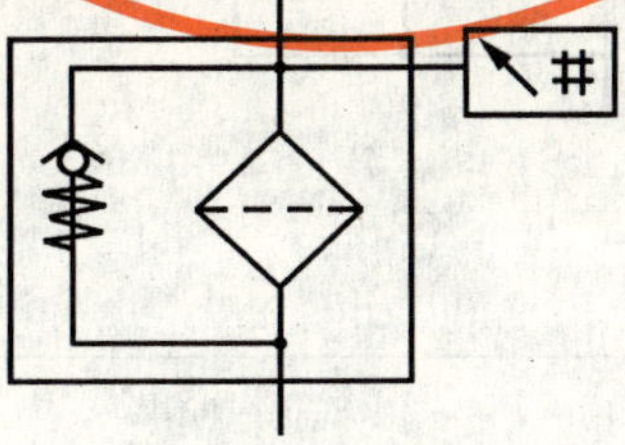	带旁路单向阀和数字显示器的过滤器

	注册号	图　　形	描　　述
6.4.4.9	X12060 101V15 F061V1 2002V1 2162V1 2163V1 501V1 101V6 148V1 235V1 401V1 101V5 F050V1 422V1	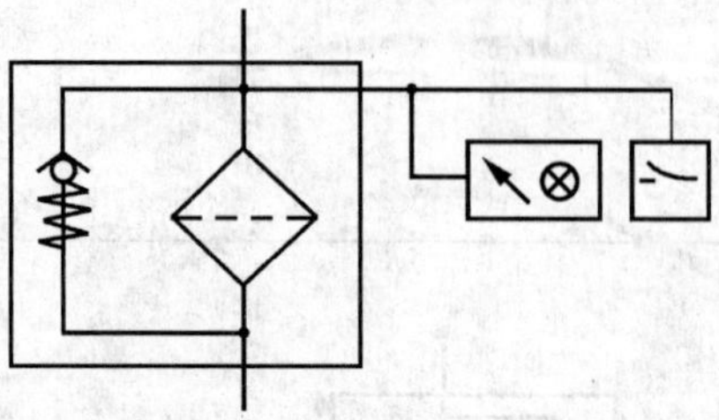	带旁路单向阀、光学阻塞指示器与电气触点的过滤器
6.4.4.10	X12070 101V15 F061V1 101V6 148V1 F056V1 401V2	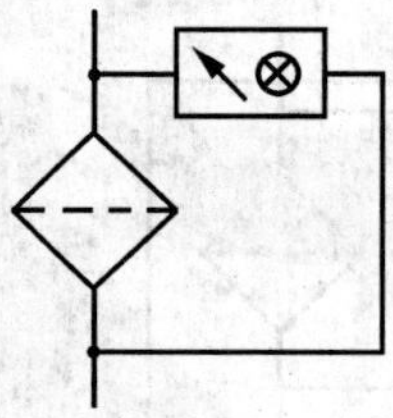	带光学压差指示器的过滤器
6.4.4.11	X12080 101V15 F061V1 F002V1 148V1 422V1 401V2 101V5 F050V1	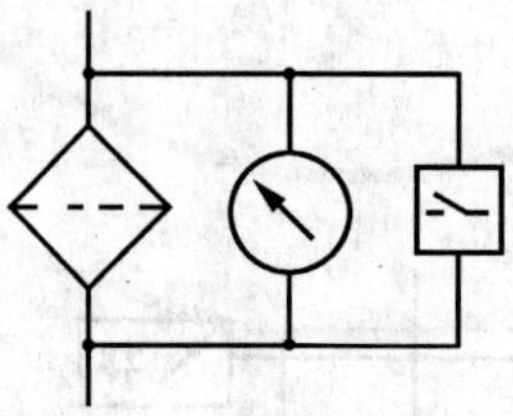	带压差指示器与电气触点的过滤器
6.4.4.12	X12090 101V15 F066V1 401V2	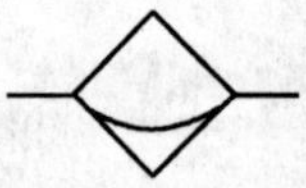	离心式分离器

	注册号	图　形	描　述
6.4.4.13	X12170 101V15 422V1 F037V1 401V1	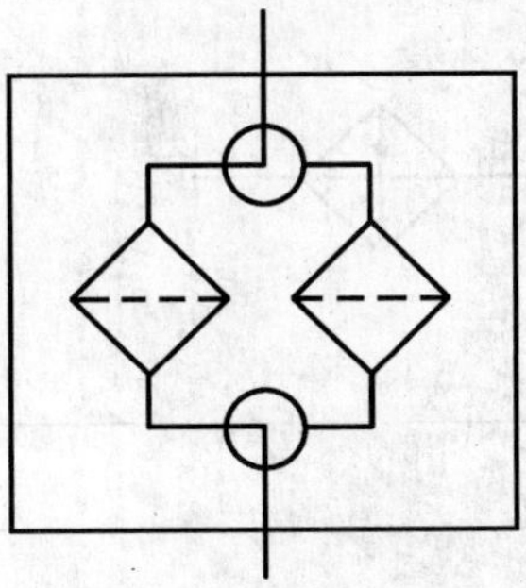	带手动切换功能的双过滤器
6.4.5　热交换器			
6.4.5.1	X12260 101V15 F067V1 401V1		不带冷却液流道指示的冷却器
6.4.5.2	X12270 101V15 F067V1 242V1 401V1	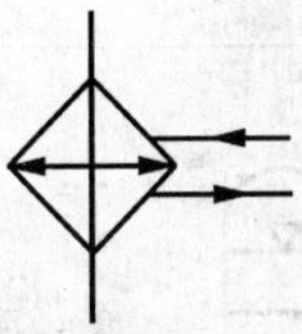	液体冷却的冷却器
6.4.5.3	X12280 101V15 F067V1 2065V1 F019V1 F072V1 402V5 401V2	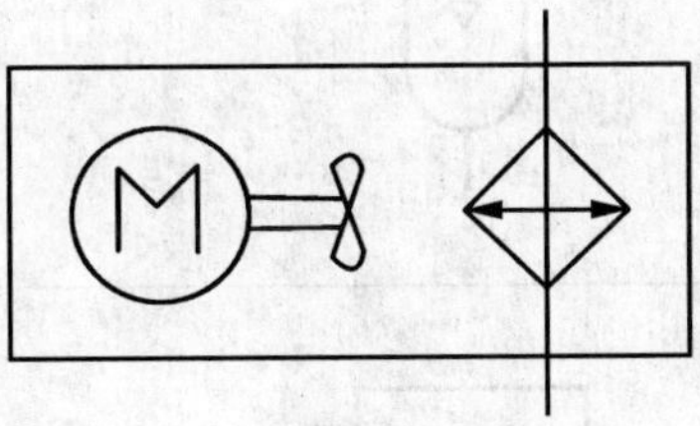	电动风扇冷却的冷却器
6.4.5.4	X12290 101V15 F067V1 401V1		加热器

	注册号	图　形	描　述
6.4.5.5	X12300 101V15 F067V1 401V1	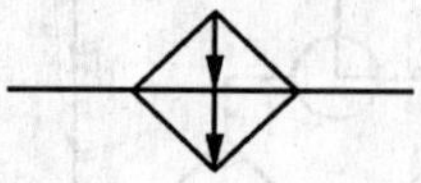	温度调节器
6.4.6　蓄能器(压力容器,气瓶)			
6.4.6.1	X12320 F069V1 244V2 401V1	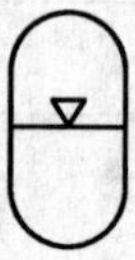	隔膜式充气蓄能器(隔膜式蓄能器)
6.4.6.2	X12330 F069V1 F006V1 244V2		囊隔式充气蓄能器(囊式蓄能器)
6.4.6.3	X12340 F069V1 101V14 244V2	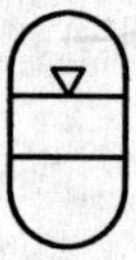	活塞式充气蓄能器(活塞式蓄能器)
6.4.6.4	X12350 F069V1 244V2		气瓶
6.4.6.5	X12360 F069V1 101V14 244V2 401V1	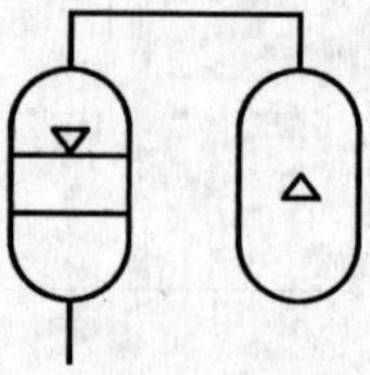	带下游气瓶的活塞式蓄能器
6.4.7　润滑点			
6.4.7.1	X12440 101V21		润滑点

7 气动应用实例			
7.1 阀			
7.1.1 控制机构			
	注册号	图形	描述
7.1.1.1	X10010 402V5 655V1 686V1 F041V1		带有分离把手和定位销的控制机构
7.1.1.2	X10020 402V5 711V1 201V2		具有可调行程限制装置的柱塞
7.1.1.3	X10030 402V5 655V1 684V1 F041V1		带有定位装置的推或拉控制机构
7.1.1.4	X10040 402V2 681V2 F041V1		手动锁定控制机构
7.1.1.5	X10050 402V5 685V1 F041V1	5	具有5个锁定位置的调节控制机构
7.1.1.6	X10060 402V5 711V1 2005V1 712V1		单方向行程操纵的滚轮手柄

	注册号	图　形	描　述
7.1.1.7	X10070 F019V2 211V1 402V5 F002V1	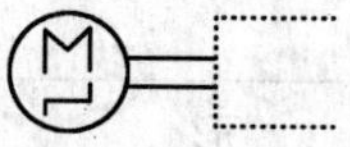	用步进电机的控制机构
7.1.1.8	X10080 101V2 244V1 401V1	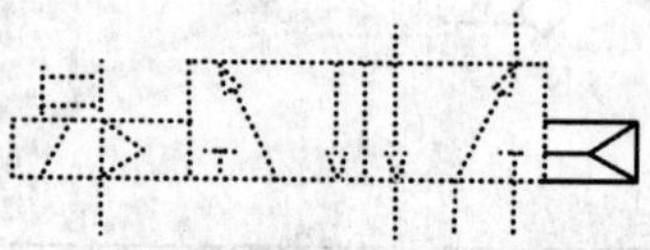	气压复位,从阀进气口提供内部压力
7.1.1.9	X10090 101V2 244V1 422V1 401V1	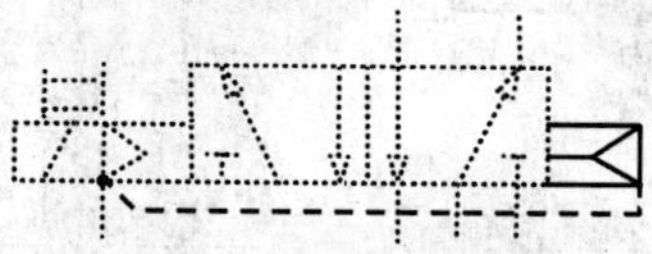	气压复位,从先导口提供内部压力 注:为更易理解,图中标识出外部先导线
7.1.1.10	X10100 101V2 244V1 401V1	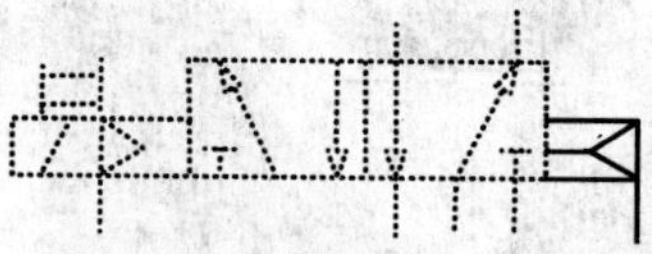	气压复位,外部压力源
7.1.1.11	X10110 101V2 212V1		单作用电磁铁,动作指向阀芯
7.1.1.12	X10120 101V2 212V2		单作用电磁铁,动作背离阀芯
7.1.1.13	X10130 101V2 212V4	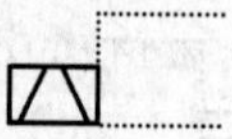	双作用电气控制机构,动作指向或背离阀芯

	注册号	图　　形	描　　述
7.1.1.14	X10140 101V2 212V1 201V1	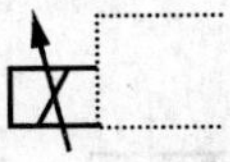	单作用电磁铁，动作指向阀芯，连续控制
7.1.1.15	X10150 101V2 212V2 201V1	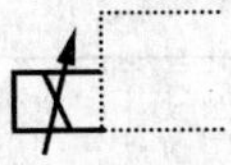	单作用电磁铁，动作背离阀芯，连续控制
7.1.1.16	X10160 101V2 212V4 201V1	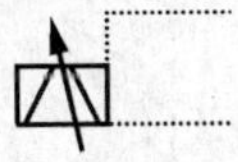	双作用电气控制机构，动作指向或背离阀芯，连续控制
7.1.1.17	X10170 101V2 212V2 244V1	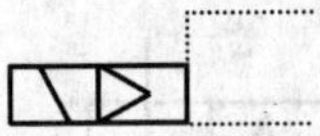	电气操纵的气动先导控制机构
7.1.2　方向控制阀			
7.1.2.1	X10210 101V7 F028V1 2172V1 2002V1 402V5 682V1 401V2	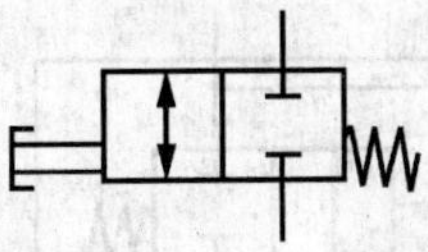	二位二通方向控制阀，两通，两位，推压控制机构，弹簧复位，常闭

	注册号	图形	描述
7.1.2.2	X10220 101V7 F028V1 2002V1 101V2 212V1 2172V1 401V2	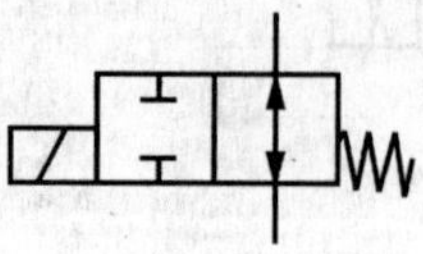	二位二通方向控制阀，两通，两位，电磁铁操纵，弹簧复位，常开
7.1.2.3	X10230 101V7 F026V1 F027V1 2002V1 101V2 212V1	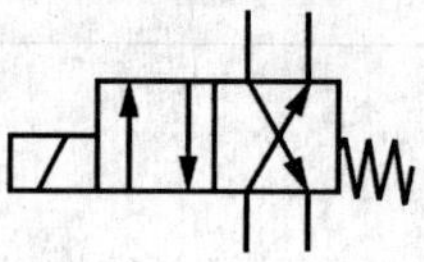	二位四通方向控制阀，电磁铁操纵，弹簧复位
7.1.2.4	X10240 101V7 F026V1 F021V1 401V1 101V2 212V1 2002V1 244V1	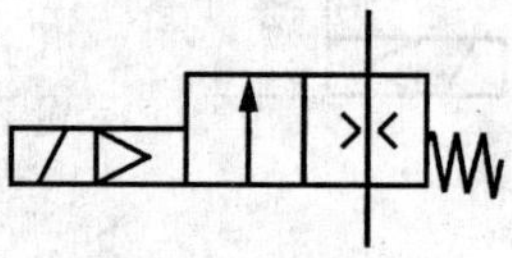	气动软启动阀，电磁铁操纵内部先导控制
7.1.2.5	X10250 101V1 101V7 2172V1 F026V1 101V2 244V1 2031V1 201V4 501V1	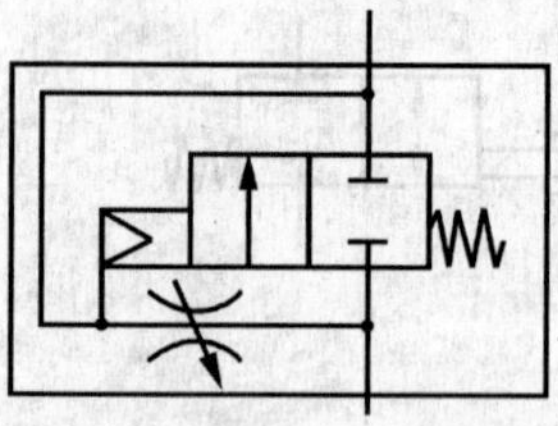	延时控制气动阀，其入口接入一个系统，使得气体低速流入直至达到预设压力才使阀口全开

	注册号	图 形	描 述
7.1.2.6	X10260 101V7 F026V1 F027V1 2172V1 402V5 682V1 F039V1 2172V1 401V2	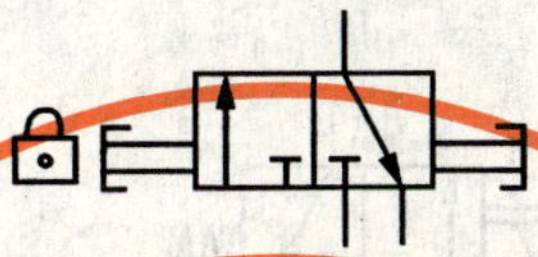	二位三通锁定阀
7.1.2.7	X10270 101V7 F026V1 F027V1 2172V1 2002V1 711V1 2005V1 402V5 401V2	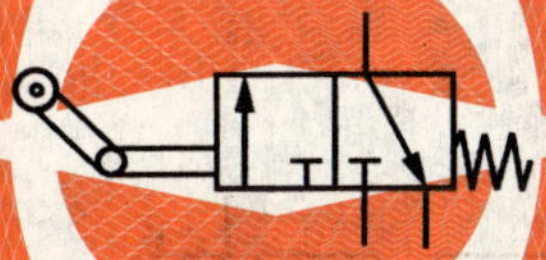	二位三通方向控制阀，滚轮杠杆控制，弹簧复位
7.1.2.8	X10280 101V7 F026V1 F027V1 2172V1 2002V1 101V2 212V1 401V2	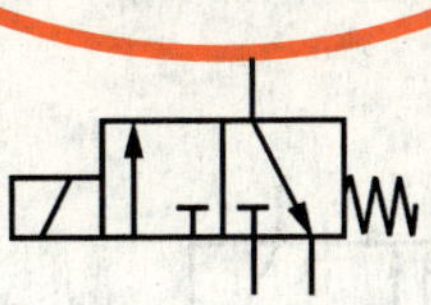	二位三通方向控制阀，电磁铁操纵，弹簧复位，常闭

	注册号	图形	描述
7.1.2.9	X10290 101V7 F026V1 F027V1 2172V1 2002V1 101V2 212V1 681V2 402V2 655V1 F041V1	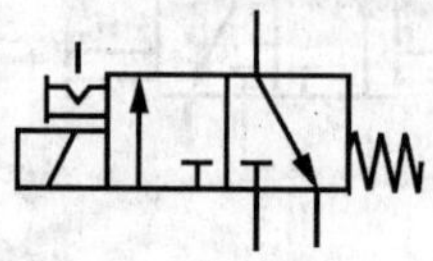	二位三通方向控制阀，单作业电磁铁操纵，弹簧复位，定位销式手动定位
7.1.2.10	X10300 101V7 F026V1 F027V1 2172V1 2002V1 401V2 402V2 101V5 F060V1 244V1	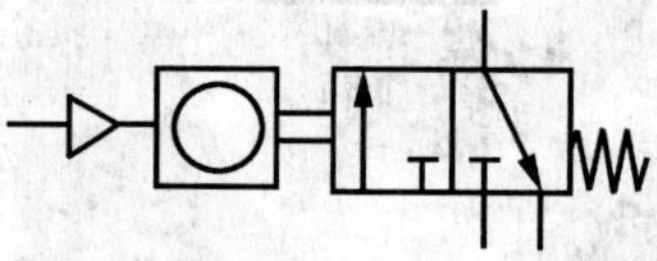	带气动输出信号的脉冲计数器
7.1.2.11	X10310 101V7 F026V1 F027V1 2172V1 2177V1 244V1 401V1 401V2	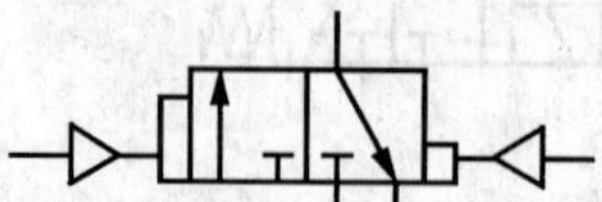	二位三通方向控制阀，差动先导控制

	注册号	图　形	描　述
7.1.2.12	X10320 101V7 F026V1 F027V1 2002V1 101V2 212V1 402V2	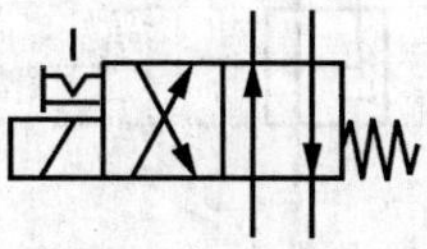	二位四通方向控制阀,单作用电磁铁操纵,弹簧复位,定位销式手动定位
7.1.2.13	X10330 101V7 F026V1 F027V1 101V2 212V1 655V1 F041V1 401V2	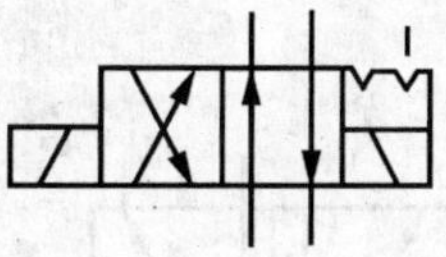	二位四通方向控制阀,双作用电磁铁操纵,定位销式(脉冲阀)
7.1.2.14	X10340 101V7 F026V1 F027V1 2172V1 101V2 244V1 F042V1 2002V1 401V2	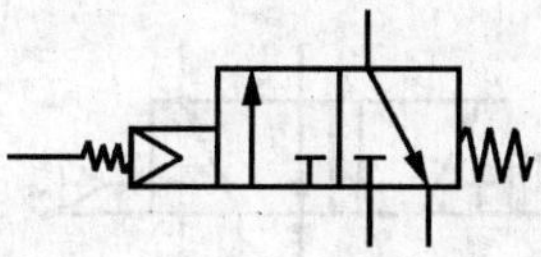	二位三通方向控制阀,气动先导式控制和扭力杆,弹簧复位

	注册号	图　形	描　述
7.1.2.15	X10370 101V7 F026V1 F027V1 2172V1 2002V1 101V2 212V1 F034V1 F031V1 501V1 401V2	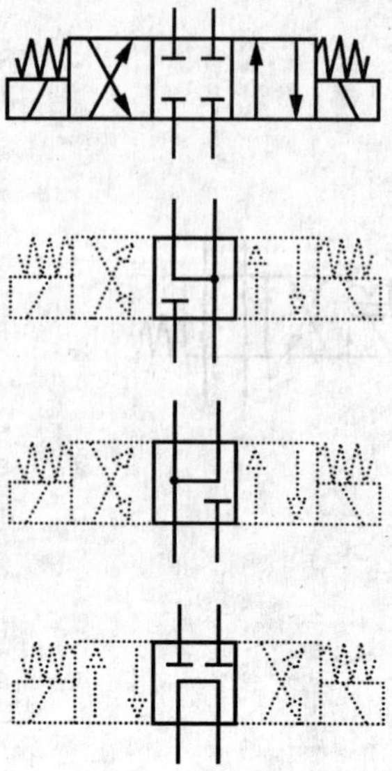	三位四通方向控制阀，弹簧对中，双作用电磁铁直接操纵，不同中位机能的类别
7.1.2.16	X10400 101V8 F026V1 F027V1 2172V1 402V3 690V1 401V2	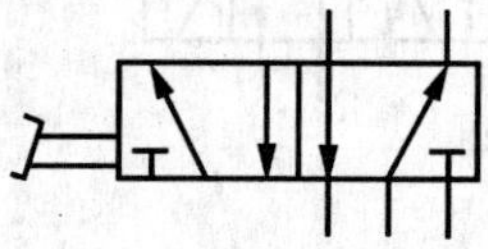	二位五通方向控制阀，踏板控制
7.1.2.17	X10410 101V8 F026V1 F027V1 2172V1 101V2 244V1 401V1 F047V1 401V2	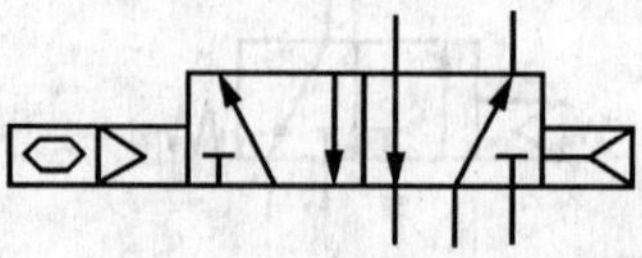	二位五通气动方向控制阀，先导式压电控制，气压复位

	注册号	图形	描述
7.1.2.18	X10420 101V8 F032V1 242V1 F026V1 F027V1 2172V1 101V2 655V1 F041V1 402V3 688V1 401V2	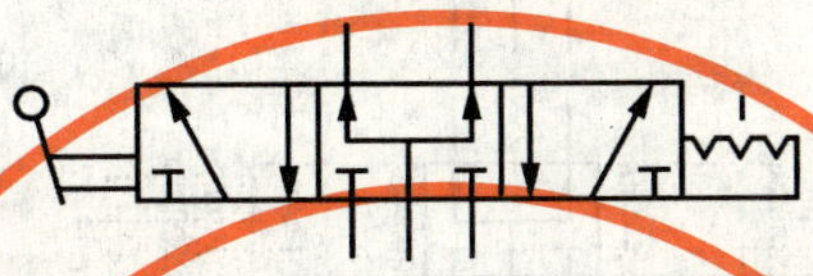	三位五通方向控制阀，手动拉杆控制，位置锁定
7.1.2.19	X10430 101V8 F026V1 F027V1 2172V1 2002V1 101V2 244V1 212V1 402V2 F041V1 401V2	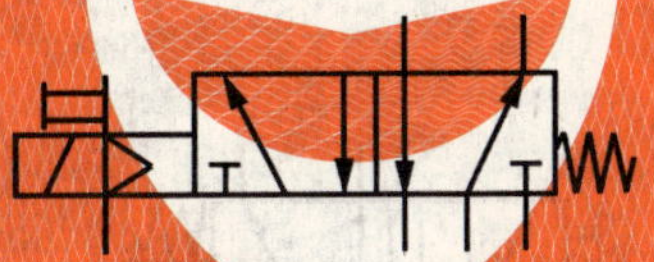	二位五通气动方向控制阀，单作用电磁铁，外部先导供气，手动操纵，弹簧复位
7.1.2.20	X10440 101V8 F026V1 F027V1 2172V1 101V2 244V1 212V1 402V1 681V1 401V1 401V2 422V1	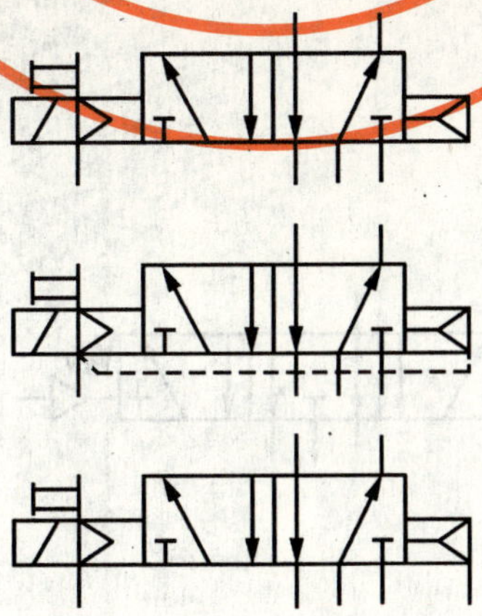	二位五通气动方向控制阀，电磁铁先导控制，外部先导供气，气压复位，手动辅助控制。 气压复位供压具有如下可能： —从阀进气口提供内部压力； —从先导口提供内部压力； —外部压力源

	注册号	图　形	描　述
7.1.2.21	X10450 101V8 F028V1 F029V1 2172V1 101V2 244V1 2002V1 402V2 681V2 F032V1 242V1 401V2	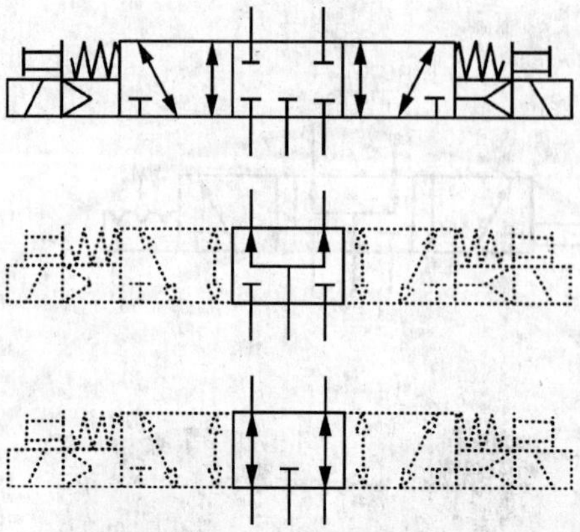	不同中位流路的三位五通气动方向控制阀，两侧电磁铁与内部先导控制和手动操纵控制。弹簧复位至中位
7.1.2.22	X10460 101V8 F026V1 F027V1 2172V1 101V2 2002V1 243V1 401V1 401V2	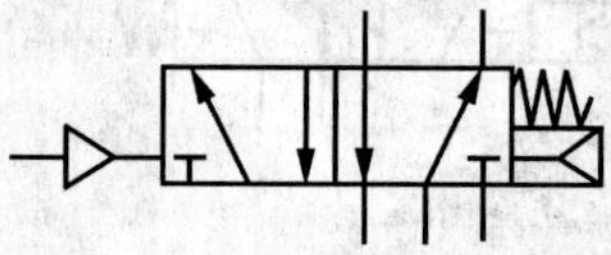	二位五通直动式气动方向控制阀，机械弹簧与气压复位
7.1.2.23	X10470 101V8 F026V1 V027V1 2172V1 2002V1 243V1 401V1 401V2	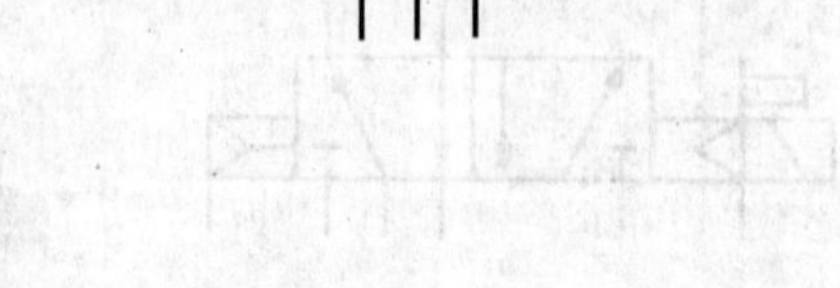	三位五通直动式气动方向控制阀，弹簧对中，中位时两出口都排气

	注册号	图 形	描 述
7.1.3 压力控制阀			
7.1.3.1	X10500 101V7 F026V1 2002V1 210V2 422V2 401V2	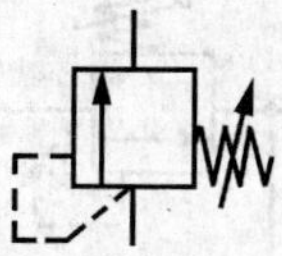	弹簧调节开启压力的直动式溢流阀
7.1.3.2	X10530 101V7 F026V1 2002V1 201V2 244V1 422V1 401V2	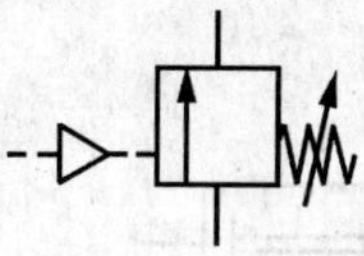	外部控制的顺序阀
7.1.3.3	X10540 101V7 F028V1 2002V1 201V2 422V4 2174V1 401V2	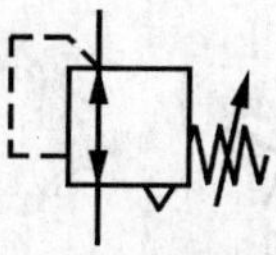	内部流向可逆调压阀
7.1.3.4	X10570 101V7 F026V1 101V2 244V1 422V4 401V2 2174V1	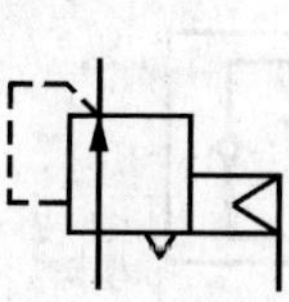	调压阀，远程先导可调，溢流，只能向前流动

	注册号	图形	描述
7.1.3.5	X10580 101V7 101V1 F026V1 2002V1 201V2 422V2 2162V1 2163V1 501V1 401V1	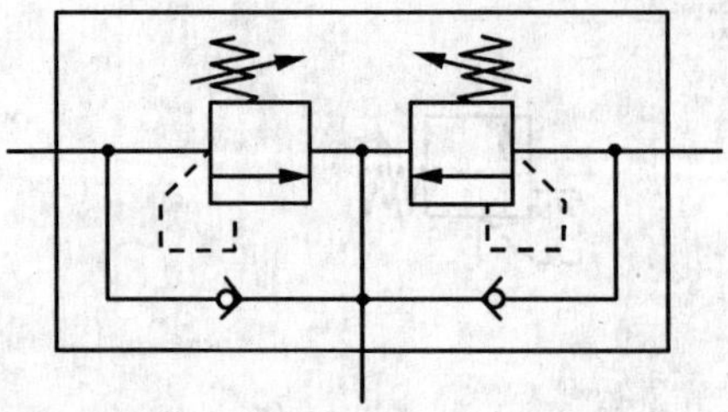	用来保护两条供给管道的防气蚀溢流阀
7.1.3.6	X10620 101V16 F040V1 401V1 401V2	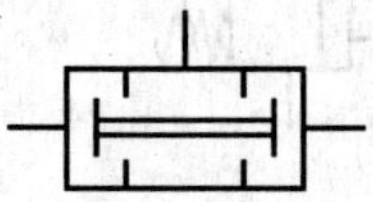	双压阀("与"逻辑),并且仅当两进气口有压力时才会有信号输出,较弱的信号从出口输出。
7.1.4 流量控制阀			
7.1.4.1	X10630 401V1 2031V1 201V4		流量控制阀,流量可调
7.1.4.2	X10640 401V1 2031V1 201V4 2162V1 2163V1 501V1 401V1	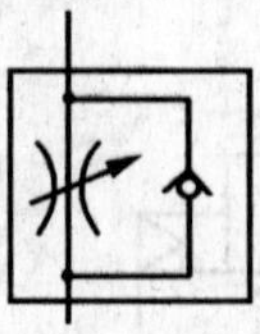	带单向阀的流量控制阀,流量可调

	注册号	图 形	描 述
7.1.4.3	X10650 101V7 F028V1 2172V1 RF038 2002V1 402V5 712V1	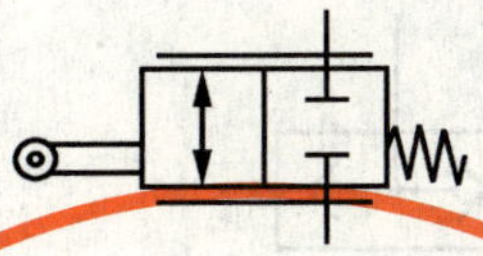	滚轮柱塞操纵的弹簧复位式流量控制阀
7.1.5 单向阀和梭阀			
7.1.5.1	X10700 2162V1 2163V1 401V1		单向阀，只能在一个方向自由流动
7.1.5.2	X10710 2162V1 2163V1 401V1 2002V1		带有复位弹簧的单向阀，只能在一个方向流动，常闭
7.1.5.3	X10720 2162V1 2163V1 401V1 2002V1 101V1 422V1	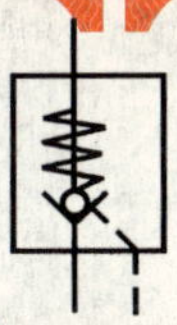	带有复位弹簧的先导式单向阀，先导压力允许在两个方向自由流动
7.1.5.4	X10730 101V1 2162V1 2163V1 422V1 401V1	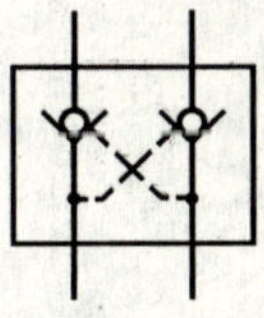	双单向阀，先导式

	注册号	图　形	描　述
7.1.5.5	X10740 101V16 2162V1 2163V1 501V2 401V1 401V2	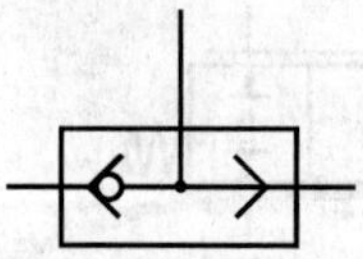	梭阀("或"逻辑),压力高的入口自动与出口接通
7.1.5.6	X10750 2031V1 101V16 2162V1 2163V1 501V2 401V1 401V2	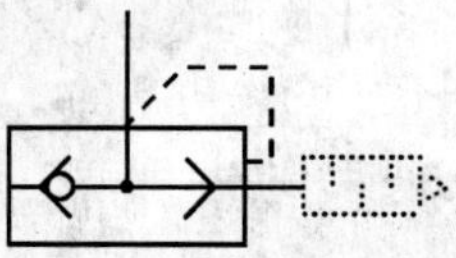	快速排气阀
7.1.6　比例方向控制阀			
7.1.6.1	X10760 101V7 F026V1 F027V1 2172V1 RF038 101V2 212V1 201V2 2002V1 401V2	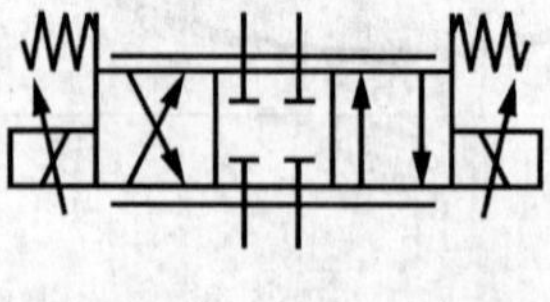	直动式比例方向控制阀

	注册号	图　形	描　述
7.1.7　比例压力控制阀			
7.1.7.1	X10830 101V7 F026V1 422V2 2002V1 101V2 212V1 201V2 401V2	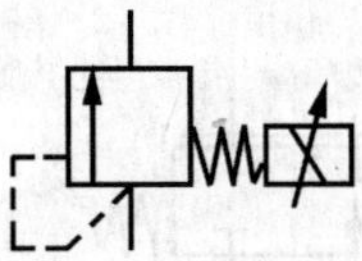	直控式比例溢流阀，通过电磁铁控制弹簧工作长度来控制液压电磁换向座阀
7.1.7.2	X10840 101V7 F026V1 422V2 101V2 212V1 201V2 401V2 101V5 F052V1 401V2	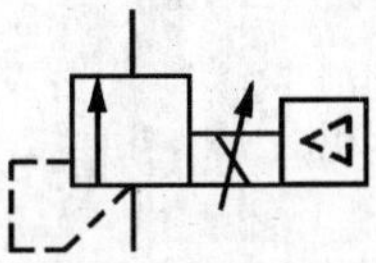	直控式比例溢流阀，电磁力直接作用在阀芯上，集成电子器件
7.1.7.3	X10850 101V7 F026V1 422V2 2002V1 101V2 212V1 201V2 101V5 F052V1 753V1 F045V1 234V1 401V2	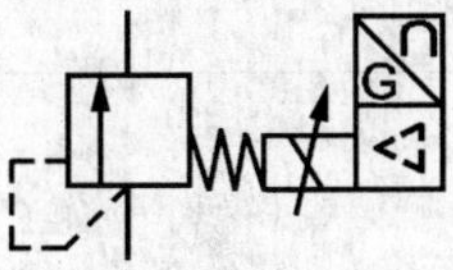	直控式比例溢流阀，带电磁铁位置闭环控制，集成电子器件

	注册号	图　形	描　述
7.1.8　比例流量控制阀			
7.1.8.1	X10890 101V7 F028V1 2172V1 RF038 2002V1 101V2 212V1 201V2 401V2	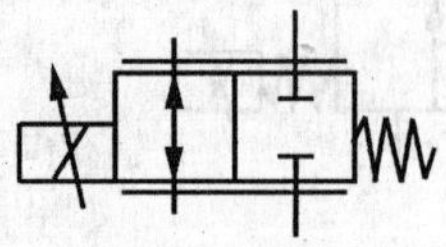	直控式比例流量控制阀
7.1.8.2	X10900 101V7 F027V1 2172V1 RF038 2002V1 101V2 212V1 201V2 101V5 F052V1 753V1 F045V1 234V1 401V2	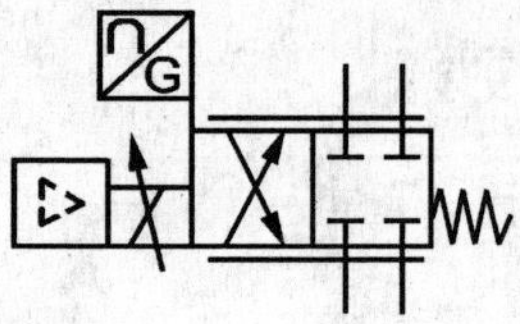	带电磁铁位置闭环控制和电子器件的直控式比例流量控制阀
7.2　空气压缩机和马达			
7.2.1	X11280 F003V1 256V1 F017V1 401V2	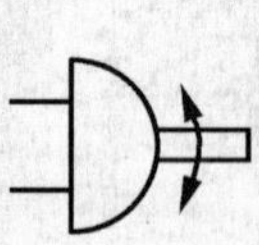	摆动气缸或摆动马达，限制摆动角度，双向摆动

	注册号	图　形	描　述
7.2.2	X11290 F003V1 256V1 F017V1 401V2 2002V1	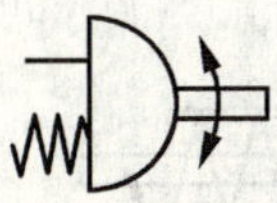	单作用的半摆动气缸或摆动马达
7.2.3	X11390 2065V1 244V1 F017V1 401V2	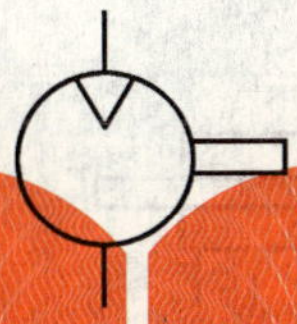	马达
7.2.4	X11400 2065V1 244V1 F017V1 401V2	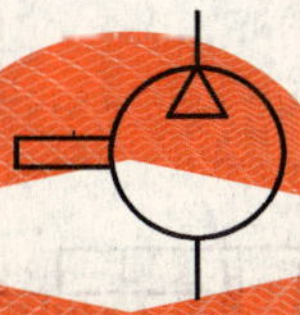	空气压缩机
7.2.5	X11410 2065V1 244V1 F017V1 401V2 256V1	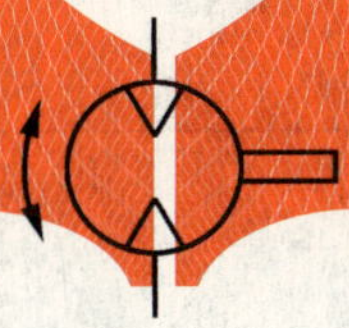	变方向定流量双向摆动马达
7.2.6	X11420 2065V1 F017V1 401V2 F023V1		真空泵
7.2.7	X11430 2065V1 243V2 244V2 401V2	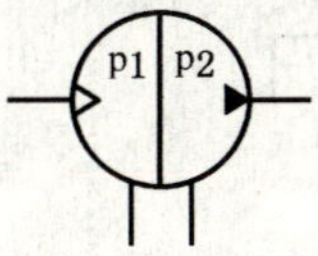 p1 p2	连续增压器，将气体压力 p_1 转换为较高的液体压力 p_2

	注册号	图　形	描　述
7.3　缸			
7.3.1	X11440 101V13 2002V3 101V14 F004V1 401V2	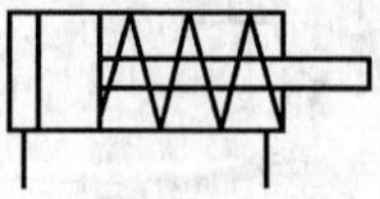	单作用单杆缸，靠弹簧力返回行程，弹簧腔室有连接口
7.3.2	X11450 101V13 101V14 F004V1 401V2	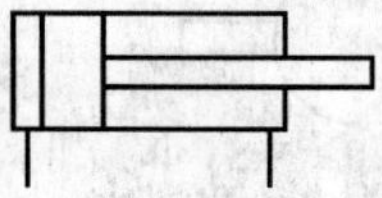	双作用单杆缸
7.3.3	X11460 101V13 101V14 F004V1 F004V2 101V19 201V7 401V2	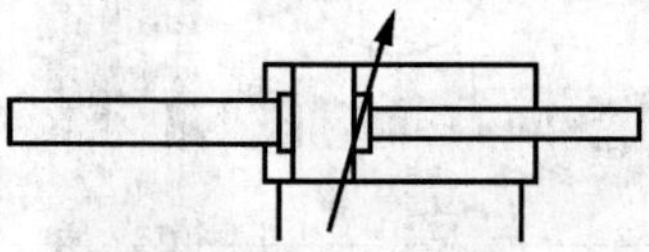	双作用双杆缸，活塞杆直径不同，双侧缓冲，右侧带调节
7.3.4	X11470 101V13 F006V1 F004V1 F003V1 201V1 401V2	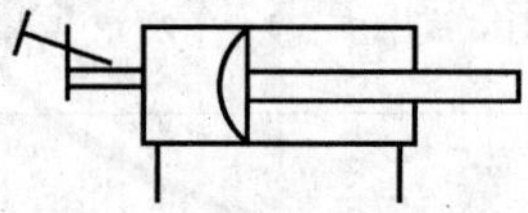	带行程限制器的双作用膜片缸
7.3.5	X11480 101V13 F004V1 F006V1 101V19 2002V3 2174V1 401V2	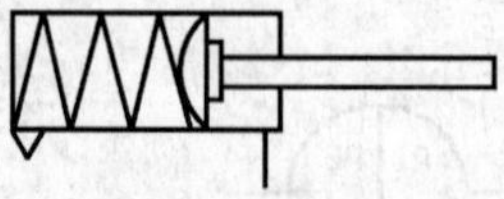	活塞杆终端带缓冲的膜片缸，不能连接的通气孔

	注册号	图　形	描　述
7.3.6	X11520 101V13 101V14 101V19 101V20	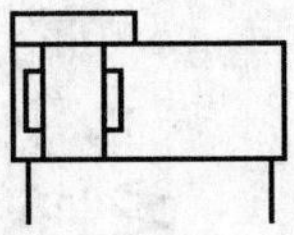	双作用带状无杆缸，活塞两端带终点位置缓冲
7.3.7	X11530 101V13 101V14 101V19 101V20 201V7 245V1 401V2	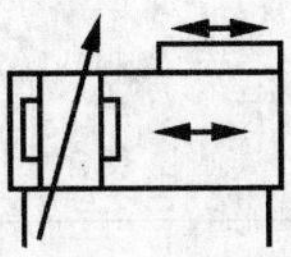	双作用缆索式无杆缸，活塞两端带可调节终点位置缓冲
7.3.8	X11540 101V13 101V14 753V1 F045V1 F048V1 326V1 401V2	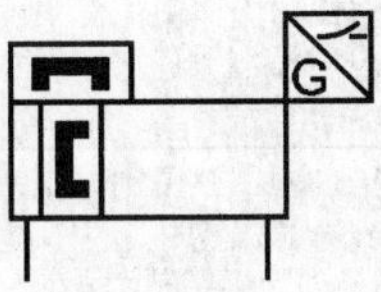	双作用磁性无杆缸，仅右手终端位置切换
7.3.9	X11550 101V13 101V14 F004V1 655V1 F041V1 401V2	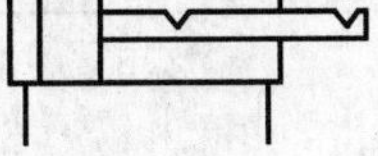	行程两端定位的双作用缸
7.3.10	X11560 101V13 101V14 F004V1 753V1 F045V1 F048V1 401V2	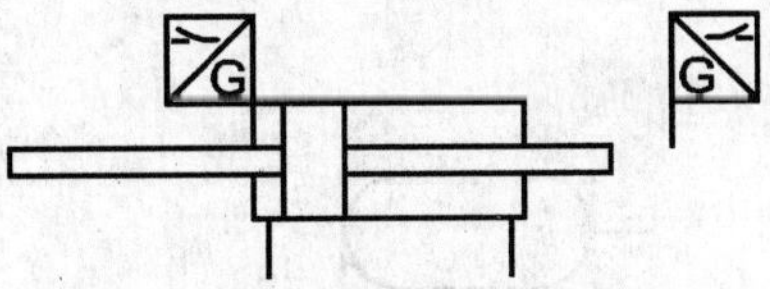	双杆双作用缸，左终点带内部限位开关，内部机械控制，右终点有外部限位开关，由活塞杆触发

	注册号	图 形	描 述
7.3.11	X11570 101V13 101V14 F004V1 661V1 101V2 244V1 244V2 401V1 401V2		双作用缸，加压锁定与解锁活塞杆机构
7.3.12	X11580 101V13 101V14 243V2 244V2 401V2		单作用压力介质转换器，将气体压力转换为等值的液体压力，反之亦然
7.3.13	X11590 F007V1 F008V1 243V2 244V2 401V2	p1 p2	单作用增压器，将气体压力 p_1 转换为更高的液体压力 p_2
7.3.14	X11600 F069V1 RF047 401V2		波纹管缸
7.3.15	X11610 RF057 401V2		软管缸

	注册号	图　形	描　述
7.3.16	X11620 101V13 101V14 F004V1 326V1 F003V1 256V1 F017V1 401V1 401V2	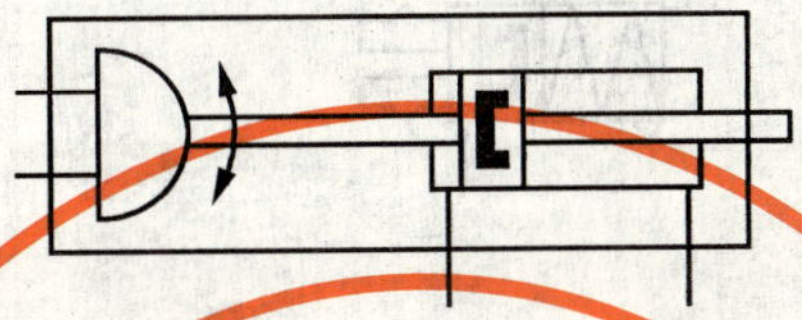	半回转线性驱动，永磁活塞双作用缸
7.3.17	X11630 101V17 101V14 F009V1 326V1 F065V1 401V2		永磁活塞双作用夹具
7.3.18	X11640 101V17 101V14 F009V1 326V1 F065V1 401V2	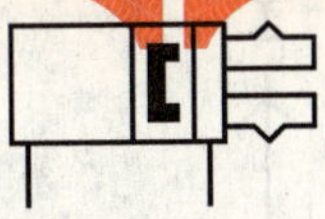	永磁活塞双作用夹具
7.3.19	X11650 101V17 101V14 F009V1 326V1 F065V1 2002V4 401V2		永磁活塞单作用夹具

	注册号	图形	描述
7.3.20	X11660 101V17 101V14 F009V1 326V1 F065V1 2002V4 401V2		永磁活塞单作用夹具
7.4 附件			
7.4.1 连接和管接头			
7.4.1.1	X11670 501V1 452V1		软管总成
7.4.1.2	X11680 F036V1 RF004	1 2 3 1 2 3	三通旋转接头
7.4.1.3	X11690 2162V1 2172V1		不带单向阀的快换接头，断开状态
7.4.1.4	X11700 2162V1 2163V1 2172V1		带单向阀的快换接头，断开状态
7.4.1.5	X11710 2162V1 2163V1 2172V1		带双单向阀的快换接头，断开状态

	注册号	图形	描述
7.4.1.6	X11720 2162V1 2172V1		不带单向阀的快换接头,连接状态
7.4.1.7	X11730 2162V1 2163V1 2172V1		带单向阀的快换接头,连接状态
7.4.1.8	X11740 2162V1 2163V1 2172V1		带双单向阀的快换接头,连接状态
7.4.2 电气装置			
7.4.2.1	X11750 101V5 F050V1 2002V1 201V2 401V2	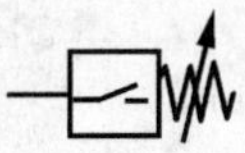	可调节的机械电子压力继电器
7.4.2.2	X11760 753V1 F045V1 F048V1 201V1 401V1 401V2	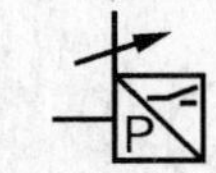 P	输出开关信号,可电子调节的压力转换器
7.4.2.3	X11770 753V1 F045V1 234V1 401V2	P	模拟信号输出压力传感器

	注册号	图形	描述
7.4.2.4	X11780 101V2 F047V1	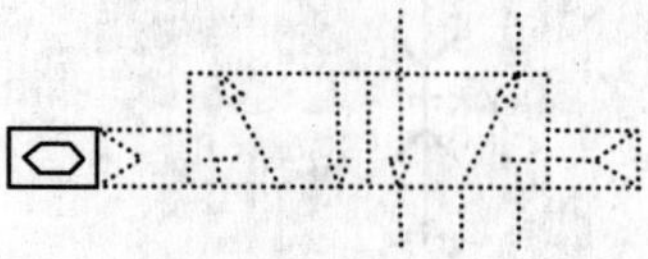	压电控制机构
7.4.3 测量仪和指示器			
7.4.3.1	X11790 101V6 148V1 F056V1		光学指示器
7.4.3.2	X11800 101V6 235V1 148V1		数字式指示器
7.4.3.3	X11810 101V6 148V1 F057V1		声音指示器
7.4.3.4	X11820 F002V1 148V1 401V2		压力测量仪表(压力表)
7.4.3.5	X11830 F002V1 148V1 401V2		压差计
7.4.3.6	X11840 F002V1 148V1 402V5 685V1 401V2	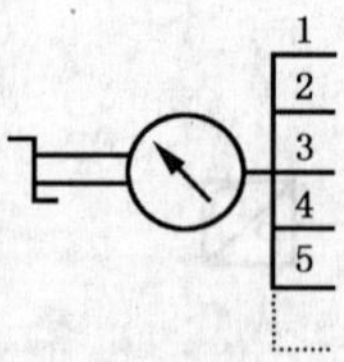 1 2 3 4 5	带选择功能的压力表

	注册号	图　形	描　述
7.4.3.7	X11950 101V6 F059V1 F050V1		开关式定时器
7.4.3.8	X11960 101V5 F060V1		计数器
7.4.4 过滤器和分离器			
7.4.4.1	X11980 101V15 F061V1 401V2		过滤器
7.4.4.2	X12010 101V15 F061V1 101V6 148V1 F056V1 401V2		带光学阻塞指示器的过滤器
7.4.4.3	X12020 101V15 F061V1 F002V1 148V1 422V1 401V2		带压力表的过滤器
7.4.4.4	X12030 101V15 F061V1 2031V1 501V1 401V1		旁路节流过滤器

	注册号	图　　形	描　　述
7.4.4.5	X12040 101V15 F061V1 2002V1 2162V1 2163V1 501V1 401V1	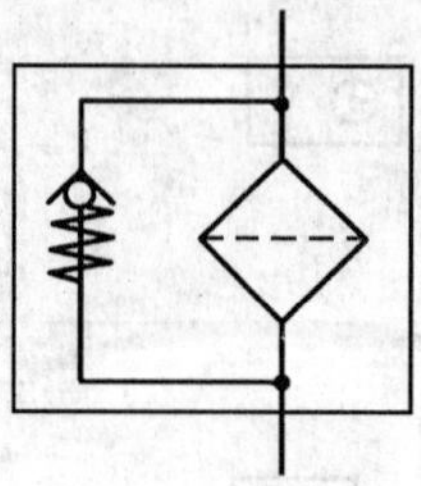	带旁路单向阀的过滤器
7.4.4.6	X12050 101V15 F061V1 2002V1 2162V1 2163V1 501V1 101V6 148V1 235V1 401V1	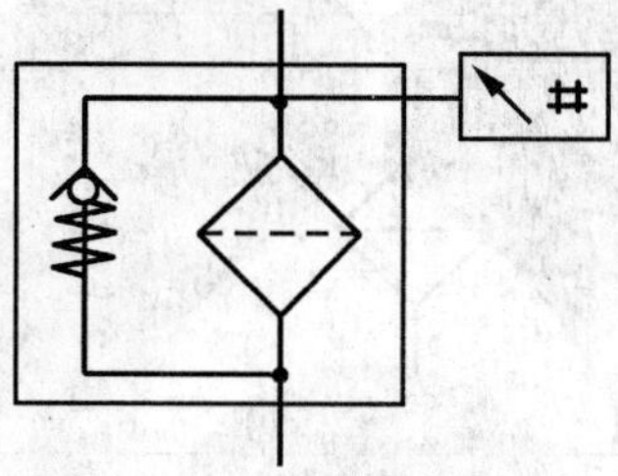	带旁路单向阀和数字显示器的过滤器
7.4.4.7	X12060 101V15 F061V1 2002V1 2162V1 2163V1 501V1 101V6 148V1 235V1 401V1 101V5 F050V1 422V1	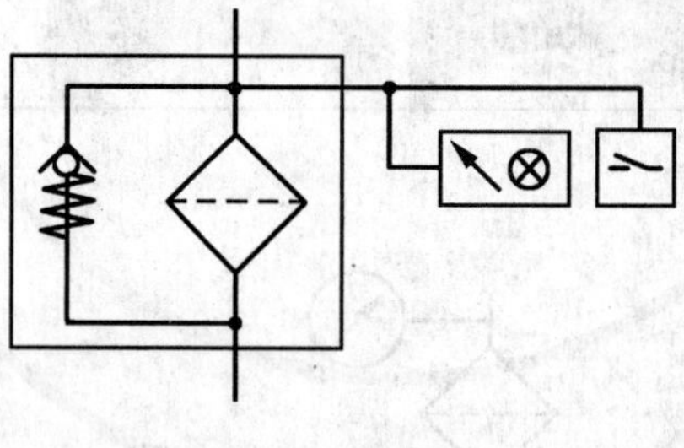	带旁路单向阀、光学阻塞指示器与电气触点的过滤器
7.4.4.8	X12070 101V15 F061V1 101V6 148V1 F056V1 401V2	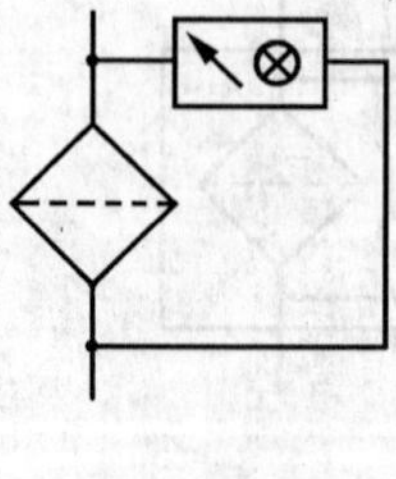	带光学压差指示器的过滤器

	注册号	图 形	描 述
7.4.4.9	X12080 101V15 F061V1 F002V1 148V1 422V1 401V2 101V5 F050V1	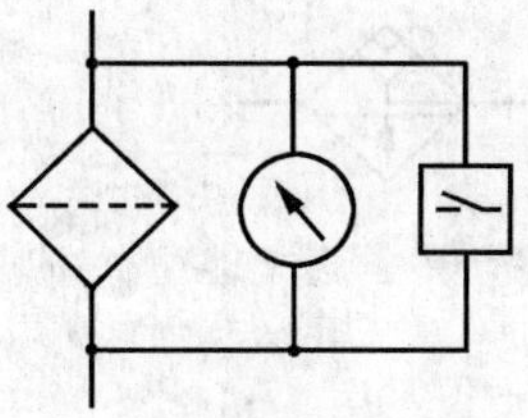	带压差指示器与电气触点的过滤器
7.4.4.10	X12090 101V15 F066V1 401V2	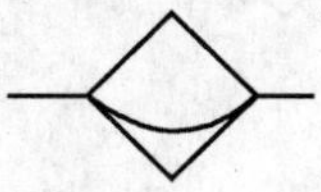	离心式分离器
7.4.4.11	X12100 101V15 F062V1 F064V1 401V2	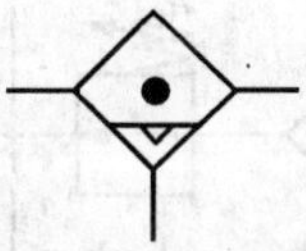	自动排水聚结式过滤器
7.4.4.12	X12110 101V15 F062V1 F064V1 101V6 148V1 F056V1 401V2	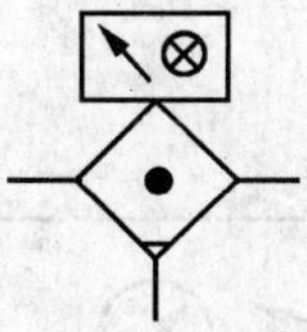	带手动排水和阻塞指示器的聚结式过滤器
7.4.4.13	X12120 101V15 F074V1 242V1 F028V1 401V1 401V2		双相分离器

	注册号	图　形	描　述
7.4.4.14	X12130 101V15 F074V1 241V1 F063V1 401V1 401V2	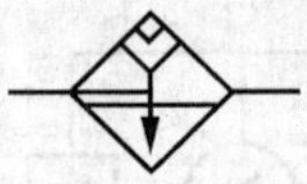	真空分离器
7.4.4.15	X12140 101V15 F074V1 242V1 401V1 401V2	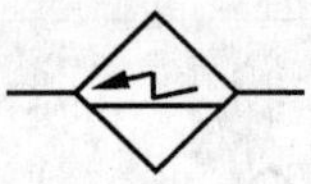	静电分离器
7.4.4.16	X12150 101V15 F064V1 422V1 101V7 F026V1 422V3 2002V1 201V2 401V1	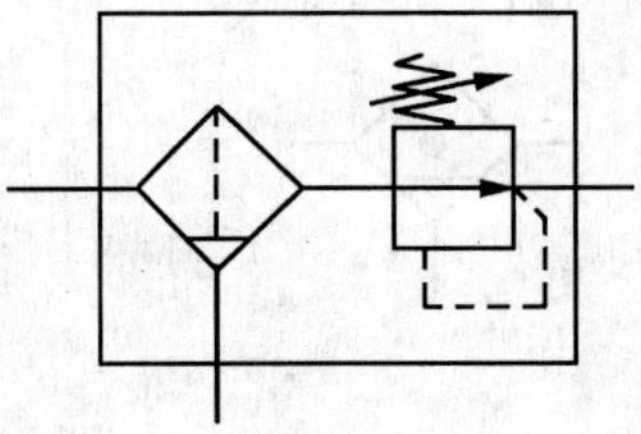	不带压力表的手动排水过滤器，手动调节，无溢流
7.4.4.17	X12160 101V15 F064V1 422V1 101V7 F028V1 422V4 2174V1 2002V1 201V2 501V1 F002V1 148V1 401V1 422V1 401V	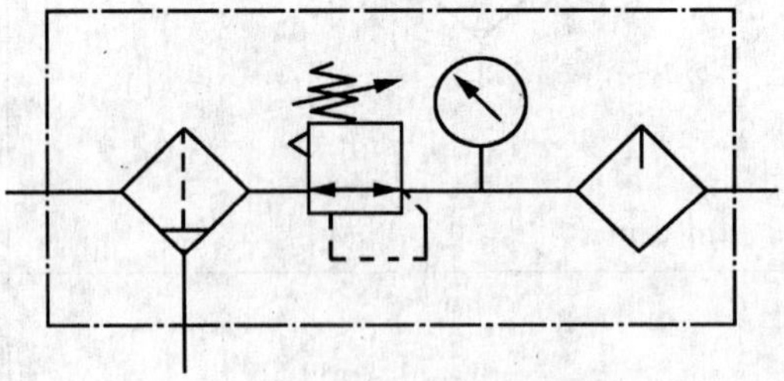 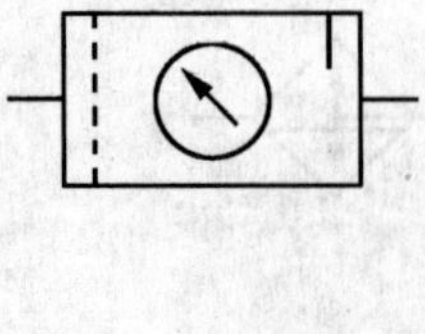	气源处理装置，包括手动排水过滤器、手动调节式溢流调压阀、压力表和油雾器。 上图为详细示意图，下图为简化图

	注册号	图 形	描 述
7.4.4.18	X12170 101V15 422V1 F037V1 401V1	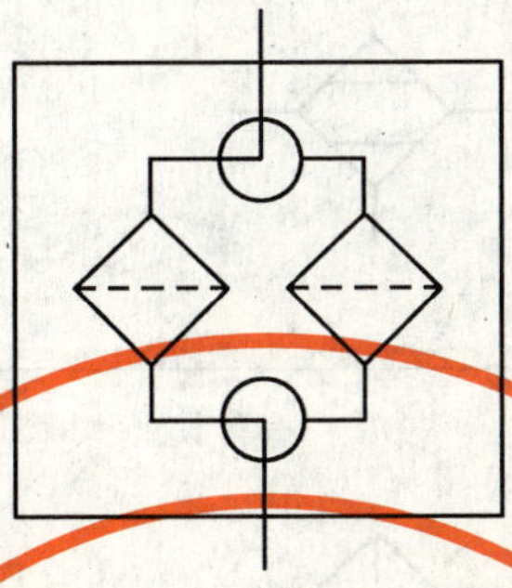	带手动切换功能的双过滤器
7.4.4.19	X12180 101V15 F064V1 401V2		手动排水流体分离器
7.4.4.20	X12190 101V15 F064V1 422V1 401V2	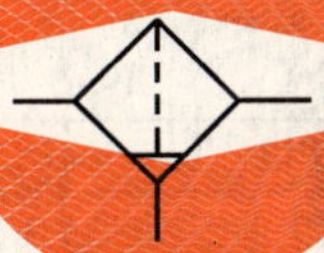	带手动排水分离器的过滤器
7.4.4.21	X12200 101V15 F065V1 401V2		自动排水流体分离器
7.4.4.22	X12210 101V15 2061V1 401V1 401V2	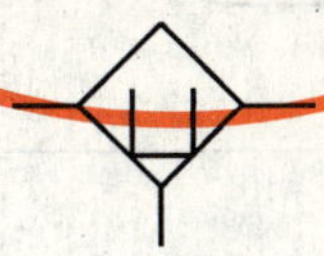	吸附式过滤器
7.4.4.23	X12220 101V15 422V1 401V2	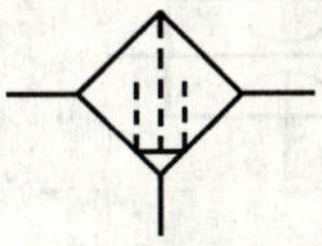	油雾分离器

	注册号	图 形	描 述
7.4.4.24	X12230 101V15 F074V1 401V2	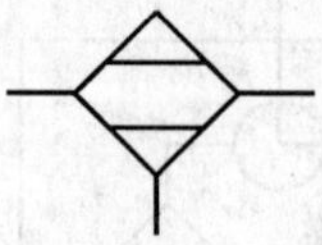	空气干燥器
7.4.4.25	X12240 101V15 401V1 401V2	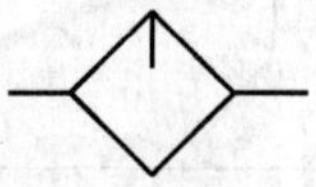	油雾器
7.4.4.26	X12250 101V15 F064V1 401V1 401V2	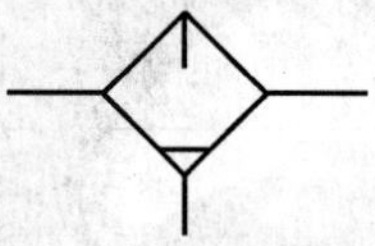	手动排水式油雾器
7.4.4.27	X12310 101V15 F064V1 401V1 401V2	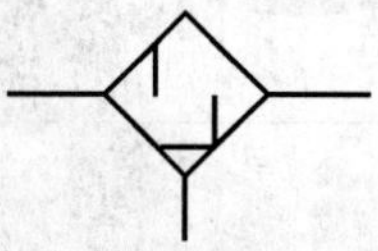	手动排水式重新分离器
7.4.5 蓄能器(压力容器,气瓶)			
7.4.5.1	X12370 F069V1 401V2	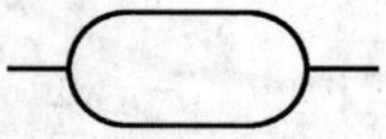	气罐
7.4.6 真空发生器			
7.4.6.1	X12380 101V1 2031V1 401V1	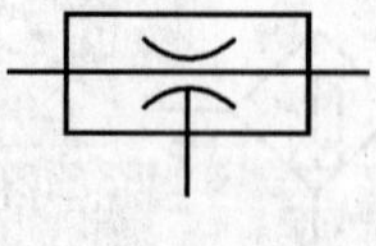	真空发生器

	注册号	图 形	描 述
7.4.6.2	X12390 2031V1 101V1 2162V1 2163V1 2002V1 401V2	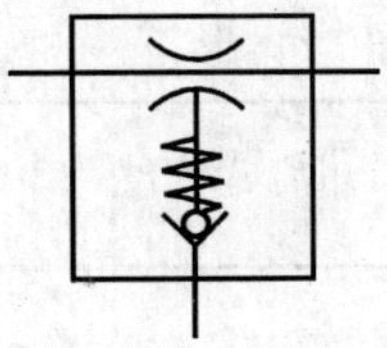	带集成单向阀的单级真空发生器
7.4.6.3	X12400 101V1 F022V1 2162V1 2163V1 501V1 401V1	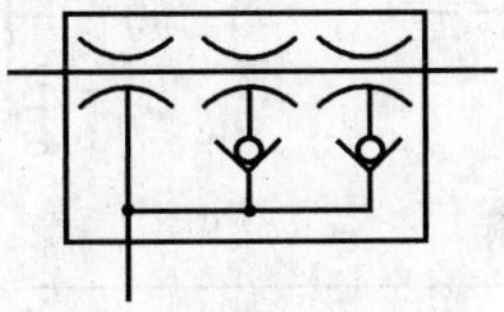	带集成单向阀的三级真空发生器
7.4.6.4	X12410 101V7 F027V1 101V2 212V1 202V1 2031V1 2162V1 2163V1 501V1 401V1 422V1	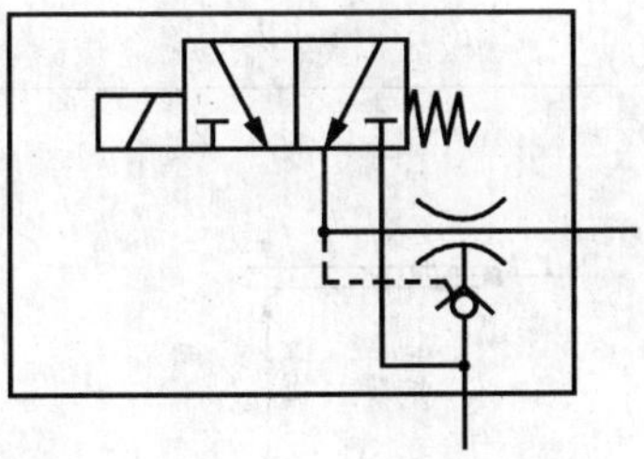	带放气阀的单级真空发生器
7.4.7 吸盘			
7.4.7.1	X12420 F073V1 2002V1 401V2		吸盘
7.4.7.2	X12430 F073V1 2162V1 2163V1 2002V1 401V2		带弹簧压紧式推杆和单向阀的吸盘

8　图形符号的基本要素			
8.1　线			
	注册号	图　形	描　述
8.1.1	401V1	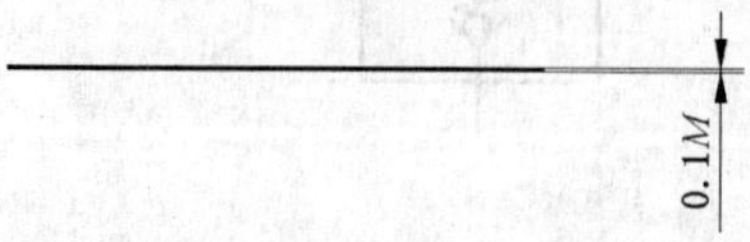 0.1M	供油管路，回油管路，元件外壳和外壳符号（见 GB/T 4457.4、GB/T 17450、GB/T 18686）
8.1.2	422V1	 0.1M	内部和外部先导（控制）管路，泄油管路，冲洗管路，放气管路（见 GB/T 4457.4、GB/T 17450、GB/T 18686）
8.1.3	F001V1	 0.1M	组合元件框线（见 GB/T 4457.4、GB/T 17450、GB/T 18686）
8.2　连接和管接头			
8.2.1	501V1	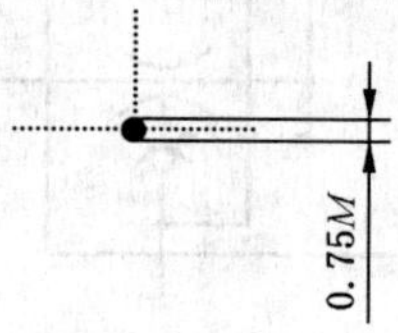 0.75M	两个流体管路的连接
8.2.2	501V2	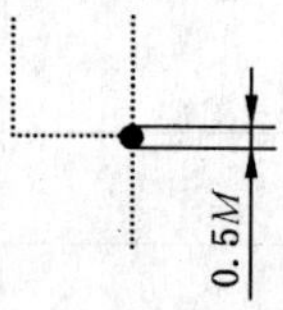 0.5M	两个流体管路的连接（在一个符号内表示）
8.2.3	401V2	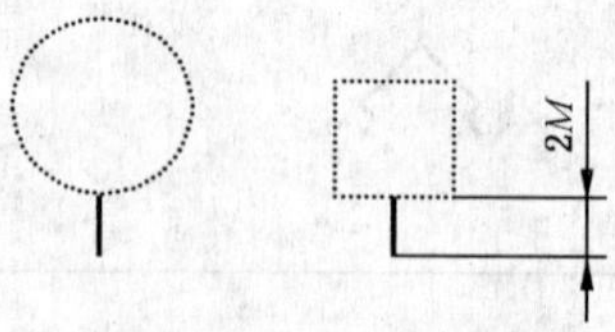 2M	接口
8.2.4	F035V1	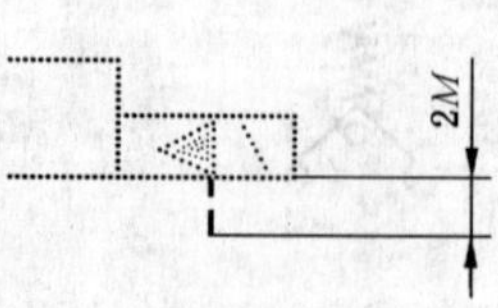 2M	控制管路或泄油管路接口

	注册号	图　形	描　述
8.2.5	422V2	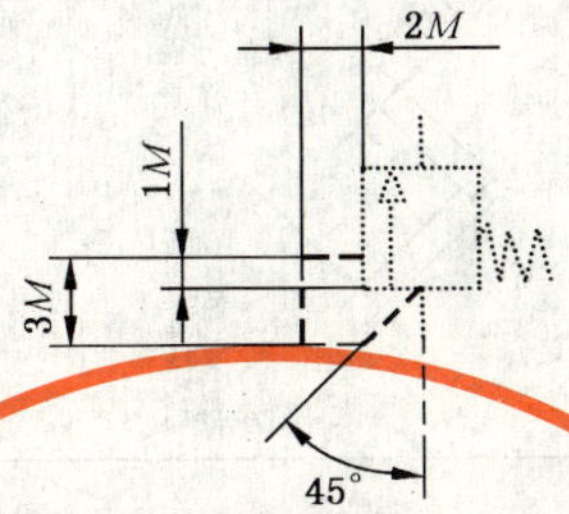 2M 1M 3M 45°	位于溢流阀内的控制管路
8.2.6	422V3	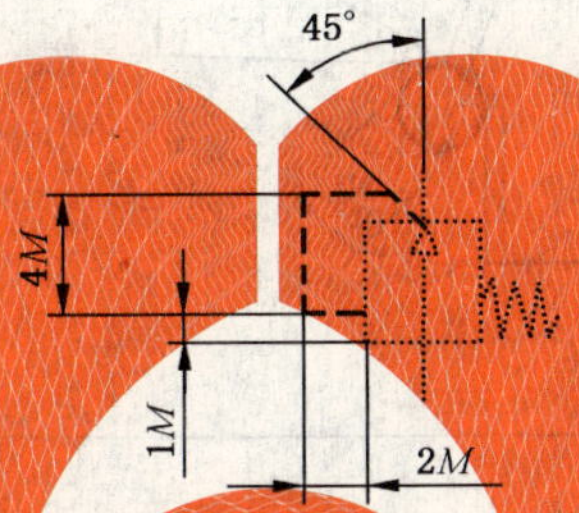 45° 4M 1M 2M	位于减压阀内的控制管路
8.2.7	422V4	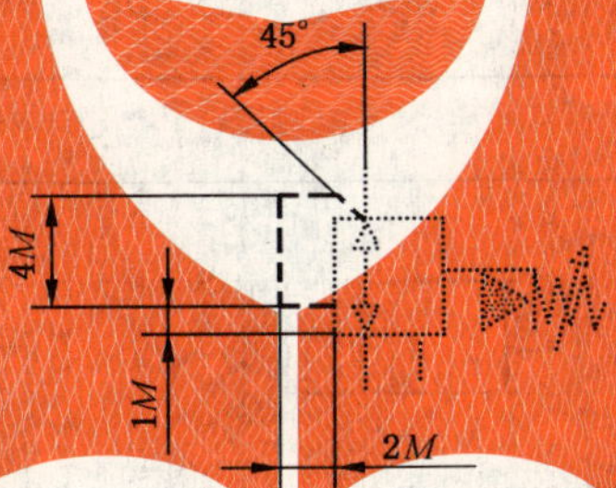 45° 4M 1M 2M	位于三通减压阀内的控制管路
8.2.8	452V1	 2.5M 4M	软管管路
8.2.9	2172V1	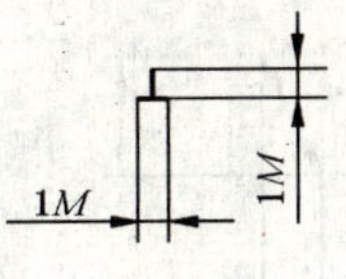 1M 1M	封闭管路或接口

	注册号	图　形	描　述
8.2.10	F038V1	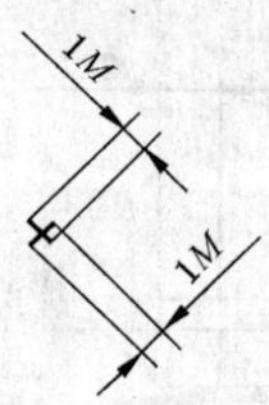 1M 1M	液压管路内堵头
8.2.11	F036V1	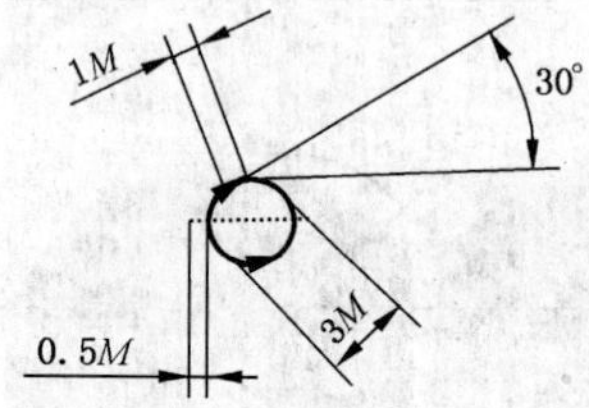 1M 30° 3M 0.5M	旋转管接头
8.2.12	F037V1	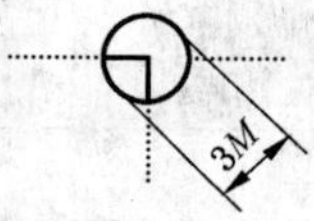 3M	三向旋塞阀
8.3　**流路和方向指示**			
8.3.1	F026V1	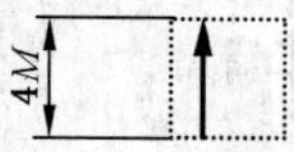 4M	流体流过阀的路径和方向
8.3.2	F027V1	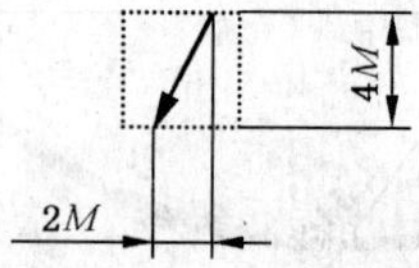 4M 2M	流体流过阀的路径和方向
8.3.3	F028V1	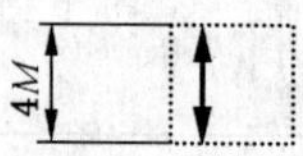 4M	流体流过阀的路径和方向
8.3.4	F029V1	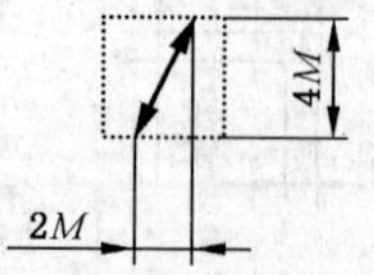 4M 2M	流体流过阀的路径和方向

	注册号	图　形	描　述
8.3.5	F030V1	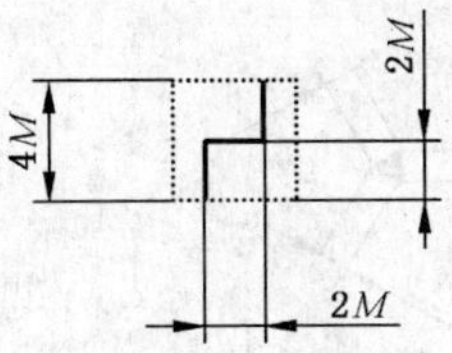 4M 2M 2M	阀内部的流动路径
8.3.6	F031V1	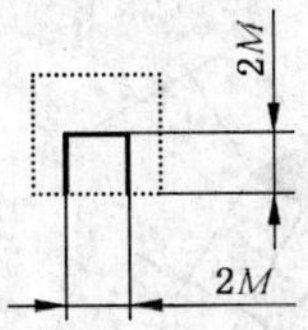 2M 2M	阀内部的流动路径
8.3.7	F032V1	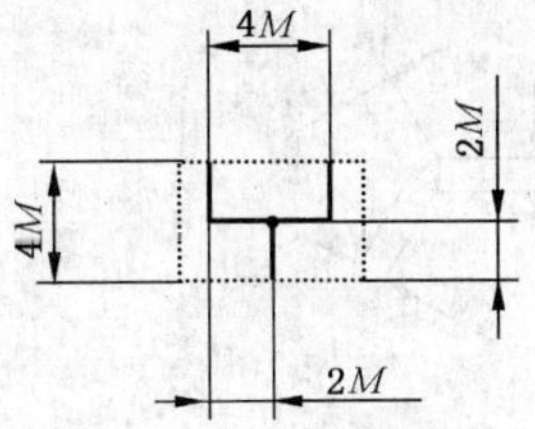 4M 4M 2M 2M	阀内部的流动路径
8.3.8	F033V1	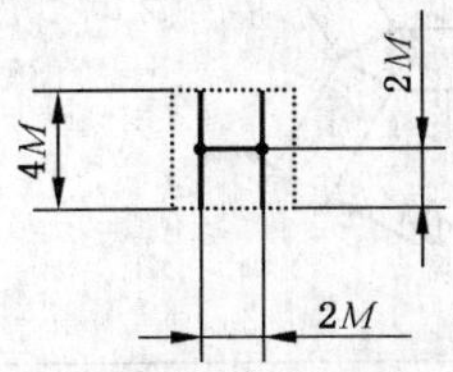 4M 2M 2M	阀内部的流动路径
8.3.9	F034V1	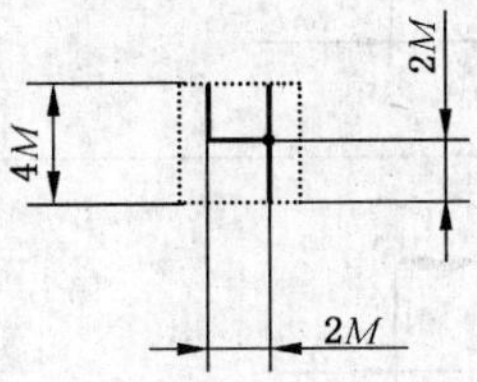 4M 2M 2M	阀内部的流动路径
8.3.10	242V1	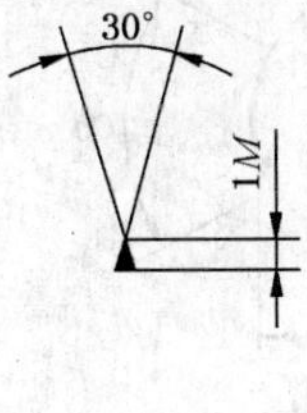 30° 1M	流体流动方向

	注册号	图　　形	描　　述
8.3.11	243V2	1M 1M 1M	液压力作用方向
8.3.12	243V1	2M 2M 2M	液压力作用方向
8.3.13	244V2	1M 1M 1M	气压力作用方向
8.3.14	244V1	2M 2M 2M	气压力作用方向
8.3.15	241V1	3M	线性运动的方向指示
8.3.16	245V1	3M	线性运动的双方向指示
8.3.17	255V1	60° 9M	顺时针方向旋转指示箭头

	注册号	图　　形	描　　述
8.3.18	255V2	60° 9*M*	逆时针方向旋转指示箭头
8.3.19	256V1	60° 9*M*	双方向旋转指示箭头
8.3.20	148V1	45° 2.5*M*	元件指示箭头，指示压力
8.3.21	F024V1	45° 2.5*M*	扭矩指示
8.3.22	F025V1	2.5*M*	速度指示
8.4　机械基本要素			
8.4.1	2163V2	0.75*M*	单向阀运动部分，小规格

	注册号	图　形	描　述
8.4.2	2163V1	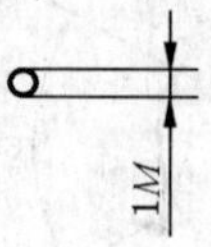 1M	单向阀运动部分，大规格
8.4.3	F002V1	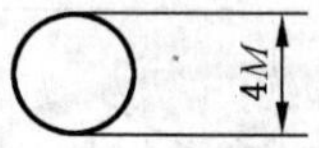 4M	测量仪表框线(控制元件，步进电机)
8.4.4	2065V1	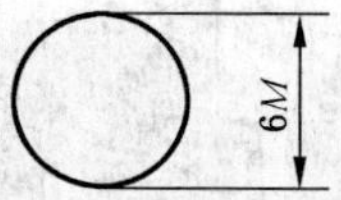 6M	能量转换元件框线(泵，压缩机，马达)
8.4.5	F003V1	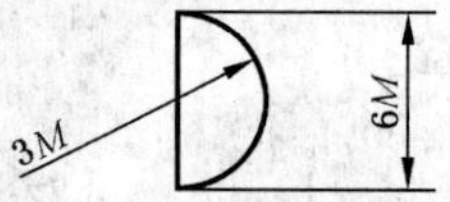 3M 6M	摆动泵或马达框线(旋转驱动)
8.4.6	101V21	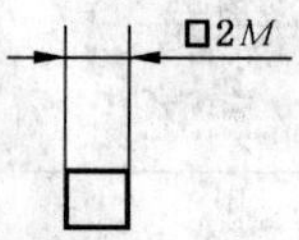 □2M	控制方法框线(简略表示)，蓄能器重锤
8.4.7	101V5	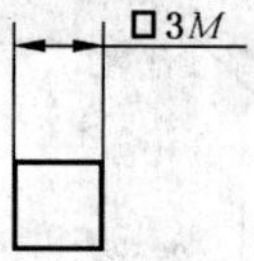 □3M	开关，变换器和其他器件框线
8.4.8	101V7	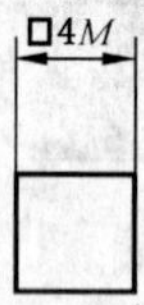 □4M	最多四个主油口阀的功能单元
8.4.9	101V12	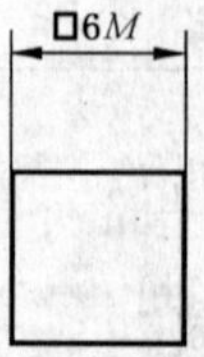 □6M	马达驱动部分框线(内燃机)

	注册号	图　　形	描　　述
8.4.10	101V15	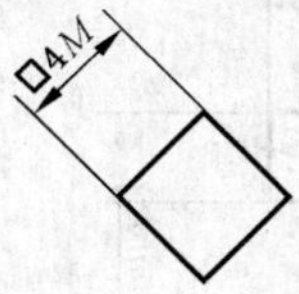	流体处理装置框线(过滤器,分离器,油雾器和热交换器)
8.4.11	101V2	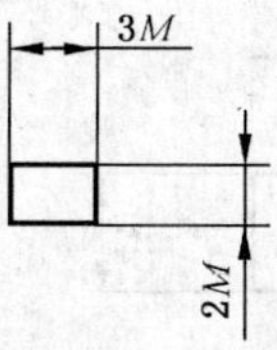	控制方法框线(标准图)
8.4.12	101V3	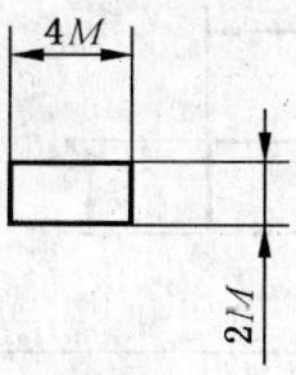	控制方法框线(拉长图)
8.4.13	101V6	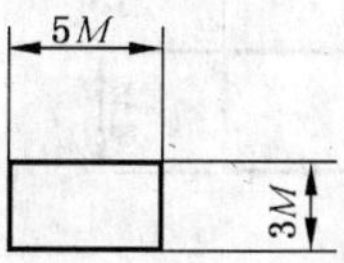	显示装置框线
8.4.14	101V8	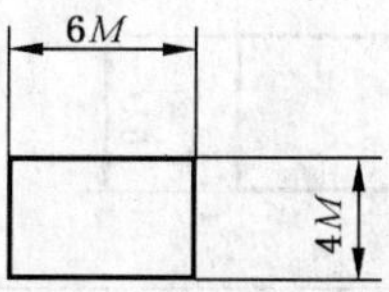	五个主油口阀的功能单元
8.4.15	101V16	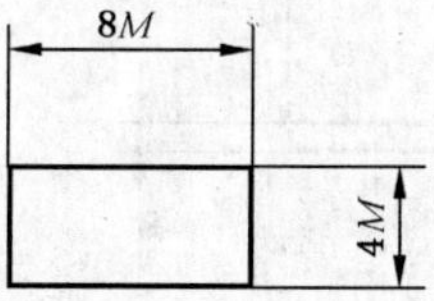	双压阀的功能单元(“与”逻辑)
8.4.16	101V20	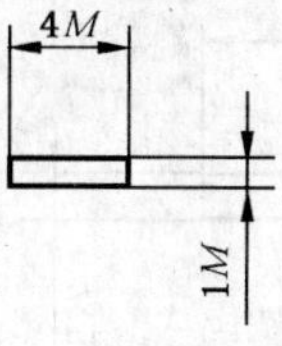	无杆缸支架

	注册号	图　形	描　述
8.4.17	101V1	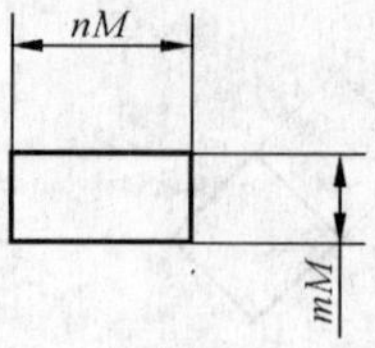	功能单元
8.4.18	101V17	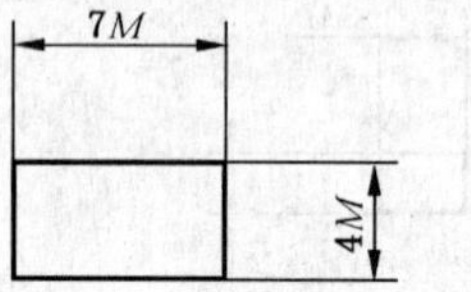	夹具框线
8.4.19	101V18	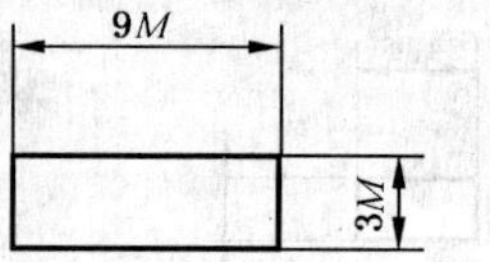	柱塞缸活塞杆
8.4.20	101V13	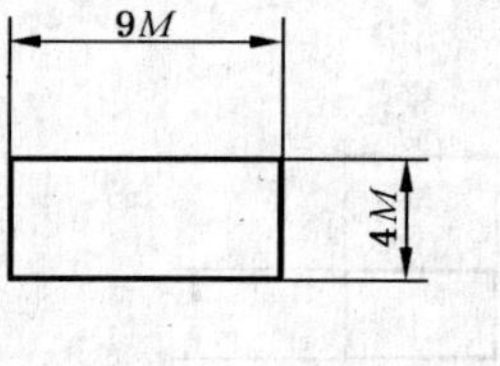	缸
8.4.21	101V22	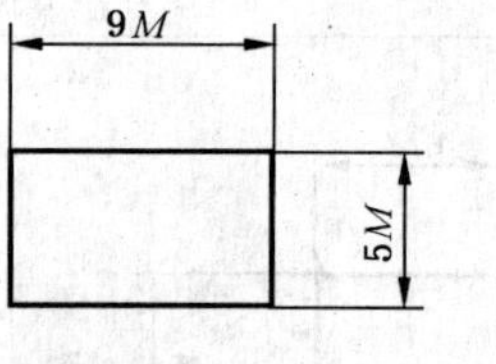	伸缩缸框线
8.4.22	F004V1	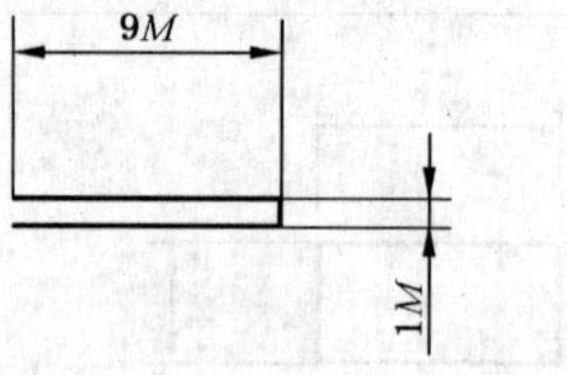	活塞杆
8.4.23	F004V2	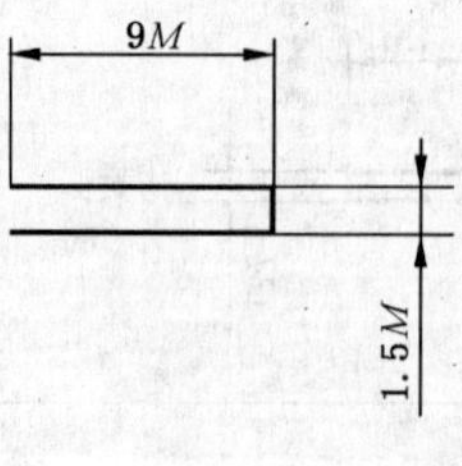	大直径活塞杆

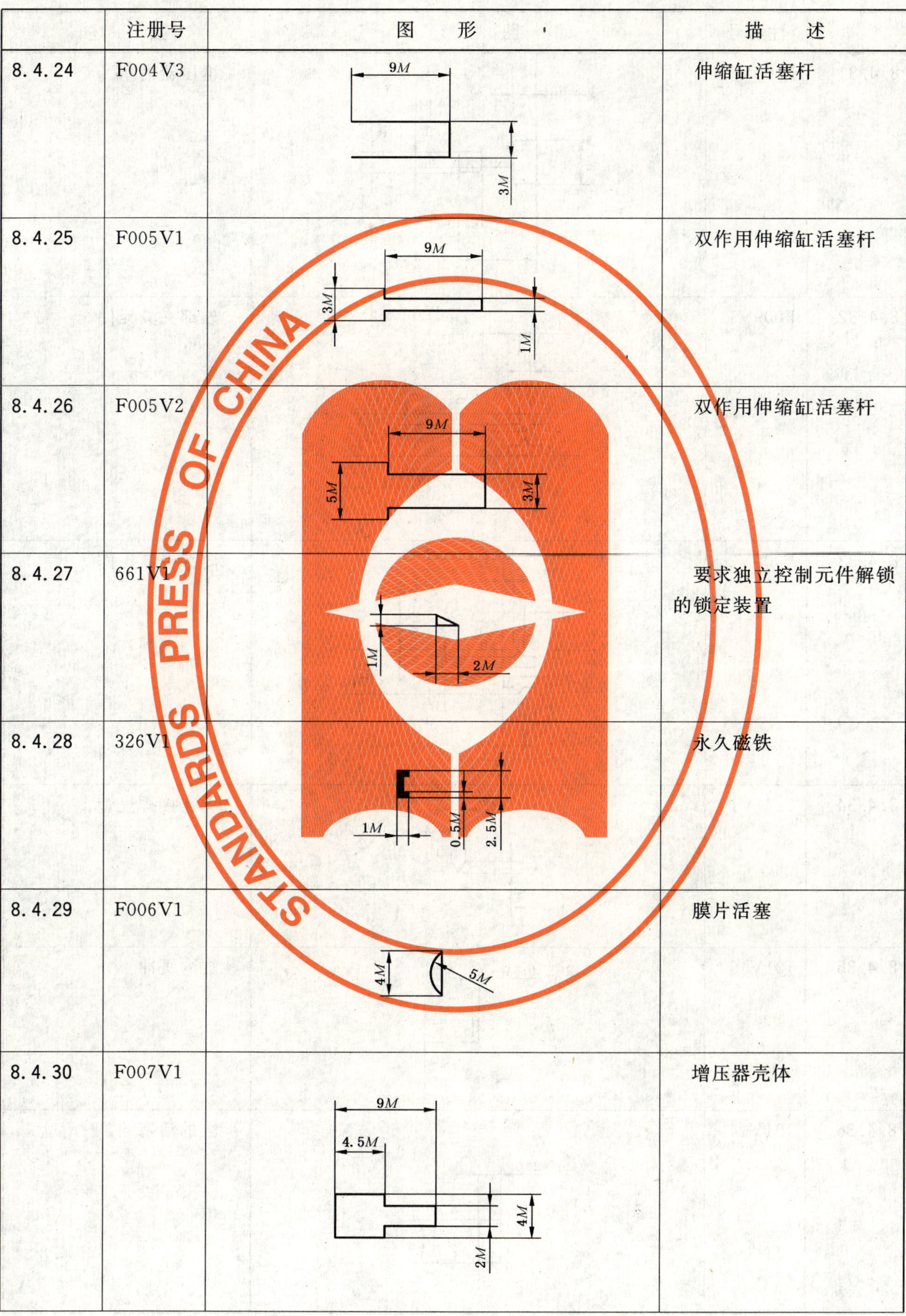

	注册号	图　形	描　述
8.4.24	F004V3		伸缩缸活塞杆
8.4.25	F005V1		双作用伸缩缸活塞杆
8.4.26	F005V2		双作用伸缩缸活塞杆
8.4.27	661V1		要求独立控制元件解锁的锁定装置
8.4.28	326V1		永久磁铁
8.4.29	F006V1		膜片活塞
8.4.30	F007V1		增压器壳体

	注册号	图 形	描 述
8.4.31	F008V1	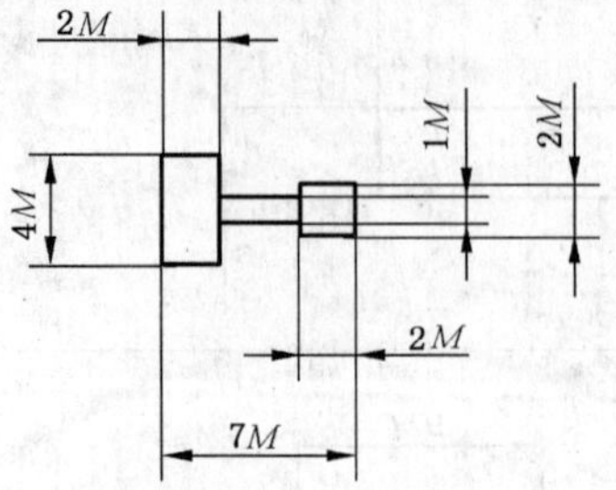 2M 1M 2M 4M 2M 7M	增压器活塞
8.4.32	F009V1	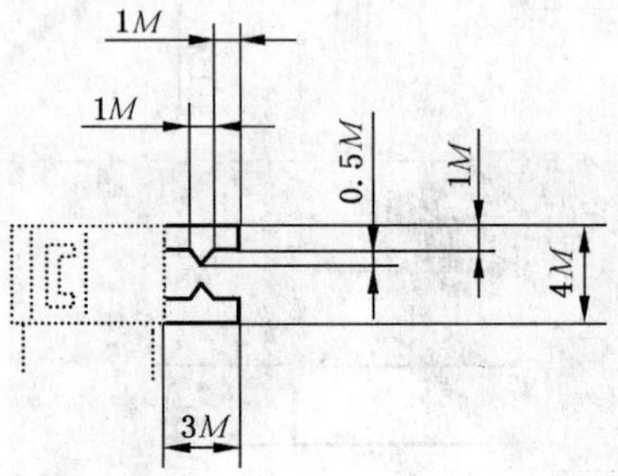 1M 1M 0.5M 1M 4M 3M	外部夹具元件
8.4.33	F009V2	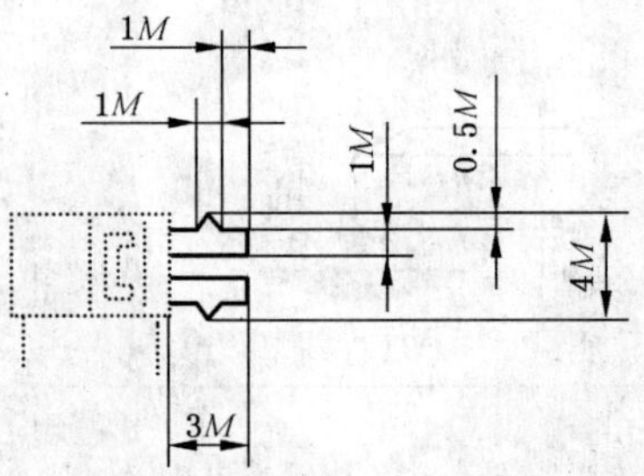 1M 1M 1M 0.5M 4M 3M	内部夹具元件
8.4.34	2174V1	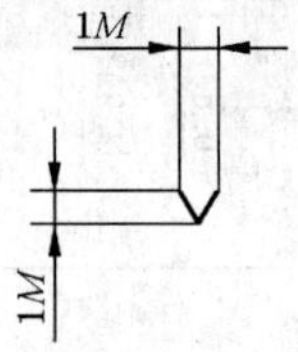 1M 1M	无连接排气管
8.4.35	101V19	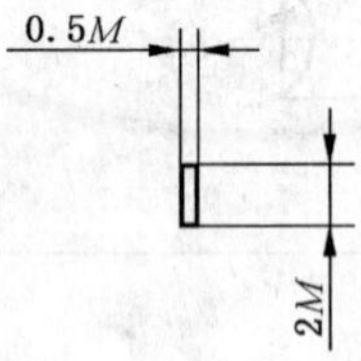 0.5M 2M	缸内缓冲
8.4.36	101V14	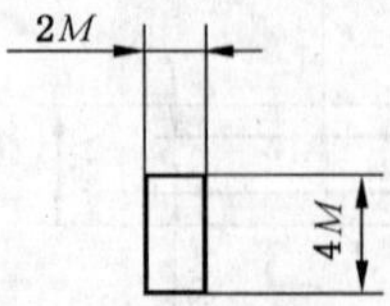 2M 4M	缸的活塞

	注册号	图形	描述
8.4.37	101V9	4M 3.5M	盖板式插装阀圆柱阀芯
8.4.38	101V10	4M 8M	盖板式插装阀的嵌入式安装,滑阀结构
8.4.39	101V11	4M 4.5M	盖板式插装阀的圆柱阀芯,滑阀结构
8.4.40	F010V1	4M 2M 6M	盖板式插装阀安装区域
8.4.41	F011V1	4M 3M 1.75M 1.5M	盖板式插装阀的圆柱阀芯,座阀结构
8.4.42	F012V1	4M 3M 1M 3M	盖板式插装阀的圆柱阀芯,座阀结构

	注册号	图形	描述
8.4.43	F013V1	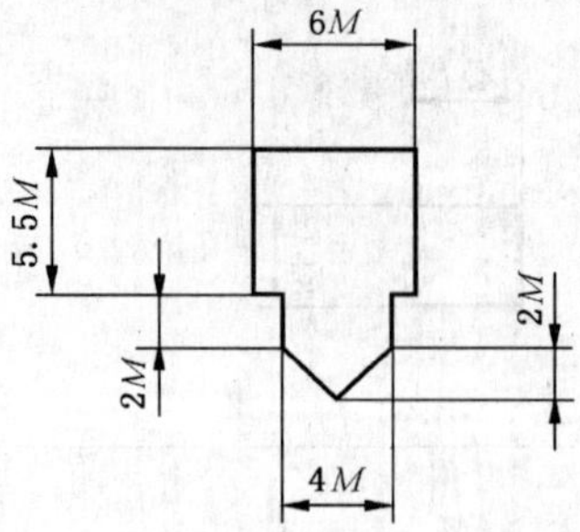 6M 5.5M 2M 2M 4M	盖板式插装阀的嵌入式安装,内置主动座阀结构
8.4.44	F014V1	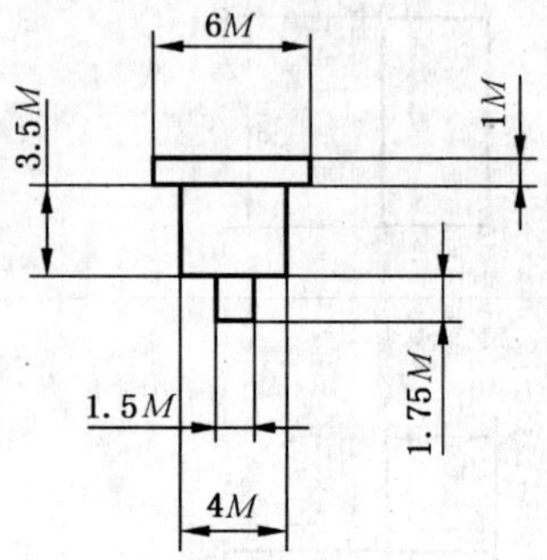 6M 3.5M 1M 1.75M 1.5M 4M	盖板式插装阀的圆柱阀芯,内置主动座阀结构
8.4.45	F015V1	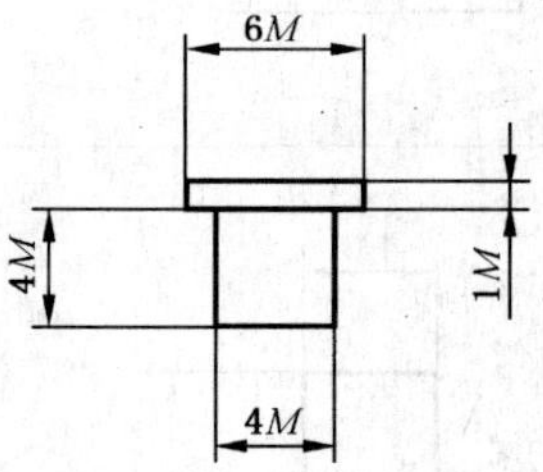 6M 4M 1M 4M	盖板式插装阀的活塞,内置主动座阀结构
8.4.46	F016V1	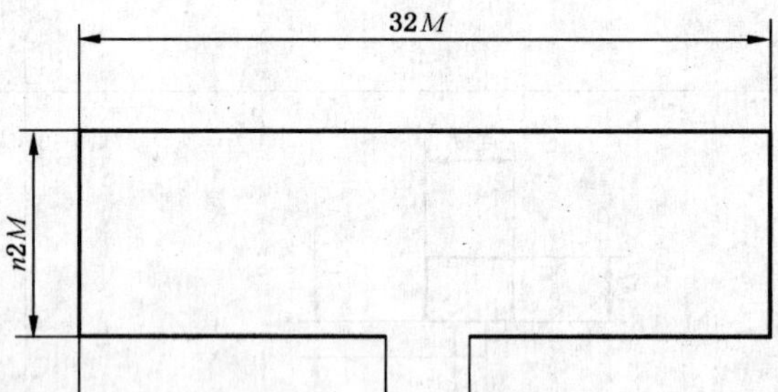 32M n2M 14M 4M	无口控制盖,盖的最小高度尺寸为 4M,为实现功能扩展,盖子高度应该调整为 2M 的倍数
8.4.47	402V1	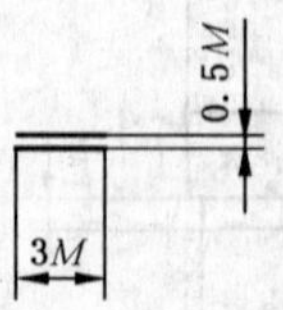 0.5M 3M	机械连接,轴,杆,机械反馈

	注册号	图　形	描　述
8.4.48	F017V1	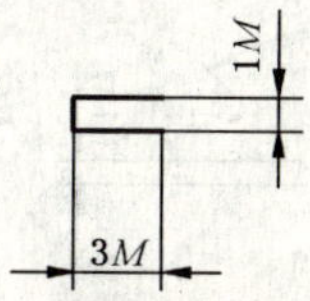 1M 3M	机械连接(轴,杆)
8.4.49	402V5	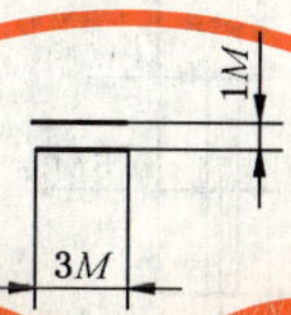 1M 3M	机械连接,轴,杆,机械反馈
8.4.50	F018V1	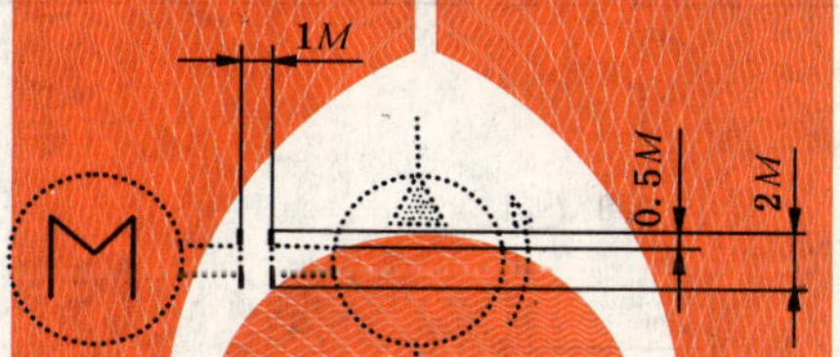 1M 0.5M 2M M	轴连接
8.4.51	F019V2	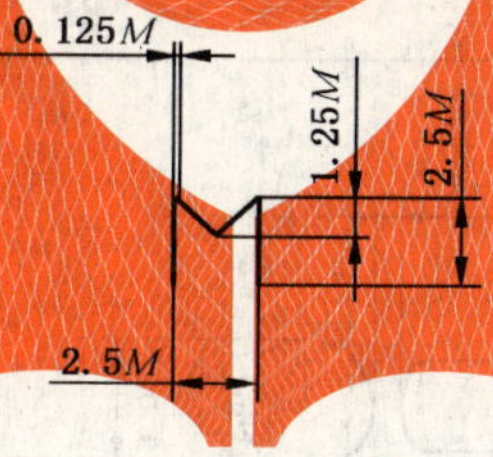 0.125M 1.25M 2.5M 2.5M	M 表示马达,与符号为2065V1 的元件连接
8.4.52	F023V1	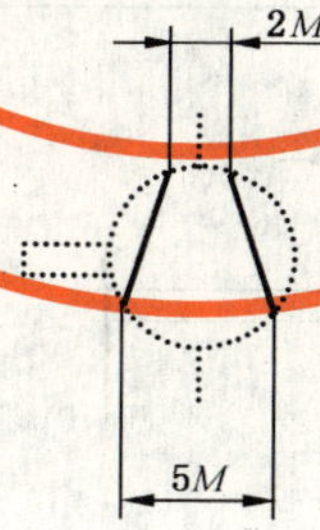 2M 5M	真空泵元件
8.4.53	2162V2	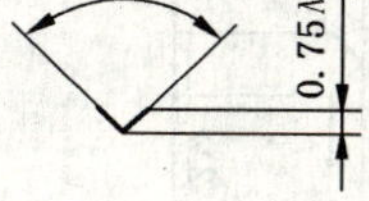 90° 0.75M	单向阀阀座,小规格

	注册号	图 形	描 述
8.4.54	2162V1	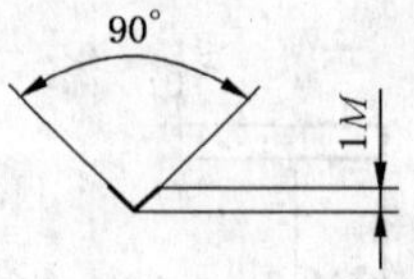	单向阀阀座,大规格
8.4.55	F020V1	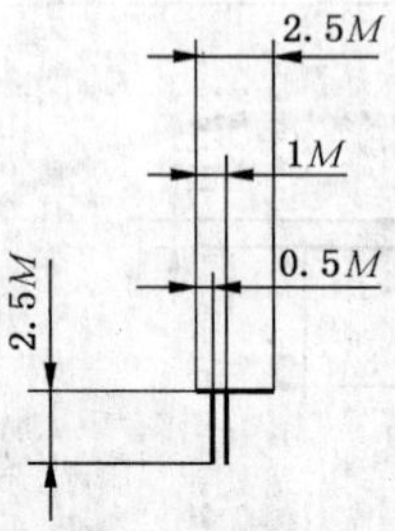	机械行程限制
8.4.56	2031V21	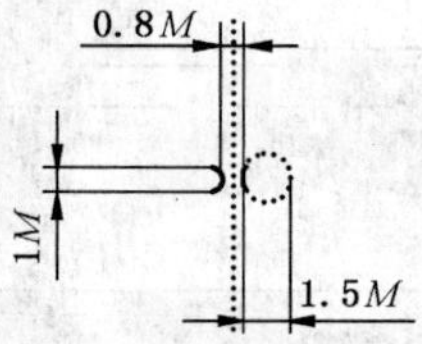	节流器(小规格)
8.4.57	2031V1	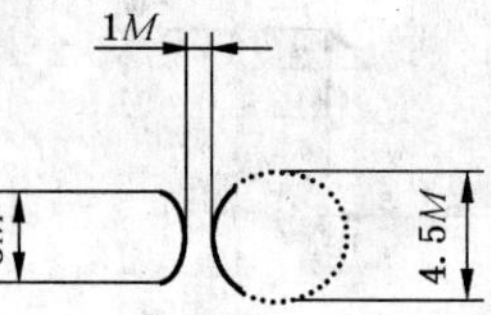	流量控制阀,节流通道节流,取决于黏度
8.4.58	F021V1	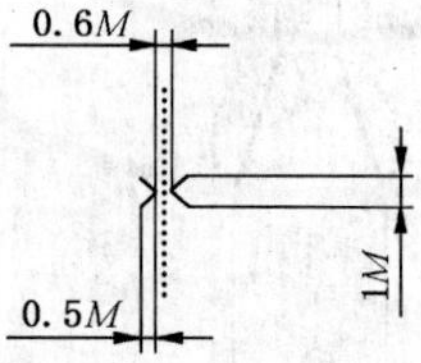	节流孔(小规格)
8.4.59	F022V1	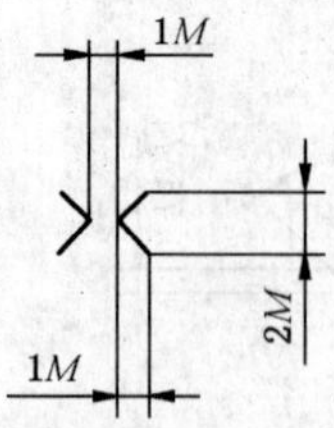	节流孔,锐边节流孔节流,很大程度取决于黏度

	注册号	图　形	描　述
8.4.60	2002V2	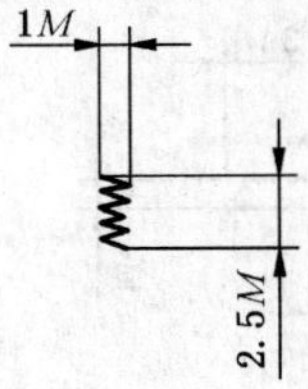 1M 2.5M	嵌入弹簧
8.4.61	2002V4	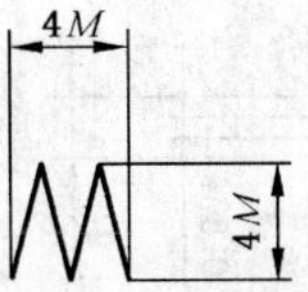 4M 4M	夹具弹簧
8.4.62	2002V3	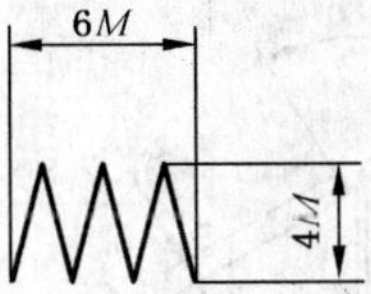 6M 4M	油缸弹簧
8.5　控制机构要素			
8.5.1	F039V1	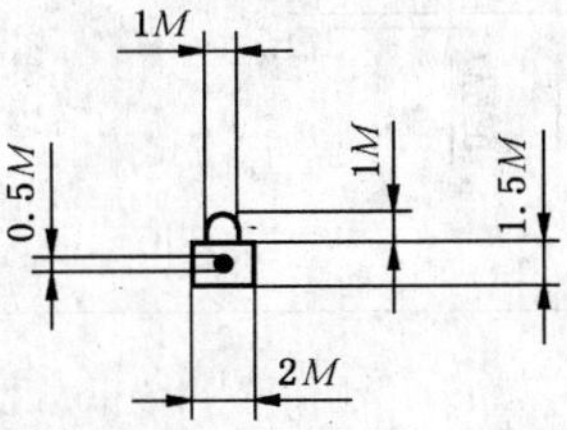 1M 0.5M　1M　1.5M 2M	锁定元件(锁)
8.5.2	402V2	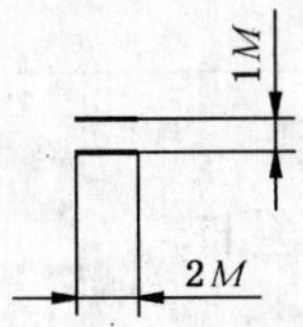 1M 2M	机械连接,轴,杆
8.5.3	402V3	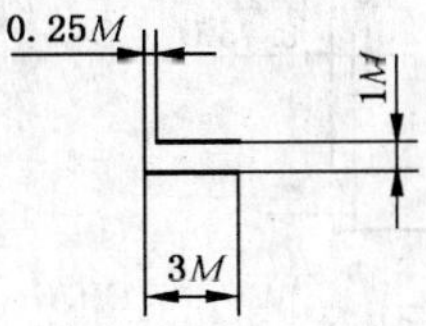 0.25M 1M 3M	机械连接,轴,杆

	注册号	图　形	描　述
8.5.4	402V4	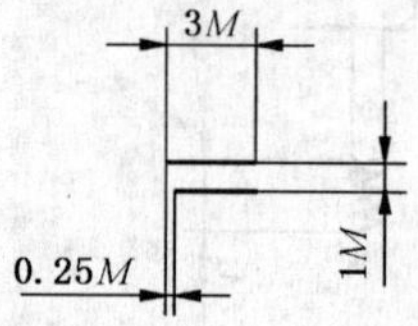	机械连接,轴,杆
8.5.5	F040V1	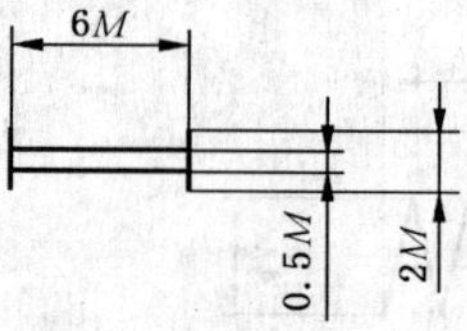	双压阀的机械连接
8.5.6	655V1	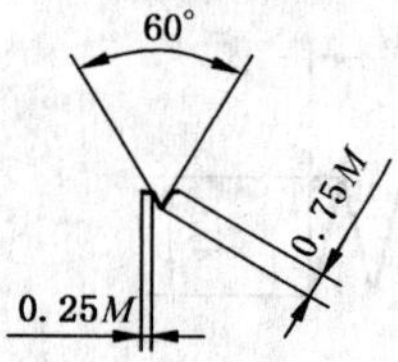	定位机构
8.5.7	F041V1	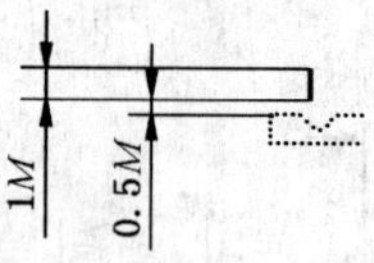	定位锁
8.5.8	658V1	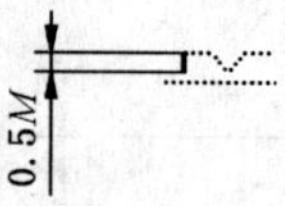	非定位位置指示
8.5.9	681V2	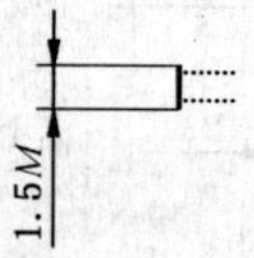	手动控制元件
8.5.10	682V1	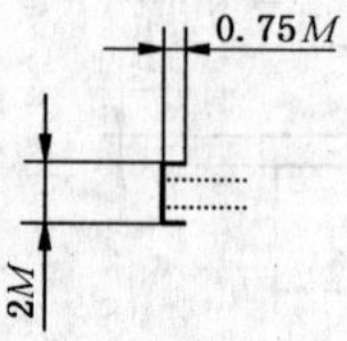	推力控制机构元件

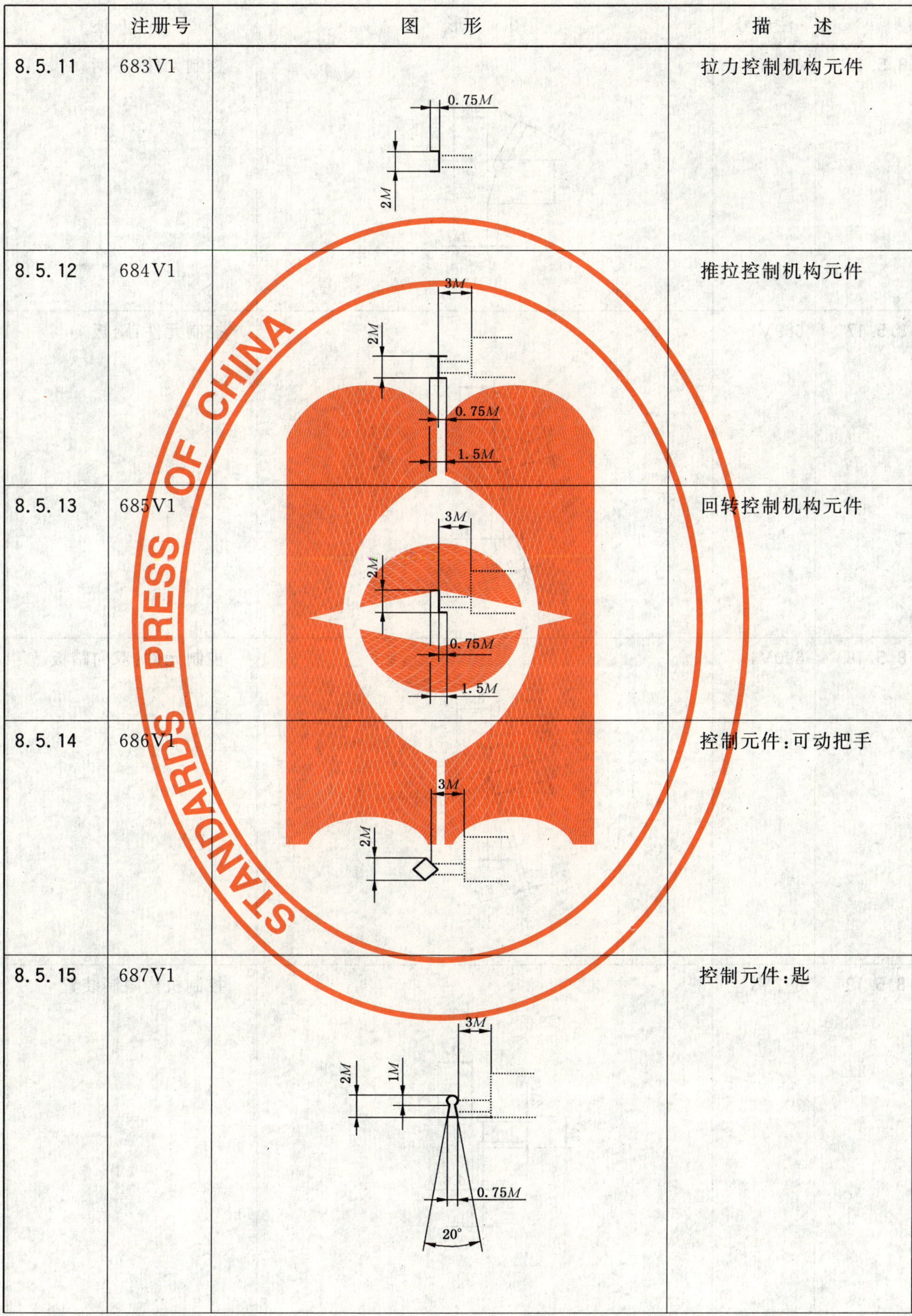

	注册号	图　形	描　述
8.5.11	683V1		拉力控制机构元件
8.5.12	684V1		推拉控制机构元件
8.5.13	685V1		回转控制机构元件
8.5.14	686V1		控制元件:可动把手
8.5.15	687V1		控制元件:匙

	注册号	图　　形	描　　述
8.5.16	688V1	3M 1M 4M 1M	控制元件:手柄
8.5.17	689V1	3M 2M 1M 0.5M	控制元件:踏板
8.5.18	690V1	3M 2M 1M 0.5M	控制元件:双向踏板
8.5.19	692V1	3M 2M 3M 0.5M 1M	控制机构限制装置

	注册号	图 形	描 述
8.5.20	711V1	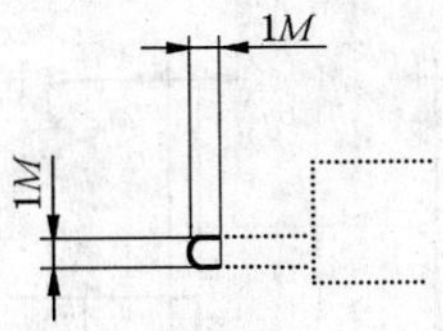 1M 1M	控制元件:活塞
8.5.21	2005V1	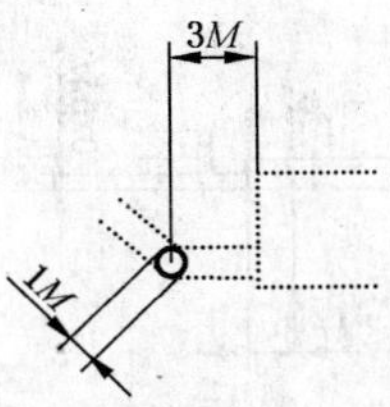 3M 1M	旋转节点连接
8.5.22	712V1	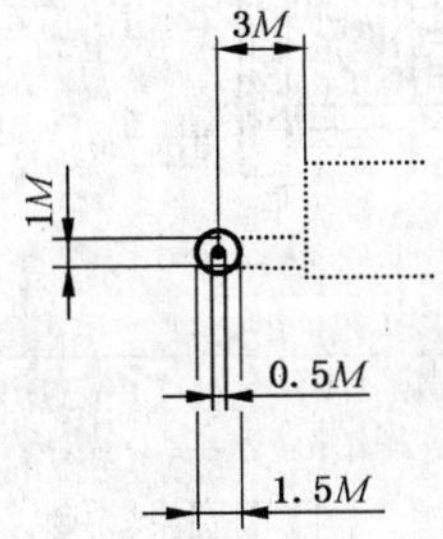 3M 1M 0.5M 1.5M	控制元件:滚轮
8.5.23	2002V1	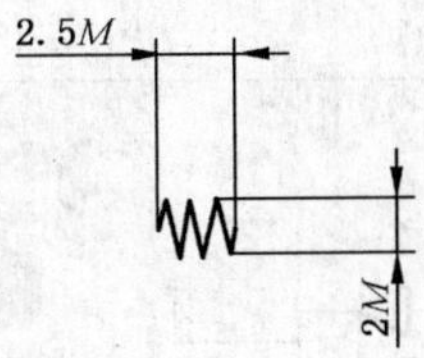 2.5M 2M	控制元件:弹簧
8.5.24	F042V1	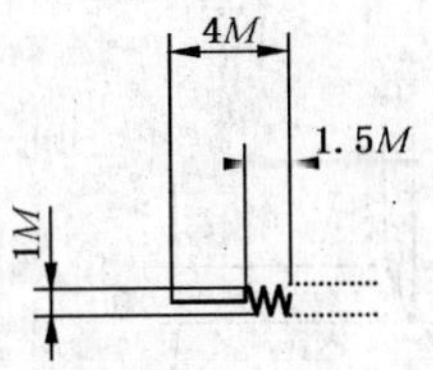 4M 1.5M 1M	控制元件:带控制机构弹簧

	注册号	图 形	描 述
8.5.25	2177V1	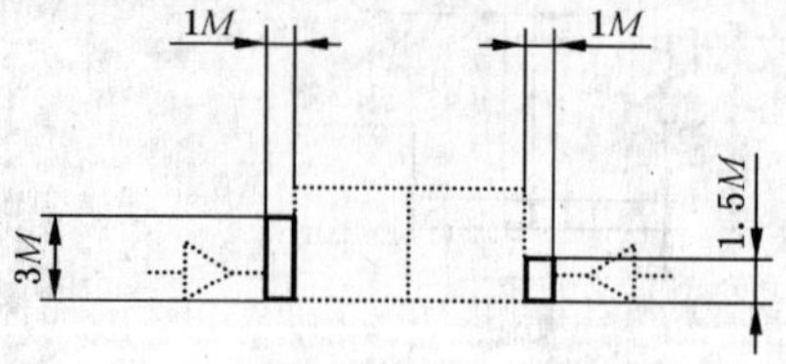 1M 1M 1.5M 3M	不同尺寸的反向控制面积的直动机构
8.5.26	211V1	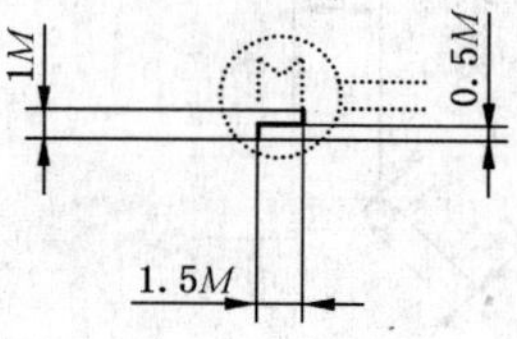 1M 0.5M 1.5M	步进可调符号
8.5.27	F019V2	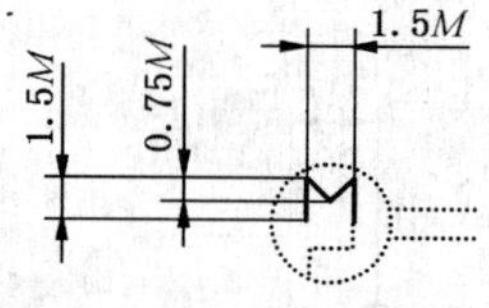 1.5M 1.5M 0.75M	M 表示与符号为 F002V1 的元件连接的马达
8.5.28	F043V1	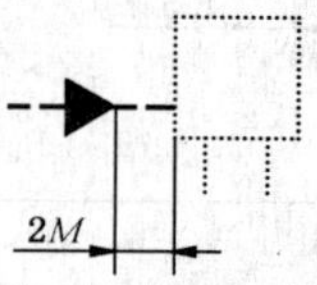 2M	液压增压直动机构(用于方向控制阀)
8.5.29	F044V1	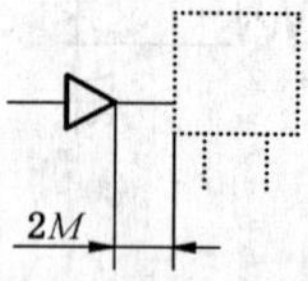 2M	气压增压直动机构(用于方向控制阀)
8.5.30	212V1	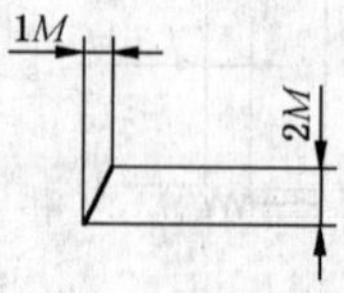 1M 2M	控制元件:绕组,作用方向指向阀芯(电磁铁,力矩马达,力马达)

	注册号	图　形	描　述
8.5.31	212V2	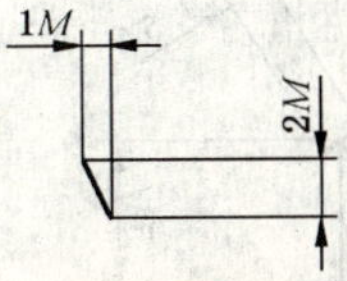 1M 2M	控制元件:绕组,作用方向背离阀芯(电磁铁,力矩马达,力马达)
8.5.32	212V4	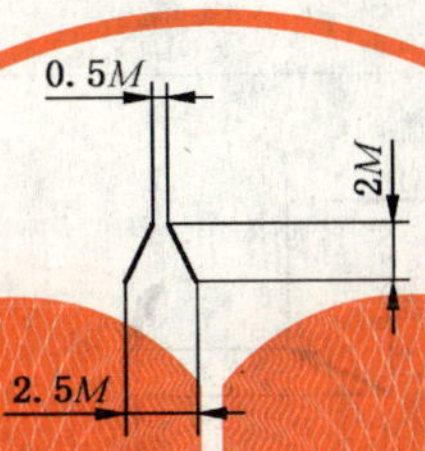 0.5M 2M 2.5M	控制元件:双绕组,反方向作用
8.6　调节要素			
8.6.1	201V1	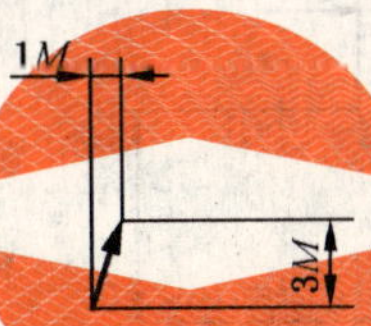 1M 3M	可调整,如行程限制
8.6.2	203V1	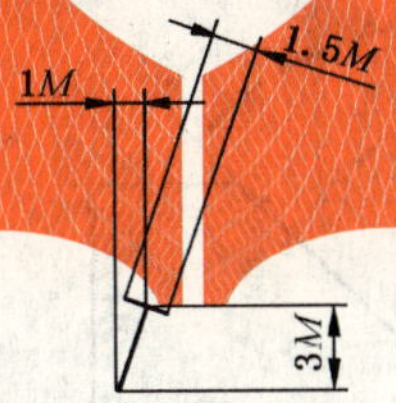 1.5M 1M 3M	预设置,如行程限制
8.6.3	201V2	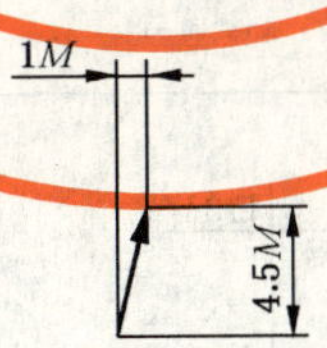 1M 4.5M	弹簧或比例电磁铁的可调整
8.6.4	201V3	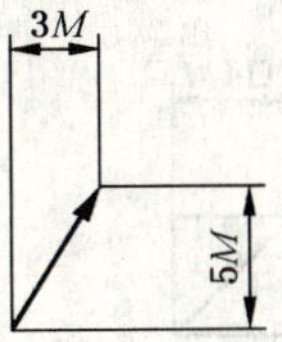 3M 5M	节流孔的可调整

	注册号	图　形	描　述
8.6.5	203V2	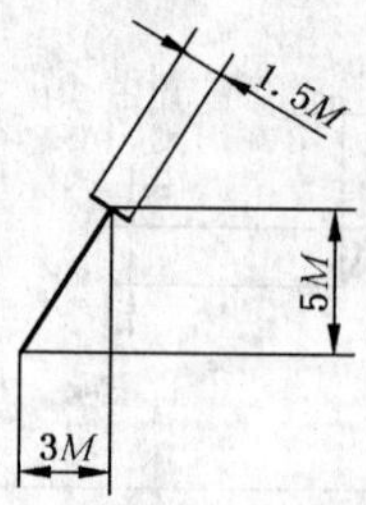	预设置，节流孔
8.6.6	201V4	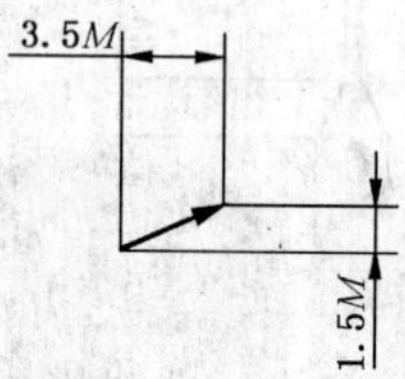	节流器的可调整
8.6.7	201V7	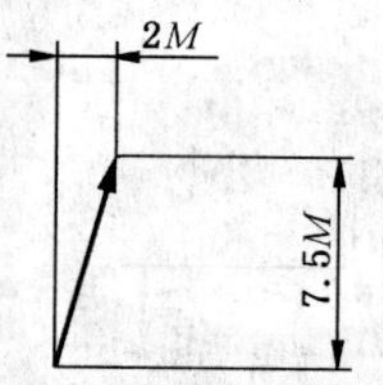	末端缓冲的可调整
8.6.8	201V5	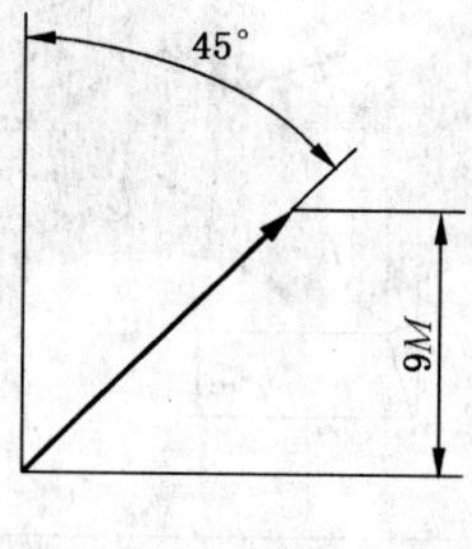	泵或马达的可调整
8.7　附件			
8.7.1	753V1	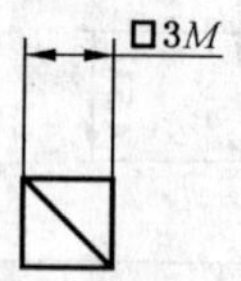	信号转换，常规，测量传感器
8.7.2	753V2	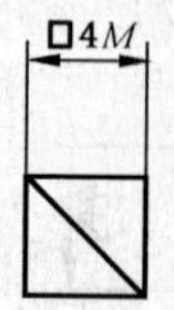	信号转换，常规，测量传感器

	注册号	图　形	描　述
8.7.3	F045V1		*—输入信号，**—输出信号
8.7.4	F046V1	*F*—流量； *G*—位置或长度测量； *L*—液位； *P*—压力或真空； *S*—速度或频率； *T*—温度； *W*—质量或力	输入信号
8.7.5	F047V1	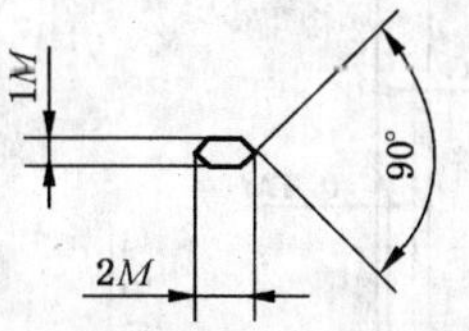 1*M* 90° 2*M*	压电控制机构元件
8.7.6	435V1	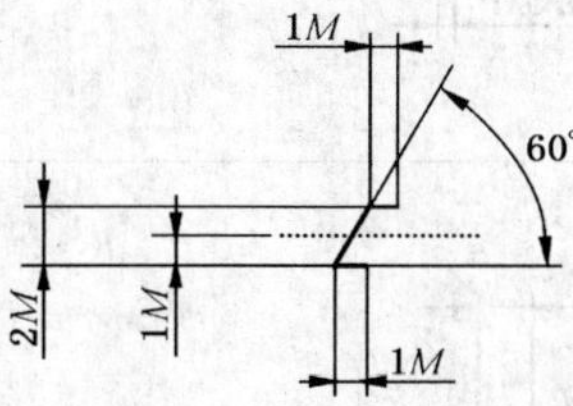 1*M* 60° 2*M* 1*M* 1*M*	导线符号
8.7.7	F048V1	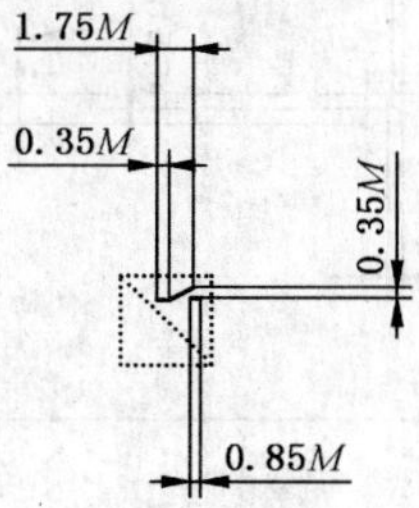 1.75*M* 0.35*M* 0.35*M* 0.85*M*	输出信号，电控开关
8.7.8	234V1	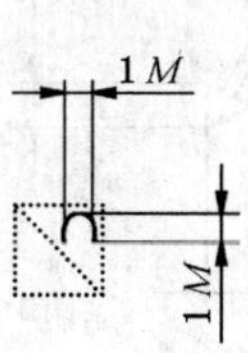 1*M* 1*M*	输出信号，电气模拟信号

	注册号	图形	描述
8.7.9	235V1		输出信号，电气数字信号
8.7.10	F049V1	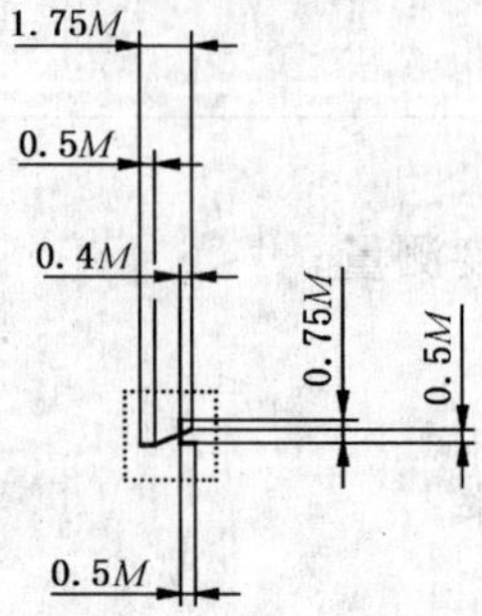 1.75M 0.5M 0.4M 0.75M 0.5M 0.5M	电气接触，常开触点
8.7.11	F050V1	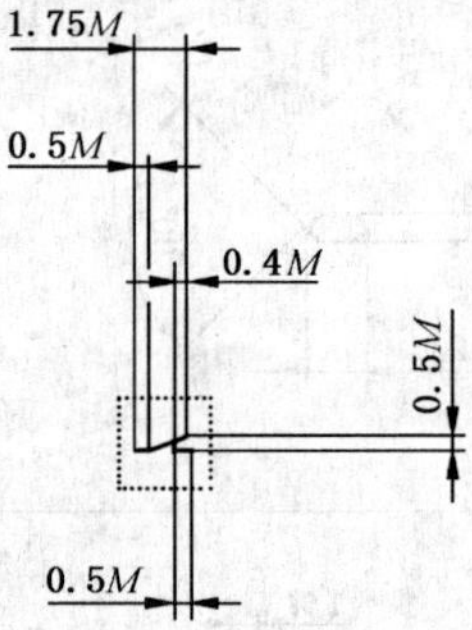 1.75M 0.5M 0.4M 0.5M 0.5M	电气接触，常闭触点
8.7.12	F051V1	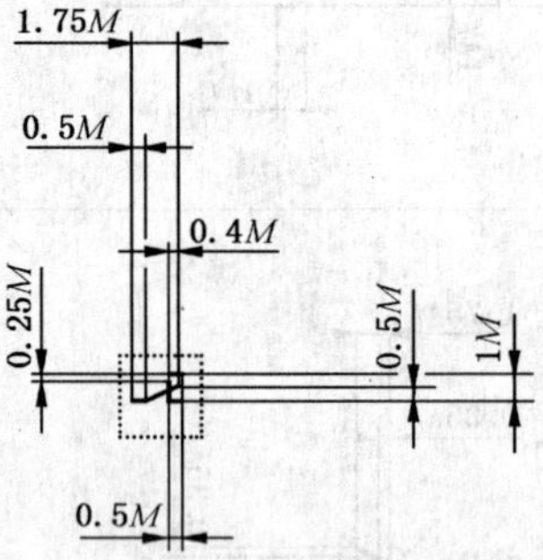 1.75M 0.5M 0.4M 0.25M 0.5M 1M 0.5M	电气接触，开关触点
8.7.13	F052V1	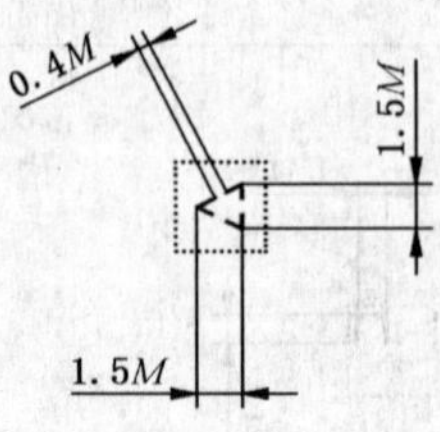 0.4M 1.5M 1.5M	集成电子器件

	注册号	图　形	描　述
8.7.14	1103V1	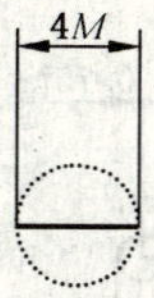	液位指示
8.7.15	F053V1	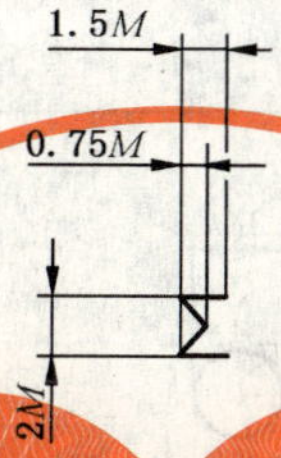	加法器符号
8.7.16	F054V1	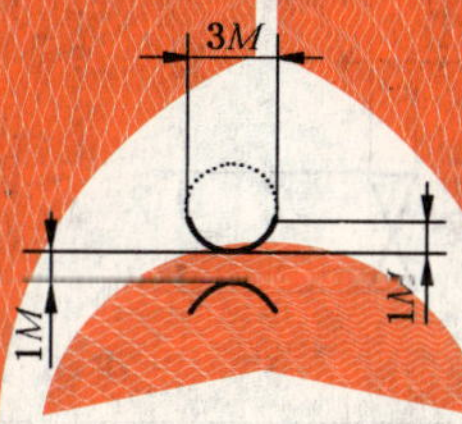	流量指示
8.7.17	F055V1	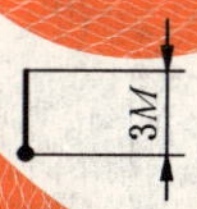	温度指示
8.7.18	F056V1	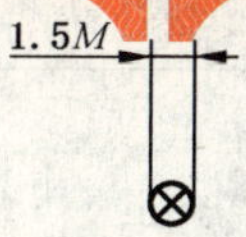	光学指示器元件
8.7.19	F057V1	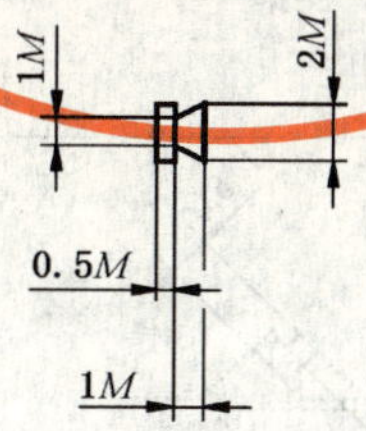	声音指示器元件
8.7.20	F058V1	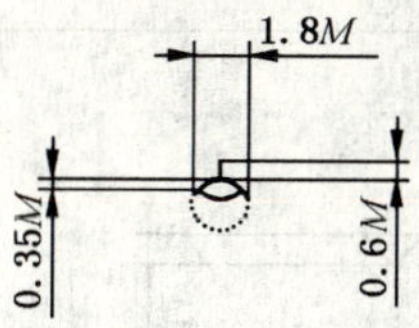	浮子开关元件

	注册号	图　形	描　述
8.7.21	F059V1	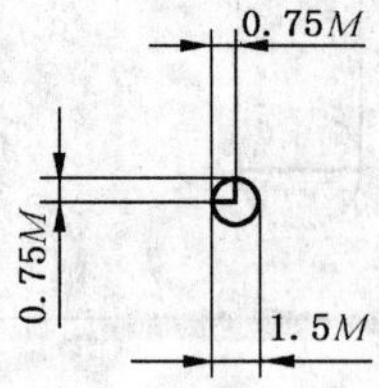 0.75*M* 0.75*M* 1.5*M*	时控单元元件
8.7.22	F060V1	 3*M*	计数器元件
8.7.23	2101V1	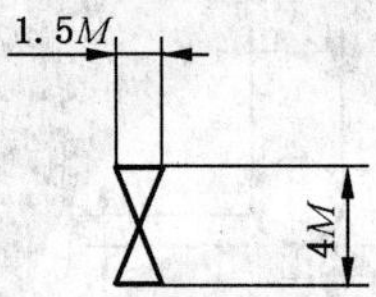 1.5*M* 4*M*	截止阀
8.7.24	F061V1	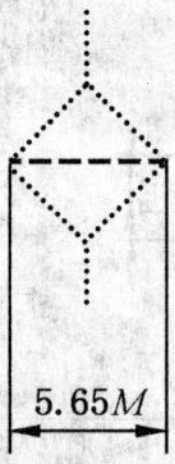 5.65*M*	过滤器元件
8.7.25	F062V1	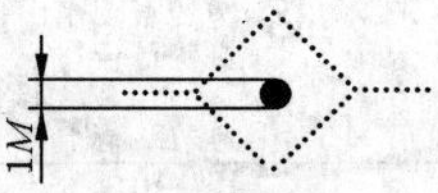 1*M*	过滤器聚结功能
8.7.26	F063V1	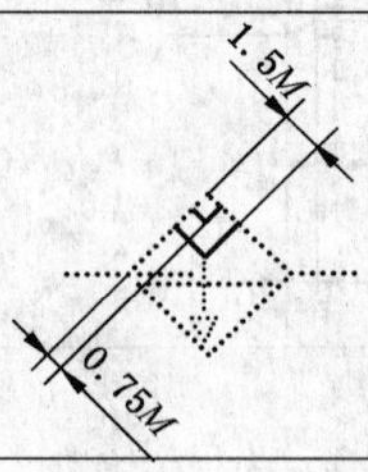 1.5*M* 0.75*M*	过滤器真空功能
8.7.27	F064V1	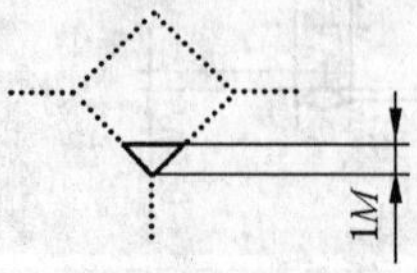 1*M*	流体分离器元件，手动排水

	注册号	图　形	描　述
8.7.28	F074V1	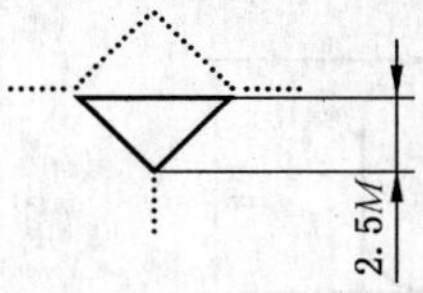 2.5M	分离器元件
8.7.29	F065V1	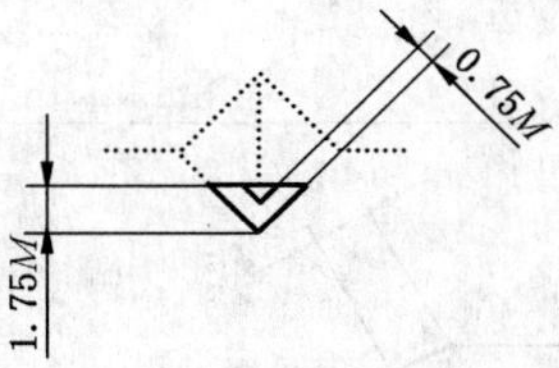 0.75M 1.75M	自动流体分离器元件
8.7.30	F066V1	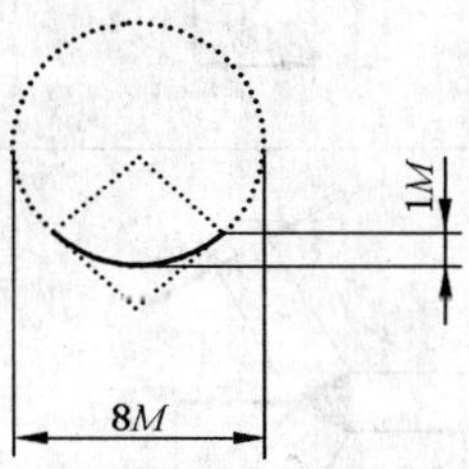 1M 8M	离心式过滤器元件
8.7.31	F067V1	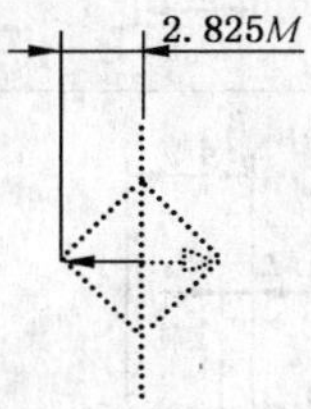 2.825M	热交换元件
8.7.32	F068V1	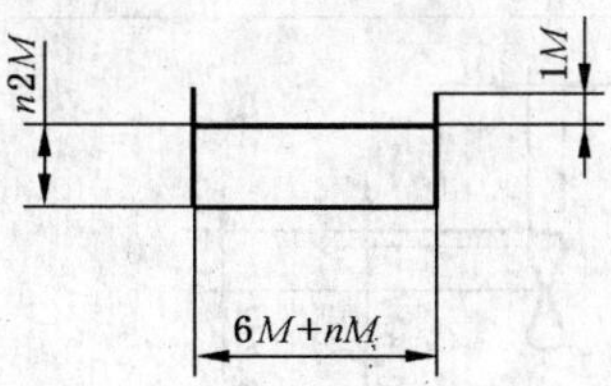 n2M 1M 6M+nM	有盖油箱
8.7.33	2061V1	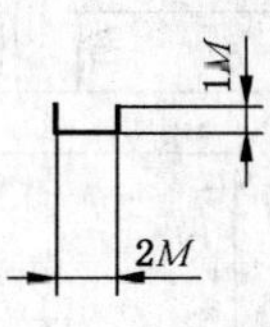 1M 2M	回到油箱

	注册号	图　形	描　述
8.7.34	F069V1	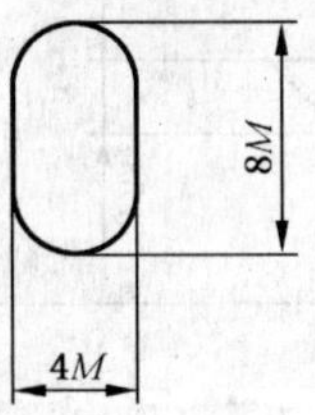 8M 4M	元件： —压力容器， —压缩空气储气罐，蓄能器， —气瓶，纹波管执行器，软管气缸
8.7.35	F070V1	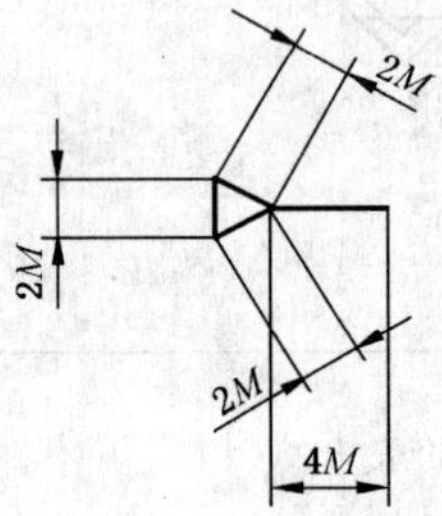 2M 2M 2M 4M	气压源
8.7.36	F071V1	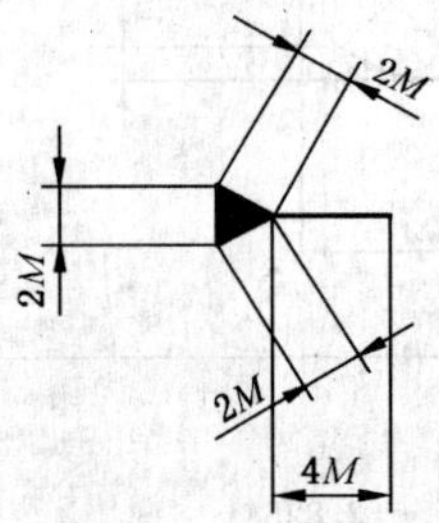 2M 2M 2M 4M	液压源
8.7.37	2033V1	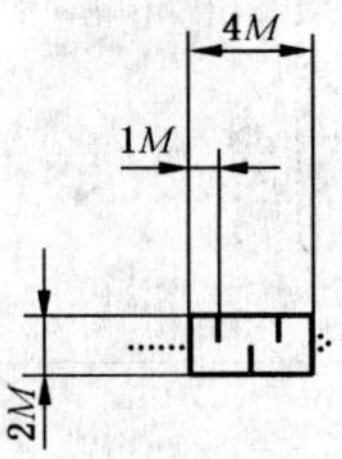 4M 1M 2M	消音器
8.7.38	F072V1	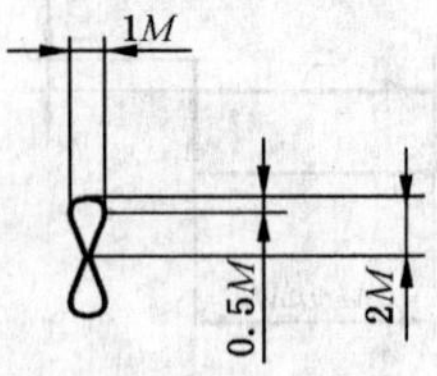 1M 0.5M 2M	风扇
8.7.39	F073V1	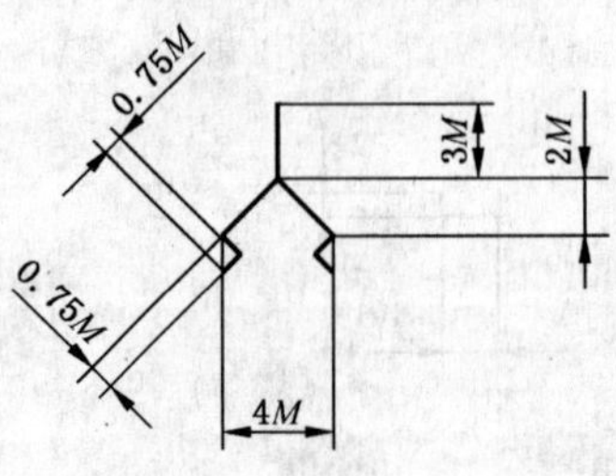 0.75M 3M 2M 0.75M 4M	吸盘

9 应用规则			
9.1 常规符号			
	注册号	图形	描述
9.1.1	RF001	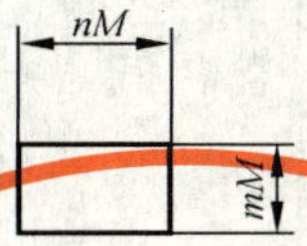	功能单元大小可能会随需要而改变
9.1.2	RF002		当功能需要时，无连接排气口应当标明
9.1.3	RF003		元件应中心位置放置且与相应符号有 1*M* 间隔
9.2 阀			
9.2.1	RF004	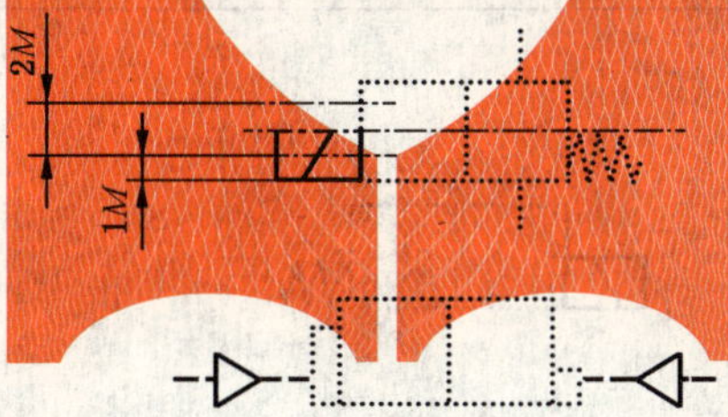	控制机构中心线位于长方形或正方形底边之上 1*M*。 平行作动的附加控制机构中心线为 2*M* 间距，在功能部件底边之下不能有突出
9.2.2	RF005	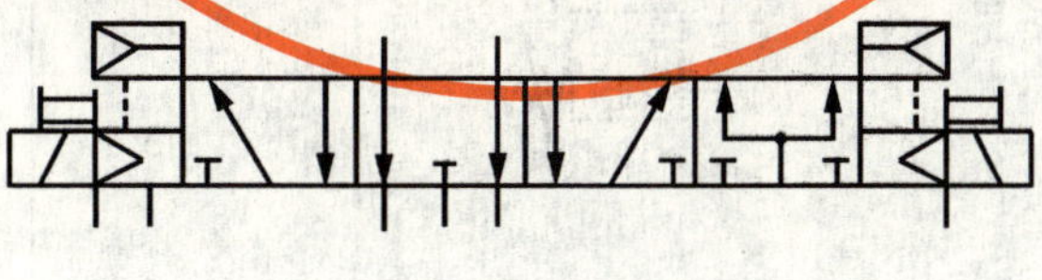	根据控制机构的工作状况，操作端的控制机构可使阀体元件从空闲的位置进入与其邻近的一个位置。 同时操纵四位阀两端的控制机构可以控制阀体从空闲位置移越两个位置
9.2.3	RF006	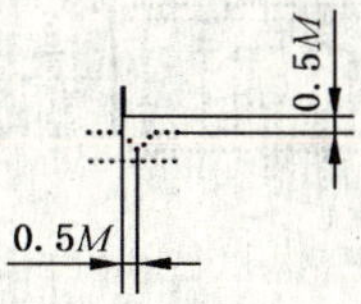	定位锁机构应放置在中间，或者在距凹口右或左 0.5*M*的位置，且在轴上方 0.5*M*处

	注册号	图 形	描 述
9.2.4	RF007	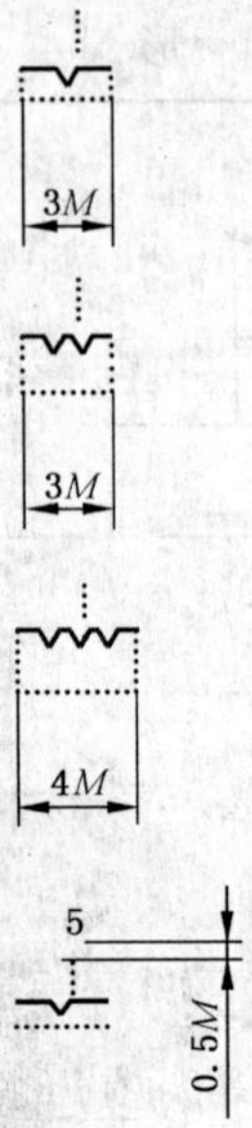 3*M* 3*M* 4*M* 5 0.5*M*	定位槽应对称置于轴上。对于三个以上的定位，数量应标注在定位槽上方0.5*M*处
9.2.5	RF008	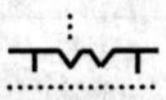	如有必要，无定位的切换位置应当标明
9.2.6	RF009	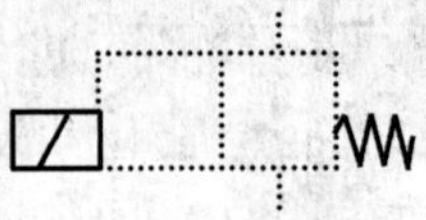	控制机构应在图中相应的矩形/长方形中直接标明
9.2.7	RF010		控制机构应画在矩形或长方形图的右侧，除非两侧均有
9.2.8	RF011	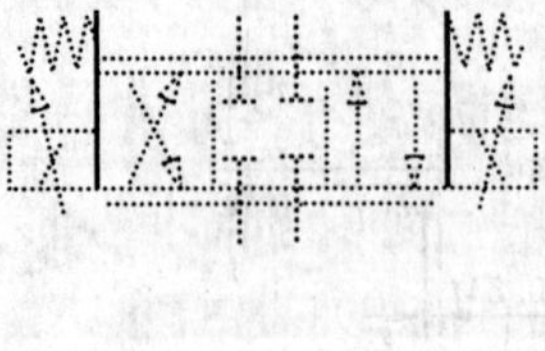	如果符号的尺寸不适合控制机构，需要画出延长线，在功能元件的两侧均可

	注册号	图形	描述
9.2.9	RF012	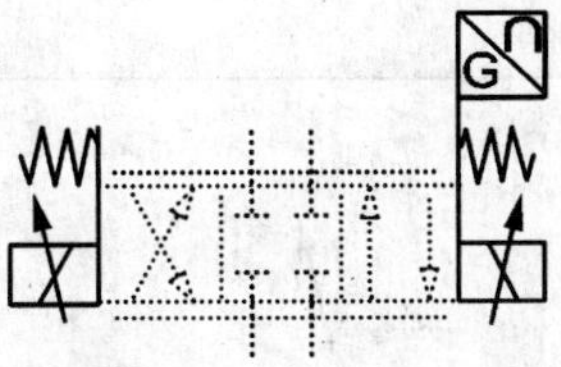	控制机构和信号转换器并行运行时从底部到顶部应遵循以下顺序： —液动或气动； —电磁铁； —弹簧； —手动控制元件； —转换器。 如果同样的控制机构装载于功能元件的两侧，其顺序必须对称放置。不允许符号重叠
9.2.10	RF013	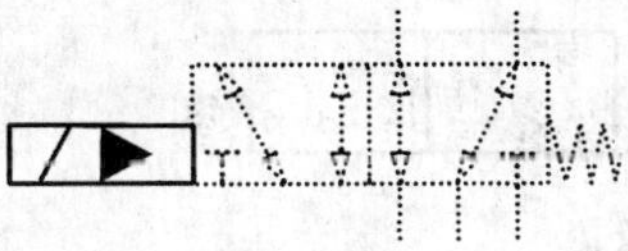	控制机构串联工作时应依照同样的控制次序按顺序表示
9.2.11	RF014	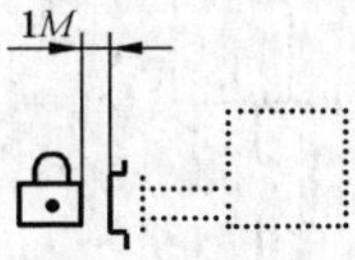 1M	锁定符号应在距离可锁装置 1*M* 距离外标出，该锁定符号表示可锁定的调整
9.2.12	RF015	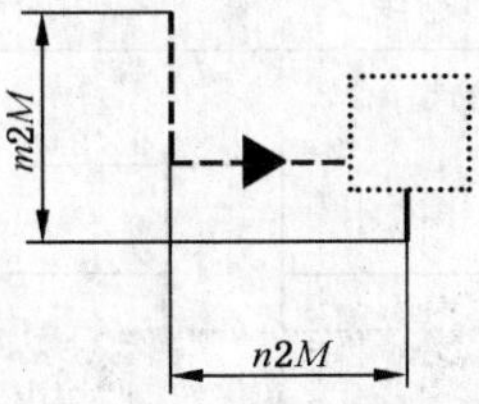 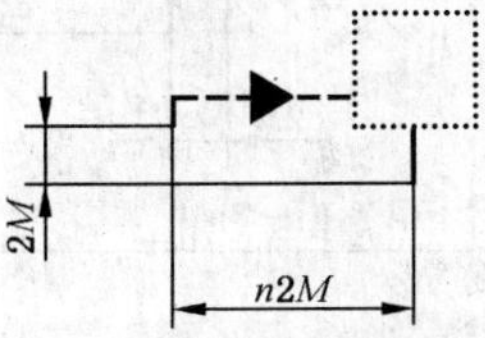 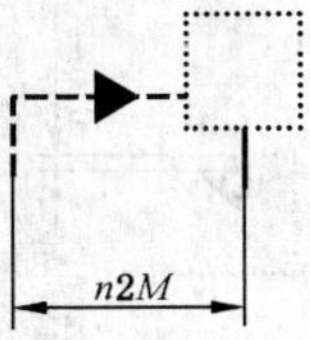 m2M n2M 2M n2M n2M	符号设计时应使接口末端在 2*M* 的倍数的网格上

	注册号	图形	描述
9.2.13	RF016		单绕组比例电磁铁
9.2.14	RF017		弹簧的可调整
9.2.15	RF018	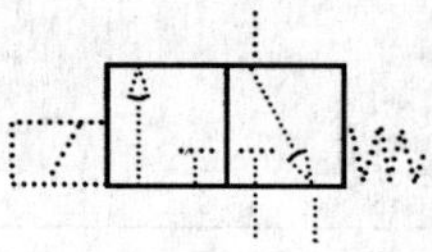 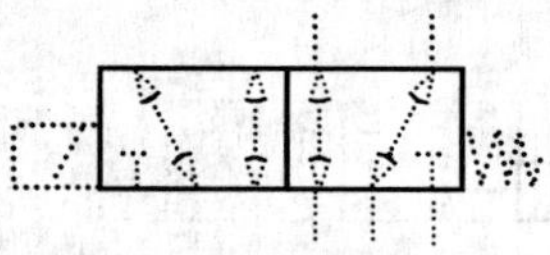	阀符号由各种功能单元组成，每一种功能单元代表一种阀芯位置和不同作用方式
9.2.16	RF019	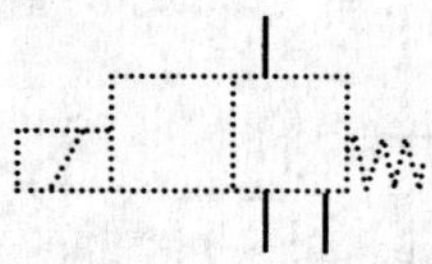 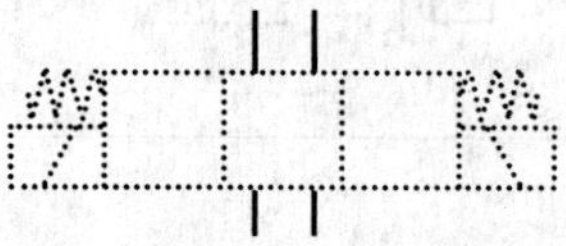	应标识出功能单元上的工作油口，并表示功能单元未受激励的状态（非工作状态）
9.2.17	RF020	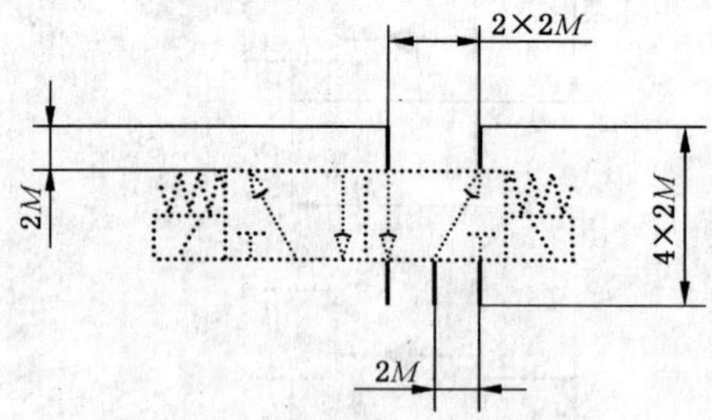 2×2*M* 2*M* 4×2*M* 2*M*	符号连接用 2*M* 的倍数表示。相邻连接线的距离应为 2*M*，以保证接口标识码的标注空间
9.2.18	RF021	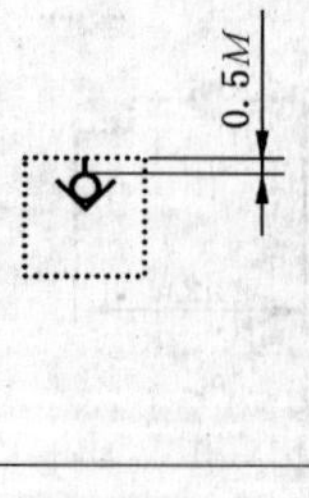 0.5*M*	功能：防漏隔离，液压电磁换向座阀

	注册号	图　形	描　述
9.2.19	RF022		功能:内部流路限流(零遮盖至负遮盖)
9.2.20	RF023		压力控制阀符号的基本位置由流动方向决定。供油口通常画在底部
9.2.21	RF024		代表比例、快速响应伺服阀的中位机能,零遮盖或正遮盖
9.2.22	RF025		代表比例、快速响应伺服阀的中位机能,零遮盖或负遮盖(至3%)
9.2.23	RF026	G	控制系统外部应显示设置自动防故障装置
9.2.24	RF027		可调整要素符号应位于节流器或节流孔的中心位置
9.2.25	RF028	7M 11M 0.5M 0.5M	对于有两个或更多工作位置,或有多个中间位置且彼此节流特性各不相同的阀,应沿符号画两条平行线

	注册号	图 形	描 述
9.3 二通盖板式插装阀			
9.3.1	RF029	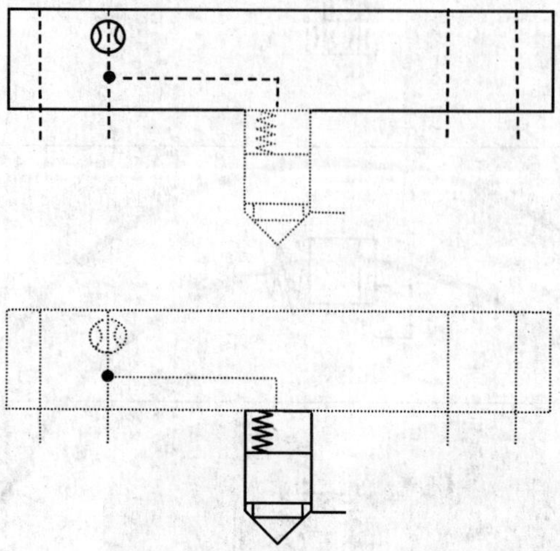	二通插装阀符号包括两个部分：控制盖板和插装阀芯。插装阀芯与控制盖板涵盖了更基础的元件或符号
9.3.2	RF030	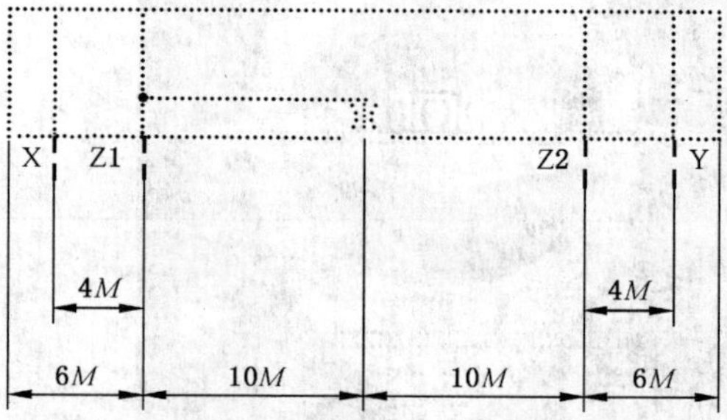 X Z1 Z2 Y 4M 4M 6M 10M 10M 6M	控制盖板的连接应位于框图中网格节点上，其位置固定
9.3.3	RF031	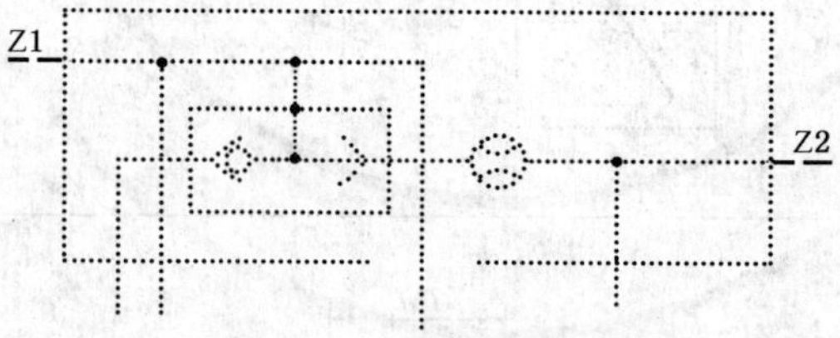 Z1 Z2	应画出外部连接
9.3.4	RF032	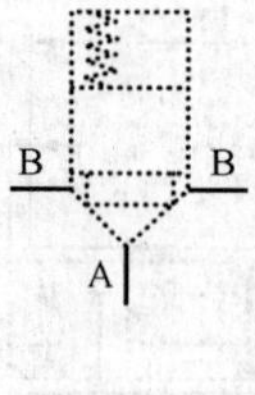 B B A	工作油口位于底部和符号侧边。A 口位于底部，B 口在右边或在左边或两边都有

	注册号	图　形	描　述
9.3.5	RF033	1M **	阀的开启压力应在符号旁边标明(**)
9.3.6	RF034	2M	如果节流孔是可代替的，其符号应圈上一个圆圈
9.3.7	RF035	AX AA	盖板式插装阀，座阀结构，阀芯面积比$\frac{AA}{AX}\leqslant 0.7$
9.3.8	RF036	AX AA	盖板式插装阀，座阀结构，圆柱阀芯面积比$1>\frac{AA}{AX}>0.7$
9.3.9	RF037		对于有节流功能的二通插装阀，阀芯部位应涂满
9.4　泵和马达			
9.4.1	RF038		泵的驱动轴位于左边(首选位置)或右边，且可延伸2M的倍数
9.4.2	RF039		马达的轴位于右边(首选位置)，也可置于左边

	注册号	图　形	描　述
9.4.3	RF040		表示可调整的箭头应置于能量转换装置符号的中心。如果需要，可画得更长些
9.4.4	RF041		顺时针方向箭头表示泵的轴顺时针方向旋转，并画在泵的轴的对侧。旋转方向由在部件面对轴末端的视角给出。 注意：当这个部件符号镜像时，指示旋转方向的箭头应当反向
9.4.5	RF042		逆时针方向箭头表示泵的轴逆时针方向旋转，并画在泵的轴的对侧。旋转方向由在部件面对轴末端的视角给出。 注意：当这个部件符号镜像时，指示旋转方向的箭头应当反向
9.4.6	RF043		泵或马达的泄油管路表示在其右下底部斜度小于45度，位于位移轴和驱动轴之间
9.5 缸			
9.5.1	RF044	1M 0.5M　0.5M 8M	活塞应距离缸端盖1M以上。连接油口的管路距离缸的符号末端应当在0.5M以上

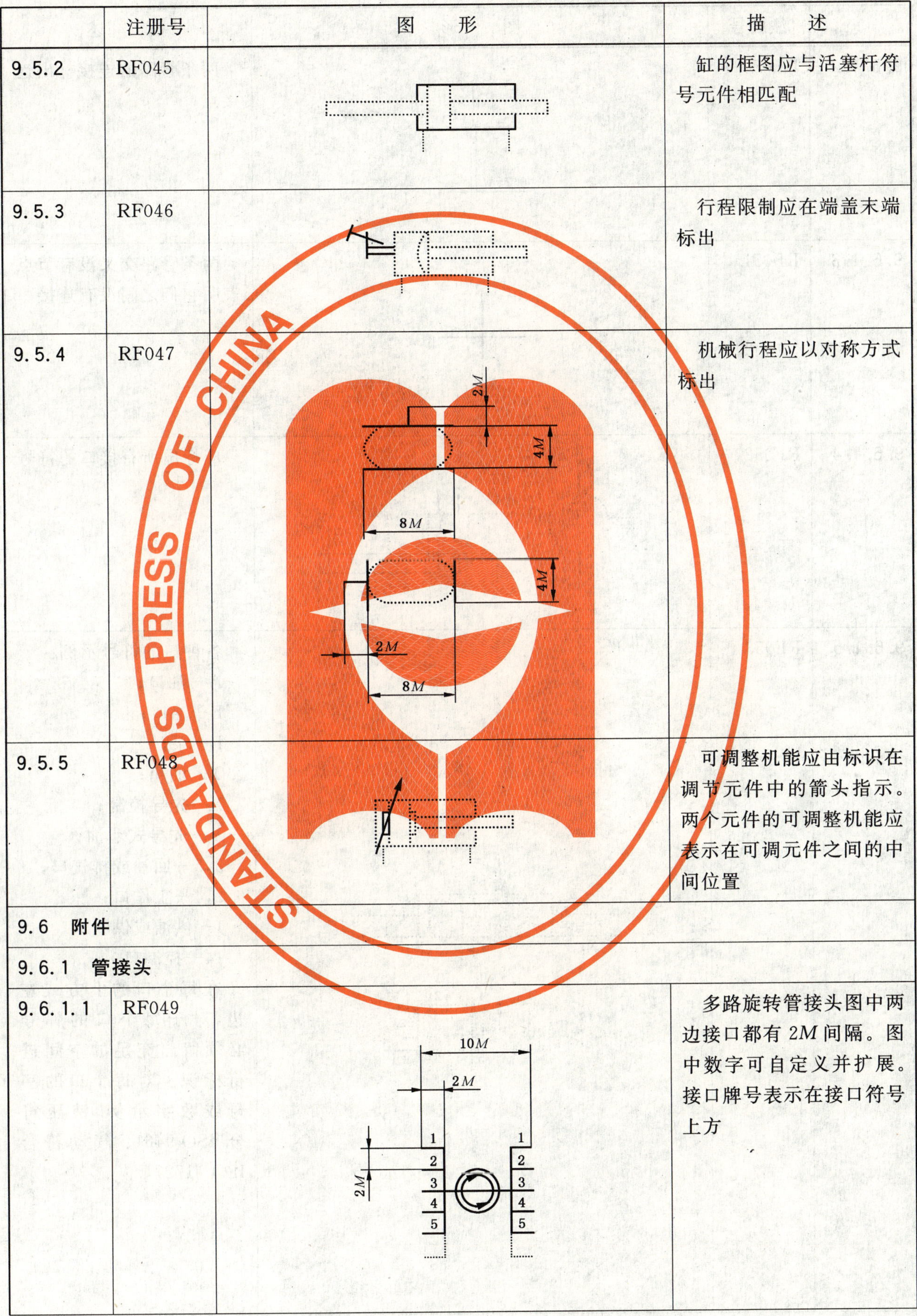

	注册号	图　形	描　述
9.5.2	RF045		缸的框图应与活塞杆符号元件相匹配
9.5.3	RF046		行程限制应在端盖末端标出
9.5.4	RF047		机械行程应以对称方式标出
9.5.5	RF048		可调整机能应由标识在调节元件中的箭头指示。两个元件的可调整机能应表示在可调元件之间的中间位置
9.6　附件			
9.6.1　管接头			
9.6.1.1	RF049		多路旋转管接头图中两边接口都有 $2M$ 间隔。图中数字可自定义并扩展。接口牌号表示在接口符号上方

	注册号	图　形	描　述
9.6.1.2	RF050	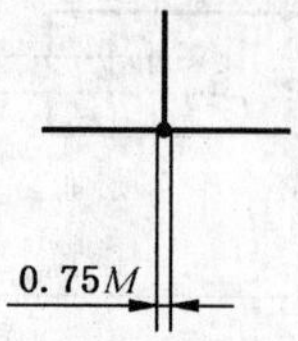 0.75*M*	两条管路的连接标出连接点
9.6.1.3	RF051		两条管路交叉没有节点表明它们之间没有连接
9.6.1.4	RF052	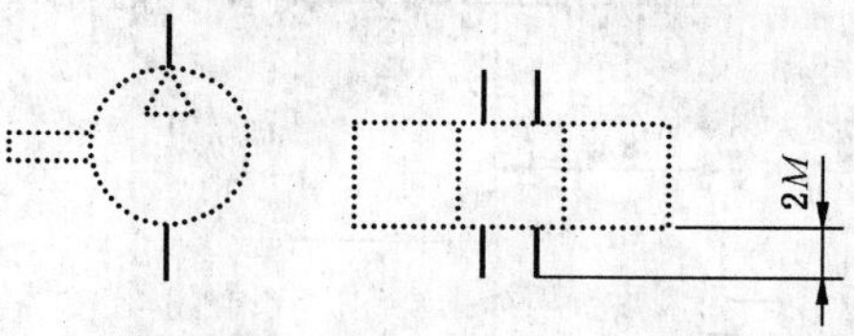 2*M*	应标出所有接口的符号
9.6.1.5	RF053	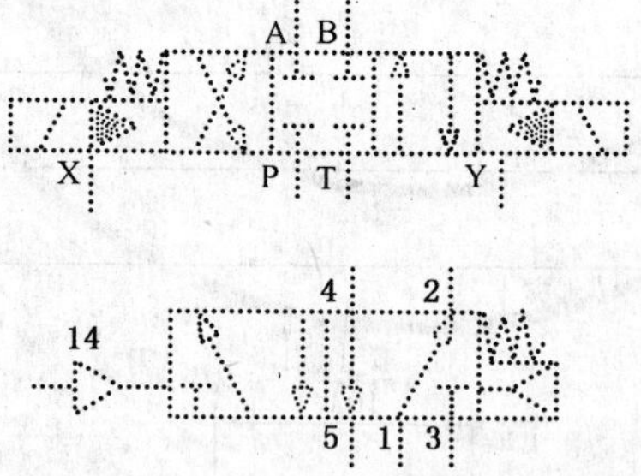 A B X P T Y 4 2 14 5 1 3	各种口的符号示例： A—油口； B—油口； P—泵； T—油箱； X—先导控制； Y—先导式泄油； 3,5—回油或排气口； 2,4—工作口； 1—供油或供气口； 14—控制口。 在每个口的上方或左边，对于每个口的牌号必须留出充足的空间进行标识。对每个口的字母或数字示例，液压符合 ISO 9461、气动符合 ISO 11727

	注册号	图 形	描 述
9.6.2 电气装置			
9.6.2.1	RF054		位置开关，机电式，如阀芯位置
9.6.2.2	RF055	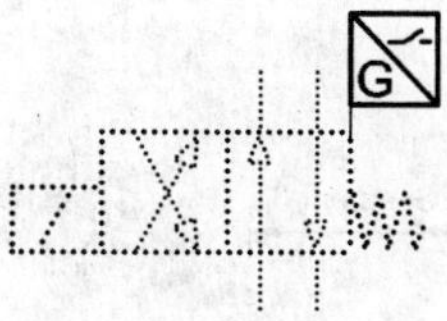 G	带切换输出信号的电控接近开关，如监视方向控制阀中的阀芯位置
9.6.2.3	RF056	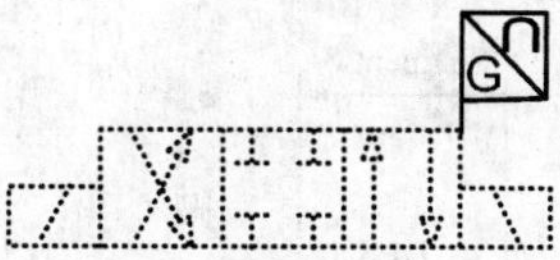 G	带模拟信号输出的位置信号转换器
9.6.2.4	RF057	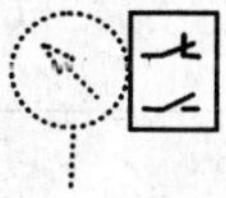 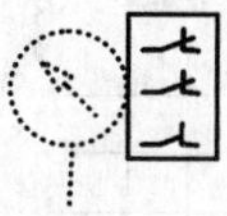 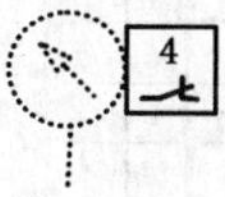 4	同一个图中至少可以有一个触点。每一个触点可以有不同功能(常闭触点，常开触点，开关触点)。 如果存在三个以上触点，触点的数量可标示在图中位于触点上方 0.5*M* 位置
9.6.3 测量设备和指示器			
9.6.3.1	RF058	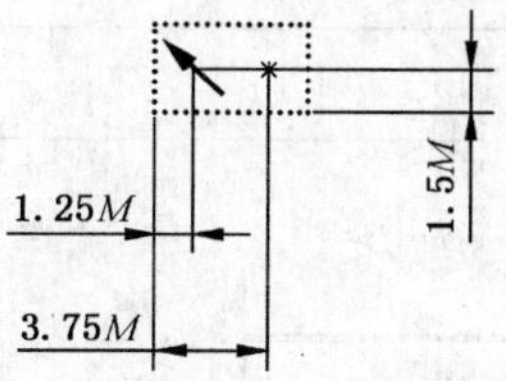 1.5*M* 1.25*M* 3.75*M*	所示单元中箭头和星号的位置，* 详细描述的位置
9.6.4 能量源			
9.6.4.1	RF059	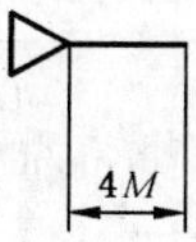 4*M*	气压源
9.6.4.2	RF060	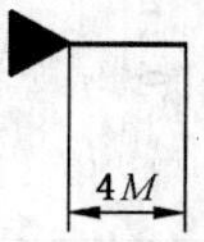 4*M*	液压源

附 录 A
(资料性附录)
CAD 符号介绍

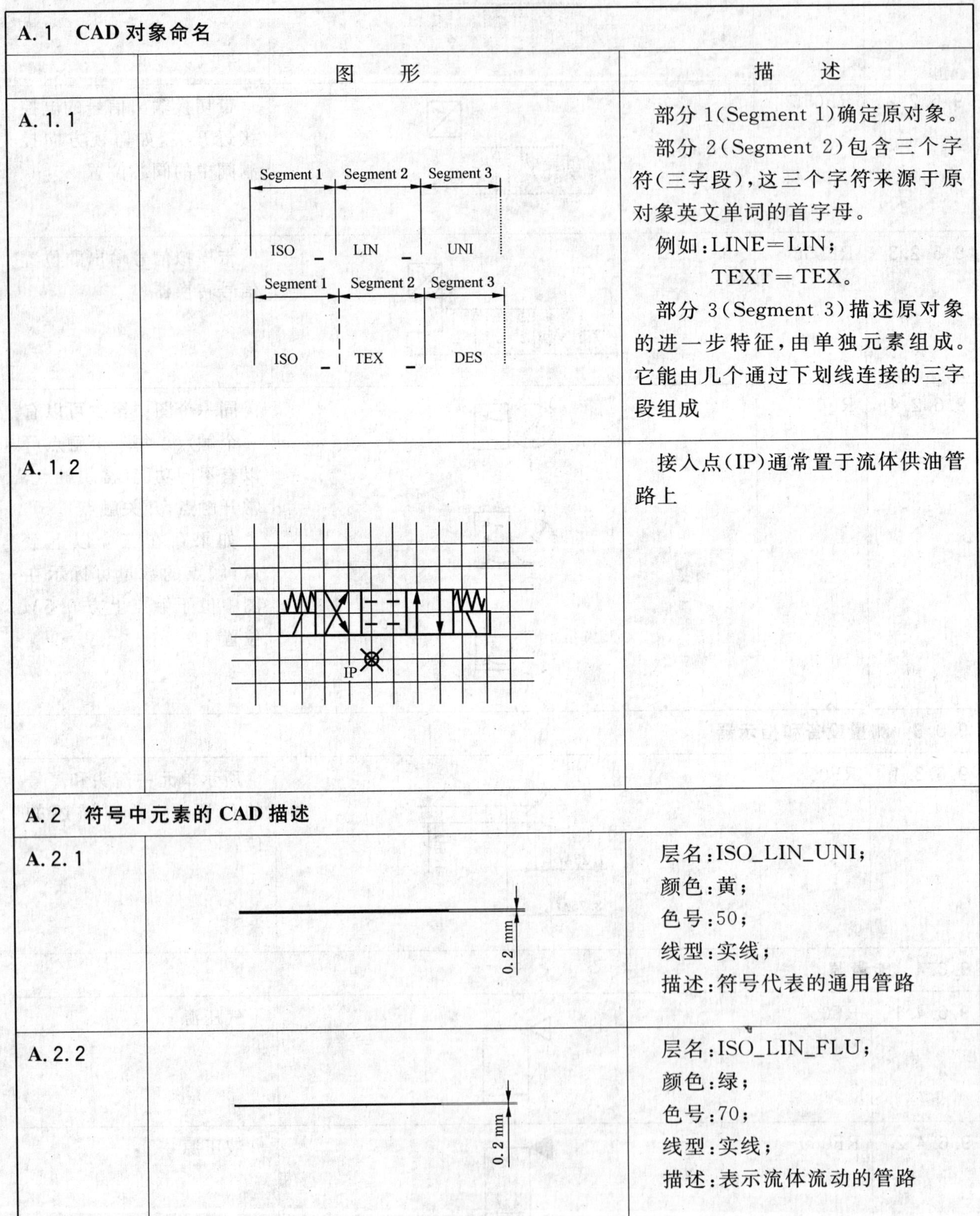

A.1 CAD 对象命名		
	图 形	描 述
A.1.1		部分 1(Segment 1)确定原对象。 部分 2(Segment 2)包含三个字符(三字段),这三个字符来源于原对象英文单词的首字母。 例如:LINE=LIN; TEXT=TEX。 部分 3(Segment 3)描述原对象的进一步特征,由单独元素组成。它能由几个通过下划线连接的三字段组成
A.1.2		接入点(IP)通常置于流体供油管路上
A.2 符号中元素的 CAD 描述		
A.2.1		层名:ISO_LIN_UNI; 颜色:黄; 色号:50; 线型:实线; 描述:符号代表的通用管路
A.2.2		层名:ISO_LIN_FLU; 颜色:绿; 色号:70; 线型:实线; 描述:表示流体流动的管路

	图　　形	描　　述
A.2.3	0.2 mm	层名:ISO_LIN_HAT; 颜色:灰; 色号:9; 线型:满线; 描述:交叉影线
A.2.4	0.25 mm A 2.5 mm	层名:ISO_TEX_IDE; 颜色:绿; 色号:70; 线型:实线; 描述:接口标示符
A.2.5	4 0.25 mm 2.5 mm	层名:ISO_TEX_POS; 颜色:深蓝; 色号:4; 线型:实线; 描述:位置编号
A.2.6	0.25 mm A 2.5 mm	层名:ISO_TEX_DES; 颜色:黄; 色号:50; 线型:实线; 描述:描述符
A.3　非智能符号中元素的 CAD 描述		
A.3.1	0.2 mm	层名:ISO_LIN_PRE; 颜色:橙(赤黄)色; 色号:30; 线型:实线; 描述:压力管路
A.3.2	0.2 mm	层名:ISO_LIN_RES; 颜色:蓝色; 色号:140; 线型:实线; 描述:回油管路

	图形	描述
A.3.3	 0.2 mm	层名:ISO_LIN_CON; 颜色:橙(赤黄)色; 色号:30; 线型:虚线(均匀长间隔线); 描述:控制管路
A.3.4	 0.2 mm	层名:ISO_LIN_DRA; 颜色:蓝色; 色号:140; 线型:虚线(均匀短间隔线); 描述:泄油管路
A.3.5	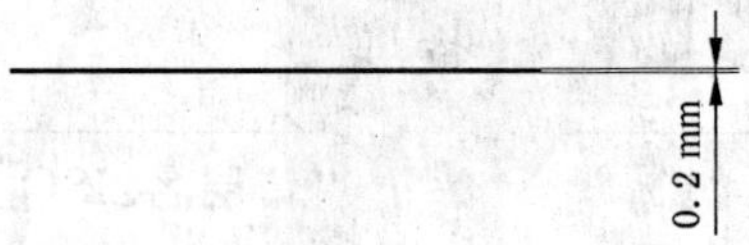 0.2 mm	层名:ISO_LIN_WOR; 颜色:绿; 色号:70; 线型:实线; 描述:工作管路
A.3.6	0.5 mm	层名:ISO_LIN_LIM; 颜色:青绿色; 色号:120; 线型:点画线; 描述:限制线
A.3.7	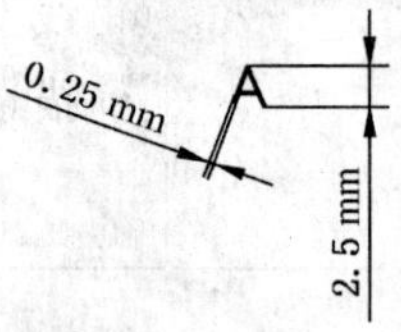 A 0.25 mm 2.5 mm	层名:ISO_TEX_DES_025; 颜色:绿; 色号:70; 线型:实线; 描述:描述文本 2.5 mm
A.3.8	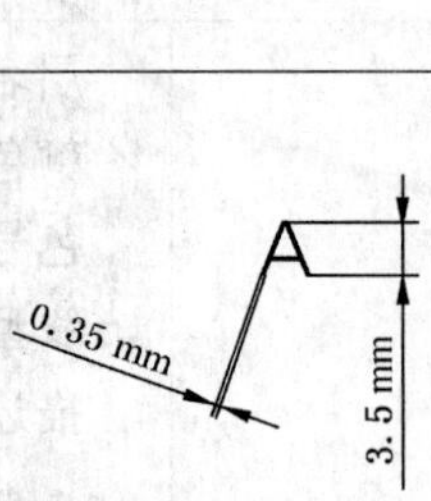 A 0.35 mm 3.5 mm	层名:ISO_TEX_DES_035; 颜色:橙色 色号:30; 线型:实线; 描述:描述文本 3.5 mm
A.3.9	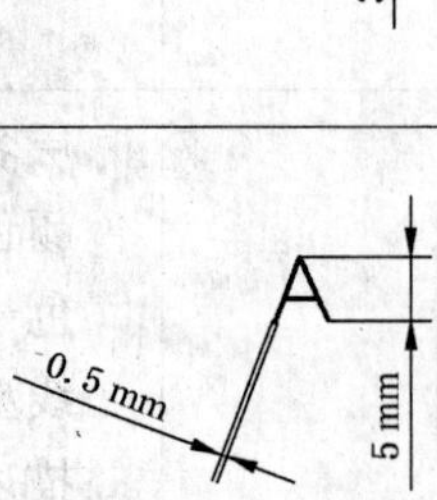 A 0.5 mm 5 mm	层名:ISO_TEX_DES_050; 颜色:黄; 色号:50; 线型:实线; 描述:描述文本 5 mm

	图　形	描　述
A.4　功能符号的 CAD 描述示例		
A.4.1	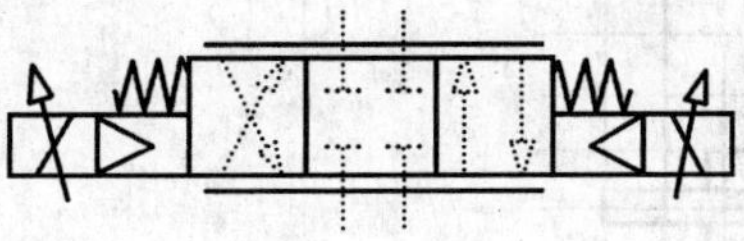	层名:ISO_LIN_UNI
A.4.2		层名:ISO_LIN_FLU
A.4.3	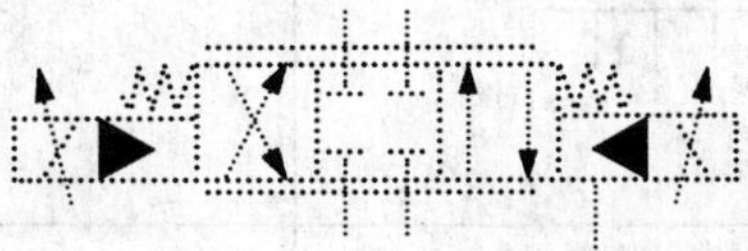	层名:ISO_LIN_HAT
A.4.4	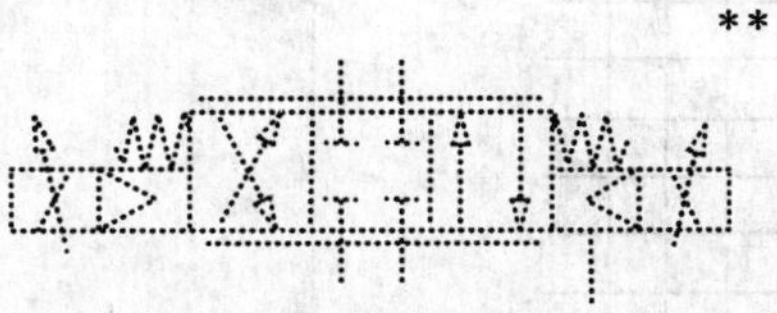 **	层名:ISO_TEX_POS
A.4.5	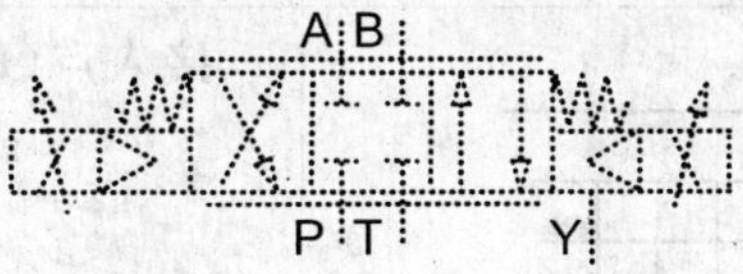 A B P T Y	层名:ISO_TEX_IDE
A.4.6	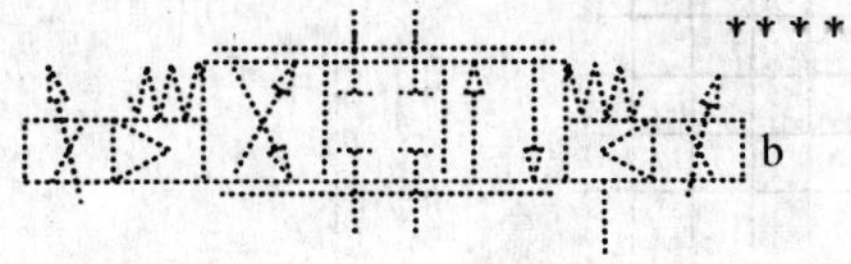 **** a b	层名:ISO_TEX_DES

	图　　形	描　　述
A.5　CAD 图形符号的特征		
A.5.1	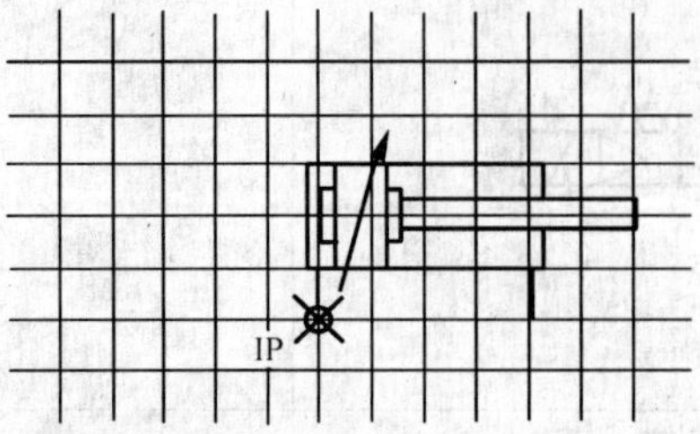 IP	接入点(IP)在液压缸端盖的联接处
A.5.2	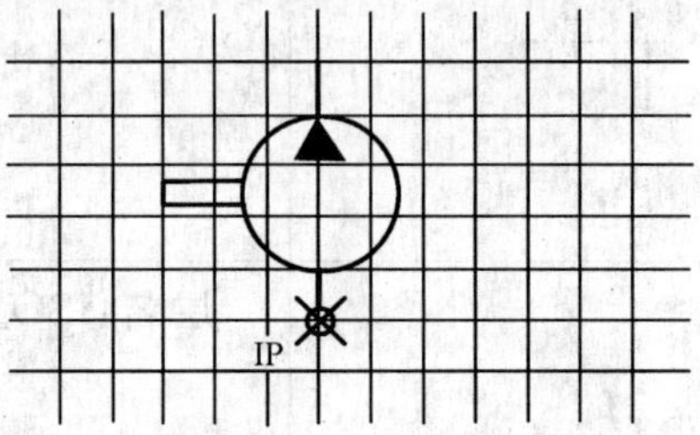 IP	接入点(IP)在泵的吸油口
A.5.3	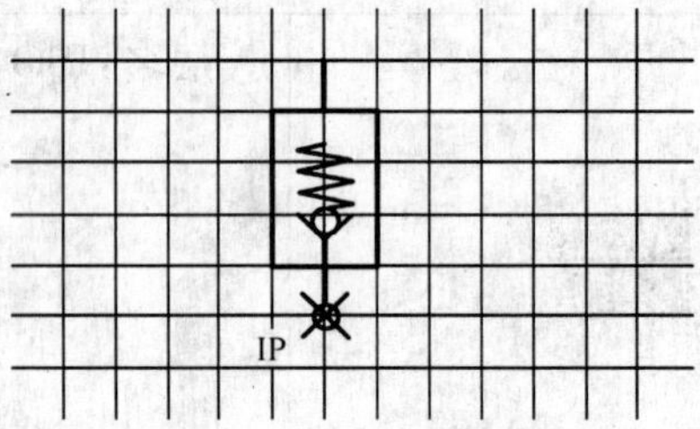 IP	接入点(IP)在单向阀的入口
A.5.4	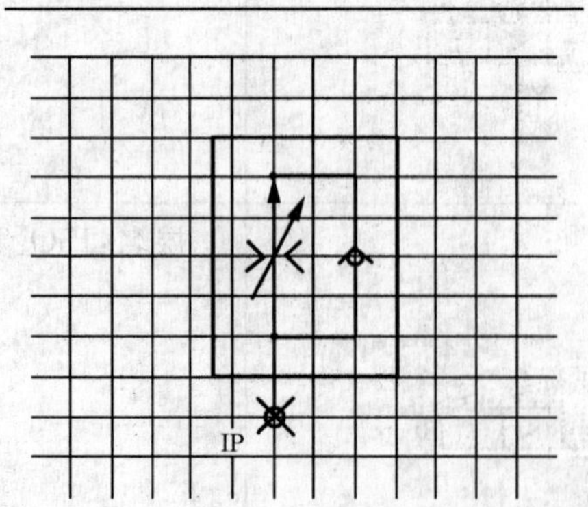 IP	接入点(IP)在流量控制阀的入口

	图　　形	描　　述
A.5.5	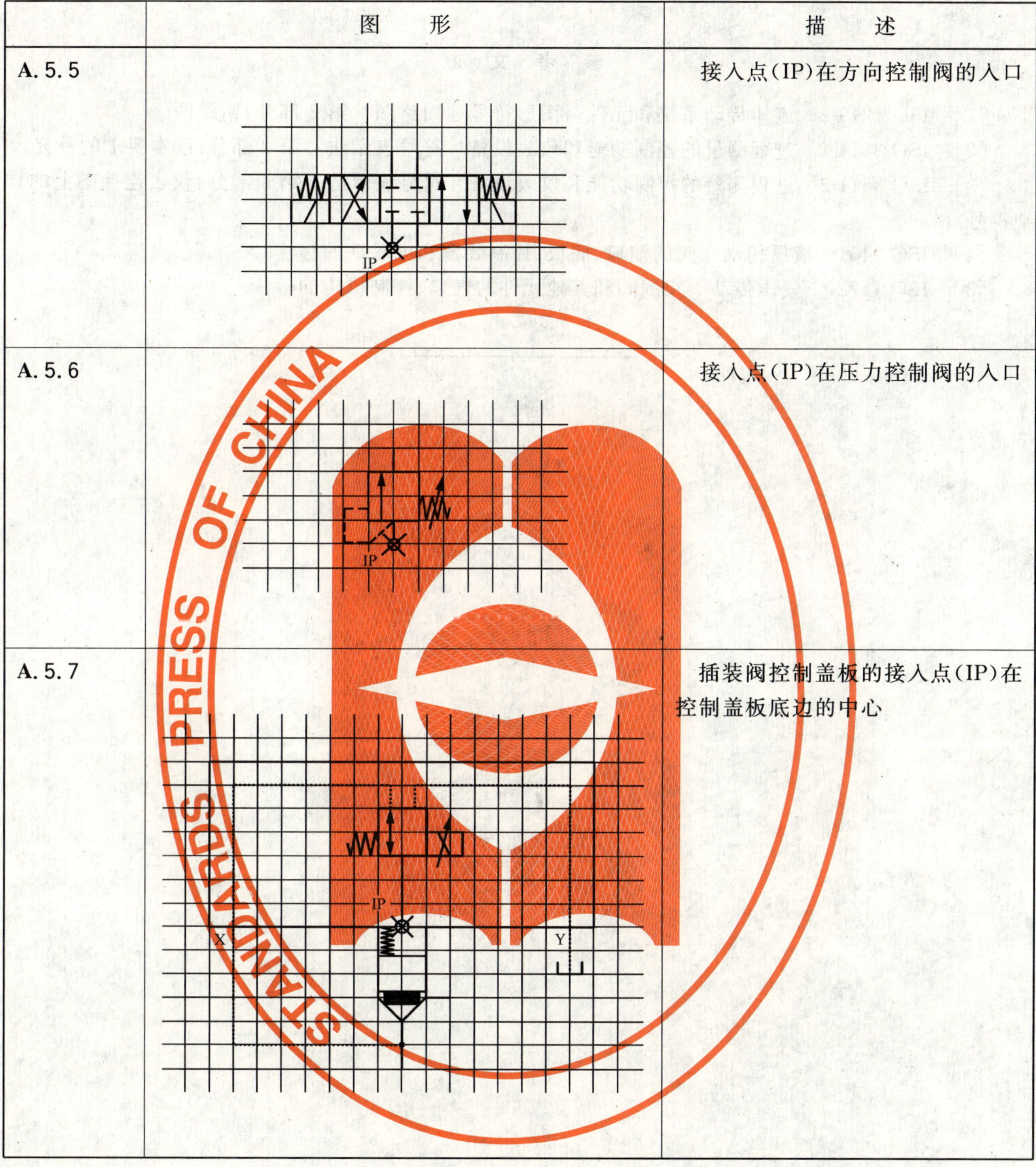	接入点(IP)在方向控制阀的入口
A.5.6		接入点(IP)在压力控制阀的入口
A.5.7		插装阀控制盖板的接入点(IP)在控制盖板底边的中心

参 考 文 献

[1] ISO 1219-2 流体传动系统和元件 图形符号和回路图 第2部分:回路图.

[2] ISO 3511-2 过程测量的控制功能和仪表设备 符号表示法 第2部分:基本要求的补充.

[3] ISO 3511-3 过程测量的控制功能和仪表设备 符号表示法 第3部分:仪表连接图上的详细符号.

[4] ISO 9461 液压传动 阀的油口、底板、控制装置和电磁铁的标注.

[5] ISO 11727 气压传动 控制阀和其他元件的气口、控制机构的标注.

ICS 21.060.20
J 13

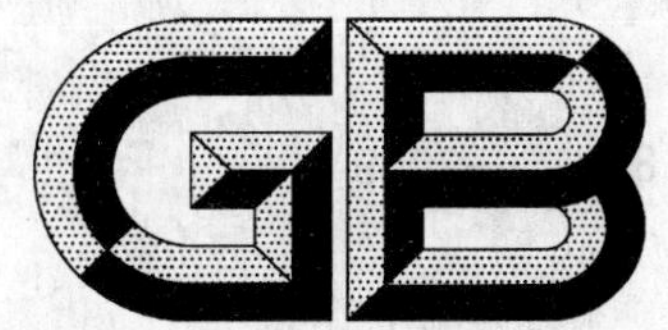

中华人民共和国国家标准

GB/T 802.3—2009

六角法兰面盖形螺母　焊接型

Acorn hexagon nuts with flange—Welding type

2009-10-15 发布　　2010-03-01 实施

中华人民共和国国家质量监督检验检疫总局
中国国家标准化管理委员会　发布

前　言

本部分是国家标准“盖形螺母”产品系列标准之一。该系列包括：

a)　GB/T 802.1　组合式盖形螺母；

b)　GB/T 802.2　六角盖形螺母　焊接型；

c)　GB/T 802.3　六角法兰面盖形螺母　焊接型；

d)　GB/T 802.4　六角低球面盖形螺母　焊接型；

e)　GB/T 802.5　非金属嵌件六角锁紧盖形螺母　焊接型；

f)　GB/T 923　六角盖形螺母。

本部分是 GB/T 802 的第 3 部分。

本部分由中国机械工业联合会提出。

本部分由全国紧固件标准化技术委员会归口。

本部分负责起草单位：中机生产力促进中心、张家港市新艺五金有限公司。

本部分由全国紧固件标准化技术委员会秘书处负责解释。

本部分系首次发布。

六角法兰面盖形螺母　焊接型

1　范围

GB/T 802 的本部分规定了螺纹规格为 M4～M24、性能等级为 6、8、A2-50、A2-70、A4-50 和 A4-70 级、产品等级为 A 级和 B 级的焊接型六角法兰面盖形螺母。A 级用于 $D \leqslant 16$ mm；B 级用于 $D > 16$ mm 的螺母。

2　规范性引用文件

下列文件中的条款通过 GB/T 802 的本部分的引用而成为本部分的条款。凡是注日期的引用文件，其随后所有的修改单(不包括勘误的内容)或修订版均不适用于本部分，然而，鼓励根据本部分达成协议的各方研究是否可使用这些文件的最新版本。凡是不注日期的引用文件，其最新版本适用于本部分。

GB/T 90.1　紧固件　验收检查(GB/T 90.1—2002，ISO 3269:2000，IDT)

GB/T 90.2　紧固件　标志与包装

GB/T 196　普通螺纹　基本尺寸(GB/T 196—2003，ISO 724:1993，ISO general purpose metric screw threads—Basic dimensions，MOD)

GB/T 197　普通螺纹　公差(GB/T 197—2003，ISO 965-1:1998，ISO general purpose metric screw threads—Tolerances—Part 1:Principles basic data，MOD)

GB/T 1237　紧固件标记方法(GB/T 1237—2000，eqv ISO 8991:1986)

GB/T 3098.2　紧固件机械性能　螺母　粗牙螺纹(GB/T 3098.2—2000，idt ISO 898-2:1992)

GB/T 3098.4　紧固件机械性能　螺母　细牙螺纹(GB/T 3098.4—2000，idt ISO 898-6:1994)

GB/T 3098.15　紧固件机械性能　不锈钢螺母(GB/T 3098.15—2000，idt ISO 3506-2:1997)

GB/T 3103.1　紧固件公差　螺栓、螺钉和螺母(GB/T 3103.1—2002，ISO 4759-1:2000，IDT)

GB/T 5267.1　紧固件　电镀层(GB/T 5267.1—2002，ISO 4042:1999，IDT)

GB/T 5267.2　紧固件　非电解锌片涂层(GB/T 5267.2—2002，ISO 10683:2000，IDT)

GB/T 5267.3　紧固件　热浸镀锌层(GB/T 5267.3—2008，ISO 10684:2004，IDT)

GB/T 5276　紧固件　螺栓、螺钉、螺柱及螺母　尺寸代号和标注(GB/T 5276—1985，eqv ISO 225:1983)

GB/T 5779.2　紧固件表面缺陷　螺母(GB/T 5779.2—2000，idt ISO 6157-2:1995)

GB/T 16938　紧固件　螺栓、螺钉、螺柱和螺母　通用技术条件(GB/T 16938—2008，ISO 8992:2005，IDT)

3　尺寸

螺母的型式尺寸见图 1 和表 1。

尺寸代号和标注符合 GB/T 5276。

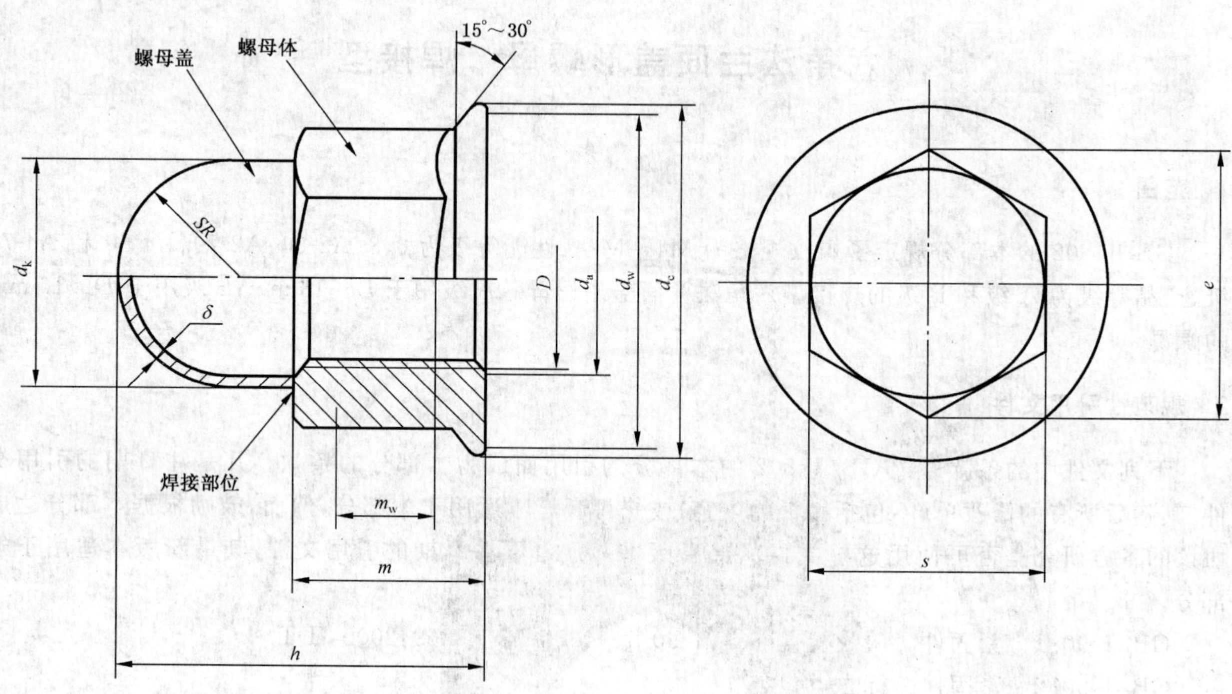

图 1

表 1

单位为毫米

螺纹规格 D[a]	第 1 系列	M4	M5	M6	M8	M10
	第 2 系列	—	—	—	M8×1	M10×1
	第 3 系列	—	—	—	—	M10×1.25
P[b]		0.7	0.8	1	1.25	1.5
d_a	max	4.6	5.75	6.75	8.75	10.8
	min	4	5	6	8	10
d_k	max	6.5	7.5	9.5	12.5	15
d_w	min	5.9	6.9	8.9	11.6	14.6
d_c	max	9	11.8	14.2	17.9	21.8
e	min	7.66	8.79	11.05	14.38	17.77
h	max=公称	7.5	9	11	14	18
	min	7.14	8.64	10.57	13.57	17.57
m	max	4.5	5	6	8	10
	min	4.2	4.7	5.7	7.64	9.64
m_w	min	2.32	2.96	3.76	4.91	6.11
SR	≈	3.25	3.75	4.75	6.25	7.5
s	max=公称	7	8	10	13	16
	min	6.78	7.78	9.78	12.73	15.73
δ	≈	0.5	0.5	0.8	0.8	0.8

表 1（续） 单位为毫米

螺纹规格 D[a]	第 1 系列	M12	(M14)	M16	M20	M24
	第 2 系列	M12×1.5	(M14×1.5)	M16×1.5	M20×2	M24×2
	第 3 系列	M12×1.25	—	—	M20×1.5	—
P[b]		1.75	2	2	2.5	3
d_a	max	13	15.1	17.3	21.6	25.9
	min	12	14	16	20	24
d_k	max	17	20	23	28	34
d_w	min	16.6	19.6	22.5	27.7	33.3
d_c	max	26	29.9	34.5	42.8	46
e	min	20.03	23.35	26.75	32.95	39.55
h	max＝公称	22	26	30	32	36
	min	21.48	25.48	29.48	31	35
m	max	12	14	16	20	24
	min	11.57	13.3	15.3	18.7	22.7
m_w	min	7.71	8.24	9.84	11.92	14.16
SR	≈	8.5	10	11.5	14	17
s	max＝公称	18	21	24	30	36
	min	17.73	20.67	23.67	29.16	35
δ	≈	1	1	1	1.2	1.2

[a] 尽可能不采用括号内的规格；按螺纹规格第 1～3 系列，依次优先选用。

[b] P——粗牙螺纹螺距。

4 技术条件和引用标准

技术条件和引用标准见表 2。

表 2

材料		钢	不锈钢
通用技术条件		GB/T 16938	
螺纹	公差	6H	
	标准	GB/T 196、GB/T 197	
机械性能	等级	6、8	A2-50、A2-70、A4-50、A4-70
	标准	GB/T 3098.2、GB/T 3098.4	GB/T 3098.15
公差	产品等级	$D \leqslant 16$mm：A；$D > 16$mm：B	
	标准	GB/T 3103.1	
表面处理		氧化； 电镀技术要求按 GB/T 5267.1； 非电解锌片涂层技术要求按 GB/T 5267.2； 热浸镀锌技术要求按 GB/T 5267.3	简单处理
		如需其他表面处理，应由供需双方协议	
表面缺陷		GB/T 5779.2	
验收及包装		GB/T 90.1、GB/T 90.2	

5 标记

5.1 标记方法

标记方法按 GB/T 1237 规定。

5.2 标记示例

螺纹规格 D=M12、性能等级为 6 级、表面氧化处理的焊接型六角法兰面盖形螺母的标记：

螺母 GB/T 802.3 M12

ICS 21.060.20
J 13

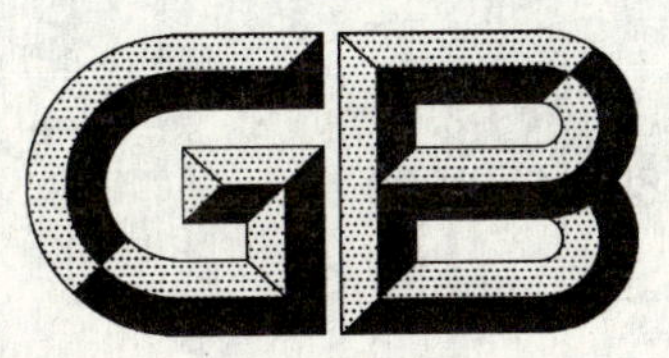

中华人民共和国国家标准

GB/T 802.4—2009

六角低球面盖形螺母　焊接型

Hexagon cap nuts—Welding type

2009-10-15 发布　　　　2010-03-01 实施

中华人民共和国国家质量监督检验检疫总局
中国国家标准化管理委员会　发布

前　言

本部分是国家标准“盖形螺母”产品系列标准之一。该系列包括：

a)　GB/T 802.1　组合式盖形螺母；

b)　GB/T 802.2　六角盖形螺母　焊接型；

c)　GB/T 802.3　六角法兰面盖形螺母　焊接型；

d)　GB/T 802.4　六角低球面盖形螺母　焊接型；

e)　GB/T 802.5　非金属嵌件六角锁紧盖形螺母　焊接型；

f)　GB/T 923　六角盖形螺母。

本部分是 GB/T 802 的第 4 部分。

本部分由中国机械工业联合会提出。

本部分由全国紧固件标准化技术委员会归口。

本部分负责起草单位：中机生产力促进中心、张家港市新艺五金有限公司。

六角低球面盖形螺母　焊接型

1　范围

GB/T 802 的本部分规定了螺纹规格为 M4～M64、性能等级为 5、6、A1-50、CU3 或 CU6 级、产品等级为 A 和 B 级的焊接型六角低球面盖形螺母。A 级用于 $D \leqslant 16$ mm；B 级用于 $D > 16$ mm 的螺母。

2　规范性引用文件

下列文件中的条款通过 GB/T 802 的本部分的引用而成为本部分的条款。凡是注日期的引用文件，其随后所有的修改单(不包括勘误的内容)或修订版均不适用于本部分，然而，鼓励根据本部分达成协议的各方研究是否可使用这些文件的最新版本。凡是不注日期的引用文件，其最新版本适用于本部分。

GB/T 90.1　紧固件　验收检查(GB/T 90.1—2002，ISO 3269:2000，IDT)

GB/T 90.2　紧固件　标志与包装

GB/T 196　普通螺纹　基本尺寸(GB/T 196—2003，ISO 724:1993，ISO general purpose metric screw threads—Basic dimensions，MOD)

GB/T 197　普通螺纹　公差 (GB/T 197—2003，ISO 965-1:1998，ISO general purpose metric screw threads—Tolerances-Part1:Principles basic data，MOD)

GB/T 1237　紧固件标记方法(GB/T 1237—2000，eqv ISO 8991:1986)

GB/T 3098.2　紧固件机械性能　螺母　粗牙螺纹(GB/T 3098.2—2000，idt ISO 898-2:1992)

GB/T 3098.4　紧固件机械性能　螺母　细牙螺纹(GB/T 3098.4—2000，idt ISO 898-6:1994)

GB/T 3098.10　紧固件机械性能　有色金属制造的螺栓、螺钉、螺柱和螺母(GB/T 3098.10—1993，eqv ISO 8839:1986)

GB/T 3098.15　紧固件机械性能　不锈钢螺母(GB/T 3098.15—2000，idt ISO 3506-2:1997)

GB/T 3103.1　紧固件公差　螺栓、螺钉和螺母(GB/T 3103.1—2002，ISO 4759-1:2000，IDT)

GB/T 5267.1　紧固件　电镀层(GB/T 5267.1—2002，ISO 4042:1999，IDT)

GB/T 5267.2　紧固件　非电解锌片涂层(GB/T 5267.2—2002，ISO 10683:2000，IDT)

GB/T 5267.3　紧固件　热浸镀锌层(GB/T 5267.3—2008，ISO 10684:2004，IDT)

GB/T 5276　紧固件　螺栓、螺钉、螺柱及螺母　尺寸代号和标注(GB/T 5276—1985，eqv ISO 225:1983)

GB/T 5779.2　紧固件表面缺陷　螺母(GB/T 5779.2—2000，idt ISO 6157-2:1995)

GB/T 16938　紧固件　螺栓、螺钉、螺柱和螺母　通用技术条件(GB/T 16938—2008，ISO 8992:2005，IDT)

3　尺寸

螺母的型式尺寸见图 1 和表 1。

尺寸代号和标注符合 GB/T 5276。

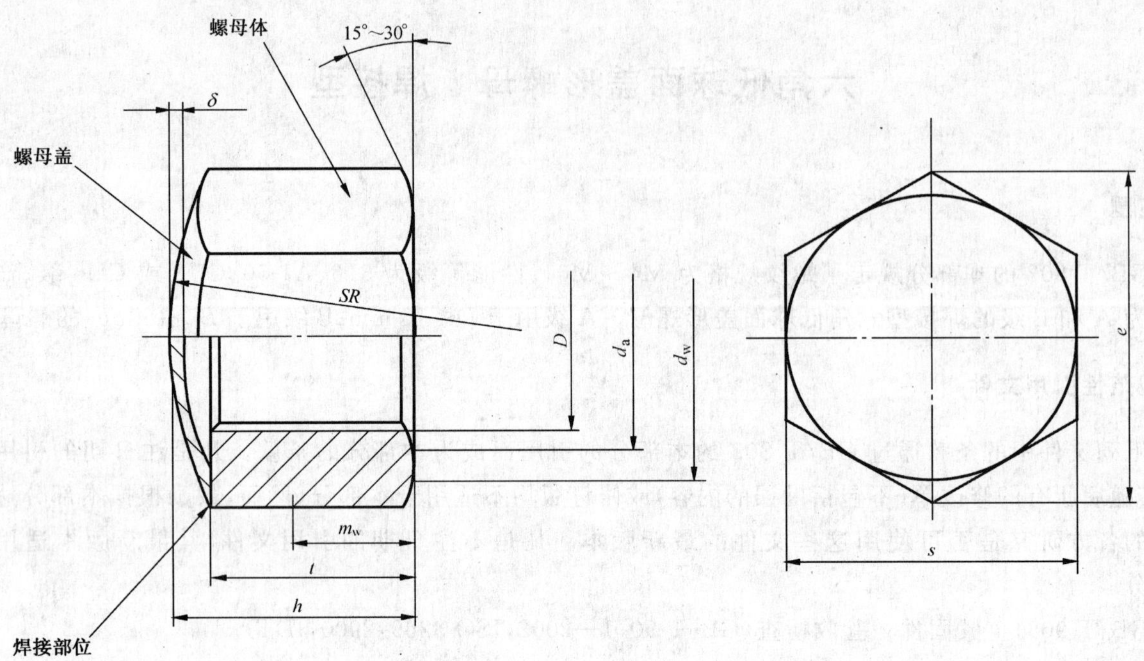

图 1　型式尺寸

表 1　尺寸

单位为毫米

螺纹规格 D							
螺纹规格 D	第 1 系列	M4	M5	M6	M8	M10	M12
	第 2 系列	—	—	—	M8×1	M10×1	M12×1.5
	第 3 系列	—	—	—	—	M10×1.25	M12×1.25
P^a		0.7	0.8	1	1.25	1.5	1.75
d_a	max	4.6	5.75	6.75	8.75	10.8	13
	min	4	5	6	8	10	12
d_w	min	5.9	6.9	8.9	11.6	14.6	16.6
e	min	7.66	8.79	11.05	14.38	17.77	20.03
h	max＝公称	5.5	7	9	12	14	16
	min	5.2	6.64	8.64	11.57	13.57	15.57
m_w	min	2.75	3.5	4.5	6	7	8
SR	≈	8	10	12	15	20	25
s	公称	7	8	10	13	16	18
	min	6.78	7.78	9.78	12.73	15.73	17.73
t	max	4.64	5.44	7.29	9.79	11.35	13.85
	min	4.16	4.96	6.71	9.21	10.65	13.15
δ	≈	0.5	0.5	0.8	0.8	0.8	1

表 1（续） 单位为毫米

螺纹规格 D	第 1 系列	(M14)	M16	(M18)	M20	(M22)	M24
	第 2 系列	(M14×1.5)	M16×1.5	(M18×1.5)	M20×2	(M22×1.5)	M24×2
	第 3 系列	—	—	(M18×2)	M20×1.5	(M22×2)	—
P[a]		2	2	2.5	2.5	2.5	3
d_a	max	15.1	17.3	19.5	21.6	23.7	25.9
	min	14	16	18	20	22	24
d_w	min	19.6	22.5	24.9	27.7	31.4	33.3
e	min	23.35	26.75	29.56	32.95	37.29	39.55
h	max=公称	18	20	22	25	28	30
	min	17.57	19.48	21.48	24.48	27.48	29.48
m_w	min	9	10	11	12.5	14	15
SR	≈	28	30	32	35	35	40
s	公称	21	24	27	30	34	36
	min	20.67	23.67	26.16	29.16	33	35
t	max	15.35	17.35	19.42	21.42	22.42	24.42
	min	14.65	16.65	18.58	20.58	21.58	23.58
δ	≈	1	1	1.2	1.2	1.2	1.2
螺纹规格 D	第 1 系列	(M27)	M30	M36	M42	M48	M64
	第 2 系列	(M27×2)	M30×2	M36×3	M42×3	M48×3	M64×2
	第 3 系列	—	—	—	—	—	—
P[a]		3	3.5	4	4.5	5	6
d_a	max	29.1	32.4	38.9	45.4	51.8	69.1
	min	27	30	36	42	48	64
d_w	min	38	42.8	51.1	60	69.5	88.2
e	min	45.2	50.85	60.79	72.02	82.60	104.86
h	max=公称	32	34	44	52	58	75
	min	31.38	33.38	43.38	51.26	57.26	74.26
m_w	min	16	17	22	26	29	37.5
SR	≈	50	60	70	80	90	130

表 1（续）

单位为毫米

螺纹规格 *D*							
螺纹规格 *D*	第 1 系列	(M27)	M30	M36	M42	M48	M64
	第 2 系列	(M27×2)	M30×2	M36×3	M42×3	M48×3	M64×2
	第 3 系列	—	—	—	—	—	—
s	公称	41	46	55	65	75	95
	min	40	45	53.8	63.1	73.1	92.8
t	max	26.42	28.42	36.5	42.5	48.5	62.6
	min	25.58	27.58	35.5	41.5	47.5	61.4
δ	≈	1.5	1.5	1.5	2	2	2
注：尽可能不采用括号内的规格；按螺纹规格第 1～3 系列，依次优先选用。							
[a] *P*——粗牙螺纹螺距，按 GB/T 197。							

4 技术条件和引用标准

技术条件和引用标准见表 2。

表 2 技术条件和引用标准

材料		钢	不锈钢	有色金属
通用技术条件		GB/T 16938		
螺纹	公差	6H		
	标准	GB/T 196、GB/T 197		
机械性能	等级[a]	5、6	A1-50	CU3 或 CU6[b]
	标准	GB/T 3098.2、GB/T 3098.4	GB/T 3098.15	GB/T 3098.10
公差	产品等级	$D \leqslant 16$ mm：A；$D > 16$ mm：B		
	标准	GB/T 3103.1		
表面处理		氧化；电镀技术要求按 GB/T 5267.1；非电解锌片涂层技术要求按 GB/T 5267.2；热浸镀锌技术要求按 GB/T 5267.3	简单处理	简单处理；电镀技术要求按 GB/T 5267.1
		如需其他表面处理，应由供需双方协议		
表面缺陷		GB/T 5779.2		
验收及包装		GB/T 90.1、GB/T 90.2		
[a] 其他性能等或材料，由供需双方协议。				
[b] 由制造者选择。				

5 标记

5.1 标记方法

标记方法按 GB/T 1237 规定。

5.2 标记示例

螺纹规格 D=M12、性能等级为 6 级、表面氧化处理的焊接型六角低球面盖形螺母的标记：

螺母 GB/T 802.4 M12

ICS 21.060.20
J 13

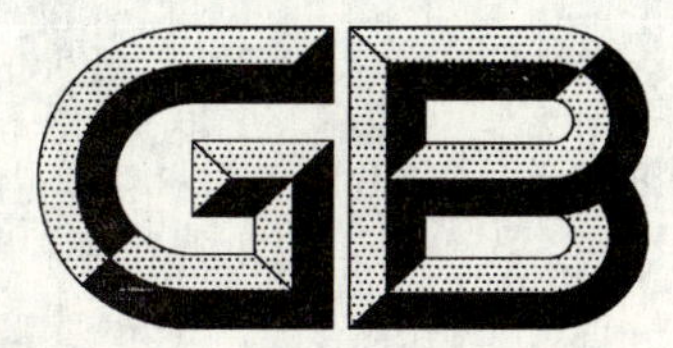

中华人民共和国国家标准

GB/T 802.5—2009

非金属嵌件六角锁紧盖形螺母 焊接型

Prevailing torque type hexagon acorn nuts with non-metallic insert—Welding type

2009-10-15 发布 2010-03-01 实施

中华人民共和国国家质量监督检验检疫总局
中国国家标准化管理委员会 发布

前　言

本部分是国家标准“盖形螺母”系列标准之一。该系列包括：

a)　GB/T 802.1　组合式盖形螺母；

b)　GB/T 802.2　六角盖形螺母　焊接型；

c)　GB/T 802.3　六角法兰面盖形螺母　焊接型；

d)　GB/T 802.4　六角低球面盖形螺母　焊接型；

e)　GB/T 802.5　非金属嵌件六角锁紧盖形螺母　焊接型；

f)　GB/T 923　六角盖形螺母。

本部分是 GB/T 802 的第 5 部分。

本部分修改采用 DIN 986：2000《非金属嵌件有效力矩型六角锁紧盖形螺母》(英文版)，主要修改如下：

——在规范性引用文件中，用我国标准代替等同或修改采用的德国标准或国际标准(第 2 章)；

——DIN 986 未规定螺母盖直径 d_k 尺寸，本部分予以规定(见图 1、表 1)；

——DIN 986 未规定螺母盖厚度 δ 尺寸，本部分予以规定(见图 1、表 1)；

——DIN 986 未规定包装技术要求，本部分予以规定(见表 2)；

——DIN 986 未规定简化标记，本部分按 GB/T 1237 给出简化的标记示例(见 5.2)。

本部分是 GB/T 802 的第 5 部分。

本部分由中国机械工业联合会提出。

本部分由全国紧固件标准化技术委员会归口。

本部分负责起草单位：中机生产力促进中心、张家港市新艺五金有限公司。

非金属嵌件六角锁紧盖形螺母　焊接型

1　范围

GB/T 802的本部分规定了螺纹规格为M4～M20、性能等级为5、6、8、10级、产品等级为A和B级的焊接型非金属嵌件六角锁紧盖形螺母。A级用于$D \leqslant 16$ mm；B级用于$D > 16$ mm的螺母。

2　规范性引用文件

下列文件中的条款通过GB/T 802的本部分的引用而成为本部分的条款。凡是注日期的引用文件，其随后所有的修改单(不包括勘误的内容)或修订版均不适用于本部分，然而，鼓励根据本部分达成协议的各方研究是否可使用这些文件的最新版本。凡是不注日期的引用文件，其最新版本适用于本部分。

GB/T 90.1　紧固件　验收检查(GB/T 90.1—2002,ISO 3269:2000,IDT)

GB/T 90.2　紧固件　标志与包装

GB/T 196　普通螺纹　基本尺寸(GB/T 196—2003,ISO 724:1993,ISO general purpose metric screw threads—Basic dimensions,MOD)

GB/T 197　普通螺纹　公差(GB/T 197—2003, ISO 965-1:1998,ISO general purpose metric screw threads—Tolerances—Part 1:Principles basic data,MOD)

GB/T 1237　紧固件标记方法(GB/T 1237—2000,eqv ISO 8991:1986)

GB/T 3098.2　紧固件机械性能　螺母　粗牙螺纹(GB/T 3098.2—2000,idt ISO 898-2:1992)

GB/T 3098.4　紧固件机械性能　螺母　细牙螺纹(GB/T 3098.4—2000,idt ISO 898-6:1994)

GB/T 3098.9　紧固件机械性能　有效力矩型钢六角锁紧螺母(GB/T 3098.9—2002,idt ISO 2320:1997)

GB/T 3103.1　紧固件公差　螺栓、螺钉和螺母(GB/T 3103.1—2002,ISO 4759-1:2000,IDT)

GB/T 5267.1　紧固件　电镀层(GB/T 5267.1—2002,ISO 4042:1999,IDT)

GB/T 5267.2　紧固件　非电解锌片涂层(GB/T 5267.2—2002,ISO 10683:2000,IDT)

GB/T 5276　紧固件　螺栓、螺钉、螺柱及螺母　尺寸代号和标注(GB/T 5276—1985,eqv ISO 225:1983)

GB/T 5779.2　紧固件表面缺陷　螺母(GB/T 5779.2—2000,idt ISO 6157-2:1995)

GB/T 16938　紧固件　螺栓、螺钉、螺柱和螺母　通用技术条件(GB/T 16938—2008,ISO 8992:2005,IDT)

3　尺寸

螺母的型式尺寸见图1和表1。

尺寸代号和标注符合GB/T 5276。

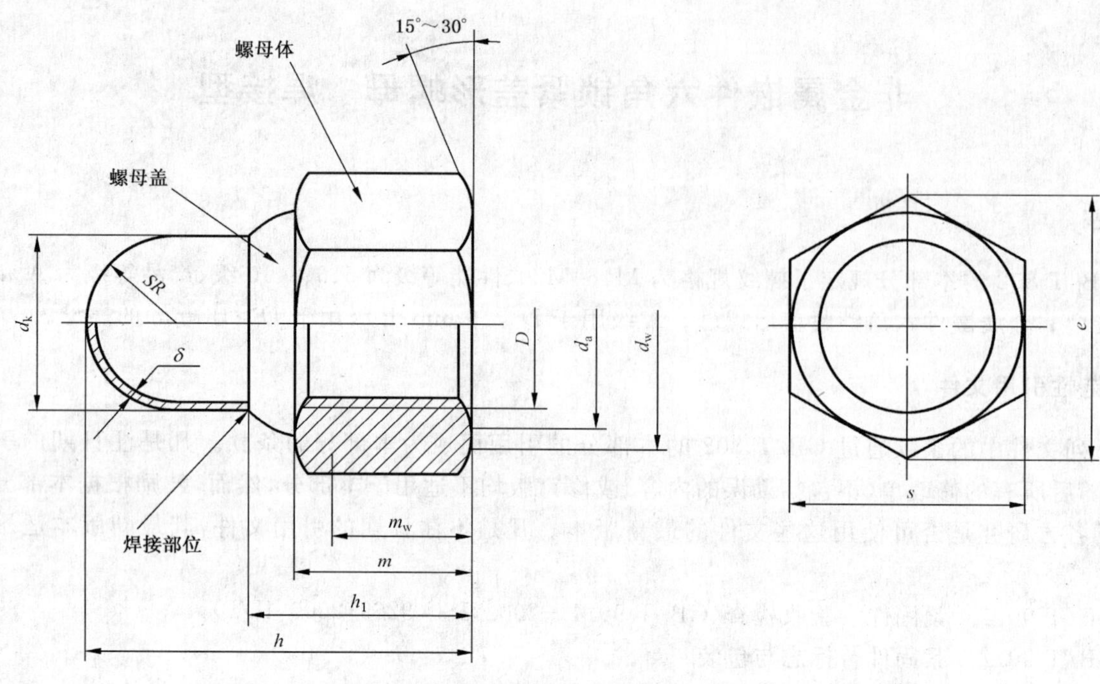

图 1 型式尺寸

表 1 尺寸

单位为毫米

螺纹规格 D		M4	M5	M6	M8	M10
	第 1 系列	M4	M5	M6	M8	M10
	第 2 系列	—	—	—	M8×1	M10×1
	第 3 系列	—	—	—	—	M10×1.25
P^a		0.7	0.8	1	1.25	1.5
d_a	max	4.6	5.75	6.75	8.75	10.8
	min	4	5	6	8	10
d_w	min	5.9	6.9	8.9	11.6	14.6
d_k	max	6.5	7.5	9.5	12.5	16
e	min	7.66	8.79	11.05	14.38	17.77
h_1	公称	5.6	6	7.5	8.9	10.5
	max	5.85	6.25	7.85	9.25	10.9
	min	5.35	5.75	7.15	8.55	10.1
h	公称	9.6	10.5	12	14	18.1
	max	9.9	10.85	12.35	14.35	18.5
	min	9.3	10.15	11.65	13.65	17.7
m	min[b]	2.9	4.4	4.9	6.44	8.04
m_w	min	2.32	3.52	3.92	5.15	6.43
SR	≈	2.5	3	3.5	4.6	5.8
s	公称	7	8	10	13	16
	min	6.78	7.78	9.78	12.73	15.73
δ	≈	0.5	0.5	0.8	0.8	0.8
每 1 000 件钢螺母质量 (ρ=7.85 kg/dm^3) ≈kg[c]		1.4	1.55	3.3	5.3	10.1

表 1（续）

单位为毫米

螺纹规格 D	第 1 系列	M12	(M14)	M16	M20
	第 2 系列	M12×1.5	(M14×1.5)	M16×1.5	M20×2
	第 3 系列	M12×1.25	—	—	M20×1.5
P[a]		1.75	2	2	2.5
d_a	max	13	15.1	17.3	21.6
	min	12	14	16	20
d_w	min	16.6	19.6	22.5	27.7
d_k	max	18	21	23	28
e	min	20.03	23.35	26.75	32.95
h_1	公称	13.5	15.5	16.5	21
	max	13.9	15.9	16.9	21.5
	min	13.1	15.1	16.1	20.5
h	公称	22.5	26.4	27.5	35
	max	22.9	26.8	27.9	35.5
	min	22.1	26	27.1	34.5
m	min[b]	10.37	12.1	14.1	16.9
m_w	min	8.3	9.68	11.28	13.52
SR	≈	6.8	7.8	8.8	10.8
s	公称	18	21	24	30
	min	17.73	20.67	23.67	29.16
δ	≈	1	1	1	1.2
每 1 000 件钢螺母质量（ρ=7.85 kg/dm^3）≈kg[c]		18.3	26.1	37.1	111

注：尽可能不采用括号内的规格；按螺纹规格第 1～3 系列，依次优先选用。

a P——粗牙螺纹螺距，按 GB/T 197。

b 也是最小螺纹长度。

c 近似的质量，也可以是细牙螺母的计算值。

4 技术条件和引用标准

技术条件和引用标准见表 2。

表 2 技术条件和引用标准

<table>
<tr><td colspan="2">材　料</td><td>钢</td></tr>
<tr><td colspan="2">通用技术条件</td><td>GB/T 16938</td></tr>
<tr><td rowspan="2">螺纹</td><td>公差</td><td>6H[a]</td></tr>
<tr><td>标准</td><td>GB/T 196、GB/T 197</td></tr>
<tr><td rowspan="2">机械[b]性能</td><td>等级</td><td>5、6[c]、8、10</td></tr>
<tr><td>标准</td><td>GB/T 3098.2、GB/T 3098.4</td></tr>
<tr><td rowspan="2">公差</td><td>产品等级</td><td>$D \leqslant 16$ mm：A；$D > 16$ mm：B</td></tr>
<tr><td>标准</td><td>GB/T 3103.1</td></tr>
<tr><td colspan="2">表面处理</td><td>氧化；
电镀技术要求按 GB/T 5267.1；
非电解锌片涂层技术要求按 GB/T 5267.2</td></tr>
<tr><td colspan="2">表面缺陷</td><td>GB/T 5779.2</td></tr>
<tr><td colspan="2">验收及包装</td><td>GB/T 90.1、GB/T 90.2</td></tr>
<tr><td colspan="3">a 参照 GB/T 3098.9（如，5.3 螺纹：除有效力矩部分外，螺母的螺纹必须符合 GB/T 197 的要求）。
b 若采用其他材料或性能等级，则应自相关标准中选用。
c 仅适用于细牙螺母。</td></tr>
</table>

注：6H 公差带适用镀层或不镀层的螺母螺纹。电镀层标准 GB/T 5267.1 适用于要求镀层厚度的场合。因此，可能需要选取比 H 公差带位置大的基本偏差。然而，这就会削弱螺栓-螺母连接副抗脱扣的能力。

5 标记

5.1 标记方法

标记方法按 GB/T 1237 规定。

5.2 标记示例

螺纹规格 D=M12、性能等级为 5 级、表面氧化处理的焊接型非金属嵌件六角锁紧盖形螺母的标记：

螺母 GB/T 802.5 M12

ICS 03.220.20
A 24

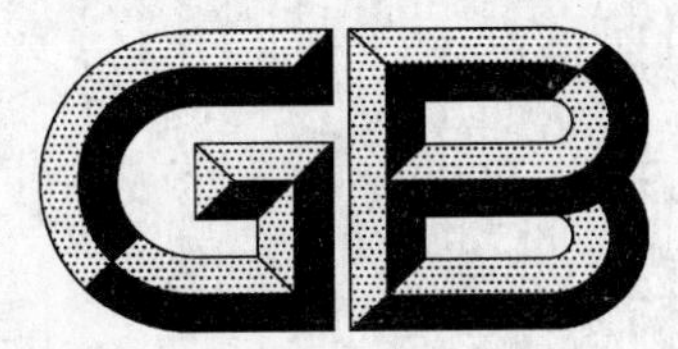

中华人民共和国国家标准

GB/T 917—2009
代替 GB 917.1—2000、GB 917.2—2000、GB/T 919—2002

公路路线标识规则和国道编号

Mark rules of highway route and number of national trunk highway

2009-06-04 发布 2010-01-01 实施

中华人民共和国国家质量监督检验检疫总局
中国国家标准化管理委员会 发布

前　言

本标准代替 GB 917.1—2000《公路路线标识规则　命名、编号和编码》、GB 917.2—2000《公路路线标识规则　国道名称和编号》和 GB/T 919—2002《公路等级代码》。将 GB 917.1—2000、GB 917.2—2000 和 GB/T 919—2002 三项标准整合修订。

本标准与 GB 917.1—2000、GB 917.2—2000 和 GB/T 919—2002 相比，主要变化如下：

——补充了国家高速公路的命名、编号规则和编号(见 4.1、4.2、5.4.1 和 6.2)；

——增加了国家高速公路绕城环线、地区环线、联络线及并行线的编码规则及代码(见 5.2.2、5.2.3,5.4.1.6、5.4.1.7)；

——废除原 GB 917.1 和 GB 917.2 中“国道主干线”的编码规则和编号；

——根据实际需要修改了省道、县道和乡道的编码规则(见 5.3.2～5.3.4)；

——增加了省级高速公路的编码规则 (见 5.4.2)；

——合并了原 GB/T 919 规定的公路标识符和技术等级代码(见第 7 章)；

——增加了附录 A“公路路线及路段编号及交换代码的编码示例”和附录 B“村道编码规则”。

本标准的附录 A 和附录 B 都是资料性的附录。

本标准由中华人民共和国交通运输部提出。

本标准由中华人民共和国交通运输部公路局归口。

本标准起草单位：交通部科学研究院、交通部规划研究院、交通部公路科学研究院。

本标准主要起草人：孙黎莹、肖春阳、何勇、石宝林、王哲、周伟、唐琤琤、侯德藻。

本标准所代替标准的历次版本发布情况为：

——GB 917.1—1989、GB 917.1—2000；

——GB 917.2—1989、GB 917.2—2000；

——GB 919—1994、GB/T 919—2002。

公路路线标识规则和国道编号

1 范围

本标准规定了公路路线的分级、命名规则、编号规则、国道名称与编号、公路技术等级代码和公路信息标识与交换要求等。

本标准适用于交通运输、公安、测绘、国土资源管理等行业对公路的管理和信息处理与交换；亦适用于公共信息载体对公路路线及路段的标识。

2 规范性引用文件

下列文件中的条款通过本标准的引用而成为本标准的条款。凡是注日期的引用文件，其随后所有的修改单(不包括勘误的内容)或修订版均不适用于本标准，然而，鼓励根据本标准达成协议的各方研究是否可使用这些文件的最新版本。凡是不注日期的引用文件，其最新版本适用于本标准。

GB/T 2260 中华人民共和国行政区划代码

GB 5768.2 道路交通标志和标线 第2部分：道路交通标志

GB/T 10114 县以下行政区划代码编制规则

3 公路分级

公路按其在公路网中的地位划分行政等级和技术等级。

3.1 公路行政等级

公路按行政等级分为国道、省道、县道、乡道、村道和专用公路。

3.2 公路技术等级

公路按技术等级分为高速公路、一级公路、二级公路、三级公路和四级公路。

4 命名规则

4.1 一般规则

4.1.1 公路路线的命名，应按照首都或省会放射线、北南纵线和东西横线的起讫点方向顺序排名，采用所在地的主要行政区划名称。

4.1.2 公路路线的全称，由路线起讫点的地名中间加连接符“—”组成，称为“××—××公路”或“××—××高速公路”。

4.1.3 公路路线的简称，用起讫点地名的首位汉字组合表示；也可采用起讫点城市或所在省、自治区、直辖市的法定地名简称表示。普通公路的简称为“××线”，其非干线公路亦可简称为“××路”；高速公路主线及联络线的简称为“××高速”。

示例1：“北京—上海公路”简称“京沪线”。

示例2：“沈阳—海口高速公路”简称“沈海高速”。

示例3：“通州—马驹桥公路”简称“通马路”。

4.1.4 公路路线若是城市绕城环线或地区环线时，其简称为“××环线”。不连续的城市绕城环线或地区环线简称，应体现路线所在城市或地区的方位；可称“××东环线”、“××西三环线”、“××中环高速”等。

4.1.5 国家和省级行政区域内的干线公路全称和简称不应重复。如出现重复时，采用起讫点地名的第二或第三位汉字替换等方式加以区别。

4.1.6 公路路线起迄点地名的表示，应取其所在地的主要行政区单一名称；名称不宜太长，全称不宜超过20个汉字位，简称不宜超过10个汉字位。

4.1.7 公路路线名称应采用规范化的汉字地名表示。其中，县级及县以上的地名采用GB/T 2260的规定；乡级及乡以下的地名采用按GB/T 10114规定编制的地名。未列入标准而实际存在或新变更的地区(地级市)、县(县级市)、乡(乡镇)、行政村(建制村)名称，亦可采用国家或省级地名主管部门颁布的地名。

4.2 国家高速公路命名规则

4.2.1 国家高速公路主线及联络线的路线全称和简称，采用4.1.2和4.1.3的规定。

4.2.2 地区环线的名称以路线所在的地区名称命名，全称为"××地区环线高速公路"，简称为"××环线高速"。如"杭州湾地区环线高速公路"，简称"杭州湾环线高速"。

4.2.3 城市绕城环线名称以城市名称命名，全称为"××市绕城高速公路"，简称为"××绕城高速"。如"沈阳市绕城高速公路"，简称"沈阳绕城高速"。

4.2.4 国家高速公路网的路线简称不可重复。如出现重复时，采用4.1.5的规定。

5 公路路线编号规则

5.1 标识符

5.1.1 公路路线编号的首位采用字母标识符，主要用汉语拼音字母分别标识公路的行政等级。

5.1.2 公路行政等级的标识符见表1。

表1

公路路线标识符	名　称
G	国道
S	省道
X	县道
Y	乡道
Z	专用公路

5.2 编号结构

5.2.1 普通公路的路线编号结构

普通公路的路线编号，由一位字母标识符和三位数字编号组配表示，见表2。

表2

路线编号结构	名　称
G×××	国道编号
S×××	省道编号
X×××	县道编号
Y×××	乡道编号
Z×××	专用公路编号

5.2.2 高速公路主线的编号结构

国家和省级高速公路主线的编号，由一位字母标识符和不超过两位的数字编号组配表示，见表3。

表 3

路线编号结构	名　称
G×	国家高速公路的放射线编号
G××	国家高速公路的北南纵线、东西横线和地区环线编号
S×	省级高速公路的省会放射线编号
S××	省级高速公路的北南纵线和东西横线编号

5.2.3　**高速公路城市绕城环线、并行线和联络线的编号结构**

国家高速公路的城市绕城环线和联络线编号以及省级高速公路城市绕城环线编号，由一位字母标识符和不超过四位的数字编号组配表示，见表 4。

表 4

路线编号结构	名　称
G××××	国家高速公路城市绕城环线
G××××	国家高速公路联络线
S××××	省级高速公路城市绕城环线
注：高速公路并行线的编号结构，在表 3 中规定的路线编号结构基础上扩充一位。	

5.3　**普通公路的路线编号规则**

5.3.1　**国道编号**

5.3.1.1　普通国道的编号，由国道标识符“G”和三位数字编号组配表示；以全国为范围编制系列顺序号。其数字编号的第一位用“1、2、3”分别标识首都放射线、北南纵线和东西横线；第二、三位按路线的不同走向对应编制两位数字顺序号，编号结构见表 2。

5.3.1.2　国道放射线的编号，以首都北京市为起点，放射线止点为终点，按顺时针方向排列编号。

5.3.1.3　国道北南纵线的编号，以路线北端为起点，南端为终点，按路线的纵向排列，由东向西顺序编号。

5.3.1.4　国道东西横线的编号，以路线东端为起点，西端为终点，按路线的横向排列，由北向南顺序编号。

5.3.1.5　普通国道的城市绕城环线编号，可纳入放射线的某一编号区间。一条国道若穿越多个省级行政区域，所连接的城市绕城环线的编号在各个省级行政区内可单独排列；不同的省级行政区允许出现相同的城市绕城环线编号。

5.3.2　**省道编号**

5.3.2.1　普通省道的编号，由省道标识符“S”和三位数字组配表示；以省级行政区域为范围编制系列顺序号。其数字编号的第一位用“1、2、3”分别标识省会放射线、北南纵线和东西横线；第二、三位按路线的不同走向对应编制两位数字顺序号，编号结构见表 2。

5.3.2.2　普通省道的省会放射线、北南纵线和东西横线的编号规则，参照 5.3.1.2、5.3.1.3 和5.3.1.4 的规定编制。

5.3.2.3　普通省道的城市绕城环线编号可纳入省会放射线的某一编号区间。在本省、自治区、直辖市行政区内，同一城市建有多条省道绕城环线时，其顺序号从主城区边缘到郊区由内向外按升序编排。

5.3.2.4　编制省道编号时，应注意本省与相邻省级行政区域连接贯通的省道编号协调衔接，宜统一编号。跨省的省道编号是北南纵线的，原则上以北边省份（自治区、直辖市）的路线编号为准；是东西横线的，原则上以东边省份（自治区、直辖市）的路线编号为准。若跨省级行政区域的省道采用了同一编号，所跨省级行政区域的其他省道编号不可与其重复。

5.3.3 县道编号

5.3.3.1 县道编号原则上在本省级行政区域内，以地区（地级市）为范围编制系列顺序号，亦可按省级行政区域为范围顺序编号，编号结构见表2。

5.3.3.2 按地区级行政区域为范围编号时，一条县道可能跨越多个地区或县级行政区。为保证其编号及代码的唯一性，应先考虑将该线路行政等级升级为省道；否则可按两种方法分别编码：

a) 当一条县道跨越同一地区（地级市）的不同县级行政区时，该县道代码结构中的县道编号不应改变，只可相应改变其所在地的县级行政区划代码；统计时应视为一条县道；

b) 若一条县道跨越多个地区（地级市）的县级行政区时，应在全省（自治区、直辖市）或地区（地级市）的县道代码序列中，单列编码区间加以标识；该编码区间内的县道代码结构中，这条县道编号不变，但地区级或县级行政区划代码可以根据实际跨越不同地域的情况而改变，统计时亦应视为一条县道。

5.3.4 乡道编号

5.3.4.1 乡道编号原则上以各省级行政区的县级行政区域为范围编制顺序号；也可按省级行政区域为范围编制系列顺序号，编号结构见表2。

5.3.4.2 按县级行政区域为范围编号时，一条乡道跨越多个地区、县或乡级行政区时，为保证其编号的唯一性和足够容量，参照5.3.3.2规定的编号规则分别编制。

5.3.5 专用公路编号

专用公路编号以各省级行政区划为范围编制系列顺序号，编号结构见表2。公路行业管理养护的专用公路需要与其他行业如林业、农垦、油田、矿区等行业管理养护的专用公路加以区别时，其编号可分别列入本省、自治区、直辖市专用公路编号中的不同系列区间。

5.3.6 路线编号的顺序

5.3.6.1 国道、省道及县道若是绕城环线，同一城市建有多条绕城环线时，其编号从主城区边缘到郊区由内向外按升序编排。

5.3.6.2 县道、乡道及村道若分系列编号，均应采用GB/T 2260规定的行政区划代码序列顺序编排。若县道在省级行政区内的条数突破三位数字容量时，其编号仍应按照GB/T 2260规定的地区级行政区划顺序分别编排。

5.3.6.3 各级公路之间若有重合的路段，编号时原则上按照路线的行政等级选等级最高者，同行政等级的按照路线的技术等级选等级最高者，同技术等级的按照路线编号选数字最小者，依此类推。

5.4 高速公路的路线编号规则

5.4.1 国家高速公路编号

5.4.1.1 国家高速公路是国道网的重要组成部分。其主线包括首都放射线、北南纵线、东西横线，以及并行线和地区环线。国家高速公路主线编号，由一位国道标识符“G”和一至两位数字编号组配表示；编号结构见表3。

5.4.1.2 首都放射线的数字编号为一位数，由正北开始按顺时针方向升序编排。

5.4.1.3 北南纵线的数字编号为两位奇数，由东向西按升序编排。

5.4.1.4 东西横线的数字编号为两位偶数，由北向南按升序编排。

5.4.1.5 并行线的编号，采用高速公路主线编号后加英文字母“E”、“W”、“S”、“N”组合表示；分别表示并行路线位于主线的东、西、南、北方位。如G×W或G××N。

5.4.1.6 地区环线的编号，在全国范围按照由北向南的顺序编排。

5.4.1.7 城市绕城环线的编号为四位数，由主线编号加数字“0”再加一位城市绕城环线顺序号组成，即G××0×。主线编号为该环线所连接的纵线和横线中编号最小者，如该主线所连接的城市绕城环线编号空间已全部使用，则选用主线编号次小者，依此类推。

若该环线仅有放射线连接，则在一位数主线编号前以“0”补位，即G0×0×。同一条国家高速公路穿越多个省、自治区、直辖市，所连接的城市绕城环线的顺序号在各个省级行政区内单独排列。在不同省级行政区中，允许出现相同的城市绕城环线编号。

5.4.1.8 联络线的编号为四位数，由主线编号(仅指北南纵线和东西横线)加数字“1”再加一位联络线顺序号组成，即G××1×；其编号按照主线的前进方向由起点向终点顺序编排。

5.4.2 省级高速公路编号

5.4.2.1 省级高速公路网的路线命名和编号规则应与国家高速公路网的路线命名和编号规则保持一致。其主线包括省会放射线、北南纵线和东西横线。省级高速公路主线的编号，由一位省道标识符“S”加一到两位数字编号组配表示，但不再编制地区环线编号和联络线编号。编号结构见表3。

5.4.2.2 省会放射线、北南纵线和东西横线编号规则，按照5.4.1.2～5.4.1.4的规定编制。

5.4.2.3 城市绕城环线编号，由三位主线编号加两位数字编号组配表示，即S××0×。编号规则参照采用5.4.1.7的规定，编号结构见表4。

在本省、自治区、直辖市行政区内，同一城市建有多条省级高速公路绕城环线时，其编号顺序采用5.3.6.1的规定。

5.4.2.4 并行线的编号，采用5.4.1.5的规定；如S×W或S××N。

5.4.2.5 编制省级高速公路编号时，应当尽可能避免与本省、自治区、直辖市境内的国家高速公路数字编号重复，并应与相邻省级行政区域连接贯通的省级高速公路统一其编号。有关编号规则采用5.3.2.4的规定。

5.5 公路路线编号区间

5.5.1 编号区间

公路主线编号的区间见表5。

表5

名　称	编号区间	说　明
国家高速公路放射线	G1～G9	顺序号
国家高速公路北南纵线	G11～G89	奇数号
国家高速公路东西横线	G10～G90	偶数号
国家高速公路地区环线	G91～G99	顺序号
普通国道放射线	G101～G199	系列顺序号
普通国道北南纵线	G201～G299	系列顺序号
普通国道东西横线	G301～G399	系列顺序号
省级高速公路放射线	S1～S9	顺序号
省级高速公路北南纵线	S11～S89	奇数号
省级高速公路东西横线	S10～S90	偶数号
普通省道放射线	S101～S199	系列顺序号
普通省道北南纵线	S201～S299	系列顺序号
普通省道东西横线	S301～S399	系列顺序号
县道	X001～X999	顺序号或系列顺序号
乡道	Y001～Y999	顺序号或系列顺序号
专用公路	Z001～Z999	顺序号或系列顺序号

5.5.2 高速公路联络线和城市绕城环线编号区间

高速公路城市绕城环线及国家高速公路联络线的编号区间，见表6。

表 6

名　　称	编号区间
国家高速公路城市绕城环线	G××01～G××09
国家高速公路联络线	G××11～G××19
省级高速公路城市绕城环线	S××01～S××09

5.6 编号示例

公路路线及路段的编码示例参见附录 A;村道的编码规则参见附录 B。

6 国道名称和编号

6.1 普通国道名称和编号

普通国道的名称和编号见表 7。

表 7

编　号	普通国道全称	简　称	途经省级行政区划代码
G101	北京—沈阳公路	京沈线	11,13,21
G102	北京—哈尔滨公路	京哈线	11,13,12,21,22,23
G103	北京—塘沽公路	京塘线	11,13,12
G104	北京—福州公路	京福线	11,13,12,37,32,34,33,35
G105	北京—珠海公路	京珠线	11,13,12,37,41,34,42,36,44
G106	北京—广州公路	京广线	11,13,34,37,41,42,43,44
G107	北京—深圳公路	京深线	11,13,41,42,43,44
G108	北京—昆明公路	京昆线	11,13,14,61,51,53
G109	北京—拉萨公路	京拉线	11,13,14,15,64,62,63,54
G110	北京—银川公路	京银线	11,13,15,64
G111	北京—加格达奇公路	京加线	11,13,15,23
G112	北京环线公路	京环线	11,12,13
G201	鹤岗—大连公路	鹤大线	23,22,21
G202	爱辉—大连公路	爱大线	23,22,21
G203	明水—沈阳公路	明沈线	23,22,15,21
G204	烟台—上海公路	烟沪线	37,32,31
G205	山海关—深圳公路	山深线	13,12,37,32,34,33,35,44
G206	烟台—汕头公路	烟汕线	37,32,34,36,44
G207	锡林浩特—海安公路	锡海线	15,13,14,41,42,43,45,44
G208	二连浩特—长治公路	二长线	15,14
G209	呼和浩特—北海公路	呼北线	15,14,41,42,43,45
G210	包头—南宁公路	包南线	15,61,50,51,52,45
G211	银川—西安公路	银陕线	64,62,61
G212	兰州—重庆公路	兰渝线	62,50
G213	兰州—磨憨公路	兰磨线	62,51,53

表 7（续）

编　号	普通国道全称	简　称	途经省级行政区划代码
G214	西宁—景洪公路	西景线	63,54,53
G215	红柳园—格尔木公路	红格线	62,63
G216	阿勒泰—巴仑台公路	阿巴线	65
G217	阿勒泰—库车公路	阿库线	65
G218	伊宁—若羌公路	伊若线	65
G219	叶城—拉孜公路	叶孜线	65,54
G220	北镇—郑州公路	北郑线	37,41
G221	哈尔滨—同江公路	哈同线	23
G222	伊春—哈尔滨公路	伊哈线	23
G223	海口—榆林东公路	海榆东线	46
G224	海口—榆林中公路	海榆中线	46
G225	海口—榆林西公路	海榆西线	46
G226	楚雄—墨江公路	楚墨线	53
G227	西宁—张掖公路	西张线	63,62
G228	台湾环线公路	台湾环线 （资料暂缺）	71
G301	绥芬河—满洲里公路	绥满线	23,15
G302	珲春—乌兰浩特公路	珲乌线	22,15
G303	集安—锡林浩特公路	集锡线	22,21,15
G304	丹东—霍林河公路	丹霍线	21,15
G305	庄河—林西公路	庄林线	21,15
G306	绥中—克什可腾旗公路(经棚)	绥克线	21,15
G307	歧口—银川公路	歧银线	13,14,37,61,64
G308	青岛—石家庄公路	青石线	37,13
G309	荣城—兰州公路	荣兰线	37,13,14,61,64,62
G310	连云港—天水公路	连天线	32,37,34,41,61,62
G311	徐州—西峡公路	徐峡线	32,34,41
G312	上海—霍尔果斯公路	沪霍线	31,32,34,41,42,61,62,64,65
G313	安西—若羌公路	安若线	62,65
G314	乌鲁木齐—红旗拉甫公路	乌红线	65
G315	西宁—莎车公路	西莎线	63,65
G316	福州—兰州公路	福兰线	35,36,42,61,62
G317	成都—那曲公路	成那线	51,54
G318	上海—聂拉木公路	沪聂线	31,32,33,34,42,51,54
G319	厦门—成都公路	厦成线	35,36,43,50,51

表 7（续）

编　号	普通国道全称	简　称	途经省级行政区划代码
G320	上海—瑞丽公路	沪瑞线	31,33,36,43,52,53
G321	广州—成都公路	广成线	44,45,52,51
G322	衡阳—友谊关公路	衡友线	43,45
G323	瑞金—临沧公路	瑞临线	36,44,45,53
G324	福州—昆明公路	福昆线	35,44,45,52,53
G325	广州—南宁公路	广南线	44,45
G326	秀山—河口公路	秀河线	50,52,53
G327	连云港—荷泽公路	连荷线	32,37
G328	南京—海安公路	宁海线	32
G329	杭州—沈家门公路	杭沈线	33
G330	温州—寿昌公路	温寿线	33

6.2 国家高速公路名称和编号

国家高速公路的名称和编号见表 8。

表 8

编　号	国家高速公路全称	简　称	途经省级行政区划代码
G1	北京—哈尔滨高速公路	京哈高速	11、13、21、22、23
G2	北京—上海高速公路	京沪高速	11、13、12、13、37、32、31
G3	北京—台北高速公路	京港澳线	11、13、12、13、37、32、34、33、35
G4	北京—港澳高速公路	京港澳高速	11、13、41、42、43、44
G4W	广州—澳门高速公路	广澳高速（并行线）	44
G5	北京—昆明高速公路	京昆高速	11、13、14、61、51、53
G6	北京—拉萨高速公路	京藏高速	11、13、15、64、62、63、54
G7	北京—乌鲁木齐高速公路	京新高速	11、13、15、62、65
G11	鹤岗—大连高速公路	鹤大高速	23、22、21
G1111	鹤岗—哈尔滨高速公路	鹤哈高速（联络线）	23
G1112	集安—双辽高速公路	集双高速（联络线）	22
G1113	丹东—阜新高速公路	丹阜高速（联络线）	21
G15	沈阳—海口高速公路	沈海高速	21、37、32、31、33、35、44、46
G15W	常熟—台州高速公路	常台高速（并行线）	32、33
G1511	日照—兰考高速公路	日兰高速（联络线）	37、41
G1512	宁波—金华高速公路	甬金高速（联络线）	33

表 8（续）

编　号	国家高速公路全称	简　称	途经省级行政区划代码
G1513	温州—丽水高速公路	温丽高速（联络线）	33
G1514	宁德—上饶高速公路	宁上高速	35、36
G25	长春—深圳高速公路	长深高速	22、21、13、12、13、37、32、34、32、33、35、44
G2511	新民—鲁北高速公路	新鲁高速（联络线）	21、15
G2512	阜新—锦州高速公路	阜锦高速（联络线）	21
G2513	淮安—徐州高速公路	淮徐高速（联络线）	32
G35	济南—广州高速公路	济广高速	37、41、34、36、44
G45	大庆—广州高速公路	大广高速	23、22、15、13、11、13、41、42、36、44
G4511	龙南—河源高速公路	龙河高速（联络线）	36、44
G55	二连浩特—广州高速公路	二广高速	15、14、41、42、43、44
G5511	集宁—阿荣旗高速公路	集阿高速（联络线）	15
G5512	晋城—新乡高速公路	晋新高速（联络线）	14、41
G5513	长沙—张家界高速公路	长张高速（联络线）	43
G65	包头—茂名高速公路	包茂高速	15、61、51、50、43、45、44
G75	兰州—海口高速公路	兰海高速	62、51、50、52、45、44、46
G7511	钦州—东兴高速公路	钦东高速（联络线）	45
G85	重庆—昆明高速公路	渝昆高速	50、51、53
G8511	昆明—磨憨高速公路	昆磨高速（联络线）	53
G10	绥芬河—满洲里高速公路	绥满高速	23、15
G1011	哈尔滨—同江高速公路	哈同高速（联络线）	23
G12	珲春—乌兰浩特高速公路	珲乌高速	22、15
G1211	吉林—黑河高速公路	吉黑高速（联络线）	22、23
G1212	沈阳—吉林高速公路	沈吉高速（联络线）	21、22
G16	丹东—锡林浩特高速公路	丹锡高速	21、15
G18	荣成—乌海高速公路	荣乌高速	37、13、12、13、14、15
G1811	黄骅—石家庄高速公路	黄石高速（联络线）	13
G20	青岛—银川高速公路	青银高速	37、13、14、61、64

表 8（续）

编　号	国家高速公路全称	简　称	途经省级行政区划代码
G2011	青岛—新河高速公路	青新高速（联络线）	37
G2012	定边—武威高速公路	定武高速（联络线）	61、64、62
G22	青岛—兰州高速公路	青兰高速	37、13、14、61、62、64、62
G30	连云港—霍尔果斯高速公路	连霍高速	32、34、41、61、52、65
G3011	柳园—格尔木高速公路	柳格高速（联络线）	52、63
G3012	吐鲁番—和田高速公路	吐和高速（联络线）	65
G3013	吐鲁番—伊尔克什坦高速公路	吐伊高速（联络线）	65
G3014	奎屯—阿勒泰高速公路	奎阿高速（联络线）	65
G3015	奎屯—塔城高速公路	奎塔高速（联络线）	65
G3016	清水河—伊宁高速公路	清伊高速（联络线）	65
G36	南京—洛阳高速公路	宁洛高速	32、34、41
G40	上海—西安高速公路	沪陕高速	31、32、34、41、61
G4011	扬州—溧阳高速公路	扬溧高速（联络线）	32
G42	上海—成都高速公路	沪蓉高速	31、32、34、42、50、51
G4211	南京—芜湖高速公路	宁芜高速（联络线）	32、34
G4212	合肥—安庆高速公路	合安高速（联络线）	34
G50	上海—重庆高速公路	沪渝高速	31、32、33、34、42、50
G5011	芜湖—合肥高速公路	芜合高速（联络线）	34
G56	杭州—瑞丽高速公路	杭瑞高速	33、34、36、42、43、52、53
G5611	大理—丽江高速公路	大丽高速（联络线）	53
G60	上海—昆明高速公路	沪昆高速	31、33、36、43、52、53
G70	福州—银川高速公路	福银高速	35、36、42、61、62、64
G7011	十堰—天水高速公路	十天高速（联络线）	42、61
G72	泉州—南宁高速公路	泉南高速	35、36、43、45
G7211	南宁—友谊关高速公路	南友高速（联络线）	45
G76	厦门—成都高速公路	厦蓉高速	35、36、43、45、52、51

表 8(续)

编 号	国家高速公路全称	简 称	途经省级行政区划代码
G78	汕头—昆明高速公路	汕昆高速	44、45、52、53
G80	广州—昆明关高速公路	广昆高速	44、45、53
G8011	开远—河口高速公路	开河高速 (联络线)	53
G91	辽中地区环线高速公路	辽中环线高速	23
G92	杭州湾地区环线高速公路	杭州湾环线高速	31、33
G9211	宁波—舟山高速公路	甬舟高速 (联络线)	33
G93	成渝地区环线高速公路	成渝环线高速	51、50
G94	珠江三角洲地区环线高速公路	珠三角环线高速	44
G9411	东莞—佛山高速公路	东佛高速 (联络线)	44
G98	海南地区环线高速公路	海南环线高速	46
注 1:2004 年国务院批准的国家高速公路网规划共有七条放射线、九条北南纵线和 18 条东西横线、五条地区环线和 37 条联络线。 注 2:表中国家高速公路简称未标注(　)的路线,均为高速公路主线。			

7 公路技术等级代码

7.1 编码规则

公路的技术等级标识,按 3.2 的分级规定编制代码。其代码可作为路线或路段的主要属性码与路线编号或代码组配使用。

7.2 代码表

公路技术等级代码见表 9。

表 9

代 码	名 称
0	高速公路
1	一级公路
2	二级公路
3	三级公路
4	四级公路
9	等外公路

8 公路交换代码

8.1 代码结构

公路路线编号可与 GB/T 2260 规定的行政区划数字代码组配表示;其基本的系统代码结构为:

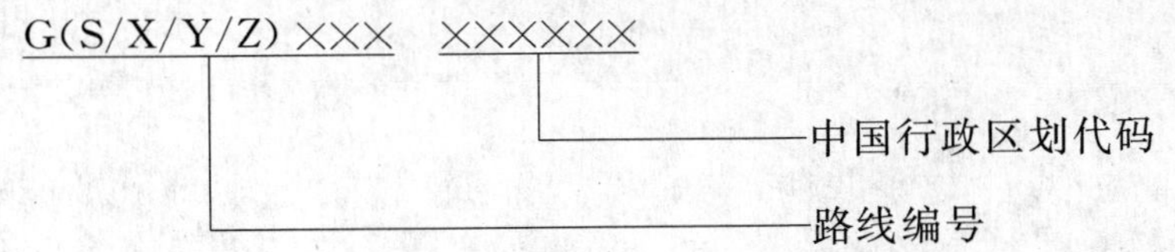

8.2 编码方法

8.2.1 编制国家干线公路的代码时，为保持其全国范围交换的唯一性，应将国道或省道编号与GB/T 2260 规定的至少两位省级行政区划代码的数字码组配使用。

8.2.2 中国行政区划代码若按行政等级分别标识时，可采用两位、四位或六位等长码；等长码中不标代码的空位可填充数字“0”。

8.2.3 国家或省级高速公路主线的编号若按基本的系统代码结构编排，为保证全国信息交换的唯一性，可在所有高速公路主线的数字编号前扩充数字“0”并保持代码位等长。

8.2.4 国家高速公路的地区环线和联络线若组配行政区划代码，可按其实际所在地域组配不同层级的行政区划代码。若同一条地区环线穿越多个省级行政区域，各省、自治区、直辖市可独立组配本地的行政区划代码，但应采用本标准规定的编号。

8.2.5 国家或省级高速公路的城市绕城环线若组配行政区划代码，同一条高速公路城市绕城环线穿越本地的多个行政区域，可按其实际所在地域组配不同层级的行政区划代码，但应采用符合本标准规定的城市绕城环线编号。

8.2.6 公路路线及路段编号及交换代码的编码示例参见附录 A；村道编号及交换代码的编码规则参见附录 B。

9 公路信息标识与交换

9.1 公共信息标识

9.1.1 路线编号除用于日常公路管理、公路信息系统及信息网络的标识与交换，还可用于道路等公共场所，如地图、里程碑（桩、牌）、交通标志或互联网络、媒体等公共信息载体的标识。

9.1.2 道路及站场的标志（普通的或可变信息标志）、里程碑、百米桩等对路线编号的标识，应同时采用GB 5768 的有关规定。

9.1.3 国家高速公路若与普通国道、高速公路存在相同的起迄点，或在同一条路线上有重复的路段，或两条以上高速公路有重合路段，可在其公共信息载体上同时标出所在的各条路线编号；重复路段上应优先标出主要前进方向的路线编号，宜按照公路的行政等级由高到低、编号由小到大排列顺序。

9.2 公共信息交换

9.2.1 用于公共信息交换时，应采用本标准规定的路线编号与编码规则。

9.2.2 为方便不同行业之间交换公路信息，路线代码可采用等长码结构，并注意与本标准规定的编号与代码结构在整体上保持一致。不符合本标准规定而自行编制的公路交换代码，不可用于公共信息载体的标识。

附 录 A
（资料性附录）
公路路线及路段编号及交换代码的编码示例

A.1 公路路线及路段编码示例

A.1.1 国道

A.1.1.1 路线及路段

A.1.1.1.1 路线编号示例如下：

——普通国道：首都放射线京昆线的编号为 G108；

——国家高速公路：京昆高速公路编号为 G5，重庆—昆明高速公路编号为 G85。

A.1.1.1.2 路段编码示例如下：

——G56 杭州—瑞丽高速公路的浙江段、江西段和云南段，其代码分别为：G56 33、G56 36 和 G56 53。

A.1.1.2 高速公路并行线及联络线

A.1.1.2.1 高速公路并行线编号及交换代码示例如下：

——与 G4 京港澳高速公路并行，且位于主线西边的京港澳高速公路并行线的编号为 G4W；

——位于江苏省境内的 G15 沈海高速公路的并行线代码为 G15W 32。

A.1.1.2.2 高速公路联络线编号及交换代码示例如下：

——G15 沈海高速，与其连接的日兰高速联络线编号为 G1511；与其连接的甬金高速联络线的编号为 G1512；

——位于山东省境内的 G15 沈海高速公路的日兰高速联络线的代码为 G1511 37；

——位于浙江省境内的 G15 沈海高速公路的甬金高速联络线的代码为 G1512 33。

A.1.1.3 高速公路绕城环线、地区环线

高速公路绕城环线和地区环线的编号及交换代码示例如下：

——杭州湾环线高速公路编号为 G92，甬舟高速联络线编号为 G9211；

——位于上海市境内的 G92 杭州湾环线高速公路的代码为 G92 31；位于浙江省境内的 G92 杭州湾环线高速公路联络线的代码为 G9211 37。

A.1.2 省道

A.1.2.1 路线及路段

A.1.2.1.1 省道编号示例如下：

——普通省道：省会放射线编号为 S102，北南纵线是 S201、…S299，东西横线是 S301、…S399；

——省级高速公路：放射线编号是 S1、…S9；省级高速公路北南纵线是 S11、…S89，省级高速公路东西横线是 S10、…S90；或其中有并行线 S3E、S15W、S22N。

A.1.2.1.2 省道编码示例如下：

——普通省道：位于浙江省杭州市的省会放射线编号为 S102，代码标识为 S102 33，该省道代码在全国具有唯一性。

——省级高速公路：位于浙江省的第 15 号省级高速公路编号为 S15，代码标识为 S15 33，该省级高速公路代码在全国具有唯一性。

——省道的城市绕城环线编号：根据 5.3.2.2 的规定："普通省道的城市绕城环线编号可纳入省道放射线的某一编号区间"。例如，为了与省级高速公路的城市绕城环线编号相对应，可编入普通省道放射线的 S101-S109 编号区间。

A.1.3 县道

县道编码示例如下：

——普通县道编号为 X018；

——位于浙江省的第 18 条县道的代码为 X018 33，该县道代码在全国具有唯一性。若该县道跨温州市的苍南县和文成县两个县域，其路段代码应是 X018 330327 和 X018 330328。

A.1.4 乡道

乡道编码示例如下：

——普通乡道编号为 Y152；

——位于浙江省的第 152 条乡道的编码为 Y152 33，该乡道代码在全国具有唯一性。若该乡道跨宁波市的江东和江北两个区域，其路段代码分别是 Y152 330204 和 Y152 330205。

A.1.5 专用公路

专用公路编码示例如下：

——普通专用公路编号为 Z012、Z510、Z802；同一省级行政区内的专用公路可按不同部门的管辖范围划分不同的编号区间；

注：例如可设定 Z001～Z499 为公路管理局管辖的专用公路编号区间，Z501～Z799 为农垦局管辖的专用公路编号区间，Z801～ Z999 为林业局管辖的专用公路编号区间。

——位于黑龙江省的第 12 号专用公路的代码为 Z012 23，由该省公路管理局管辖；第 510 号专用公路的代码为 Z510 23，由该省农垦局管辖；第 802 号专用公路的代码为 Z802 23，由该省林业局管辖。

A.2 公路交换代码的编码示例

A.2.1 国道交换代码

国道交换代码长度都应为 6 位或 6 位以上。例如，首都放射线 108 线昆明段、国家高速公路 5 号线京昆高速北京段、常台高速公路并行线江苏段、杭瑞高速公路浙江段，其国道交换代码应表示为：G108 53、G005 11、G15W 32、G056 33。

A.2.2 国家高速公路交换代码

国家高速公路编号在全国的公共信息交换中，其信息标识可采用等长的交换码，但应与国家和行业标准规定的路线编号建立对照转换关系，并保证其在全国识别的唯一性。高速公路编号做为等长的公路交换代码时，其数字编号前可填充数字“0”，以与普通国道编号加以区分。若高速公路是城市绕城环线、并行线或联络线，则其数字编号前不需补“0”。如：可采用七位等长的路线代码为 G076E 53 和 G9211 33，或可采用 11 位等长的路线代码为 G025W 440201 和 G5011 340103 等；都能保持全国识别的唯一性。

A.2.3 省道交换代码

省道交换代码长度都应为 6 位或 6 位以上。例如：位于浙江省杭州市的 102 号省会放射线、省级高速公路 15 号北南线、省级高速公路 28 号东西线，其省道交换代码应表示为：S102 33、S015 33、S028 33。

A.3 公共信息标识示例

公路路线编号的公共信息标识应采用本标准规定的编号。

示例：如 A.2.1 和 A.2.2 中交换代码对应的国家和省级高速公路编号在公共载体上的标注分别应是：G108、G5、G15W、G56、G76E、G9211、G25W、G5011、S15 和 S28。

附　录　B
（资料性附录）
村道编码规则

B.1　村道含义

B.1.1　村道：直接为农民群众生产、生活服务，不属于乡道及乡以上公路的、建制村与建制村之间和建制村与外部联络的农村公路。

B.1.2　符合下列条件之一的农村公路可确定为村道：

——建制村之间或建制村到乡镇之间已建成通车，并达到路基宽度不小于 4.5 m 或路面宽度不小于 3.0 m，且路面类型可保证晴雨通车的主要公路；

——建制村之间及其与乡道及其以上公路的主要连接线；

——乡镇所辖区域内通至乡镇政府和村委会或穿越其所在的居民聚居区域，以及与附近居民聚集区之间已建成通车并达到四级及其以上技术标准的公路。

B.2　村道标识符

村道可用汉语拼音首字母“C”标识公路的行政等级。

B.3　村道编号结构

村道编号由标识符“C”和三位数字组配表示；其编号结构为：C×××。

B.4　村道编号规则

B.4.1　村道按县级行政区域为范围顺序编制。村道编号的顺序，按照 GB/T 2260 规定的县级行政区划代码的顺序编排。

B.4.2　若一条村道跨越多个县级或乡级行政区域，为保证其编号在省级行政区域内的唯一性和足够容量，可采用 5.3.3.2 的规定分别编号。

B.5　交换代码结构

村道的交换代码由四位村道编号与六位县级及县以上行政区划代码组配而成；代码结构为：

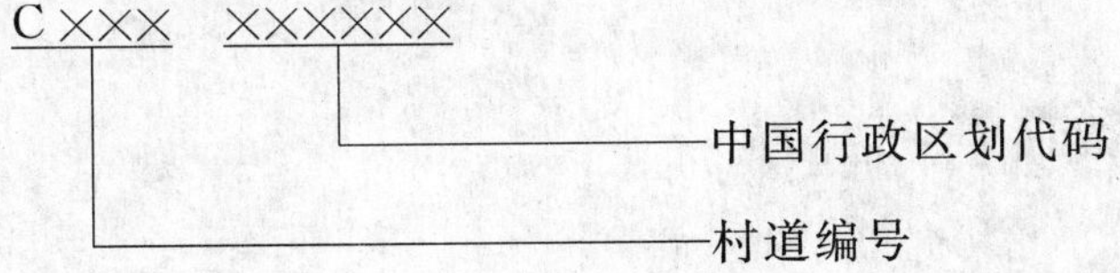

参考文献

［1］《中华人民共和国公路法》.

［2］ JTG A03—2007《国家高速公路网命名和编号规则》.

［3］《全国农村公路统计标准》.交通运输部,2006 年 10 月.

ICS 21.060.20
J 13

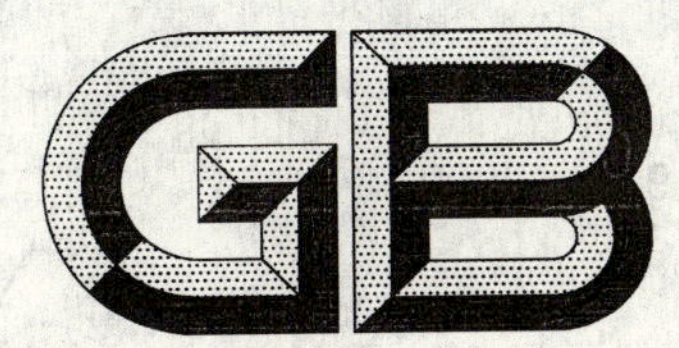

中华人民共和国国家标准

GB/T 923—2009
代替 GB/T 923—1988

六角盖形螺母

Acorn hexagon nuts

2009-10-15 发布 2010-03-01 实施

中华人民共和国国家质量监督检验检疫总局
中国国家标准化管理委员会 发布

前　言

本标准是国家标准"盖形螺母"产品系列标准之一。该系列包括：

a）GB/T 802.1　组合式盖形螺母；

b）GB/T 802.2　六角盖形螺母　焊接型；

c）GB/T 802.3　六角法兰面盖形螺母　焊接型；

d）GB/T 802.4　六角低球面盖形螺母　焊接型；

e）GB/T 802.5　非金属嵌件六角锁紧盖形螺母　焊接型；

f）GB/T 923　六角盖形螺母。

本标准修改采用 DIN 1587:2000《六角盖形螺母　高型》(德文版)，主要修改如下：

——在规范性引用文件中，用我国标准代替等同或修改采用的德国标准或国际标准(第 2 章)；

——DIN 1587 对 e、h 和 s 尺寸按产品等级 A 级和 B 级(不分规格)规定了两种公差，本标准按"$D \leqslant 16$ mm 为 A 级；$D > 16$ mm 为 B 级"规定公差(表 1)；

——DIN 1587 未规定包装技术要求，本标准予以规定(表 2)；

——DIN 1587 未规定简化标记，本标准按 GB/T 1237 给出简化的标记示例(见 5.2)。

本标准代替 GB/T 923—1988《盖形螺母》。

本标准与 GB/T 923—1988 相比主要变化如下：

——修改采用 DIN 1587:2000《六角盖形螺母　高型》；

——标准名称改为：六角盖形螺母；

——取消螺纹规格 M3(见表 1)；

——增加细牙螺纹规格系列(第 2 系列、第 3 系列)(见表 1)；

——增加沉孔直径 d_a、支承面直径 d_w 和扳拧高度 m_w 等尺寸要素(见表 1)；

——调整盖形螺母高度 h、六角高度 m、球面半径 SR、和退刀槽 x、g_2 尺寸(见图 1、图 2 及表 1)；

——增加每 1 000 件钢螺母的质量(见表 1)；

——取消 5 级钢螺母(见表 2)；

——增加不锈钢和有色金属材料的螺母(见表 2)；

——对钢螺母增加非电解锌片涂层及热浸镀锌层表面处理(见表 2)。

本标准由中国机械工业联合会提出。

本标准由全国紧固件标准化技术委员会归口。

本标准负责起草单位：中机生产力促进中心、张家港市新艺五金有限公司。

本标准所代替标准的历次版本发布情况为：

——GB 923—1967、GB 923—1976、GB/T 923—1988。

六角盖形螺母

1 范围

本标准规定了螺纹规格为 M4～M24、性能等级为 6、A1-50、CU3 或 CU6 级、产品等级为 A 级和 B 级的六角盖形螺母。A 级用于 $D \leqslant 16$ mm；B 级用于 $D > 16$ mm 的螺母。

2 规范性引用文件

下列文件中的条款通过本标准的引用而成为本标准的条款。凡是注日期的引用文件，其随后所有的修改单(不包括勘误的内容)或修订版均不适用于本标准，然而，鼓励根据本标准达成协议的各方研究是否可使用这些文件的最新版本。凡是不注日期的引用文件，其最新版本适用于本标准。

GB/T 90.1 紧固件 验收检查(GB/T 90.1—2002，ISO 3269:2000，IDT)

GB/T 90.2 紧固件 标志与包装

GB/T 196 普通螺纹 基本尺寸(GB/T 196—2003，ISO 724:1993，ISO general purpose metric screw threads—Basic dimensions，MOD)

GB/T 197 普通螺纹 公差(GB/T 197—2003，ISO 965-1:1998，ISO general purpose metric screw threads—Tolerances—Part 1:Principles basic data，MOD)

GB/T 1237 紧固件标记方法(GB/T 1237—2000，eqv ISO 8991:1986)

GB/T 3098.2 紧固件机械性能 螺母 粗牙螺纹(GB/T 3098.2—2000，idt ISO 898-2:1992)

GB/T 3098.4 紧固件机械性能 螺母 细牙螺纹(GB/T 3098.4—2000，idt ISO 898-6:1994)

GB/T 3098.10 紧固件机械性能 有色金属制造的螺栓、螺钉、螺柱和螺母(GB/T 3098.10—1993，eqv ISO 8839:1986)

GB/T 3098.15 紧固件机械性能 不锈钢螺母(GB/T 3098.15—2000，idt ISO 3506-2:1997)

GB/T 3103.1 紧固件公差 螺栓、螺钉和螺母(GB/T 3103.1—2002，ISO 4759-1:2000，IDT)

GB/T 5267.1 紧固件 电镀层(GB/T 5267.1—2002，ISO 4042:1999，IDT)

GB/T 5267.2 紧固件 非电解锌片涂层(GB/T 5267.2—2002，ISO 10683:2000，IDT)

GB/T 5267.3 紧固件 热浸镀锌层(GB/T 5267.3—2008，ISO 10684:2004，IDT)

GB/T 5276 紧固件 螺栓、螺钉、螺柱及螺母 尺寸代号和标注(GB/T 5276—1985，eqv ISO 225:1983)

GB/T 16938 紧固件 螺栓、螺钉、螺柱和螺母 通用技术条件(GB/T 16938—2008，ISO 8992:2005，IDT)

3 尺寸

螺母的型式尺寸见图 1、图 2 和表 1。

尺寸代号和标注符合 GB/T 5276。

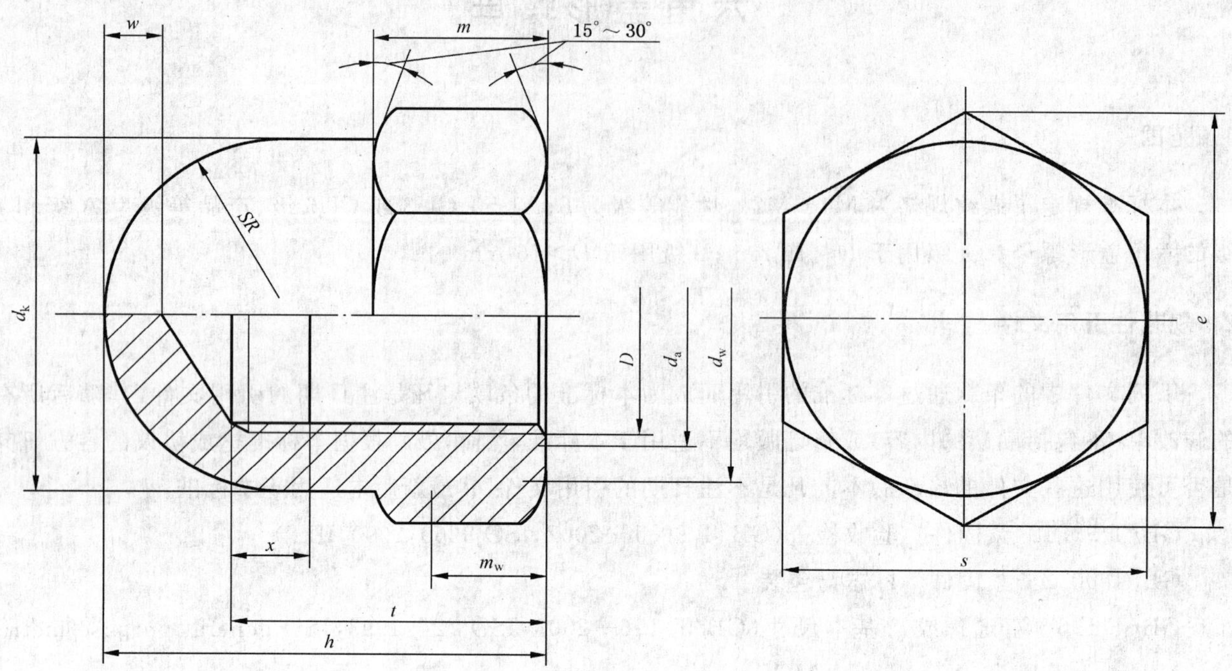

图 1 D≤10 mm 盖形螺母的型式与尺寸

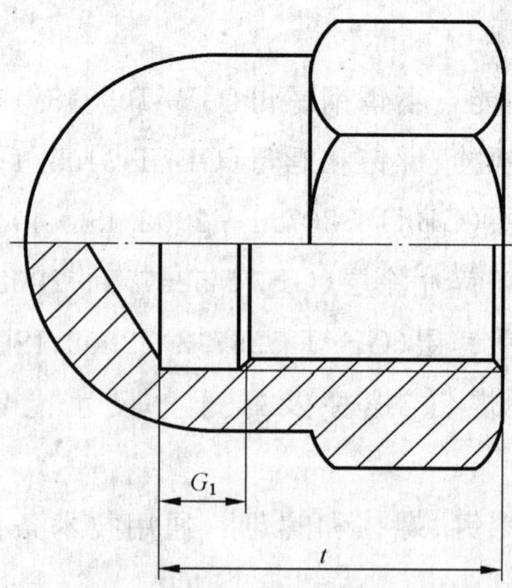

注：其余尺寸见图 1。

图 2 D≥12 mm 盖形螺母的型式与尺寸

表 1　尺寸

单位为毫米

螺纹规格 D		M4	M5	M6	M8	M10	M12
	第 2 系列	—	—	—	M8×1	M10×1	M12×1.5
	第 3 系列	—	—	—	—	M10×1.25	M12×1.25
P[a]		0.7	0.8	1	1.25	1.5	1.75
d_a	max	4.6	5.75	6.75	8.75	10.8	13
	min	4	5	6	8	10	12
d_k	max	6.5	7.5	9.5	12.5	15	17
d_w	min	5.9	6.9	8.9	11.6	14.6	16.6
e	min	7.66	8.79	11.05	14.38	17.77	20.03
x_{max}[b]	第 1 系列	1.4	1.6	2	2.5	3	—
	第 2 系列	—	—	—	2	2	—
	第 3 系列	—	—	—	—	2.5	—
$G_{1\ max}$[c]	第 1 系列	—	—	—	—	—	6.4
	第 2 系列	—	—	—	—	—	5.6
	第 3 系列	—	—	—	—	—	4.9
h	max=公称	8	10	12	15	18	22
	min	7.64	9.64	11.57	14.57	17.57	21.48
m	max	3.2	4	5	6.5	8	10
	min	2.9	3.7	4.7	6.14	7.64	9.64
m_w	min	2.32	2.96	3.76	4.91	6.11	7.71
SR	≈	3.25	3.75	4.75	6.25	7.5	8.5
s	公称	7	8	10	13	16	18
	min	6.78	7.78	9.78	12.73	15.73	17.73
t	max	5.74	7.79	8.29	11.35	13.35	16.35
	min	5.26	7.21	7.71	10.65	12.65	15.65
w	min	2	2	2	2	2	3
每 1 000 件钢螺母质量 (ρ=7.85 kg/dm^3) ≈kg		[d]	[d]	4.66	11	20.1	28.3

表 1（续） 单位为毫米

螺纹规格 D		(M14)	M16	(M18)	M20	(M22)	M24
螺纹规格 D	第 1 系列	(M14)	M16	(M18)	M20	(M22)	M24
	第 2 系列	(M14×1.5)	M16×1.5	(M18×1.5)	M20×2	(M22×1.5)	M24×2
	第 3 系列	—	—	(M18×2)	M20×1.5	(M22×2)	—
P[a]		2	2	2.5	2.5	2.5	3
d_a	max	15.1	17.3	19.5	21.6	23.7	25.9
	min	14	16	18	20	22	24
d_k	max	20	23	26	28	33	34
d_w	min	19.6	22.5	24.9	27.7	31.4	33.3
e	min	23.35	26.75	29.56	32.95	37.29	39.55
x_{max}[b]	第 1 系列	—	—	—	—	—	—
	第 2 系列	—	—	—	—	—	—
	第 3 系列	—	—	—	—	—	—
$G_{1\ max}$[c]	第 1 系列	7.3	7.3	9.3	9.3	9.3	10.7
	第 2 系列	5.6	5.6	5.6	7.3	5.6	7.3
	第 3 系列	—	—	7.3	5.6	7.3	—
h	max=公称	25	28	32	34	39	42
	min	24.48	27.48	31	33	38	41
m	max	11	13	15	16	18	19
	min	10.3	12.3	14.3	14.9	16.9	17.7
m_w	min	8.24	9.84	11.44	11.92	13.52	14.16
SR	≈	10	11.5	13	14	16.5	17
s	公称	21	24	27	30	34	36
	min	20.67	23.67	26.16	29.16	33	35
t	max	18.35	21.42	25.42	26.42	29.42	31.5
	min	17.65	20.58	24.58	25.58	28.58	30.5
w	min	4	4	5	5	5	6
每 1 000 件钢螺母质量 (ρ=7.85 kg/dm³) ≈kg		[d]	54.3	95	104	[d]	216

注：尽可能不采用括号内的规格；按螺纹规格第 1～3 系列，依次优先选用。

[a] P——粗牙螺纹螺距，按 GB/T 197 。

[b] 内螺纹的收尾 $x_{max}=2P$，适用于 D≤M10。

[c] 内螺纹的退刀槽 $G_{1\ max}$，适用于 D>M10。

[d] 目前尚无数据。

4 技术条件和引用标准

技术条件和引用标准见表 2。

表 2　技术条件和引用标准

<table>
<tr><th colspan="2">材　　料</th><th>钢</th><th>不　锈　钢</th><th>有 色 金 属</th></tr>
<tr><td colspan="2">通用技术条件</td><td colspan="3">GB/T 16938</td></tr>
<tr><td rowspan="2">螺纹</td><td>公差</td><td colspan="3">6H</td></tr>
<tr><td>标准</td><td colspan="3">GB/T 196、GB/T 197</td></tr>
<tr><td rowspan="2">机械性能</td><td>等级[a]</td><td>6</td><td>A1-50</td><td>CU3 或 CU6[b]</td></tr>
<tr><td>标准</td><td>GB/T 3098.2、GB/T 3098.4</td><td>GB/T 3098.15</td><td>GB/T 3098.10</td></tr>
<tr><td rowspan="2">公差</td><td>产品等级</td><td colspan="3">$D\leqslant16$ mm：A；$D>16$ mm：B</td></tr>
<tr><td>标准</td><td colspan="3">GB/T 3103.1</td></tr>
<tr><td colspan="2" rowspan="2">表面处理</td><td>氧化；
电镀技术要求按GB/T 5267.1；
非电解锌片涂层技术要求按GB/T 5267.2；
热浸镀锌技术要求按GB/T 5267.3</td><td>简单处理</td><td>简单处理；
电镀技术要求按GB/T 5267.1；</td></tr>
<tr><td colspan="3">如需其他表面处理，应由供需双方协议</td></tr>
<tr><td colspan="2">验收及包装</td><td colspan="3">GB/T 90.1、GB/T 90.2</td></tr>
<tr><td colspan="5">a　其他性能等级或材料，由供需双方协议。
b　由制造者选择。</td></tr>
</table>

5　标记

5.1　标记方法

标记方法按 GB/T 1237 规定。

5.2　标记示例

螺纹规格 D＝M12、性能等级为 6 级、表面氧化处理的六角盖形螺母的标记：

螺母　GB/T 923　M12

ICS 17.040.10
J 04

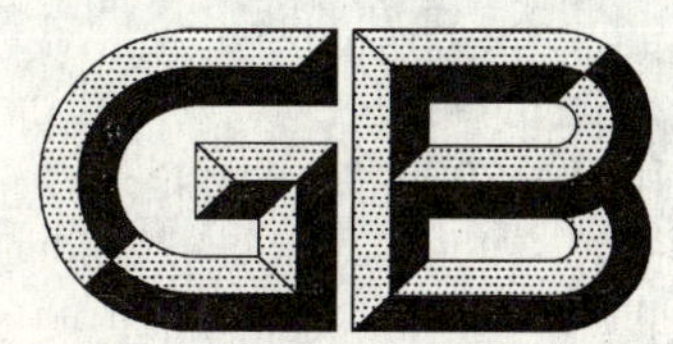

中华人民共和国国家标准

GB/T 1031—2009
代替 GB/T 1031—1995

产品几何技术规范(GPS) 表面结构 轮廓法 表面粗糙度参数及其数值

**Geometrical Product Specifications (GPS)—
Surface texture: Profile method—
Surface roughness parameters and their values**

2009-03-16 发布　　　　2009-11-01 实施

中华人民共和国国家质量监督检验检疫总局
中国国家标准化管理委员会　发布

前言

本标准代替 GB/T 1031—1995《表面粗糙度　参数及其数值》，与 GB/T 1031—1995 相比，主要变化如下：

——增加了标准的前言；

——标准名称增加了引导要素“产品几何技术规范(GPS)”，与新的标准体系取得一致；

——根据 GB/T 3505 中对表面粗糙度参数和定义的规定，将原标准中的“轮廓最大高度”参数代号“R_y”改为“Rz”；将原标准中的“轮廓微观不平度的平均间距”参数代号“S_m”改为“Rsm”；

——根据 GB/T 3505 中对“取样长度”代号的规定，将原标准中的取样长度代号“l”改为“lr”。

本标准的附录 A 和附录 B 均为资料性附录。本标准在 GPS 体系中的位置在附录 B 中说明。

本标准由全国产品尺寸和几何技术规范标准化技术委员会(SAC/TC 240)提出并归口。

本标准起草单位：中机生产力促进中心、哈尔滨量具刃具集团有限责任公司、中国计量科学研究院、时代集团公司、北京市计量检测科学研究院。

本标准主要起草人：王欣玲、郎岩梅、高思田、王忠滨、陈景玉。

本标准所代替标准的历次版本发布情况为：

——GB/T 1031—1983、GB/T 1031—1995。

产品几何技术规范(GPS)
表面结构　轮廓法
表面粗糙度参数及其数值

1　范围

本标准规定了评定表面粗糙度的参数及其数值系列和规定表面粗糙度时的一般规则。

本标准适用于对工业制品的表面粗糙度的评定。

2　规范性引用文件

下列文件中的条款通过本标准的引用而成为本标准的条款。凡是注日期的引用文件，其随后所有的修改单(不包括勘误的内容)或修订版均不适用于本标准，然而，鼓励根据本标准达成协议的各方研究是否可使用这些文件的最新版本。凡是不注日期的引用文件，其最新版本适用于本标准。

GB/T 131—2006　产品几何技术规范(GPS)　技术产品文件中表面结构的表示法(ISO 1302：2002，IDT)

GB/T 3505—2009　产品几何技术规范(GPS)　表面结构　轮廓法　术语、定义及表面结构参数(ISO 4287:1997,IDT)

GB/T 10610—2009　产品几何技术规范(GPS)　表面结构　轮廓法　评定表面结构的规则和方法(ISO 4288:1996,IDT)

GB/Z 20308—2006　产品几何技术规范(GPS)　总体规划(ISO/TR 14638:1995,MOD)

3　术语和定义

本标准采用 GB/T 3505 中所规定的有关术语和定义。

4　评定表面结构的参数及其数值系列

4.1　本标准采用中线制(轮廓法)评定表面粗糙度。

4.2　表面粗糙度参数从下列两项中选取：

——轮廓的算术平均偏差 Ra；

——轮廓的最大高度 Rz。

4.3　在幅度参数(峰和谷)常用的参数值范围内(Ra 为 0.025 μm～6.3 μm，Rz 为 0.1 μm～25 μm)推荐优先选用 Ra。

4.4　轮廓的算术平均偏差 Ra 的数值规定于表 1。

表 1　轮廓的算术平均偏差 *Ra* 的数值　　μm

Ra	0.012 0.025 0.05 0.1	0.2 0.4 0.8 1.6	3.2 6.3 12.5 25	50 100

4.5　轮廓的最大高度 Rz 的数值规定于表 2。

表 2 轮廓的最大高度 *Rz* 的数值

μm

Rz	0.025 0.05 0.1 0.2	0.4 0.8 1.6 3.2	6.3 12.5 25 50	100 200 400 800	1 600

4.6 根据表面功能的需要，除表面粗糙度高度参数（*Ra*、*Rz*）外可选用下列的附加参数：

——轮廓单元的平均宽度 *Rsm*；

——轮廓的支承长度率 *Rmr*(*c*)。

4.7 附加的评定参数轮廓单元的平均宽度 *Rsm* 的数值规定于表 3；轮廓的支承长度率 *Rmr*(*c*)的数值规定于表 4。

表 3 轮廓单元的平均宽度 *Rsm* 的数值

mm

Rsm	0.006 0.012 5 0.025 0.05	0.1 0.2 0.4 0.8	1.6 3.2 6.3 12.5

表 4 轮廓的支承长度率 *Rmr*(*c*)的数值

Rmr(*c*)	10	15	20	25	30	40	50	60	70	80	90

4.8 选用轮廓的支承长度率参数时，应同时给出轮廓截面高度 *c* 值。它可用微米或 *Rz* 的百分数表示。

Rz 的百分数系列如下：5％、10％、15％、20％、25％、30％、40％、50％、60％、70％、80％、90％。

5 分类及表面粗糙度参数

5.1 取样长度（*lr*）的数值从表 5 给出的系列中选取。

表 5 取样长度（*lr*）的数值

mm

lr	0.08	0.25	0.8	2.5	8	25

5.2 一般情况下，在测量 *Ra*、*Rz* 时，推荐按表 6 和表 7 选用对应的取样长度，此时取样长度值的标注在图样上或技术文件中可省略。当有特殊要求时，应给出相应的取样长度值，并在图样上或技术文件中注出。

表 6 *Ra* 参数值与取样长度 *lr* 值的对应关系

Ra/μm	*lr*/mm	*ln*/mm （*ln*＝5×*lr*）
≥0.008～0.02	0.08	0.4
＞0.02～0.1	0.25	1.25
＞0.1～2.0	0.8	4.0
＞2.0～10.0	2.5	12.5
＞10.0～80.0	8.0	40.0

表 7 *Rz* 参数数值与取样长度 *lr* 值的对应关系

Rz/μm	*lr*/mm	*ln*/mm (*ln*=5×*lr*)
≥0.025～0.10	0.08	0.4
>0.10～0.50	0.25	1.25
>0.50～10.0	0.8	4.0
>10.0～50.0	2.5	12.5
>50～320	8.0	40.0

5.3 对于微观不平度间距较大的端铣、滚铣及其他大进给走刀量的加工表面，应按标准中规定的取样长度系列选取较大的取样长度值。

5.4 由于加工表面不均匀，在评定表面粗糙度时，其评定长度应根据不同的加工方法和相应的取样长度来确定。一般情况下，当测量 *Ra* 和 *Rz* 时，推荐按表 6 和表 7 选取相应的评定长度。如被测表面均匀性较好，测量时可选用小于 5×*lr* 的评定长度值；均匀性较差的表面可选用大于 5×*lr* 的评定长度。

6 规定表面粗糙度要求的一般规则

6.1 在规定表面粗糙度要求时，应给出表面粗糙度参数值和测定时的取样长度值两项基本要求。必要时也可规定表面加工纹理、加工方法或加工顺序和不同区域的粗糙度等附加要求。

6.2 表面粗糙度的标注方法应符合 GB/T 131 的规定；缺省评定长度值应符合 GB/T 10610 的规定。

6.3 为保证制品表面质量，可按功能需要规定表面粗糙度参数值。否则，可不规定其参数值，也不需要检查。

6.4 表面粗糙度各参数的数值应在垂直于基准面的各截面上获得。对给定的表面，如截面方向与高度参数(*Ra* 、*Rz*)最大值的方向一致时，则可不规定测量截面的方向，否则应在图样上标出。

6.5 对表面粗糙度的要求不适用于表面缺陷。在评定过程中，不应把表面缺陷(如沟槽、气孔、划痕等)包含进去。必要时，应单独规定对表面缺陷的要求。

6.6 根据表面功能和生产的经济合理性，当选用标准中表 1、表 2、表 3 系列值不能满足要求时，可选取补充系列值，参见附录 A。

附　录　A
（资料性附录）
评定表面粗糙度参数的补充系列值

A.1　各参数的补充系列值按表 A.1、表 A.2、表 A.3 中的规定选取。

表 A.1　*Ra* 的补充系列值

μm

Ra	0.008	0.080	1.00	10.0
	0.010	0.125	1.25	16.0
	0.016	0.160	2.0	20
	0.020	0.25	2.5	32
	0.032	0.32	4.0	40
	0.040	0.50	5.0	63
	0.063	0.63	8.0	80

表 A.2　*Rz* 的补充系列值

μm

Rz	0.032	0.50	8.0	125
	0.040	0.63	10.0	160
	0.063	1.00	16.0	250
	0.080	1.25	20	320
	0.125	2.0	32	500
	0.160	2.5	40	630
	0.25	4.0	63	1 000
	0.32	5.0	80	1 250

表 A.3　*Rsm* 的补充系列值

mm

Rsm	0.002	0.020	0.25	2.5
	0.003	0.023	0.32	4.0
	0.004	0.040	0.5	5.0
	0.005	0.063	0.63	8.0
	0.008	0.080	1.00	10.0
	0.010	0.125	1.25	
	0.016	0.160	2.0	

附 录 B
（资料性附录）
在 GPS 矩阵模型中的位置

GPS 矩阵的全部详情参见 GB/Z 20308—2006。

B.1 本标准的信息及其应用

本标准规定了评定表面粗糙度的参数及其数值系列和规定表面粗糙度时的一般规则。

B.2 在 GPS 矩阵模型中的位置

本标准是 GPS 通用标准，它影响 GPS 通用标准矩阵中粗糙度轮廓标准链的链环 1，如图 B.1 所述。

GPS 基础标准

GPS 综合标准

GPS 通用标准						
链环号	1	2	3	4	5	6
尺寸						
距离						
半径						
角度						
与基准无关的线形状						
与基准相关的线形状						
与基准无关的面形状						
与基准相关的面形状						
方向						
位置						
圆跳动						
全跳动						
基准						
粗糙度轮廓						
波纹度轮廓						
原始轮廓						
表面缺陷						
棱边						

图 B.1 在 GPS 矩阵模型中的位置

B.3 相关的标准

相关的标准为图 B.1 所示标准链涉及的标准。

ICS 37.020
N 31

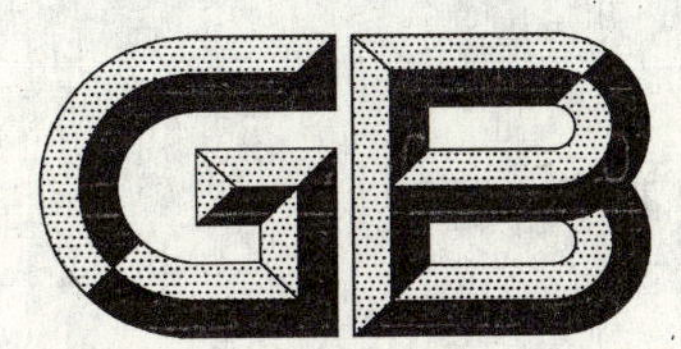

中华人民共和国国家标准

GB/T 1146—2009
代替 GB/T 1146—1989

水准泡

Bubble

2009-09-30 发布　　　　2009-12-01 实施

中华人民共和国国家质量监督检验检疫总局
中国国家标准化管理委员会　发布

前　言

本标准代替 GB/T 1146—1989《水准泡》。

本标准与 GB/T 1146—1989 的主要差异为：

——增加了电子水准泡的术语。

——增加了电子水准泡的分类。

——检验规则根据 GB/T 2828.1、GB/T 2829 选用的参数经对照后进行了修改。

本标准由中国机械工业联合会提出。

本标准由全国光学和光子学标准化技术委员会(SAC/TC 103)归口。

本标准负责起草单位：苏州一光仪器有限公司、上海理工大学。

本标准主要起草人：王嘉平、黄卫佳。

本标准所代替标准的历次版本发布情况为：

——GB 1146—1974；

——GB/T 1146—1989。

水　准　泡

1　范围

本标准规定了水准泡的术语、产品分类、要求、试验方法、检验规则、标志和包装。

本标准适用于安平和测量微小倾角的圆形和管状水准泡。

2　规范性引用文件

下列文件中的条款通过本标准的引用而成为本标准的条款。凡是注日期的引用文件，其随后所有的修改单(不包括勘误的内容)或修订版均不适用于本标准，然而，鼓励根据本标准达成协议的各方研究是否可使用这些文件的最新版本。凡是不注日期的引用文件，其最新版本适用于本标准。

GB/T 1958　产品几何量技术规范(GPS)　形状和位置公差　检测规定

GB/T 2828.1　计数抽样检验程序　第1部分:按接收质量限(AQL)检索的逐批检验抽样计划(GB/T 2828.1—2003,ISO 2859-1:1999,IDT)

GB/T 2829　周期检验计数抽样程序及表(适用于对过程稳定性的检验)

GB/T 11162　光学分划零件通用技术条件

GB/T 12085.2　光学和光学仪器　环境试验方法　低温　高温　湿热

GB/T 15464　仪器仪表包装通用技术条件

JB/T 9329　仪器仪表运输、运输贮存基本环境条件及试验方法

3　术语和定义

下列术语和定义适用于本标准。

3.1

电子水准泡　electronic level

配合专门的电极、液体、线圈、光电发射和接收组合等，以电阻、电容、电感、光电等原理完成水平倾角与电学量间转换的圆形水准泡或管状水准泡。

3.2

角值　angle of inclination

3.2.1　圆形水准泡角值是指气泡由分划圈中心沿任意径向移动2 mm时水准泡的倾角。

3.2.2　管状水准泡角值是指气泡沿轴向移动2 mm时水准泡的倾角。

3.3

稳定时间　steady time

气泡由工作范围边缘回复并停止在工作范围中央所需要的时间。

4　产品分类

4.1　圆形水准泡的型式、规格

4.1.1　圆形水准泡的型式

a)　烧结型玻璃外壳的圆形水准泡，其示意图见图1。

b)　胶结型金属外壳的圆形水准泡，其示意图见图2。

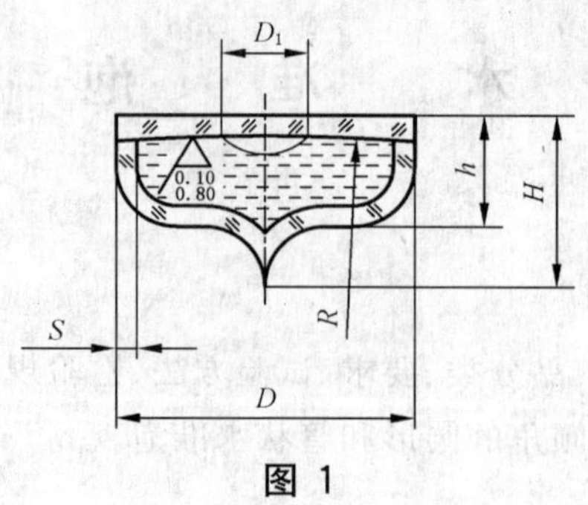

图 1

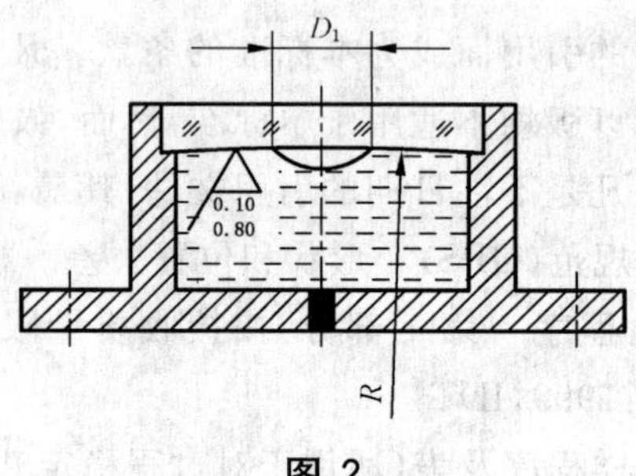

图 2

4.1.2 圆形水准泡的规格见表1。

表 1 圆形水准泡的规格

角值/(′)		尺寸/mm									
公称	偏差	半径 R	外径 D		肩高 h	全高 H	壁厚 S		t=20 ℃时 气泡直径 D_1		分划图号
			公称	偏差	最小	最大	公称	偏差	公称	偏差	
60	±16	115	17	+0.5 −1	5	10	1.2	±0.3	5	±0.5	8
30	±8	229	11	+0.5 −1	5	9	1.2	±0.3	3	±0.5	7
			17	+0.5 −1	5	10	1.2	±0.3	5	±0.5	8
15	±4	458	11	+0.5 −1	5	9	1.2	±0.3	3	±0.5	7
			17	+0.5 −1	5	10	1.2	±0.3	5	±0.5	8
8	±2	860	11	+0.5 −1	5	9	1.2	±0.3	3	±0.5	7
			17	+0.5 −1	5	10	1.2	±0.3	5	±0.5	8
4	±1	1 719	11	+0.5 −1	5	9	1.2	±0.3	3	±0.5	7
			17	+0.5 −1	5	10	1.2	±0.3	5	±0.5	8

4.2 管状水准泡的型式、规格

4.2.1 普通式管状水准泡的型式、规格

4.2.1.1 普通式管状水准泡的型式

a) 烧结型玻璃封头的普通式管状水准泡，其示意图见图3。

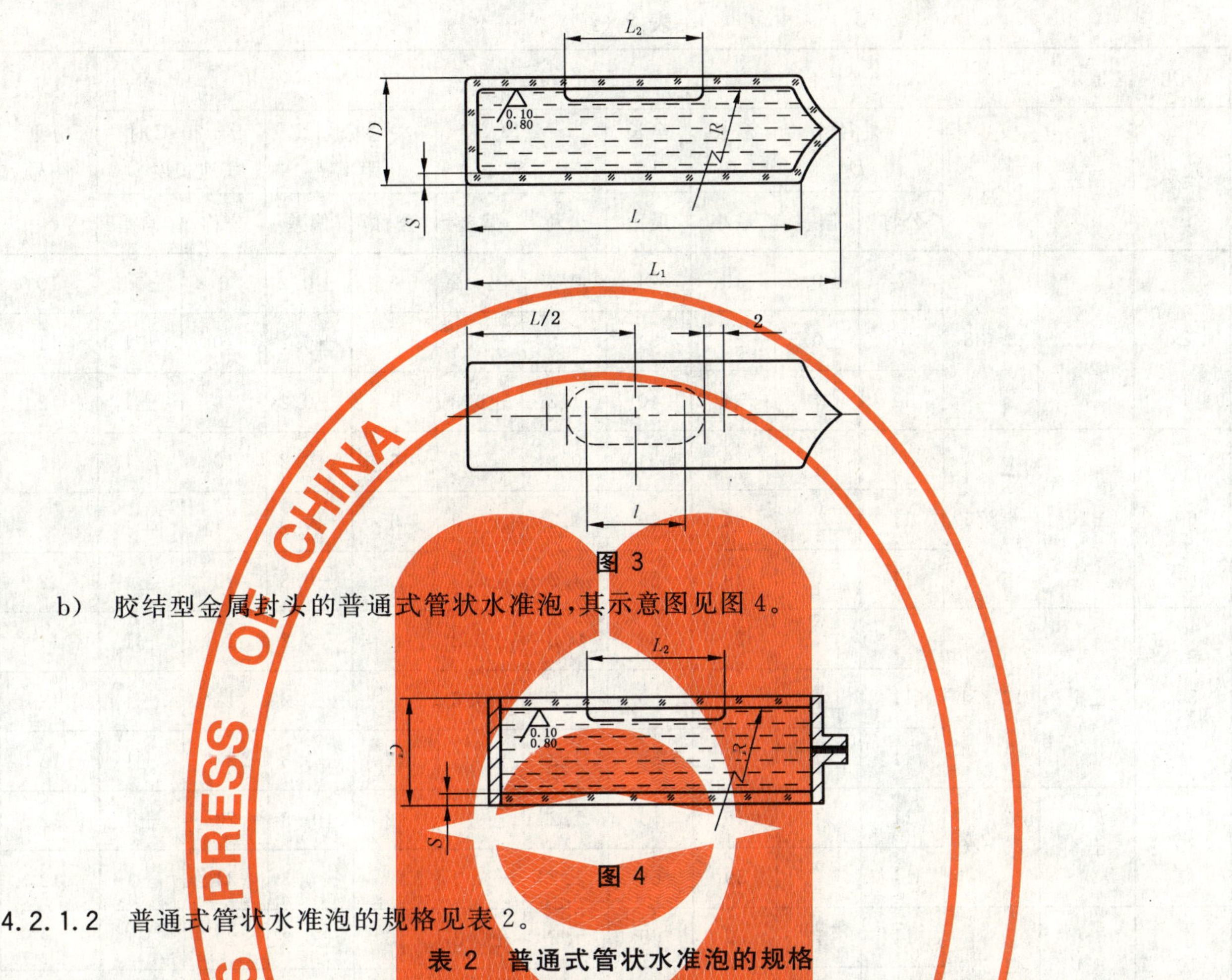

图 3

b) 胶结型金属封头的普通式管状水准泡，其示意图见图 4。

图 4

4.2.1.2 普通式管状水准泡的规格见表 2。

表 2 普通式管状水准泡的规格

角值		尺寸/mm											分划图号
公称	偏差	内径 R	外径 D		肩长 L	全长 L_1	壁厚 S		中心分划线距离 l		t=20 ℃时气泡长度 L_2		
			公称	偏差	最小	最大	公称	偏差	公称	偏差	公称	偏差	
30′	±6′	229	5	±0.5	15	20	0.8	±0.2	4	±0.2	3	±0.5	9
			7	$^{+0.5}_{-1}$	19	24	0.8	±0.2	6	±0.2	6	±0.5	10
15′	±3′	458	5	±0.5	15	20	0.8	±0.2	4	±0.2	3	±0.5	9
			7	$^{+0.5}_{-1}$	19	24	0.8	±0.2	6	±0.2	6	±0.5	10
10′	±2′	688	5	±0.5	15	20	0.8	±0.2	4	±0.2	3	±0.5	9
			7	$^{+0.5}_{-1}$	19	24	0.8	±0.2	6	±0.2	6	±0.5	10
6′	±1′	1 146	5	±0.5	15	20	0.8	±0.2	4	±0.2	3	±0.5	9
			7	$^{+0.5}_{-1}$	19	24	0.8	±0.2	6	±0.2	6	±0.5	10
3′	±0.5′	2 292	7	±0.5	19	24	0.8	±0.2	6	±0.2	6	±0.5	9
			7	±0.5	29	34	0.8	±0.2	6	±0.2	10	±1	11

表 2（续）

角值		尺寸/mm											
公称	偏差	内径 R	外径 D		肩长 L	全长 L_1	壁厚 S		中心分划线距离 l		t=20 ℃时气泡长度 L_2		分划图号
			公称	偏差	最小	最大	公称	偏差	公称	偏差	公称	偏差	
2′	±0.5′	3 438	7	±0.5	19	24	0.8	±0.2	6	±0.2	6	±0.5	10
			7	±0.5	29	34	0.8	±0.2	6	±0.2	10	±1	11
			11	$^{+0.5}_{-1}$	34	40	1.2	±0.3	6	±0.2	14	±1	12
60″	±10″	6 876	9	$^{+0.5}_{-1}$	29	34	0.8	±0.2	6	±0.2	10	±1	11
			11	$^{+0.5}_{-1}$	34	40	1.2	±0.3	6	±0.3	14	±1	12
			11	$^{+0.5}_{-1}$	49	55	1.2	±0.3	12	±0.3	20	±1	12
30″	±5″	13 751	9	$^{+0.5}_{-1}$	29	34	0.8	±0.2	6	±0.2	10	±1	11
			11	$^{+0.5}_{-1}$	34	40	1.2	±0.3	6	±0.2	14	±1	12
			11	$^{+0.5}_{-1}$	49	55	1.2	±0.3	12	±0.3	20	±1	12
20″	±2″	20 626	11	$^{+0.5}_{-1}$	49	55	1.2	±0.3	12	±0.3	20	±1	12
			11	$^{+0.5}_{-1}$	59	65	1.2	±0.3	16	±0.3	24	±1	12
10″	±1″	41 253	11	$^{+0.5}_{-1}$	59	65	1.2	±0.3	16	±0.3	24	±1	12
			14	$^{+0.5}_{-1}$	78	86	1.4	±0.3	22	±0.3	34	±2	13
6″	±0.8″	68 756	14	$^{+0.5}_{-1}$	90	96	1.4	±0.3	24	±0.3	40	±2	14
4″	±0.6″	103 132	14	$^{+0.5}_{-1}$	90	96	1.4	±0.3	24	±0.3	40	±2	14
			14	$^{+0.5}_{-1}$	110	114	1.4	±0.3	26	±0.3	50	±2	15

4.2.2 补偿式管状水准泡的型式、规格

4.2.2.1 补偿式管状水准泡的型式见图 5。

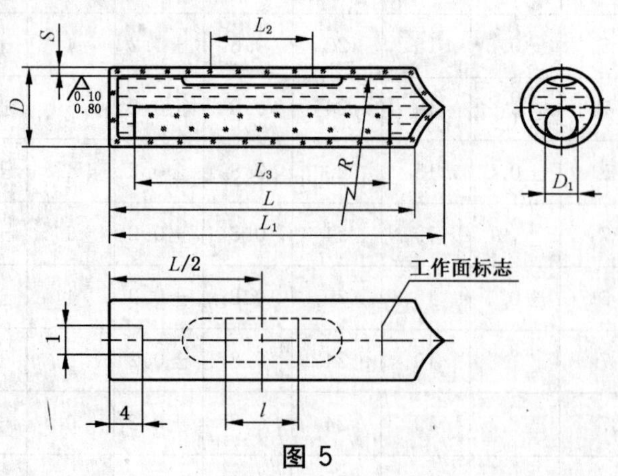

图 5

4.2.2.2 补偿式管状水准泡的规格见表 3。

表 3　补偿式管状水准泡的规格

角值/(″)		尺寸/mm														
公称	偏差	内径 R	外径 D		肩长 L	全长 L_1	棒长 L_3	壁厚 S		中心分划线距离 l		t=20 ℃时气泡长度 L_2		分划图号
			公称	偏差	最小	最大	最小	公称	偏差	公称	偏差	公称	偏差	
30	±5	13 751	11	+0.5 −1	49	55	45	1.2	±0.3	12	±0.3	20	±1	12 或 16
20	±2	20 626	11	+0.5 −1	49	55	45	1.2	±0.3	12	±0.3	20	±1	12 或 16
			11	+0.5 −1	59	65	55	1.2	±0.3	16	±0.3	24	±1	12 或 16
10	±1	41 253	11	+0.5 −1	59	65	55	1.2	±0.3	16	±0.3	24	±1	12 或 16

注 1：补偿玻璃棒直径(D_1)按水准泡玻璃管内径选配(一般为 0.5 内径)。

注 2：补偿玻璃棒可以烧结在水准泡玻璃管底部。

注 3：补偿玻璃棒允许用补偿断面面积相近的其他形状的玻璃体代替。

4.2.3　隔室式管状水准泡的型式、规格

4.2.3.1　隔室式管状水准泡的型式见图 6。

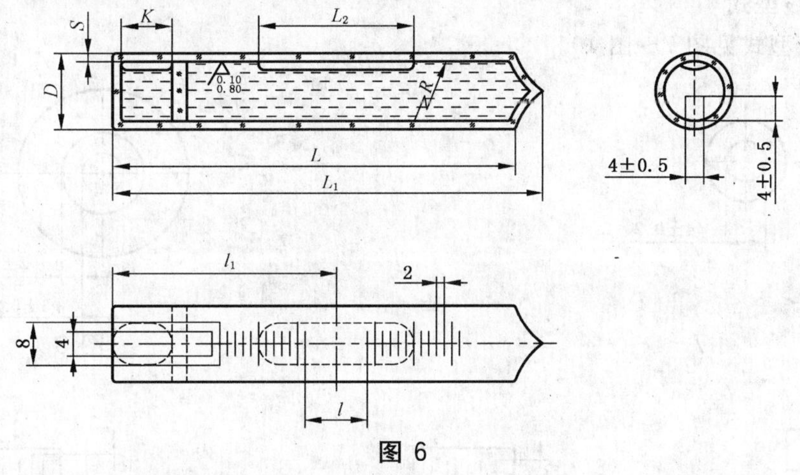

图 6

4.2.3.2　隔室式管状水准泡的规格见表 4。

表 4　隔室式管状水准泡的规格

角值/(″)		尺寸/mm														
公称	偏差	内径 R	外径 D		肩长 L	全长 L_1	隔室长度 K		壁厚 S		中心分划线距离 l		分划线中心到端部距离 l_1	气泡工作长度 L_2	t=20 ℃时气泡总长度	分划图号
			公称	偏差	最小	最大	公称	偏差	公称	偏差	公称	偏差				
6	±0.8	68 756	16	+0.5 −1	118	126	18	±2	1.5	±0.3	16	±0.3	64	40±2	80±4	15 或 17
4	±0.6	103 132	16	+0.5 −1	118	126	18	±2	1.5	±0.3	16	±0.3	64	40±2	80±4	15 或 17
2	±0.5	206 265	16	+0.5 −1	118	126	18	±2	1.5	±0.3	16	±0.3	64	40±2	80±4	15 或 17
			18	+0.5 −1	148	156	20	±2	1.5	±0.3	26	±0.3	82	50±2	100±4	15 或 18
1	±0.3	412 530	18	+0.5 −1	148	156	20	±2	1.5	±0.3	26	±0.3	82	50±2	100±4	15 或 18
			20	+0.5 −1	218	226	22	±2	1.8	±0.3	26	±0.3	120	70±2	130±4	19

4.2.4　符合水准器选用管状水准泡时其气泡长度可适当加长，但不得超过全长的 1/2，分划线按使用要求而定。

4.3 常用的电子水准泡形式

4.3.1 电阻式

以圆型水准泡为主，在内工作面 X、Y 方向布有对称电极，水泡微倾后，气泡移动，使每个方向的两电极间电阻值变化，电桥失衡，输出对应电压变化。

4.3.2 电容式

以管状水准泡为主，在水泡的表面布有三个面状电极，一个为共用电极，其余两个电极沿管轴左右对称分布，与共用电极构成两个电容器，水泡内的气泡和液体为电容的电介质，水泡微倾后，气泡移动，使两电容电介质发生变化，电容值随之变化，一般由两电容构成振荡器，即可检测出对应倾角的频率差。

4.3.3 电感式

以管状水准泡为主，沿水泡管轴两侧分布有两个线圈，配合水泡内的导磁液，在水平状态下气泡居中，两线圈电感对称相等；水泡微倾后，气泡移动，两线圈电感不等，由电桥解出对应倾角的电压变化。

4.3.4 光电式

有圆型水准泡、管状水准泡两种形式，发光二极管光源透过水准器，水准器另一侧对称装有 2 个/4 个光敏接收元件。在水平状态下气泡居中，每组 2 个光敏接收元件接收到的光通量相等；水泡微倾后，气泡移动，2 个光敏接收元件光通量不等，经光电转换后解出对应倾角的电压变化。

4.4 水准泡分划线型式

水准泡分划线型式见图 7～图 19。

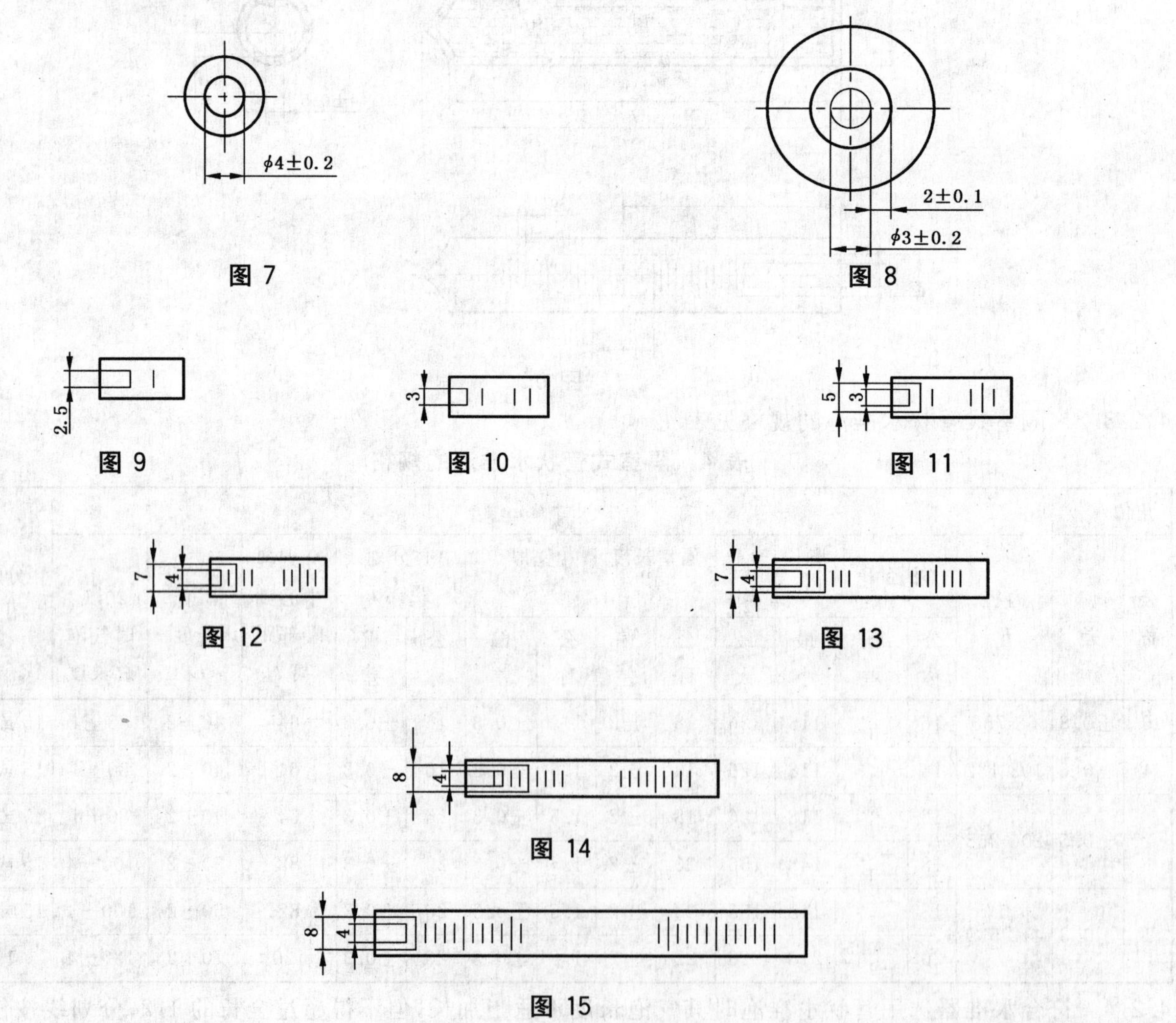

图 7　图 8

图 9　图 10　图 11

图 12　图 13

图 14

图 15

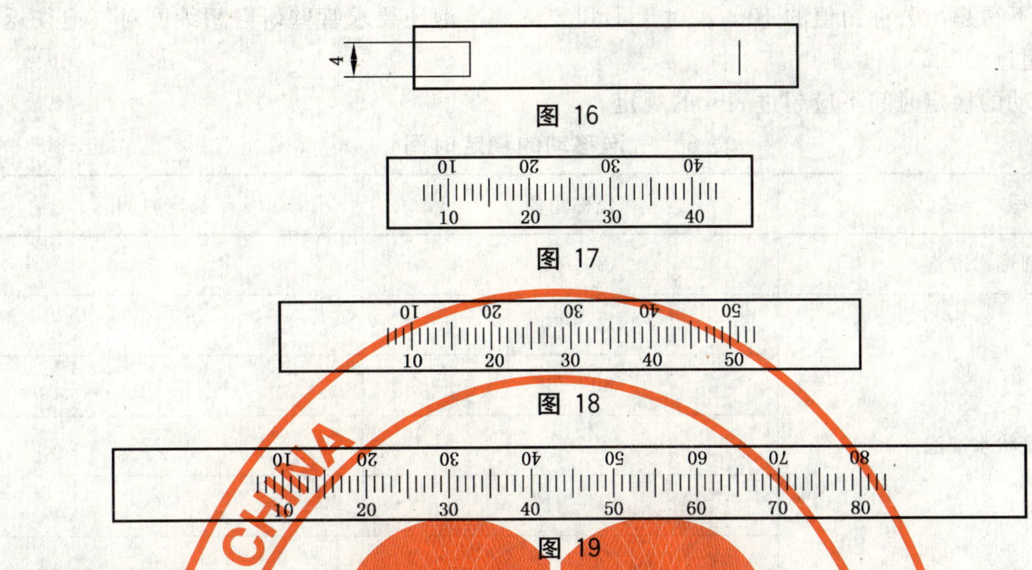

图 16

图 17

图 18

图 19

4.5 水准泡标记

4.5.1 圆形水准泡

4.5.1.1 圆形水准泡的型式代号为 Y。

4.5.1.2 标记示例

公称角值 8′,外径 17 mm,全高最大值 10 mm,分划线采用图 8 所示的圆形水准泡的标记为:

Y8′/17×10/8 GB/T 1146

4.5.2 管状水准泡

型式代号和标记示例等见表 5。

表 5 型式代号和标记

型式	代号	公称角值	外径/mm	全长最大值/mm	分划图号	标记示例
普通式	P	3′	7	24	10	P3′/7×24/10 GB/T 1146
补偿式	B	20″	11	65	12	B20″/11×65/12 GB/T 1146
隔室式	G	2″	16	126	17	G2″/16×126/17 GB/T 1146

4.5.3 涂发光剂的水准泡

4.5.3.1 涂发光剂的水准泡标记时,在水准泡型式代号后加符号"F"。

4.5.3.2 标记示例

涂发光剂,公称角值 8′,外径 17 mm,全高最大值 10 mm,分划线采用图 8 所示的圆形水准泡的标记为:

YF8′/17×10/8 GB/T 1146

5 要求

5.1 当室温为 20 ℃±2 ℃时(隔室式水准泡的气泡应为工作长度时),水准泡的角值偏差应符合表 1～表 4 的要求。

5.2 气泡在使用范围内应能均匀移动,无肉眼可察觉出的停滞和跳动现象。对于 4″～20″的水准泡,要求每格相邻读数差应在 1 格±0.2 格范围内;对于 1″和 2″的水准泡,要求每个观测位置测定格值的修正值不得超过±0.40 格。

5.3 水准泡的灵敏度要求对圆形水准泡不得超出公称角值的 15%;管状水准泡(隔室式水准泡的气泡

为工作长度)不得超出公称角值的10%。对于1″和2″的水准泡还要求管壁研磨精细度对气泡往返位置的影响不得超过±0.25格。

5.4 气泡移动的稳定时间不应超过表6的规定。

表6 气泡移动的稳定时间

型 式	公称角值	稳定时间/s
圆形水准泡	8′～60′	3
管状水准泡	2′～30′	8
	30″～60″	10
	20″	12
	4″～10″	18
	1″～2″	40

5.5 填充液体应清洁、透明,不允许存在影响水准泡角值、气泡移动均匀性及灵敏度的各种杂物。

5.6 水准泡内壁上不允许有肉眼可见的因玻璃被浸而析出的结晶;玻璃应清洁、透明,不允许存在影响观察读数、气泡移动均匀性和美观的各种疵病。

5.7 水准泡玻璃内不允许有明显的残余应力存在。对于1″～6″的管状水准泡(烧结型),在最后验收前应进行不少于15天的自然时效处理。

5.8 水准泡的分划线和数字符号按GB/T 11162的要求。对于30″～60′的水准泡,线条公称宽度选用0.2 mm～0.4 mm,对于1″～20″的水准泡,线条公称宽度选用0.12 mm～0.2 mm。

5.9 分划线和数字符号颜色采用黑色或红色,色泽须清晰,粘附牢固,并能经受乙醚或其他有机溶剂的擦拭。

5.10 圆形水准泡的圆分划线与外径的同轴度误差不大于0.5 mm。管状水准泡的长分划线应与管轴轴线垂直。

5.11 对于底部涂发光剂的水准泡,涂层应均匀、平整和牢固,其亮度应保证肉眼在距离水准泡表面0.5 m时能看清分划线和气泡移动。

5.12 正常工作温度范围,对于2″～60′的水准泡要求为－40 ℃～＋50 ℃,对于1″的水准泡要求为－40 ℃～＋35 ℃。

5.13 在运输包装条件下的环境条件按JB/T 9329的要求,其中选用高温55 ℃、低温－40 ℃、自由跌落高度为300 mm。

6 试验方法

6.1 角值和气泡移动均匀性

6.1.1 试验方法一(适用于公称角值为30″～60′的水准泡)

6.1.1.1 试验工具

水准泡检查仪一台(对于检2′～60′的水准泡的检查仪准确度不得超过1′,对于检30″～60″水准泡的检查仪准确度不得超过2″)。

6.1.1.2 试验程序

a) 调节室温到20℃±2℃。稳定基座,校好检查仪。将被检水准泡安放在检查仪支座上,待气泡稳定。

b) 按逆时针方向旋转测量度盘,使气泡左端对准左侧的第一条分划线,根据读数指示线读取测量度盘读数，然后继续均匀地旋转测量度盘，使气泡移动一格，再对准左侧的第二条分划线，读取测量度盘读数，两读数之差为测量度盘所转过的格数，即为左侧第一格分划的实测角值。依次对水准泡左侧各格进行检查，并注意观察气泡移动的均匀性。在检查过程中，测量度盘的旋转方向应一致，否则需要重新测量。

c) 与左侧试验程序一样对右侧进行检查，此时按顺时针方向旋转测量度盘。

d) 圆形水准泡应检查两个互相垂直的方向(左右两侧，前后两向)。

6.1.2 试验方法二(适用于公称角值为 4″～20″的水准泡)

6.1.2.1 试验工具

水准泡检查仪一台(其准确度不得超过 2″)。

6.1.2.2 试验程序

a) 调整室温到 20 ℃±2 ℃后，将被检水准泡放入室内预先等温 1 h。稳定基座，校好检查仪，将被检水准泡安放在检查仪支座上，待气泡稳定。

b) 按逆时针方向旋转测量度盘，使其分划线对准读数指示线，同时使气泡左端对准(或靠近)水准泡左侧的第一条分划线，根据水准泡分划线读取水准泡气泡左端的读数，然后均匀地将测量度盘旋转一定的格数，使得旋转的格数所对应的角值等于被检水准泡的公称角值，待气泡稳定后，读取气泡左端的读数。依次对左侧各格进行检查。在检查过程中，测量度盘的旋转方向应一致，否则需要重新测量。

c) 与左侧试验程序一样对右侧进行检查，此时按顺时针方向旋转测量度盘。

6.1.2.3 试验结果的计算和评定

计算方法见表 7 和公式(1)。

表 7 计算方法

读数序号 i	左边					右边				
	测量度盘读数 M_i	测量度盘读数差 $r_i=M_{[n-1+i]}-M_i$	气泡左端读数 L_i	读数差 $Q_i=L_{[n-1+i]}-L_i$	相邻读数差 $a_i=L_{[i+1]}-L_i$	测量度盘读数 M_i	测量度盘读数差 $r_i=M_{[n-1+i]}-M_i$	气泡左端读数 L_i	读数差 $Q_i=L_{[n-1+i]}-L_i$	相邻读数差 $a_i=L_{[i+1]}-L_i$
1										
$n=i_{\max}$		Σ		Σ			Σ		Σ	

实测平均角值的计算：

$$\tau=\frac{\sum 左\ r_i+\sum 右\ r_i}{\sum 左\ Q_i+\sum 右\ Q_i}\times q \qquad \cdots\cdots(1)$$

式中：

q——测量度盘的一格所对应的水准泡角值，单位为秒(″)；

τ——实测平均角值，单位为秒(″)。

结果的评定：

a) 实测平均角值与公称角值之差即为水准泡的角值偏差；

b) 表 7 中的 a_i 值即为相邻读数差。

6.1.3 试验方法三(适用于公称角值为 1″～2″的水准泡)

6.1.3.1 试验工具

精密水准泡检查仪一台(其准确度不得超过 1″)。

6.1.3.2 试验程序

a) 调节室温到 20 ℃±2 ℃后,将被检水准泡放入室内预先等温 2 h。稳定基座,校好检查仪。将被检水准泡的气泡长度调整到与使用时的气泡长度相同(这个长度相当于水准泡分划范围的 30%～60%之间),然后将其安放在检查仪支座上,继续调校检查仪和被检水准泡,使得二者整体平衡,并使被检水准泡的管轴同倾斜台的旋转轴垂直,待气泡稳定。

取一组中测量度盘观测位置个数为 $n(n\geqslant 8)$。旋转测量度盘,使被检水准泡的气泡由分划使用部分的一端移到另一端,读取测量度盘转动的总格数 M。取测量度盘每次转动的分划格数为 $m(m\leqslant[M/(n-1)]$,且取整数)。

b) 第Ⅰ测回

第 1 组

往测:按顺时针方向旋转测量度盘,使其零分划线对准读数指示线。调整检查仪靠近测量度盘一端的脚螺旋,使气泡移动到分划使用部分的左端。等待 2 min 后,根据水准泡分划线读取气泡两端的读数。随即继续旋转测量度盘,使其转动 m 个分格,等待 2 min 后,再读取气泡两端的读数。如此重复进行,直到完成 n 个观测位置为止。

返测:往测完成以后,立即继续旋转测量度盘,使其转过 20～30 个分划格。随后按逆时针方向旋转测量度盘,使其读数安置在往测时的最末一个读数上。等待 2 min 以后,读取气泡两端的读数。随即继续旋转测量度盘,使其转动 m 个分格,等待 2 min 后再读取气泡两端的读数。重复进行,直到测量度盘返回到零分划线为止。

测量度盘必须按规定方向旋转,不得有丝毫的反方向旋转,否则全组应重新测量。

第 2 组

第 1 组完成后,准确地按顺时针方向旋转测量度盘半周,并根据读数指示线使测量度盘由第 1 组的零分划位置转到对径位置。此时气泡已离开原来的位置,重新调整靠近测量度盘一端的脚螺旋,使气泡移动到水准泡分划使用部分的左端,和第 1 组往测开始时相同。其后的试验程序与第 1 组相同。

c) 第Ⅱ测回

第Ⅰ测回结束后,将被检水准泡在检查仪支座上调向 180°,等待 5 min～10 min 后再进行第Ⅱ测回测量。

按逆时针方向旋转测量度盘,使其由第Ⅰ测回零分划位置旋出一周又$[60-(n-1)m]$个分划格,这时测量盘的读数恰为第 1 组往测时的最末读数$[(n-1)m]$。然后调整检查仪的脚螺旋,使水准泡的气泡移动到与第Ⅰ测回返测时相同的位置。

按第一测回的操作方法,依次进行测量。不同之处如下:第Ⅱ测回中,往测时按逆时针方向旋转测量度盘,返测时按顺时针旋转测量度盘;在完成第 1 组后,按逆时针方向旋转测量度盘半周,再进行第 2 组的测量。

注:试验室内温度变化在两个测回内不得超过 2 ℃。

6.1.3.3 试验结果的计算和评定

每个测回的精密水准泡角值测试记录表见表 8。

精密水准泡角值测试计算表见表 9。

表 8　精密水准泡角值测试记录表

公称角值：　　　温度：　始　　　末　　　观测者：　　　记录者：　　　第　　测回　　　时间：　　年　　月　　日

测量盘位置	组号	测量盘读数	往测					返测					$R_m=\frac{1}{2}(R_{往}-R_{返})$	$V'=R_{均}-R_m$	气泡长度					
			读数时刻	气泡读数		$L=$ 左+右	$r=L_{i+1}-L_i$	读数时刻	气泡读数		$L=$ 左+右	$r=L_{i+1}-L_i$			往测			返测		
				左	右				左	右					左－右	$V=S_{均}-S$	$V\times V$	左－右	$V=S_{均}-S$	$V\times V$
			h:min	τ	τ	$\tau/2$	$\tau/2$	h:min	τ	τ	$\tau/2$	$\tau/2$	$\tau/2$	$\tau/2$	τ	τ		τ	τ	
1																				
	1																			
															$S_{均}=$		$\Sigma=$	$S_{均}=$		$\Sigma=$
1																				
	2																			
															$S_{均}=$		$\Sigma=$	$S_{均}=$		$\Sigma=$

表 9　精密水准泡角值测试计算表

序号 i	第Ⅰ测回					第Ⅱ测回					$L=\frac{L_{Ⅰ}+L_{Ⅱ}}{2}$	$i\times L$	修正值
	第1、2组中数		$L_1=\frac{L_{往}+L_{返}}{2}$	$\Delta L_1=\frac{L_{往}-L_{返}}{2}$	$i\times\Delta L_1$	第1、2组中数		$L_{Ⅱ}=\frac{L_{往}+L_{返}}{2}$	$\Delta L_{Ⅱ}=\frac{L_{往}-L_{返}}{2}$	$i\times\Delta L_{Ⅱ}$			$\alpha=\frac{1}{2}\times[x-(n-i)y-L]$
	往测 $L_{往}$	返测 $L_{返}$				往测 $L_{往}$	返测 $L_{返}$						
1													
				Σ	Σ				Σ	Σ	Σ	Σ	

精密水准泡角值计算按式(2)～式(9)：

$$x=\frac{2}{n(n+1)}\times[3\sum(i\times L)-(n+1)\sum L] \quad\cdots\cdots(2)$$

$$y=\frac{6}{n(n-1)(n+1)}\times[2\sum(i\times L)-(n+1)\sum L] \quad\cdots\cdots(3)$$

$$K=\pm\sqrt{\frac{\sum(V\times V)}{8(2n-1)}} \quad\cdots\cdots(4)$$

$$Z_{\text{I}}=\frac{3}{n(n-1)(n+1)}\times[2\sum(i\times\Delta L_1)-(n+1)\sum\Delta L_1] \quad\cdots\cdots(5)$$

$$Z_{\text{II}}=\frac{3}{n(n-1)(n+1)}\times[(n+1)\sum\Delta L_{\text{II}}-2\sum(i\times\Delta L_{\text{II}})] \quad\cdots\cdots(6)$$

$$P_{\text{I}}=\frac{1}{n(n+1)}\times[(n+1)\sum\Delta L_{\text{I}}-3\sum(i\times\Delta L_{\text{I}})] \quad\cdots\cdots(7)$$

$$P_{\text{II}}=\frac{1}{n(n+1)}\times[(n+1)\sum\Delta L_{\text{II}}-3\sum(i\times\Delta L_{\text{II}})] \quad\cdots\cdots(8)$$

$$\tau=\frac{2mq}{y} \quad\cdots\cdots(9)$$

式中：

n——一组测量中测量位置的个数；

m——一组测量中测量度盘所转动的格数；

q——测量度盘的一格所对应的水准泡角值，单位为秒(″)；

x——气泡某一位置的最或然值；

y——测量度盘转动 m 格所对应的水准泡气泡移动的格数；

K——观测准确度；

Z_{I}——第Ⅰ测回的外界条件的稳定指标；

Z_{II}——第Ⅱ测回的外界条件的稳定指标；

P_{I}——第Ⅰ测回的管壁研磨精细度对气泡往返位置的影响指标；

P_{II}——第Ⅱ测回的管壁研磨精细度对气泡往返位置的影响指标；

τ——实测平均角值，单位为秒(″)。

结果的评定如下：

a) 在观测准确度 K 不超过±0.08 分划格，同时外界条件的稳定指标 Z_{I} 和 Z_{II} 均不超过±0.06 分划格的情况下，确认这次观测有效；

b) 实测平均角值与公称角值之差即为水准泡的角值偏差；

c) 表 9 中的 α 值即为每个观测位置测定格值的修正值。

6.2 水准泡的灵敏度

6.2.1 试验工具

水准泡检查仪一台。

6.2.2 试验程序

将被检水准泡安置在水准泡检查仪上，在使用范围内任取三个位置，使气泡静止。在水准泡检查仪上读取水准泡倾斜到肉眼能觉察出气泡移动时的倾角。以三次观测中的最大值作为水准泡灵敏度的测定值。

对 1″和 2″的水准泡，由式(7)和式(8)计算得到的 P_{I} 和 P_{II} 值即为管壁研磨精细度对气泡往返位置的影响指标。

6.3 气泡移动的稳定时间

6.3.1 试验工具

水准泡检查仪一台，秒表一只。

6.3.2 试验程序

将水准泡安放在检查仪上，并使气泡居中稳定，然后使气泡移动到工作范围边缘，再使气泡自动回复到中间，同时用秒表读取气泡由工作范围边缘回复到中间的时间，其值即为气泡移动的稳定时间。

6.4 液体质量

目测。

6.5 玻璃质量

目测。

6.6 水准泡应力

6.6.1 试验工具

应力计一只。

6.6.2 试验程序

a) 将应力计调整到零点位置，此时两偏振片光轴正交，视场呈不透明的黑色；

b) 置水准泡于两偏振片之间并旋转，若视场内现出明显白光则说明有明显的残余应力存在。

6.7 分划线和数字符号线型宽度要求

按 GB/T 11162 的规定进行。

6.8 分划线和数字符号粘附牢固要求

6.8.1 试验工具

乙醚或其他有机溶剂。

6.8.2 试验程序

用乙醚或其他有机溶剂擦拭分划线和数字符号的线条，观察线条是否仍旧完好。

6.9 圆分划线与外径的同轴、长分划线与管轴轴线的垂直要求

a) 圆分划线与外径同轴度的试验按 GB/T 1958 的规定进行；

b) 目测长分划线与管轴轴线是否垂直。

6.10 发光剂要求

目测。

6.11 正常工作温度

按 GB/T 12085.2 的规定进行。

6.12 运输环境条件

带运输包装的水准泡在运输环境条件下试验按 JB/T 9329 的规定进行。

7 检验规则

7.1 检验分类

产品的检验分为出厂检验和型式检验。

7.2 出厂检验

7.2.1 出厂检验抽样检查按 GB/T 2828.1 的一次抽样方案检查。

7.2.2 出厂检验的项目为 5.1～5.11，规定检验水平为Ⅱ，接收质量限 AQL 为 1.0。

7.3 型式检验

7.3.1 产品在下列情况之一时须进行型式检验：

a) 新产品或老产品转厂生产的试制定型鉴定；

b) 正式生产后，如结构、材料、工艺有较大改进，可能影响产品性能时；

c) 正常生产时，定期或积累一定产量后，应周期性进行一次检验；

d) 产品长期停产后，恢复生产时；

e) 出厂检验结果与上次型式检验有较大差异时；

f） 国家质量监督机构提出进行型式检验的要求时。

7.3.2 型式检验包括本标准所规定全部试验项目，型式检验的样品从出厂检验合格的产品中随机抽取。

7.3.3 型式检验抽样采用 GB/T 2829 中一次抽样方案检查，规定判别水平为Ⅰ，不合格质量水平 RQL 为 30（如样本量小于或等于 3，Ac=0，Re=1）。

8 标志、包装

8.1 包装盒标志

a） 制造厂厂标（或厂名）；

b） 水准泡标记；

c） 制造日期。

8.2 包装箱

包装箱按 GB/T 15464 中的规定。

ICS 83.160.99
G 41

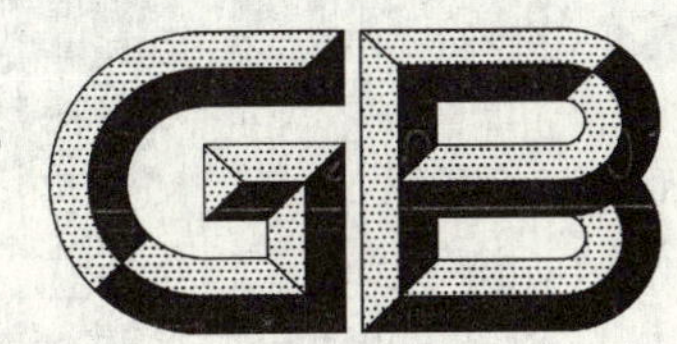

中华人民共和国国家标准

GB/T 1190—2009
代替 GB/T 1190—2001

工程机械轮胎技术要求

Technical specification of earth-mover tyres

2009-04-24 发布　　　　2009-12-01 实施

中华人民共和国国家质量监督检验检疫总局
中国国家标准化管理委员会　发布

前　言

本标准代替 GB/T 1190—2001《工程机械轮胎技术要求》。

本标准与 GB/T 1190—2001 的主要差异如下：

——增加了轮胎术语及其定义(本版的第 3 章)；

——增加了各种外胎不允许有严重影响使用寿命的缺陷(本版的 4.2)；

——增加了若使用内胎、垫带的规定要求(本版的 4.4)；

——轮胎标志中增加了花纹分类代号(本版的 6.1.1)；

——轮胎包装中增加了根据用户要求进行包装的内容(本版的 6.2)；

——增加了有关轮胎的使用和保养的规定(本版的第 7 章)；

——取消了检验规则(2001 年版的第 5 章)。

本标准由中国石油和化学工业协会提出。

本标准由全国轮胎轮辋标准化技术委员会(SAC/TC 19)归口。

本标准起草单位：风神轮胎股份有限公司、徐州徐轮橡胶有限公司、贵州轮胎股份有限公司、三角轮胎股份有限公司、双钱集团股份有限公司、杭州中策橡胶有限公司、山东玲珑橡胶有限公司、昊华南方(桂林)橡胶有限责任公司桂林轮胎厂、赛轮股份有限公司。

本标准主要起草人：冯耀岭、苏平芝、裴晓辉、杨世春、郑乾、包静萍、陈国华、陈少梅、阳安荣、李振刚、申玉德。

本标准所代替标准的历次版本发布情况为：

——GB/T 1190—1974、GB/T 1190—1982、GB/T 1190—1991、GB/T 1190—2001。

工程机械轮胎技术要求

1 范围

本标准规定了工程机械轮胎用术语和定义、要求、试验方法、标志和包装、使用和保养。

本标准适用于新的工程机械充气轮胎(包括外胎和垫带)。

2 规范性引用文件

下列文件中的条款通过本标准的引用而成为本标准的条款。凡是注日期的引用文件,其随后所有的修改单(不包括勘误的内容)或修订版均不适用于本标准,然而,鼓励根据本标准达成协议的各方研究是否可使用这些文件的最新版本。凡是不注日期的引用文件,其最新版本适用于本标准。

GB/T 519 充气轮胎物理性能试验方法

GB/T 521 轮胎外缘尺寸测量方法

GB/T 528 硫化橡胶或热塑性橡胶 拉伸应力应变性能的测定(GB/T 528—1998,eqv ISO 37:1994)

GB/T 531.1 硫化橡胶或热塑性橡胶 压入硬度试验方法 第1部分:邵氏硬度计法(邵尔硬度)(GB/T 531.1—2008,ISO 7619:2004,IDT)

GB/T 532 硫化橡胶或热塑性橡胶与织物粘合强度的测定(GB/T 532—2008,ISO 36:2005,IDT)

GB/T 1689 硫化橡胶耐磨性能的测定(用阿克隆磨耗机)(GB/T 1689—1998,neq BS 903:Part A9:1988)

GB/T 2980 工程机械轮胎规格、尺寸、气压与负荷

GB/T 6326 轮胎术语及其定义(GB/T 6326—2005,ISO 4223-1:2002,Definitions of some terms used in tyre industry—Part 1:Pneumatic tyres,NEQ)

GB 7036.1 充气轮胎内胎 第1部分:汽车轮胎内胎

GB/T 9768 轮胎使用与保养规程

HG/T 2177 轮胎外观质量

3 术语和定义

GB/T 6326 和 GB/T 2980 中确立的术语和定义适用于本标准。

4 要求

4.1 轮胎的规格、尺寸、气压与负荷,轮胎的使用类型,花纹分类代号应符合 GB/T 2980 的规定。

4.2 各种外胎不允许有严重影响使用寿命的缺陷,如各部件间脱层、海绵状、钢丝圈断裂和严重上抽、多根帘线断和裂开、胎里帘线起褶楞和胎冠出胶边带帘线等缺陷。若使用垫带,垫带不允许外形上有残缺和带身裂开。

4.3 轮胎和垫带的其他外观质量要求应符合 HG/T 2177 的规定。

4.4 若使用内胎和垫带,内胎应符合 GB 7036.1 的规定,垫带应符合与外胎配套的使用要求。

4.5 轮胎的物理机械性能应符合表1的规定。

表 1　轮胎物理机械性能

<table>
<tr><th colspan="3" rowspan="2">项　目</th><th colspan="2">指　标</th></tr>
<tr><th>外胎</th><th>垫带</th></tr>
<tr><td colspan="2">拉伸强度/MPa</td><td>≥</td><td>16.5[a]</td><td>7.0</td></tr>
<tr><td colspan="2">拉断伸长率/%</td><td>≥</td><td>350[a]</td><td>350</td></tr>
<tr><td colspan="2">拉断永久变形/%</td><td>≤</td><td>—</td><td>40</td></tr>
<tr><td colspan="2">硬度(邵尔 A 型)/度</td><td>≥</td><td>55[a]</td><td rowspan="7">—</td></tr>
<tr><td colspan="2">磨耗量(阿克隆)/cm^3</td><td>≤</td><td>0.50[a]</td></tr>
<tr><td rowspan="5">粘合强度/(kN/m)</td><td>胎面胶/缓冲胶与缓冲布层</td><td>≥</td><td>8.0</td></tr>
<tr><td>缓冲帘布层间</td><td>≥</td><td>7.0</td></tr>
<tr><td>缓冲层与帘布层</td><td>≥</td><td>6.0</td></tr>
<tr><td>帘布层间</td><td>≥</td><td>5.5</td></tr>
<tr><td>胎侧胶与帘布层</td><td>≥</td><td>5.5</td></tr>
<tr><td colspan="5">[a] 指胎面胶。</td></tr>
</table>

5　试验方法

5.1　外胎胎面胶的拉伸强度和拉断伸长率按 GB/T 519 的规定取样，按 GB/T 528 的规定用 2 型裁刀进行试验。

5.2　外胎胎面胶的磨耗量按 GB/T 519 的规定取样，按 GB/T 1689 的规定进行试验。

5.3　外胎各部件间的粘合强度按 GB/T 519 的规定取样，按 GB/T 532 的规定进行试验。

5.4　外胎胎面胶的硬度按 GB/T 519 的规定取样，按 GB/T 531.1 的规定进行试验。

5.5　垫带的拉伸强度、拉断伸长率和拉断永久变形按 GB/T 519 的规定取样，按 GB/T 528 的规定用 1 型裁刀进行试验。

5.6　新胎充气后的外缘尺寸按 GB/T 521 进行测定。

6　标志和包装

6.1　标志

6.1.1　每条外胎胎侧上应有 a)～h)项的标志；每条垫带上应有 a)、b)和 g)的标志。

a)　规格；

b)　商标、制造商名称或地名；

c)　层级或负荷符号；

d)　轮胎骨架材料名称或代号、花纹分类代号及无内胎轮胎应标明“无内胎”；

e)　轮胎行驶方向标志(外胎胎面花纹有行驶方向的)；

f)　测量轮辋；

g)　检验标识；

h)　生产编号。

6.1.2　外胎上 a)～f)项的标志均需使用模刻印痕，其他标志可用水洗不掉的标志。

6.2 包装

凡有内胎和垫带的轮胎，配套时应将内胎和垫带装在外胎内，并在内胎中充以适量的空气，使其与外胎内缘相接触，并捆扎两处以上或根据用户要求进行包装。

7 使用和保养

轮胎的使用与保养应符合 GB/T 9768 的规定。

ICS 65.060.50
B 91

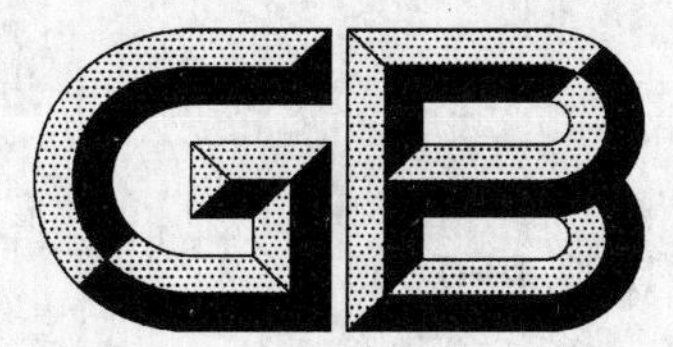

中华人民共和国国家标准

GB/T 1209.1—2009
代替 GB/T 1209—2002

农业机械 切割器 第1部分:总成

Agricultural machinery—Cutter bars—Part 1:Assembly

2009-11-30 发布 2010-04-01 实施

中华人民共和国国家质量监督检验检疫总局
中国国家标准化管理委员会 发布

前　言

GB/T 1209《农业机械　切割器》分为：

——第1部分：总成；

——第2部分：护刃器；

——第3部分：动刀片、定刀片和刀杆；

——第4部分：压刃器；

——第5部分：摩擦片。

本部分为GB/T 1209的第1部分。

本部分是对GB/T 1209—2002《农业机械　切割器》的修订。本部分与GB/T 1209—2002相比，主要技术内容改变如下：

——改进了Ⅱ型切割的技术参数；

——调整了Ⅵ型切割器的技术参数；

——调整了Ⅴ型、Ⅵ型切割器专用垫片加工材料要求；

——增加了Ⅶ型切割器。

本部分自实施之日起代替GB/T 1209—2002。

本部分的附录A是规范性附录。

本部分由中国机械工业联合会提出。

本部分由全国农业机械标准化技术委员会归口。

本部分起草单位：福田雷沃国际重工股份有限公司、约翰·迪尔佳联收获机械有限公司、中国农业机械化科学研究院、中机南方机械股份有限公司。

本部分主要起草人：朱金光、岳芹、柏玉霞、孙玲、周春林、李志庆、杨锦章。

本部分所代替标准的历次版本发布情况为：

——GB 1209—1975、GB/T 1209—1986、GB/T 1209—2002。

农业机械 切割器 第1部分:总成

1 范围

GB/T 1209的本部分规定了农业机械切割器(以下简称切割器)的型式和基本尺寸、技术要求、检验规则以及标志、包装、运输和贮存等。

本部分适用于农业机械切割器总成。

2 规范性引用文件

下列文件中的条款通过GB/T 1209的本部分的引用而成为本部分的条款。凡是注日期的引用文件,其随后所有的修改单(不包括勘误的内容)或修订版均不适用于本部分,然而,鼓励根据本部分达成协议的各方研究是否可使用这些文件的最新版本。凡是不注日期的引用文件,其最新版本适用于本部分。

GB/T 10—1988 沉头方颈螺栓

GB/T 12—1988 半圆头方颈螺栓

GB/T 41—2000 六角螺母 C级(eqv ISO 4034:1999)

GB/T 93—1987 标准型弹簧垫圈

GB/T 95—2002 平垫圈 C级(eqv ISO 7091:2000)

GB/T 710—2008 优质碳素结构钢热轧薄钢板和钢带

GB/T 867—1986 半圆头铆钉

GB/T 869—1986 沉头铆钉

GB/T 870—1986 半沉头铆钉

GB/T 1209.2—2009 农业机械 切割器 第2部分:护刃器

GB/T 1209.3—2009 农业机械 切割器 第3部分:动刀片、定刀片和刀杆

GB/T 1209.4—2009 农业机械 切割器 第4部分:压刃器

GB/T 1209.5—2009 农业机械 切割器 第5部分:摩擦片

GB/T 2828.1—2003 计数抽样检验程序 第1部分:按接收质量限(AQL)检索的逐批检验抽样计划(ISO 2859-1:1999,IDT)

GB/T 5783—2000 六角头螺栓 全螺纹

GB/T 6170—2000 1型六角螺母

3 型式和基本尺寸

3.1 切割器分为七种型式:

Ⅰ型——适用于割草机;

Ⅱ型——适用于谷物收获机械;

Ⅲ型——适用于谷物收获机械;

Ⅳ型——适用于谷物收获机械;

Ⅴ型——适用于小型收获机械;

Ⅵ型——主要适用于半喂入联合收割机;

Ⅶ型——适用于谷物收获机械。

3.2 切割器的基本型式和尺寸应符合图1~图7和表1~表7的规定。

单位为毫米

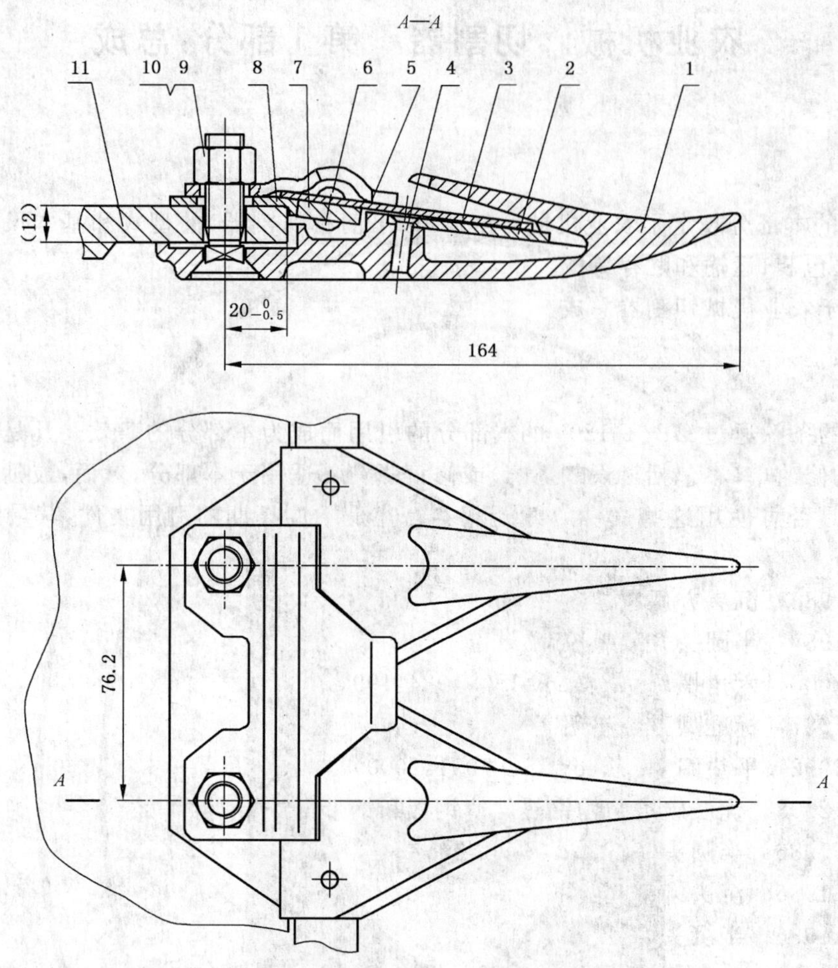

图 1 Ⅰ型切割器

表 1

序 号	零件名称	规 格	标 准
1	护刃器	Ⅰ型	GB/T 1209.2—2009
2	定刀片	Ⅰ型	GB/T 1209.3—2009
3	动刀片	Ⅰ型	GB/T 1209.3—2009
4	铆钉	5×L	GB/T 869—1986
5	压刃器	Ⅰ型	GB/T 1209.4—2009
6	铆钉	5×L	GB/T 867—1986
7	刀杆	Ⅰ型	GB/T 1209.3—2009
8	摩擦片	Ⅰ型	GB/T 1209.5—2009
9	螺栓	M12×L	GB/T 10—1988
10	螺母	M12	GB/T 41—2000
11	护刃器梁	—	—

单位为毫米

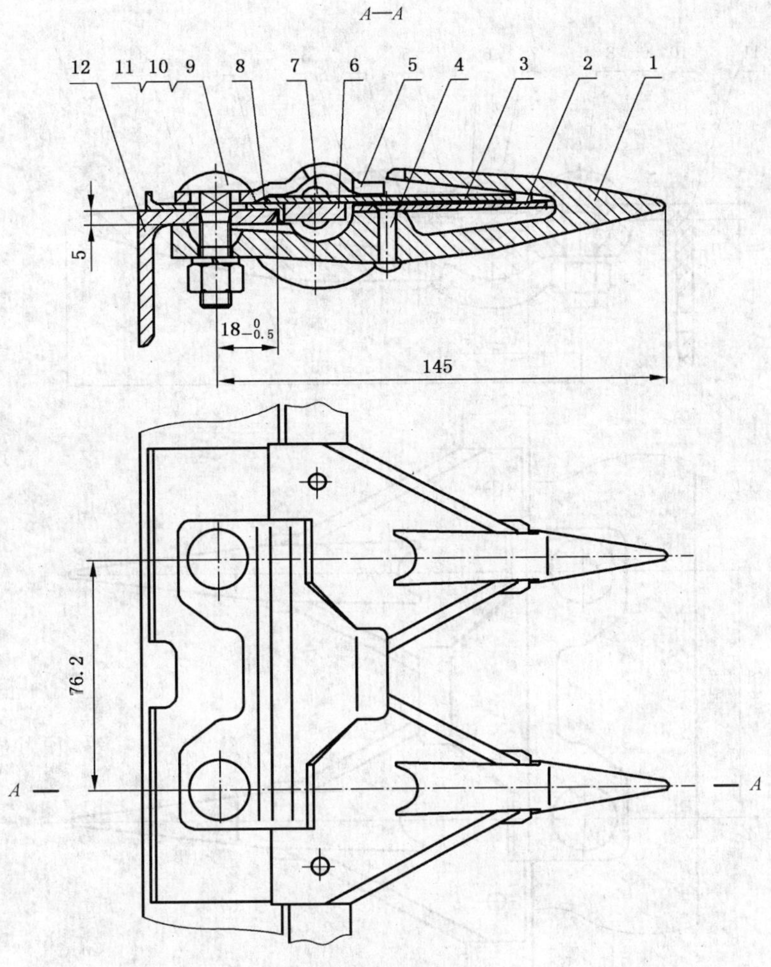

图 2 Ⅱ型切割器

表 2

序 号	零件名称	规 格	标 准
1	护刃器	Ⅱ型	GB/T 1209.2—2009
2	定刀片	Ⅱ型	GB/T 1209.3—2009
3	动刀片	Ⅰ型	GB/T 1209.3—2009
4	铆钉	5×L	GB/T 869—1986
5	压刃器	Ⅱ型	GB/T 1209.4—2009
6	刀杆	Ⅰ型	GB/T 1209.3—2009
7	铆钉	5×L	GB/T 867—1986
8	摩擦片	Ⅱ型	GB/T 1209.5—2009
9	垫圈	10	GB/T 93—1987
10	螺母	M10	GB/T 41—2000
11	螺栓	M10×L	GB/T 12—1988
12	护刃器梁	—	—
注：推荐使用Ⅱ型无定刀护刃器。			

单位为毫米

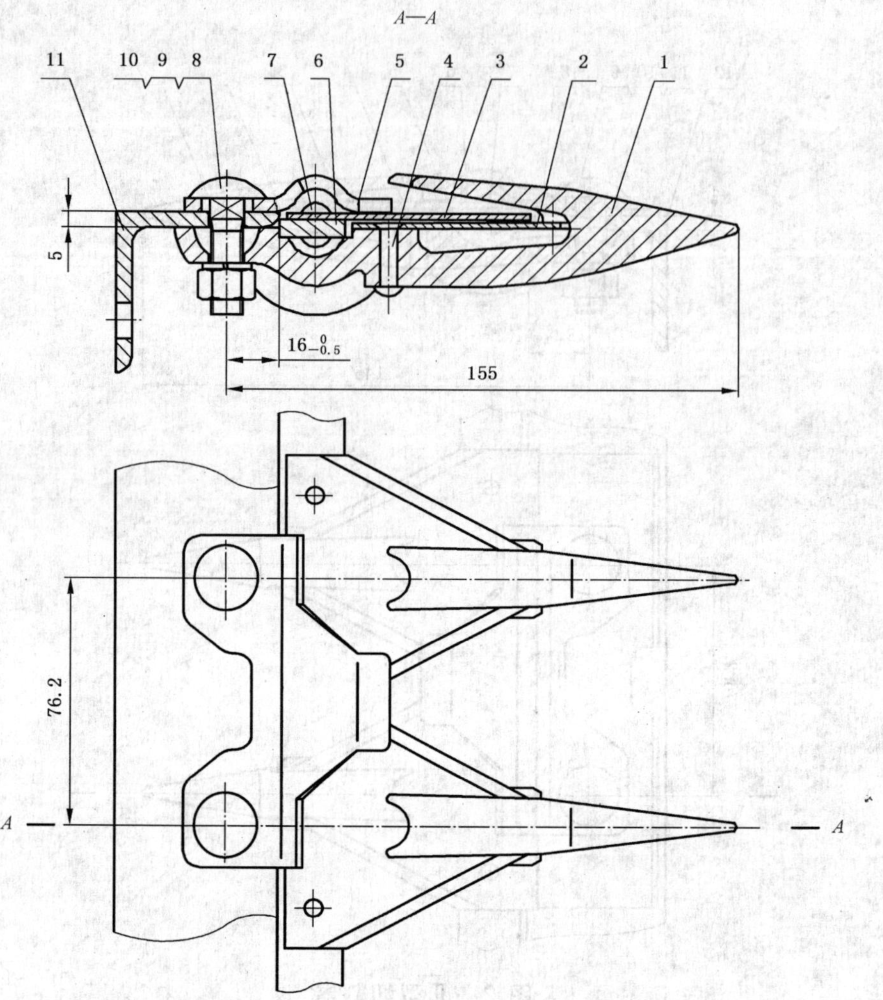

图 3 Ⅲ型切割器

表 3

序 号	零件名称	规 格	标 准
1	护刃器	Ⅲ型	GB/T 1209.2—2009
2	定刀片	Ⅱ型	GB/T 1209.3—2009
3	动刀片	Ⅲ型	GB/T 1209.3—2009
4	铆钉	5×L	GB/T 869—1986
5	压刃器	Ⅲ型	GB/T 1209.4—2009
6	刀杆	Ⅰ型	GB/T 1209.3—2009
7	铆钉	5×L	GB/T 867—1986
8	螺母	M10	GB/T 41—2000
9	垫圈	10	GB/T 93—1987
10	螺栓	M10×L	GB/T 12—1988
11	护刃器梁	—	—

单位为毫米

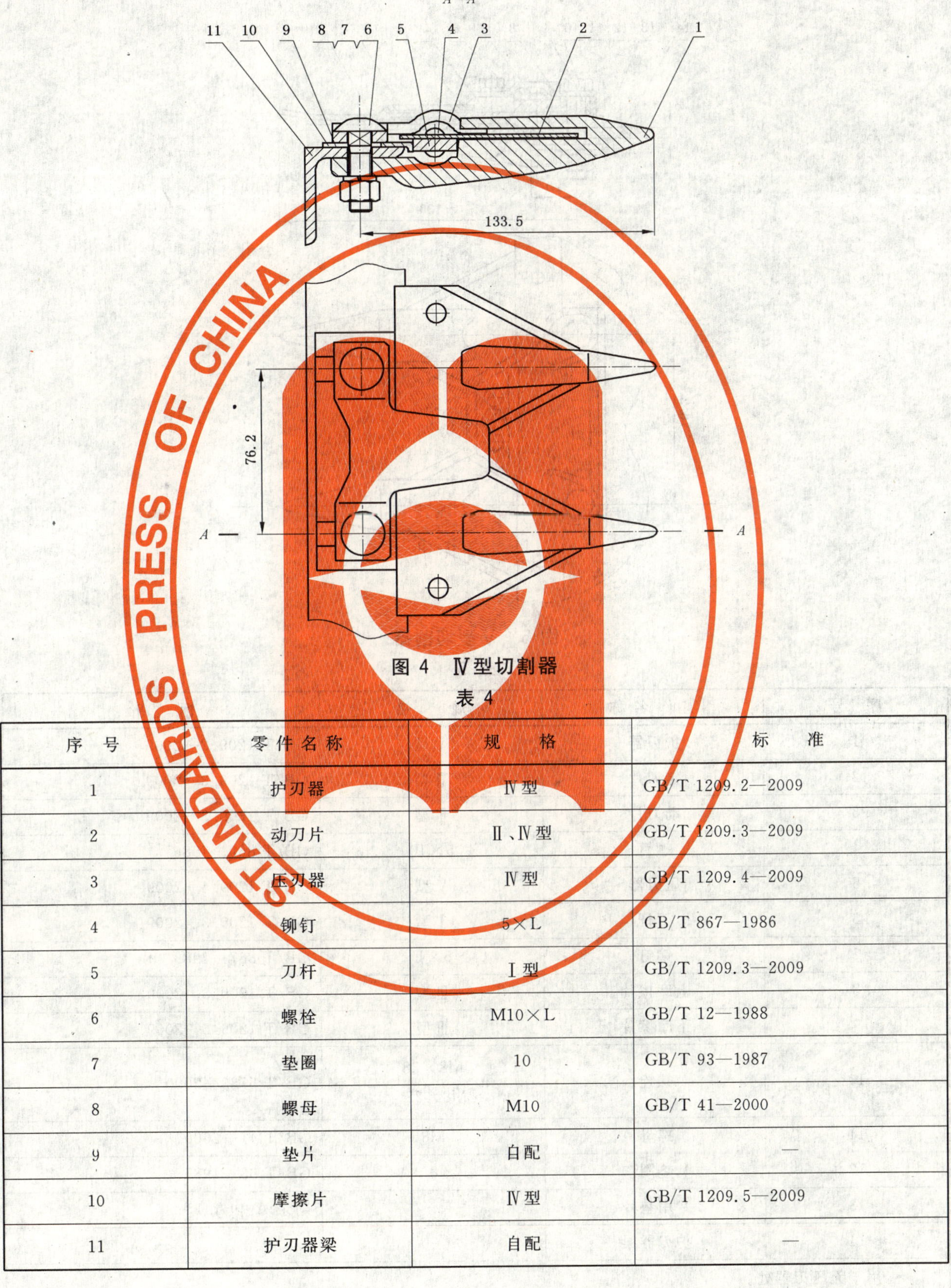

图4 Ⅳ型切割器

表4

序 号	零件名称	规 格	标 准
1	护刃器	Ⅳ型	GB/T 1209.2—2009
2	动刀片	Ⅱ、Ⅳ型	GB/T 1209.3—2009
3	压刃器	Ⅳ型	GB/T 1209.4—2009
4	铆钉	5×L	GB/T 867—1986
5	刀杆	Ⅰ型	GB/T 1209.3—2009
6	螺栓	M10×L	GB/T 12—1988
7	垫圈	10	GB/T 93—1987
8	螺母	M10	GB/T 41—2000
9	垫片	白配	—
10	摩擦片	Ⅳ型	GB/T 1209.5—2009
11	护刃器梁	自配	—

单位为毫米

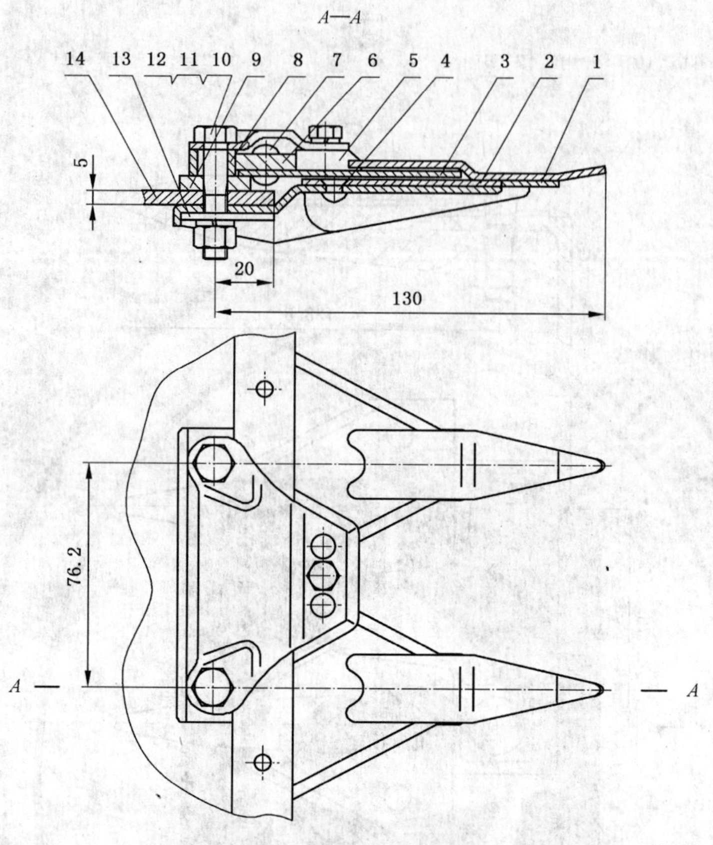

图5 V型切割器

表5

序　号	零件名称	规　　格	标　　准
1	护刃器	V型	GB/T 1209.2—2009
2	定刀片	Ⅱ型	GB/T 1209.3—2009
3	动刀片	Ⅲ型	GB/T 1209.3—2009
4	铆钉	5×10	GB/T 869—1986
5	压刃器	V型	GB/T 1209.4—2009
6	刀杆	Ⅰ型	GB/T 1209.3—2009
7	铆钉	5×L	GB/T 867—1986
8	上摩擦片	Ⅲ型	GB/T 1209.5—2009
9	下摩擦片	Ⅲ型	GB/T 1209.5—2009
10	螺栓	M8×38 M8×22[a]	GB/T 5783—2000
11	螺母	M8	GB/T 41—2000
12	垫圈	8	GB/T 93—1987
13	专用垫片	—	附录A中A.1
14	护刃器梁	—	—

[a] 用于无压刃器处。

单位为毫米

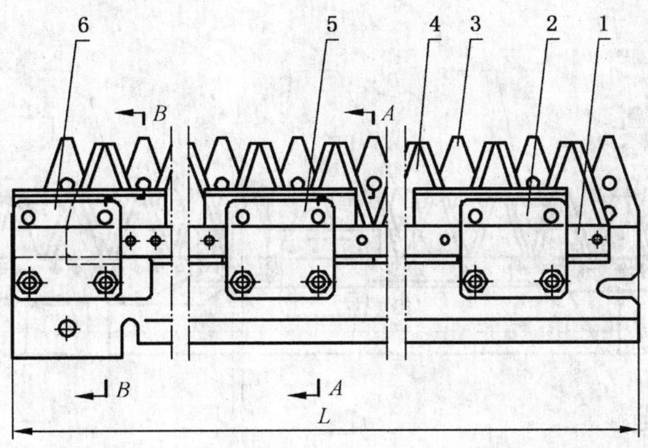

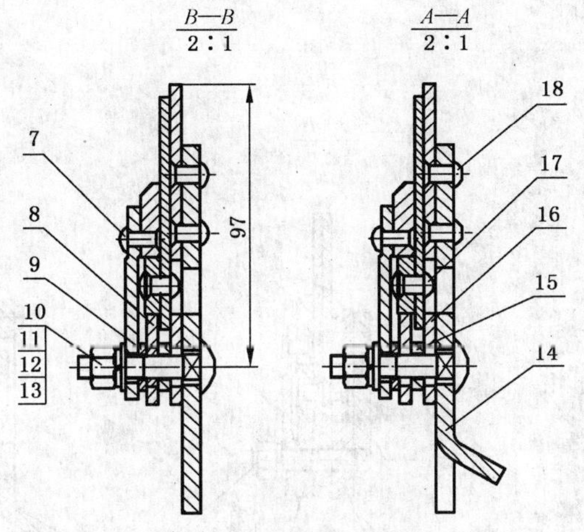

图 6 Ⅵ型切割器

表 6

序号	零件名称	规格	标准
1	刀杆	Ⅱ型	GB/T 1209.3—2009
2	压刃器	Ⅵa 型	GB/T 1209.4—2009
3	定刀片	Ⅲ型	GB/T 1209.3—2009
4	动刀片	Ⅴ型	GB/T 1209.3—2009
5	压刃器	Ⅵb 型	GB/T 1209.4—2009
6	压刃器	Ⅵc 型	GB/T 1209.4—2009
7	铆钉	5×L	GB/T 867—1986
8	摩擦片	Ⅴa 型	GB/T 1209.5—2009
9	调整垫	—	—
10	螺栓	M8×L	GB/T 12—1988
11	螺母	M8	GB/T 41—2000
12	垫圈	8	GB/T 93—1987
13	垫圈	8	GB/T 95—2002
14	定刀板	—	GB/T 1209.3—2009
15	专用垫片	—	附录 A 中 A.2
16	摩擦片	Ⅴb 型	GB/T 1209.5—2009
17	铆钉	6×L	GB/T 870—1986
18	铆钉	6×L	GB/T 867—1986

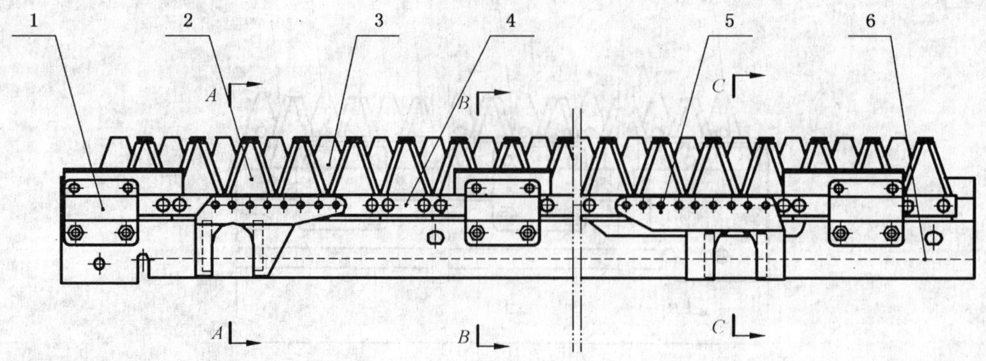

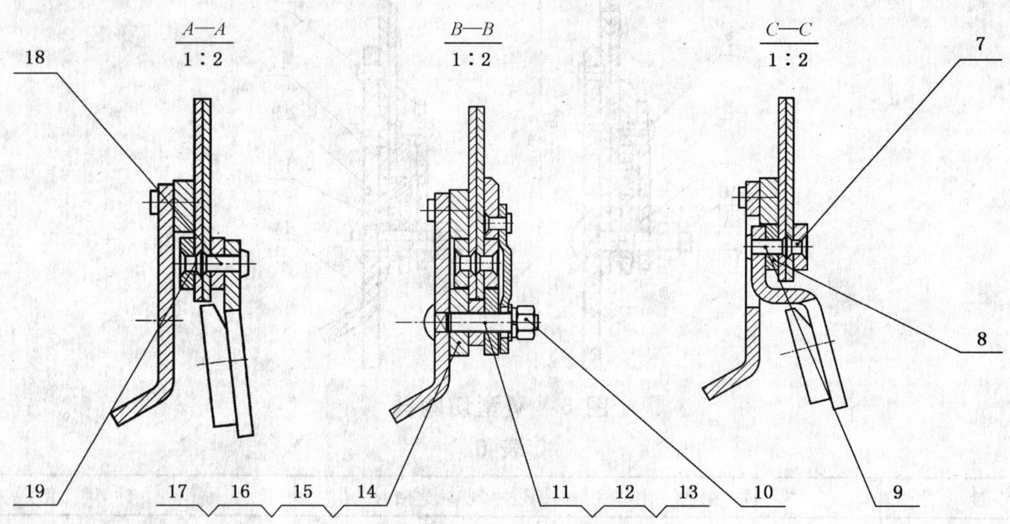

图7 Ⅶ型切割器

表7

序号	零件名称	规格	标准
1	压刃器	Ⅵ型	GB/T 1209.4—2009
2	上动刀片	Ⅵ型动刀片	GB/T 1209.3—2009
3	下动刀片	Ⅵ型动刀片	GB/T 1209.3—2009
4	上刀杆	Ⅰ型	GB/T 1209.3—2009
5	驱动器	—	—
6	连接底板	—	—
7	铆钉	6×15	GB/T 869—1986
8	下刀杆	Ⅰ型	GB/T 1209.3—2009
9	铆钉	6×22	GB/T 869—1986
10	螺母	M8	GB/T 6170—2000

表 7（续）

序号	零件名称	规格	标准
11	半圆头方颈螺栓	M8×40	GB/T 12—1988
12	平垫圈	8	GB/T 95—2002
13	弹簧垫圈	8	GB/T 93—1987
14	上摩擦片	Ⅲ型	GB/T 1209.5—2009
15	中间垫	—	—
16	下摩擦片	Ⅲ型	GB/T 1209.5—2009
17	调整垫片	—	—
18	铆钉	6×22	GB/T 869—1986
19	铆钉	6×15	GB/T 869—1986

3.3 标记示例

Ⅰ型切割器

切割器　Ⅰ　GB/T 1209.1—2009

4 技术要求

4.1 切割器应符合本部分的规定，并按经规定程序批准的图样和技术文件制造。如用户有特殊要求，按双方协议规定执行。

4.2 护刃器应牢固紧密地装配在护刃器梁上，其接触面之间的局部间隙不大于 0.5 mm。

4.3 动刀中心线与定刀中心线重合时，其位置度为 5 mm。

4.4 动刀中心线与定刀（或相当于定刀）中心线重合时，动刀片与定刀片（或相当于定刀的面）的间隙为：前端应互相接触，允许有不大于 0.7 mm 的间隙；后端间隙不大于 1.2 mm，Ⅰ型、Ⅱ型和Ⅲ型切割器允许后端间隙不大于 1.5 mm，但其数量不得超过全部的三分之一。

4.5 切割器装好后，用手推拉割刀，应无卡阻现象。

4.6 压刃器与动刀片的间隙不大于 0.5 mm。

4.7 为保证切割间隙，允许加调整垫。

5 检验规则

5.1 检验项目及指标依据本标准规定的技术要求、产品图样或订货合同确定。

5.2 批量出厂的切割器应经检验合格，并附有产品合格证和使用说明书。

5.3 切割器应分批提交验收，具体检验方案应按 GB/T 2828.1—2003 规定的二次正常检查抽样方案进行，接收质量限（AQL）为 4.0。

6 标志、包装、运输和贮存

6.1 切割器的主要零件上应锻、铸或冲出制造厂商标和型号。

6.2 发运切割器时，包装要牢固、可靠，防止在运输中发生损坏。

6.3 包装件外部应标明：

a) 切割器总成名称、型号及数量；

b) 总质量；

c) 制造厂名称；

d) 产品标准号；

e) 出厂编号和制造日期；

f) 储运标志。

6.4 包装件内应附有制造厂的质量检验合格证和装箱单。

6.5 应采取措施防止在运输、装卸过程中由于振动和磕碰等造成损失或损坏。

6.6 应采取措施防止在存放过程中锈蚀和损坏。

附　录　A
（规范性附录）
切割器专用垫片

A.1　Ⅴ型切割器专用垫片

A.1.1　专用垫片的型式和尺寸应符合图 A.1 的规定。

单位为毫米

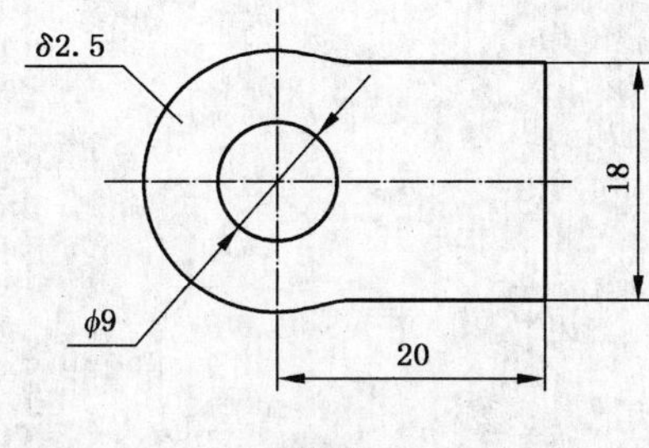

图 A.1

A.1.2　推荐采用 GB/T 710—2008 规定的 Q235 钢板制造。

A.2　Ⅵ型切割专用垫片

A.2.1　专用垫片的型式和尺寸应符合图 A.2 的规定。

单位为毫米

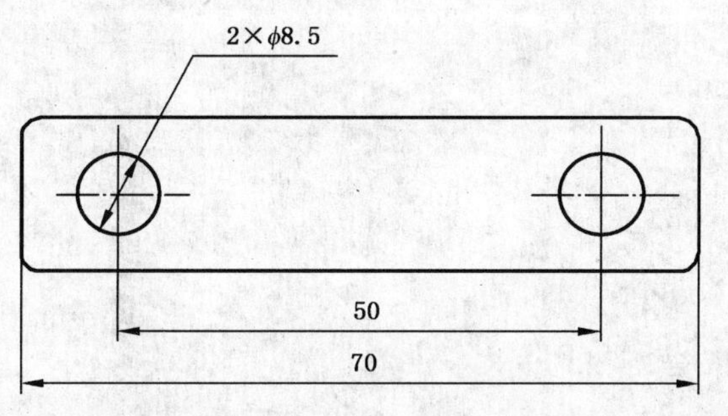

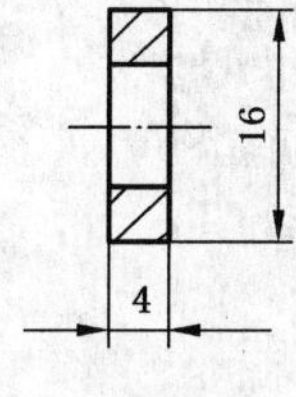

图 A.2

A.2.2　推荐采用 GB/T 710—2008 规定的 Q235 钢板制造。

ICS 65.060.50
B 91

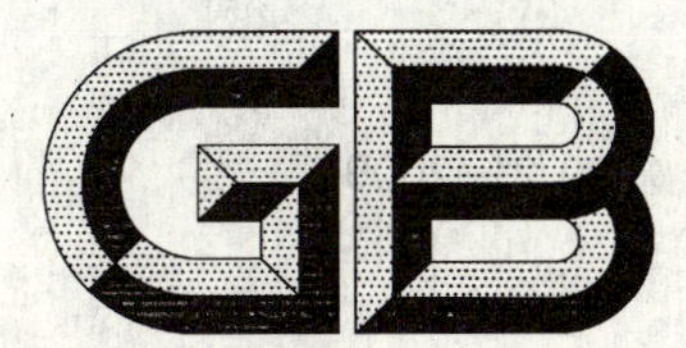

中华人民共和国国家标准

GB/T 1209.2—2009

农业机械 切割器 第2部分:护刃器

Agricultural machinery—Cutter bars—Part 2:Guard

2009-11-30 发布 2010-04-01 实施

中华人民共和国国家质量监督检验检疫总局
中国国家标准化管理委员会 发布

前　言

GB/T 1209《农业机械　切割器》分为：

——第 1 部分：总成；

——第 2 部分：护刃器；

——第 3 部分：动刀片、定刀片和刀杆；

——第 4 部分：压刃器；

——第 5 部分：摩擦片。

本部分为 GB/T 1209 的第 2 部分。

本部分的附录 A 是规范性附录。

本部分由中国机械工业联合会提出。

本部分由全国农业机械标准化技术委员会归口。

本部分起草单位：中国农业机械化科学研究院、约翰·迪尔佳联收获机械有限公司、中机南方机械股份有限公司、福田雷沃国际重工股份有限公司。

本部分主要起草人：周春林、李志庆、刘丹、崔青宇、黄江军、朱金光、岳芹。

农业机械　切割器　第2部分：护刃器

1　范围

GB/T 1209的本部分规定了农业机械切割器的护刃器（以下简称护刃器）的型式和基本尺寸、技术要求、检验规则以及标志、包装、运输和贮存等。

本部分适用于农业机械切割器的护刃器。

2　规范性引用文件

下列文件中的条款通过GB/T 1209的本部分的引用而成为本部分的条款。凡是注日期的引用文件，其随后所有的修改单（不包括勘误的内容）或修订版均不适用于本部分，然而，鼓励根据本部分达成协议的各方研究是否可使用这些文件的最新版本。凡是不注日期的引用文件，其最新版本适用于本部分。

GB/T 699—1999　优质碳素结构钢

GB/T 710—2008　优质碳素结构钢热轧薄钢板和钢带

GB/T 2828.1—2003　计数抽样检验程序　第1部分：按接收质量限（AQL）检索的逐批检验抽样计划（ISO 2859-1：1999，IDT）

GB/T 9440—1988　可锻铸铁件（neq ISO 5922：1981）

3　型式和基本尺寸

3.1　护刃器分为五种型式：

Ⅰ型——适用于Ⅰ型切割器；

Ⅱ型——适用于Ⅱ型切割器；

Ⅲ型——适用于Ⅲ型切割器；

Ⅳ型——适用于Ⅳ型切割器；

Ⅴ型——适用于Ⅴ型切割器。

3.2　护刃器的基本型式和尺寸应符合图1～图5的规定。Ⅴ型护刃器单、双刀托和护舌见附录A。

3.3　标记示例。

Ⅰ型护刃器

护刃器　　Ⅰ　GB/T 1209.2—2009

单位为毫米

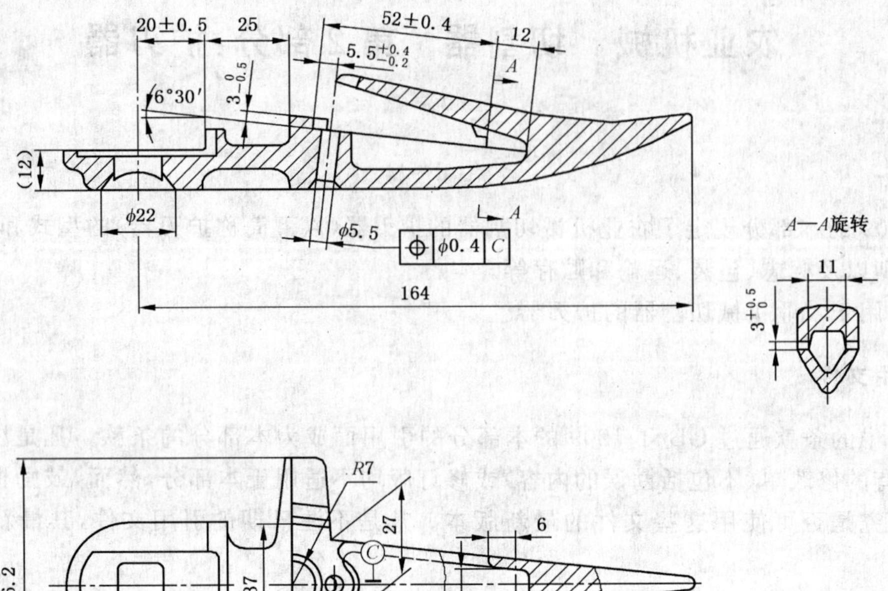

图 1　Ⅰ型护刃器

单位为毫米

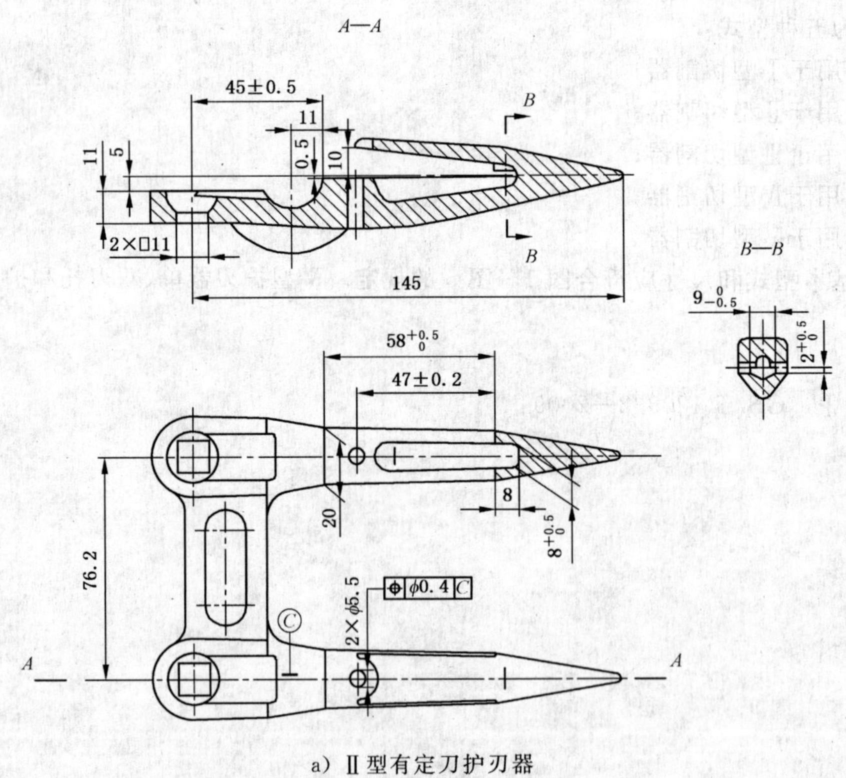

a）Ⅱ型有定刀护刃器

图 2　Ⅱ型护刃器

单位为毫米

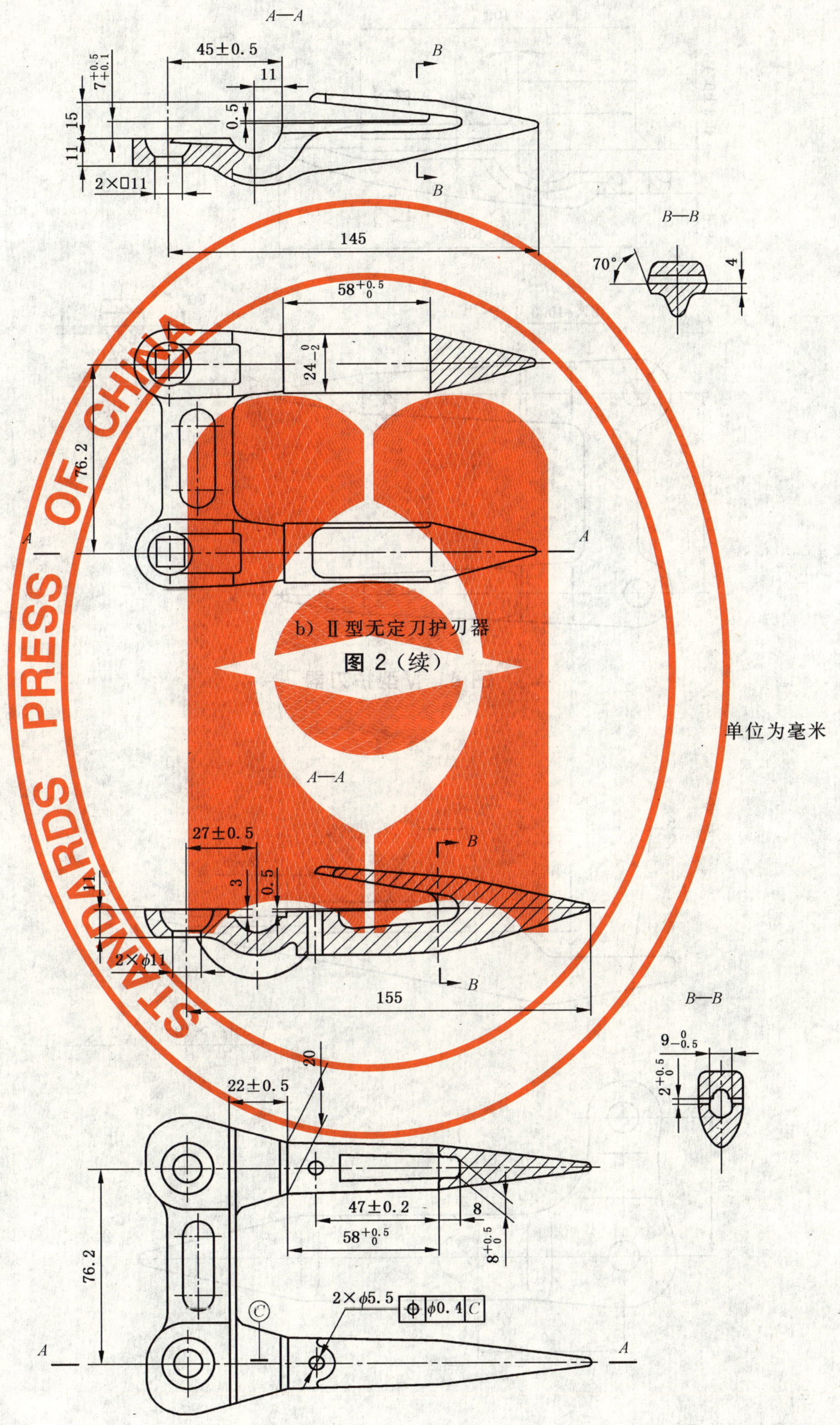

b) Ⅱ型无定刀护刃器

图 2（续）

单位为毫米

图 3 Ⅲ型护刃器

单位为毫米

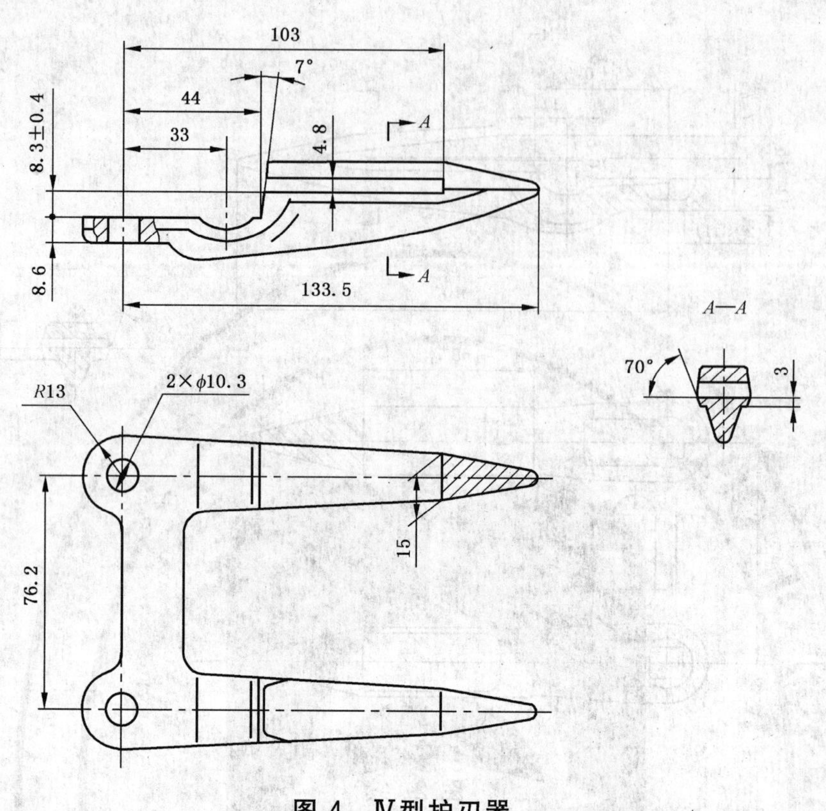

图 4 Ⅳ型护刃器

单位为毫米

单联

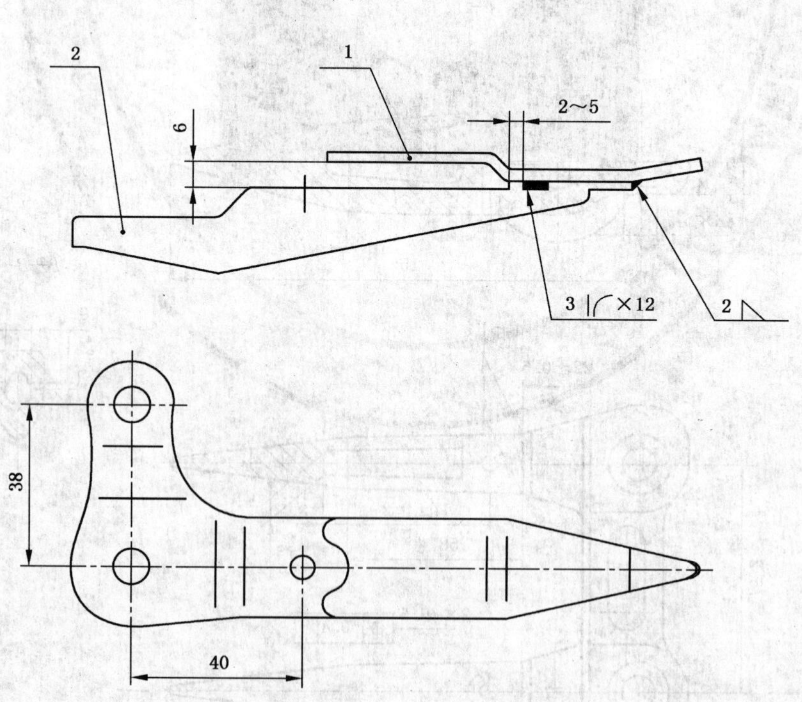

1——护舌；

2——单、双联护刃器刀托。

图 5 Ⅴ型护刃器

单位为毫米

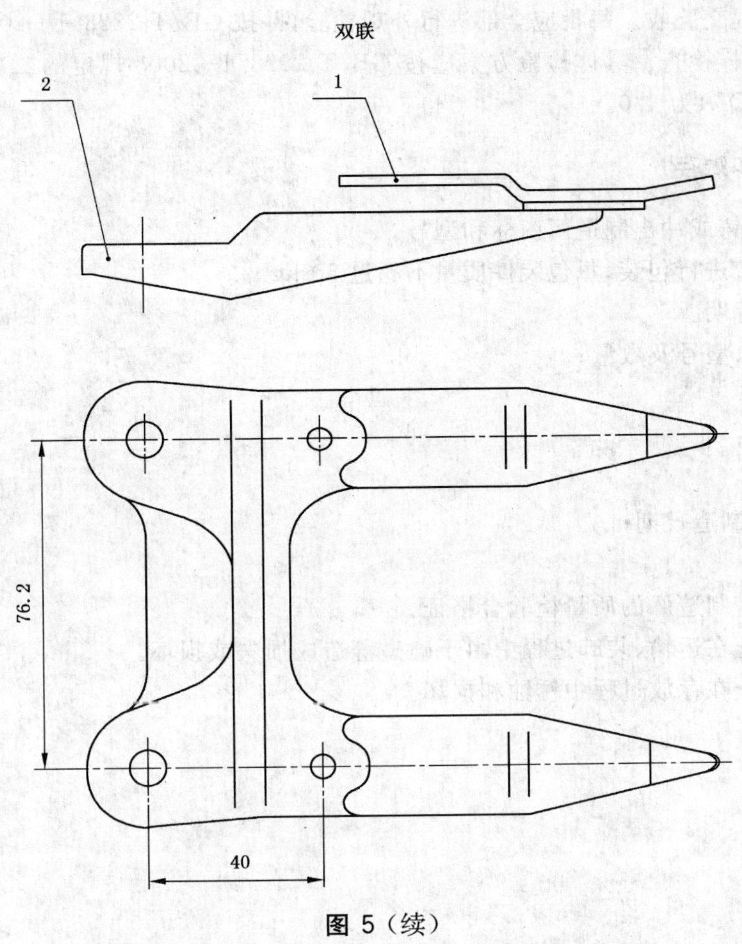

图 5（续）

4 技术要求

4.1 护刃器应符合本部分的要求，并按经规定程序批准的图样制造。

4.2 Ⅰ、Ⅱ和Ⅲ型护刃器应采用不低于 GB/T 9440—1988 规定的 KTH350-10 可锻铸铁制造，允许采用机械性能不低于规定的其他材料制造。锻造Ⅳ型护刃器应采用 GB/T 699—1999 规定的 15 号、20 号或 45 号钢制造，15 号和 20 号钢制造的护刃器刃口硬度为 58 HRC～62 HRC，其淬硬层深度不低于 1.5 mm，45 号钢护刃器刃口硬度不低于 54 HRC，其淬硬层深度不低于 1.5 mm，亦允许采用球墨铸铁和机械性能不低于规定的材料制造。球墨铸铁制造的护刃器刃口硬度不低于 50 HRC，其淬硬层深度不低于 1.5 mm。Ⅴ型护刃器的刀托应采用 GB/T 710—2008 规定的钢板制造。

4.3 护刃器表面应光洁、无毛刺、飞边和裂纹。

4.4 铆装定刀片的护刃器应铆合牢固，铆钉头应与定刀片表面齐平。

4.5 装定刀片的两平面应位于同一平面上，两个平面的位置度为 0.3 mm。

4.6 对Ⅰ、Ⅱ、Ⅲ和Ⅴ型护刃器，加工与护刃器梁接触的平面，保证该平面和安装定刀片平面的相对位置，倾斜度或平行度为 0.3 mm。Ⅳ型护刃器与护刃器梁接触的平面需经机械加工，保证其和护刃器经锻造、机械加工及热处理形成的刃口平面平行，平行度为 0.3 mm。

4.7 护刃器应进行防锈处理。

5 检验规则

5.1 检验项目及指标依据本部分规定的技术要求、产品图样或订货合同确定。

5.2 批量生产的护刃器应经检验合格，并附有产品合格证。

5.3 护刃器应分批提交验收。每批应全部进行外观检验，并按 GB/T 2828.1—2003 的规定进行尺寸、材料和机械性能的抽样检查。具体检验方案应按 GB/T 2828.1—2003 规定的二次正常检查抽样方案进行，接收质量限(AQL)为 4.0。

6 标志、包装、运输和贮存

6.1 护刃器上应锻、铸或冲出制造厂商标和型号。

6.2 发运护刃器时应进行包装，每包装件质量不超过 50 kg。

6.3 包装件外部应标明：

a) 护刃器名称、型号及数量；

b) 总质量；

c) 制造厂名称；

d) 产品标准号；

e) 出厂编号和制造日期；

f) 储运标志。

6.4 包装件内应附有制造厂的质量检验合格证。

6.5 应采取措施防止在运输、装卸过程中由于磕碰等造成损失或损坏。

6.6 应采取措施防止在存放过程中锈蚀和损坏。

附 录 A
（规范性附录）
V型护刃器刀托及护舌

A.1 V型护刃器单、双刀托和护舌应符合图A.1～图A.3的规定。

单位为毫米

图 A.1 单联刀托

单位为毫米

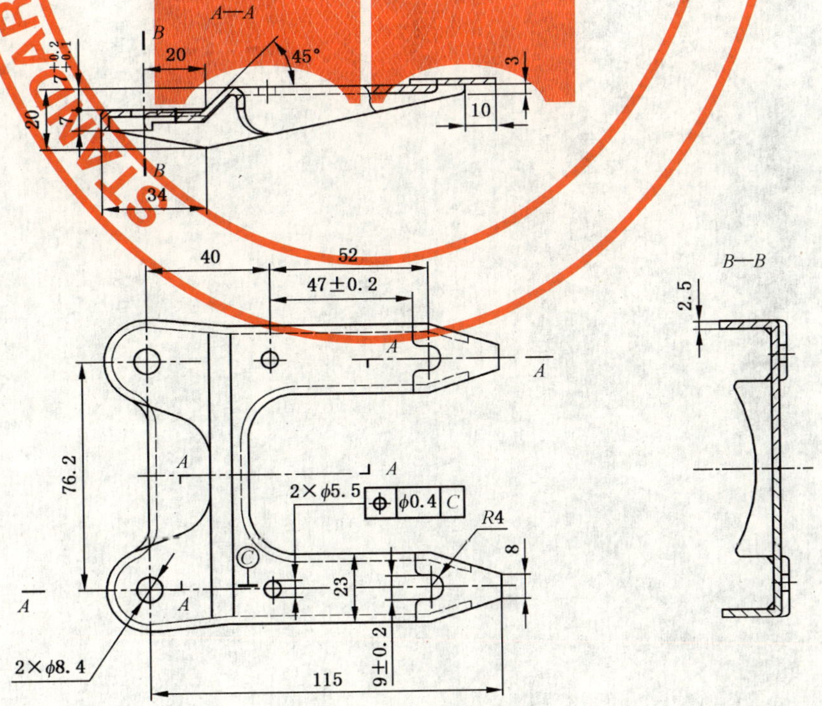

图 A.2 双联刀托

单位为毫米

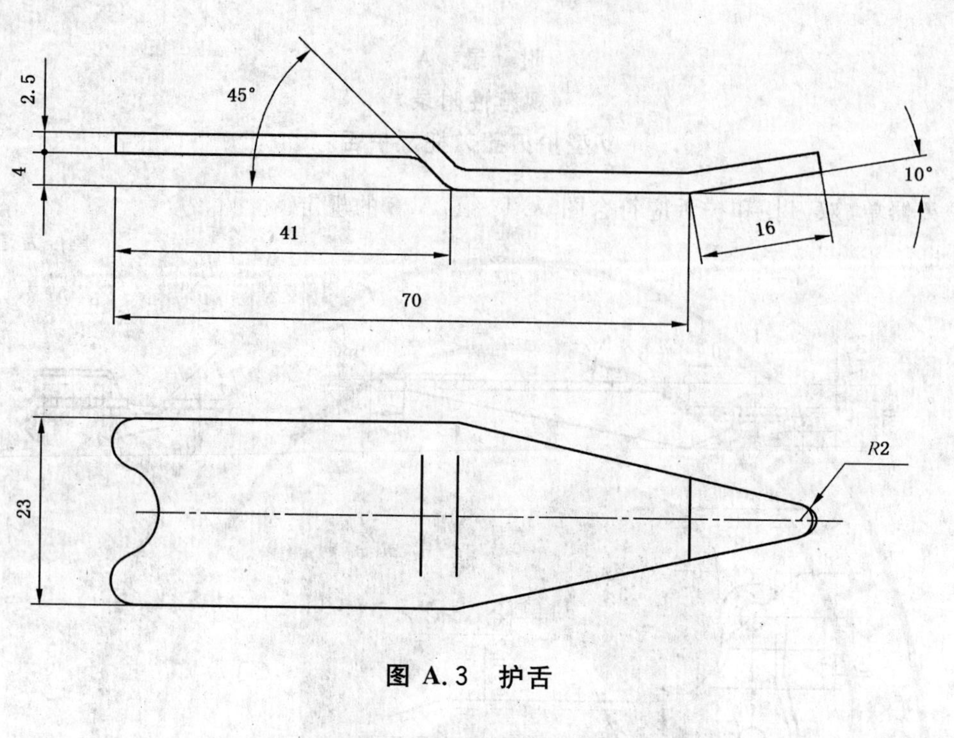

图 A.3 护舌

ICS 65.060.50
B 91

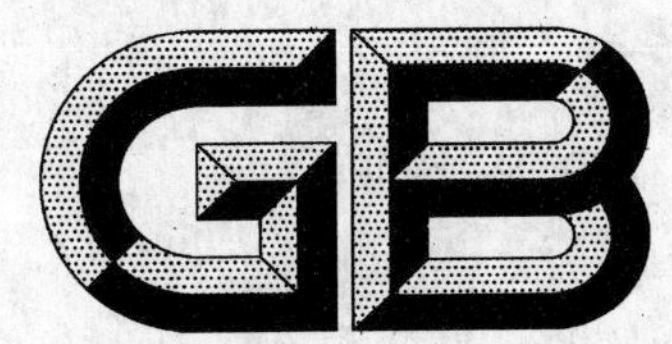

中华人民共和国国家标准

GB/T 1209.3—2009

农业机械 切割器
第3部分：动刀片、定刀片和刀杆

Agricultural machinery—Cutter bars—
Part 3：Knife sections，ledger plates and knife backs

2009-11-30 发布 2010-04-01 实施

中华人民共和国国家质量监督检验检疫总局
中国国家标准化管理委员会 发布

前 言

GB/T 1209《农业机械 切割器》分为：

——第 1 部分：总成；

——第 2 部分：护刃器；

——第 3 部分：动刀片、定刀片和刀杆；

——第 4 部分：压刃器；

——第 5 部分：摩擦片。

本部分为 GB/T 1209 的第 3 部分。

本部分由中国机械工业联合会提出。

本部分由全国农业机械标准化技术委员会归口。

本部分起草单位：中国农业机械化科学研究院、福田雷沃国际重工股份有限公司、浙江柳林机械有限公司、中机南方机械股份有限公司。

本部分主要起草人：周春林、李志庆、朱金光、岳芹、郑春方、杨伟。

农业机械　切割器
第3部分：动刀片、定刀片和刀杆

1　范围

GB/T 1209的本部分规定了农业机械切割器的动刀片、定刀片和刀杆（以下简称动刀片、定刀片和刀杆）的型式和基本尺寸、技术要求、检验规则以及标志、包装、运输和贮存等。

本部分适用于农业机械切割器的动刀片、定刀片和刀杆。

2　规范性引用文件

下列文件中的条款通过GB/T 1209的本部分的引用而成为本部分的条款。凡是注日期的引用文件，其随后所有的修改单（不包括勘误的内容）或修订版均不适用于本部分，然而，鼓励根据本部分达成协议的各方研究是否可使用这些文件的最新版本。凡是不注日期的引用文件，其最新版本适用于本部分。

GB/T 699—1999　优质碳素结构钢

GB/T 700—2006　碳素结构钢（ISO 630：1995，Structural steels—Plates，wide flats，bars，sections and profiles，NEQ）

GB/T 1298—2008　碳素工具钢

GB/T 2828.1—2003　计数抽样检验程序　第1部分：按接收质量限（AQL）检索的逐批检验抽样计划（ISO 2859-1：1999，IDT）

3　型式和基本尺寸

3.1　动刀片

3.1.1　动刀片按刃口形式分为光刃（用下标G表示光刃）和齿刃两类，按其尺寸分为六种型式：

Ⅰ型——适用于Ⅰ、Ⅱ、Ⅳ型切割器；

Ⅱ型——适用于Ⅳ型切割器；

Ⅲ型——适用于Ⅲ、Ⅴ型切割器；

Ⅳ型——适用于Ⅳ型切割器；

Ⅴ型——适用于Ⅵ型切割器；

Ⅵ型——适用于Ⅶ型切割器。

3.1.2　动刀片的基本型式和尺寸应符合图1和表1的规定。

单位为毫米

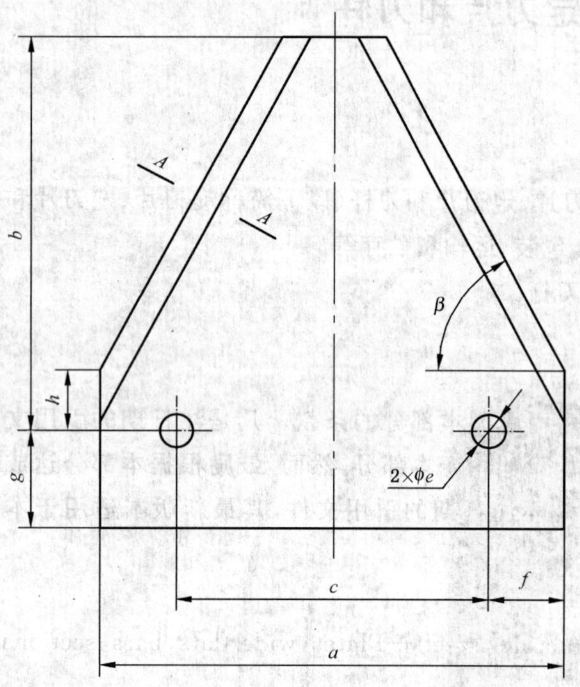

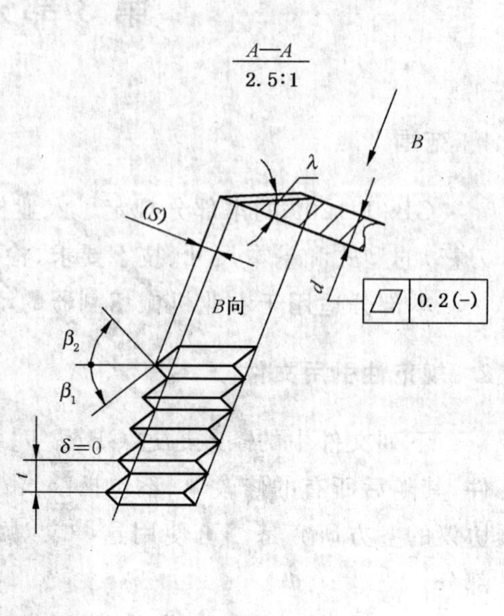

图 1 动刀片

表 1

单位为毫米

尺 寸	Ⅰ	Ⅱ	Ⅲ	Ⅳ	Ⅴ	Ⅵ
a	$76_{-0.2}^{0}$	$76_{-0.2}^{0}$	$76_{-0.2}^{0}$	$76_{-0.2}^{0}$	$50_{-0.2}^{0}$	$50_{-0.2}^{0}$
b	65±0.5	65±0.5	65±0.5	65±0.5	65±0.5	70±0.5
c	51±0.15	51±0.15	51±0.15	51±0.15	34±0.15	34±0.15
d	2±0.1	2±0.1	2±0.1	3±0.2	3±0.15	3.14±0.15
e	$5.5_{0}^{+0.2}$	$5.5_{0}^{+0.2}$	$5.5_{0}^{+0.2}$	$5.5_{0}^{+0.2}$	$6.3_{0}^{+0.2}$	$6.3_{0}^{+0.2}$
f	$12.5_{-0.2}^{+0.1}$	$12.5_{-0.2}^{+0.1}$	$12.5_{-0.2}^{+0.1}$	$12.5_{-0.2}^{+0.1}$	8±0.15	8±0.15
g	$16_{-1}^{+0.2}$	$19_{-1}^{+0.2}$	9±0.5	$19_{-1}^{+0.2}$	15±0.15	15±0.15
h	15±2	15±2	11±2	15±2	10±2	12±2

3.2 定刀片

3.2.1 定刀片分为三种型式：

Ⅰ型 适用于Ⅰ型切割器；

Ⅱ型 适用于Ⅱ、Ⅲ、Ⅴ型切割器；

Ⅲ型 适用于Ⅵ型切割器。

3.2.2 定刀片的基本尺寸应符合图 2～图 4 的规定。

单位为毫米

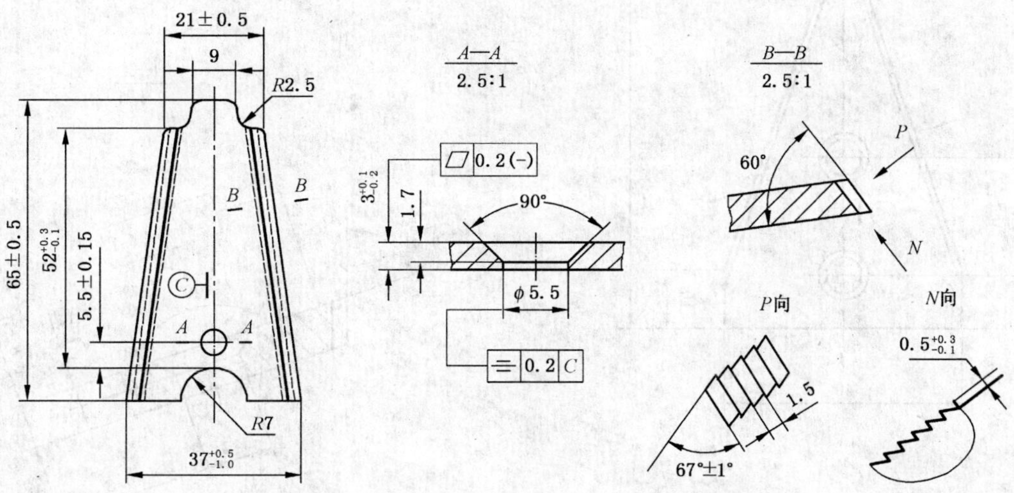

图 2 Ⅰ型定刀片

单位为毫米

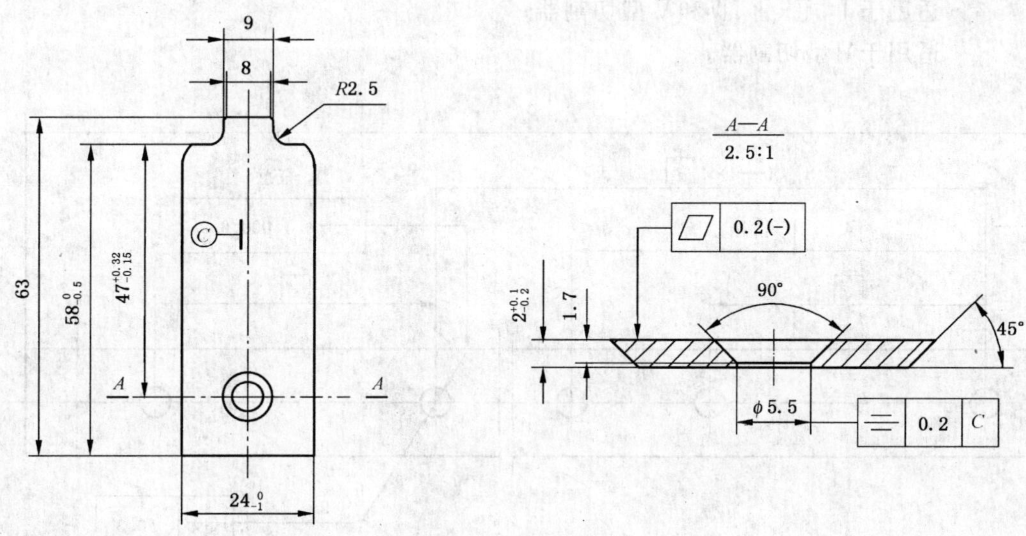

图 3 Ⅱ型定刀片

单位为毫米

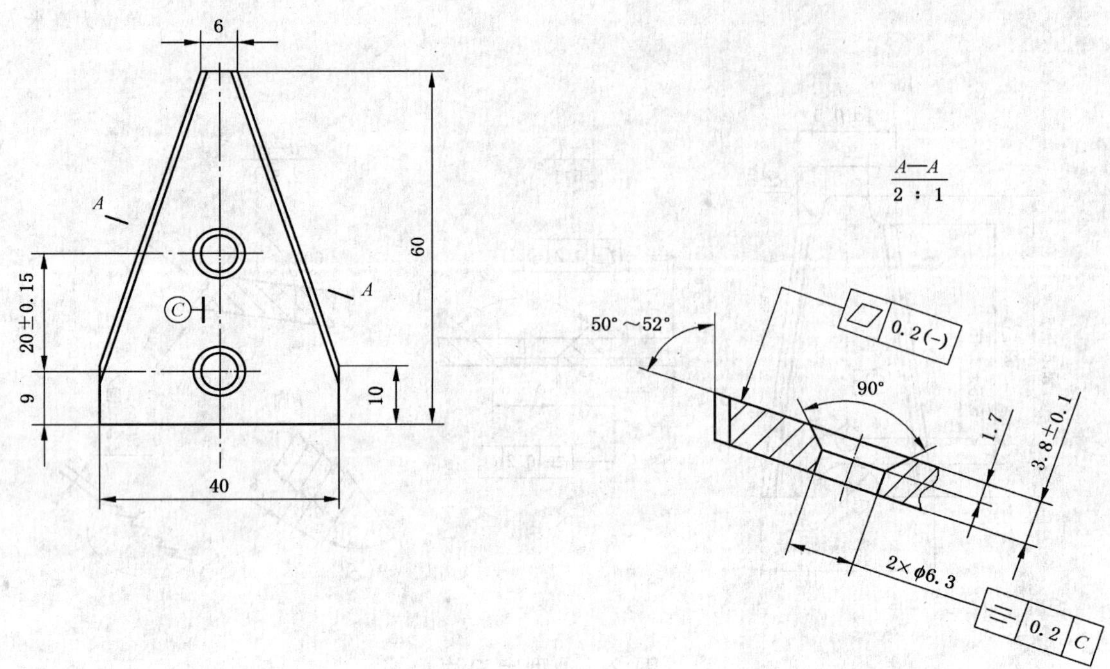

图 4 Ⅲ型定刀片

3.3 刀杆

刀杆分为Ⅰ、Ⅱ型 2 种型式，其尺寸应符合图 5 和表 2 的规定。

Ⅰ型　　适用于Ⅰ、Ⅱ、Ⅲ、Ⅳ和Ⅴ型切割器；

Ⅱ型　　适用于Ⅵ型切割器。

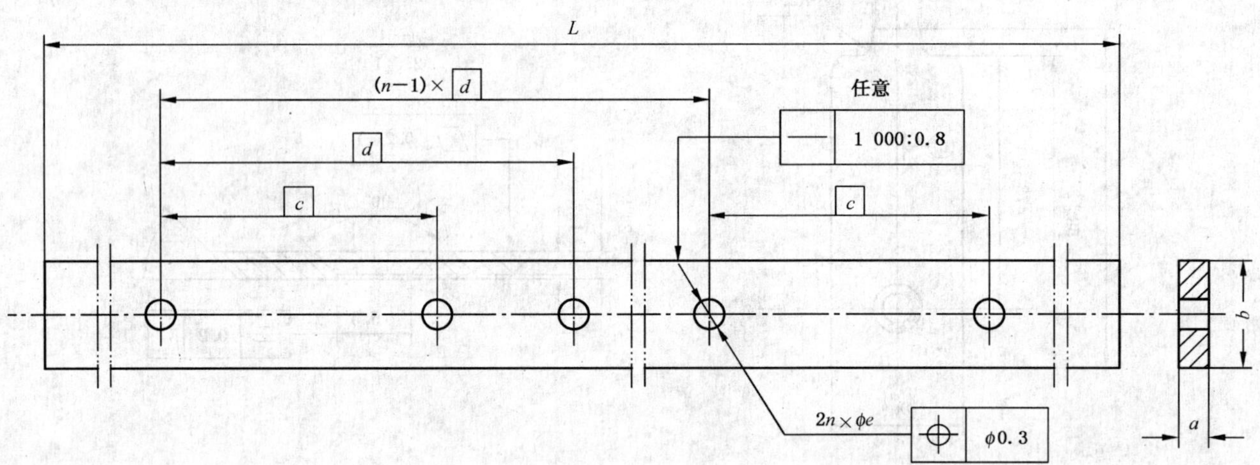

注：n 为动刀片数。

图 5 刀杆

表 2

单位为毫米

尺　寸		a	b	c	d	e
型式	Ⅰ	5.5±0.15	20±0.25	51	76.2	5.5
	Ⅱ	5.5±0.15	20±0.25	34	50	6.3
		6±0.15	25±0.25			

3.4 定刀梁

定刀梁适用于Ⅵ型切割器，其尺寸应符合图6的规定。

单位为毫米

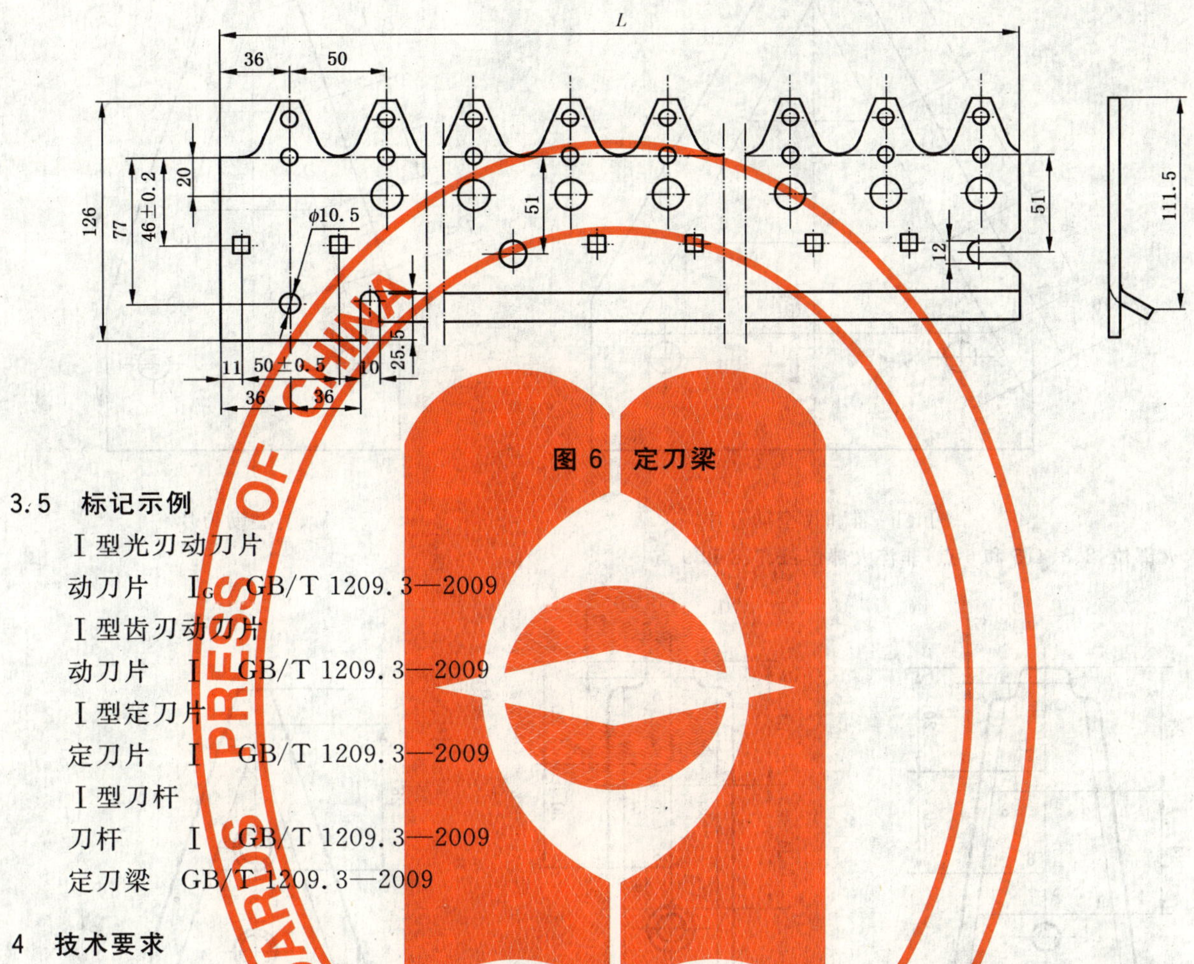

图6 定刀梁

3.5 标记示例

Ⅰ型光刃动刀片

动刀片 $Ⅰ_G$ GB/T 1209.3—2009

Ⅰ型齿刃动刀片

动刀片 Ⅰ GB/T 1209.3—2009

Ⅰ型定刀片

定刀片 Ⅰ GB/T 1209.3—2009

Ⅰ型刀杆

刀杆 Ⅰ GB/T 1209.3—2009

定刀梁 GB/T 1209.3—2009

4 技术要求

4.1 动刀片、定刀片和刀杆应符合本部分的要求。并按经规定程序批准的图样和技术文件制造。

4.2 动刀片应采用GB/T 1298—2008规定的T9钢或65Mn制造，允许采用机械性能不低于T9钢的其他材料制造。定刀片采用GB/T 1298—2008和GB/T 699—1999规定的T9、45、20和15号钢制造。刀杆应采用GB/T 699—1999规定的35号钢制造。定刀梁应采用GB/T 700—2006规定的Q235钢制造。

4.3 淬火区硬度。光刃动、定刀片为50 HRC～60 HRC，齿刃动、定刀片为48 HRC～58 HRC，非淬火区硬度不大于35 HRC。

4.4 淬火后，动刀片工作表面距刃边10 mm、定刀片工作表面距刃边3 mm的范围内，在不降低硬度值情况下，允许有不超过刃口全长三分之一的脱碳层。

4.5 淬火区及非淬火区的硬度测定点应符合图7的规定。

单位为毫米

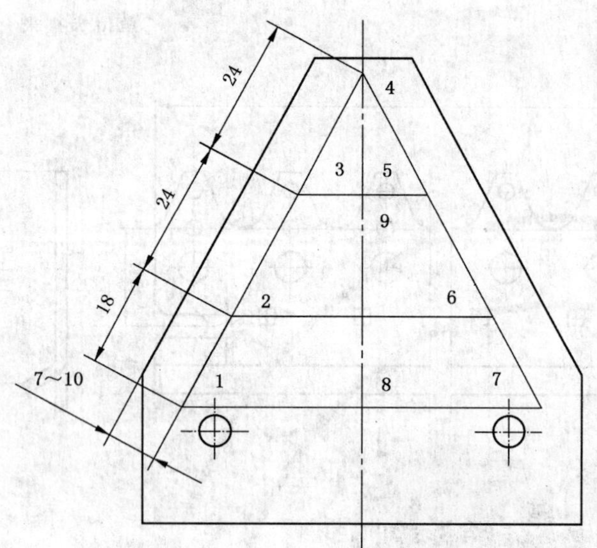

Ⅰ、Ⅱ、Ⅲ和Ⅳ型动刀片

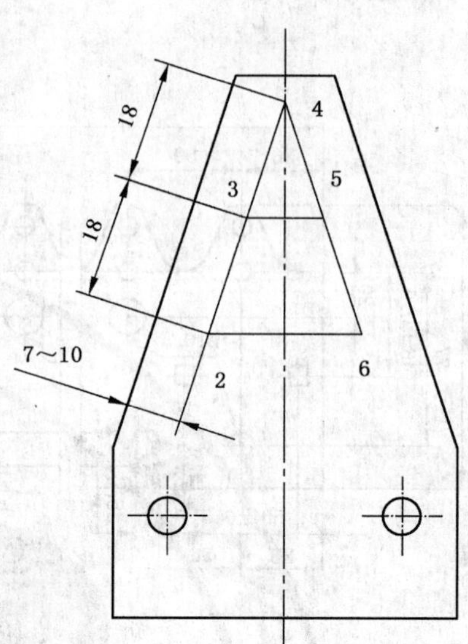

Ⅴ、Ⅵ型动刀片

淬火部位:2、3、4、5和6点,非淬火部位:1、7、8和9点。

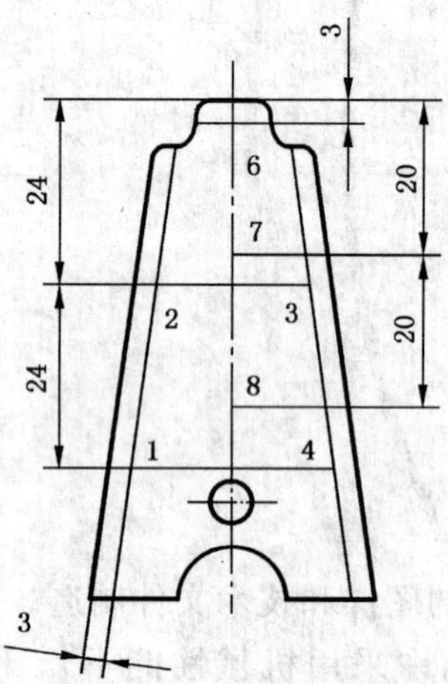

Ⅰ型定刀片

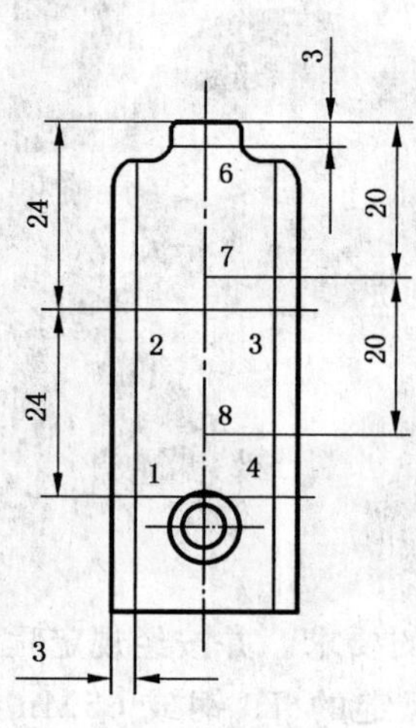

Ⅱ型定刀片

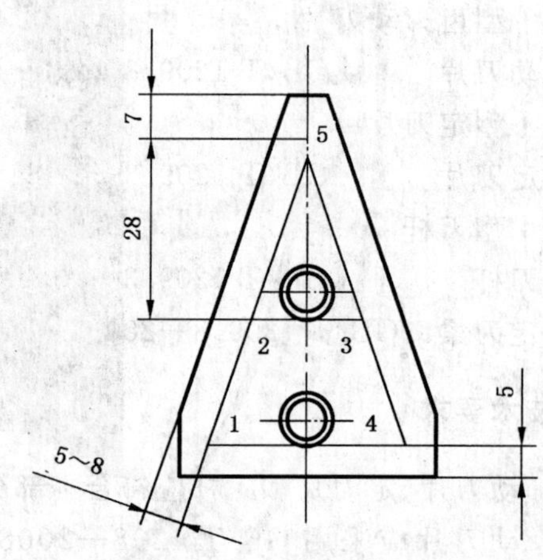

Ⅲ型定刀片

淬火部位:1、2、3、4和5点,非淬火部位:6、7和8点。

图7　硬度测定部位

4.6　上开齿刃动刀片的齿纹基本几何参数。

4.6.1　Ⅰ、Ⅱ、Ⅲ、Ⅳ型上开齿刃动刀片的齿纹基本几何参数推荐如下:

齿距 t=1.7 mm~2.0 mm;

刃面角 λ=23°~25°;

切割余角 β=58°~60°;

齿纹角 δ=0°~7°;

齿尖角 $\beta_1+\beta_2$=45°~50°。

4.6.2　Ⅴ型上开齿刃动刀片的齿纹基本几何参数推荐如下:

齿距 t=1.7 mm~2.0mm;

刃面角 λ=28°~30°;

切割余角 β=58°~60°;

齿纹角 $\delta=0°\sim7°$；

齿尖角 $\beta_1+\beta_2=45°\sim50°$。

注：齿深 S 有等深和半等深两种，配Ⅴ型切割器的动刀片可采用半等深齿。

4.6.3 Ⅵ型上开齿刃动刀片的齿纹基本几何参数推荐如下：

齿距 $t=1.7$ mm～2.0mm；

刃面角 $\lambda=28°\sim30°$；

切割余角 $\beta=70°\sim72°$；

齿纹角 $\delta=0°\sim7°$；

齿尖角 $\beta_1+\beta_2=45°\sim50°$。

4.7 动、定刀片的刃口应锋利，光刃刀片的刃口厚度不大于 0.1 mm；齿刃刀片的刃口厚度不大于 0.15 mm。

4.8 齿刃刀片应光洁无毛刺，在一侧刀刃上缺齿和弯齿不允许多于 2 个。

4.9 在距刃边 10 mm 范围内不应有烧伤及麻点等缺陷。

4.10 动、定刀片应进行防锈处理。

5 检验规则

5.1 检验项目及指标依据本部分规定的技术要求、产品图样或订货合同确定。

5.2 批量生产的动、定刀片、刀杆及定刀梁应经检验合格，并附有产品合格证。

5.3 动、定刀片、刀杆及定刀梁应分批提交验收，每批应全部进行外观检验，并按 GB/T 2828.1—2003 的规定进行尺寸、材料和机械性能的抽样检查。具体检验方案应按 GB/T 2828.1—2003 规定的二次正常检查抽样方案进行，动、定刀片接收质量限(AQL)为 2.5，刀杆及定刀梁接收质量限(AQL)为 4.0。

6 标志、包装、运输和贮存

6.1 动、定刀片、刀杆及定刀梁上应锻、铸或冲出制造厂商标和型号。

6.2 发运动、定刀片时，每包装件质量不超过 50 kg。刀杆及铆好的割刀用夹板包装，防止在运输中发生损坏。

6.3 包装件外部应标明：

a) 动、定刀片、刀杆及定刀梁名称、型号及数量；

b) 总质量；

c) 制造厂名称；

d) 产品标准号；

e) 出厂编号和制造日期；

f) 储运标志。

6.4 包装件内应附有制造厂的质量检验合格证。

6.5 应采取措施防止在运输、装卸过程中由于振动和磕碰等造成损失或损坏。

6.6 应采取措施防止在存放过程中锈蚀和损坏。

ICS 65.060.50
B 91

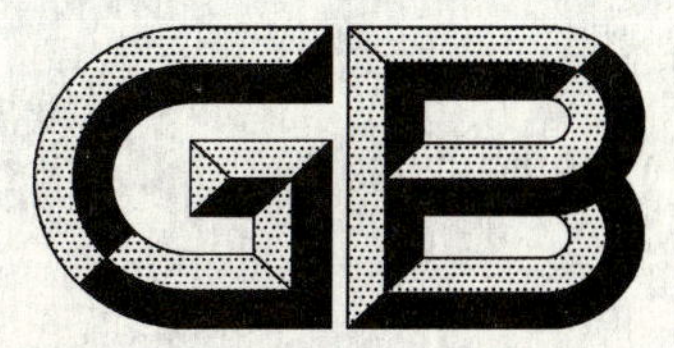

中华人民共和国国家标准

GB/T 1209.4—2009

农业机械　切割器　第4部分：压刃器

Agricultural machinery—Cutter bars—Part 4: Knife clips

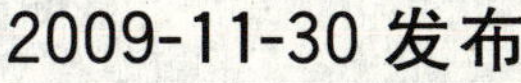

2009-11-30 发布　　2010-04-01 实施

中华人民共和国国家质量监督检验检疫总局
中国国家标准化管理委员会　发布

前　言

GB/T 1209《农业机械　切割器》分为：

——第 1 部分：总成；

——第 2 部分：护刃器；

——第 3 部分：动刀片、定刀片和刀杆；

——第 4 部分：压刃器；

——第 5 部分：摩擦片。

本部分为 GB/T 1209 的第 4 部分。

本部分的附录 A 是规范性附录。

本部分由中国机械工业联合会提出。

本部分由全国农业机械标准化技术委员会归口。

本部分起草单位：中国农业机械化科学研究院、福田雷沃国际重工股份有限公司、中机南方机械股份有限公司。

本部分主要起草人：周春林、李志庆、朱金光、岳芹、杨伟。

农业机械 切割器 第4部分：压刃器

1 范围

GB/T 1209的本部分规定了农业机械切割器压刃器(以下简称压刃器)的型式和基本尺寸、技术要求、检验规则以及标志、包装、运输和贮存等。

本部分适用于农业机械切割器压刃器。

2 规范性引用文件

下列文件中的条款通过GB/T 1209的本部分的引用而成为本部分的条款。凡是注日期的引用文件，其随后所有的修改单(不包括勘误的内容)或修订版均不适用于本部分，然而，鼓励根据本部分达成协议的各方研究是否可使用这些文件的最新版本。凡是不注日期的引用文件，其最新版本适用于本部分。

GB/T 93—1987 标准型弹簧垫圈

GB/T 710—2008 优质碳素结构钢热轧薄钢板和钢带

GB/T 869—1986 沉头铆钉

GB/T 2828.1—2003 计数抽样检验程序 第1部分：按接收质量限(AQL)检索的逐批检验抽样计划(ISO 2859-1：1999，IDT)

GB/T 5783—2000 六角头螺栓 全螺纹

GB/T 9439—1988 灰铸铁件

3 型式和基本尺寸

3.1 压刃器分六种型式：

Ⅰ型——适用于Ⅰ型切割器；

Ⅱ型——适用于Ⅱ型切割器；

Ⅲ型——适用于Ⅲ型切割器；

Ⅳ型——适用于Ⅳ型切割器；

Ⅴ型——适用于Ⅴ型切割器；

Ⅵ型——包括Ⅵa、Ⅵb和Ⅵc型压刃器，适用于Ⅵ型切割器。

3.2 压刃器的基本型式和尺寸应符合图1～图6和表1～表3的规定。

单位为毫米

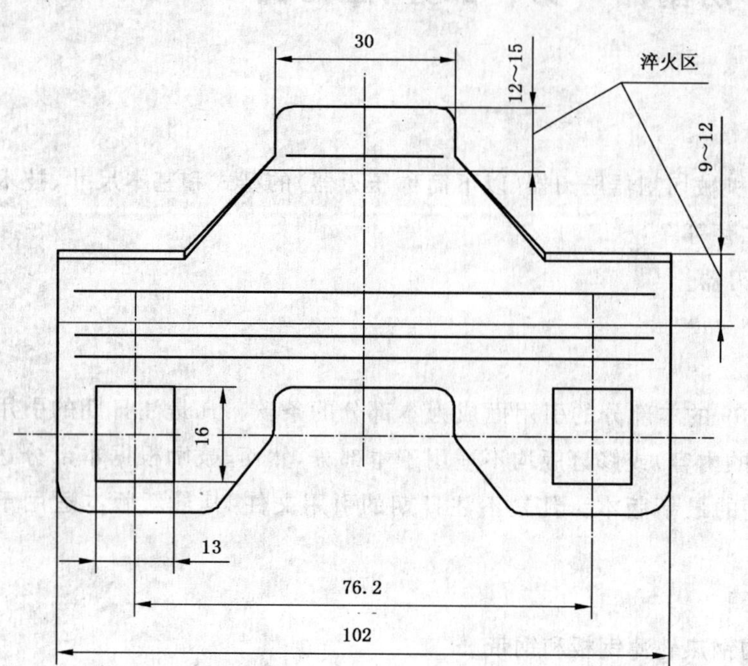

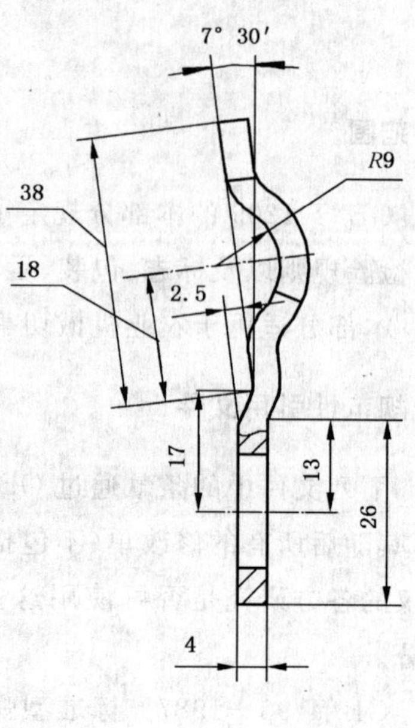

图 1 Ⅰ型压刃器

单位为毫米

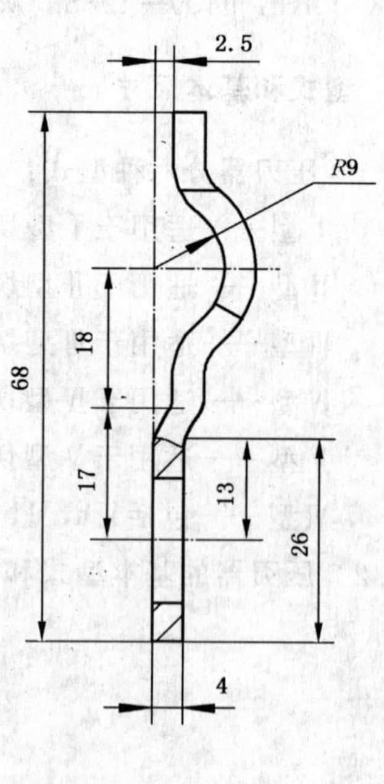

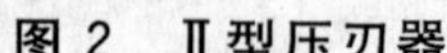

图 2 Ⅱ型压刃器

单位为毫米

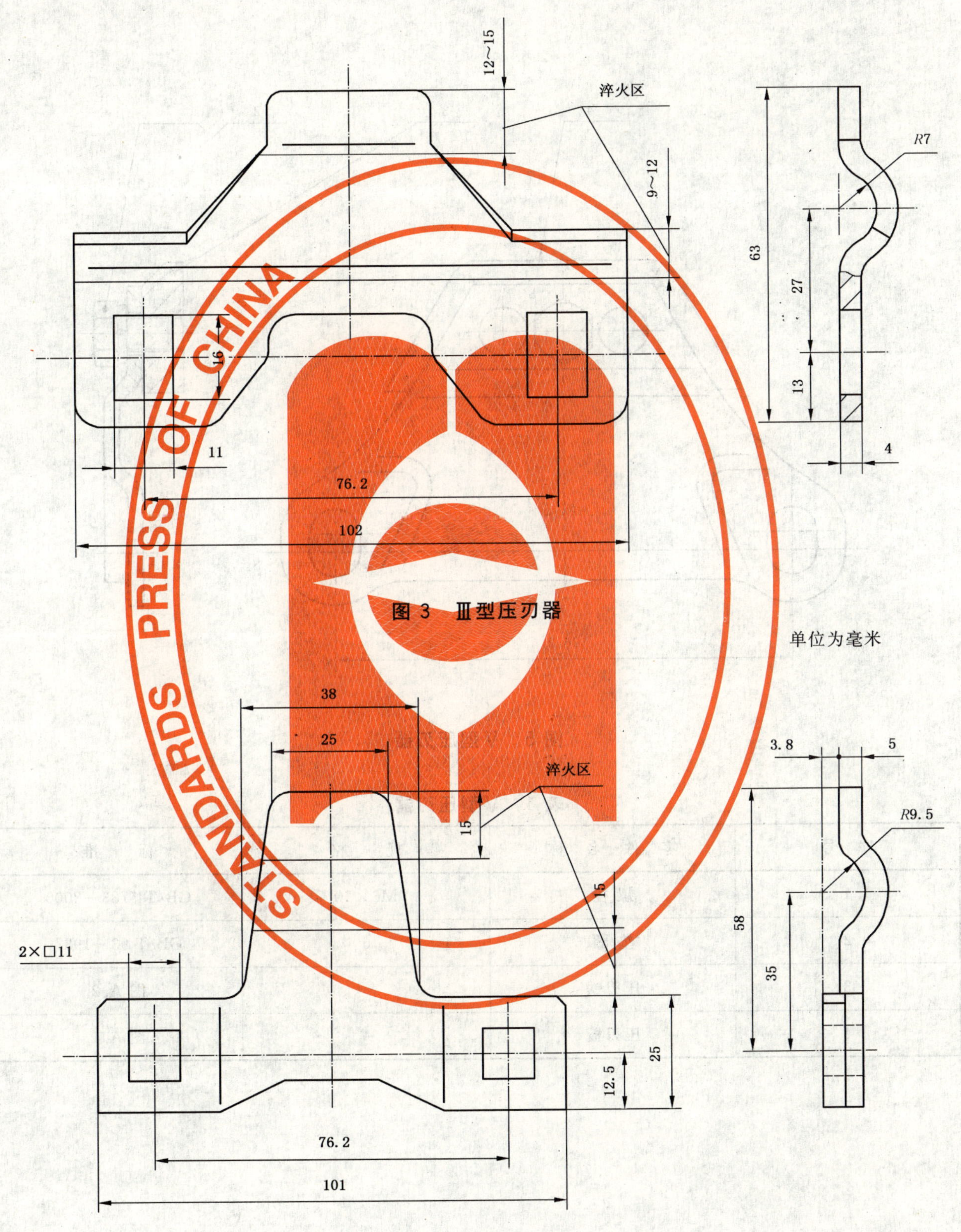

图 3 Ⅲ型压刃器

单位为毫米

图 4 Ⅳ型压刃器

单位为毫米

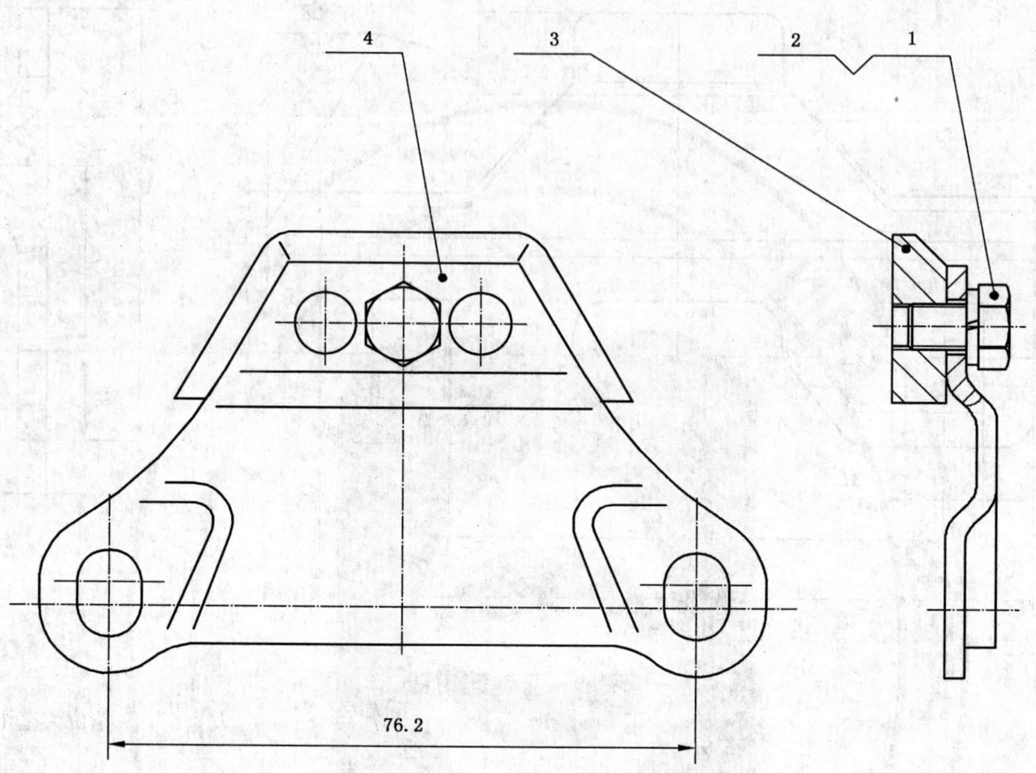

图 5 V型压刃器

表 1 V型压刃器

序号	零件名称	规格	标准
1	螺栓	M6×10	GB/T 5783—2000
2	垫圈	6	GB/T 93—1987
3	压刃铁	—	图 A.2
4	压刃板	—	图 A.1

单位为毫米

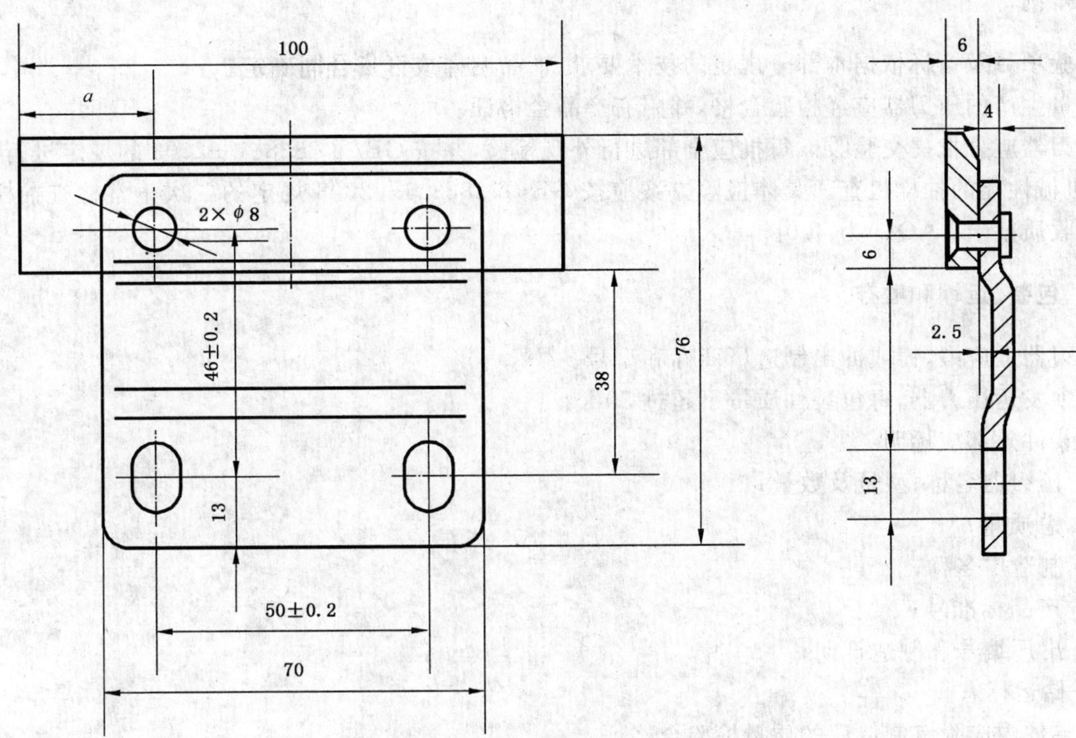

图6 Ⅵ型压刃器

表2 Ⅵa、Ⅵb和Ⅵc型压刃器规格 单位为毫米

序号	压刃器类型	*a*
1	Ⅵa	10
2	Ⅵb	25
3	Ⅵc	40

表3 Ⅵ型压刃器零件

序号	零件名称	规格	标准
1	铆钉	5×L	GB/T 869
2	压刃铁	—	—
3	压刃板	—	—

3.3 标记示例

Ⅰ型压刃器

压刃器 Ⅰ GB/T 1209.4—2009

4 技术要求

4.1 压刃器应符合本部分的要求。并按经规定程序批准的图样和技术文件制造。

4.2 Ⅰ、Ⅱ、Ⅲ、Ⅳ及Ⅵ型压刃器应采用GB/T 710—2008所规定的45号钢板或65 Mn钢板制造，Ⅴ型压刃器应符合附录A的规定。钢制压刃器摩擦表面应进行热处理，可采用局部淬火或整体淬火，其硬度为35 HRC～45 HRC。

4.3 压刃器表面应光滑、无起层和毛刺，不允许有裂纹。

4.4 在保证互换的前提下，压刃器的结构尺寸可有所改变。

5 检验规则

5.1 检验项目及指标依据本部分规定的技术要求、产品图样或订货合同确定。

5.2 批量生产的压刃器应经检验合格，并附有产品合格证。

5.3 压刃器应分批提交验收。每批应全部进行外观检验，并按 GB/T 2828.1—2003 的规定进行尺寸、材料和机械性能的抽样检查。具体检验方案应按 GB/T 2828.1—2003 规定的二次正常检查抽样方案进行，接收质量限(AQL)为 4.0。

6 标志、包装、运输和贮存

6.1 压刃器上应锻、铸或冲出制造厂商标和型号。

6.2 单独发运压刃器，每包装件质量不超过 50 kg。

6.3 包装件外部应标明：

a) 压刃器名称、型号及数量；

b) 总质量；

c) 制造厂名称；

d) 产品标准号；

e) 出厂编号和制造日期；

f) 储运标志。

6.4 包装件内应附有制造厂的质量检验合格证。

6.5 应采取措施防止在运输及装卸过程中造成损失或损坏。

6.6 应采取措施防止在存放过程中锈蚀和损坏。

附　录　A
（规范性附录）
V型压刃器

A.1　V型压刃器由压刃板和压刃铁组成，其尺寸应符合图 A.1 和图 A.2 的规定。

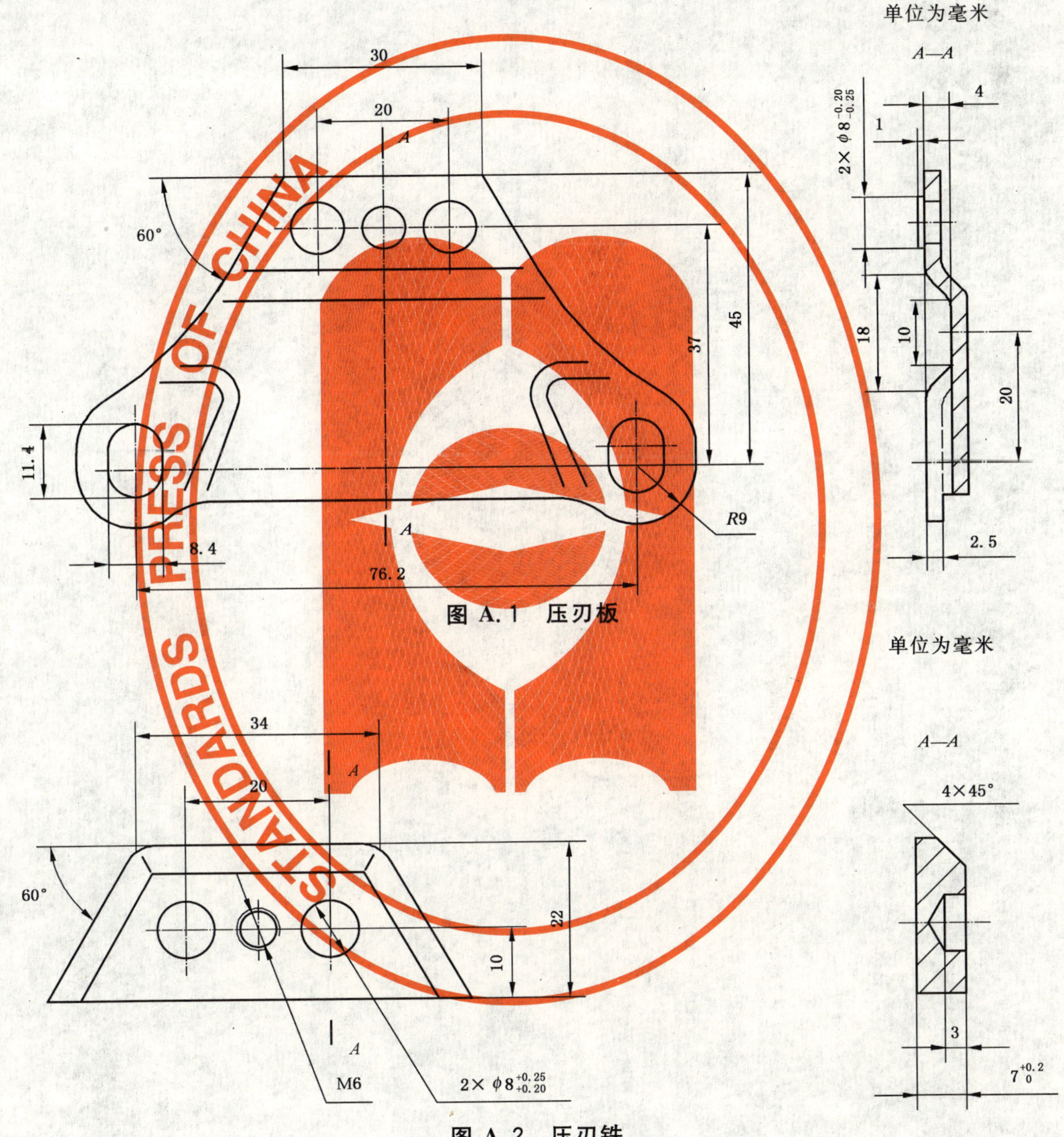

图 A.1　压刃板

图 A.2　压刃铁

A.2　压刃板采用不低于 GB/T 710—2008 规定的 45 号钢板制造。压刃铁采用 GB/T 9439—1988 规定的 HT 150 铸铁制造。压刃铁摩擦面的硬度为 217 HB～227 HB。

ICS 65.060.50
B 91

中华人民共和国国家标准

GB/T 1209.5—2009

农业机械 切割器 第5部分:摩擦片

Agricultural machinery—Cutter bars—Part 5: Wearing plates

2009-11-30 发布 2010-04-01 实施

中华人民共和国国家质量监督检验检疫总局
中国国家标准化管理委员会 发布

前　言

GB/T 1209《农业机械　切割器》分为：

——第1部分：总成；

——第2部分：护刃器；

——第3部分：动刀片、定刀片和刀杆；

——第4部分：压刃器；

——第5部分：摩擦片。

本部分为GB/T 1209的第5部分。

本部分由中国机械工业联合会提出。

本部分由全国农业机械标准化技术委员会归口。

本部分起草单位：中国农业机械化科学研究院、中机南方机械股份有限公司。

本部分主要起草人：周春林、李志庆、杨锦章。

农业机械　切割器
第 5 部分：摩擦片

1　范围

GB/T 1209 的本部分规定了农业机械切割器的摩擦片(以下简称摩擦片)的型式和基本尺寸、技术要求、检验规则以及标志、包装、运输和贮存等。

本部分适用于农业机械切割器的摩擦片。

2　规范性引用文件

下列文件中的条款通过 GB/T 1209 的本部分的引用而成为本部分的条款。凡是注日期的引用文件，其随后所有的修改单(不包括勘误的内容)或修订版均不适用于本部分，然而，鼓励根据本部分达成协议的各方研究是否可使用这些文件的最新版本。凡是不注日期的引用文件，其最新版本适用于本部分。

GB/T 699—1999　优质碳素结构钢

GB/T 700—2006　碳素结构钢(ISO 630:1995, Structural steels—Plates, wide flats, bars, sections and profiles, NEQ)

GB/T 1298—2008　碳素工具钢

GB/T 2828.1—2003　计数抽样检验程序　第 1 部分：按接收质量限(AQL)检索的逐批检验抽样计划(ISO 2859-1:1999, IDT)

GB/T 9439—1988　灰铸铁件

3　型式和基本尺寸

3.1　摩擦片分五种型式：

Ⅰ型——适用于Ⅰ型切割器；

Ⅱ型——适用于Ⅱ型切割器；

Ⅲ型——由上、下摩擦片组成，适用于Ⅴ型切割器；

Ⅳ型——适用于Ⅳ型切割器；

Ⅴ型——包括Ⅴa、Ⅴb 型摩擦片，适用于Ⅵ型切割器。

3.2　摩擦片的基本型式和尺寸应符合图 1～图 5 的规定。

3.3　标记示例

Ⅰ型摩擦片

摩擦片　Ⅰ　GB/T 1209.5—2009

单位为毫米

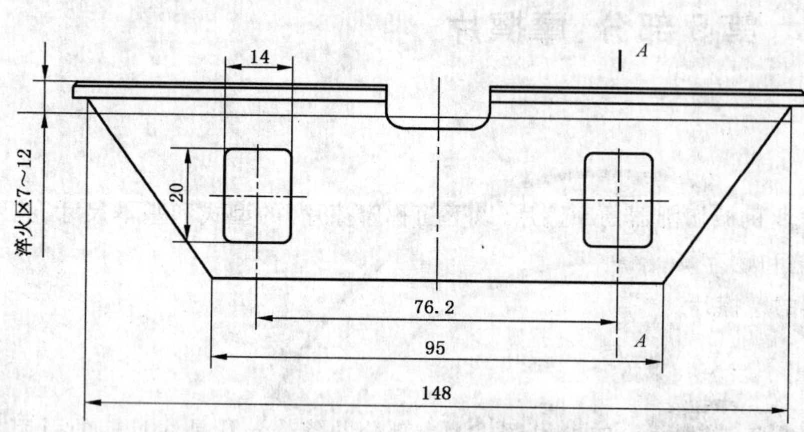

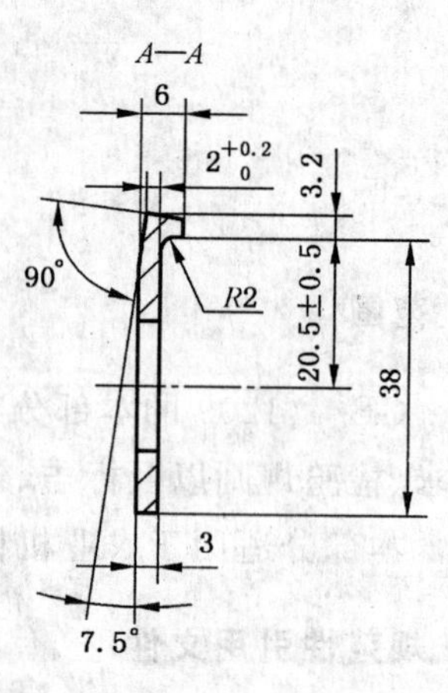

图 1 Ⅰ型摩擦片

单位为毫米

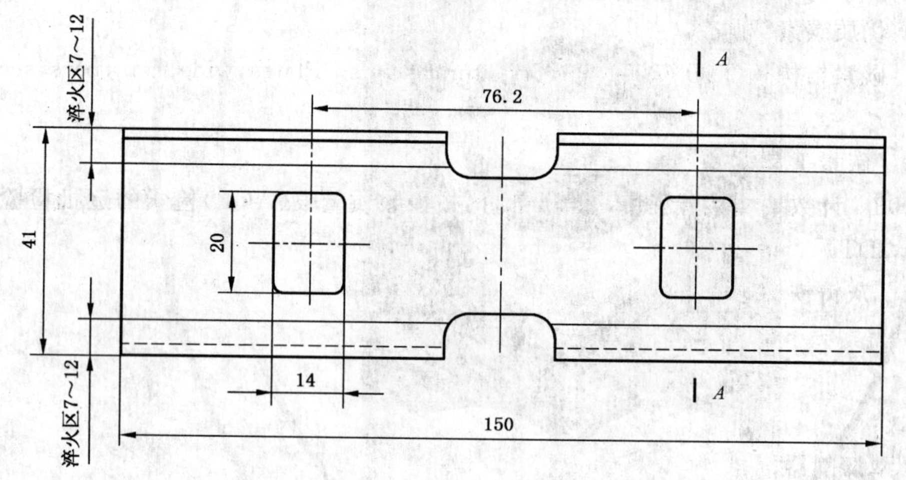

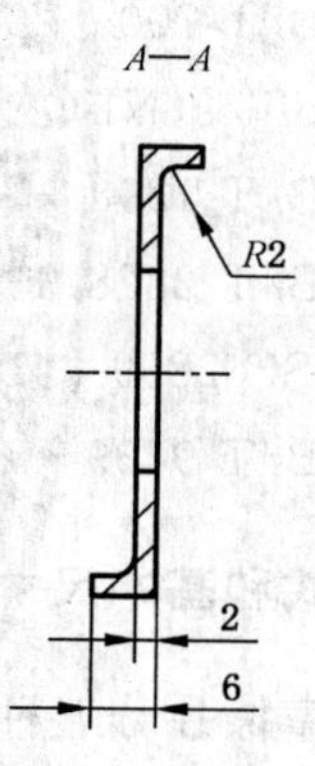

图 2 Ⅱ型摩擦片

单位为毫米

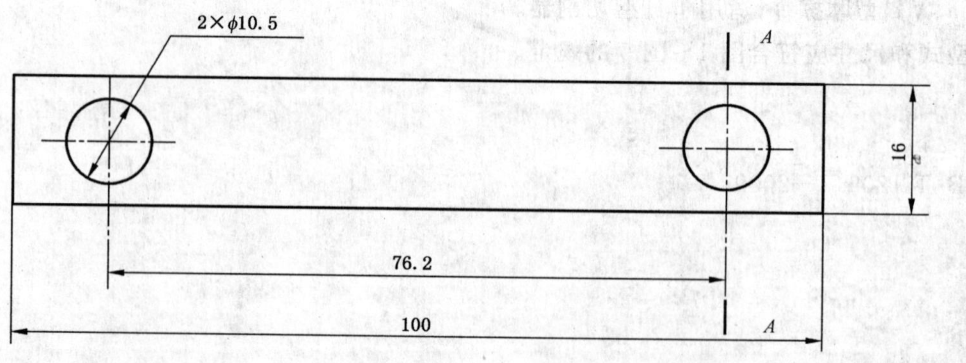

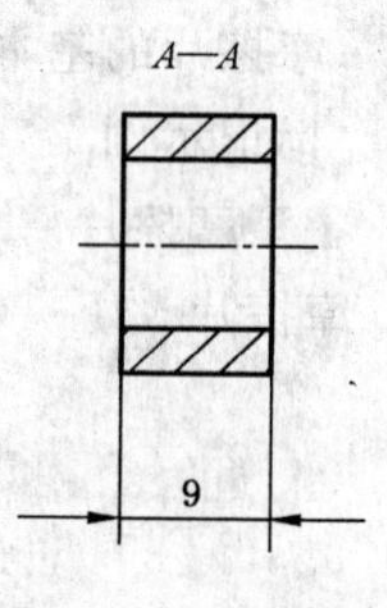

a) 上摩擦片

图 3 Ⅲ型摩擦片

单位为毫米

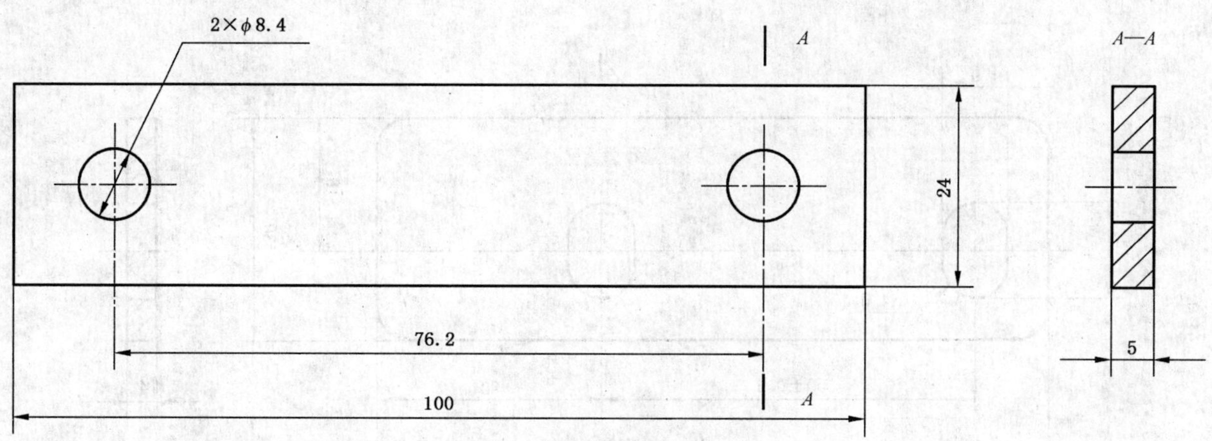

b) 下摩擦片

图 3（续）

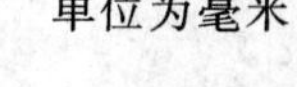

单位为毫米

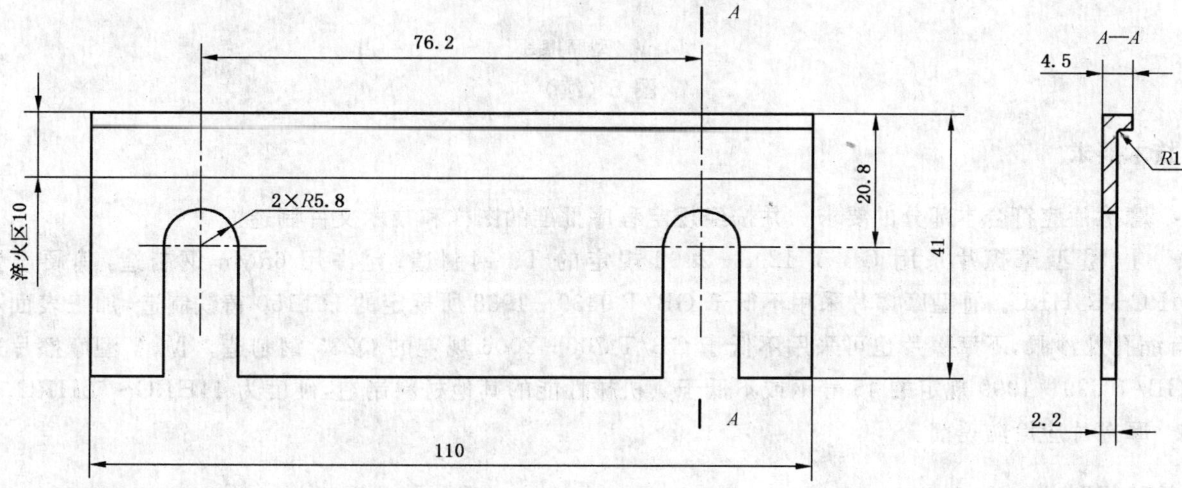

图 4 Ⅳ型摩擦片

单位为毫米

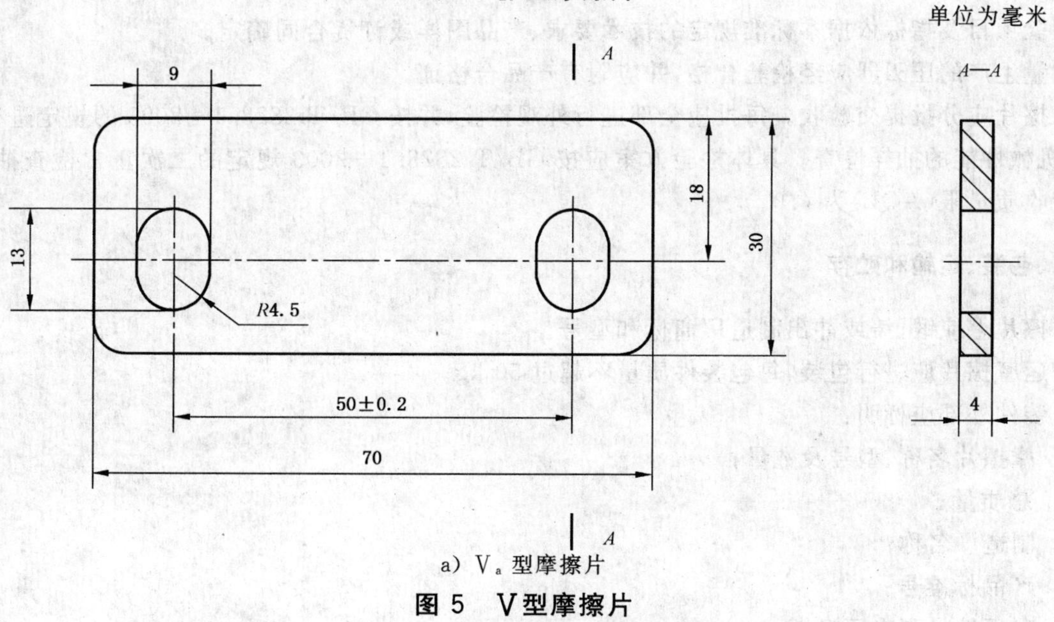

a) V_a 型摩擦片

图 5 Ⅴ型摩擦片

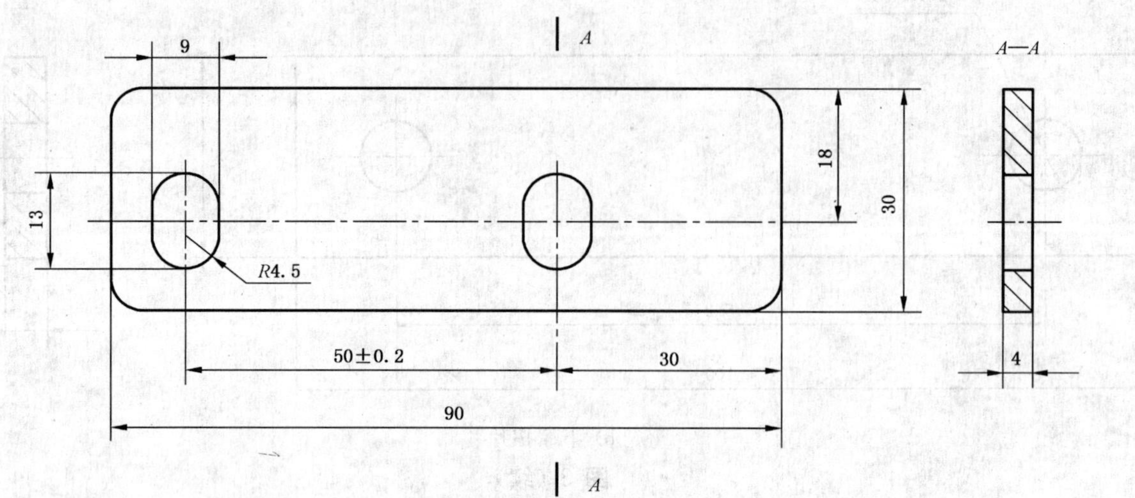

b) V_b 型摩擦片

图 5（续）

4 技术要求

4.1 摩擦片应符合本部分的要求。并按经规定程序批准的图样和技术文件制造。

4.2 Ⅰ、Ⅱ型摩擦片采用 GB/T 1298—2008 规定的 T9 钢制造；允许用 65Mn 钢制造，其硬度为 50HRC～58HRC。Ⅲ型摩擦片采用不低于 GB/T 9439—1988 所规定的 HT150 铸铁制造，加工表面不应有缩孔及沙眼，下摩擦片也可采用不低于 GB/T 700—2006 规定的 Q235 钢制造。Ⅳ、Ⅴ型摩擦片采用 GB/T 699—1999 规定的 45 号钢或不低于其机械性能的其他材料制造，硬度为 44HRC～52HRC。

4.3 摩擦片应涂防锈剂。

5 检验规则

5.1 检验项目及指标依据本标准规定的技术要求、产品图样或订货合同确定。

5.2 批量生产的压刃器应经检验合格，并应附有产品合格证。

5.3 摩擦片应分批提交验收。每批应全部进行外观检验，并按 GB/T 2828.1—2003 的规定进行尺寸、材料和机械性能的抽样检查。具体检验方案应按 GB/T 2828.1—2003 规定的二次正常检查抽样方案进行，接收质量限（AQL）为 4.0。

6 标志、包装、运输和贮存

6.1 摩擦片上应锻、铸或冲出制造厂商标和型号。

6.2 发运摩擦片应进行包装，每包装件质量不超过 50 kg。

6.3 包装件外部应标明：

a) 摩擦片名称、型号及数量；

b) 总质量；

c) 制造厂名称；

d) 产品标准号；

e) 出厂编号和出厂日期；

f) 储运标志。

6.4 包装件内应附有制造厂的产品检验合格证。

6.5 应采取措施防止在运输及装卸过程中造成损失或损坏。

6.6 应采取措施防止在存放过程中锈蚀和损坏。